Gelappte Blätter

**Kennzahl 502 – 599**

Geteilte Blätter

**Kennzahl 600 – 662**

Gefiederte Blätter

**Kennzahl 663 – 808**

Steffen Guido Fleischhauer
Roland Spiegelberger
Claudia Gassner

# *Blatt für Blatt*

Über 800 Pflanzen nach Blattformen und Blüten einfach bestimmen

at VERLAG

2., neu gestaltete und überarbeitete Auflage, 2022

© 2022
AT Verlag AG, Aarau und München
Lektorat: Petra Holzmann
Umschlagbild Vorderseite: tagphoto/iStock.com
Zeichnungen: Claudia Gassner
Grafische Gestaltung und Satz: AT Verlag, Aarau
Druck und Bindearbeiten: DZS GRAFIK, d.o.o., Ljubljana
Printed in Slovenia

ISBN 978-3-03800-964-1

www.at-verlag.ch

Der AT Verlag wird vom Bundesamt für Kultur
für die Jahre 2021–2024 unterstützt.

# Inhalt

# Einleitung

Wer schon einmal versucht hat, in der Natur Wildpflanzen zu bestimmen, dem ist es sicher schon oft passiert, dass er an manchen Stellen des Bestimmungsvorgangs nicht weiterkam, weil das gesuchte oder gefragte Merkmal nicht oder noch nicht an der Pflanze vorhanden war. Auch mir ging es so. Ich fand interessante Pflanzen als schwimmende Linsen im Wasser, solche mit stacheligen Fiederblättern oder sogar mit klebrigen Blattdrüsen. Beim Bestimmen dieser Pflanzen kam ich jedoch nicht weiter, weil die Blüten zu dieser Jahreszeit fehlten. Es endete dann meist damit, dass ich meine Bestimmungsführer willkürlich durchsuchte, um zufällig auf ein Pflanzenbild zu stoßen, das meiner gesuchten Pflanze nahekam. Manchmal habe ich dann die Pflanze zufällig entdeckt und konnte im Pflanzenporträt die Details vergleichen. Manchmal durchsuchte ich vergebens Hunderte von Pflanzenporträts und wünschte mir, es gäbe einen Bestimmungsführer, der alle Pflanzen mit ähnlichen Blättern in einer Reihenfolge zusammengestellt hat. Blätter sind in der Vegetationsperiode fast immer an einer Pflanze zu finden, sie sind neben der Blüte das zweite große Charakteristikum der Pflanze.

Aus meinem Wunsch ist nun in Gemeinschaftsarbeit dieses Buch entstanden. Es bietet ein neuartiges, eigens entwickeltes Blattformenregister, das heißt, es sortiert die Pflanzen nach Blattformen. Ähnlich wie man natürliche Farbnuancen in etwa einer Farbskala zuordnen kann, so kann man hier Blattformen annähernd einer fortlaufenden Blätterreihe am Kopf der Seiten zuordnen.

Aber auch in den einzelnen Pflanzenporträts haben wir als Team alle Erfahrungen aus unserer Bestimmungsarbeit eingebracht. Schon lange ist bekannt, dass es vorteilhaft ist, wenn ein Pflanzenporträt Pflanzenfotos und Zeichnungen kombiniert. Fotos ermöglichen es, Farbe, Glanz, Oberflächenbeschaffenheit und Erscheinung der Pflanze darzustellen. Zeichnungen sind optimal, um die Idealform der Merkmale einer Pflanze exakt wiederzugeben und um Merkmalsbeschreibungen direkt anhand der Zeichnung zeigen zu können. So werden botanische Begriffe selbsterklärend verstanden.

Ergänzend zu den Standortbeschreibungen der einzelnen Pflanzen nennen wir weitere Pflanzen, die gerne am gleichen Standort wachsen. Denn auch diese typischen Nachbarpflanzen können ein Merkmal zur Identifizierung der Pflanze sein. Auch geben wir mit einfachen Verbreitungssymbolen zu jeder Pflanze einen schnellen Überblick, wie wahrscheinlich das Vorkommen einer Pflanze im jeweiligen Teil Mitteleuropas überhaupt ist. Weitere Symbole geben Hinweise zu Artenschutz und Giftigkeit sowie zur Pflanzennutzung als Nahrungs-, Gewürz- und Heilpflanze.

Auf diese Weise und in dieser Form stellen wir über 800 bedeutende Pflanzen der Krautschicht Mitteleuropas möglichst praktisch dar – Einzelarten und Artengruppen krautiger Blütenpflanzen, Farne, Schachtelhalme, auffällige Gräser, Bärlappgewächse und Zwerggehölze. Bei der Auswahl der Pflanzen haben wir in der Regel die verbreitetsten Arten ausgewählt, aber auch seltene Arten wurden aufgenommen, sofern sie als sehr bekannt gelten. Nicht aufgenommen wurden die vielen hundert Arten der Strauch- und Baumschicht sowie der niedrigen Schicht der Moose und Flechten. Diese leicht abzutrennenden Ebenen des Pflanzenreichs sind in einem gesonderten Band zu behandeln. Somit konnten wir diesen Bestimmungsführer ohne wichtige Auslassungen den bewundernswerten Pflanzen der Krautschicht widmen und sie Pflanze für Pflanze und Blatt für Blatt nebeneinander darstellen.

Wir wünschen Ihnen viel Spaß mit diesem Buch
und spannende Entdeckungen in der Natur.

Steffen G. Fleischhauer
im Namen des ganzen Buchteams

# Der Aufbau des Buches

Das Buch durchzieht am oberen Buchrand eine Blattformenfolge aller Pflanzen. Diese Ordnung wurde dem Buch zugrunde gelegt, da die Blätter die Organe sind, die zeitlich am häufigsten an einer Pflanze zu finden sind. Die Abfolge zeigt an, wo in etwa eine gesuchte Pflanze in dem Buch zu finden ist. Mit der jeweils darunter stehenden Pflanzenkennzahl wird auf die Pflanzenporträts verwiesen. Dort kann man mithilfe von Foto, Zeichnung und Text die Merkmale im Detail genau vergleichen und bestimmen. Für eine erste Orientierung hilft die Sortierung der Blattformen in der vorderen Umschlagklappe (Innenseite).

Wählen Sie zum Vergleichen und Bestimmen eines der größeren Blätter an der Pflanze, eines, das gut ausgereift, aber nicht bereits alternd ist, und sich nicht ganz oben an der Pflanze und auch nicht ganz unten am Boden befindet. Es sollte ein für die Pflanze durchschnittlich charakteristisches Blatt sein. Wenn die Pflanze in einem größeren Bestand gleicher Arten wächst, vergleichen Sie auch die Nachbarpflanzen, um ein durchschnittlich charakteristisches Blatt zu finden.

Die vier auf einer Doppelseite porträtierten Arten sind in der Blattformenabfolge in Gelb hervorgehoben. Die anderen in Grün gehaltenen Blattformen geben an, bei welchen anderen Arten Sie noch nach ähnlichen Formen suchen können.

Pflanzen mit mehrgestaltigen Blättern, wie zum Beispiel das Hirtentäschel, sind in der Blattformenfolge je nach Gestalt des Blattes mehrmals einsortiert, daher ist an dieser Stelle die fortlaufende Nummerierung unterbrochen.

Zusätzlich unterstützt wird diese Sortierung nach Blattformen durch die Übersicht der Pflanzen nach Blütenfarben und -formen auf Seite 14ff. Sie verweist ebenfalls mit den Pflanzenkennzahlen auf das entsprechende Porträt. Eine zusätzliche Erläuterung finden Sie auf der Innenseite der hinteren Umschlagklappe.

Stimmt eine gefundene Pflanze nicht ganz mit dem Pflanzenporträt im Buch überein, dann lohnt es sich, die verwandten Pflanzen mit demselben Gattungsnamen, also dem ersten Teil des zweiteiligen Pflanzennamens, in Betracht zu ziehen. Die deutschen und botanischen Pflanzennamen sind ab der Seite 436 zu finden.

# Der Aufbau der Pflanzenporträts

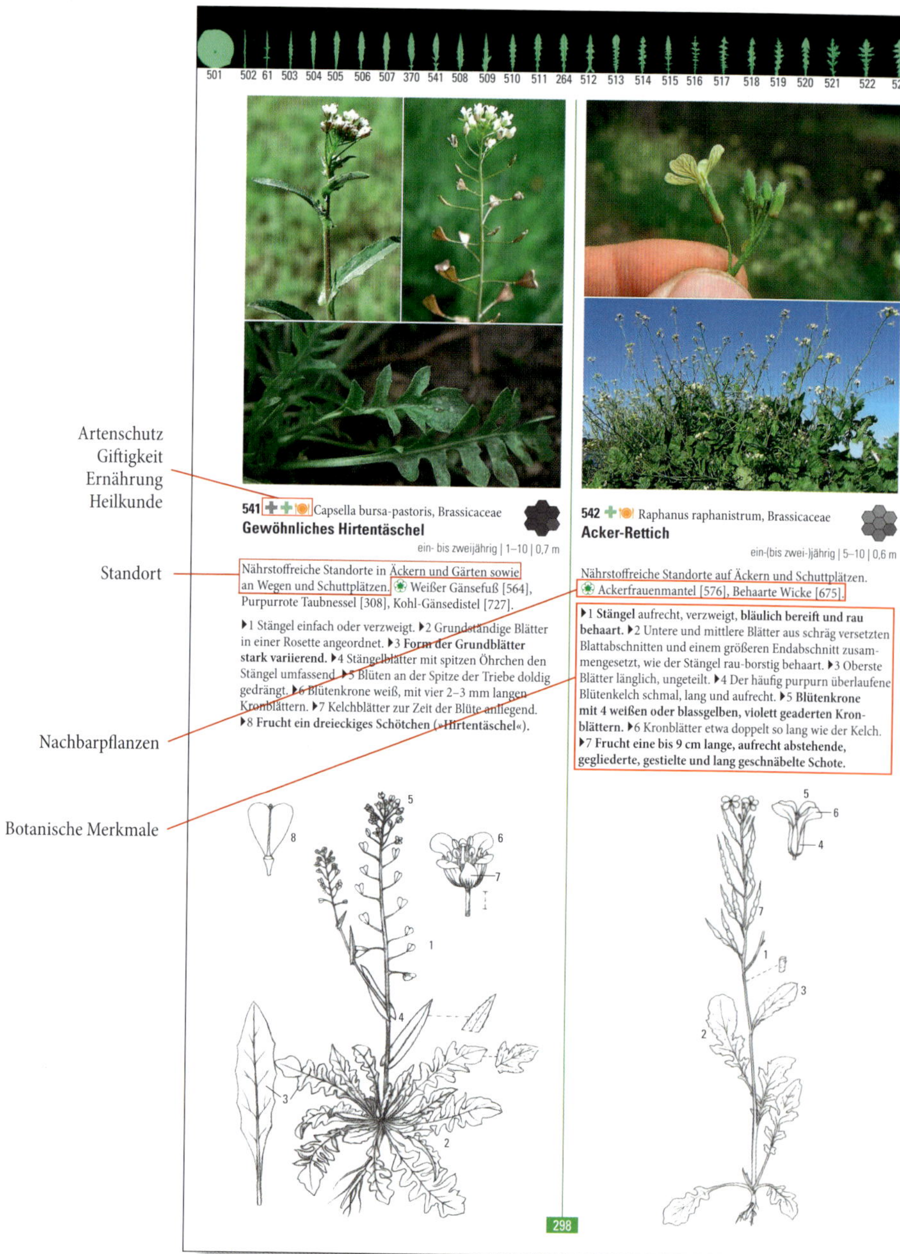


501 502 61 503 504 505 506 507 370 541 508 509 510 511 264 512 513 514 515 516 517 518 519 520 521 522 523

**541** Capsella bursa-pastoris, Brassicaceae

**Gewöhnliches Hirtentäschel**

ein- bis zweijährig | 1–10 | 0,7 m

Nährstoffreiche Standorte in Äckern und Gärten sowie an Wegen und Schuttplätzen. Weißer Gänsefuß [564], Purpurrote Taubnessel [308], Kohl-Gänsedistel [727].

▸1 Stängel einfach oder verzweigt. ▸2 Grundständige Blätter in einer Rosette angeordnet. ▸3 **Form der Grundblätter stark variierend.** ▸4 Stängelblätter mit spitzen Öhrchen den Stängel umfassend. ▸5 Blüten an der Spitze der Triebe doldig gedrängt. ▸6 Blütenkrone weiß, mit vier 2–3 mm langen Kronblättern. ▸7 Kelchblätter zur Zeit der Blüte anliegend. ▸8 **Frucht ein dreieckiges Schötchen (»Hirtentäschel«).**

**542** Raphanus raphanistrum, Brassicaceae

**Acker-Rettich**

ein-(bis zwei-)jährig | 5–10 | 0,6 m

Nährstoffreiche Standorte auf Äckern und Schuttplätzen. Ackerfrauenmantel [576], Behaarte Wicke [675].

▸1 **Stängel** aufrecht, verzweigt, **bläulich bereift und rau behaart.** ▸2 Untere und mittlere Blätter aus schräg versetzten Blattabschnitten und einem größeren Endabschnitt zusammengesetzt, wie der Stängel rau-borstig behaart. ▸3 Oberste Blätter länglich, ungeteilt. ▸4 Der häufig purpurn überlaufene Blütenkelch schmal, lang und aufrecht. ▸5 **Blütenkrone mit 4 weißen oder blassgelben, violett geaderten Kronblättern.** ▸6 Kronblätter etwa doppelt so lang wie der Kelch. ▸7 **Frucht eine bis 9 cm lange, aufrecht abstehende, gegliederte, gestielte und lang geschnäbelte Schote.**

298

Blattformen der auf dieser Seite porträtierten Pflanzen

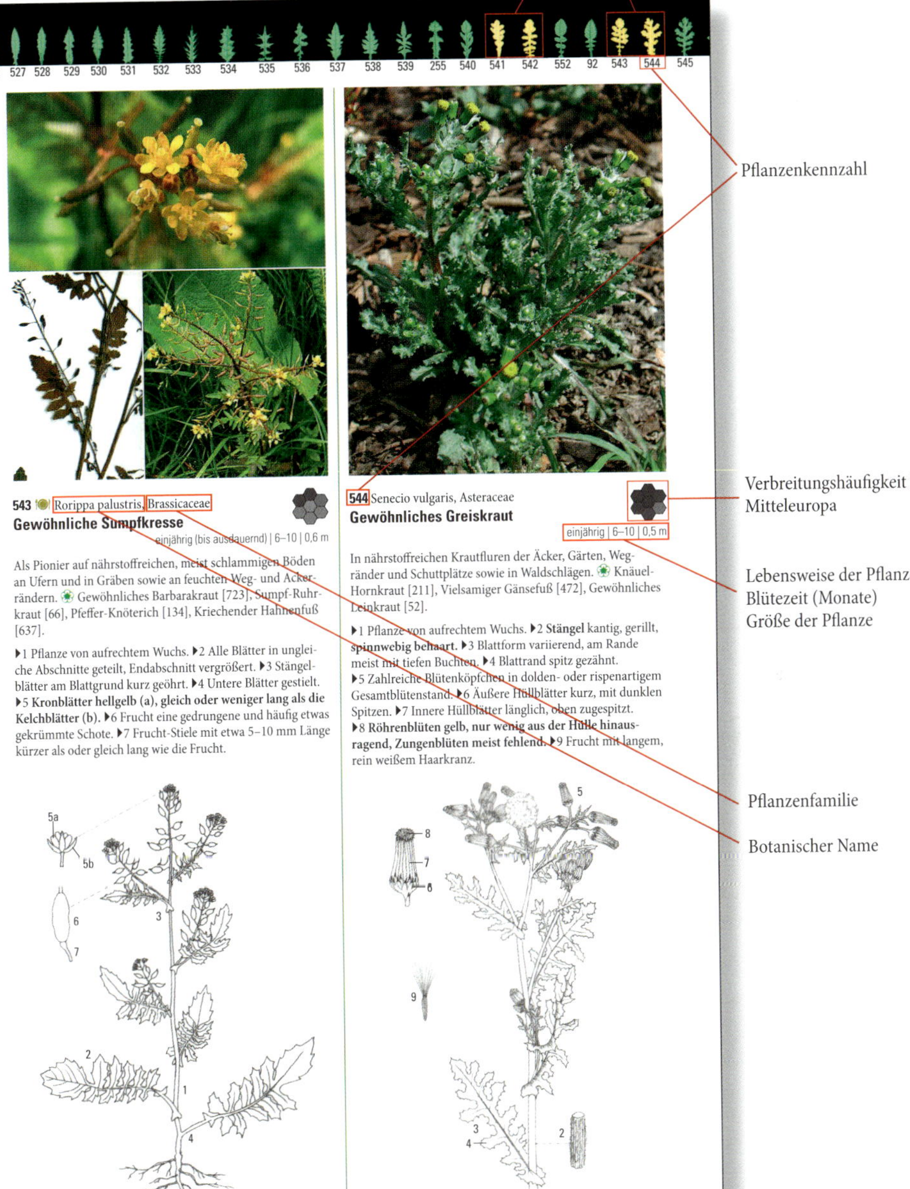


**543** Rorippa palustris, Brassicaceae

**Gewöhnliche Sumpfkresse**

einjährig (bis ausdauernd) | 6–10 | 0,6 m

Als Pionier auf nährstoffreichen, meist schlammigen Böden an Ufern und in Gräben sowie an feuchten Weg- und Ackerrändern. Gewöhnliches Barbarakraut [723], Sumpf-Ruhrkraut [66], Pfeffer-Knöterich [134], Kriechender Hahnenfuß [637].

▸1 Pflanze von aufrechtem Wuchs. ▸2 Alle Blätter in ungleiche Abschnitte geteilt, Endabschnitt vergrößert. ▸3 Stängelblätter am Blattgrund kurz geöhrt. ▸4 Untere Blätter gestielt. ▸5 **Kronblätter hellgelb (a), gleich oder weniger lang als die Kelchblätter (b).** ▸6 Frucht eine gedrungene und häufig etwas gekrümmte Schote. ▸7 Frucht-Stiele mit etwa 5–10 mm Länge kürzer als oder gleich lang wie die Frucht.

**544** Senecio vulgaris, Asteraceae

**Gewöhnliches Greiskraut**

einjährig | 6–10 | 0,5 m

In nährstoffreichen Krautfluren der Äcker, Gärten, Wegränder und Schuttplätze sowie in Waldschlägen. Knäuel-Hornkraut [211], Vielsamiger Gänsefuß [472], Gewöhnliches Leinkraut [52].

▸1 Pflanze von aufrechtem Wuchs. ▸2 **Stängel** kantig, gerillt, **spinnwebig behaart.** ▸3 Blattform variierend, am Rande meist mit tiefen Buchten. ▸4 Blattrand spitz gezähnt. ▸5 Zahlreiche Blütenköpfchen in dolden- oder rispenartigem Gesamtblütenstand. ▸6 Äußere Hüllblätter kurz, mit dunklen Spitzen. ▸7 Innere Hüllblätter länglich, oben zugespitzt. ▸8 **Röhrenblüten gelb, nur wenig aus der Hülle hinausragend, Zungenblüten meist fehlend.** ▸9 Frucht mit langem, rein weißem Haarkranz.

299

Jede Pflanze wird zunächst in einem, manchmal in mehreren typischen Fotos dargestellt.

Unter dem Foto stehen die fortlaufende Pflanzenkennzahl, die Symbole zum Artenschutz **!** sowie weitere Symbole, die die Pflanzen jeweils als Giftpflanze ⊗, Arzneipflanze ✚ oder Speisepflanze 🍽 kennzeichnen (siehe vordere Umschlagklappe). Darauf folgen der botanische Name der Pflanze und der Pflanzenfamilie.

Die Kennzeichnung als Arznei- oder Nahrungspflanze bezieht sich hier nur auf die wichtigsten, bekannten Verwendungen. Sie ist keine Anwendungsempfehlung. Weiterführende Informationen sind dazu unabdingbar. Viele Arzneipflanzen sind giftig, und viele Wildnahrungspflanzen werden erst durch Erhitzen oder eine andere Zubereitung bekömmlich. Unverträglichkeiten, Allergien usw. können nicht ausgeschlossen werden. Daher sollten Sie sich vor einer möglichen Verwendung genauer informieren.

Rechts vom botanischen Namen veranschaulicht ein Symbol die ungefähre Verbreitungshäufigkeit in Mitteleuropa. Es stellt schematisch vereinfacht in Form von Sechsecken sieben geografische Bereiche Mitteleuropas dar: Nord-, Zentral-, Süd-, Nordost-, Südost-, Nordwest- und Südwest-Mitteleuropa. Je dunkler ein Feld dieser Grafik eingefärbt ist, desto häufiger ist die Wahrscheinlichkeit, die entsprechende Pflanze in diesem Gebiet anzutreffen.

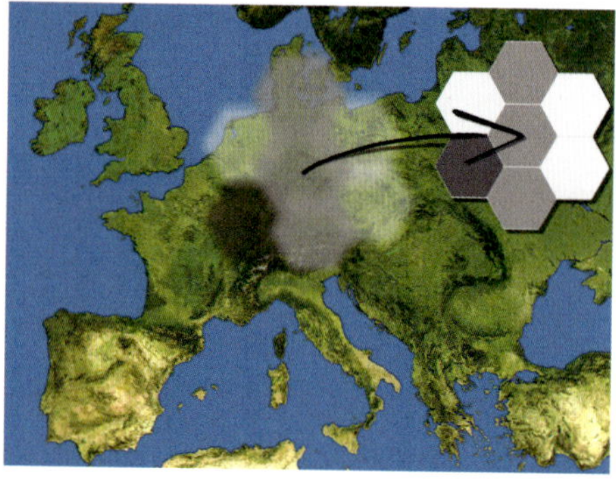

In großer Fettschrift steht anschließend vorne links der gültige deutsche Pflanzenname und dahinter, wo vorhanden, wichtige früher genutzte, synonyme Pflanzennamen (deutsche und botanische) in kleiner Schrift und in Klammern.

In der folgenden Zeile stehen nebeneinander drei Informationen:

1. Die Lebensweise der Pflanze
2. Die Blütezeit der Pflanze in arabischen Ziffern, die den Monaten entsprechen (z. B. 5–6 = Mai bis Juni)
3. Die Größe der Pflanze. In der Regel bezeichnet die Maßangabe die ungefähre Höhe, bis zu der die Pflanze selbstständig aufrecht wachsen kann. Ausnahmen sind in Klammern angegeben.

Mit einem »L« vor der Maßangabe wird die ungefähre Sprosslänge von aufliegenden, schwimmenden oder kletternden Pflanzen bezeichnet, bis zu der diese wachsen können.

Anschließend folgt die Angabe zum Standort, wo die Pflanze bevorzugt wächst.

Nach dem Symbol ❀ werden häufige Nachbarpflanzen aufgeführt. Dies sind Pflanzen, die am gleichen Standort wie die porträtierte Pflanze vorkommen können, jedoch nicht müssen. Es besagt lediglich, dass diese Nachbarpflanzen ähnliche Wachstumsbedingungen benötigen. Durch das Vorkommen der genannten Nachbarpflanzen kann man sich etwas sicherer fühlen, ob der Wuchsort zur gesuchten Pflanzenart passt. Zu jeder Nachbarpflanze wird in eckigen Klammern deren Pflanzenkennzahl genannt. So kann diese Pflanze gleich nachgeschlagen werden.

Dann folgt die Beschreibung der botanischen Merkmale der Pflanze. Die Nummern bei den beschriebenen Merkmalen verweisen auf die Zeichnung, in der die Merkmale visuell erklärt werden. Wichtige Merkmale sind fett gedruckt. Botanische Fachausdrücke werden im Glossar auf Seite 432 ff. näher erläutert.

»o. Abb.« bedeutet, dass das im Text genannte Merkmal in der Skizze ausnahmsweise nicht dargestellt ist.

# Übersicht nach Blütenfarben und Blütenformen

590 501 509 377 446 631 67
141 124 499 367 54 78 424
84 767 123 198 211 488 463
405 250 190 274 210 195 126
127 445 452 166 79 178 612
641 630 578 599 569 690 53
627 311 233 49 220 619 618
623 577 638 624 732 432 639
31 401 23 24 36 37 199

476 213 441 217 291 470 473
756 639 570 219 289 290 56
747 790 682 101 787 804 357
102 519 339 626 610 355 281
312 362 341 497 498 91 112
286 149 285 585 753 90 17
1 27 401 18 197 698 702
582 769 670 777 707 779 774
784 782 778 749 783 780 752
634 788 773 794 688 97 663

771 792 689 772 797 755 796
762 807 711 754 782 781 768
329 766 767 273 668 703 410
442 151 321 431 430 299 785
786 354 588 226 562 309 175
224 667 710 613 617 717 735
705 741 387 169 155 136 142
145 158 128 448 647 589 650
801 110 389 496 133 135 548
216 168 146 147 261 287 288

328
212
204
604
90
632
176
456
660
109
108
366
489
230
491
209
322
222
229
587
241
805
378
69
372
78
379
438
447
77
477
252
358
350
458
713
480
283
575
60
298
344
140
337
490
46
654
30
35
525
61
74
181
536
380
364
182
330
189
215
493
739
369
58
806
331
304
305
332
279

333 461 349 20 483 231 494
156 316 194 196 659 561 253
398 268 150 591 457 407 596
653 59 789 382 756 347 297
475 282 242 165 516 404 237
699 433 451 82 539 518 89
317 292 530 29 26 28 238
554 327 549 154 695 709 481
411 368 139 402 403 408 422
260 761 758 760 306 177 187

397 174 188 300 579 308 271
201 275 244 221 485 464 203
573 560 742 616 718 601 716
334 603 738 736 600 163 353
173 400 144 51 148 116 115
348 657 117 179 649 655 671
580 595 658 730 450 194 50
740 413 434 436 94 236 370
426 510 535 538 514 531 318
534 159 439 720 605 609 21

97
435
687
692
743
592
283
19
345
185
800
409
469
765
583
131
246
227
247
52
336
302
791
170
478
259
294
234
177
306
223
608
607
714
621
614
620
622
726
712
615
733
602
427
454
406
45
325
232
359
453
340
546
83
92
686
700
723
249
540
542
683
557
798
251
725
553
239
87
556

552 388 543 594 759 644 728
537 107 160 572 474 257 704
449 465 482 180 132 487 414
138 731 399 395 137 440 421
269 468 214 500 633 338 629
628 88 719 646 625 643 640
645 425 729 352 637 581 652
636 648 335 313 651 656 635
125 34 32 206 319 153 547
524 559 529 255 504 727 503

114 693 113 384 511 76 506
167 528 527 517 515 508 418
62 507 63 33 324 270 343
523 505 512 520 701 799 394
235 697 162 460 522 691 254
416 243 419 326 48 681 208
563 803 748 479 71 597 594
593 598 111 374 544 521 545
559 793 708 68 795 342 751
708 365 363 642 763 374 375

744 420 346 314 200 393 410
423 205 295 392 265 186 462
120 121 694 65 720 495 105
122 576 661 103 662 129 584
750 533 680 673 669 664 770
776 665 679 678 764 775 666
674 240 119 143 808 25 677
385 676 428 191 40 43 44
42 41 502 16 47 118 15
746 492 183 315 467 171 417

472 564 565 568 567 571 566
584 296 296 225 14 55 745
802 207 444 202 66 72 429
586 263 320 293 376 383 266
550 437 157 396 134 371 10
5 7 4 12 6 13 262
8 9 11 3 38 2 39
323 310 412 192 757 706 280

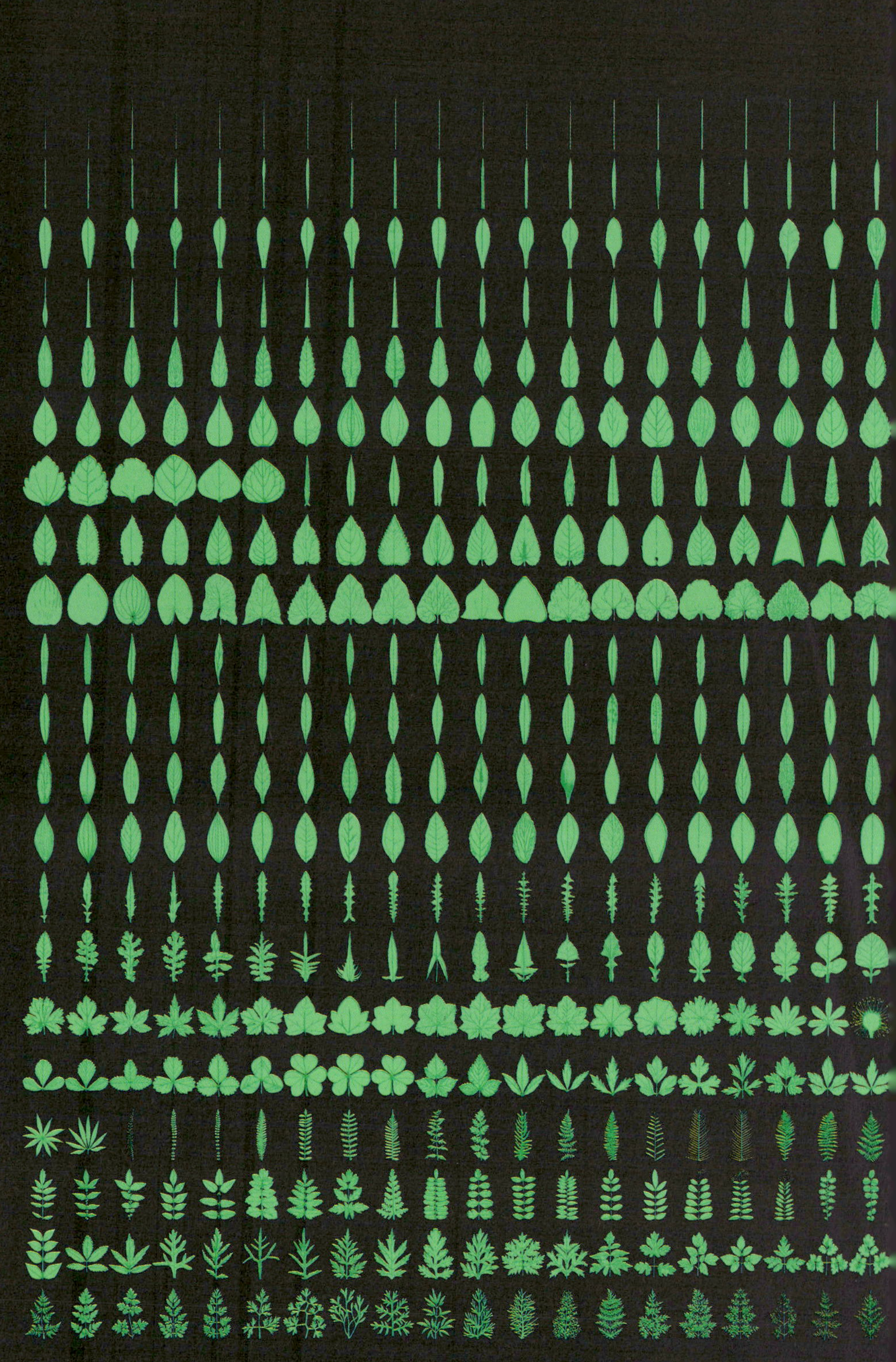

# Die Pflanzenporträts sortiert nach Blattformen

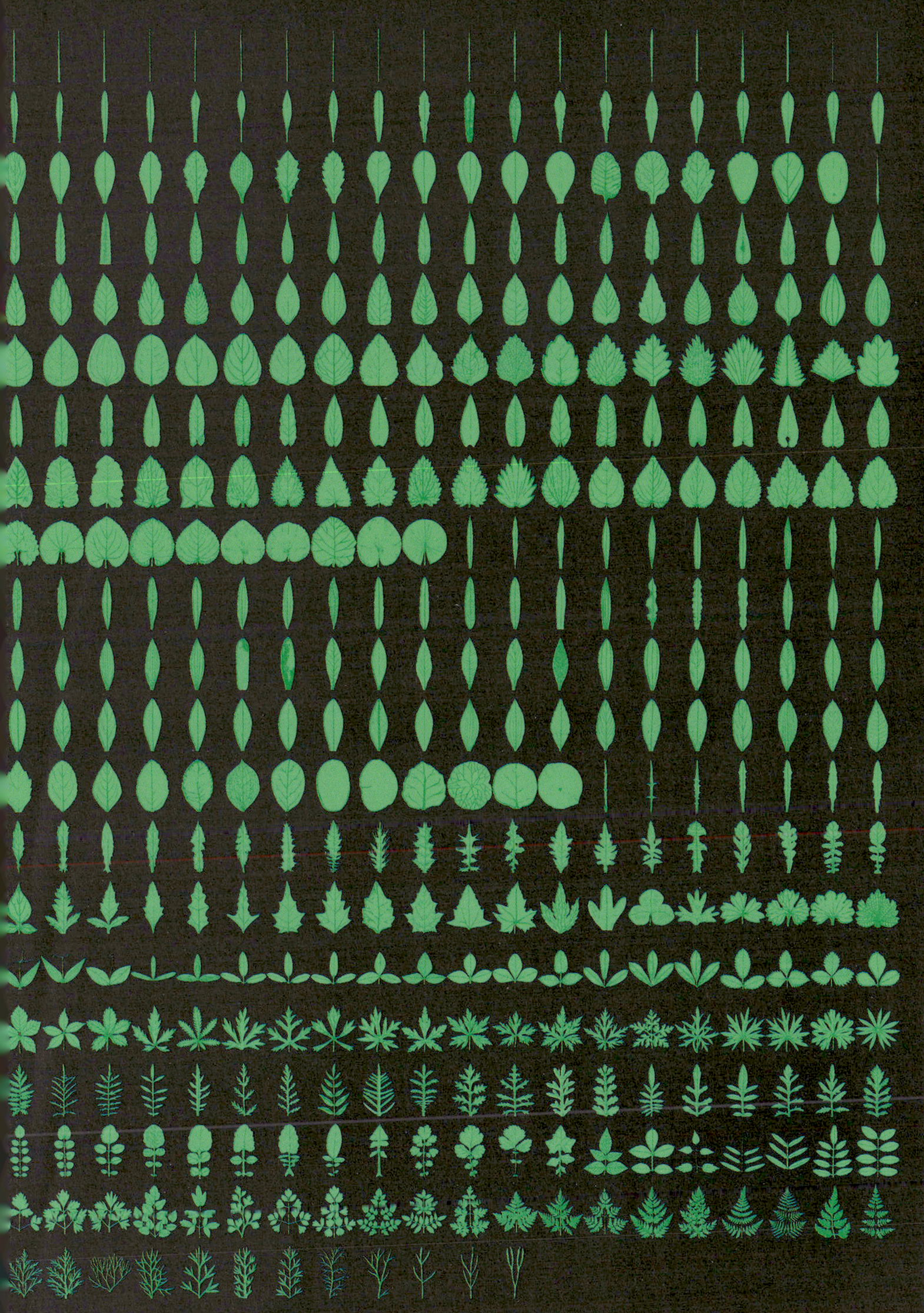

**1** ✚ Eriophorum vaginatum, Poaceae

## Scheidiges Wollgras

mehrjährig | 4–5 | 0,8 m

Als Torfbildner auf stark sauren, nährstoffarmen Standorten in Hochmooren, Moorwäldern, Torfstichen und moorigen Wiesen. ❀ Gewöhnliches Pfeifengras [5], Blutwurz [644], Gewöhnliche Moosbeere [199].

▸1 Pflanze in dichten Horsten, ohne Ausläufer, graugrün. ▸2 Stängel im oberen Teil wie die Blätter dreikantig (a), an der Basis rund (b). ▸3 **Blätter borstenförmig, mit aufgeblasenen Blattscheiden (a).** ▸4 Blütenstand eine endständige, aufrechte, von Schwarz in Silberweiß übergehende, bis 2 cm lange Ähre. ▸5 Kurze Hüllblätter an der Basis des Blütenstandes. ▸**6 Blüten- und Fruchtstand nach der Blüte, wie bei anderen Wollgras-Arten auch, einen weißwolligen Schopf bildend.** ▸7 Die gelbbraune, 2–3 mm lange Frucht scharf dreikantig und vom Wollschopf umhüllt.

**2** ✚✚ Juncus effusus, Juncaceae

## Flatter-Binse

mehrjährig | 6–8 | 1,2 m

An Wegen und Waldschlägen, in nassen Wiesen, Weiden, Auen- und Bruchwäldern sowie an feucht-nassen, teilweise gestörten Stellen, z. B. Fahrspuren, Trittstellen, Aufschüttungen u. Ä. ❀ Sumpf-Hornklee [615], Blutwurz [644], Sumpf-Veilchen [331].

▸**1 Die aufrechten, unverzweigten und unbeblätterten Stängel stets zu mehreren stehend.** ▸**2 Stängel dunkelgrün, röhrenförmig, glänzend und glatt bis fein gerillt.** ▸3 Der scheinbar seitenständige reichhaltige Blütenstand im oberen Drittel der Pflanze. ▸4 Die deutlich gestielten Blüten aus 6 Blütenhüllblättern und (meist) 3 Staubblättern aufgebaut. ▸5 Die Frucht eine eiförmige bis annähernd kugelige Kapsel.

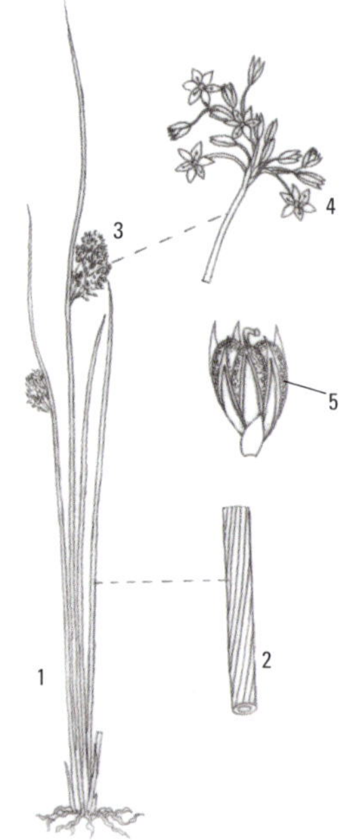

**3** Schoenoplectus lacustris, Cyperaceae

## Gewöhnliche Teichsimse (Seebinse)

mehrjährig | 5–7 | 3 m

Im Ufer-Röhricht stehender (Seen, Teiche, Weiher) oder langsam fließender, nährstoffreicher Gewässer sowie in Gräben und Kiesgruben. In Kläranlagen zur Wasserreinigung gepflanzt. ❀ Weiße Seerose [339], Gewöhnliches Schilf [13], Schwimmendes Laichkraut [191].

▸1 Pflanze mit waagrecht kriechendem, langem Wurzelstock, dem zahlreiche Stängel entspringen. ▸2 Der runde, schwach geriefte und schwach glänzende Stängel ist (gras- bis) dunkelgrün. ▸3 Durchmesser der Stängel bis 1,5 cm. ▸4 **Gesamtblütenstand aus zahlreichen mehrblütigen, ungleich lang gestielten, bis etwa 1 cm langen Ährchen.** ▸5 Blüte mit **3 Narben** (a) und 3 Staubblättern (b). ▸6 Frucht einsamig, (undeutlich) dreikantig, gelb- bis graubraun.

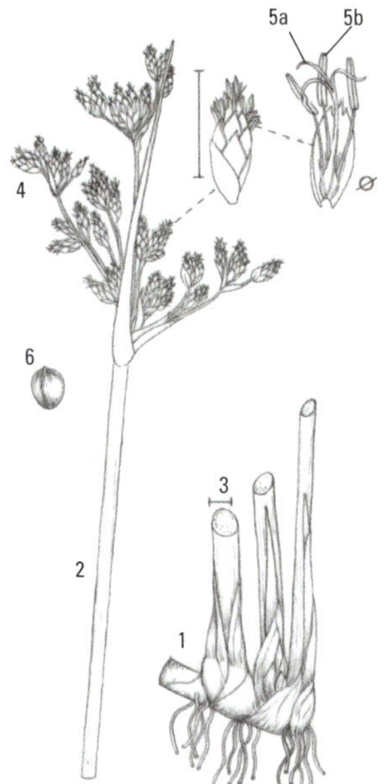

**4** Arrhenatherum elatius, Poaceae

## Glatthafer

mehrjährig | 6–7 | 1,5 m

Kennzeichnende Art für Fettwiesen (Glatthafer-Wiesen) der Tieflagen, zudem an Wegböschungen und -rändern und im Saum von Gebüschen. ❀ Wiesen-Glockenblume [150], Wiesen-Kümmel [796], Wiesen-Pippau [517], Wiesen-Labkraut [361].

▸1 Halme aufrecht, glatt. ▸2 Blattflächen bis 1 cm breit. ▸3 Das **oben gestutzte Blatthäutchen** bis etwa 2 mm lang. ▸4 Blütenrispe aufrecht, bis 25 cm lang. ▸5 Das bis 1 cm lange, glänzende, häufig violett überlaufene Blütenährchen mit einer bis 2 cm langen, geknieten Granne.

**5** Molinia caerulea agg., Poaceae

## Gewöhnliches Pfeifengras (Artengruppe)

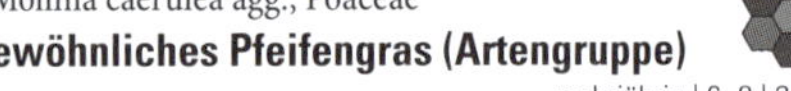

mehrjährig | 6–8 | 2,5 m

Nährstoffarme Standorte in wechselfeuchten oder moorigen Wiesen, an Wegrändern sowie in lichten Wäldern. ❀ Wiesen-Sauerampfer [262], Kümmel-Silge [794], Gewöhnlicher Teufelsabbiss [451].

▶1 Wuchs kräftig, in dicht beblätterten Horsten. ▶2 **Die unverzweigten, aufrechten Halme, außer im untersten Bereich, ohne Knoten.** ▶3 **Die blaugrünen, im Herbst auffälligen (meist) gelben Blätter bis 12 mm breit und bis 90 cm lang.** ▶4 **Ein Haarkranz anstelle des fehlenden Blatthäutchens.** ▶5 Blütenstand eine bis 30 cm lange Rispe. ▶6 Das oft rötlich überlaufene, bis etwa 1 cm lange Blütenährchen (a) mit 1–5 Blüten (b).

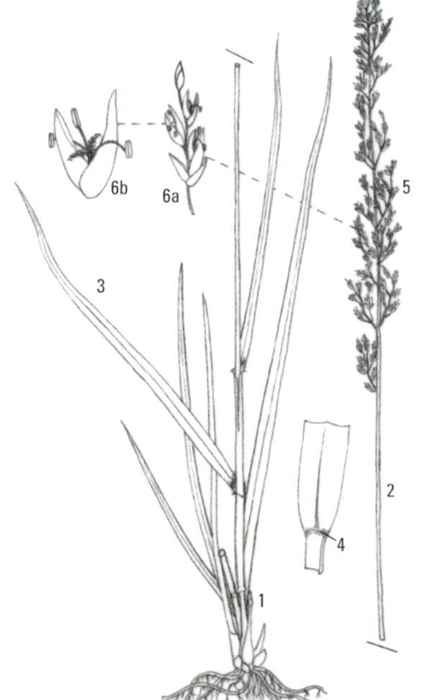

**6** Calamagrostis epigejos, Poaceae

## Sand-Reitgras

mehrjährig | 6–8 | 1,5 m

Als Wurzelkriech-Pionier auf mäßig feuchten und mäßig nährstoffreichen Standorten in Waldlichtungen und Waldschlägen, an Waldwegen, Ufern und Kiesgruben. ❀ Acker-Kratzdistel [510], Gewöhnliche Quecke [10], Gewöhnliches Schilf [13].

▶1 Frischgrüne bis graugrüne Pflanze mit langen Ausläufern. ▶2 Halme rohrartig, aufrecht, bis 1,5 m lang. ▶3 Blätter bis 50 cm lang und bis 1,5 cm breit. ▶4 Blattränder sehr rau. ▶5 Blatthäutchen bis 9 mm lang. ▶6 Blütenstand eine aufrechte, dichte, knäuelig gelappte und **bisweilen rötlich überlaufene**, bis 30 cm lange **Rispe**. ▶7 **Blütenährchen im Unterschied zu vielen anderen Gräsern einblütig.**

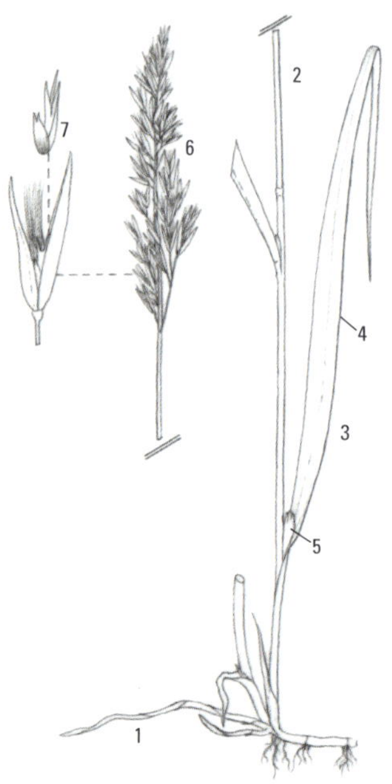

**7** Trisetum flavescens, Poaceae

## Gold-Grannenhafer (Goldhafer)

mehrjährig | 5–7 | 1 m

In Wiesengesellschaften, insbesondere kennzeichnend für Schnittwiesen höherer Lagen. ❀ Wald-Storchschnabel [596], Bärwurz [797], Scharfer Hahnenfuß [652], Rot-Klee [609].

▸1 Die aufrechten, dünnen Halme an den Knoten behaart. ▸2 Blattflächen bis 1 cm breit, oberseits kurz behaart. ▸3 Das gefranste Blatthäutchen nur bis etwa 1 mm lang. ▸4 Die gelbliche Blütenrispe bis 20 cm lang. ▸5 Blütenährchen goldgelb, zahlreich, bis 8 mm lang. ▸6 **Je Ährchen 2–3 Blüten, dadurch die deutlich aus dem Ährchen heraustretenden, bis 8 mm langen, geknieten Grannen (a) ebenfalls zu 2–3.**

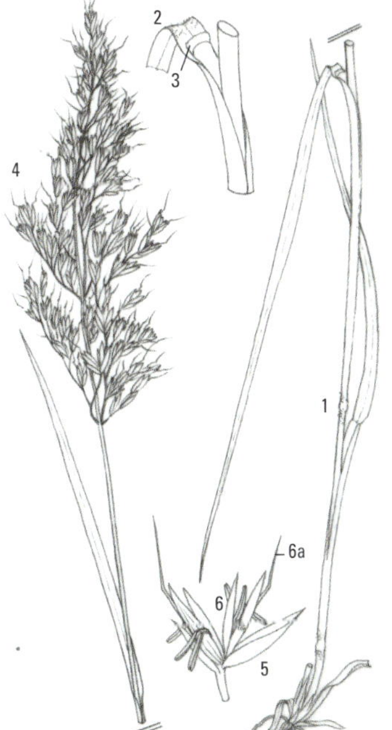

**8** Carex pendula, Cyperaceae

## Hänge-Segge

mehrjährig | 5–6 | 1,5 m

Feucht-nasse, teils quellige Standorte in Fahrspuren, an Waldwegen und Quellbereichen sowie in Erlen-Eschen-Auenwäldern. ❀ Sumpf-Dotterblume [335], Großes Springkraut [478], Flatter-Binse [2].

▸1 Im Unterschied zu einigen anderen Seggen-Arten horstig wachsend, ohne weit kriechende Ausläufer. ▸2 Stängel dreikantig. ▸3 Die bogig überhängenden Blätter bis 1,5 cm breit, im Querschnitt an ein Doppeldach erinnernd. ▸4 Eine endständige männliche (a) und 3–7 hängende weibliche (b) Blütenähren. ▸5 Die kompakten, reichhaltigen, bis 10 cm langen weiblichen Blüten- und Fruchtähren voneinander entfernt stehend.

**9** ✚ Dactylis glomerata agg., Poaceae

## Gewöhnliches Knaulgras (Artengruppe)

(Gewöhnliches Knäuelgras) mehrjährig | 5–7 | 1,5 m

Nährstoffreiche Standorte in Wiesen, an Weg- und Waldrändern und in Laubmischwäldern. ❀ Wiesen-Schafgarbe [663], Wiesen-Kerbel [779], Gewöhnlicher Bärenklau [752].

▸1 Die kräftige Pflanze horstig wachsend. ▸2 **Halme an der Basis flach zusammengedrückt (a),** mit 3–5 Knoten (b). ▸3 Am Übergang vom Blatt zum Halm ein **bis etwa 5 mm langes, zum Teil zerschlitztes Blatthäutchen.** ▸4 **Blätter bis etwa 1 cm breit.** ▸5 Die zur Blütezeit ausgebreitete Blütenrispe bis 30 cm lang. ▸6 Blütenährchen teils rötlich überlaufen, zu 2–5, (je nach Unterart) in **knäueligen Teilblütenständen**.

**10** ✚✚ Elymus repens, Poaceae

## Gewöhnliche Quecke

(Agropyron repens, Elytrigia repens) mehrjährig | 6–8 | 1,5 m

Nährstoffreiche Standorte in Gärten und Äckern, an Schuttplätzen, Dämmen, Ufern und Wegrändern. ❀ Sand-Reitgras [6], Acker-Hornkraut [250], Gewöhnliches Knaulgras [9], Gewöhnliche Sichelmöhre [807].

▸1 Pflanze mit langen, unterirdischen Ausläufern. ▸2 Blätter bis 1 cm breit, oberseits rau und oft bläulich überlaufen. ▸3 Blatthäutchen sehr kurz. ▸4 **Am Grund des Blattes schmale Öhrchen, die den Stängel umfassen.** ▸5 Blütenstand bis etwa 15 cm lang. ▸6 Die zweizeilig am Stängel angeordneten Blütenährchen fünf- bis siebenblütig.

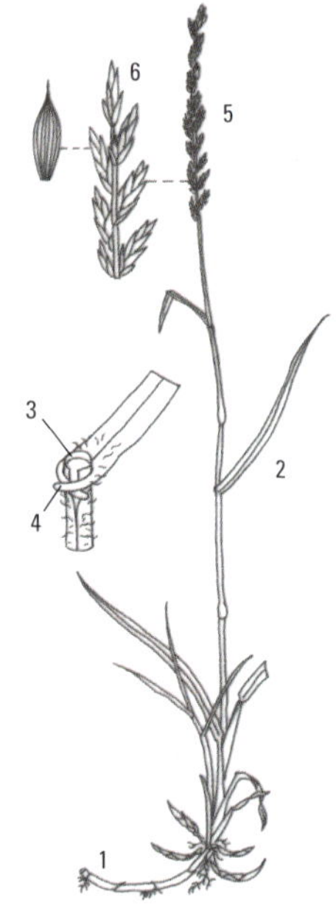

**11** Scirpus sylvaticus, Cyperaceae

## Wald-Simse

mehrjährig | 5–8 | 1 m

Nährstoffreiche, quellig-sumpfige Standorte in Auwäldern und Nasswiesen. ❀ Schlangen-Wiesenknöterich [147], Sumpf-Dotterblume [335], Rauhaariger Kälberkropf [755].

▸1 Die hellgrüne Pflanze mit unterirdischen Ausläufern. ▸2 Stängel dreikantig (a), hohl, unter dem Blütenstand etwas rau (b). ▸3 Blätter am Rande (a) und am Kiel (b) rau, bis annähernd 2 cm breit. ▸4 Blattscheiden locker den Stängel umfassend. ▸5 **Blütenstand ausladend und weit verzweigt.** ▸6 Die graugrünen Blütenährchen in köpfchenartigen, an einem gemeinsamen Stiel sitzenden Teilblütenständen. ▸7 Blüte mit 3 Narben (a) und 3 Staubblättern (b). ▸8 Die eiförmig-dreikantige Frucht nur bis 1 mm lang.

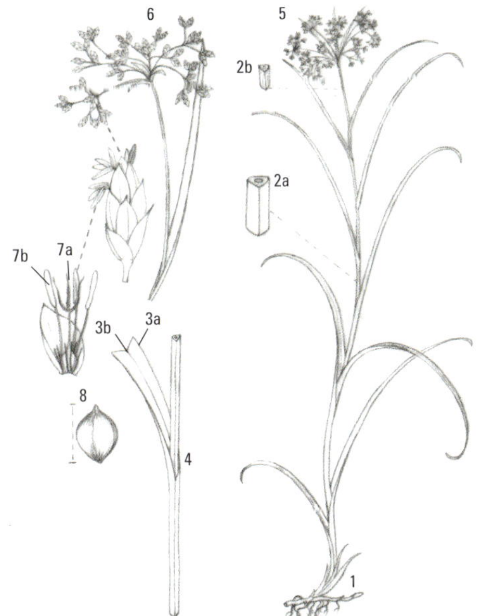

**12** Phalaris arundinacea, Poaceae

## Rohr-Glanzgras

mehrjährig | 6–8 | 2 (–2,5) m

Im Röhricht fließender und stehender Gewässer mit schwankendem Wasserstand, an Sickerquellen und im Erlen-Eschen-Auenwald. ❀ Echtes Mädesüß [703], Bach-Nelkenwurz [730], Arznei-Baldrian [702].

▸1 Pflanze mit weit kriechenden unterirdischen Ausläufern. ▸2 Der rohrartige, glatte Stängel steif aufrecht. ▸3 Blätter bis 35 cm lang und 2 cm breit. ▸4 **Im Unterschied zum Gewöhnlichen Schilf [13] mit einem Blatthäutchen zwischen Blattgrund und Stängel.** ▸5 Das vorne oft zerschlitzte Blatthäutchen bis annähernd 1 cm lang. ▸6 Der bis 20 cm lange, oft rötlich überlaufene Blütenstand aus zahlreichen knäuelig gehäuften Ährchen zusammengesetzt. ▸7 **Blütenährchen im Unterschied zum Gewöhnlichen Schilf nur einblütig.**

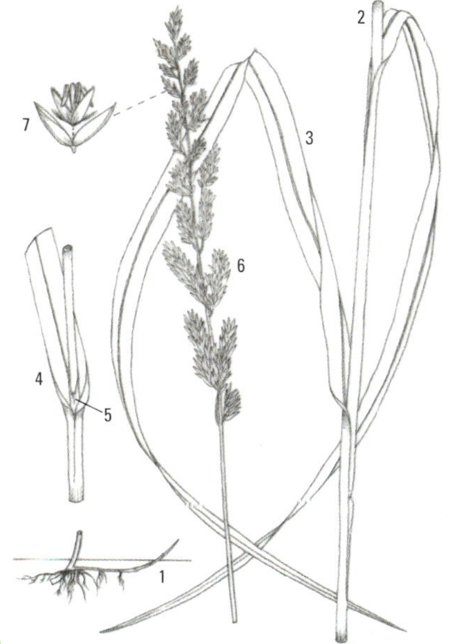

13  Phragmites australis, Poaceae

## Gewöhnliches Schilf

mehrjährig | 7–9 | 4 m

Als bestandsbildende Röhrichtpflanze in stehenden bis langsam fließenden Gewässern bis 1 m Wassertiefe, an Ufern, in Moorwiesen sowie in Auen- und Bruchwäldern. ❀ Behaartes Weidenröschen [400], Gewöhnlicher Blutweiderich [148], Breitblättriger Rohrkolben [15].

▸1 Pflanze mit weit kriechenden Ausläufern (o. Abb.). ▸2 Der steif aufrecht wachsende **Stängel bis 2 cm im Durchmesser.** ▸3 **Blattbasis im Unterschied zum Rohr-Glanzgras [12] mit Wimpernkranz.** ▸4 Die graugrünen **Blätter bis 4 cm breit und bis 1 m lang.** ▸5 Blütenstand eine vielblütige, **bis 50 cm lange**, etwas überhängende und einseitswendige, häufig braun-violett überlaufene **Rispe.** ▸6 Das schmal-längliche Blütenährchen drei- bis siebenblütig.

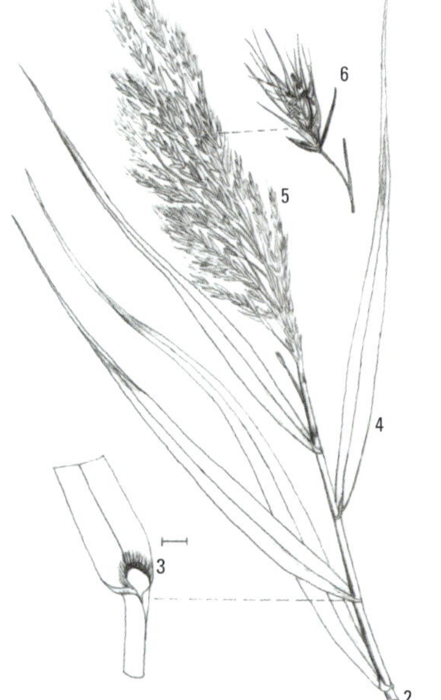


14 Sparganium erectum, Typhaceae

## Ästiger Igelkolben

mehrjährig | 7–9 | 1,2 m

In Gräben und im Uferröhricht stehender, flacher, meist kalkhaltiger Gewässer bis 0,5 m Wassertiefe. ❀ Kleine Wasserlinse [498], Gewöhnliches Schilf [13], Wasser-Sumpfkresse [92].

▸1 **Wasserpflanze mit untergetauchten Ausläufern, kräftig.** ▸2 **Blätter und Blütenstängel steif aufrecht wachsend und im Unterschied zum Einfachen Igelkolben [17] nie auf der Wasseroberfläche schwimmend (flutend).** ▸3 Querschnitt der schmalen, **bis 15 mm breiten Blätter** dreikantig. ▸4 **Gesamtblütenstand verzweigt,** Blütenköpfchen kugelig. ▸5 Blütenköpfchen jeweils mit weiblichen(a) oder männlichen (b) Blüten, die weiblichen Köpfchen unten angeordnet. ▸6 Früchte geschnäbelt, stark kantig, mit Schnabel **bis etwa 1 cm lang.** ▸7 **Fruchtkern mit 6–11 Rippen.**

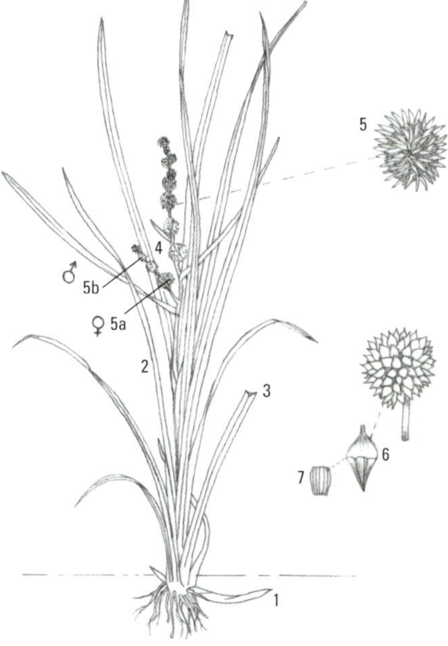

15 Typha latifolia, Typhaceae

## Breitblättriger Rohrkolben

mehrjährig | 6–7 | 3 m

In artenarmen Röhrichtgesellschaften stehender oder langsam fließender Gewässer. Ufer-Wolfstrapp [532], Rohr-Glanzgras [12], Gewöhnliches Schilf [13].

▸1 Pflanze mit weit kriechenden unterirdischen Ausläufern. ▸2 **Blätter blaugrün, bis 2 cm breit.** ▸3 Weiblicher Blüten- und Fruchtstand ein bis 20 cm langer, dunkelbrauner bis schwarzbrauner Kolben. ▸4 Männlicher Kolben durch Hochblätter gegliedert. ▸5 Die Kolben meist ohne Abstand direkt aneinander angrenzend.

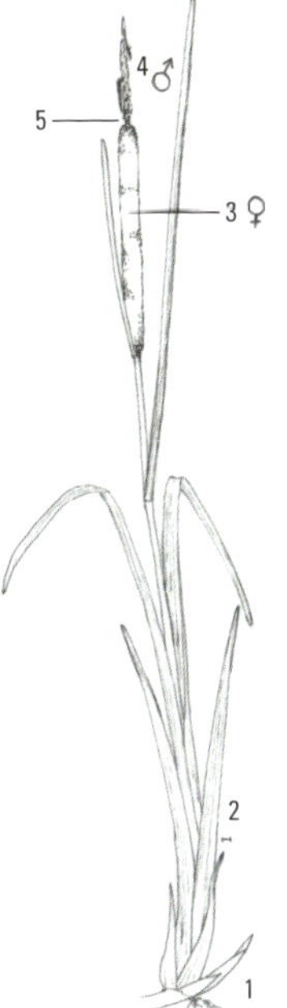

16 Acorus calamus, Acoraceae

## Kalmus

mehrjährig | 5–7 | 1,5 m

Zerstreut in Röhricht- und Großseggenbeständen und an Ufern stehender bis langsam fließender Gewässer. Berle [670], Rohr-Glanzgras [12], Gewöhnliches Schilf [13].

▸1 Wurzelstock kriechend, bis 3 cm dick, aromatisch riechend. ▸2 Stängel dreikantig, an der Basis häufig rötlich. ▸3 **Die schwertförmigen Blätter zweizeilig am Stängel angeordnet.** ▸4 Breite der Blätter bis 15 mm. ▸5 **Blütenstand ein endständiger, bis 8 cm langer, dichtblütiger Kolben.** ▸6 Blütenhülle sechsblättrig, mit kapuzenförmig ausgebildeten gelbgrünen Blütenhüllblättern (Perigonblättern, a) und 6 Staubblättern (b). ▸7 Fruchtknoten im Querschnitt mit 3 Kammern.

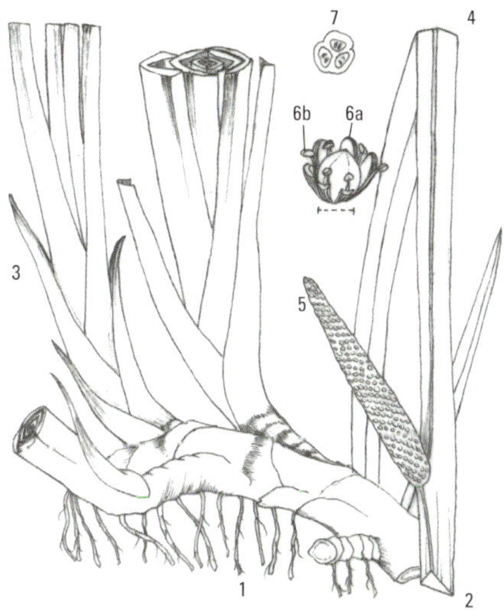

**17** Sparganium emersum, Typhaceae

## Einfacher Igelkolben

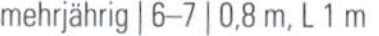

mehrjährig | 6–7 | 0,8 m, L 1 m

In langsam fließenden, nährstoffreichen Gewässern über schlammigem Grund. ❀ Berle [670], Schwanenblume [18], Gewöhnliches Pfeilkraut [551].

▸1 **Wasserpflanze mit häufig auf der Wasseroberfläche schwimmenden (flutenden) Stängeln und Blättern.** ▸2 Blätter hellgrün, bis 12 mm breit, gekielt (a), flutende Blätter mit hervortretender Mittelrippe (b). ▸3 **Gesamtblütenstand unverzweigt.** ▸4 Blüten- und Fruchtköpfchen bis 2 cm im Durchmesser. ▸5 Blütenköpfchen jeweils mit weiblichen (a) oder männlichen Blüten (b), die weiblichen Köpfchen unten angeordnet und gestielt. ▸6 Frucht in eine lange schnabelartige Spitze verlängert, insgesamt bis 8 mm lang. ▸7 **Fruchtkern ohne Längsrippen.**

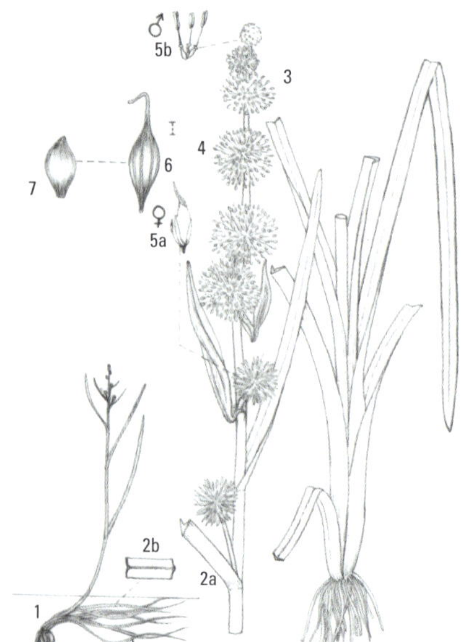

**18 ! ✚** Butomus umbellatus, Butomaceae

## Schwanenblume

mehrjährig | 6–8 | 1,5 m

In nährstoffreichen, flachen, langsam fließenden Gewässern sowie an Ufern und Gräben. ❀ Rohr-Glanzgras [12], Wasser-Sumpfkresse [92], Einfacher Igelkolben [17].

▸1 Rhizom kriechend, weiß, bis 1 cm dick.
▸2 **Blätter bis 1 cm breit und bis etwa einen Meter lang, oben spitz zulaufend.** ▸3 **Blütenstängel** rund, **die Blätter an Höhe noch überragend.** ▸4 Blütenstand doldenartig, mit bis zu **30 rötlich-weißen, dunkel geaderten Blüten** (a) und 3 Hochblättern (b). ▸5 Blütenstiele bis 10 cm lang und somit deutlich länger als die Blüten. ▸6 9 Staubblätter (a) und 6 am Grund verwachsene Früchtchen (b).

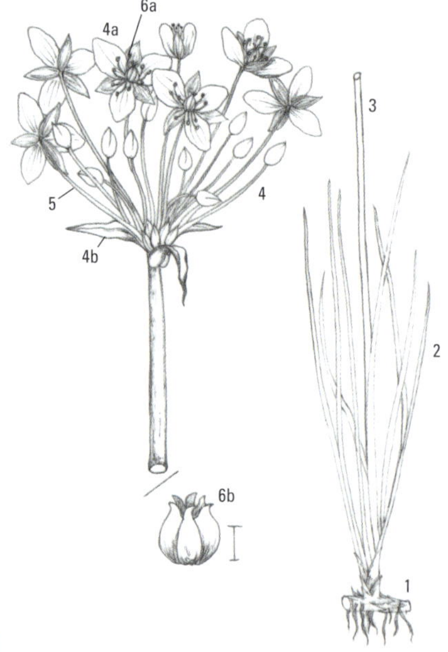

**19 !** Hemerocallis fulva, Hemerocallidaceae

## Rotgelbe Taglilie

mehrjährig | 6–7 | 1,2 m

Kultiviert und in Weinbergen, Wiesen und Auen verwildert. ❀ Gewöhnliche Betonie [271], Echtes Mädesüß [703], Gewöhnliches Pfeifengras [5].

▸1 **Wurzeln knollenförmig verdickt, fleischig.** ▸2 **Blätter grundständig, bis 60 cm lang und bis 3 cm breit.** ▸3 Blattmitte deutlich gekielt. ▸4 Blütenstand eine endständige Traube mit bis zu 20 Blüten. ▸5 **Blüte rötlich, trichterförmig, groß, bis etwa 10 cm lang.** ▸6 Blütenhülle aus 6 Perigonblättern gebildet. ▸7 6 Staubblätter, herabgebogen, am Ende aufsteigend. ▸8 1 Griffel. ▸9 **Frucht eine dreifächerige, fleischige Kapsel.** ▸10 Samen schwarz glänzend, kantig.

**20 !!** ⊗ Iris sibirica, Iridaceae

## Sibirische Schwertlilie

mehrjährig | 6 | 1 m

In periodisch überschwemmten oder moorigen Wiesen sowie an Gräben. ❀ Gewöhnlicher Wasserdost [632], Flatter-Binse [2], Gewöhnlicher Gilbweiderich [468].

▸1 Stängel zierlich, hohl, rundlich geformt. ▸2 Blätter schmal länglich, in der Form gras- bis schwertartig, deutlich kürzer als der Stängel. ▸3 **Blattbreite bis 1 cm.** ▸4 Blüten gestielt (a), zu 1–3 am Ende der Stängel angeordnet (b). ▸5 **Blütenkrone von (blau)violetter Grundfarbe.** ▸6 **Äußere Kronblätter im Unterschied zur Deutschen Schwertlilie** [349] **ohne bartartige Fransen auf der Blattoberseite.** ▸7 **Basis der bis 5 cm langen, äußeren Kronblätter bunt geadert.** ▸8 Frucht eine lang gestielte, bis etwa 4 cm lange, annähernd zylindrische Kapsel.

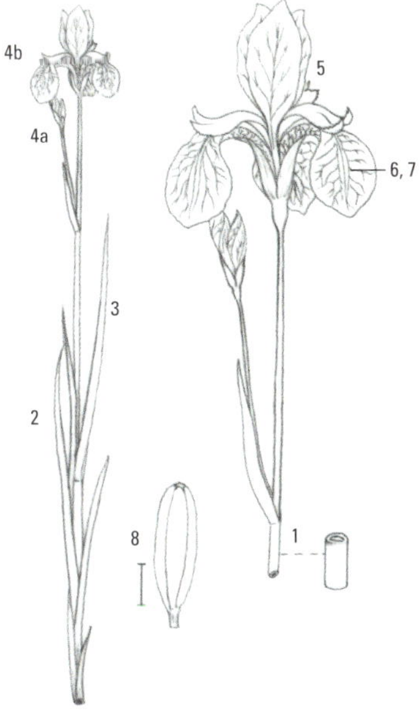

**21** ! Armeria maritima, Plumbaginaceae

## Gewöhnliche Grasnelke

mehrjährig | 5–9 | 0,5 m

Sandige, felsige und kiesige, waldfreie Standorte auf Kies- und Schotterbänken größerer Gewässer und in Trockenrasen. ❀ Karthäuser-Nelke [115], Zypressen-Wolfsmilch [342], Echtes Labkraut [340], Körnchen-Steinbrech [578].

▸1 Anordnung der Blätter in einer grundständigen Rosette. ▸2 **Blätter schmal lineal, bis etwa 10 cm lang und nur etwa 2 mm breit.** ▸3 Jede Rosette mit 1–3 aufrechten, rundlichen, glatten, blaugrünen Blütenschäften. ▸4 Blütenköpfe kugelig, bis 2 cm breit. ▸5 Grünliche, zugespitzte Hochblätter. ▸6 Blütenkelch behaart, oben mit häutigem Saum (a) und 5 langen, feinen Grannen (b). ▸7 Kronblätter rosa bis purpur, oben etwas eingebuchtet.

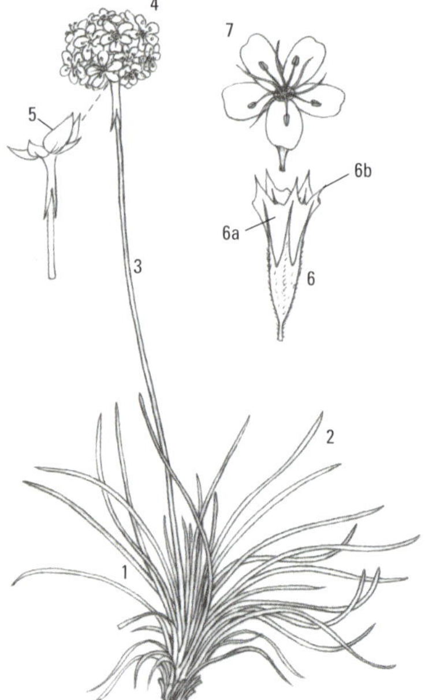


**22** ✚✚ Asparagus officinalis, Asparagaceae

## Gemüse-Spargel

mehrjährig | 6–7 | 0,2 m

Trocken-warme, mäßig nährstoffreiche Standorte an Weg- und Straßenrändern, Flussufern, Schuttplätzen und in Weinbergen auf lockeren Sand-, Kies- oder Lößböden. ❀ Feld-Beifuß [802], Feinstrahl-Berufkraut [357], Kratzbeere [630].

▸1 Aus einem **horizontal wachsenden Wurzelstock steifaufrechte, als Gemüse b**ekannte junge Triebe bildend. ▸2 Stängel aufrecht, reich verzweigt. ▸3 **Die gebüschelt den Achseln von Schuppenblättern entspringenden Laubblätter fein nadelförmig.** ▸4 **Blütenkrone weißlich bis blassgelb, glockig geformt,** einzeln an einem dünnen, gegliederten Stiel hängend. ▸5 Blüte mit 6 Staubblättern. ▸6 **Frucht eine bis etwa 1 cm große, leuchtend rote Beere.**

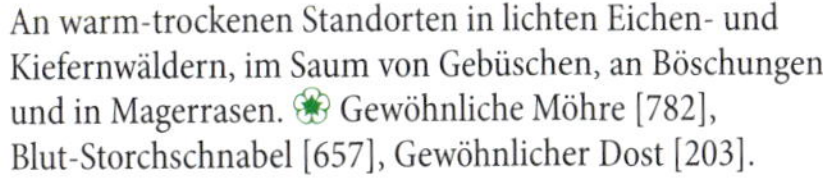

**23 !** Anthericum ramosum, Anthericaceae

## Ästige Graslilie

mehrjährig | 6–8 | 0,8 m

An warm-trockenen Standorten in lichten Eichen- und Kiefernwäldern, im Saum von Gebüschen, an Böschungen und in Magerrasen. ❀ Gewöhnliche Möhre [782], Blut-Storchschnabel [657], Gewöhnlicher Dost [203].

▸1 **Blätter grasartig,** bis etwa 5 mm breit. ▸2 **Im Unterschied zur Trauben-Graslilie [24] sind die Blätter mit etwa 30 cm Länge meist deutlich kürzer als der Stängel.** ▸3 Stängel häufig mit einem Blatt unterhalb des Blütenstandes. ▸4 Blütenstand eine breit verzweigte Rispe. ▸5 6 weiße Blütenhüllblätter (Perigonblätter), jeweils bis 14 mm lang. ▸6 **Staubblätter annähernd so lang wie die Blütenhüllblätter.** ▸7 **Griffel meist gerade.** ▸8 Fruchtkapsel kugelig, stumpf, bis 6 mm lang.

**24 !** Anthericum liliago, Anthericaceae

## Trauben-Graslilie

mehrjährig | 5–6 | 0,6 m

An warm-trockenen und lichten Standorten im Saum von Gebüschen, in Eichen- und Kiefernwäldern, an Böschungen und in Trockenrasen und Felsfluren. ❀ Berg-Aster [404], Blut-Storchschnabel [657], Hirsch-Haarstrang [780].

▸1 Blätter grundständig angeordnet, grasartig, schmal, bis etwa 5 mm breit. ▸2 Blütenstängel aufrecht, blattlos oder mit wenigen Blättern (a). ▸3 **Blütenstand eine meist unverzweigte Traube.** ▸4 **Blütenhülle (Perigon) groß, bis 5 cm im Durchmesser.** ▸5 Drei Längsstreifen durchziehen jedes der weißen Blütenhüllblätter. ▸6 **Staubblätter deutlich kürzer als die Blütenhüllblätter.** ▸7 **Griffel oberseits gekrümmt.** ▸8 Fruchtkapsel kantig, spitz, bis etwa 10 mm lang.

**25** Potamogeton pectinatus, Potamogetonaceae

## Kamm-Laichkraut

mehrjährig | 6–8 | L 3 m

In meist kalkreichen, stehenden oder langsam fließenden Gewässern wie Gräben, Bächen, Flüssen, Altwässern, Tümpeln und Seen. ❀ Raues Hornblatt [808], Quirl-Tausendblatt [676], Wasser-Knöterich [261].

▸1 Wasserpflanze mit stark gabelig verzweigtem Stängel. ▸2 Form der Blätter schmal länglich, wie der Stängel **fadenförmig**, bis 15 cm lang und nur bis 2 mm breit. ▸3 Blattenden lang zugespitzt. ▸4 Blätter mit 1–3 Längsnerven. ▸5 Am Grund der Blätter bis etwa 5 cm lange, den Stängel dicht umschließende Blattscheiden. ▸6 **Blütenstand eine bis 5 cm lange, unterbrochene Ähre.** ▸7 Teilfrucht schief eiförmig, gelbbraun, bis etwa 4 mm lang.

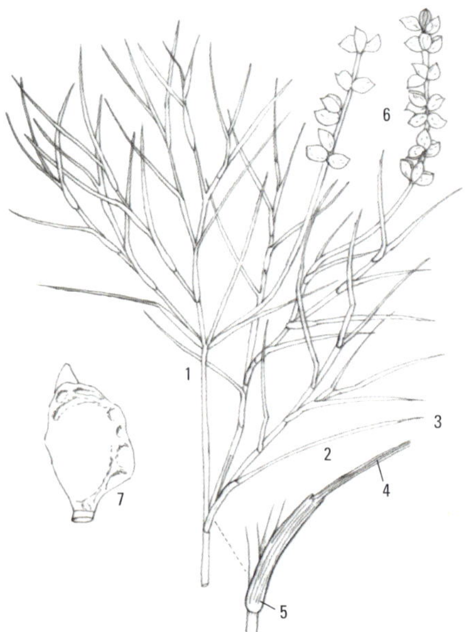

**26** ! Allium lusitanicum, Alliaceae

## Berg-Lauch

mehrjährige Zwiebelpflanze | 7–8 | 0,7 m

Basen- und meist kalkreiche, flachgründige Standorte in Fels- und Trockenrasen auf steinigen Böden sowie in Felsspalten. ❀ Blut-Storchschnabel [657], Weiße Fetthenne [415].

▸1 **Stängel kantig.** ▸2 Blätter im Querschnitt rinnig, nicht gekielt, bis 4 mm breit. ▸3 **Blütenstiele annähernd dreimal so lang wie die Blüte.** ▸4 **Hüllblätter des Blütenstands deutlich kürzer als die Blütenstiele und den Blütenstand nicht überragend.** ▸5 Blütenstand rundlich, dicht. ▸6 Blütenkrone rötlich, ohne Brutzwiebeln. ▸7 Staubblätter aus der Blüte herausragend. ▸8 Frucht eine dreifächerige Kapsel.

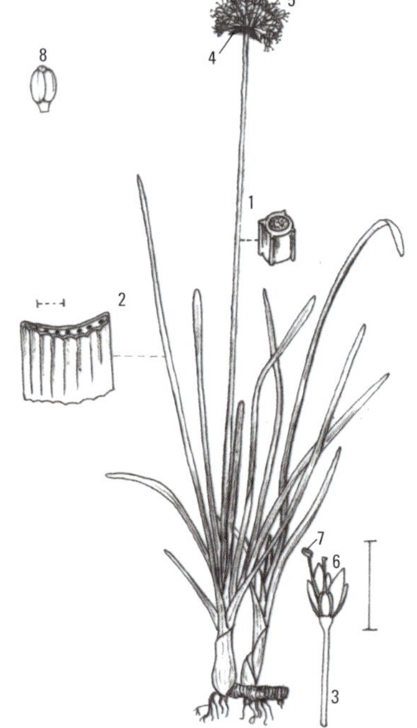

**27** Allium oleraceum, Alliaceae

## Gemüse-Lauch (Kohl-Lauch)

mehrjährige Zwiebelpflanze | 6–7 | 0,8 m

Wärmebegünstigte, nährstoff- und meist kalkreiche Standorte in Weinbergen, an Wegböschungen und an trockenen Säumen. Gewöhnliche Möhre [782], Dornige Hauhechel [617], Kleine Pimpinelle [711].

▸1 Zwiebeln bis etwa 2 cm lang. ▸2 Stängel im Durchmesser rund. ▸3 2–5 schmale, zur Blütezeit vertrocknende Blätter in der unteren Hälfte des Stängels. ▸4 **Blätter im Durchmesser rinnig, hohl und bis annähernd 5 mm breit.** ▸5 **Die lang gestielten Blüten in doldenartiger Anordnung und mit dunkelroten Brutzwiebeln an der Basis.** ▸6 **Blütenstiele ungleich lang.** ▸7 **Die an der Basis des Blütenstandes befindliche Blütenhülle mit langen, teils krautigen, unten verbreiterten Hüllblättern.** ▸8 Die rötliche oder weißlichgrüne Blüte mit 6 Staubblättern. ▸9 Frucht eine Kapsel mit meist 6 Samen.

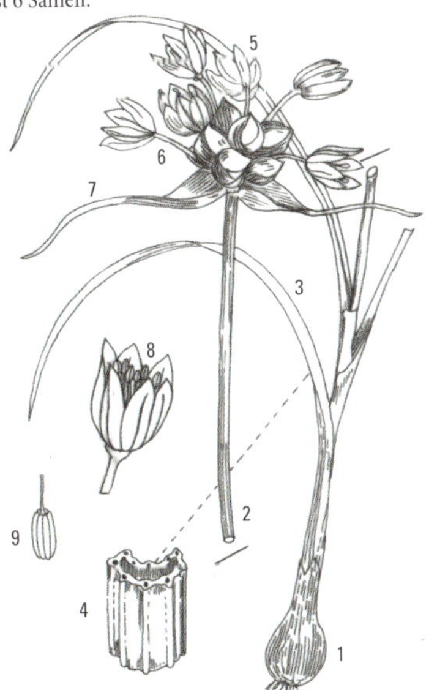

**28** Allium vineale, Alliaceae

## Weinbergs-Lauch

mehrjährige Zwiebelpflanze | 6–8 | 0,7 m

Nährstoffreiche, sonnige Plätze in Weinbergen sowie an Gebüsch- und Wegrändern. Sonnenwend-Wolfsmilch [111], Purpurrote Taubnessel [308], Dolden-Milchstern [31].

▸1 Zwiebel häutig umhüllt, mit Nebenzwiebeln (a). ▸2 Stängel aufrecht, schlank, beblättert. ▸3 Blattstiele mit Rippen (a), im Querschnitt rinnig (b). ▸4 Hüllblätter in etwa so lang wie der Blütenstand. ▸5 **Rundliche Blütenköpfchen aus zahlreichen Brutzwiebeln.** ▸6 **Blüten bis 2,5 cm lang gestielt.** ▸7 Blütenhülle aus roten Hüllblättern (a), äußeren (b) und inneren, lang gezähnten Staubblättern (c).

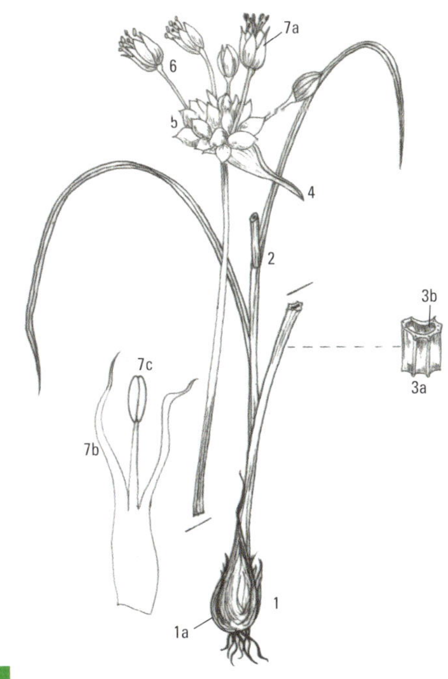

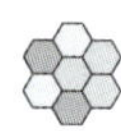

**29** Allium schoenoprasum, Alliaceae

## Schnittlauch

mehrjährige Zwiebelpflanze | 5–8 | 0,3 m

Nährstoffreiche Standorte an Flussufern, auf feuchtem Steinschutt und in feucht-nassen Wiesen. ❀ Kohl-Kratzdistel [547], Gewöhnliches Pfeifengras [5], Kriechender Hahnenfuß [637].

▸1 Zwiebel dünnhäutig, von schmal-länglicher Form. ▸2 Der runde Stängel im unteren Bereich von einer Blattscheide umhüllt. ▸3 **Blätter glatt, rund, röhrenförmig**, innen hohl, bis 5 mm breit. ▸4 **Blütenstand dicht kugelförmig, im Unterschied zu einigen anderen Lauch-Arten** (z. B. Weinbergs-Lauch [28]) **ohne Brutzwiebeln.** ▸5 Umgebende Hüllblätter kürzer als der Blütenstand. ▸6 Blüten rosa bis violett, bis 15 mm lang, mit dunklerem Mittelnerv. ▸7 Frucht eine kugelige, dreiteilige Kapsel.

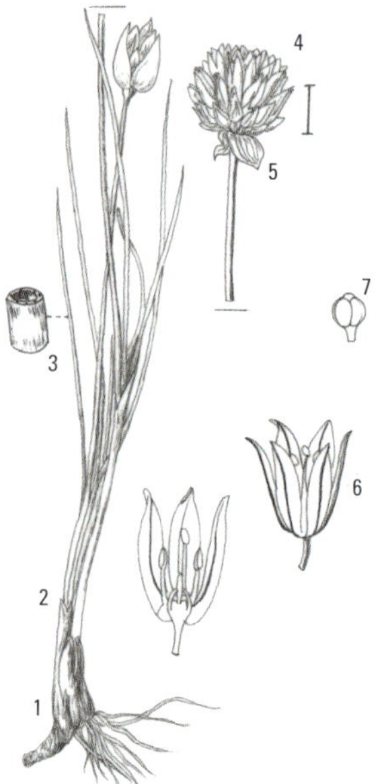

**30 !!** Muscari neglectum, Hyacinthaceae

## Weinbergs-Träubel (Weinbergs-Traubenhyazinthe)

mehrjährig | 4 | 0,4 m

Sonnig-trockene, kalkhaltige Standorte in Weinbergen und an Böschungen. ❀ Frühlings-Hungerblümchen [85], Gewöhnlicher Erdrauch [785], Purpurrote Taubnessel [308].

▸1 **Zwiebel häufig mit Tochterzwiebeln** (Brutzwiebeln). ▸2 3–6 grundständige Blätter, im Unterschied zum Kleinen Träubel [35] den Blütenstand meist deutlich überragend. ▸3 **Blätter schlaff, zum Teil überhängend.** ▸4 Blütenstand eine endständige, dichte Traube. ▸5 An der Spitze des Blütenstandes einige kleinere, unfruchtbare Blüten. ▸6 Blüten mit (Pflaumen-)Duft, dunkelblau. ▸7 Blütenhülle aus 6 verwachsenen Perigonblättern gebildet. ▸8 6 Staubblätter, in 2 Kreisen angeordnet und aus der Hülle nicht herausragend. ▸9 Frucht eine scharf-dreikantige, vorne gerundete, bis 8 mm lange Kapsel.

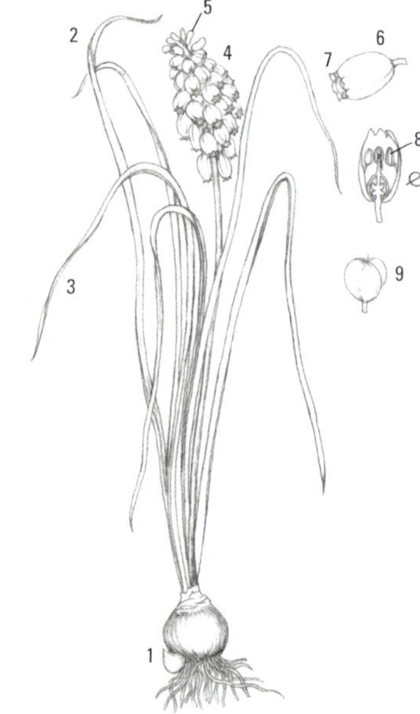

**31** ⊗ ✚ Ornithogalum umbellatum agg., Liliaceae

## Dolden-Milchstern (Artengruppe)

mehrjährig | 4–5 | 0,3 m

Nährstoffreiche Standorte in Weinbergen, an Wegrändern und weiteren Orten im Bereich menschlicher Siedlungen. ❀ Purpurrote Taubnessel [308], Einjähriges Bingelkraut [171], Raue Gänsedistel [529].

▸1 Alle 6–9 Blätter grundständig. ▸2 **Blätter 2–5 mm breit, länglich, fleischig, mit weißem Mittelstreifen.** ▸3 Blatt im Querschnitt hohlrinnig. ▸4 Blütenstand doldenartig, mit bis zu 15 Blüten. ▸5 Vor allem die unteren Blütenstiele sehr lang. ▸6 **Die 6 Perigonblätter weiß, außen mit breitem, grünem Mittelstreifen, bis 2,5 cm lang.** ▸7 Frucht eine keulenförmige bis rundliche, sechskantige Kapsel.

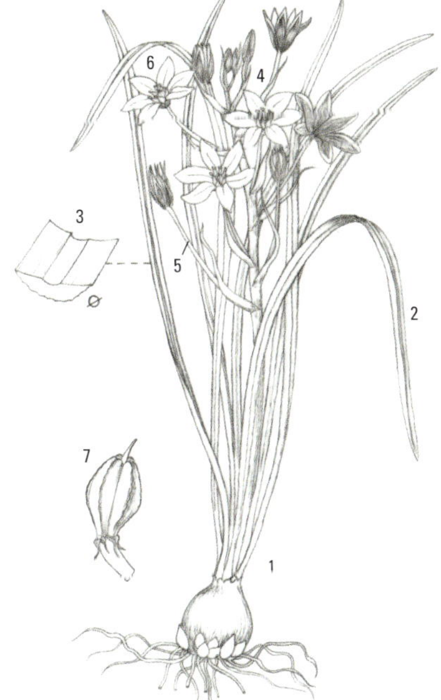

**32** Gagea pratensis, Liliaceae

## Wiesen-Goldstern

mehrjährig | 3–5 | 0,3 m

Auf kalkreichen Böden der Weinberge, Äcker, Wald- und Gebüschränder. ❀ Gewöhnliches Hirtentäschel [541], Weißer Gänsefuß [564], Acker-Goldstern [33], Persischer Ehrenpreis [229].

▸1 **Grundständiges Laubblatt meist einzeln und den Rest der Pflanze weit überragend. Spitze nicht kapuzenförmig wie beim Wald-Goldstern [34].** ▸2 Meist 2 Stängelblätter, dem Blütenstand sehr nahe. ▸3 Blütenstand doldenartig, mit 1–5 Blüten. ▸4 Blütenstiele lang und kahl. ▸5 6 schmale, gelbe Blütenhüllblätter (a) und 6 Staubblätter (b). ▸6 Frucht eine dreifächerige Kapsel.

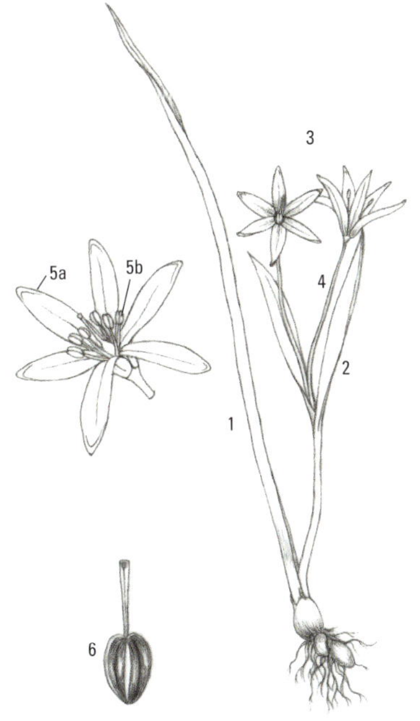

**33** !  Gagea villosa, Liliaceae

## Acker-Goldstern

mehrjährig | 3–4 | 0,2 m

Nährstoffreiche Standorte in Weinbergen, Obstgärten, auf Äckern und an Ackerrändern. ❀ Weinbergs-Lauch [28], Gewöhnlicher Reiherschnabel [671], Weinbergs-Träubel [30].

▸1 Stängel meist behaart. ▸2 **2 schmal längliche, bis 4 mm breite, grundständige Blätter.** ▸3 2 annähernd gegenständige Stängelblätter. ▸4 **Blütenstand aus 5–12 goldgelben Blüten.** ▸5 **Blütenstiele zottig behaart.** ▸6 6 Perigonblätter, lang und spitz, Länge bis 15 mm. ▸7 **Blütenhülle (a) und Griffel (b) behaart.** ▸8 6 Staubblätter. ▸9 Frucht eine dreiseitige Kapsel.

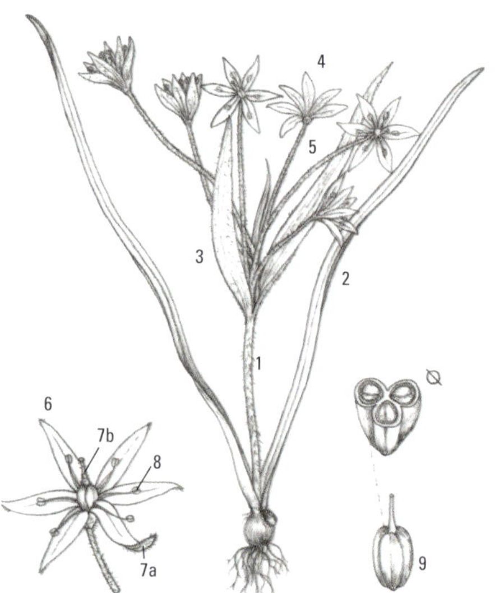

**34** Gagea lutea, Liliaceae

## Wald-Goldstern

mehrjährig | 3–5 | 0,3 m

Kalkhaltige Standorte in Auenwäldern, Obstgärten, Waldsäumen, Hecken und Gebüschen. ❀ Gelbes Windröschen [633], Moschuskraut [759], Hohler Lerchensporn [760], Wiesen-Goldstern [32].

▸1 Stängel aufrecht, kahl. ▸2 **Grundblatt einzeln**, vorne wie eine Kaputzenspitze zugespitzt, bis 30 cm lang und bis 15 mm breit. ▸3 Stängelblätter zu zweien, länglich, dicht unter dem Blütenstand angeordnet. ▸4 Blüten zu 1–7, gold- bis zitronengelb. ▸5 6 **Blütenhüllblätter**, bis 15 mm lang und **weniger schmal als beim Wiesen-Goldstern [32].** ▸6 6 Staubblätter, etwa halb so lang wie die Blätter der Blütenhülle. ▸7 Frucht eine Kapsel mit 3 Fächern und zahlreichen Samen.

**35 !!** Muscari botryoides, Hyacinthaceae

## Kleines Träubel (Kleine Traubenhyazinthe)

mehrjährig | 4–5 | 0,25 m

Basenreiche Standorte in Bergwiesen, Magerrasen und Eichenwäldern. ❀ Frühlings-Enzian [458], Wiesen-Primel [160], Gold-Grannenhafer [7].

▸1 Zwiebel im Unterschied zum Weinbergs-Träubel [30] meist ohne Tochterzwiebeln (Brutzwiebeln). ▸2 2–3 Blätter, grundständig, steif aufrecht, den Blütenstand meist nicht überragend. ▸3 Blattform schmal und lang, Beschaffenheit der Blätter etwas fleischig. ▸4 Blütenstand eine endständige, dichte, zylindrische, bis 6 cm lange Traube. ▸5 An der Spitze des Blütenstands einige kleinere, unfruchtbare Blüten. ▸6 Blütenhülle kugelig, ohne Geruch, aus 6 verwachsenen Perigonblättern gebildet, hellblau, selten weiß. ▸7 6 Staubblätter, in 2 Kreisen angeordnet, aus der Hülle nicht herausragend. ▸8 Frucht eine scharf-dreikantige Kapsel.

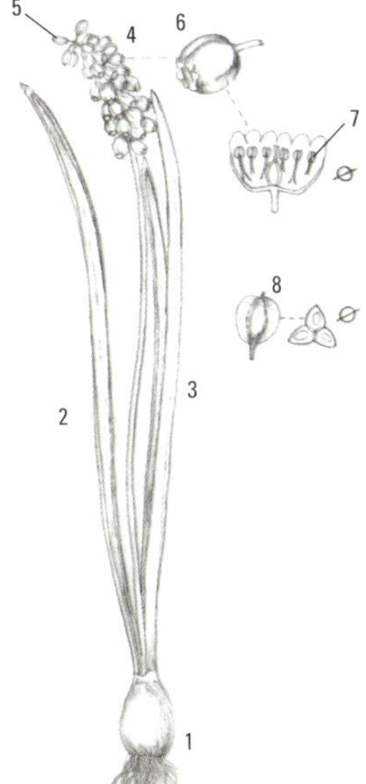

**36 !** ⊗ ✚ ✚ Galanthus nivalis, Amaryllidaceae

## Kleines Schneeglöckchen

mehrjährig | 2–3 | 0,3 m

In Schlucht- und Buchenwäldern, Gebüschen, Hecken sowie in Parkanlagen und Obstgärten. ❀ Busch-Windröschen [639], Ausdauerndes Bingelkraut [467], Dunkles Lungenkraut [196].

▸1 Zwiebel eiförmig bis kugelig, 1–2 cm im Durchmesser, von 3 braunen, trockenhäutigen Schalen umhüllt. ▸2 Stängelbasis von weißlichem, häutigem Scheidenblatt umgeben. ▸3 Blätter grundständig, 2 je Zwiebel, jeweils bis etwa 12 cm lang. ▸4 Form der **Blätter** schmal-länglich, Farbe **blaugrün**. ▸5 Blattunterseite deutlich gekielt. ▸6 **Blüten einzeln nickend** am aufrechten Stängel. ▸7 Sechsteiliger Aufbau der Blütenhülle: 3 äußere, kronblattartige, weiße Hüllblätter, bis 35 mm lang (a); 3 innere, **auf der Außenseite mit einem grünen Mal** versehene, innen überwiegend grün gezeichnete Hüllblätter, bis 12 mm lang (b); 6 Staubblätter, mit gelborange gefärbten, schmal-pyramidenförmigen, oben grannenartig zugespitzten Staubbeuteln (c). ▸8 Frucht eine fleischige, zylindrische Kapsel. ▸9 Same bis 4 mm lang, elliptisch, mit Anhängsel.

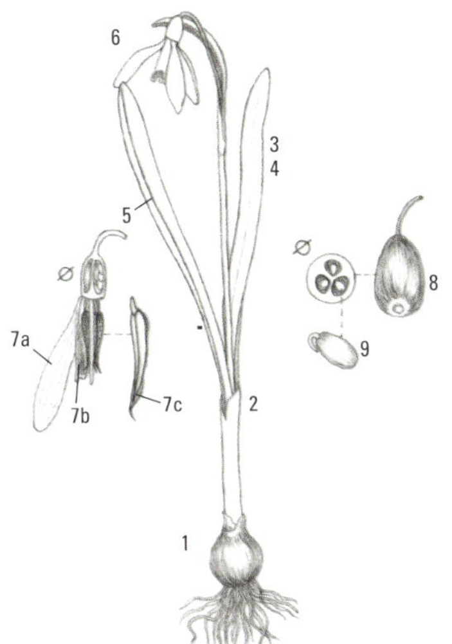

**37** !! ⊗ Leucojum vernum, Amaryllidaceae

## Frühlings-Knotenblume (Märzenbecher)

mehrjährig | 2–4 | 0,35 m

Nährstoffreiche Standorte von Bachauen- und Schluchtwäldern, Ufern und feuchten Wiesen. ❀ Bär-Lauch [401], Hohler Lerchensporn [760], Wald-Goldstern [34], Hohe Primel [107], Knöllchen-Scharbockskraut [324].

▸1 Stängel aufrecht, an der Spitze nickend (a), hohl, an der Basis mit häutigem, schuppenförmigem Blatt (b). ▸2 **Blätter dunkelgrün, dicklich, lang und schmal, Länge bis 25 cm, Breite bis etwa 1,5 cm.** ▸3 Hochblätter häutig, bis etwa 5 cm lang. ▸4 **Blüten glockenförmig**, meist einzeln, selten zu zweien. ▸5 Im Unterschied zum Kleinen Schneeglöckchen [36] die 6 Blütenhüllblätter alle gleich. ▸6 **Blütenhüllblätter mit gelb-grünlichem Fleck.** ▸7 6 Staubblätter, etwa halb so lang wie die Blütenhüllblätter. ▸8 Frucht eine fleischige, bis etwa 1 cm dicke Kapsel.

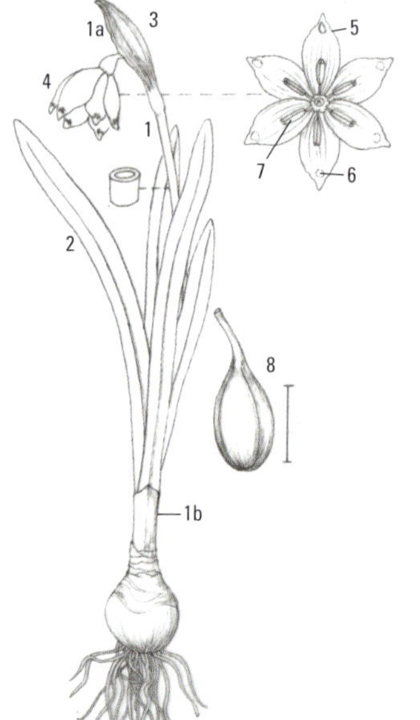

**38** Cyperus fuscus, Cyperaceae

## Braunes Zypergras

einjährig | 7–8 | 0,2 m

Nährstoffreiche, feucht-nasse Standorte an See- und Altwasserufern sowie in Fahrspuren und an Wegrändern. ❀ Gewöhnliches Schlammkraut [67], Pfeffer-Knöterich [134], Wasser-Sumpfkresse [92].

▸1 Kräftiger dreikantiger Stängel. ▸2 Blätter schmal, bis 20 cm lang und bis 4 mm breit, im Querschnitt doppelt dachförmig (knickrandig). ▸3 **Gesamtblütenstand mit 2–3 langen Hochblättern.** ▸4 Teilblütenstände aus mehreren büschelig angeordneten, schwarzbraunen, bis 1 cm langen Ährchen; **häufig einige der Teilblütenstände gestielt (a).** ▸5 Die kleine, gelbliche Frucht dreikantig.

**39** Luzula sylvatica, Juncaceae

## Wald-Hainsimse

mehrjährig | 4–5 | 0,8 m

In größeren Gruppen auf frischen, luftfeuchten und basenarmen Standorten in artenarmen Wäldern, vor allem in Buchenwäldern sowie in Quellmulden und in Magerrasen höherer Lagen. ❀ Wiesen-Wachtelweizen [130], Wald-Sauerklee [627], Heidelbeere [185].

▸1 Pflanze mit kurzen Ausläufern. ▸2 Der aufrechte, kräftige Stängel beblättert. ▸3 **Die dunkelgrünen Blätter bis 2 cm breit und bis 30 cm lang.** ▸4 **Blattränder lang bewimpert.** ▸5 Lockere Anordnung der zwei- bis vierblütigen Blütenährchen (a) in einem **ausladenden**, endständigen **Gesamtblütenstand.** ▸6 Blüte aus 6 braunen Blütenhüllblättern (a), 6 Staubblättern (b) und einem dreinarbigen Griffel (c) aufgebaut. ▸7 Die zugespitzten Blütenhüllblätter meist mit weißem Hautrand. ▸8 Frucht eine dunkelbraun glänzende, spitz eiförmige, dreikantige Kapsel.

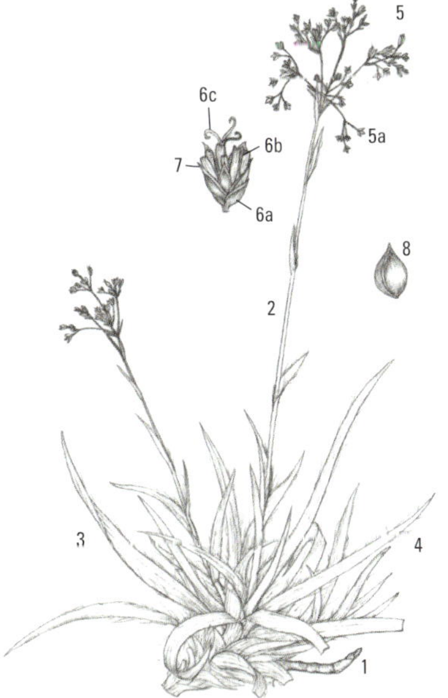

**40** ⊗ ✚ Equisetum fluviatile, Equisetaceae

## Teich-Schachtelhalm

mehrjährig | 5–6 | 1,5 m

Als Pionier in meist besonnten, stehenden oder langsam fließenden Gewässern und hierbei häufig im Kontakt mit Röhricht- und Seggenbeständen. ❀ Gewöhnlicher Froschlöffel [197], Gewöhnliches Schilf [13], Gewöhnliche Teichsimse [3].

▸1 **Stängel mit 10–20 nur schwach hervortretenden Rippen, hohl, bis 8 mm breit.** ▸2 **Die im Unterschied zum Sumpf-Schachtelhalm [43] eng anliegenden, bis 1 cm langen Stängelscheiden (a) mit zahlreichen dunklen, schmalen, oft hell-berandeten Zähnen (b).** ▸3 Die aufrecht abstehenden Seitenäste im oberen Stängelbereich in lockeren Quirlen (a) angeordnet oder fehlend (b). ▸4 Sporangienähre (nur) bis 2 cm lang. ▸5 Frucht- und Laubtriebe gleichermaßen grün.

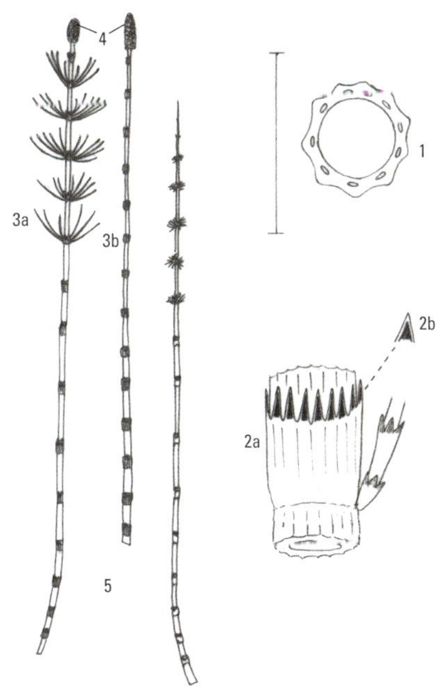

## 41 Equisetum hyemale, Equisetaceae

### Winter-Schachtelhalm

mehrjährig | 6–8 | 1,5 m

Wechselfeuchte, basenreiche, meist schattige Standorte in Auenwäldern, frischen Laubwäldern und an (Löß-) Böschungen. Gewöhnlicher Giersch [754], Wald-Ziest [275], Hain-Sternmiere [274].

▸1 **Die dunkelgrünen Pflanzen große Herden bildend.** ▸2 **Stängel** meist **unverzweigt**, kantig, bis 6 mm dick, hohl. ▸3 Die eng anliegenden Stängelscheiden mit dunklen, stumpfen Zähnen (a) und dunkler Basis (b). ▸4 **Fruchtbare (a) und unfruchtbare Triebe (b) gleich gestaltet.** ▸5 Fruchtstand eine kurze, bis 15 mm lange, eiförmige Ähre.

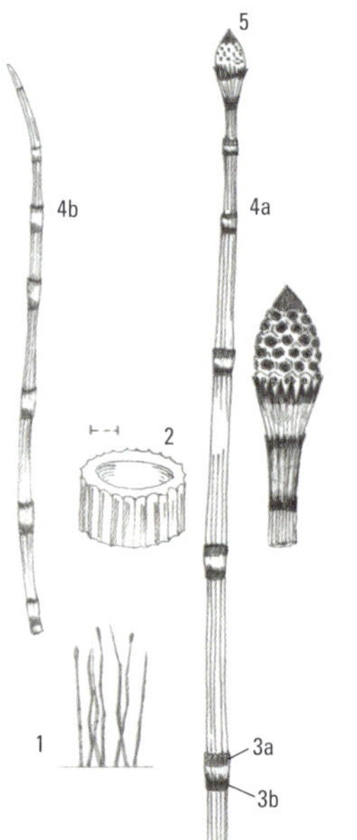

## 42 Equisetum telmateia, Equisetaceae

### Riesen-Schachtelhalm

mehrjährig | 4–5 | 1,5 m

An quelligen oder sumpfigen Waldbereichen auf meist kalkhaltigem Substrat, unter anderem in Erlen-Eschen-Auenwäldern sowie in brachgefallenen, feucht-nassen Wiesenbereichen. Rauhaariger Kälberkropf [755], Gewöhnlicher Wasserdost [632], Wald-Simse [11].

▸1 Der rundliche Stängel mit einem Durchmesser bis 1,5 cm. ▸2 **Die bis 2,5 cm langen Stängelscheiden mit bis zu 40 schmal länglichen, braunen Zähnen.** ▸3 Fruchttriebe (a) und sterile Triebe (b) unterschiedlich gestaltet. ▸4 **Die elfenbeinfarbigen sterilen Triebe mit grünen, zuletzt waagrecht abstehenden Seitenästen (a).** ▸5 **Die astlosen Fruchttriebe** nur 0,5 m hoch, mit bis zu 35 braunen, langen, fransenartigen Zähnen; nach der Fruchtreife absterbend. ▸6 Fruchtstand bis 6 cm lang.

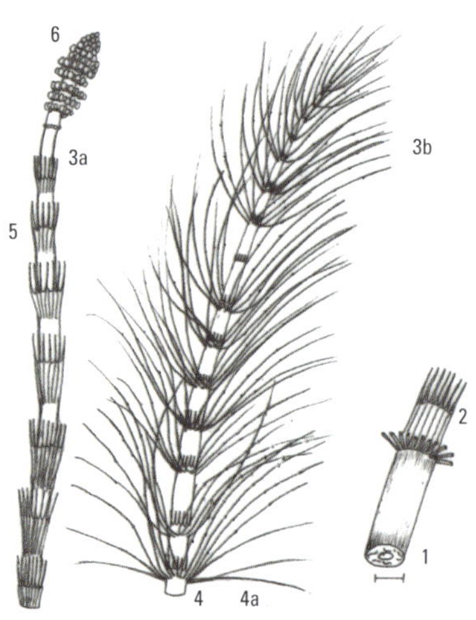

**43** ⊗ Equisetum palustre, Equisetaceae

## Sumpf-Schachtelhalm

mehrjährig | 4–5 | 0,6 m

Nährstoffreiche Standorte in extensiv genutzten feucht-nassen und moorigen Wiesen, in Gräben sowie auf brachgefallenen, feuchten Äckern. ❀ Sumpf-Kratzdistel [530], Gewöhnliches Pfeifengras [5], Gewöhnlicher Teufelsabbiss [451].

▸1 **Stängel im Unterschied zum Teich-Schachtelhalm [40] deutlich gerieft und nur bis 3 mm im Durchmesser.** ▸2 **Unteres Glied (a) der Seitentriebe im Unterschied zum Acker-Schachtelhalm [44] deutlich kürzer als die Stängelscheide (b).** ▸3 Zähne der Stängelscheiden (a) und untere Scheiden der Seitenäste (b) im Unterschied zum Acker-Schachtelhalm dunkel gefärbt. ▸4 Stängelscheiden im Unterschied zum Teich-Schachtelhalm locker anliegend. ▸5 Die aufrecht abstehenden Seitenäste in Quirlen angeordnet. ▸6 **Ährentragende Sprosse (a) gleich den unfruchtbaren Trieben (b) beastet und grün gefärbt.**

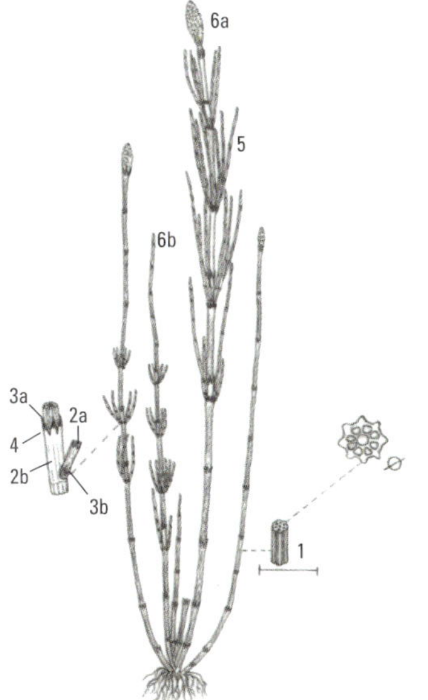

**44** ✚✚✚ Equisetum arvense, Equisetaceae

## Acker-Schachtelhalm (Zinnkraut)

mehrjährig | 4–5 | 0,5 m

Als Pionier auf nährstoff- und basenreichen, teils grundfeuchten Standorten an Äckern, Wiesen, Wegen, Dämmen und in Auenwäldern. ❀ Acker-Hornkraut [250], Acker-Winde [289], Gewöhnliche Quecke [10].

▸1 Der geriefte Stängel im Inneren im Unterschied zum Teich-Schachtelhalm [40] und zum Winter-Schachtelhalm [41] mit nur schmalem Hohlraum. ▸2 Seitenäste in Quirlen angeordnet. ▸3 **Unteres Glied der Seitenäste (a) länger als die bis 1 cm lange Stängelscheide (b).** ▸4 Seitenäste im Querschnitt sternförmig. ▸5 Die ährentragenden Sprosse ohne Seitenäste und im Gegensatz zum Teich-Schachtelhalm bräunlich gefärbt. ▸6 Fruchtähre bis 4 cm lang.

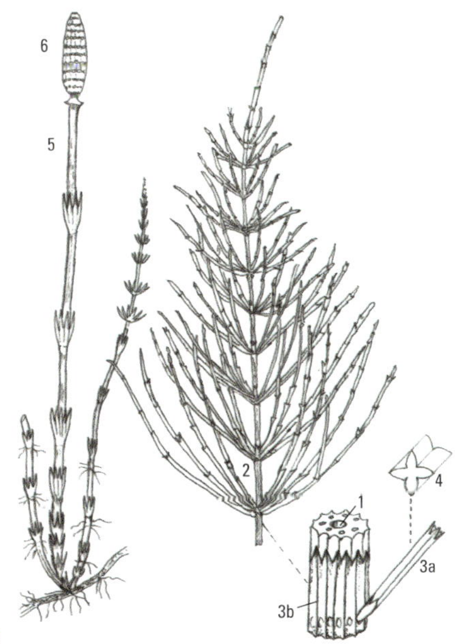

**45** ! ⊗ ✚✚ Iris pseudacorus, Iridaceae

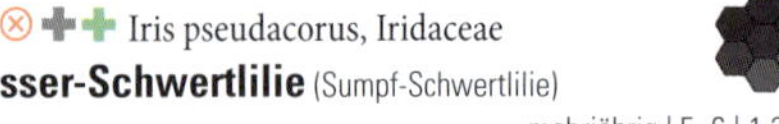

## Wasser-Schwertlilie (Sumpf-Schwertlilie)

mehrjährig | 5–6 | 1,2 m

Uferbereiche von Stillgewässern, Gräben und langsam fließenden, meist verschmutzten Bächen, in Großseggenrieden sowie in Sumpfwäldern. ❀ Wald-Simse [11], Ästiger Igelkolben [14], Breitblättriger Rohrkolben [15].

▸1 Stängel rundlich oder etwas zusammengedrückt. **▸2 Blätter länglich-schwertförmig, bis 3 cm breit. ▸3 Blüten gelb, lang gestielt, zu 4–12 je Blütenstand.** ▸4 Äußere Kronblätter bis 8 cm lang, bartlos, mit dunkler Zeichnung. ▸5 Frucht eine walzenförmige, bis 5 cm lange, stumpf-dreikantige Kapsel. ▸6 Samen zahlreich, rundlich, glatt, bis 8 mm breit.

**46** ! Hyacinthoides non-scripta, Hyacinthaceae

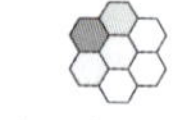

## Englisches Hasenglöckchen

mehrjährige Zwiebelpflanze | 4–5 | 0,5 m

Selten in Laubwäldern, Gebüschen und Weinbergen verwildert. ❀ Gewöhnlicher Giersch [754], Feinstrahl-Berufkraut [357], Gefleckte Taubnessel [300].

▸1 Zwiebel kugelig, bis 2 cm breit. ▸2 Stängel bis etwa 1 cm breit, rund. ▸3 **Blätter** zu 3–6, **jeweils bis etwa 50 cm lang und 25 mm breit.** ▸4 Blütenstand eine lockere, überhängende Traube mit 5–15 Blüten. ▸5 (Meist) 2 lange, zugespitzte, laubblattartige Tragblätter. ▸6 **Die glockenförmige, nickende Blütenhülle in der Farbe lebhaft blau.** ▸7 Blütenhüllblätter bis annähernd 2 cm lang. ▸8 Staubblätter ungleich lang. ▸9 Frucht eine eiförmige bis kugelige, bis etwa 1 cm lange Kapsel. ▸10 Same kugelig, etwa 2mm im Durchmesser, Farbe schwarz.

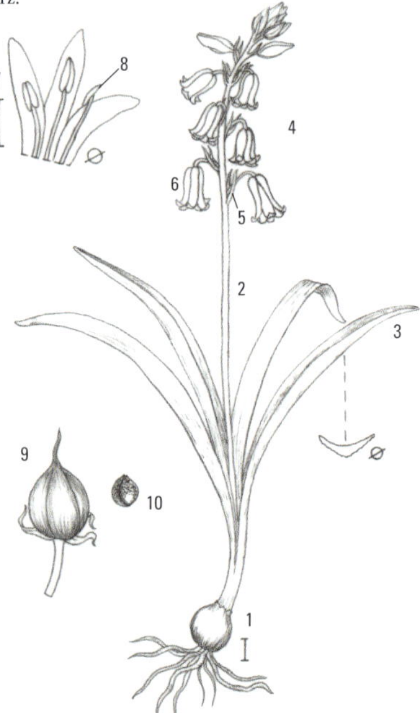

**47** Myosurus minimus, Ranunculaceae

## Kleines Mäuseschwänzchen

einjährig | 4–6 | 0,2 m

Als Pionier auf Äckern und Brachen sowie an Ufern und Wegrändern. Breit-Wegerich [212], Echter Vogelknöterich [424], Kriechender Hahnenfuß [637].

▶1 **Stängel aufrecht, unverzweigt, mit nur einer endständigen, sich kerzenartig verlängernden Blüte.** ▶2 **Die zahlreichen Blätter alle grundständig.** ▶3 **Blätter grasartig,** schmal und lang, jedoch kürzer als der Stängel, bis 6 cm lang und nur etwa 1 mm breit. ▶4 Blütenhülle fünfteilig, mit 5 grünen Perigonblättern (a), 5 zungenförmigen, gelblichgrünen Honigblättern (b) und 5–10 gelben Staubblättern (c). ▶5 Honigblätter in der Mitte mit einer rundlichen Honiggrube. ▶6 Blütenboden nach der Blüte kerzenartig weiterwachsend, zur Fruchtzeit bis 6 cm lang. ▶7 Früchte nussig, mit kurzem Schnabel (a).

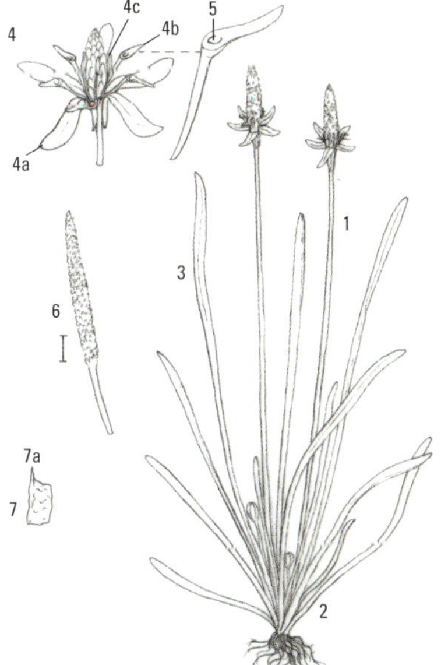

**48** Galatella linosyris, Asteraceae

## Gold-Steppenaster

(Goldhaar-Aster, Aster linosyris)

mehrjährig | 8–10 | 0,5 m

Sonnig-trockene Standorte an Wald- und Wegrändern, Hängen und Böschungen. Gewöhnlicher Dost [203], Schmalblättriger Lein [53], Edel-Gamander [224].

▶1 Stängel aufrecht, dicht beblättert (a) und nur im Bereich des Blütenstandes verzweigt (b). ▶2 **Blätter einnervig, in der Form sehr schmal und lang, Länge bis 4 cm.** ▶3 Blütenköpfe in doldenartigem Gesamtblütenstand, klein, Durchmesser etwa 1 cm. ▶4 **Zungenblüten fehlen, goldgelbe Röhrenblüten** (a) und mehrreihig angeordnete Hüllblätter (b) bilden das Blütenköpfchen. ▶5 Frucht behaart, mit einem gelblichen, borstigen Haarkranz.

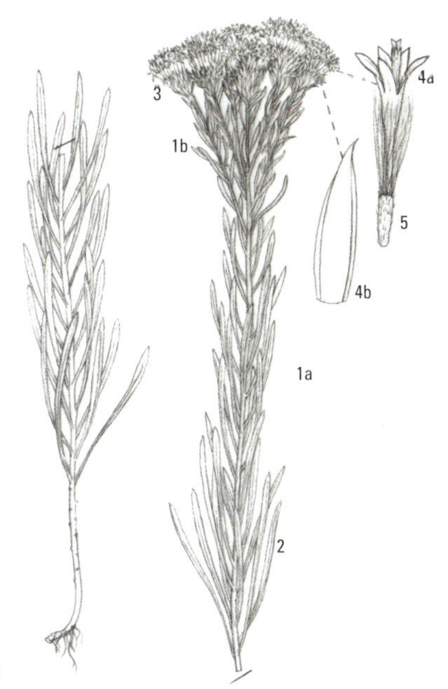

49 ✚ Spergula arvensis, Caryophyllaceae

## Acker-Spergel

einjährig | 6–8 | 0,6 m

Nährstoffreiche, aber kalkarme Standorte auf Äckern, Schuttplätzen und Waldschlägen. ❀ Gewöhnliches Hirtentäschel [541], Weißer Gänsefuß [564], Stechender Hohlzahn [187].

▸1 **Stängel aufrecht oder aufsteigend, bläulich-grün.** ▸2 **Die schmal-länglichen, bis etwa 3 cm langen Blätter büschelig am Stängel angeordnet.** ▸3 Die 5 Kelchblätter mit schmalem, häutigem Rand. ▸4 Die lang gestielte Blütenkrone bis 0,8 cm breit, mit 5 weißen Kronblättern (a), die wenig länger sind als der Kelch, 10 Staubblättern (b) und **5 Griffeln** (c). ▸5 Frucht eine bis 5 mm lange, kugelige **Kapsel, die deutlich länger wird als der Kelch (a).**

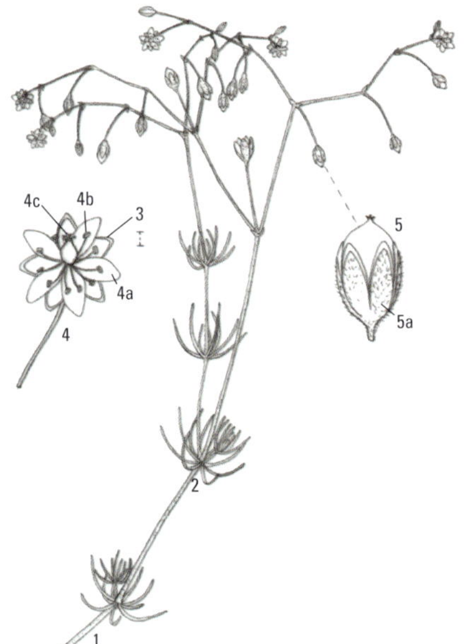

50 ✚ Spergularia rubra, Caryophyllaceae

## Rote Schuppenmiere

ein- bis zweijährig | 5–9 | 0,25 m

Als Erstbesiedler auf sonnig-nährstoffreichen, kalkarmen Standorten an Wegen, Steinbrüchen, Bahnhöfen, Äckern und Ufern. ❀ Kahles Bruchkraut [417], Breit-Wegerich [212], Kleiner Sauer-Ampfer [550].

▸1 **Pflanze bereits von der Basis an verzweigt.** ▸2 **Stängel niederliegend oder aufsteigend**, mit gegenständig oder büschelig angeordneten Blättern. ▸3 Blätter schmal länglich, ungeteilt, ganzrandig, am Ende zugespitzt, bis 2,5 cm lang. ▸4 Nebenblätter häutig, am Grund verwachsen. ▸5 Kelchblätter drüsig behaart, mit breitem Hautrand. ▸6 **Die rötliche, bis 5 mm breite Blütenkrone aus 5 Kronblättern (a), die kürzer sind als der Kelch**, 10 Staubblättern (b) und 3 Griffeln (c) zusammengesetzt. ▸7 Frucht eine etwa 5 mm lange Kapsel, die so lang oder länger ist als der Kelch.

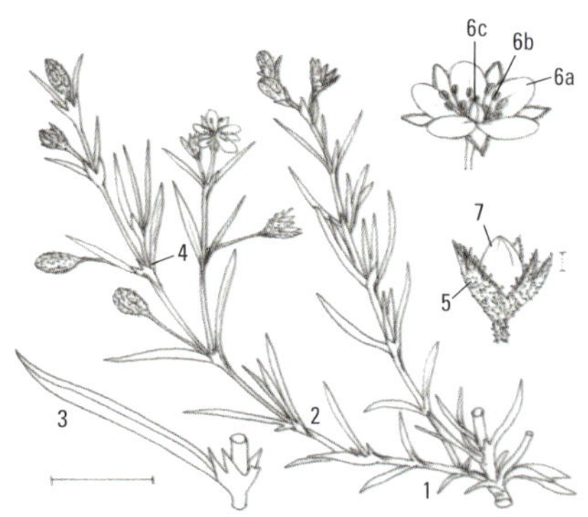

**51** Petrorhagia prolifera, Caryophyllaceae

## Sprossendes Nelkenköpfchen

(Sprossende Felsennelke) einjährig | 6–10 | 0,5 m

Trocken-warme, sandige oder steinige Standorte der Trocken-, Sand- und Magerrasen auf Dünen, Dämmen und Felsköpfen sowie auf Ersatzstandorten z. B. an Bahnhöfen. Quendel-Sandkraut [198], Feld-Beifuß [802], Scharfer Mauerpfeffer [487].

▸1 Pflanze mit aufrecht wachsendem Stängel, dieser bisweilen an der Basis verzweigt. ▸2 Gegenständige Anordnung der schmal-länglichen Stängelblätter. ▸3 Blätter bis 4 cm lang, nach beiden Seiten verschmälert und am Grund verwachsen. ▸4 Kelch fünfteilig, röhrenförmig, bis 13 mm lang. ▸5 **Blüten** klein, lila bis blassrosa, zu wenigen oder einzeln an den Triebspitzen und **von trockenen, hellbraunen Schuppen köpfchenartig umhüllt** (a). ▸6 **Fruchtknoten mit nur 2 Griffeln.** ▸7 Frucht eine bis 10 mm lange Kapsel.

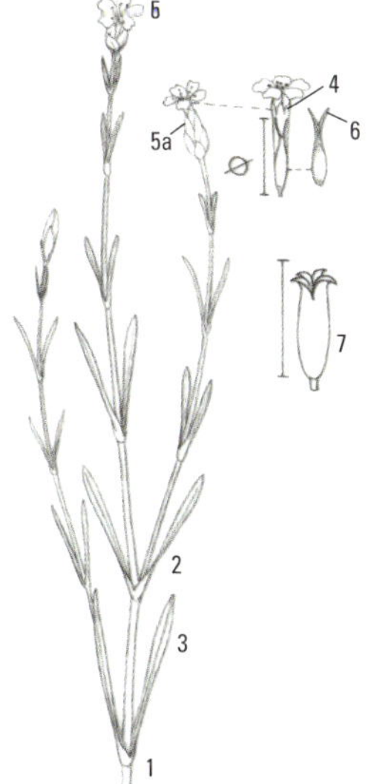

**52** ✚✚ Linaria vulgaris, Plantaginaceae

## Gewöhnliches Leinkraut (Frauenflachs)

mehrjährig | 6–9 | 0,7 m

Sonnig-nährstoffreiche Standorte der Waldschläge, Brachen und Schuttplätze sowie an Straßen- und Wegrändern. Kanadisches Berufkraut [341], Gewöhnliches Hirtentäschel [541], Gewöhnliches Greiskraut [544].

▸1 **Pflanze bläulich überlaufen.** ▸2 Stängel zu mehreren, dicht beblättert. ▸3 **Blätter ungeteilt, schmal, lang und kahl.** ▸4 Blattrand etwas umgerollt, ganzrandig. ▸5 Blütenstand eine dichte, endständige Traube. ▸6 Blütenkrone helmförmig, zweilippig, schwefelgelb mit orangerotem Schlund. ▸7 Obere Blütenlippe gespalten, aufrecht. ▸8 4 Staubblätter, nicht aus der Krone herausragend. ▸9 An der Blütenbasis ein etwa 1 cm langer, gerade oder gebogener Blütensporn. ▸10 Frucht eine zweifächerige Kapsel (a), die bedeutend länger ist als der Kelch (b). ▸11 Samen scheibenförmig, mit breitem Flügelrand.

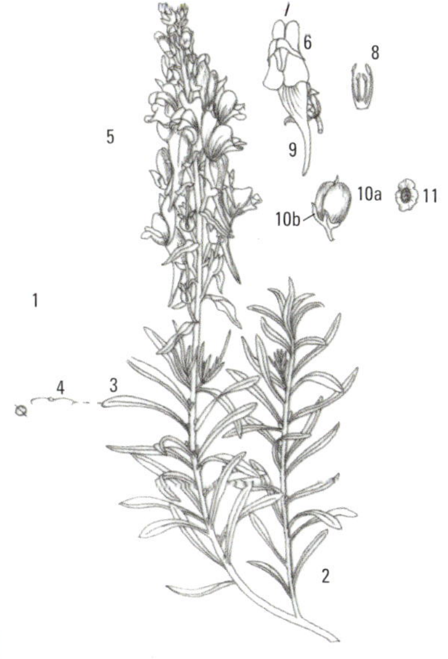

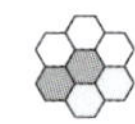

**53 !!** Linum tenuifolium, Linaceae

## Schmalblättriger Lein

mehrjährig | 6–7 | 0,5 m

Trockene und kalkreiche Magerstandorte auf lückig bewachsenen, häufig steinigen Böschungen. ❀ Ästige Graslilie [23], Berg-Aster [404], Gold-Steppenaster [48].

▸1 Stängel verzweigt, aufrecht bis bogig aufsteigend, reich beblättert, kahl oder im unteren Teil kurzhaarig und verholzend. ▸2 **Blätter wechselständig** (a), einnervig, schmal länglich, **bis 3 cm lang und nur wenig mehr als 1 mm breit (b).** ▸3 Blattrand rau bewimpert. ▸4 Blüten endständig an zahlreichen Zweigen. ▸5 **5 Kelchblätter, lang zugespitzt**, am Rand drüsig bewimpert. ▸6 Blütenkrone etwa 2 cm im Durchmesser, blassrosa oder blasslila, selten weißlich, an der Basis gelb. ▸7 Kronblätter 5 (a), Staubblätter 5 (b). ▸8 Frucht eine bis 3 mm lange, aufrechte, eiförmige bis annähernd kugelige Kapsel. ▸9 Kelch an der reifen Frucht erhalten bleibend.

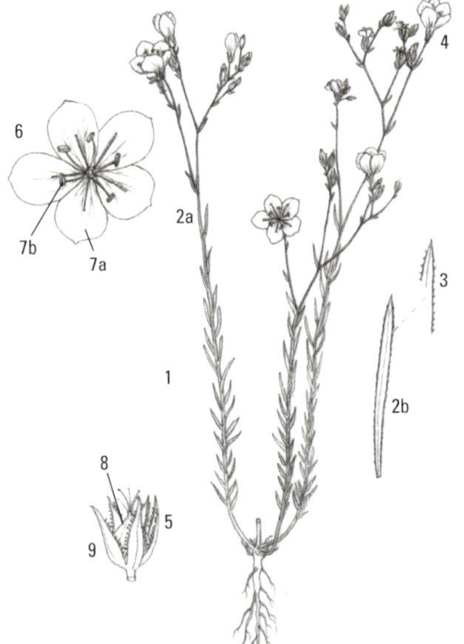

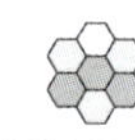

**54 !** Gypsophila muralis, Caryophyllaceae

## Kriechendes Gipskraut

mehrjährig | 5–8 | 0,25 m

In Äckern und Brachen, an Ufern, Wegen und Bahnhöfen. ❀ Zypressen-Wolfsmilch [342], Wiesen-Labkraut [361], Gewöhnliche Nachtviole [156], Kratzbeere [630].

▸1 Stängel meist von der Basis an verzweigt. ▸2 **Blätter bläulich-grün, schmal-länglich, spitz.** ▸3 Länge der Blätter bis 2 cm, Breite bis 3 mm. ▸4 Blattrand ungezähnt, ganzrandig. ▸5 **Blütenstand mit zahlreichen rosafarbenen und dabei dunkler geaderten Blüten.** ▸6 Kronblätter etwa doppelt so lang als der bis 4 mm lange Kelch. ▸7 Kelch mit trockenhäutigen Streifen. ▸8 10 Staubblätter (a), 2 Griffel (b). ▸9 Frucht eine mit 4 Zähnen aufspringende Kapsel.

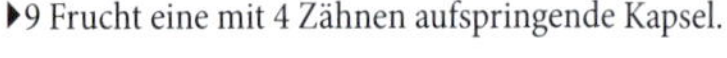

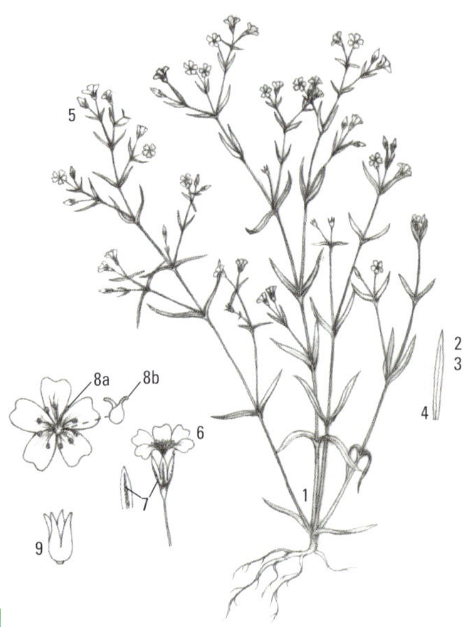

**55** Gnaphalium sylvaticum, Asteraceae

## Wald-Ruhrkraut

mehrjährig | 7–9 | 0,7 m

An Waldwegen und Lichtungen, in Schlagflächen sowie in Magerrasen und -weiden. ❀ Schmalblättriges Weidenröschen [353], Gewöhnliches Leinkraut [52], Kleiner Sauer-Ampfer [550].

▸1 Stängel aufrecht und reich beblättert. ▸2 **Grau- bis weißfilzige Behaarung von Stängel und Blattunterseiten.** ▸3 Blatt einnervig (a), Blattrand ganzrandig (b). ▸4 **Blattform schmal-länglich**, Länge bis 8 cm, Breite bis 5 mm. ▸5 **Blütenstand eine endständige, bis etwa 100 Köpfchen enthaltende Traube.** ▸6 Blütenköpfchen gelblich-braun, Länge unter 1 cm. ▸7 Hüllblätter mit breitem Hautrand (a) und dunklem halbmondförmigen Fleck (b). ▸8 Frucht kurz behaart (a), mit langem, rötlichem Haarkranz (b), Länge ohne Haarkranz etwa 1,5 mm.

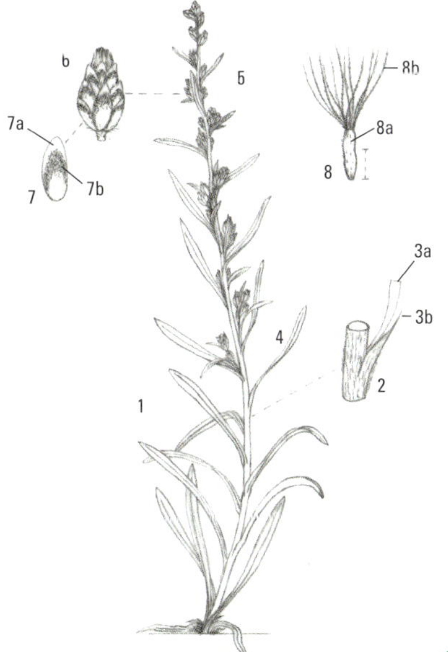

**56** ! ✚ Achillea ptarmica, Asteraceae

## Sumpf-Schafgarbe

mehrjährig | 7–8 | 1,5 m

Auf nährstoffreichen und nassen Tonböden in Wiesenmooren sowie an Gräben und Bächen. ❀ Echtes Mädesüß [703], Gewöhnlicher Blutweiderich [148], Wasser-Minze [216].

▸1 Stängel aufrecht, reich beblättert, oben verzweigt. ▸2 **Blätter graugrün**, länglich, **ungeteilt** und ungestielt. ▸3 Blattrand fein gesägt. ▸4 Blütenköpfchen zahlreich, in doldenartigem Blütenstand. ▸5 Hüllblätter schmal, mit dunklem Streifen, behaart. ▸6 **8–13 weiße Zungenblüten, Zunge bis etwa 6 mm lang.** ▸7 Röhrenblüten schmutzig-weiß bis gelblich. ▸8 Die abgeflachten, hellgrauen, bis 1,5 mm langen Früchte ohne Haarkranz.

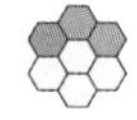

**57 !!** Stratiotes aloides, Hydrocharitaceae

## Krebsschere

mehrjährig | 5–7 | 0,4 m

Untergetaucht in Ufernähe stehender, meist nährstoffreicher Gewässer (Seen, Teiche, Tümpel, Altwässer), unmittelbar unter der Wasseroberfläche bis in 2 Meter Tiefe. ❀ Kleine Wasserlinse [498], Weiße Seerose [339], Wasser-Knöterich [261].

▸1 Aus den Blattachseln entspringende, bis 30 cm lange Ausläufer. ▸2 Trichterförmige Anordnung der steifen, grundständigen, dunkelgrünen Blätter; bei ufernah wachsenden, blühenden Pflanzen die Blätter deutlich aus dem Wasser ragend. ▸3 **Blätter länglich, lang zugespitzt, bis etwa 40 cm lang.** ▸4 **Blattränder scharf gezähnt.** ▸5 **Namengebend 2(–3) krebsscherenartig wirkende Hochblätter.** ▸6 Die 3 äußeren Blütenhüllbätter kelchblattartig, grün, bis 1,5 cm lang. ▸7 **Die inneren Blütenhüllblätter weiß, geruchlos, bis 3 cm breit.** ▸8 Blüte männlich oder weiblich, die weibliche Blüte mit 6 kurzen Griffeln (a). ▸9 Männliche Blüten bis 7 cm lang gestielt (a), weibliche Blüten nur wenig gestielt (b). ▸10 Frucht eiförmig, sechskantig, bis etwa 3 cm lang.

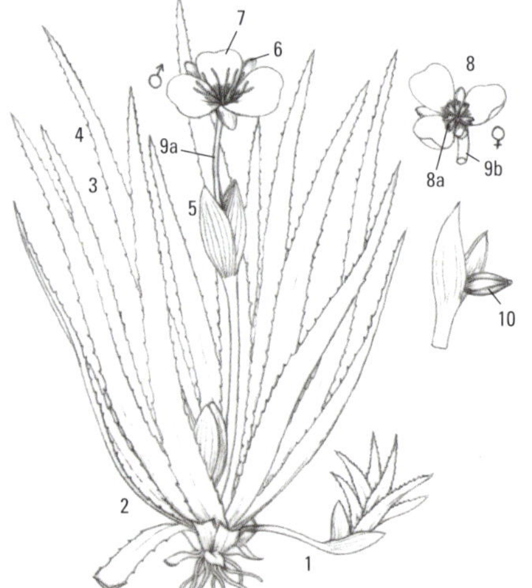

**58 !!** Gymnadenia conopsea, Orchidaceae

## Große Händelwurz

mehrjährig | 6–7 | 1 m

Vorkommen sowohl in trockenen Kalk-Magerrasen als auch in Feucht- und Moorwiesen sowie in lichten Wäldern. ❀ Große Eberwurz [519], Großblütiger Fingerhut [153], Gewöhnliches Pfeifengras [5], Kleiner Wiesenknopf [720].

▸1 **Stängel** aufrecht, schlank, **hohl, rund, gelblich-grün.** ▸2 Am Stängelgrund 1–2 häutige Scheidenblätter. ▸3 **Blätter schmal länglich, bis 25 cm lang, bläulich-grün, meist ohne Flecken.** ▸4 Blattoberseite rinnig (a), Unterseite gekielt (b). ▸5 Blütenstand zylindrisch, bis annähernd 30 cm lang. ▸6 **Blüten meist rotviolett**, selten weiß. ▸7 Blütenlippe dreilappig, so breit oder breiter als lang. ▸8 **Sporn lang, nadelförmig, abwärts gerichtet**, bis etwa 20 mm lang, etwa 1 mm breit. ▸9 Fruchtknoten gedreht, nur halb so lang wie der Sporn.

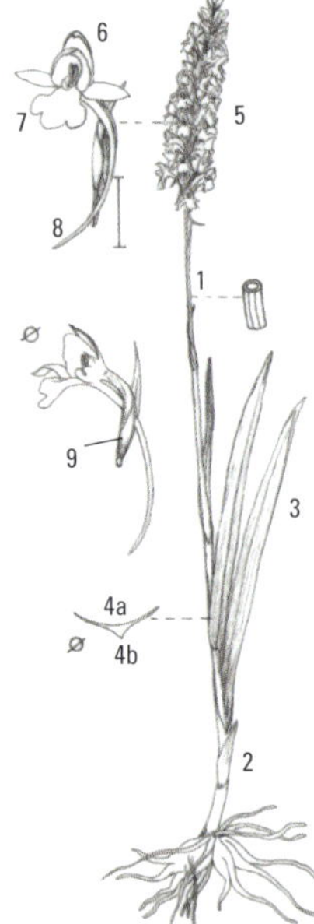

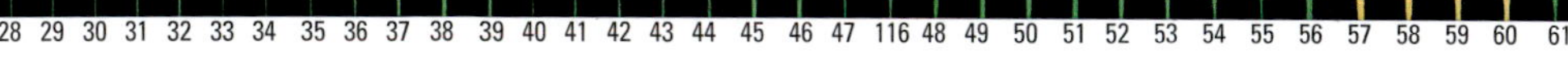

**59 !** Scilla bifolia, Hyacinthaceae

## Zweiblättriger Blaustern

mehrjährige Zwiebelpflanze | 3–4 | 0,3 m

Nährstoffreiche Standorte auf lehmigen Böden in Laubmischwäldern und hierbei im Besonderen in Eichen-Hainbuchen-Wäldern und Auenwäldern. ❀ Gelbes Windröschen [633], Gefleckter Aronstab [314], Hohler Lerchensporn [760].

▸1 Zwiebel eiförmig, bis 3 cm im Durchmesser.
▸2 Die 2 (selten 3) Blätter lang und schmal, bis 13 mm breit, ganzrandig, ungeteilt. ▸3 **An der Basis der Blütenstände keine oder nur sehr unscheinbare Tragblätter.** ▸4 Blütenstand mit 2–10 Blüten. ▸5 **Blütenstiele länger als die aufrecht stehenden Blüten.** ▸6 Die Blütenkrone aus 6 violetten, selten weißen, **bis 12 mm langen Blütenhüllblättern** und 6 Staubblättern gebildet. ▸7 Staubbeutel dunkelviolett. ▸8 Frucht eine dreifächerige, stumpf-dreikantige, kugelige Kapsel.

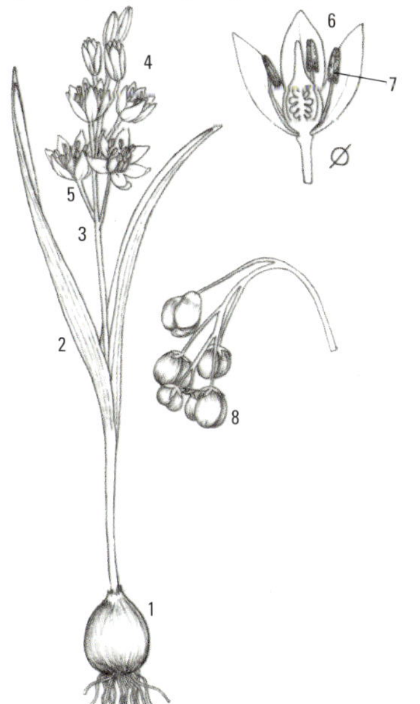

**60 !** Scilla siberica, Hyacinthaceae

## Sibirischer Blaustern

mehrjährige Zwiebelpflanze | 3–4 | 0,2 m

Aus Gärten in schattige Parks und Wälder verwildert. ❀ Gewöhnlicher Giersch [754], Lauchhederich [307], Gefleckte Taubnessel [300].

▸1 Überdauerungsorgan eine bis 2 cm breite Zwiebel.
▸2 Die 2–4 schmalen **Blätter** bis 15 cm lang **und bis 2 cm breit.** ▸3 Blütenstand mit 1–4 Blüten je Trieb. ▸4 **Blütenstiele nicht länger als die nickenden Blüten.** ▸5 An der Basis der Blütenstiele kurze Tragblätter. ▸6 **Blütenhüllblätter** tiefblau mit dunklerem Streifen, im Unterschied zum Zweiblättrigen Blaustern (Scilla bifolia) **in der Regel länger als 12 mm.**
▸7 Frucht eine annähernd kugelige, stumpf-dreikantige Kapsel.

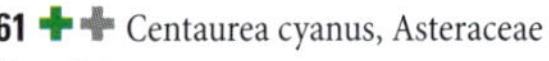

61 Centaurea cyanus, Asteraceae

## Kornblume

einjährig | 6–10 | 0,8 m

Nährstoffreiche Standorte in Getreideäckern und auf Schuttplätzen. Sommer-Adonisröschen [800], Acker-Rittersporn [806], Ackerröte [387], Persischer Ehrenpreis [229].

▸1 Stängel aufrecht und verzweigt. ▸2 Blätter graugrün, filzig behaart. ▸3 Untere Blätter in Abschnitte geteilt. ▸4 Obere Blätter länglich und nur bis 5 mm breit. ▸5 Blütenköpfe einzeln und endständig an den Zweigen angeordnet, im Schnitt etwa 3 cm breit. ▸6 Hüllblätter eiförmig. ▸7 **Blütenkronen röhrig (a), die äußeren vergrößert und bis zu einem Drittel eingeschnitten (b), meist blau.** ▸8 Frucht weißlich bis strohfarben oder silbergrau, bis zu 5 mm lang. ▸9 **Haarkranz steifborstig, meist kürzer als die einsamige Frucht.**

62 Leontodon incanus, Asteraceae

## Grauer Löwenzahn

mehrjährig | 5–7 | 0,4 m

Sonnig-trockene, kalkreiche, meist felsige Standorte. Berg-Täschelkraut [258], Nickendes Leimkraut [452], Aufrechter Ziest [360].

▸1 **Stängel** aufrecht (a), filzig behaart (b) und **im Unterschied zum Steifhaarigen Löwenzahn [511] unter dem Blütenköpfchen deutlich verdickt (c).** ▸2 **Bis zu 5 schuppenartige Hochblätter am Stängel.** ▸3 **Grundblätter** rosettig angeordnet (a), schmal, **graufilzig behaart (b).** ▸4 Blattrand schwach gezähnt oder ganzrandig. ▸5 Blütenköpfe einzeln am Ende der Stängel, vor dem Aufblühen nickend. ▸6 Hülle der Blütenköpfe bis 17 mm lang, Hüllblätter flaumig behaart. ▸7 Blüten zungenförmig, goldgelb, doppelt so lang wie die Hülle. ▸8 Frucht querrunzelig, mit einem federigen, gelblich- bis schmutzig-weißen Haarkranz.

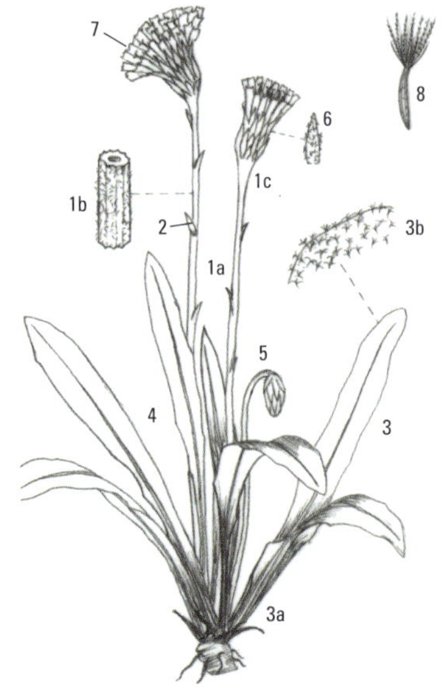

**63** Hieracium umbellatum, Asteraceae

## Doldiges Habichtskraut

mehrjährig | 7–10 | 1,2 m

Lichte Eichen- und Kiefernwälder, Waldmäntel, Gebüsche, Heiden, Magerrasen. Heidekraut [260], Rundblättrige Glockenblume [337], Echter Ehrenpreis [494].

▸1 Stängel aufrecht, reich beblättert, oben verzweigt. ▸2 **Pflanze ohne Grundblattrosette.** ▸3 Blattfläche länglich, vorne zugespitzt. ▸4 Blattrand gezähnt oder annähernd ganzrandig, mit leicht umgerolltem Rand. ▸5 **Blütenstand doldig** mit bis zu 30 Ästen und bis zu 50 gelben Blütenköpfchen. ▸6 Hülle grün bis schwarzgrün, eikugelig geformt. ▸7 Griffel gelb. ▸8 Same dunkelbraun bis schwarz, etwa 3 mm lang.

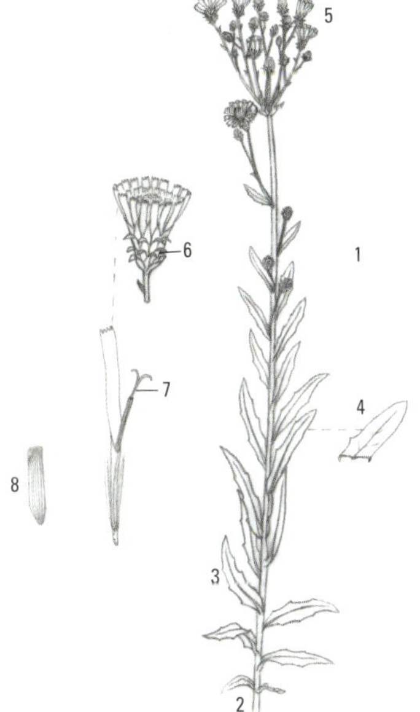

**64** Linaria repens, Plantaginaceae

## Streifen-Leinkraut

mehrjährig | 6–9 | 0,8 m

Pionier an nährstoffreichen (Wald-)Wegböschungen, Waldlichtungen, Acker- und Wegrändern sowie im Bahnschotter. Roter Fingerhut [436], Schmalblättriges Weidenröschen [353], Stechender Hohlzahn [187].

Pflanze etwas blaugrün bereift. ▸1 Stängel im oberen Bereich häufig ästig verzweigt. ▸2 Blätter ungeteilt, schmal-länglich, bis 4 cm lang, kahl. ▸3 Obere Blätter wechselständig. ▸4 Untere Blätter in Quirlen. ▸5 Blütenstand eine oder mehrere lockere Trauben. ▸6 Blütenkelch mit spitzen Zipfeln (a), bis annähernd zum Grund geteilt. ▸7 **Blütenkrone** zweilippig, helmförmig, mit Sporn bis etwa 1,5 cm lang, in der Farbe hell-lila bis weißlich. ▸8 **Schlund (meist) gelb (a), Oberlippe violett gestreift (b).** ▸9 Blütensporn höchstens halb so lang wie die Blütenkrone. ▸10 4 Staubblätter, nicht aus der Krone herausragend. ▸11 Frucht eine zweifächerige, kugelige Kapsel. ▸12 Same ungeflügelt, eiförmig, dreikantig, punktiert.

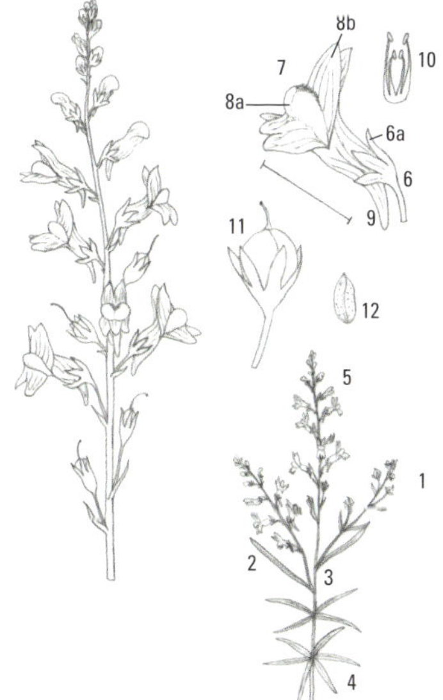

**65** 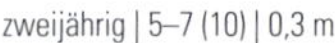 Lepidium ruderale, Brassicaceae

## Schutt-Kresse

zweijährig | 5–7 (10) | 0,3 m

Sonnige Standorte an Straßen- und Wegrändern sowie an Bahnanlagen und auf Schuttplätzen. ❀ Gewöhnliches Hirtentäschel [541], Strahlenlose Kamille [803], Breit-Wegerich [212], Echter Vogelknöterich [424].

**Unangenehm riechend.** ▸1 Pflanze aufrecht, oben verzweigt. ▸2 Stängel schwach flaumig behaart. ▸3 Untere Blätter lang gestielt (a) und in schmale Abschnitte geteilt (b). ▸4 Obere Blätter ganzrandig, in der Form schmal länglich. ▸5 Blüten- und Fruchtstand aus zahlreichen reichhaltigen Trauben zusammengesetzt. ▸6 Kelchblätter grünlich, **Kronblätter fehlen.** ▸7 Frucht ein eiförmiges Schötchen.

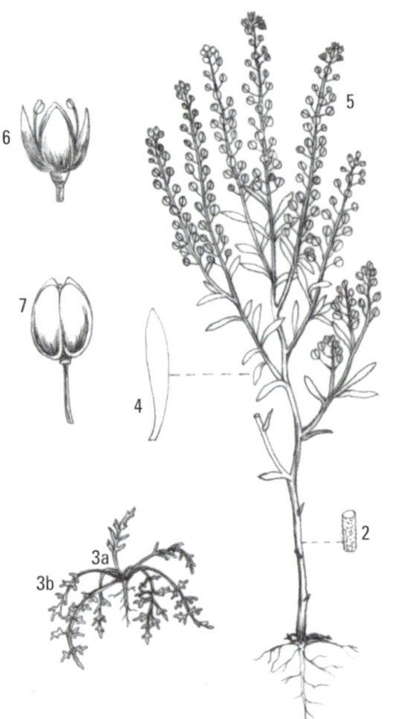

**66** Gnaphalium uliginosum, Asteraceae

## Sumpf-Ruhrkraut

einjährig | 7–9 | 0,2 m

Nährstoffreiche, feuchte, nasse oder überschwemmte Standorte, etwa an Ufern, in Gräben oder im Schlamm von Teichen sowie in Gärten und auf Äckern. ❀ Liegendes Hartheu [449], Gewöhnliche Sumpfkresse [543], Liegendes Mastkraut [121].

▸1 **Pflanze stark filzig-wollig behaart.** ▸2 Stängel meist bereits von der Basis an verzweigt. ▸3 Blätter einnervig, länglich-spatelig geformt. ▸4 **Hochblätter den Blütenstand überragend.** ▸5 **Blütenköpfchen zu 3–10,** jeweils nur bis 4 mm lang. ▸6 Hüllblätter trockenhäutig, spitz, bräunlich. ▸7 Früchte glatt (a) mit langem Haarkranz (b), Länge ohne Pappus kleiner als 1 mm.

**67** Limosella aquatica, Plantaginaceae

## Gewöhnliches Schlammkraut

ein- bis zweijährig | 5–9 | 0,1 m

Trocken gefallene Sand- und Schlammböden oder Flachwasserzonen von Uferbereichen an überschwemmten Flüssen, Teichen, Tümpeln und Pfützen. ❀ Braunes Zypergras [38], Gewöhnliches Büchsenkraut [481], Gewöhnlicher Sumpfquendel [103].

▸1 Pflanze mit Ausläufern und grundständiger Blattrosette. ▸2 **Blätter sehr lang gestielt.** ▸3 **Blattfläche ungeteilt, länglich-löffelförmig oder spatelförmig, ganzrandig.** ▸4 Blüten auf langen Stielen einzeln den Blattwinkeln entspringend. ▸5 Blütenkelch mit 5 spitzen Zähnen, häufig rot gestreift. ▸6 Blütenkrone den Kelch etwas überragend, Farbe weißlich bis blasslila. ▸7 4 Staubblätter. ▸8 Frucht eine kugelige, bis 3 mm lange Kapsel.

**68** Bupleurum falcatum, Apiaceae

## Sichel-Hasenohr

mehrjährig | 6–9 | 1 (1,5) m

An sonnig-trockenen, basen- und gern kalkhaltigen Bereichen an Wald- und Gebüschsäumen sowie in Trocken- und Magerrasen. ❀ Ästige Graslilie [23], Gewöhnliche Möhre [782], Gewöhnlicher Dost [203], Kleiner Wiesenknopf [720].

▸1 Ein oder mehrere Stängel, die reich beblättert und zickzackförmig gebogen sind (a). ▸2 **Blätter** derb, meist schmal und lang, zum Teil **sichelförmig gebogen.** ▸3 Blattstiel am Grund geflügelt. ▸4 Blütendolden mit 3–10 Zweigen (a) und **1–3 schmalen Hüllblättern** (b). ▸5 Teilblütenstände (Döldchen) mit **5 spitzen Hochblättern** (Hüllchen). ▸6 Die braunen, schwach gerippten Früchte bis 4 mm lang.

**69** ! ✚ Myosotis scorpioides agg., Boraginaceae

## Sumpf-Vergissmeinnicht (Artengruppe)

(Myosotis palustris agg.) mehrjährig | 4–10 | 1 m

Nährstoffreiche Standorte in Feucht- und Nasswiesen sowie an Teich- und Seeufern. ❀ Echtes Mädesüß [703], Sumpf-Hornklee [615], Gewöhnlicher Blutweiderich [148].

▸1 Blätter länglich, ganzrandig, wechselständig. ▸2 **Kelch fünfzipfelig, im Unterschied zu anderen Vergissmeinnicht-Arten kahl oder nur anliegend behaart.** ▸3 Blütenkrone fünfzipfelig, erst rosa, dann hellblau, ähnlich dem Wald-Vergissmeinnicht [438] flach ausgebreitet. ▸4 Am Übergang von Kronzipfel zu Kronröhre 5 gelbe Ausstülpungen (Schlundschuppen). ▸5 5 Staublätter. ▸6 Frucht vierteilig, Teilfrucht ein kantiges Nüsschen.

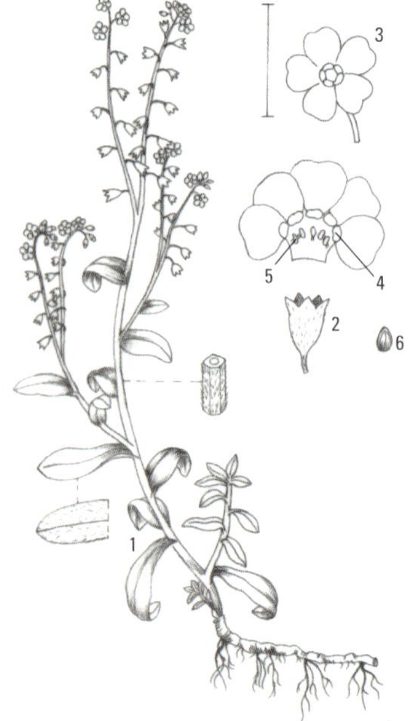

**70** Lepidium virginicum, Brassicaceae

## Virginische Kresse

zweijährig | 5–8 | 0,5 m

Nährstoffreiche Standorte auf Schuttplätzen sowie an Bahn- und Hafenanlagen. ❀ Gewöhnliches Hirtentäschel [541], Strahlenlose Kamille [803], Breit-Wegerich [212], Echter Vogelknöterich [424], Wege-Rauke [546].

Im Unterschied zur Schutt-Kresse [65] angenehm riechend oder geruchslos. ▸1 Pflanze oben meist verzweigt. ▸2 Stängel kurz flaumig behaart, Haare rückwärts gekrümmt. ▸3 Grundblätter gestielt (a), in der Form meist fiederteilig mit vergrößertem Endlappen (b). ▸4 Stängelblätter länglich, am Rande gezähnt. ▸5 **Blütenkrone im Unterschied zur Schutt-Kresse blumenartig, mit ansehnlichen weißen Kronblättern.** ▸6 Frucht ein rundliches, oben mit einem Flügelrand versehenes Schötchen.

**71** !! ✚✚ Helichrysum arenarium, Asteraceae

## Sand-Strohblume

mehrjährig | 7–8 | 0,5 m

Auf Sandböden an Böschungen, Dünen und in lichten Kiefernwäldern. ❀ Quendel-Sandkraut [198], Ausdauernder Knäuel [123], Sand-Thymian [464].

Aromatisch riechend. ▸1 Stängel aufrecht, einfach, graufilzig, dicht beblättert und nur im Bereich des Blütenstandes verzweigt. ▸2 **Blätter** länglich, oben zugespitzt, **beiderseits wollig-filzig behaart.** ▸3 Blattrand ganzrandig. ▸4 Blütenköpfchen kugelig, bis 7 mm im Durchmesser. ▸5 **Blüten goldgelb**, seltener orange. ▸6 **Frucht** nur etwa 1 mm lang, **mit einem Kranz aus langen Haaren** ausgestattet.

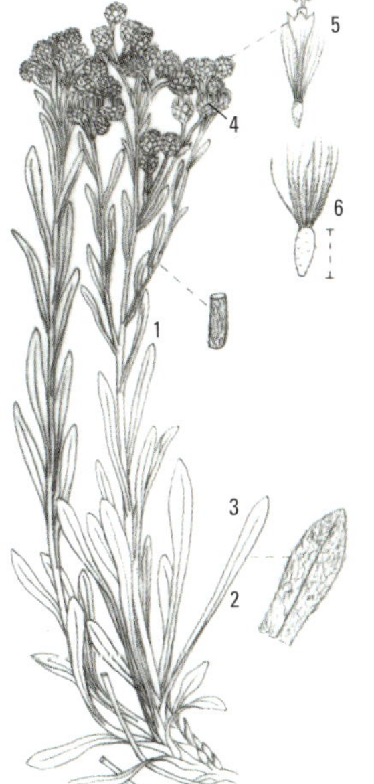

**72** ! Filago arvensis, Asteraceae

## Acker-Filzkraut

einjährig | 7–9 | 0,4 m

In Pioniergesellschaften nährstoffarmer Rohböden an Wegen, Dämmen, Brachen, Äckern und Gruben. ❀ Frühlings-Hungerblümchen [85], Zwerg-Filzkraut [429], Kleiner Sauer-Ampfer [550].

▸1 **Pflanze weißfilzig**, von der Mitte an verzweigt. ▸2 Blätter schmal länglich, bis 2 cm lang und etwa 2 mm breit, oben spitz. ▸3 Köpfchen zu 2–12, jeweils bis 5 mm lang. ▸4 Hüllblätter nicht gekielt, bis zur Spitze hin dicht wollig-filzig. ▸5 Blüten röhrenförmig, dünn, unscheinbar. ▸6 Früchte nur bis 1 mm lang (a), an der Krone mit langem, leicht abfallendem Haarkranz (b).

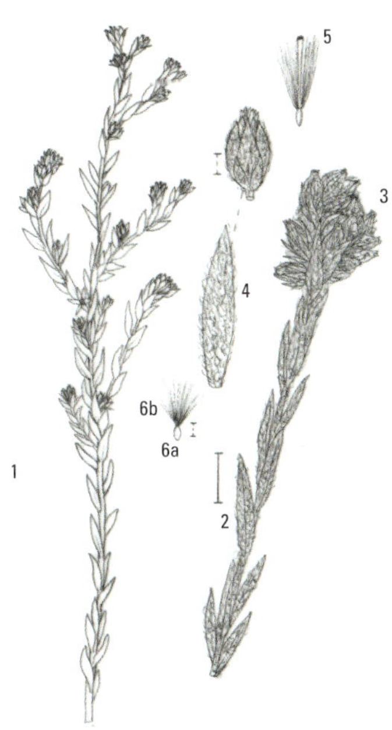

**73**  Lepidium campestre, Brassicaceae

## Feld-Kresse

einjährig | 6–8 | 0,6 m

Trittgefährdete Standorte der Wege und Wegränder, Dämme sowie Hafen- und Bahnanlagen. ❀ Gewöhnliches Hirtentäschel [541], Echter Vogelknöterich [424], Wege-Rauke [546].

Pflanze behaart. ▸1 Stängel aufrecht, dicht beblättert, oben verzweigt. ▸2 Blätter an der Basis gestielt, in der Form länglich, am Rande glatt (a) oder tief eingeschnitten (b). ▸3 **Obere Blätter mit pfeilförmiger Basis den Stängel umfassend.** ▸4 Blüte mit 4 weißen, bis 3 mm langen Kronblättern. ▸5 Kelchblätter länglich eiförmig, am Rand weiß hautrandig. ▸6 Wie für die Pflanzenfamilie der Kreuzblütler typisch, 4 längere und 2 kürzere Staubblätter. ▸7 Frucht dicht mit Bläschen bedeckt. ▸8 An der Spitze der Frucht ein kurzer Griffel.

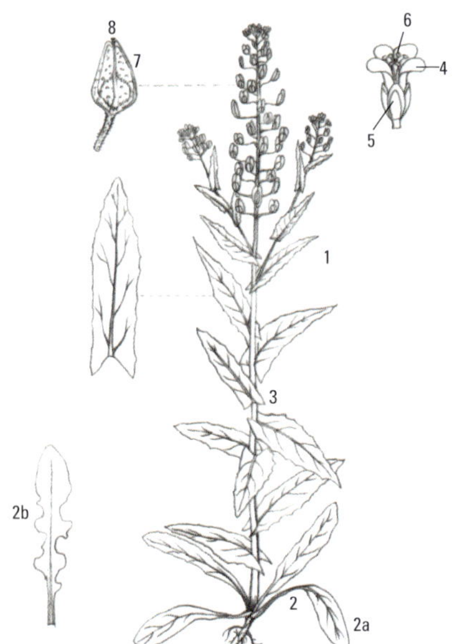

**74** Jasione montana, Campanulaceae

## Berg-Jasione (Berg-Sandglöckchen)

zweijährig | 6–10 | 0,8 m

Sonnig-trockene, kalkfreie Standorte von Silikat-Magerrasen, Wegrändern, Dünen und Felsköpfen. ❀ Kahles Ferkelkraut [504], Kleiner Vogelfuß [715], Ausdauernder Knäuel [123].

▸1 Stängelbasis schwach verholzend. ▸2 Pflanze ohne Ausläufer, nur mit einer grundständigen Blattrosette. ▸3 Stängel nur im unteren Bereich beblättert. ▸4 **Blätter schmal, mit gewelltem Rand.** ▸5 **Endständige kugelige Blütenköpfchen, bis 2,5 cm im Durchmesser.** ▸6 Einzelblüte im Blütenköpfchen kurz gestielt. ▸7 5 schmale Kelchzipfel. ▸8 **Griffel weit aus der violettblauen Blüte herausragend.** ▸9 Frucht eine fünfkantige Kapsel.

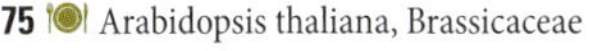

**75** Arabidopsis thaliana, Brassicaceae

## Acker-Schmalwand

ein- bis zweijährig | 4–5 | 0,4 m

Als Pionier auf rohen, nährstoff- und kalkarmen Böden an Böschungen, Gleisen, Äckern und Wegrändern. ❀ Ackerfrauenmantel [576], Quendel-Sandkraut [198], Frühlings-Hungerblümchen [85].

▸1 Stängel aufrecht, oben verzweigt, abstehend behaart. ▸2 Blätter behaart. ▸3 **Grundständige Blattrosette mit unterschiedlich gestalteten, einteiligen, spatelförmig in den Blattstiel verschmälerten Blättern.** ▸4 Blattränder der Grundblätter teilweise gezähnt oder ganzrandig. ▸5 Stängelblätter länglich, sitzend, meist ganzrandig. ▸6 Blüten- und Fruchtstand verzweigt. ▸7 Die länglichen, bis 2 mm langen Kelchblätter aufwärts gerichtet. ▸8 Blütenkrone weiß, Kronblätter keilförmig. ▸9 **Frucht eine schmale, unter 3 cm lange, auf gebogenen, verhältnismäßig langen Stielen sitzende Schote.**

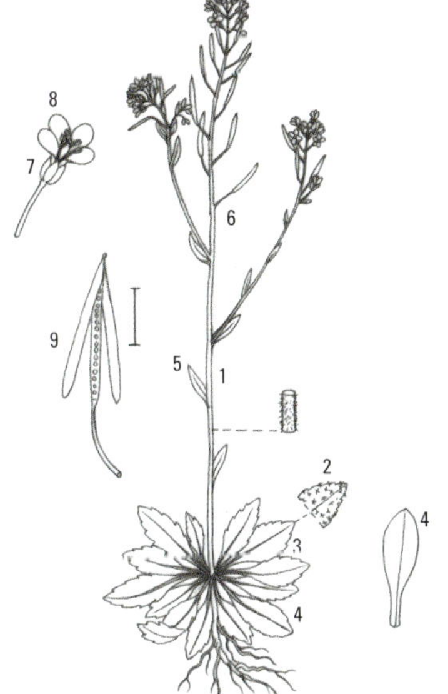

**76** Hieracium pilosella, Asteraceae

## Kleines Habichtskraut (Mäuseohr)

mehrjährig | 5–10 | 0,3 m

Besonnte Plätze in Silikat-Magerrasen, Heiden, an Wegrändern sowie in extensiv genutzten Weiden. ❀ Heidekraut [260], Heide-Nelke [348].

▸1 **Oberirdische, lang behaarte, beblätterte, bis 30 cm lange Ausläufer.** ▸2 Stängel grau, behaart, blattlos. ▸3 **Grundblätter zahlreich, dicklich, lang behaart.** ▸4 Blattunterseiten graufilzig behaart. ▸5 **Nur eine endständige Blüte je Stängel,** in Ausnahmefällen zwei. ▸6 **Blüten auf der Unterseite meist rotstreifig.** ▸7 Hülle eiförmig bis kugelig, graugrün bis schwärzlich, behaart. ▸8 Frucht mit langem Haarkranz.

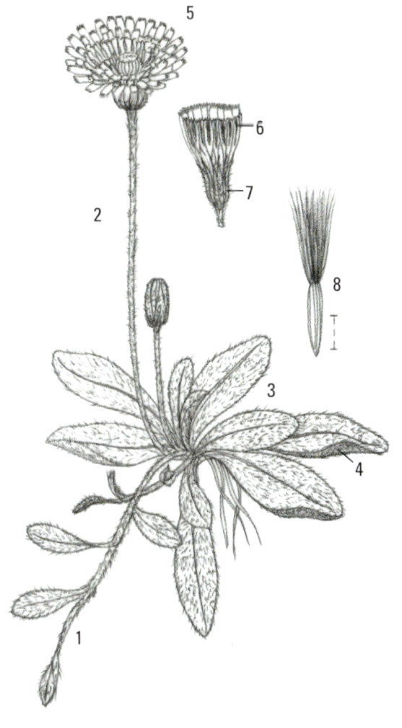

**77** Myosotis stricta, Boraginaceae

## Sand-Vergissmeinnicht

einjährig | 3–6 | 0,2 m

Auf sandigen Äckern, Dämmen, in lückigen Rasen sowie auf Felsköpfen. ❀ Raues Vergissmeinnicht [447], Kleiner Sauer-Ampfer [550], Feld-Ehrenpreis [230].

▸1 Ganze Pflanze dicht grau behaart. ▸2 Stängel steif aufrecht, dünn. ▸3 Blätter länglich bis oval, bis 2 cm lang, ganzrandig, wechselständig. ▸4 Im Unterschied zum ähnlichen Rauen Vergissmeinnicht [447] Blütenstand im unteren Teil meist beblättert. ▸5 Blütenkelch fünfzipfelig, krugförmig, bis zur Mitte geteilt. ▸6 **Kelchstiele zur Fruchtzeit kürzer als der Kelch.** ▸7 Krone fünfzipfelig, im Unterschied zum Wald-Vergissmeinnicht [438] trichterförmig (Wald-Vergissmeinnicht: Krone radförmig ausgebreitet). ▸8 Farbe der **Blütenkrone** hellblau, **Durchmesser nur etwa 2 mm.** ▸9 Am Übergang von Kronzipfel zu Kronröhre 5 gelbe Schlundschuppen. ▸10 Teilfrüchte im Reifezustand dunkelbraun gefärbt, einer vierteiligen Frucht entstammend.

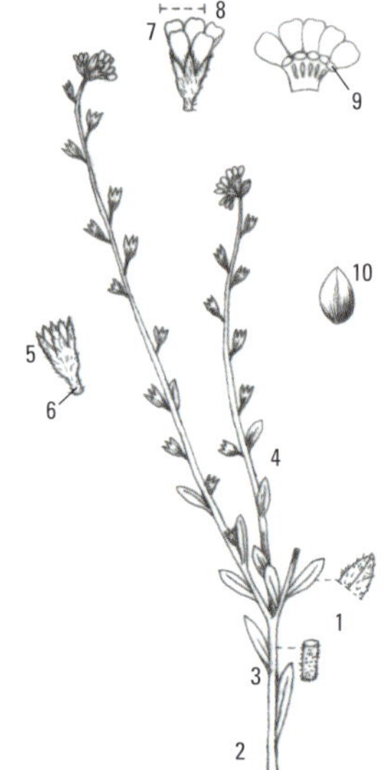

**78 !** Myosotis discolor, Boraginaceae

## Farbwechselndes Vergissmeinnicht

(Buntes Vergissmeinnicht) ein- bis zweijährig | 4–6 | 0,3 m

Auf kalkarmen Äckern, an Wegrändern und in lückigen Wiesen und Rasen. ❀ Zwerg-Filzkraut [429], Kleiner Sauer-Ampfer [550], Einjähriger Knäuel [122].

▸1 Pflanze bereits von Grund an verzweigt, behaart. ▸2 Stängel kantig, schlaff. ▸3 Blätter länglich, ganzrandig, wechselständig, bis 4 cm lang. ▸4 **Kelch bis zur Mitte in 5 Zipfel geteilt.** ▸5 **Krone** fünfzipfelig, **erst gelblich, dann rot, später hellblau.** ▸6 Am Übergang von Kronzipfel zu Kronröhre 5 gelbe Schlundschuppen. ▸7 Teilfrüchte der vierteiligen Frucht glänzend, eiförmig-rundlich, zweikantig.

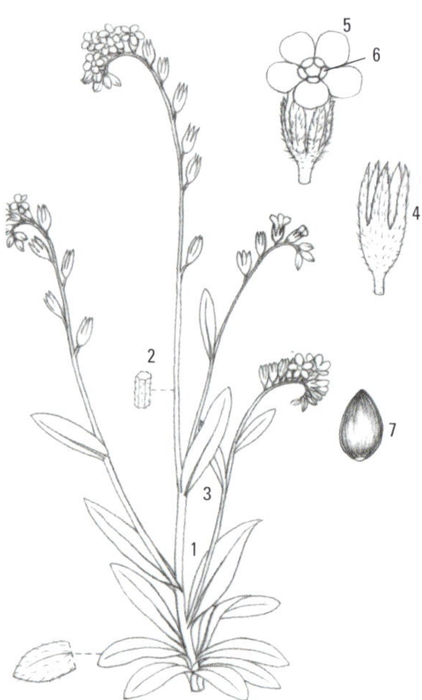

**79** Silene vulgaris, Caryophyllaceae

## Gewöhnliches Leimkraut

mehrjährig | 5–9 | 0,6 m

Mäßig nährstoffreiche Standorte an Böschungen, Bahndämmen, Wegrändern und Steinbrüchen. Gewöhnliche Möhre [782], Blut-Storchschnabel [657], Gewöhnlicher Dost [203].

▸1 Zahlreiche Triebe entspringen dem verzweigten Wurzelstock. ▸2 Blattstellung gegenständig. ▸3 **Blätter** länglich, ganzrandig, zugespitzt, bis 12 cm lang, **blaugrün** gefärbt. ▸4 Doldenähnlicher Blütenstand mit bis zu 20 Blüten. ▸5 **Blütenkelch glockig aufgeblasen, an der Spitze fünfzähnig.** Fruchtkapsel im Kelch eingeschlossen. Kelchadern deutlich sichtbar und netzartig verbunden. ▸6 Kronblätter tief zweispaltig, weiß. ▸7 3 Griffel (a) und 10 Staubblätter (b), aus der Blüte herausragend.

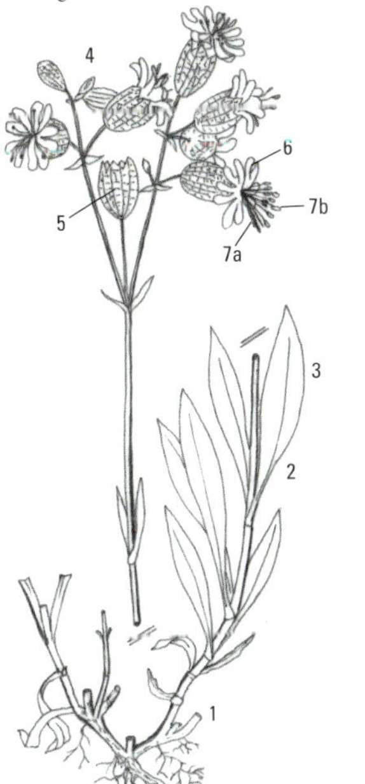

**80** Galium uliginosum, Rubiaceae

## Moor-Labkraut

mehrjährig | 5–8 | 0,6 m

Feucht-nasse Standorte an Bachufern, Waldsümpfen und Nasswiesen. Sumpf-Pippau [527], Echtes Mädesüß [703], Sumpf-Vergissmeinnicht [69].

▸1 Pflanze von liegendem oder aufsteigendem Wuchs. ▸2 **Stängel vierkantig, kahl, dünn und rau.** ▸3 Blätter zu 5–8 im Quirl, länglich, vorne zugespitzt. ▸4 **Blattfläche einnervig, in der Mitte am breitesten.** ▸5 Länge der Blätter bis 15 mm, Breite bis 2 mm. ▸6 Blattrand durch feine, rückwärts gerichtete Stacheln rau. ▸7 Blütenstand locker doldenartig. ▸8 Blütenkrone mit spitzen Zipfeln. ▸9 Durchmesser der Krone bis höchstens 3 mm. ▸10 **Staubbeutel gelb.** ▸11 Frucht rau, fein-warzig, nur etwa 1 mm groß.

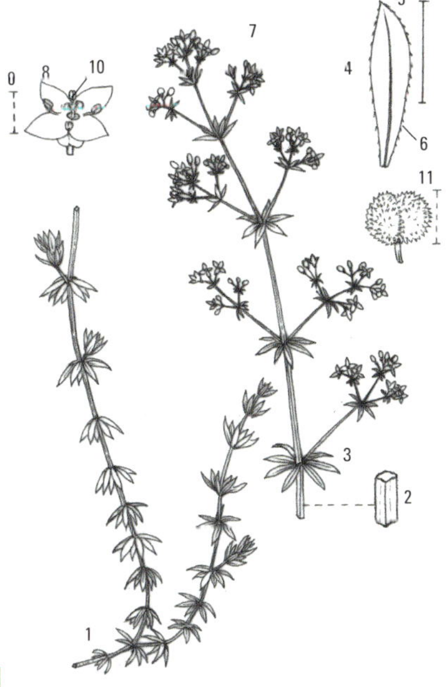

81 ! Arabis hirsuta, Brassicaceae

## Behaarte Gänsekresse

ein- bis zweijährig | 5–7 | 1 m

Magere Standorte in Wiesen und Böschungen sowie in lichten Kiefernwäldern und Gebüschsäumen. ❀ Wundklee [726], Karthäuser-Nelke [115], Gewöhnliches Sonnenröschen [425].

▸1 Pflanze aufrecht, häufig mehrstängelig. ▸2 Stängel behaart, reich beblättert. ▸3 Grundständige Blätter in einer Rosette angeordnet. ▸4 Blätter behaart, am Rande gezähnt. ▸5 Blütenstand mit bis zu 50, kleiner als 1 cm bleibenden Blüten. ▸6 Kronblätter weiß, bis 7 mm lang. ▸7 Kelchblätter mit weißem Hautrand. ▸8 Die **aufrecht stehenden**, kurz gestielten **Fruchtschoten** bis 5 cm lang.

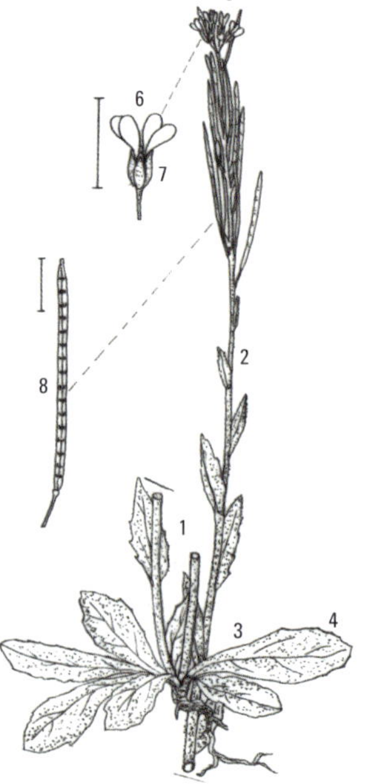

82 + Centaurea montana, Asteraceae

## Berg-Flockenblume

mehrjährig | 5–8 | 0,8 m

Nährstoffreiche Standorte in sonnigen Bergwäldern, an felsigen Hängen und in Saumgesellschaften. ❀ Zwiebel-Schaumkraut [741], Frühlings-Platterbse [739], Türkenbund-Lilie [413], Ausdauerndes Bingelkraut [467].

▸1 **Stängel** aufrecht, meist einfach, kräftig und **von herablaufenden Blatträndern breit geflügelt (a).** ▸2 Blätter oval bis länglich, kurz behaart. ▸3 Untere Blätter bisweilen buchtig gelappt. ▸4 **Blütenköpfe blauviolett**, einzeln an den Stängel- oder Astspitzen angeordnet. ▸5 **Hüllblätter mit langen, schwarzen Fransen.** ▸6 Randständige Blüten stark vergrößert. ▸7 Früchte bis 6 mm lang, gelblich, schwach behaart, mit kurzem Haarkranz.

**83** Alyssum alyssoides, Brassicaceae

## Kelch-Steinkraut

einjährig | 4–9 | 0,3 m

Sonnig-trockene Standorte an Felsköpfen, Steinbrüchen, Trocken- und Magerrasen und Böschungen. ❀ Gewöhnlicher Reiherschnabel [671], Durchwachsenblättriges Kleintäschelkraut [267], Scharfer Mauerpfeffer [487].

▸1 Ganze Pflanze durch sternförmige Haare graufilzig. ▸2 Mehrere aufsteigende Stängel. ▸3 Blätter länglich, ganzrandig. ▸4 Blütenstand eine lockere Traube. ▸5 **4 blassgelbe Kronblätter**, bis 4 mm lang. ▸6 **Kelch zur Reifezeit der Frucht im Unterschied zum Berg-Steinkraut [87] noch vorhanden.** ▸7 Frucht ein bis annähernd 5 mm langes Schötchen. ▸8 Griffel nur etwa 0,5 mm lang.

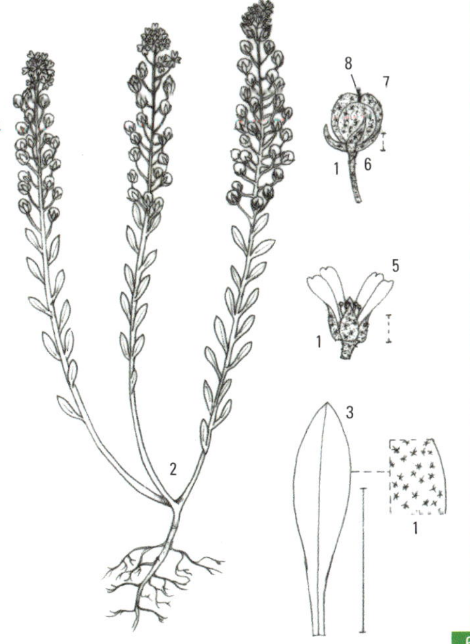

**84** Montia fontana, Portulacaceae

## Bach-Quellkraut

mehrjährig | 6–8 | 0,3 m

In Quellfluren an kalkarmen Bächen und Gräben. ❀ Wald-Schaumkraut [737], Sumpf-Weidenröschen [145], Quell-Sternmiere [405].

▸1 Stängel aufsteigend, verzweigt. ▸2 Blätter mit sitzend-gegenständiger Blattstellung. ▸3 Form der **Blätter länglich-spatelförmig**, Länge bis 3 cm, Beschaffenheit mehr oder weniger fleischig. ▸4 Blütenstände zwei- bis fünfblütig. ▸5 Blüten gestielt, unscheinbar. ▸6 Blütenkelch ungleich zweispaltig. ▸7 **2 der 5 weißen Kronblätter etwas vergrößert.** ▸8 3 Staubblätter. ▸9 Frucht eine bis 2 mm lange, zwei- bis dreisamige Kapsel. ▸10 Samen nierenförmig.

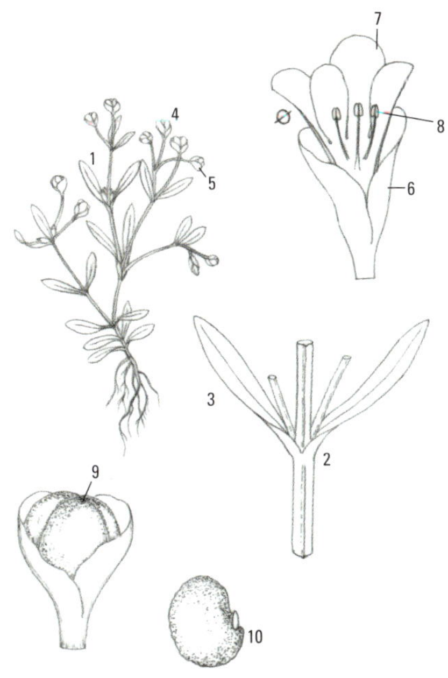

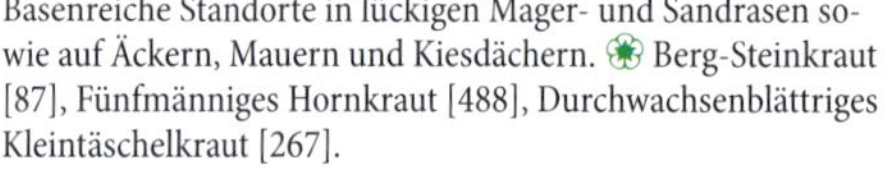

**85** ✚ Draba verna agg., Brassicaceae

## Frühlings-Hungerblümchen (Artengruppe)

einjährig | 3–5 | 0,2 m

Basenreiche Standorte in lückigen Mager- und Sandrasen sowie auf Äckern, Mauern und Kiesdächern. ❀ Berg-Steinkraut [87], Fünfmänniges Hornkraut [488], Durchwachsenblättriges Kleintäschelkraut [267].

▸1 Wurzel gelblich, dünn und reich verästelt. ▸2 Blätter und Stängel behaart. ▸3 Stängel aufrecht, unverzweigt, blattlos, einzeln oder zu mehreren. ▸4 An der Basis des Stängels eine grundständige Blattrosette. ▸5 **Blätter spatelförmig**, ganzrandig (a) oder in der oberen Hälfte gezähnt (b). ▸6 Blüten und Früchte in lockeren Trauben. ▸7 Kelchblätter mit Hautrand (a) und borstiger Behaarung (b). ▸8 **Kronblätter** weiß, bis 4 mm lang, **an der Spitze geteilt.** ▸9 Staubbeutel gelb. ▸10 Frucht ein rundlich-ovales bis längliches, lang gestieltes Schötchen.

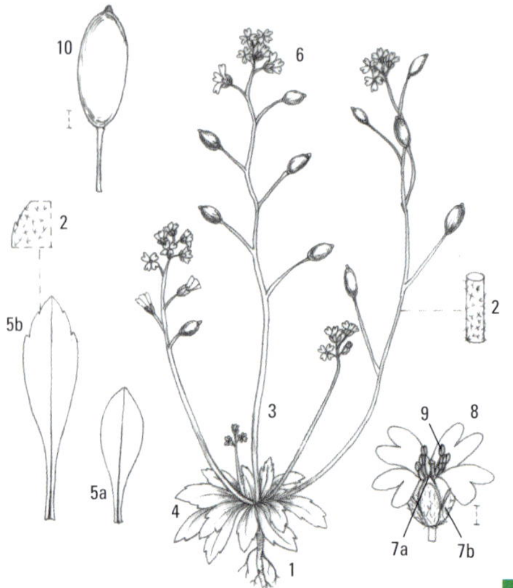

**86** Kernera saxatilis, Brassicaceae

## Felsen-Kugelschötchen

mehrjährig | 5–8 | 0,4 m

In (Kalk-)Felsspalten sowie auf Felsschutt und Geröll. ❀ Braunstieliger Streifenfarn [664], Zwerg-Glockenblume [490], Weiße Fetthenne [415].

▸1 Stängel dünn, im oberen Bereich zickzackförmig gebogen (a), im unteren Bereich anliegend behaart (b). ▸2 **An der Stängelbasis eine dichte Grundblattrosette.** ▸3 Grundblätter länglich, nach oben verbreitert (spatelförmig), anliegend behaart. ▸4 Blattrand der Grundblätter buchtig gelappt, seltener ganzrandig. ▸5 Stängelblätter meist ganzrandig, länglich und kahl. ▸6 Blütentraube locker gestellt und wenigblütig, nur etwa 10 cm lang. ▸7 Kronblätter weiß, 3–4 mm lang, an der Spitze abgerundet. ▸8 Die 4 längeren Staubblätter (von insgesamt 6) im oberen Bereich knieförmig nach außen gebogen. ▸9 **Frucht ein annähernd kugeliges Schötchen.** ▸10 Fruchtstiele um ein Mehrfaches länger als die Früchte, dünn.

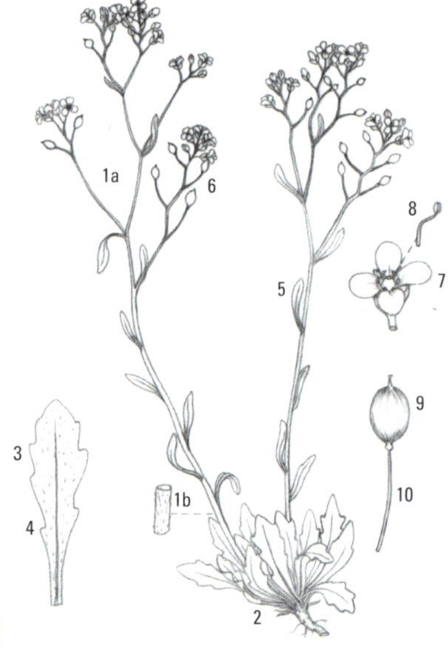

**87 !** Alyssum montanum, Brassicaceae

## Berg-Steinkraut

mehrjährig | 3–5 | 0,2 m

Auf flachgründigen, trockenen Steinböden in lückigen Fels- und Trockenrasen sowie in Felsspalten und auf Felsköpfen. ❀ Frühlings-Hungerblümchen [85], Gewöhnlicher Natternkopf [358], Weiße Fetthenne [415].

▸1 **Pflanze an der Basis verzweigt, unten verholzend (a), von Sternhaaren graugrün (b).** ▸2 Blätter länglich, ganzrandig. ▸3 Blüten und Früchte in reichblütigen Trauben. ▸4 **Kronblätter goldgelb, bis 6 mm lang.** ▸5 An der Basis der Frucht zur Reifezeit keine Kelchblätter mehr vorhanden. ▸6 Frucht ein behaartes Schötchen. ▸7 Griffel bis 3 mm lang.

**88** Portulaca oleracea, Portulacaceae

## Gemüse-Portulak

mehrjährig | 6–9 | 0,3 m

Auf nährstoffreichen, sonnig-warmen Standorten und sandigen Böden in Gärten, Feldern, Weinbergen, Pflasterfugen und auf Friedhöfen. ❀ Kleiner Orant [380], Echter Vogelknöterich [424], Gänse-Fingerkraut [719].

▸1 Pflanze niederliegend, verzweigt, häufig mit rot überlaufenen Stängeln. ▸2 **Blätter fleischig**, in der Form oval bis verkehrt eiförmig, bis 3 cm lang, an den Triebenden gehäuft. ▸3 **Blüten goldgelb**, ungestielt, zu wenigen in einem kopfartigen Blütenstand. ▸4 Staubblätter zahlreich (a), Kronblätter meist 5 seltener 4 oder 6 (b). ▸5 Frucht eine bis 1 cm lange Kapsel mit zahlreichen schwarzen Samen.

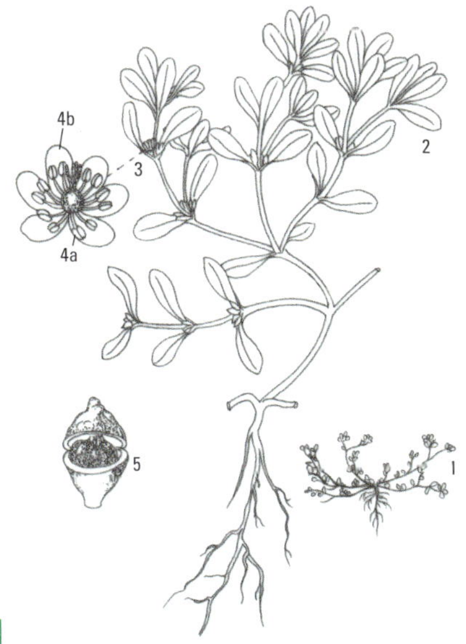

**89 !!** Globularia bisnagarica, Globulariaceae

## Gewöhnliche Kugelblume (Globularia punctata)

mehrjährig | 5–6 | 0,3 m

Flachgründige und kalkreiche Trocken- und Magerrasen sowie lichte Trockengebüsche. ❀ Zypressen-Wolfsmilch [342], Hufeisenklee [712], Gewöhnliche Küchenschelle [789].

▸1 An der Pflanzenbasis eine **Rosette aus lang gestielten Grundblättern.** ▸2 Wechselständige und sitzende Anordnung der Stängelblätter. ▸3 Spatel- bis verkehrt eiförmige Ausbildung der Grundblätter. ▸4 Stängelblätter länglich und vorne zugespitzt. ▸5 **Blütenköpfchen einzeln an den Stängelspitzen**, Breite der Köpfchen bis zu 2 cm. ▸6 Blütenkrone blauviolett, bis 8 mm lang. ▸7 Frucht ein längliches, nur etwa 1,5 mm langes Nüsschen.

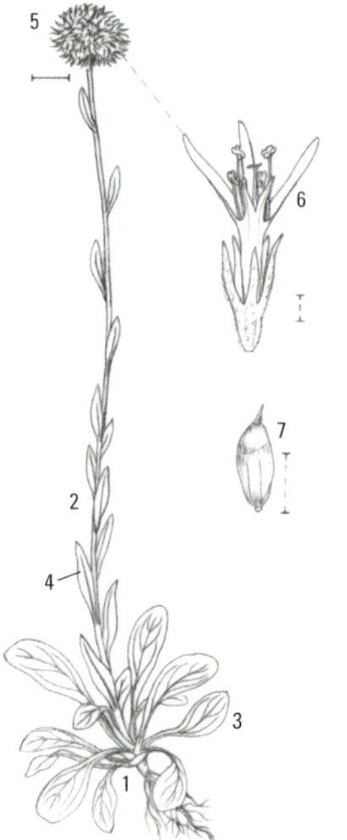

**90 !!** ✚ Antennaria dioica, Asteraceae

## Gewöhnliches Katzenpfötchen

mehrjährig | 5–6 | 0,25 m

In mageren und überwiegend trockenen Wiesen und Weiden sowie in Heiden und lichten Kiefernwäldern. ❀ Heidekraut [260], Rundblättrige Glockenblume [337], Blutwurz [644].

▸1 An **oberirdischen Ausläufern** neue Blattrosetten bildend. ▸2 Stängel mit länglichen, oben spitz zulaufenden Blättern. ▸3 Grundblätter spatelförmig, vor allem auf der Unterseite filzig behaart. ▸4 Gesamtblütenstand aus bis zu 12 Blütenköpfchen doldenartig angeordnet. ▸5 **Äußere Hüllblätter** weißlich bis grünlich gefärbt und filzig behaart. ▸6 Innere Hüllblätter rosa, purpurn oder weiß gefärbt. ▸7 Weibliche Blüten und Früchte mit langem Haarkranz.

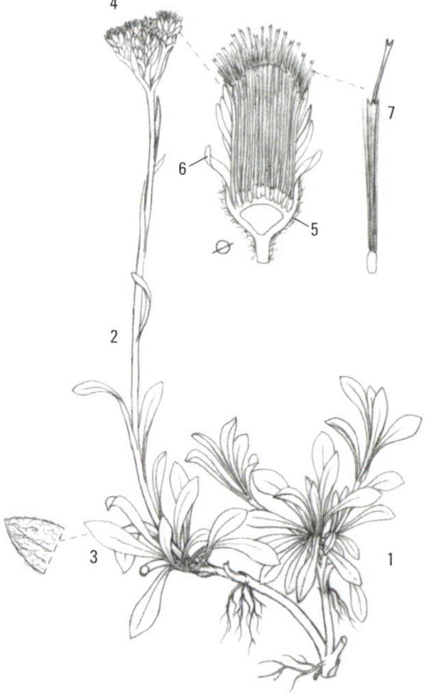

**91** Lemna trisulca, Lemnaceae

## Untergetauchte Wasserlinse

mehrjährig | 5–6 | L 10 mm

In meist stehenden, nicht zu nährstoffarmen Gewässern wie Altwässern, Seebuchten, Gräben und Tümpeln. Buckel-Wasserlinse [497], Schwimmendes Laichkraut [191].

▸1 Wasserpflanze untergetaucht, zur Blütezeit frei schwimmend. ▸2 **Dichter Verband aus zahlreichen Sprossgliedern.** ▸3 **Sprossglieder dünn, oval bis eiförmig** (a), dreinervig, jeweils mit nur einer Wurzel (b). ▸4 Vorderrand der Sprossglieder gezähnelt. ▸5 Blütenstand mit einer weiblichen und 2 männlichen Blüten.

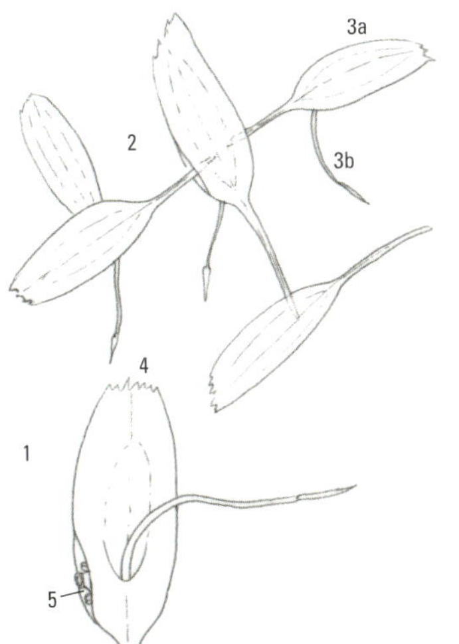

**92** Rorippa amphibia, Brassicaceae

## Wasser-Sumpfkresse

mehrjährig | 5–8 | 1,5 m

An den Ufern nährstoffreicher, langsam fließender, stehender oder trocken gefallenener Gewässer, wie in Tümpeln und Altwässern, sowie in Röhrichten und Rieden. Schwanenblume [18], Gewöhnliche Brunnenkresse [724], Gewöhnliches Pfeilkraut [551].

Pflanze gelblichgrün. ▸1 Stängel gefurcht (a), bisweilen am Grund kriechend, später meist aufsteigend (b). ▸2 Blattformen sehr veränderlich, untere Blätter von ungeteilt mit deutlicher Blattrandzähnung bis kammförmig eingeschnitten. ▸3 **Stängelblätter ohne oder nur mit unscheinbaren Öhrchen**, wechselweise und sitzend am Stängel angeordnet, länglich, ungeteilt. ▸4 **Die goldgelbe Blütenkrone (a) im Unterschied zur Gewöhnlichen Sumpfkresse [543] knapp doppelt so lang wie der Kelch (b).** ▸5 **Frucht schötchenförmig, deutlich kürzer als ihr Stiel.**

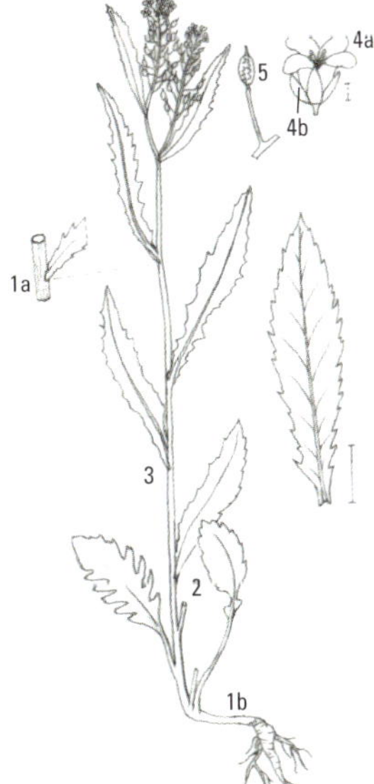

**93** Galium saxatile, Rubiaceae

## Harzer Labkraut (Galium harcynicum)

mehrjährig | 4–8 | 0,3 m

In lichten Eichen-, Kiefern- und Tannenwäldern sowie in Silikat-Magerrasen und -weiden. ❀ Heidekraut [260], Dorniger Wurmfarn [680], Blutwurz [644].

▸1 Zahlreiche beblätterte Stängel. ▸2 Stängel kahl, im Querschnitt vierkantig. ▸3 **Blattquirle meist aus 6 länglichen Blättchen bestehend.** ▸4 Blättchen kurz zugespitzt (a), am Rande durch einige Blattzähnchen (b) etwas rau. ▸5 Blütenstiele aufrecht, etwas länger als die Blüten. ▸6 Blütenkrone weiß, bis 3 mm im Durchmesser. ▸7 **Frucht dicht mit spitzen Warzen besetzt.**

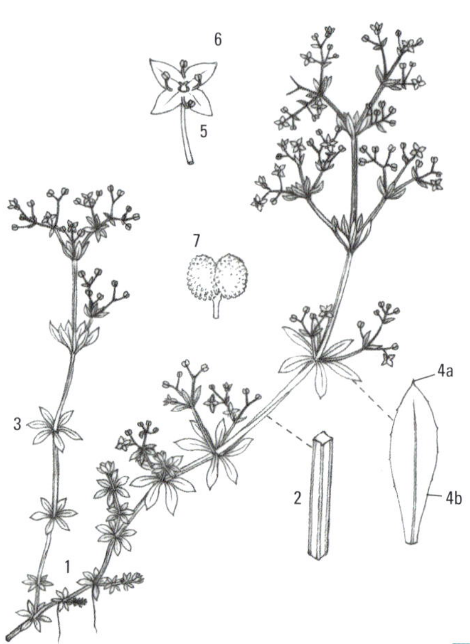

**94** ! ✚✚ Sempervivum tectorum, Crassulaceae

## Dach-Hauswurz

mehrjährig | 7–9 | 0,5 m

Trocken-warme Standorte auf Felsen, Mauern und Dächern. ❀ Flügel-Ginster [454], Weiße Fetthenne [415], Hasen-Klee [604].

▸1 Stängel kräftig, behaart und dicht beblättert. ▸2 **Blätter in grundständiger Rosette (a) und wechselständig den Stängel umschließend (b).** ▸3 **Blätter** ganzrandig, **fleischig, starr,** an der Basis grün, an den Spitzen rotbraun. ▸4 Blattränder bewimpert. ▸5 Die meist 13 rötlichen Kronblätter (a) spitz zulaufend, bis viermal so lang wie die 13 Kelchblätter (b). ▸6 Staubblätter meist 26 und damit doppelt so viele wie die Kronblätter.

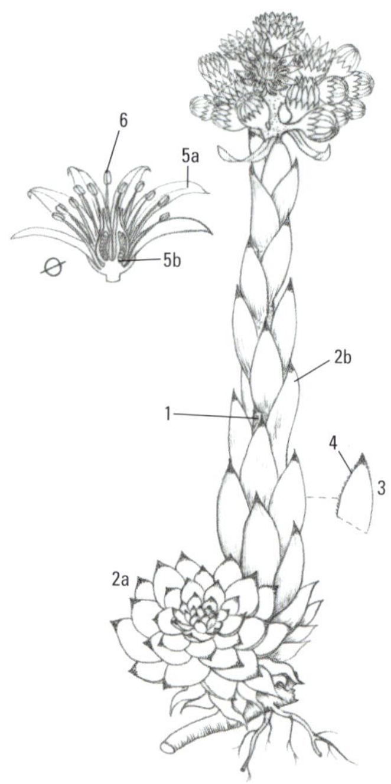

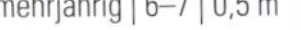

**95 !! ✚** Platanthera bifolia, Orchidaceae

## Weiße Waldhyazinthe

mehrjährig | 6–7 | 0,5 m

In wärmebegünstigten Kalk-Buchenwäldern, in lichten Eichen- und Kiefernwäldern sowie in Heiden und mageren, moorigen Wiesen. ❀ Ästige Graslilie [23], Sumpf-Ständelwurz [392], Großer Wiesenknopf [706], Gewöhnliche Straußmargerite [682].

▸1 Stängel meist aufrecht, hohl. ▸2 Grundblätter zu zweien, annähernd gegenständig angeordnet; in Ausnahmefällen nur ein Grundblatt ausgebildet. ▸3 **Blattform länglich-eiförmig, im Unterschied zum ähnlichen Großen Zweiblatt [205] bis etwa 20 cm lang.** ▸4 Stängelblätter zu 1–5, länglich, bis 4 cm lang. ▸5 Stängelblätter den Beginn des zylindrischen Blütenstandes nicht erreichend. ▸6 Die wohlriechende Blütenkrone weißlich und dabei häufig grünlich überlaufen. ▸7 Äußere Blätter der Blütenhülle seitlich abstehend. ▸8 Blütenlippe zungenförmig, bis etwa 1,5 cm lang, an der Spitze grünlich. ▸9 **Blütensporn (a) fadenförmig**, etwa doppelt so lang wie der gedrehte, zylindrische Fuchtknoten (b). ▸10 Frucht eine bis 17 mm lange Kapsel.

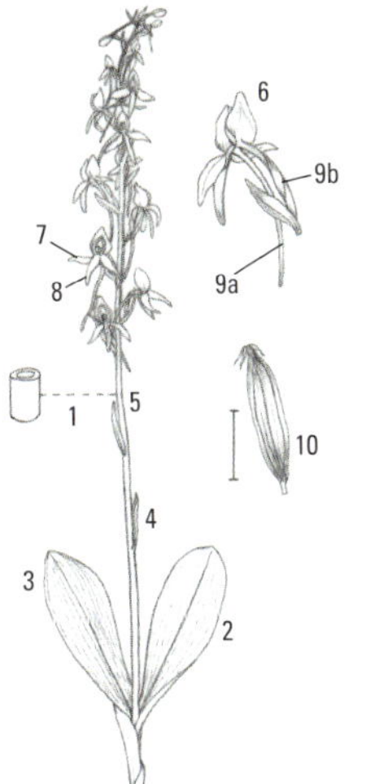

**96 !!** Platanthera chlorantha, Orchidaceae

## Grünliche Waldhyazinthe

mehrjährig | 5–7 | 0,5 m

In lichten Nadelmisch- und Buchenwäldern sowie in nicht zu sonnigen, moorigen Wiesen. ❀ Rotes Waldvögelein [139], Nickendes Birngrün [217].

▸1 **Stängel** aufrecht, **kräftiger als der Stängel der ähnlichen Weißen Waldhyazinthe [95] und deutlich kantig.**
▸2 Schuppenblätter zu 1–3 an der Stängelbasis unterhalb der Grundblattrosette. ▸3 Grundblätter zu zweien, annähernd gegenständig angeordnet und bis etwa 20 cm lang. ▸4 Stängelblätter zu 1–5, länglich, bis etwa 4 cm lang, den Beginn des zylindrischen Blütenstandes nicht erreichend. ▸5 **Blütenkrone** grünlich-weiß und **nur wenig duftend.** ▸6 Fruchtknoten gedreht und von zylindrischer Form. ▸7 Blütenlippe zungenförmig, bis etwa 1,5 cm lang, an der Spitze grünlich.
▸8 **Blütensporn breit nadel- bis keulenförmig**, etwa doppelt so lang wie der gedrehte, zylindrische Fuchtknoten, **am Ende etwas verdickt.** ▸9 Frucht eine bis annähernd 2 cm lange, zylindrische Kapsel.

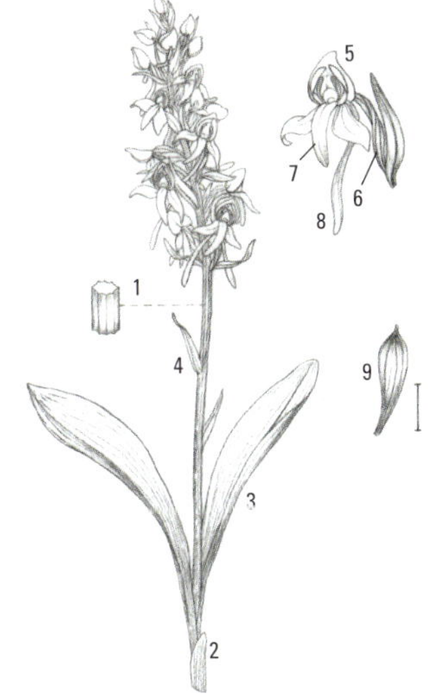

**97** ✚ Hylotelephium telephium agg., Crassulaceae

## Purpur-Waldfetthenne (Artengruppe)

(Sedum telephium agg.) mehrjährig | 7–8 | 0,2 m

Je nach Unterart auf felsig-steinigen Standorten, am Waldsaum oder auf kalkreichen Äckern. ❀ Großblütiger Fingerhut [153], Quirl-Weißwurz [129], Salbei-Gamander [295].

▸1 Pflanze von aufrechtem Wuchs. ▸2 **Blätter dicklich-fleischig**, bis etwa 10 cm lang. ▸3 Blattrand ungleich gezähnt. ▸4 Blattbasis verschmälert. ▸5 Stängelblätter sitzend am Stängel angeordnet. ▸6 Blütenstand aus mehreren doldenartigen Teilblütenständen zusammengesetzt. ▸7 5 Kelchblätter, kurz, 1–2 mm lang. ▸8 5 Kronblätter, kapuzenartig zusammenneigend, meist purpurrot, aber auch weißliche, gelbliche und grünliche Farbnuancen vorkommend. ▸9 10 Staubblätter.

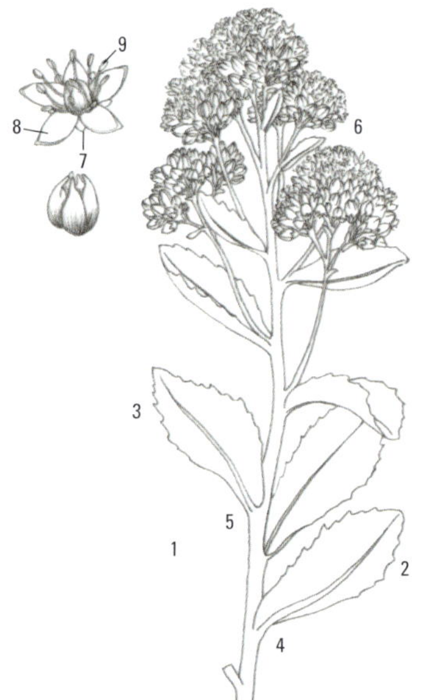

**98** Arabidopsis thaliana, Brassicaceae

## Acker-Schmalwand

ein- bis zweijährig | 4–5 | 0,4 m

Als Pionier auf rohen, nährstoff- und kalkarmen Böden an Böschungen, Gleisen, Äckern und Wegrändern. ❀ Ackerfrauenmantel [576], Quendel-Sandkraut [198], Frühlings-Hungerblümchen [85].

▸1 Stängel aufrecht, oben verzweigt, abstehend behaart. ▸2 Blätter behaart. ▸3 **Grundständige Blattrosette mit unterschiedlich gestalteten, einteiligen, spatelförmig in den Stiel verschmälerten Blättern.** ▸4 **Blattränder der Grundblätter teilweise gezähnt oder ganzrandig.** ▸5 Stängelblätter länglich, sitzend, meist ganzrandig. ▸6 Blüten- und Fruchtstand verzweigt. ▸7 Die länglichen, bis 2 mm langen Kelchblätter aufwärts gerichtet. ▸8 Blütenkrone weiß, Kronblätter keilförmig. ▸9 **Frucht eine schmale, unter 3 cm lange, auf gebogenen, verhältnismäßig langen Stielen sitzende Schote.**

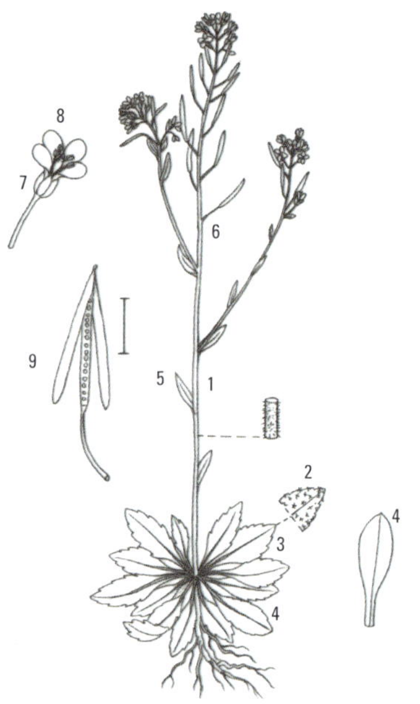

**99** Goodyera repens, Orchidaceae

## Kriechendes Netzblatt

mehrjährig | 7–8 | 0,25 m

In moosreichen Nadelwäldern und -forsten. ❀ Große Händelwurz [58], Vogel-Nestwurz [393], Nickendes Birngrün [217], Kleines Wintergrün [213].

▸1 Pflanze mit oberirdischen Ausläufern. ▸2 Stängel aufrecht, mit einigen scheidigen Blättern besetzt. ▸3 Drüsige Behaarung des Stängels (a) und der Blüte (b). ▸4 Grundständige Blattrosette. ▸5 **Blätter** spitz eiförmig, bis 3,5 cm lang, **mit netzadriger Struktur.** ▸6 **Blütenstand einseitswendig**, bis 7 cm lang. ▸7 Die **weiße Blütenhülle** glockig zusammengeneigt. ▸8 Fruchtknoten gedreht und behaart.

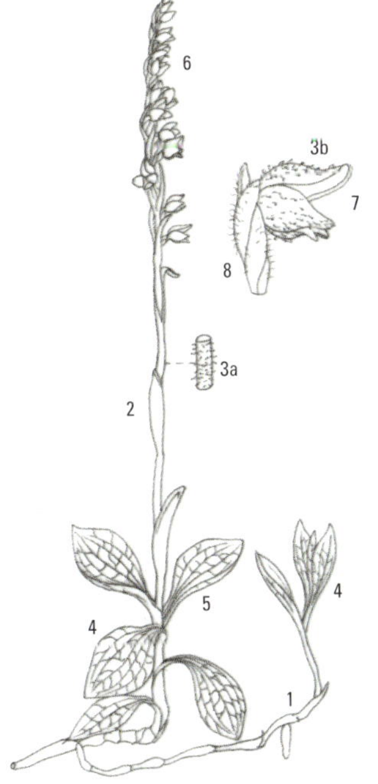

**100 !** Arabis alpina agg., Brassicaceae

## Alpen-Gänsekresse (Artengruppe)

mehrjährig | 4–5 | 0,4 m

Kalkhaltige Standorte in Schluchtwäldern, an Felsen, auf Steinschutt und im Schotter der Alpenflüsse. ❀ Zwerg-Glockenblume [490], Zerbrechlicher Blasenfarn [673], Schild-Ampfer [320].

▸1 **Pflanze grün bis grau- oder weißlichgrün behaart, mit zahlreichen grundständigen Blattrosetten.** ▸2 Der aufrechte oder aufsteigende Stängel meist verzweigt. ▸3 Die wechselständig, sitzend angeordneten **Stängelblätter den Stängel mit kurzen Öhrchen umfassend.** ▸4 Grundblätter gestielt, bis 7 cm lang, wie die Stängelblätter am Rande grob gezähnt. ▸5 Blütenstand eine Traube mit 10–20 Einzelblüten. ▸6 Blüte mit 4 hautrandigen, länglichen Kelchblättern (a), 4 weißen Kronblättern (b) und 6 Staubblättern (c). ▸7 Frucht eine aufrecht abstehende, bis 6 cm lange, gestielte Schote.

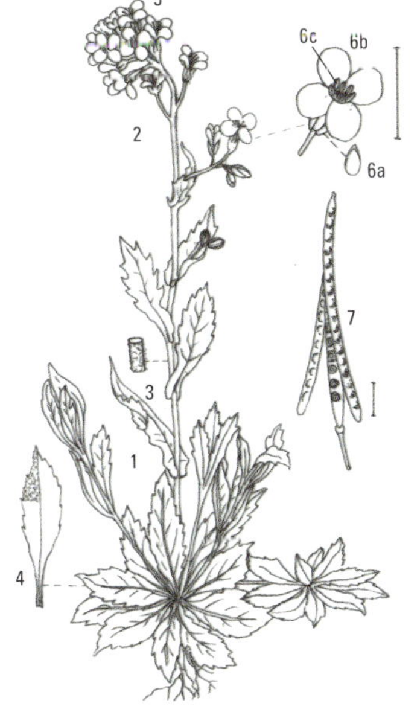

**101** Leucanthemum vulgare agg., Asteraceae

## Wiesen-Margerite (Artengruppe)

mehrjährig | 5–10 | 1 m

In Wiesen- und Rasengesellschaften, auf Brachen und an Wegböschungen. Wiesen-Schafgarbe [663], Gänseblümchen [102], Wiesen-Flockenblume [370], Wiesen-Labkraut [361].

▸1 Stängel aufrecht, einfach oder ästig verzweigt. ▸2 **Grundständige Blätter lang gestielt, spatelförmig.** ▸3 Stängelblätter von länglicher Form, am Stängel sitzend angeordnet. ▸4 **Blattrand aller Blätter gezähnt.** ▸5 Blütenköpfe auf langen Stielen endständig und einzeln am Stängel angeordnet. ▸6 Zungenblüten weiß, bis 2,5 cm lang. ▸7 Hüllblätter mit dunklem Rand. ▸8 Frucht bis 3 mm lang, meist ohne Haarkranz.

**102** Bellis perennis, Asteraceae

## Gänseblümchen

mehrjährig | 2–11 | 0,15 m

In nährstoffreichen Wiesen und Weiden sowie an Wegrändern und Holzschlägen. Wiesen-Schafgarbe [663], Weiß-Klee [626], Rot-Klee [609], Gewöhnlicher Hornklee [733].

▸1 Anordnung der **Blätter in einer grundständigen Blattrosette.** ▸2 **Blatt spatelförmig** ausgebildet, an der Basis in einen breiten Stiel verschmälert. ▸3 Blattflächen meist kurz behaart. ▸4 Blattrand schwach gekerbt. ▸5 Blütenstängel aufrecht, kurzhaarig, unbeblättert, jeweils in einem Blütenköpfchen endend. ▸6 Zahlreiche weiße Zungenblüten (a), eine Vielzahl gelber Röhrenblüten (b) umrahmend. ▸7 Frucht verkehrt eiförmig, nur etwa 1 mm lang.

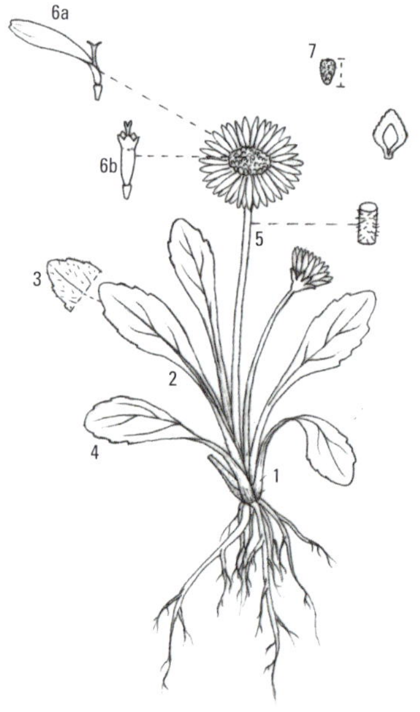

**103** Peplis portula, Lythraceae

## Gewöhnlicher Sumpfquendel

(Lythrum portula) einjährig | 7–9 | 0,1 m, L 0,4 m

Offene, feuchte oder flach überschwemmte, kalkarme Standorte an Teich- und Seeufern, Weg- und Ackerrändern sowie in Gräben. ❀ Gewöhnlicher Froschlöffel [197], Gewöhnlicher Blutweiderich [148], Brennender Hahnenfuß [352].

▸1 Stängel niederliegend, meist rot überlaufen, mit aufsteigenden Zweigen. ▸2 Gegenständige Anordnung der ganzrandigen Blätter am Stängel. ▸3 **Blätter etwas glänzend und fleischig, verkehrt ei- bis spatelförmig, bis etwa 2 cm lang.** ▸4 Blüten unscheinbar, einzeln oder zu zweien in den Blattachseln. ▸5 Kronblätter klein, rosa oder weiß, früh abfallend, Blüte daher meist wie der Kelch bräunlich erscheinend. ▸6 Frucht kugelig.

**104** ! ✚✚✚ Centaurium erythraea, Gentianaceae

## Echtes Tausendgüldenkraut

ein- bis zweijährig | 7–10 | 0,5 m

Basenreiche Standorte in sonnigen Waldschlägen und -lichtungen, Magerrasen sowie an Waldwegen und -rändern. ❀ Echte Tollkirsche [192], Berg-Weidenröschen [173], Wald-Erdbeere [619].

▸1 **Erst oberhalb der Mitte verzweigte Pflanze (a) mit grundständiger Blattrosette (b).** ▸2 Stängel vierkantig, aufrecht. ▸3 Blätter ganzrandig. ▸4 Grundblätter verkehrt eiförmig. ▸5 Die **gegenständig angeordneten**, länglichen bis schmal-eiförmigen **Stängelblätter** vorne spitz zulaufend. ▸6 Blütenstand aus doldenartigen Teilblütenständen zusammengesetzt. ▸7 **Blütenkrone rosa, fünfzählig, mit einer bis 1,5 cm langen Kronröhre (a) und hellgelben, aus der Blüte herausragenden Staubbeuteln (b).** ▸8 Die zweifächerige Frucht bis 1,5 cm lang.

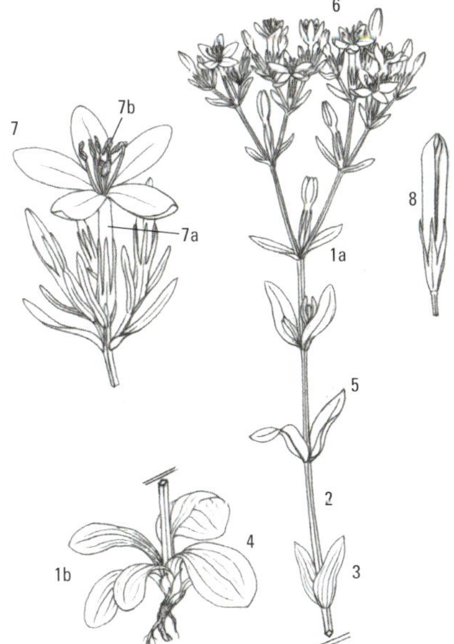

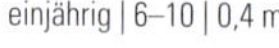

**105** ⊗ Euphorbia peplus, Euphorbiaceae

## Garten-Wolfsmilch

einjährig | 6–10 | 0,4 m

Nährstoffreiche Standorte in Gärten, auf Friedhöfen, Äckern und Weinbergen. ❀ Weißer Gänsefuß [564], Kohl-Gänsedistel [727], Vogel-Sternmiere [210].

▸1 Wurzel dünn, verästelt. ▸2 Pflanze einstängelig oder vom Grund an verzweigt. ▸3 **Stängel schwach**, rundlich, bisweilen rot überlaufen. ▸4 Die **verkehrt eiförmigen Blätter** wechselständig am Stängel angeordnet. ▸5 Beschaffenheit der Blätter dünn, weich, kahl, hellgrün oder rot überlaufen. ▸6 Blütenstand endständig doldenartig. ▸7 Honigdrüsen (a) der männlichen Blüte mit 2 langen Hörnern (b). ▸8 Weibliche Blüte kugelig (a), aus dem männlichen Blütenbecher (b) heraushängend. ▸9 Frucht eine bis 2,5 mm lange Kapsel.

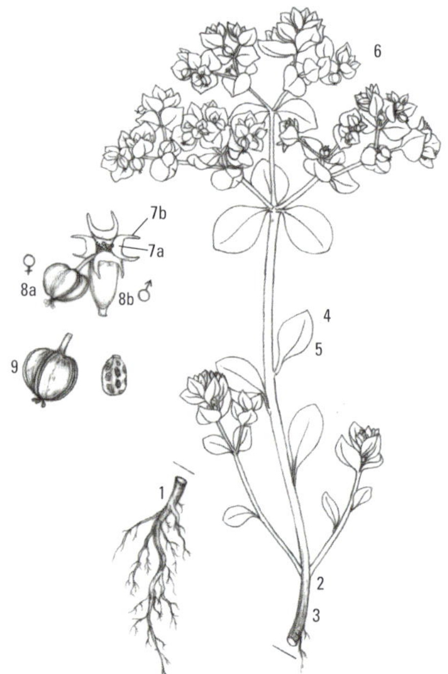

**106** Noccaea montana, Brassicaceae

## Berg-Täschelkraut (Thlaspi montana)

mehrjährig | 4–5 | 0,25 m

Sonnig-trockene, meist kalkhaltige Standorte in lichten Wäldern, Säumen und Halbtrockenrasen. ❀ Steinbeere [631], Ästige Graslilie [23].

▸1 Grundachse ausläuferartig verzweigt, mehrere Blattrosetten bildend. ▸2 Stängel aufrecht und unverzweigt. ▸3 Blätter bis etwa 4 cm lang, ei- bis spatelförmig, ganzrandig, kahl. ▸4 Stängelblätter zu 3–8, sitzend, an der Basis herzförmig geöhrt. ▸5 Untere Blätter gestielt. ▸6 Blütenstand eine reichblütige, erst halbkugelige, später sich streckende Traube. ▸7 Kelchblätter weißhäutig berandet. ▸8 **Kronblätter weiß, bis 8 mm lang.** ▸9 Die 6 Staubblätter viel kürzer als die Kronblätter, an der Spitze mit gelben Staubbeuteln. ▸10 Fruchtstiele ähnlich lang wie die Schötchen. ▸11 **Griffel bis 2 mm lang, die Ausrandung des Schötchens deutlich überragend.**

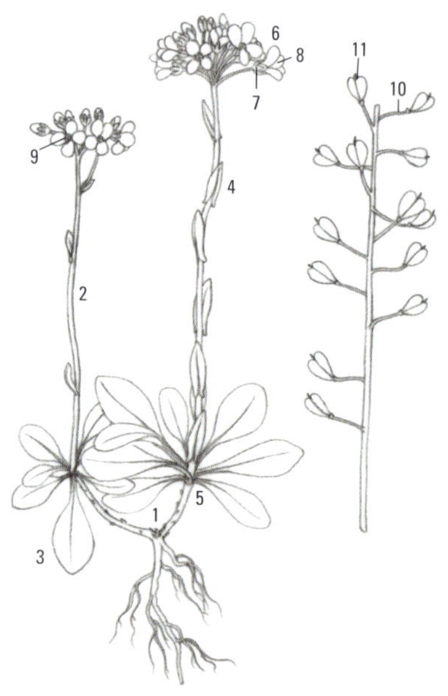

**107** ! Primula elatior, Primulaceae

## Hohe Primel (Hohe Schlüsselblume)

mehrjährig | 3–4 | 0,3 m

Nährstoffreiche Standorte in Quell- und Feuchtbereichen schattiger Wälder und Gebüsche. Gefleckter Aronstab [314], Wechselblättriges Milzkraut [325], Großes Springkraut [478].

▸1 Grundständige Blattrosette aus leicht runzeligen, eiförmigen Blättern. ▸2 Grüne Pflanzenteile behaart. ▸3 Blattstiel annähernd so lang wie die Blattfläche. ▸4 Blattnerven vor allem im Bereich des Mittelnervs deutlich hervortretend. ▸5 Blattrand bewimpert und unregelmäßig gezähnt. ▸6 Blattloser Blütenstängel (Blütenschaft) bis 30 cm lang. ▸7 Blütenstand eine vielblütige, meist etwas einseitig ausgerichtete Dolde. ▸8 Blütenstiele bis 2 cm lang. ▸9 Blütenkelch der Krone in der Regel eng anliegend. ▸10 **Blütenkrone schwefelgelb, kaum duftend.** ▸11 Schlund der Blütenkrone mit farblich abgesetztem Ring. ▸12 **Fruchtkapsel** bis 1,5 cm lang, zylindrisch, **den Kelch meist überragend.**

**108** Ajuga reptans, Lamiaceae

## Kriech-Günsel

mehrjährig | 4–7 | 0,3 m

Frische und nährstoffreiche Standorte mit meist humosen Böden in Wäldern, Gebüschen, Wegrändern und Wiesen. Waldmeister [455], Wald-Witwenblume [433], Arznei-Baldrian [702].

▸1 Verbreitung mithilfe von **oberirdischen Ausläufer**n. ▸2 Grundblattrosette aus dunkelgrünen, spatelförmigen Blättern. ▸3 Am kantigen Stängel, der häufig auf 2 gegenüberliegenden Seiten behaart ist, Blätter paarweise angeordnet. ▸4 Blätter im Blütenstand **(Hochblätter)** häufig rötlich überlaufen, **ganzrandig geformt** und zum Teil kürzer als die Blüten. ▸5 Blüten zu 2–6 in den Achseln der mittleren bis oberen Stängelblätter angeordnet. ▸6 Blütenkelch mit 5 Zähnen an der Spitze. ▸7 Blüte mit langer Kronröhre (a) und ungleich geformten, blau bis blau-weiß, in Ausnahmefällen auch rosa gemusterten Lippen (b).

**109**  Ajuga genevensis, Lamiaceae

## Heide-Günsel

mehrjährig | 4–6 | 0,3 m

Kalkreiche, trockene Sand- oder Lehmböden an Böschungen und in Kalk-Magerrasen. ❀ Hügel-Erdbeere [623], Gewöhnlicher Dost [203], Hirsch-Haarstrang [780].

▸1 Pflanze im Unterschied zum Kriech-Günsel [108] **ohne Ausläufer.** ▸2 Pro Pflanze 1–3 meist dicht behaarte Stängel. ▸3 Grundständige Blattrosette zur Blütezeit meist schon vertrocknet (o. Abb.). ▸4 Blätter am Rand deutlich eingekerbt (a), Kerben zur Spitze der Pflanze hin immer ausgeprägter (b). ▸5 **Blätter** im Blütenstand (Hochblätter) im Unterschied zum Kriechenden Günsel **nicht ganzrandig, sondern deutlich gezähnt bis dreiteilig.** ▸6 Hochblätter (a) meist deutlich länger als die Blüten (b). ▸7 Blüten zu 2–6 sitzend in den Achseln der Hochblätter angeordnet. ▸8 Blütenkrone mit langer Röhre, dunkelblau, schmutzigrosa oder weiß, bis annähernd 2 cm lang. ▸9 Blütenkelch rauhaarig, bis über die Mitte in 5 längliche, sich wenig unterscheidende Zähne geteilt.

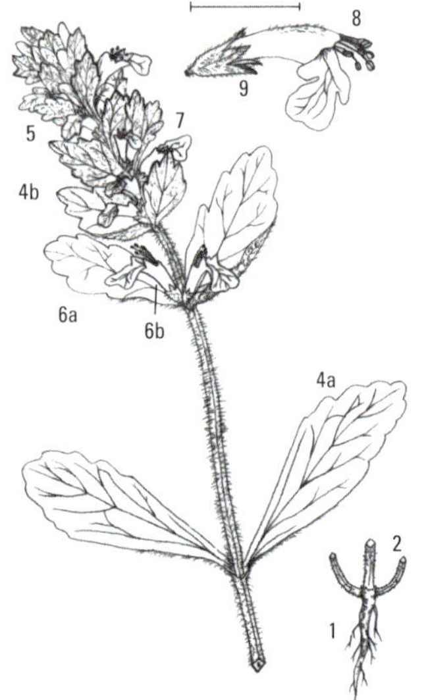

**110** Phedimus spurius, Crassulaceae

## Kaukasus-Asienfetthenne (Sedum spurium)

mehrjährig | 6–8 | 0,2 m

Als Zierpflanze kultiviert und auf trocken-warmen Standorten auf sandigen oder steinigen Substraten an Mauern, Wegen, Straßen, Steinbrüchen, Kiesgruben und Dünen verwildert. ❀ Acker-Winde [289], Gewöhnliches Knaulgras [9], Einjähriger Knäuel [122].

▸1 Die reich verzweigte Pflanze an den niederliegenden Trieben neue Wurzeln bildend. ▸2 **Die fleischigen, bis 4 cm langen, verkehrt eiförmigen Blätter abgeflacht und an der Spitze mehrmals eingekerbt.** ▸3 Blütenstand doldenartig. ▸4 Blütenkrone mit 5 Kron- und 10 Staubblättern. ▸5 Die rötlichen oder seltener weißen, bis 15 mm langen Blütenkronblätter (a) zugespitzt und gut doppelt so lang wie die schmalen Kelchblätter (b). ▸6 Die fünfteilige Frucht mit zahlreichen Samen.

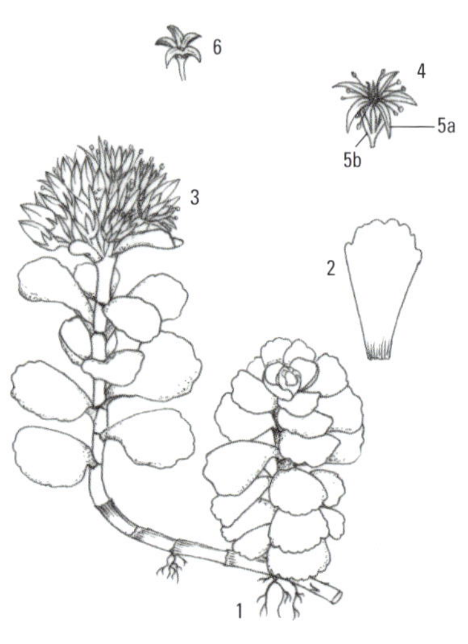

**111** ⊗ ✚ Euphorbia helioscopia, Euphorbiaceae

## Sonnenwend-Wolfsmilch

einjährig | 4–10 | 0,4 m

Nährstoffreiche Standorte in Gärten, Äckern, Weinbergen und auf weiteren, die menschliche Nähe anzeigenden Plätzen. ❀ Gewöhnlicher Giersch [754], Gewöhnlicher Gundermann [330], Gefleckte Taubnessel [300], Große Brennnessel [296].

Pflanze häufig purpurn überlaufen. ▸1 Stängel rundlich, fleischig, nur wenig beblättert, mit weißem Milchsaft. ▸2 **Blätter oberhalb der Mitte am breitesten**, somit verkehrt eiförmig oder spatelförmig. ▸3 Blattrand im vorderen Drittel fein gesägt. ▸4 Hüllblätter des Gesamtblütenstands verhältnismäßig groß, wie die Laubblätter vorne gezähnelt. ▸5 Doldenartiger Blütenstand meist fünfstrahlig. ▸6 Nektardrüsen oval geformt und gelblich gefärbt. ▸7 Männlicher Fruchtbecher (a) mit heraushängender weiblicher Blüte (b). ▸8 **Fruchtkapsel glatt oder sehr fein punktiert**, bis 3 mm lang. ▸9 Same eiförmig, bräunlich, bis 2,5 mm lang.

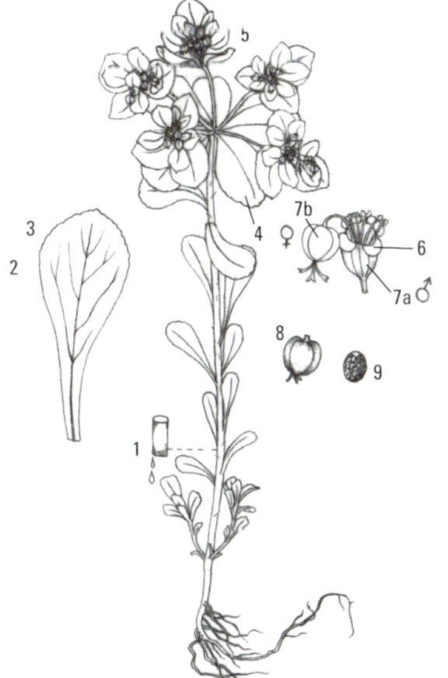

**112** ✚ Spirodela polyrhiza, Lemnaceae

## Vielwurzlige Teichlinse (Lemna polyrhiza)

mehrjährig | 5–6 | L 5 mm

Windgeschützte, nährstoffreiche Standorte an Seen, Teichen und Altwässern bis in eine Wassertiefe von 1,5 m. ❀ Kleine Wasserlinse [498], Gewöhnlicher Wasserschlauch [791].

▸1 Wasserpflanze mit **2–20 bis 3 cm langen Wurzeln** (a) und 1–12 Sprossgliedern (b). ▸2 Sprossglieder eiförmig, dicklich, bis 1 cm lang, Unterseiten meist rötlich (a). ▸3 Sprossoberflächen mit 5–11 bogenartig verlaufenden Nerven. ▸4 Selbstständige, unbewurzelte, nierenförmige, auf den Gewässergrund sinkende Ruheknospen.

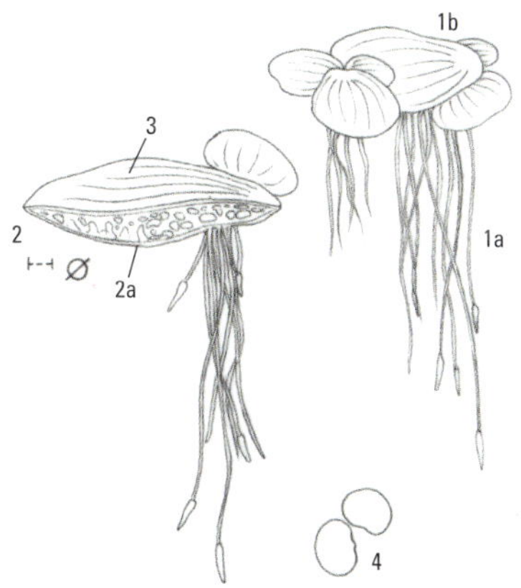

**113**  Tragopogon pratensis agg., Asteraceae

## Wiesen-Bocksbart (Artengruppe)

einjährig | 5–7 | 0,8 m

In Wiesen auf tiefgründigen Lehm- und Tonböden, in Halbtrockenrasen sowie an Wegrändern und Bahnanlagen. ❀ Wiesen-Schafgarbe [663], Wiesen-Kerbel [779], Gewöhnliche Möhre [782].

▸1 Pflanze anfänglich mit grasartiger Blattrosette aus schmal-länglichen, lang zugespitzten Blättern und Blattresten am Wurzelhals (o. Abb.). ▸2 Stängelblätter sitzend, in wechselständiger Blattstellung am Stängel angeordnet. ▸3 Blattunterseiten gekielt. ▸4 **Stiele unterhalb der Blütenköpfe im Unterschied zum Großen Bocksbart [114] zur Blütezeit nur schwach oder gar nicht verdickt, deutlich von den Blütenköpfen abgesetzt.** ▸5 Blütenköpfe einzeln am Ende der Triebe, bis 7 cm breit, aus goldgelben Zungenblüten (a) gebildet, die kürzer oder nur wenig länger sind als die Blütenhülle (b). ▸6 Blütenhülle aus (meist) 8 spitz zulaufenden, bis etwa 4 cm langen, manchmal auch längeren, am Grund miteinander verwachsenen Blättern gebildet. ▸7 Frucht bis 2 cm lang, manchmal länger, mit Haarkranz (a) und langem Schnabel (b).

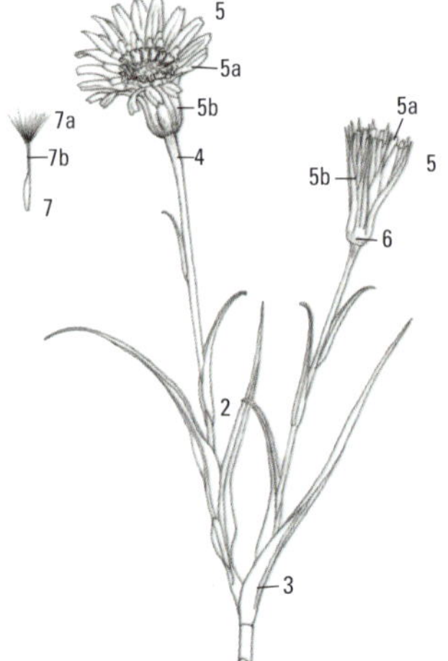

**114**  Tragopogon dubius, Asteraceae

## Großer Bocksbart

einjährig | 5–6 | 1 m

Trocken-warme, meist kalkreiche Standorte an Wegrändern, auf Schuttplätzen und in Halbtrockenrasen, z. B. auf Hochwasser- und Bahndämmen sowie auf Weinbergsrainen. ❀ Kompass-Lattich [524], Weiße Fetthenne [415], Kohl-Gänsedistel [727].

▸1 Wurzelhals mit Blattresten. ▸2 Stängel aufrecht, reich beblättert, Blattstellung wechselständig. ▸3 Pflanze anfänglich mit grasartiger Blattrosette aus schmal-länglichen, lang zugespitzten Blättern. ▸4 Stängelblätter mit ihrem Blattgrund den Stängel halbumfassend. ▸5 Alle Blätter steif, aber zumindest zeitweise an der Spitze überhängend, ganzrandig und von grau- bis blaugrüner Farbe. ▸6 Blattunterseiten scharf gekielt. ▸7 **Die hohlen Stiele der Blütenköpfe an der Spitze keulig verdickt.** ▸8 Die zuletzt bis 7 cm lange Hülle der Blütenköpfchen mit bis zu 16 spitz zulaufenden, die **Blüten deutlich überragenden Hüllblättern.** ▸9 **Alle Blüten** zungenförmig **und blass- bis schwefelgelb.** ▸10 Die stachelig-raue, geschnäbelte, bis 4 cm lange Frucht mit Haarkranz.

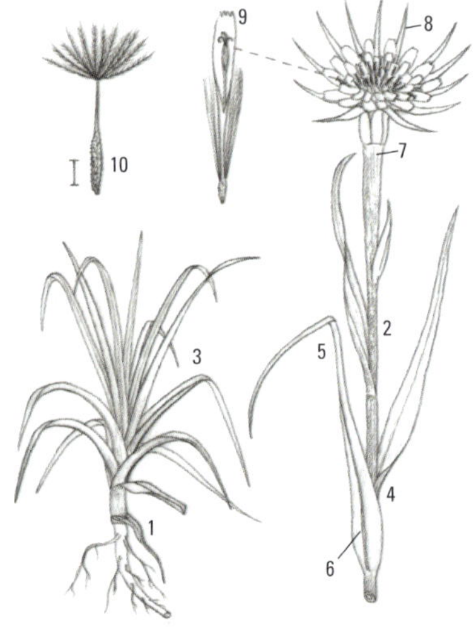

**115 !** Dianthus carthusianorum, Caryophyllaceae

## Karthäuser-Nelke

mehrjährig | 6–9 | 0,7 m

In basen- und meist kalkreichen Mager- und Trockenrasen sowie an Waldrändern, Wegböschungen und Dämmen. Gewöhnlicher Dost [203], Kleines Knabenkraut [408], Saat-Esparsette [667].

▸1 Vor der Entwicklung der Stängel eine **grundständige, grasartige Blattrosette.** ▸2 Mehrere aufrechte, meist unverzweigte Stängel. ▸3 Anordnung der Blätter gegenständig am Stängel. ▸4 Blattpaare an der Basis scheidig verwachsen. ▸5 Blattscheiden bis 15 mm lang. ▸6 Form der **Blätter** sehr schmal, vorne spitz, **nur am Rande rau.** ▸7 Blütenkelch zylindrisch, bis 18 mm lang, meist purpurn gefärbt. ▸8 Kelchzipfel oben zugespitzt. ▸9 Schuppenartiger Außenkelch, an der Spitze grannenartig verschmälert. ▸10 Blütenkrone mit 5 rosavioletten Kron- (a) und 10 Staubblättern (b) und 2 Griffeln (c). ▸11 Kronblätter an der Spitze gezähnt. ▸12 Samenkapsel länglich (a), zahlreiche Samen (b) enthaltend.

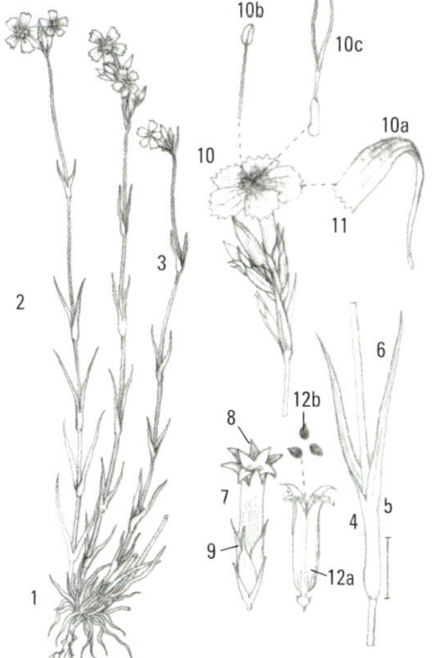

**116** Lychnis viscaria, Caryophyllacea

## Pechnelke (Silene viscaria)

mehrjährig | 5–6 | 0,9 m

Trocken-kalkarme Standorte der Magerrasen und Waldränder. Salbei-Gamander [295], Heidelbeere [185].

▸1 **Stängel** aufrecht, unverzweigt, **unterhalb der Knoten klebrig und dunkelrot.** ▸2 Gegenständige Anordnung der schmal-länglichen Blätter. ▸3 Untere Blätter bis 20 cm lang. ▸4 Blütenkelch rötlich, zehnrippig, bis 13 mm lang. ▸5 Blütenkrone lebhaft rosa bis purpurfarben, Durchmesser etwa 2 cm. ▸6 10 Staubblätter (a), 5 Griffel (b). ▸7 Frucht eine fünfzähnige, bis 7 mm lange Kapsel.

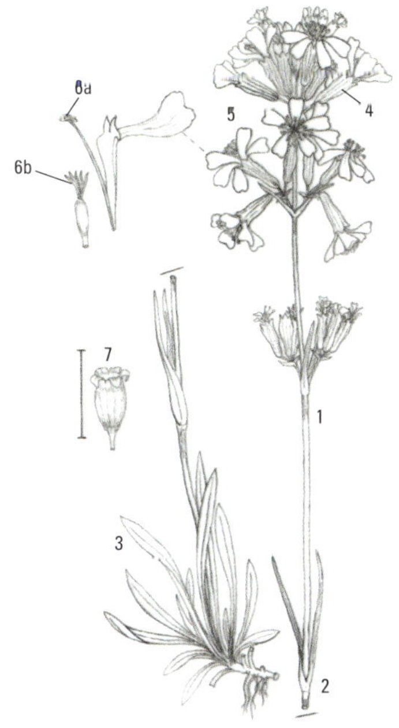

**117** !! ⊗ ✚ Agrostemma githago, Caryophyllaceae

**Korn-Rade** (Kornrade)

einjährig | 6–9 | 1 m

Nährstoffreiche, sandig-lehmige Böden der Getreidefelder und an Lößböschungen. Selten. ❀ Quendel-Sandkraut [198], Klatsch-Mohn [743], Ackerröte [387], Persischer Ehrenpreis [229].

▸1 **Pflanze graufilzig behaart.** ▸2 Stängel aufrecht, oben wenig verzweigt. ▸3 Gegenständige Anordnung der Blätter. ▸4 Blätter schmal länglich, spitz, mit deutlichem Mittelnerv (a). ▸5 Kelchblätter (a) deutlich länger als die schwach ausgebuchteten, **violettroten Kronblätter** (b). ▸6 5 Griffel (a) und 10 Staubblätter (b). ▸7 Fruchtkelch mit 10 deutlichen Rippen.

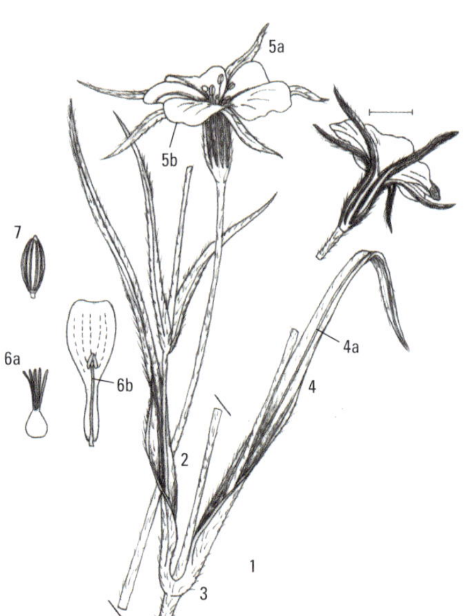

**118** ! Lycopodium annotinum, Lycopodiaceae

**Sprossender Bärlapp**

mehrjährig | 8–9 | 0,3 m

Saure, von Kaltluft geprägte, humos-torfige oder blockreiche Standorte in Fichten- und Moorwäldern sowie in Blockmeeren. ❀ Heidekraut [260], Dorniger Wurmfarn [680], Heidelbeere [185].

▸1 Bis 1 m weit kriechende Ausläufer mit aufsteigenden Trieben. ▸2 Die dunkelgrünen Triebe locker beblättert. ▸3 Die waagrecht abstehenden, scharf-bespitzten, bis 1 cm langen Blätter allseitig an den Trieben angeordnet. ▸4 **Fruchtähren ungestielt an den Triebspitzen.**

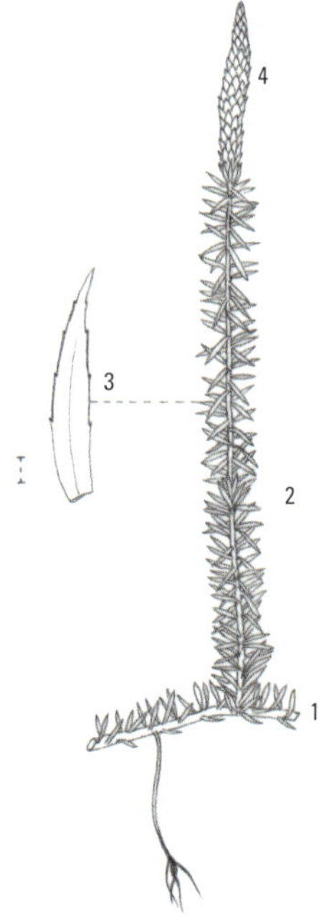

**119** Hippuris vulgaris, Hippuridaceae

## Gewöhnlicher Tannenwedel

mehrjährig | 6–8 | 0,4 m

Meist stehende, nährstoffreiche oder langsam strömende Gewässer. ❀ Wasserfeder [690], Quirl-Tausendblatt [676], Weiße Seerose [339].

▸1 **Wasser- oder Sumpfpflanze** mit aufrechten, auch im Winter grünen, hohlen Sprossen mit quirlförmig angeordneten Blättern. ▸2 **Je Blattquirl 4–20 Blätter.** ▸3 Unterwasserblätter dünn, weich und bis 8 cm lang. ▸4 **Überwasserblätter steif, nadelförmig, meist waagrecht abstehend und bis 3 cm lang.** ▸5 Blüten unscheinbar, rötlichbraun, den Blattachseln entspringend. ▸6 Nur ein Staubblatt je Blüte. ▸7 Frucht länglich eiförmig, dunkelbraun, einsamig, bis 1,5 mm lang.

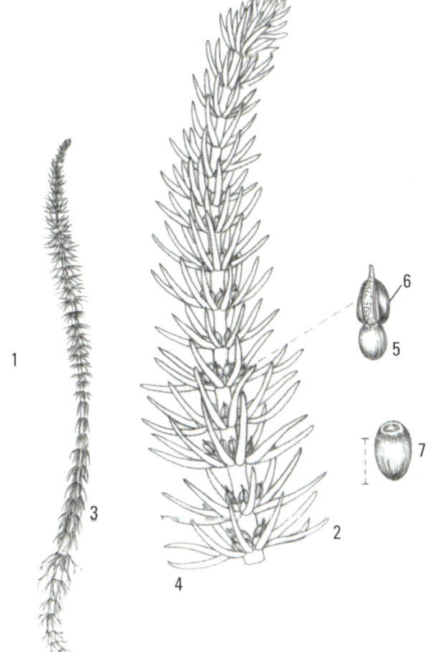

**120** Sagina apetala agg., Caryophyllaceae

## Wimper-Mastkraut (Artengruppe)

einjährig | 4–7 | 0,1 m

Nährstoffreiche, aber kalkarme, trockene Standorte auf Brachen, Äckern und an Wegen. ❀ Echter Vogelknöterich [424], Kleiner Sauer-Ampfer [550], Einjähriger Knäuel [122].

▸1 Pflanze bereits von der Basis an stark verzweigt. ▸2 **Stängel aufrecht oder aufsteigend** (a), mit gegenständig angeordneten, an der Basis verwachsenen Blättern (b). ▸3 Blätter schmal-länglich, **kurz, Länge bis 8 mm.** ▸4 Blattränder häufig gewimpert (a), **Blattspitzen mit langen Grannen (b).** ▸5 Blüten einzeln auf langen, dünnen Stielen den Blattwinkeln entspringend. ▸6 **Kronblätter oft fehlend, wenn vorhanden klein und weiß.** ▸7 Die 4 Kelchblätter mit schmalem Hautrand. ▸8 Frucht eine vierspaltige, eiförmige bis kugelige Kapsel.

**121** Sagina procumbens, Caryophyllaceae

## Liegendes Mastkraut

mehrjährig | 5–9 | 0,1 m

Feuchte und eher schattige, teils begangene Standorte an Wegen und hier vor allem in Pflasterfugen sowie auf Äckern und in Gräben. ❀ Gewöhnliches Hirtentäschel [541], Breit-Wegerich [212], Wiesen-Löwenzahn [520].

▸1 **Pflanze flach ausgebreitet, mit einer Blattrosette im Zentrum (a) und zahlreichen, aufsteigenden Stängeln.** ▸2 Gegenständige Anordnung der Blätter an den dünnen Stängeln. ▸3 Blätter schmal länglich, **bis 15 mm lang**, am Ende zugespitzt. ▸4 Blüten vierteilig, bis 7 mm im Durchmesser. ▸5 Blätter des Blütenkelchs mit schmalem Hautrand. ▸6 Kronblätter teils fehlend, sonst weiß und kürzer als der Kelch. ▸7 Frucht eine 3 mm lange, sich mit 4 Zähnen öffnende Kapsel, diese bis etwa 1,5-mal so lang wie der Kelch.

**122** Scleranthus annuus, Caryophyllaceae

## Einjähriger Knäuel

einjährig | 5–8 | 0,2 m

Kalkarme Standorte in Ackerfluren, an Wegen und Schuttplätzen. ❀ Gewöhnlicher Steinquendel [215], Weiße Fetthenne [415], Scharfer Mauerpfeffer [487].

▸1 Pflanze ein- bis vielstängelig, grasgrün oder gelblich. ▸2 Blätter schmal länglich, zugespitzt. ▸3 Blätter am Grund häutig miteinander verbunden. ▸4 **In den Blattachseln bisweilen ähnlich dem Ausdauernden Knäuel [123] Büschel mehrerer schmaler Blätter.** ▸5 Blütenstand in mehrblütigen Knäueln. ▸6 **Blüten ohne Kronblätter, jedoch mit kronblattähnlichen, grünlichen Kelchblättern.** ▸7 Kelchzähne spitz dreieckig, mit schmalem häutigem Rand, dieser kleiner als 0,1 mm. ▸8 Staubblätter deutlich kürzer als die Kelchzähne, bisweilen einige Staubblätter verkümmert.

**123** Scleranthus perennis, Caryophyllaceae

## Ausdauernder Knäuel

mehrjährig | 5–9 | 0,2 m

Als Pionier auf kalkarmen Standorten wie Felsköpfen, Wegen und Dünen. ❀ Gewöhnlicher Steinquendel [215], Weiße Fetthenne [415], Scharfer Mauerpfeffer [487].

▸1 Stängel zu mehreren, bogig aufsteigend, am Grund verholzend, teils rötlich überlaufen. ▸2 **Blattbüschel (a) in den Achseln der gegenständigen, am Grund scheidig verbundenen Blätter (b).** ▸3 Blätter schmal länglich, bis 1 cm lang, graugrün gefärbt. ▸4 Blüten zu endständigen Trugdolden vereinigt. ▸5 Keine Kronblätter, die am Rand weißlich-grünen Kelchblätter erscheinen kronblattartig. ▸6 **An den abgerundeten Kelchblattzipfeln breiter, weißer Hautrand mindestens 0,3 mm.** ▸7 10 Staubblätter.

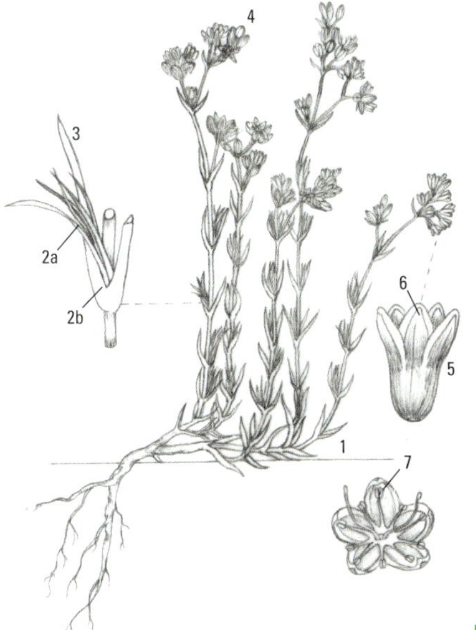

**124 !** Thesium pyrenaicum, Santalaceae

## Pyrenäen-Vermeinkraut (Wiesen-Leinblatt)

mehrjährig | 6–7 | 0,4 m

Kalkarme Standorte in mageren Wiesen, Weiden und Rasen. ❀ Kleines Habichtskraut [76], Bärwurz [797], Gewöhnliches Kreuzblümchen [364].

▸1 Stängel aufrecht bis aufsteigend, zu mehreren, wie die Blätter gelbgrün. ▸2 **Die ein- bis schwach dreinervigen Blätter** in wechselständiger Anordnung. ▸3 Blattform schmallänglich, ungeteilt, **Blattbreite bis 4 mm.** ▸4 Blütenstände in nach allen Seiten ausgerichteten Trauben oder Rispen. ▸5 Blüten meist fünfzählig, seltener vierzählig, an der Basis von drei Hochblättern umgeben (a). ▸6 **Fruchtäste annähernd waagrecht abstehend.** ▸7 Frucht eine gestielte, kugelige, einsamige Nuss.

**125 !!** Tulipa sylvestris, Liliaceae

## Wilde Tulpe

mehrjährige Zwiebelpflanze | 4–5 | 0,5 m

Wärmebegünstigte, nährstoffreiche Standorte in Weinbergen, Obstgärten, Parks. ❀ Weinbergs-Lauch [28], Weinbergs-Träubel [30], Dolden-Milchstern [31].

▸1 Zwiebel länglich-eiförmig, mit brauner Außenhaut, bis annähernd 5 cm hoch und etwa halb so breit. ▸2 Stängel kahl, mit 2–4 schmal länglichen, bis 30 cm langen und nur etwa 2 cm breiten, vorne zugespitzten, kahlen Blättern. ▸3 Die meist einzeln angeordneten, schwach duftenden Blüten anfänglich in nickender Stellung (a), später aufrecht (b). ▸4 **Blütenhülle gelb, glockenförmig, im Unterschied zur Gartentulpe (Tulipa gesneriana) Hüllblätter zugespitzt (a).** ▸5 Die 6 Staubblätter an der Basis dicht bewimpert. ▸6 Frucht eine kugelige, dreifächerige, vielsamige, bis 3 cm lange Kapsel.

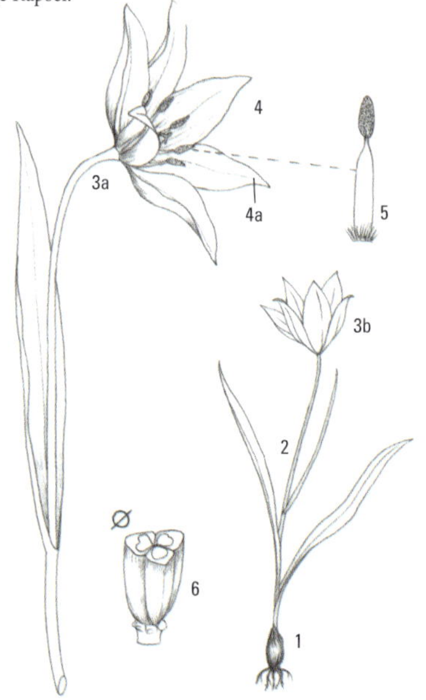

**126** Stellaria holostea, Caryophyllaceae

## Echte Sternmiere

mehrjährig | 4–6 | 0,6 m

Mäßig nährstoffreiche Standorte in Eichen-Hainbuchen-Wäldern sowie an Wald- und Gebüschrändern. ❀ Gewöhnliches Hexenkraut [184], Gewöhnlicher Efeu [586], Wald-Ziest [275].

▸1 Stängel zahlreich, vierkantig, zerbrechlich. ▸2 Gegenständige Blattstellung der **lanzettlich geformten, bis 8 cm langen Blätter.** ▸3 **Blätter vorne spitz, Blattrand rau.** ▸4 Blütenstand locker doldenartig. ▸5 Blütenstiele sehr lang, meist deutlich länger als die Blütenkrone. ▸6 Blüte mit 5 Kron- (a), 5 Kelch- (b) und 10 Staubblättern (c). ▸7 Kelchblätter mit Hautrand, eiförmig spitz. ▸8 **Krone weiß, mit 2(–3) cm Durchmesser verhältnismäßig groß.** ▸9 Kronblätter bis zur Mitte gespalten, doppelt so lang wie der Kelch. ▸10 Fruchtkapsel kugelig, etwa von gleicher Länge wie der Kelch. ▸11 Samen rundlich, bis 2 mm groß und von brauner Färbung.

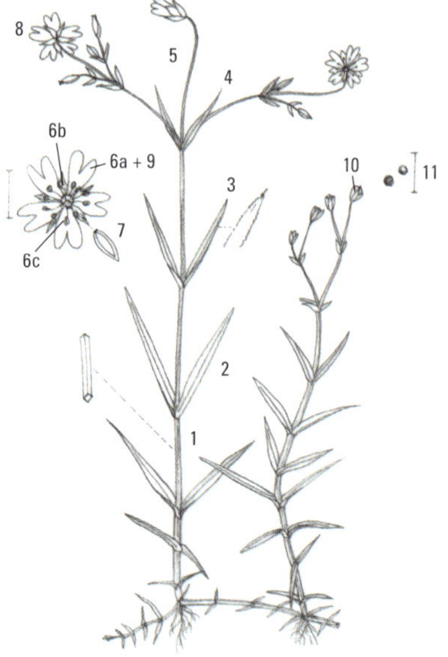

**127** Stellaria graminea, Caryophyllaceae
## Gras-Sternmiere

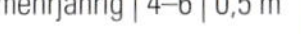

mehrjährig | 4–6 | 0,5 m

Magere Standorte in Bergwiesen, Weiden und Äckern sowie an Wald- und Gebüschrändern auf sauren, sandigen oder lehmigen Böden. ❀ Heidekraut [260], Bärwurz [797], Acker-Spergel [49].

▸1 Pflanze von lockerrasigem, verzweigtem, aufsteigendem oder emporklimmendem Wuchs. ▸2 Stängel vierkantig, glatt, schlaff, mit gegenständig angeordneten Blättern. ▸3 **Blätter** schmal länglich, ungeteilt ganzrandig, spitz, **im Unterschied zur Großen Sternmiere** (Stellaria holostea) **jedoch nur bis 4 cm lang.** ▸4 Der endständige Blütenstand mit bis zu 60 Blüten. ▸5 Die lang gestielten Blüten aus 5 Kelchblättern (a), 5 bis fast zum Grund geteilten Kronblättern (b), 10 Staubblättern (c) und 3 Griffeln (d) gebildet; Durchmesser der Blüte bis etwa 1,2 cm. ▸6 **Kronblätter im Unterschied zur Quell-Sternmiere** (Stellaria alsine) **etwas länger oder gleich lang wie der Kelch.** ▸7 **Frucht eine schmale, längliche Kapsel, die länger wird als der Kelch.**

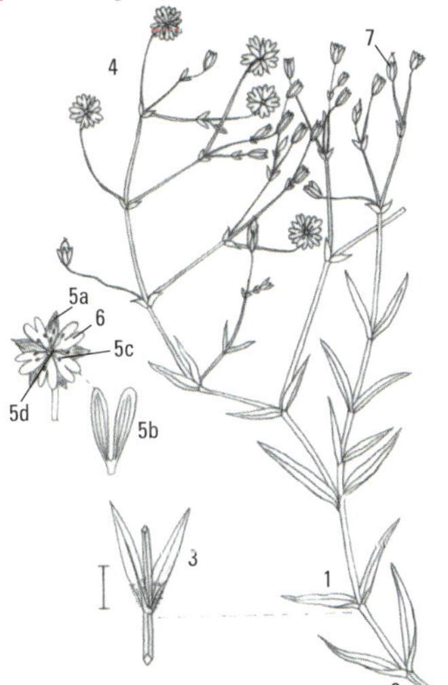

**128** Lychnis flos-cuculi, Caryophyllacea
## Kuckucks-Lichtnelke (Silene flos-cuculi)

mehrjährig | 5–7 | 0,9 m

In feuchten bis nassen oder moorigen Wiesen. ❀ Sumpf-Dotterblume [335], Bach-Nelkenwurz [730], Sumpf-Vergissmeinnicht [69].

▸1 Stängel gerade, kurz behaart, oft rötlich. ▸2 Grundblätter büschelig-rosettig angeordnet, Form länglich bis spatelig, Beschaffenheit etwas rau. ▸3 Stängelblätter mit gegenständiger Blattstellung, Form schmal-länglich. ▸4 Blütenkelch etwa 1 cm lang, mit 10 deutlichen Nerven (a) und 5 spitzen Zipfeln (b). ▸5 **5 Blütenkronblätter, jeweils aus 4 schmalen, rosa- bis purpurfarbenen Abschnitten (a) gebildet.** ▸6 10 Staubblätter (a), 5 Griffel (b). ▸7 Frucht eine kugelige, fünfzähnige Kapsel.

**129** Polygonatum verticillatum, Ruscaceae

## Quirl-Weißwurz

mehrjährig | 5–6 | 1 m

Nährstoffreiche, frische Standorte in Wäldern (vor allem Buchenwäldern) und Hochstaudenfluren höherer Lagen. ❀ Grauer Alpendost [327], Purpur-Hasenlattich [238], Fuchssches Greiskraut [138].

▸1 Stängel aufrecht und unverzweigt, kantig. ▸2 **Anordnung der Blätter in Quirlen zu 3–8**, untere Blätter bisweilen nur zu zweien. ▸3 Blattform schmal länglich, Länge bis 15 cm, Breite nur bis 1,5(–2) cm. ▸4 Blatt mit kräftigem Mittelnerv. ▸5 Blattrand fein gezähnelt. ▸6 Blüten in hängenden Trauben zu 2–5, sehr selten einzeln. ▸7 Blütenkrone mit 6 Staubblättern (a) im Inneren der Blütenröhre, weiß, an der Spitze in 6 grünlichen Zipfeln (b) endend. ▸8 Frucht eine zuerst rote, dann dunkelblaue, bis 1 cm breite Beere.

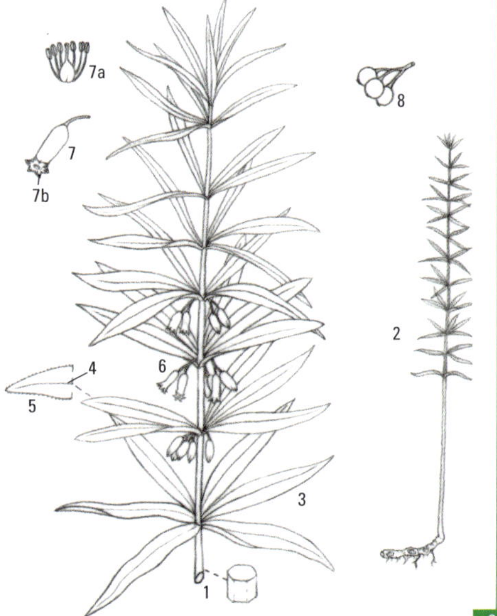

**130** Melampyrum pratense, Orobanchaceae

## Wiesen-Wachtelweizen

einjährig | 6–8 | 0,5 m

Kalkarme Standorte in Eichen-, Buchen-, Kiefern- und Fichtenwäldern sowie in Heiden. ❀ Heidekraut [260], Wald-Habichtskraut [270], Heidelbeere [185].

Halbschmarotzer. ▸1 Stängel vierkantig, an zwei Seiten behaart. ▸2 Gegenständige Blattstellung. ▸3 Blätter ganzrandig, in der Form schmal länglich. ▸4 **Blütenstand im Unterschied zum Acker-Wachtelweizen [549] eine einseitswendige, lockere Ähre.** ▸5 Hochblätter grün, mit grannenartigen Zähnen an der Basis. ▸6 Blütenkelch kahl, Kelchzähne aufwärts gebogen (a). ▸7 **Blütenkrone weißlich-gelb, bis 2 cm lang.** ▸8 **Röhre der Blütenkrone gerade.** ▸9 Die 4 Staubblätter in der Blütenkrone eingeschlossen. ▸10 Frucht eine eiförmige, zugespitzte, bis 1 cm lange Kapsel.

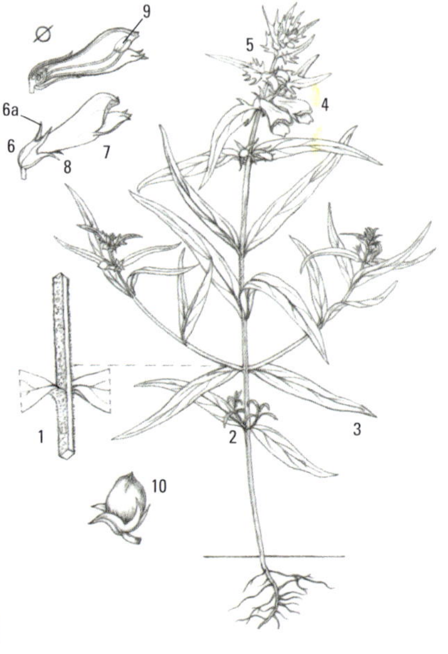

**131** Melampyrum sylvaticum, Orobanchaceae

## Wald-Wachtelweizen

einjährig | 6–9 | 0,3 m

Kalkarme Standorte in Nadelwäldern und an Waldrändern. ❀ Heidelbeere [185] als Wirtspflanze sowie Zweiblättrige Schattenblume [312], Salbei-Gamander [295], Echter Ehrenpreis [494] als Nachbarpflanzen.

Halbschmarotzer. ▸1 Stängel vierkantig, an zwei Seiten behaart. ▸2 Gegenständige Blattstellung. ▸3 Blätter ungestielt (a) und lang zugespitzt (b). ▸4 Blütenstand eine meist einseitswendige, lockere Ähre. ▸5 Hochblätter ganzrandig oder an der Basis grannenartig gezähnt. ▸6 **Blütenkrone gelb, im Unterschied zum ähnlichen Wiesen-Wachtelweizen [130] nur bis etwa 1 cm lang.** ▸7 **Röhre der Blütenkrone gekrümmt.** ▸8 Die 4 Staubblätter in der Blütenkrone eingeschlossen. ▸9 Frucht eine eiförmige, zugespitzte, bis etwa 1 cm lange Kapsel.

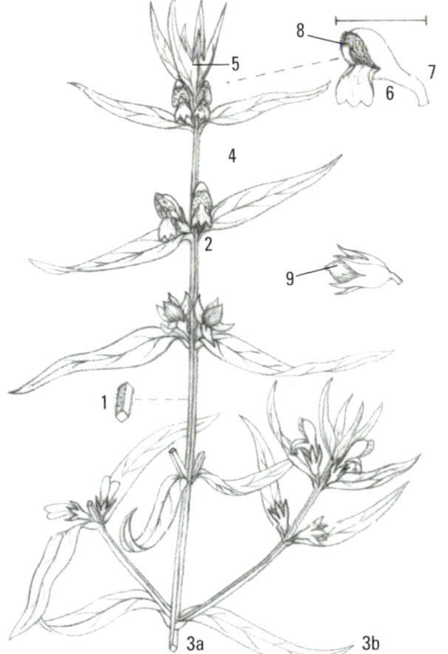

**132** ✚ Sedum rupestre, Crassulaceae

## Felsen-Fetthenne (Tripmadam)

mehrjährig | 6–8 | 0,4 m

Als Pionier trocken-warmer Standorte auf Felsen und Dämmen, in lichten Eichenwäldern mit flachgründigen Böden sowie in Weinbergen an Mauern und Böschungen. ❀ Silber-Fingerkraut [646], Weiße Fetthenne [415].

▸1 Pflanze reich verzweigt und rasenbildend. ▸2 Die aufrechten bis bogig aufsteigenden Stängel am Grund meist verholzend. ▸3 Wechselständige und dichte Anordnung der fleischigen, **graugrün bis blaugrün bereiften Blätter** an den Stängeln. ▸4 **Blattform** länglich, bis 15 mm lang, **spitz zulaufend.** ▸5 Blattquerschnitt rundlich. ▸6 Blütenstand doldenartig und dichtblütig. ▸7 Blütenkrone mit 5(–7) ausgebreiteten, gelben, spitz zulaufenden Kronblättern und 10(–14) Staubblättern. ▸8 **Kelchblätter nur halb so lang wie die Kronblätter.**

133 Erica tetralix, Ericaceae

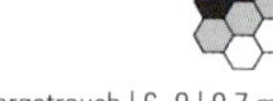

## Glocken-Heide

Zwergstrauch | 6–9 | 0,7 m

Auf sauren Torfböden in Heidemooren und moorigen Wäldern. ❀ Heidekraut [260], Quendel-Kreuzblümchen [456], Heidelbeere [185].

▸1 Zweige aufrecht, behaart, dicht benadelt. ▸2 Quirlartige Anordnung von je 3–4 Blättern. ▸3 **Blätter** mit deutlichem Mittelnerv (a), **nadelförmig**, zugespitzt, bis 5 mm lang. ▸4 Blattrand nach unten umgerollt, bewimpert. ▸5 Blütenstand endständig, doldenartig, mit 5–15 Blüten. ▸6 Kelch vierteilig, bewimpert, etwa $^1/_3$ so lang wie die Krone. ▸7 **Krone krugförmig**, rosa bis fleischfarben, bis 7 mm lang. ▸8 Fruchtkapsel achteckig, oben abgeflacht, zahlreiche kleine, bis 0,4 mm lange, hellbraune Samen enthaltend (a).

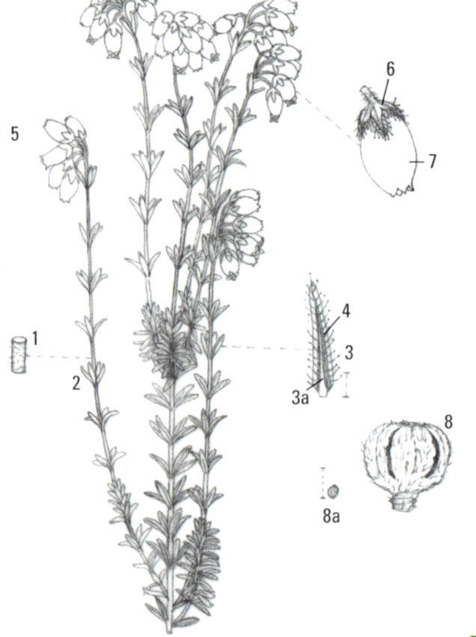

134 ✚✚ Persicaria hydropiper, Polygonaceae

## Pfeffer-Knöterich

(Wasserpfeffer, Polygonum hydropiper) einjährig | 7–10 | 0,8 m

Feucht-frische Standorte am Rande von Waldwegen, an Teich- und Flussufern und auf Äckern. ❀ Dreiteiliger Zweizahn [563], Ampfer-Knöterich [149], Milder Knöterich [396].

Pflanze scharf nach Pfeffer schmeckend. ▸1 Stängel aufrecht oder aufsteigend, **von an der Spitze kurz bewimperten (a), auf der Fläche kahlen Blattscheiden (b)** umfasst. ▸2 Blattansatz im unteren Bereich der Blattscheide. ▸3 Blätter kurz gestielt, länglich, beiderseits verschmälert, bis 12 cm lang. ▸4 **Größte Blattbreite (etwa 2 cm) unterhalb der Blattmitte.** ▸5 Blütenstand bis 6 cm lang, häufig herabgebogen, locker, **Blütenstandsachse dabei meist sichtbar (a).** ▸6 Blütenhüllblätter rosa, oder grünlich-weiß, bis 5 mm lang. ▸7 Frucht eine eiförmig-elliptische, **warzige**, etwa 0,4 cm lange **Nuss.**

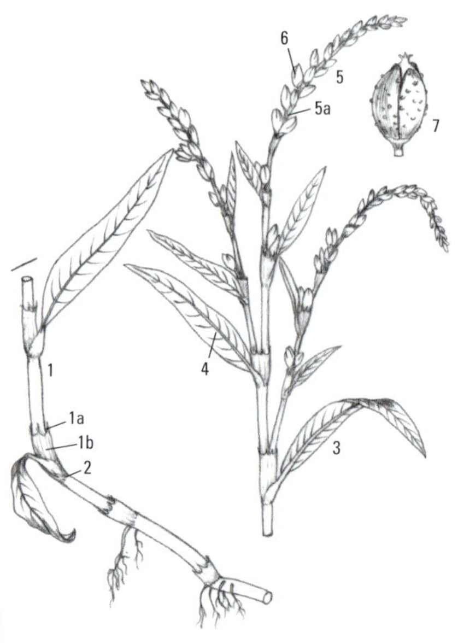

**135** Erigeron acris, Asteraceae

## Scharfes Berufkraut (Erigeron acer)

mehrjährig | 6–9 | 1 m

Sonnig-trockene und nährstoffreiche Standorte in Magerrasen und Schotterfluren. ❀ Karthäuser-Nelke [115], Kleines Habichtskraut [76], Kleine Pimpinelle [711].

▸1 Stängel aufrecht, oben verzweigt, rau behaart. ▸2 Blattrand bewimpert und meist ganzrandig. ▸3 Blätter länglich. ▸4 Blütenköpfchen lang gestielt. ▸5 Hüllblätter spitz, krautig, kürzer als die Blüten. ▸6 **Zungenblüten weiß bis blasslila (a), etwas länger als die erst gelblichen, später rötlichen Röhrenblüten (b).** Dazwischen ein Kranz von Fadenblüten (c) mit verkümmerter Krone. ▸7 Frucht mit langem Haarkranz.

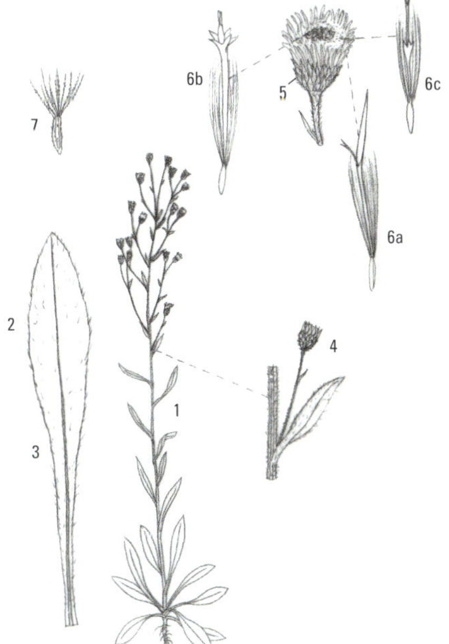

**136** Epilobium tetragonum, Onagraceae

## Vierkantiges Weidenröschen

mehrjährig | 7–8 | 1 m

Nährstoffreiche Standorte an Gräben, Ufern, Quellen, Waldwegen, Gärten, Weinbergen und Schuttplätzen. ❀ Echtes Mädesüß [703], Ross-Minze [146], Große Brennnessel [296].

▸1 **Pflanze ohne Ausläufer**, meist verzweigt. ▸2 **Stängel in Abhängigkeit der Unterart mehr oder weniger kantig**, oft rot überlaufen. ▸3 Gegenständige (a), an der Spitze wechselständige (b) Anordnung der Blätter am Stängel. ▸4 Die schmal-länglichen Blätter ohne oder nur mit sehr kurzem Stiel. ▸5 Blattrand sägeförmig gezähnt. ▸6 **Blütenknospen aufrecht.** ▸7 Die blassroten Blüten mit etwa 0,5 mm Länge verhältnismäßig klein. ▸8 **Blütenkelch im Unterschied zum ähnlichen Dunkelgrünen Weidenröschen [144] ohne Drüsenhaare.** ▸9 Frucht eine kurz behaarte, längliche, kantige Kapsel. ▸10 Die dicht- und langwarzigen Samen mit langem Haarschopf.

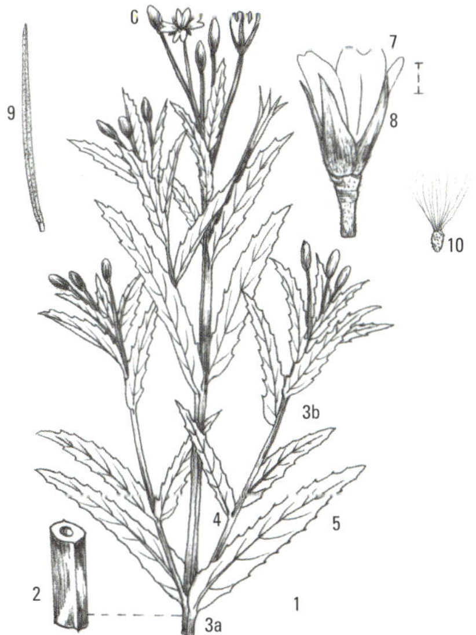

**137** Verbascum lychnitis, Scrophulariaceae

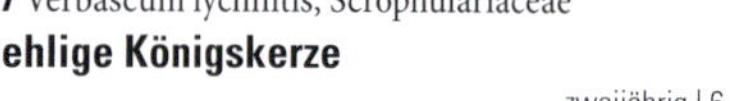

## Mehlige Königskerze

zweijährig | 6–8 | 1,5 m

Sonnige Standorte in lichten Eichenwäldern, an Wald- und Gebüschrändern, auf Felsen sowie an Wegen und Böschungen. Gewöhnlicher Dost [203], Tüpfel-Hartheu [474], Gewöhnliche Goldrute [420].

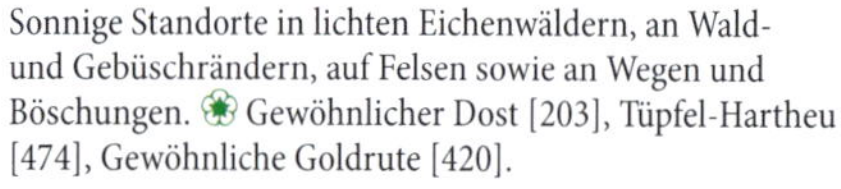

▸1 Stängel kantig, im oberen Teil verzweigt. ▸2 Stängelbasis mit kurz gestielten Grundblättern. ▸3 **Blätter** unterseits wie der Stängel weißfilzig (a), **oberseits verkahlend** (b), bis 30 cm lang. ▸4 Obere Blätter sitzend am Stängel angeordnet. ▸5 Blattränder schwach gekerbt oder annähernd ganzrandig. ▸6 Blüten zu 2–7 in den Achseln kleiner Hochblätter. ▸7 **Blütenkrone hellgelb oder weiß, bis 2 cm im Durchmesser.** ▸8 **Alle Staubblätter weißwollig behaart.** ▸9 Frucht eine zahlreiche Samen enthaltende Kapsel.

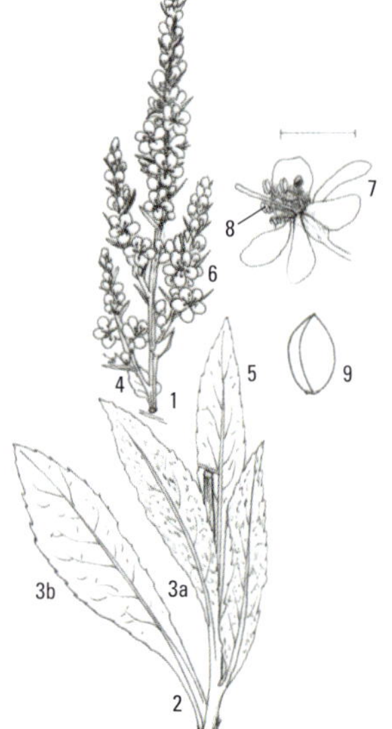

**138** ⊗ Senecio ovatus, Asteraceae

## Fuchssches Greiskraut

mehrjährig | 7–9 | 1,5 m

Nährstoffreiche, frische Standorte in (Buchen-)Misch- und Schluchtwäldern sowie auf Schlagflächen und an Waldwegen. Berg-Weidenröschen [173], Knoten-Braunwurz [186], Wald-Ziest [275].

▸1 Pflanze mit kurzen Ausläufern. ▸2 Stängel aufrecht, kantig, zerstreut behaart und gleichmäßig wechselständig beblättert, oft rötlich-braun gefärbt. ▸3 **Blattform länglich eiförmig, bis 20 cm lang, vorne zugespitzt.** ▸4 Blattränder fein gesägt bis grob gekerbt. ▸5 Gesamtblütenstand einen dichten Schirm zahlreicher Blütenköpfchen bildend. ▸6 **Blütenköpfchen gelb, bis 3 cm breit.** ▸7 Hülle des Köpfchens mit nur 3–4 Außenhüllblättern (a). ▸8 Hüllblätter kahl oder kurzhaarig, an der Spitze oft dunkel überlaufen. ▸9 Die bis 15 mm langen **Zungenblüten meist zu 5**, selten bis 8. ▸10 Frucht mit Haarkranz, dieser zur Fruchtzeit etwa dreimal so lang wie die Frucht.

**139 !** Cephalanthera rubra, Orchidaceae

## Rotes Waldvögelein

mehrjährig | 5–6 | 0,7 m

In trocken-warmen Wäldern, besonders auf Kalk. ❀ Weißes Waldvögelein [459], Türkenbund-Lilie [413], Ausdauerndes Bingelkraut [467].

▶1 **Der im oberen Bereich fein-drüsig behaarte Stängel** leicht hin- und hergebogen. ▶2 5–9 längliche, bis 12 cm lange und bis 3 cm breite, annähernd zweizeilig stehende Stängelblätter. ▶3 **Blütenstand bis 20 cm lang, mit bis zu 20 rosavioletten Blüten.** ▶4 Tragblätter länglich und spitz, bis 2,5 cm lang. ▶5 **Blütenkrone bis 3 cm lang.** ▶6 Blütenlippe mit bräunlichen bis gelblichen Längsleisten. ▶7 Die kurz gestielten Früchte bis 3 cm lang.

**140 !!** Gentiana asclepiadea, Gentianaceae

## Schwalbenwurz-Enzian

mehrjährig | 8–9 | 0,6 m

Basenreiche Standorte in Moorwiesen, Berg-Mischwäldern und an Waldrändern. ❀ Echtes Mädesüß [703], Gewöhnlicher Gilbweiderich [468], Blutwurz [644], Gewöhnlicher Teufelsabbiss [451].

▶1 Stängel aufrecht und schlank. ▶2 **Im Unterschied zu anderen Enzian-Arten keine grundständige Blattrosette.** ▶3 Gegenständige Anordnung der ganzrandigen Blätter am Stängel. ▶4 Blätter ungestielt, eiförmig, vorne zugespitzt. ▶5 Länge der Blätter bis 8 cm, Breite bis 5 cm. ▶6 (3–) **5 deutlich sichtbare Nerven je Blatt.** ▶7 Anordnung der enziantypisch glockenförmigen Blüten einzeln oder zu zwei- bis dreien in den Blattachseln und an der Stängelspitze. ▶8 **Krone** fünfzipfelig, **dunkelblau**, Länge bis etwa 5 cm. ▶9 Jeweils ein kurzer Zahn zwischen den Zipfeln der Kronröhre. ▶10 Das Kroneninnere mit violetten oder grünlichen Punkten und helleren Längsnerven. ▶11 Kelchzipfel (a) kürzer als die Kelchröhre (b). ▶12 Frucht eine längliche, deutlich gestielte Kapsel. ▶13 Same ringsum geflügelt.

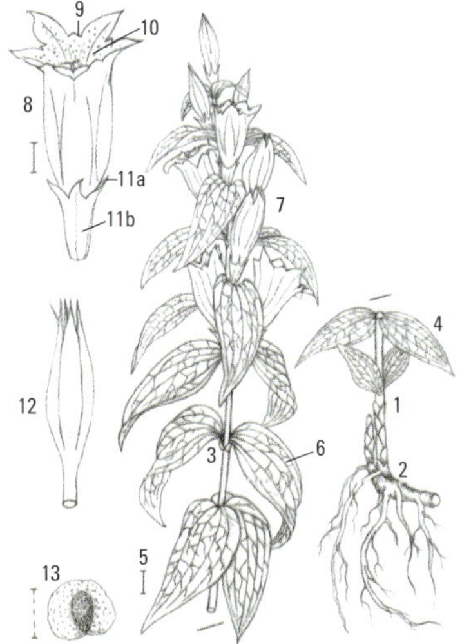

**141** Thesium bavarum, Santalaceae

## Bayerisches Vermeinkraut (Bayerisches Leinblatt)

mehrjährig | 6–7 | 0,8 m

Sonnig-trockene, meist kalkreiche Standorte an Gebüschrändern und im Saum lichter Kiefernwälder. ❀ Hügel-Erdbeere [623], Blut-Storchschnabel [657], Hirsch-Haarstrang [780].

Pflanze blaugrün. ▸1 **Stängel** aufrecht, kantig, **bis 4 mm im Durchmesser.** ▸2 Stängelbasis mit kleinen Schuppenblättchen. ▸3 **Die drei- bis schwach fünfnervigen Blätter** in wechselständiger Anordnung. ▸4 Blattform schmal-länglich, ganzrandig; **Blattbreite bis 7 mm.** ▸5 Blüten von drei Hochblättern umgeben. ▸6 Blütenhülle 5-, seltener 4-zählig, glockenförmig. ▸7 Frucht eine gestielte, eiförmig-kugelige, einsamige Nuss.

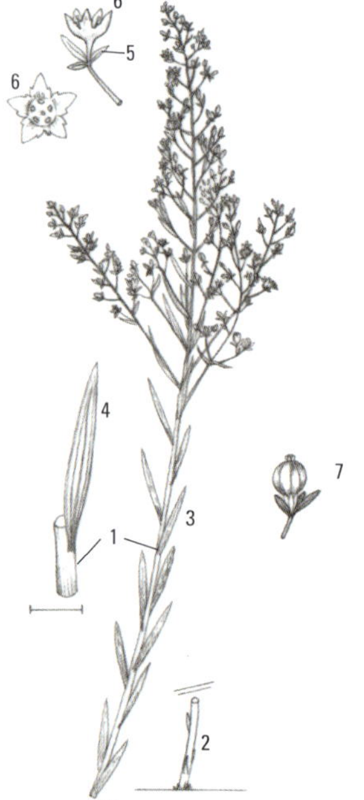

**142** ✚ Epilobium parviflorum, Onagraceae

## Kleinblütiges Weidenröschen

mehrjährig | 6–9 | 0,8 m

Nährstoff- und basenreiche Standorte in Gärten, an Schuttplätzen, in Auenwäldern sowie in Röhrichten der Ufer, Gräben und Quellbereiche. ❀ Gewöhnliches Hexenkraut [184], Gewöhnliche Nelkenwurz [729], Gewöhnlicher Gundermann [330], Große Brennnessel [296].

▸1 **Stängel rund, abstehend bis zottig behaart.** ▸2 An den Blattansätzen entspringende Seitentriebe. ▸3 Untere Blätter gegenständig (a), die obersten meist wechselständig (b) am Stängel angeordnet. ▸4 Blätter ohne deutlichen Stiel (a), auf der Fläche weichhaarig (b). ▸5 **Blattform** länglich, **größte Breite im unteren Drittel**, Länge bis 7 cm. ▸6 Blattrand fein und unregelmäßig gezähnt. ▸7 Blütendurchmesser bis etwa 8 mm. ▸8 Kelchblätter länglich eiförmig, bis 5 mm lang. ▸9 Kronblätter hellviolett, herzförmig, oben ausgerandet oder schmal eingeschnitten. ▸10 Frucht eine bis 9 cm lange, flaumig behaarte Kapsel. ▸11 Samen bräunlich, an der Oberfläche feinwarzig.

**143** ! ✚ Huperzia selago, Lycopodiaceae

## Tannen-Teufelsklaue (Lycopodium selago)

mehrjährig | 7–12 | 6 m

Saure, moosreiche Standorte an Felsen, Quellen, Blockmeeren und Baumstümpfen sowie in Mooren und Wäldern. ❀ Heidekraut [260], Sprossender Bärlapp [118], Heidelbeere [185].

▸1 Die dunkelgrünen, bogig aufsteigenden Triebe mehrfach gabelig verzweigt, **im Unterschied zum ähnlichen Sprossenden Bärlapp [118] ohne kriechende Ausläufer.** ▸2 Die nadelförmigen, bis 8 mm langen Blätter allseitig und sehr dicht an den Triebstängeln angeordnet. ▸3 Pflanze gelegentlich mit bei Berührung abspringenden Brutknospen in den Achseln der oberen Blätter. ▸4 **Sporen nicht in deutlich abgesetzten, endständigen Sporenähren, sondern in blattachselständigen Sporenbehältern**, also etwa in der Mitte der Pflanze.

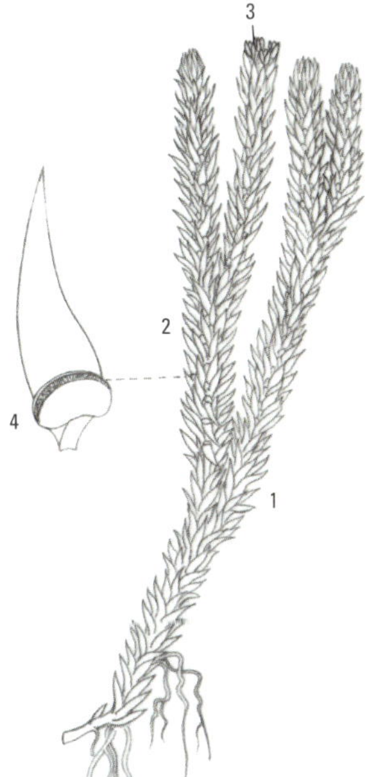


**144** Epilobium obscurum, Onagraceae

## Dunkelgrünes Weidenröschen

mehrjährig | 6–9 | 1 m

Feucht-nasse, häufig quellige, nährstoffreiche Standorte in Stauden- und Quellfluren, an Graben- und Wegrändern sowie auf Waldschlägen. ❀ Wechselblättriges Milzkraut [325], Bach-Quellkraut [84], Quell-Sternmiere [405].

▸1 **Pflanze dunkelgrün, mit langen, dünnen Ausläufern.** ▸2 **Stängel kantig**, teils behaart. ▸3 Gegenständige (a), an der Spitze wechselständige (b) Anordnung der Blätter am Stängel. ▸4 **Blätter** länglich, schmal-eiförmig, bis 10 cm lang und dabei **vier- bis achtmal so lang wie breit.** ▸5 Blattrand schwach gezähnt. ▸6 Blattgrund ohne, oder nur mit sehr kurzem Stiel. ▸7 Blütenknospen nickend. ▸8 **Blütenkelch drüsig behaart.** ▸9 Die roten, vorne gespaltenen Blütenkronblätter bis 7 mm lang. ▸10 Frucht eine grauhaarige, längliche, kantige, bis 7 cm lange Kapsel. ▸11 Die verkehrt eiförmigen und dicht kurzwarzigen Samen mit Haarschopf.

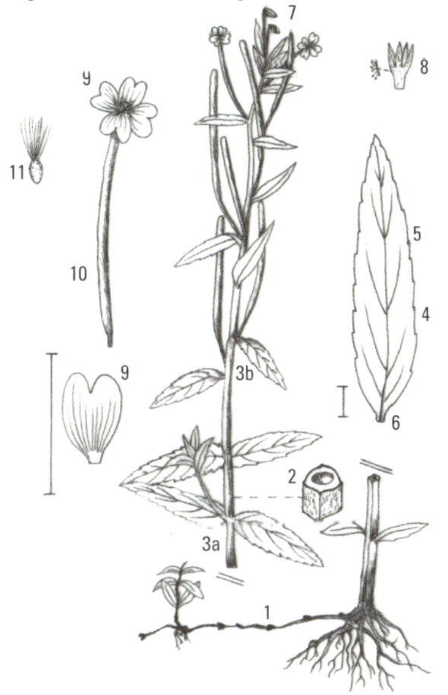

**145** Epilobium palustre, Onagraceae

## Sumpf-Weidenröschen

mehrjährig | 7–9 | 0,7 m

Feucht-nasse, moorige oder quellige, oft kalk- und lichtreiche Standorte in Wiesen, Weiden und Gräben. Kressen-Schaumkraut [721], Bach-Quellkraut [84], Gewöhnliches Kreuzblümchen [364].

▸1 **Wuchs aufrecht, kaum verzweigt.** ▸2 **Pflanze mit langen Ausläufern.** ▸3 Stängel rund oder seltener durch 2 Haarlinien kantig erscheinend. ▸4 Blätter sitzend und gegenständig am Stängel angeordnet, behaart. ▸5 **Blattform schmal-länglich, nur 2–7 mm breit.** ▸6 **Die vier rosafarbenen, bis etwa 7 mm langen Blütenkronblätter vorne breit eingebuchtet.** ▸7 Frucht eine längliche, vierkantige, behaarte Kapsel.

**146** Mentha longifolia, Lamiaceae

## Ross-Minze

mehrjährig | 7–9 | 1,2 m

Nährstoffreiche Standorte in feuchten Hochstaudenfluren an Bächen, Gräben und in Quellfluren. Kohl-Kratzdistel [547], Behaartes Weidenröschen [400], Echtes Mädesüß [703].

▸1 Pflanze mit unterirdischen Ausläufern, schwach aromatisch duftend. ▸2 Stängel aufrecht, vierkantig und behaart. ▸3 Blätter behaart (a), ohne oder nur mit sehr kurzen Stielen (b), wie alle Minze-Arten in gegenständiger Blattstellung am Stängel angeordnet. ▸4 Blattform länglich, **Blattlänge bis 10 cm.** ▸5 **Blattunterseite im Unterschied zur ähnlichen Ähren-Minze [168] weißfilzig.** ▸6 Blattrand stark gezähnt. ▸7 **Blütenstände kerzenförmig-ährenartig an den Zweigspitzen.** ▸8 Blütenkelch gleichmäßig fünfzähnig, wollig behaart. ▸9 Blütenkrone mit 4 etwa gleich langen Zipfeln, hell-lila oder weiß. ▸10 Die 4 Staubblätter und der lange Griffel aus der Blütenkrone herausragend. ▸11 Teilfrüchte bis 1 mm lang, aus vierteiliger Frucht stammend.

147 Bistorta officinalis, Polygonaceae

## Schlangen-Wiesenknöterich

(Wiesen-Knöterich, Persicaria bistorta, Polygonum bistorta)

mehrjährig | 5–7 | 1 m

In Nass- und Feuchtwiesen, Hochstaudenfluren, Auenwäldern und an Ufern. Kohl-Kratzdistel [547], Echtes Mädesüß [703], Sumpf-Hornklee [615].

▸1 Rhizom waagrecht, kräftig und gekrümmt. ▸2 Stängel aufrecht, unverzweigt. ▸3 Untere Blätter lang gestielt. ▸4 Blattfläche oberseits dunkelgrün, unterseits blaugrün, bis 20 cm lang. ▸5 **Blattrand wellig gebogen.** ▸6 Stängelblätter kurz gestielt oder am Stängel ansitzend. ▸7 **Blütenstand zylindrisch, endständig.** ▸8 Staubblätter aus der rötlichweißen Blüte herausragend. ▸9 Früchte eine scharf dreikantige, im Durchmesser bis 0,5 cm große Nuss.

148 Lythrum salicaria, Lythraceae

## Gewöhnlicher Blutweiderich

mehrjährig | 6–9 | 1,5 m

In feuchten Wiesen sowie in Hochstaudenfluren an Ufern und Gräben. Echtes Mädesüß [703], Bach-Nelkenwurz [730], Gewöhnlicher Gilbweiderich [468].

▸1 Stängel steif aufrecht, kantig, kurz behaart. ▸2 Laubblätter am Stängel sitzend und meist paarweise angeordnet. ▸3 Blattform schmal-länglich, ungeteilt, Länge bis etwa 10 cm. ▸4 **Blattnerven auf der Blattunterseite deutlich hervortretend.** ▸5 Blattrand ungezähnt, ganzrandig. ▸6 **Blütenstand eine violett- bis purpurrote Blütenkerze (Blütenähre).** ▸7 Blüte mit 6 Blütenkronblättern (a) und 12 Staubblättern (b). ▸8 Frucht eine zylindrische, bis 6 mm lange Kapsel.

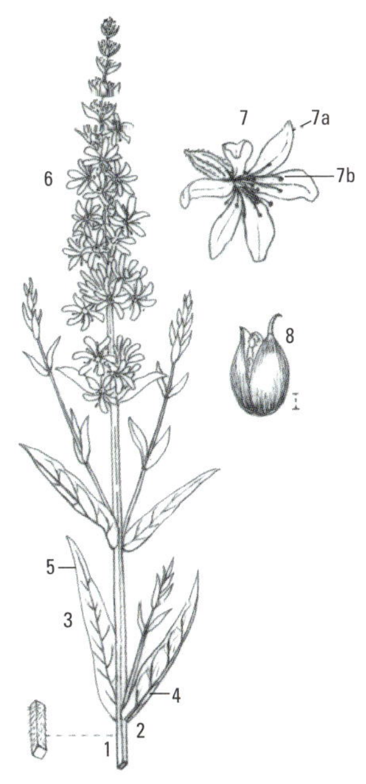

**149** Persicaria lapathifolia, Polygonaceae

## Ampfer-Knöterich (Polygonum lapathifolium)

einjährig | 7–10 | 1 m

Feucht-nasse, nährstoffreiche Standorte an schlammigen Ufern, auf Äckern, in Gräben und Gärten. Vielsamiger Gänsefuß [472], Pfeffer-Knöterich [134], Milder Knöterich [396].

▸1 Stängel liegend, steigend oder aufrecht. ▸2 **Blätter mit größter Breite unterhalb der Blattmitte, zwei- bis achtmal so lang wie breit.** ▸3 Blattoberseite meist mit dunklem Fleck. ▸4 **Blattscheiden auf der Fläche kahl, im Unterschied zum Pfeffer-Knöterich [134] ohne kurze Wimpern an der Spitze.** ▸5 **Blattstiele im Unterschied zum ähnlichen Floh-Knöterich [439] bis 3 cm lang.** ▸6 Anordnung der Blattstiele im unteren Bereich der Blattscheide. ▸7 Blütenähre gedrungen, Blüten sich teilweise überdeckend. ▸8 Blütenhülle fünfblättrig, rosa, weiß oder grünlich. ▸9 Frucht eine linsenförmige, schwarzbraun glänzende, bis etwa 4 mm lange Nuss.

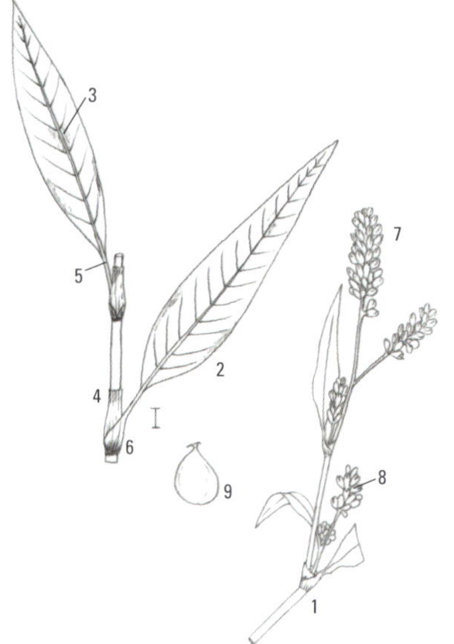

**150** Campanula patula, Campanulaceae

## Wiesen-Glockenblume

zwei- bis mehrjährig | 5–7 | 0,8 m

Nährstoffreiche und meist kalkarme Standorte in Fettwiesen, Brachen und an Wegen. Wiesen-Labkraut [361], Knolliger Hahnenfuß [636], Wiesen-Salbei [182].

▸1 Wie alle Glockenblumen-Arten mit weißem Milchsaft und wechselständig angeordneten, ungeteilten Blättern. ▸2 Stängel kantig, nur an der Basis schwach behaart. ▸3 Stängelblätter sitzend angeordnet, Blattrand schwach gezähnt. ▸4 Grundblätter spatelförmig, Blattrand seicht gekerbt. ▸5 Blütenstand in lockerer Rispe. ▸6 Blütenstiele mit 2 Hochblättern. ▸7 **Kelchzipfel aufrecht, lang und spitz.** ▸8 Blütenkrone trichterförmig, bis zur Mitte eingeschnitten, bis 2,5 cm lang.

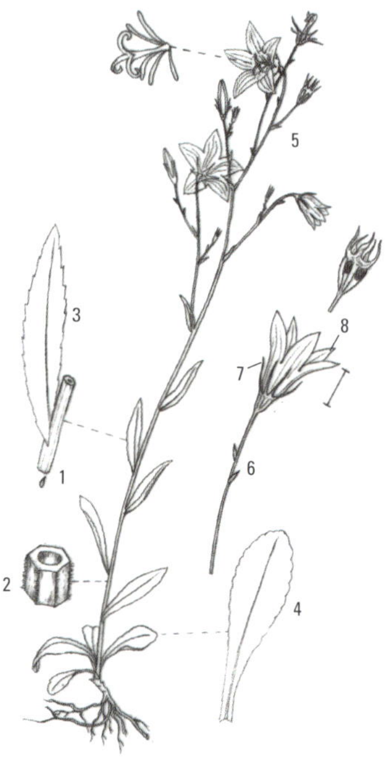

**151 !** Orobanche lutea, Orobanchaceae

## Gelbe Sommerwurz

mehrjährig | 5–6 | 0,5 m

In mageren Wiesen und Rasen sowie in trocken-warmen Saumgesellschaften. ❀ Schmarotzt auf verschiedenen Pflanzen: z. B. Hopfen-Luzerne [620], Echter Steinklee [608], Gewöhnlicher Dost [203].

▸1 Stängel mit gelbbraunen Blattschuppen (a), diese im unteren Stängelbereich relativ dicht stehend (b). ▸2 Schuppenblätter länglich, bis 3 cm lang. ▸3 Blütenstand lang gezogen, bei einigen Pflanzen bis etwa die Hälfte der Sprossachse einnehmend. ▸4 **Blütenkrone bis 3 cm lang, gelb bis rotbraun.** ▸5 **Rücken der Blütenkrone gerade, dann plötzlich herabgebogen (a).** ▸6 **Narbe gelb.**

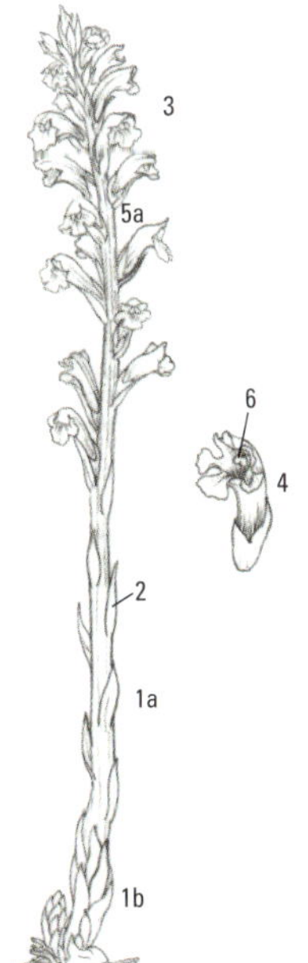

**152 !!** Globularia bisnagarica, Globulariaceae

## Gewöhnliche Kugelblume (Globularia punctata)

mehrjährig | 5–6 | 0,3 m

Flachgründige und kalkreiche Trocken- und Magerrasen sowie lichte Trockengebüsche. ❀ Zypressen-Wolfsmilch [342], Hufeisenklee [712], Gewöhnliche Küchenschelle [789].

▸1 An der Pflanzenbasis eine **Rosette aus lang gestielten Grundblättern.** ▸2 Wechselständige und sitzende Anordnung der Stängelblätter. ▸3 Spatel- bis verkehrt eiförmige Ausbildung der Grundblätter. ▸4 Stängelblätter länglich und vorne zugespitzt. ▸5 **Blütenköpfchen einzeln an den Stängelspitzen**, Breite der Köpfchen bis zu 2 cm. ▸6 Blütenkrone blauviolett, bis 8 mm lang. ▸7 Frucht ein längliches, nur etwa 1,5 mm langes Nüsschen.

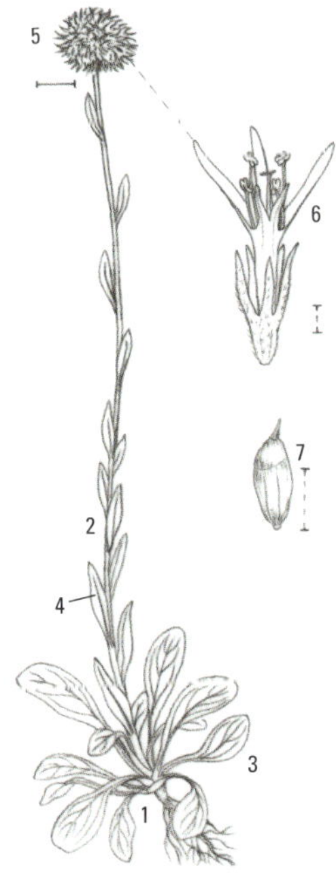

**153 ! ⊗** Digitalis grandiflora, Plantaginaceae,

## Großblütiger Fingerhut

mehrjährig | 6–8 | 1,2 m

Basenreiche Standorte an sommerwarmen Plätzen am Waldrand, in Waldschlägen und auf steinigen Halden. ❀ Ästige Graslilie [23], Echte Tollkirsche [192], Gewöhnlicher Wirbeldost [174], Gewöhnlicher Dost [203].

▸1 Pflanze von aufrechtem, jedoch unverzweigtem Wuchs. ▸2 Stängel an der Basis kahl (a), zur Spitze hin behaart (b). ▸3 An der Sprossbasis eine grundständige Blattrosette. ▸4 Wechselständige Anordnung der schmal-eiförmigen Blätter am Stängel. ▸5 Untere Blätter kurz gestielt (a), obere sitzend (b). ▸6 Nerven der Blattunterseite behaart, Blattflächen meist kahl. ▸7 Blattrand unregelmäßig gesägt. ▸8 Blütenstand eine einseitswendige Traube. ▸9 **Blütenkrone glockig, behaart, bis 4 cm lang, außen gelb, innen bräunlich gezeichnet.** ▸10 4 Staubblätter, jeweils mit zweiteiligem Staubbeutel. ▸11 Frucht eine vielsamige und in 2 Fächer geteilte Kapsel.

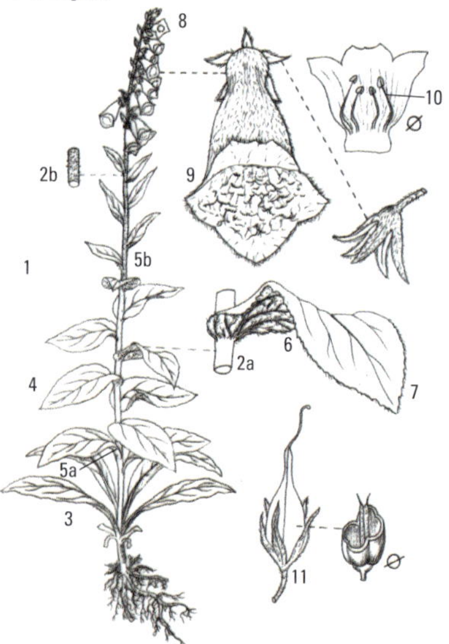


**154** Odontites vernus, Orobanchaceae

## Acker-Zahntrost

einjährig | 6–7 | 0,4 m

Sommerwarme und nährstoffreiche Ackerstandorte auf meist lehmigen Böden. ❀ Ackerfrauenmantel [576], Viersamige Wicke [735], Wildes Stiefmütterchen [461].

▸1 Pflanze fein behaart. ▸2 Stängel mit wenigen aufrechten Seitenästen in der oberen Stängelhälfte. ▸3 Blätter länglich (a), Blattrand meist gezähnt (b). ▸4 Blüten zu einem einseitswendigen Blütenstand vereinigt. ▸5 Blütenkrone fleischrot, bis etwa 1 cm lang, kürzer als die Hochblätter (a). ▸6 **Oberlippe der Blütenkrone (a) länger als die Unterlippe (b).** ▸7 **Staubblätter aus der Blüte herausragend.**

**155** Epilobium ciliatum, Onagraceae

## Drüsiges Weidenröschen

mehrjährig | 6–9 | 1,5 m

Auf nährstoffreichen Lehmböden an Waldrändern, Schuttplätzen, Erdschüttungen und in Gärten. ❀ Dreiteiliger Zweizahn [563], Gewöhnlicher Gundermann [330], Große Brennnessel [296].

▸1 Die oft rot überlaufene Pflanze an der Basis mit kleinen Erneuerungsrosetten. ▸2 **Stängel unten leicht kantig (a), oft rot überlaufen und im oberen Bereich dicht drüsig behaart (b).** ▸3 Meist gegenständige (a), oben eher wechselständige Anordnung (b) der Blätter. ▸4 Die bis 10 cm langen, länglich-eiförmigen Blätter nur sehr kurz gestielt bis fast stiellos. ▸5 Blattränder unregelmäßig und kurz gezähnt. ▸6 **Die kleinen Blüten weiß bis rosa.** ▸7 Frucht eine angedrückt behaarte, lange, schotenähnliche, vierkantige Kapsel. ▸8 Die eiförmigen, dicht-warzigen Samen mit einem federigen Haarkranz.

**156** ✚ Hesperis matronalis, Brassicaceae

## Gewöhnliche Nachtviole

zwei- bis mehrjährig | 5–7 | 1 m

In Auwäldern der Fluss- und Bachtäler, Hecken und Gebüschen sowie an Straßenrändern und Bahndämmen. ❀ Gewöhnlicher Giersch [754], Echtes Mädesüß [703], Kratzbeere [630].

▸1 Stängel aufrecht, behaart. ▸2 **Blätter** gestielt (a) und bis 15 cm lang (b). ▸3 Blattrand gezähnt. ▸4 Blütenstand eine reichhaltige Traube. ▸5 **Blüten violett, lila oder weiß gefärbt, nach Veilchen duftend.** ▸6 Kronblätter zwei- bis dreimal so lang wie die bis 10 mm langen, hautrandigen Kelchblätter (a). ▸7 **Frucht eine lange, aufrechte Schote**, Länge bis 10 cm, Breite bis 2 mm. ▸8 Samen einreihig in der Schote angeordnet.

**157** Rumex conglomeratus, Polygonaceae

## Knäuel-Ampfer

mehrjährig | 7–9 | 0,8 m

Als Pionier an nährstoffreichen, feuchten oder nassen Standorten an Ufern und Gräben sowie an Wegrändern und in Waldschlägen. ❀ Ufer-Wolfstrapp [532], Gewöhnlicher Blutweiderich [148], Kriechender Hahnenfuß [637].

▸1 Pflanze häufig schon von der Basis an verzweigt. ▸2 Stängel gerillt, aufrecht oder hin- und hergebogen. ▸3 Grundblätter lang gestielt, Blattlänge (ohne Stiel) bis 20 cm. ▸4 **Blatt dunkelgrün, länglich, mit gestutztem oder abgerundetem Blattgrund, Blattränder ungezähnt.** ▸5 Zahlreiche Blütenknäuel im locker angeordneten, verzweigten Blütenstand. ▸6 **Die knäueligen Teilblütenstände immer mit einem länglichen Hochblatt an ihrer Basis.** ▸7 Die bis 3 mm langen Blütenhüllblätter (a) mit starken Schwielen (b), Schwiele fast so breit wie das Blütenhüllblatt. ▸8 Frucht eine kantige, rötlichbraune, etwa 1,5 mm lange Nuss.

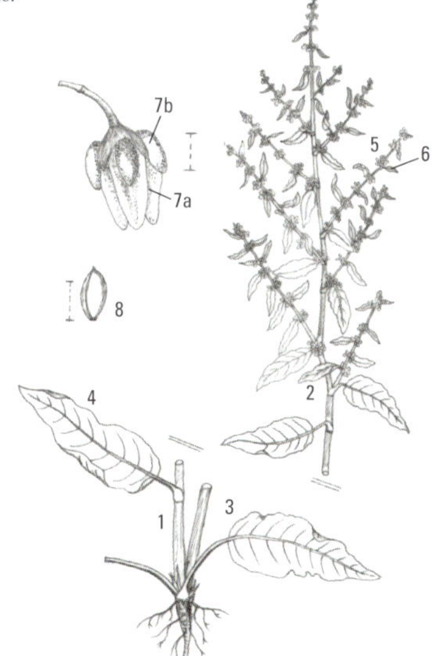

**158** Epilobium collinum, Onagraceae

## Hügel-Weidenröschen

mehrjährig | 6–8 | 1,5 m

Sonnige Standorte in Fels- und Mauerspalten auf silikatischem Gestein. ❀ Stechender Hohlzahn [187], Stinkender Storchschnabel [655], Salbei-Gamander [295].

▸1 Der anliegend behaarte, runde **Stängel meist bereits von der Basis an ästig verzweigt, Wuchs dadurch büschelig (a).** ▸2 Blätter nur im oberen Bereich wechselständig (a), sonst gegenständig angeordnet (b). ▸3 Die deutlich gestielten, länglich-eiförmigen **Blätter** bis 4 cm lang, **häufig jedoch nur 2 cm erreichend.** ▸4 Blattränder entfernt gezähnt. ▸5 Die rosaroten Blütenkronblätter bis 6 mm lang. ▸6 Frucht eine angedrückt flaumig behaarte, bis annähernd 10 cm lange Kapsel. ▸7 Samen eiförmig, wie die Samen von anderen Weidenröschen-Arten mit einem federigen Haarkranz.

**159** Dipsacus fullonum, Dipsacaceae

## Wilde Karde

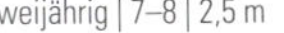

zweijährig | 7–8 | 2,5 m

An Wegrändern und in hochstaudenreichen Krautfluren nährstoffreicher Standorte an Ufern, Dämmen und Schuttplätzen. Acker-Kratzdistel [510], Lanzett-Kratzdistel [535], Stechender Hohlzahn [187].

▸1 Pflanze im oberen Teil verzweigt. ▸2 **Stängel mit kräftigen Stacheln an den Kanten.** ▸3 Blätter der Grundrosette kurz gestielt, auf der Oberseite mit wenigen Stacheln, bis 30 cm lang. ▸4 Stängelblätter an der Basis breit verwachsen. ▸5 Form der Stängelblätter länglich lanzettlich, meist ganzrandig. ▸6 Stängelblätter annähernd nur auf den Mittelnerven der Blattunterseite stachelig (a), vereinzelt am Rande mit einzelnen Stacheln. ▸7 **Hüllblätter bogig aufsteigend, schmal, spitz, ungleich lang.** ▸8 **Blütenköpfe länglich eiförmig, bis 8 cm lang.** ▸9 **Blüten in 2 Bereichen an den Blütenköpfen angeordnet.** ▸10 Blütenboden dicht mit stechenden, spitzen, sogenannten Spreublättern besetzt. ▸11 Blütenkrone violett, gelegentlich weiß, länglich, etwa 13 mm lang. ▸12 Frucht bräunlich, etwa 5 mm lang.

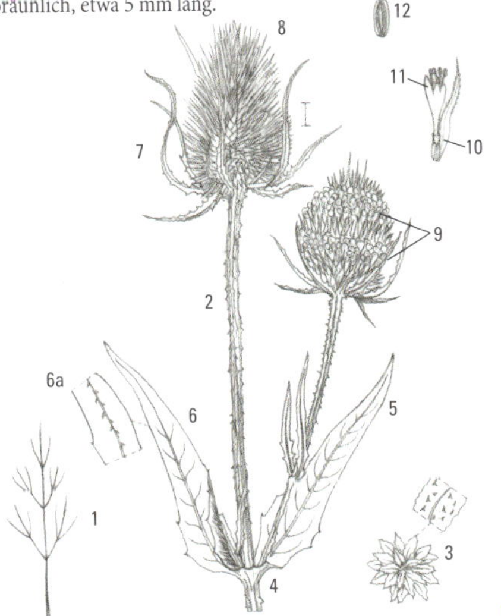

**160 !** Primula veris, Primulaceae

## Wiesen-Primel (Echte Schlüsselblume)

mehrjährig | 4–6 | 0,3 m

Auf trockenen, oft kalkreichen Wiesen und Böschungen sowie in lichten Eichenwäldern. Wiesen-Witwenblume [548], Knolliger Hahnenfuß [636], Kleiner Wiesenknopf [720].

▸1 Stängel einen blattlosen, bis etwa 20 cm hohen Blütenschaft bildend. ▸2 Grüne Pflanzenteile samtig und kurz behaart. ▸3 Blätter in grundständiger Rosette. ▸4 Blattflächen runzelig. ▸5 Blattstiele schmal geflügelt. ▸6 Blattränder wellig, unregelmäßig und kurz gezähnt. ▸7 Blütenkelch aufgeblasen, kantig. ▸8 **Blütenkrone goldgelb.** ▸9 **Kronzipfel im Unterschied zur Hohen Primel [107] trichterförmig zusammenneigend.** ▸10 **Am Übergang der Kronzipfel zur Kronröhre (Schlund) 5 rote Flecken.** ▸11 Frucht eine bis 1 cm lange Kapsel (a), die kürzer ist als der Kelch (b).

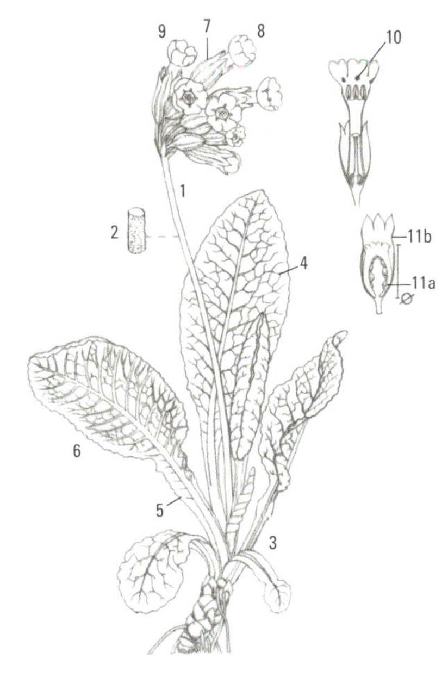

**161** Armoracia rusticana, Brassicaceae

## Meerrettich

mehrjährig | 5–6 | 1,5 m

In staudenreichen Krautfluren, an Wegen, Zäunen, Schuttplätzen und Gräben. Große Brennnessel [296], Große Klette [317], Gewöhnlicher Giersch [754].

▸1 Wurzel mehrköpfig, dick, holzig oder fleischig. ▸2 Stängel aufrecht, gefurcht, im oberen Teil ästig verzweigt. ▸3 Untere Blätter lang gestielt. ▸4 **Blattfläche eine Länge von bis zu 1 m erreichend!** ▸5 **Blattform** der unteren Blätter **unterschiedlich** gestaltet, von einteilig-schmal eiförmig (a) bis kammförmig gefiedert (b). ▸6 Stängelblätter länglich, mit verschmälertem Grund dem Stängel ansitzend. ▸7 Blütenstand aus zahlreichen lockeren Trauben weißer Blüten. ▸8 Kelchblätter mit schmalem, weißem Hautrand. ▸9 Frucht ein kugeliges, bis 2 cm lang gestieltes Schötchen.

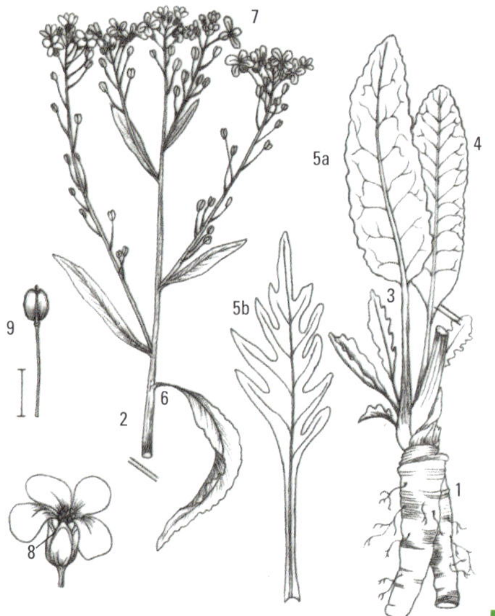

**162** Helianthus tuberosus, Asteraceae

## Topinambur (Erdbirne)

mehrjährig | 9–10 | 3 m

Nährstoffreiche Standorte an Ufern, Bahndämmen und Weinbergen. Gewöhnliche Zaunwinde [290], Riesen-Goldrute [375], Große Brennnessel [296].

▸1 **Wurzel mit zahlreichen überwiegend länglichen oder rübenförmigen Knollen.** ▸2 **Stängel und Blätter rauhaarig.** ▸3 Gegenständige Anordnung der unteren und mittleren Blätter am Stängel. ▸4 Blätter gestielt (a), vorne zugespitzt (b). ▸5 **Blattlänge bis 25 cm**, damit annähernd doppelt so lang wie breit. ▸6 Blattrand gezähnt. ▸7 Blütenköpfe lang gestielt, bis etwa 10 cm breit, den Blattachseln entspringend. ▸8 **12–15 dottergelbe, bis annähernd 4 cm lange Zungenblüten.** ▸9 Zungenblüten deutlich länger als die von ihnen umschlossene Blütenscheibe (a).

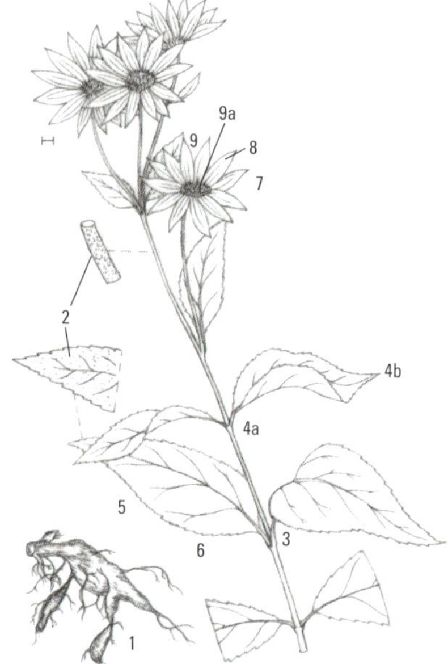

**163** Impatiens glandulifera, Balsaminaceae

## Drüsiges Springkraut (Indisches Springkraut)

einjährig | 6–10 | 2,5 m

Nährstoffreiche Standorte der Auenwälder, Überschwemmungs- und Quellbereiche, Ufer und Waldwege. Gewöhnlicher Giersch [754], Großes Springkraut [478], Adlerfarn [776], Große Brennnessel [296].

▸1 Junge Pflanze mit je 2 in der Mitte gefurchten und an der Basis meist rötlichen Keimblättern. ▸2 **Stängel geriffelt, häufig rötlich überlaufen, oben verzweigt.** ▸3 **Blätter** eilänglich geformt, **bis zu 25 cm lang.** ▸4 Blattrand mit gestielten Drüsen (a) und scharfen Zähnen (b). ▸5 **Blütenstand mit 5–20 rötlich bis weiß gefärbten Blüten.** ▸6 Blüte bis 4 cm lang, mit einem abwärts gekrümmten Sporn (a). ▸7 **Samenkapsel im Reifezustand bei Berührung aufspringend und mehrere dunkle, rundliche Samen (a) von sich weit hinwegschleudernd.**

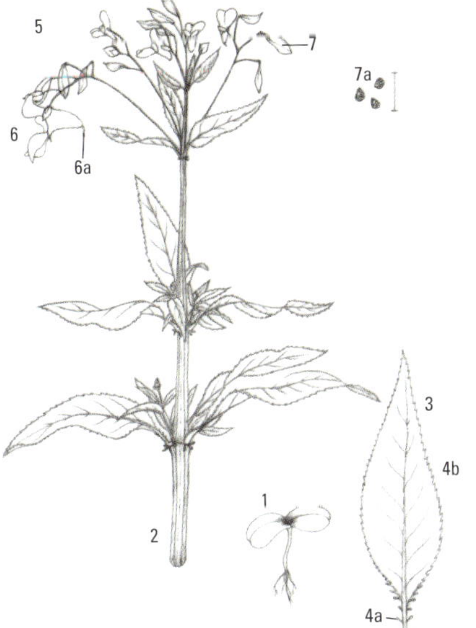

**164 !** Crepis mollis, Asteraceae

## Weichhaariger Pippau

mehrjährig | 6–8 | 0,8 m

Nährstoffreiche, frisch-feuchte Standorte in Bergwiesen. Gewöhnliches Knaulgras [9], Wald-Storchschnabel [596], Bärwurz [797].

▸1 Die oben verzweigte Pflanze mit Grundblattrosette (a). ▸2 Blätter länglich eiförmig, ungeteilt, weich. ▸3 Blattrand fein gezähnt bis ganzrandig. ▸4 **Stängelblätter sitzend, oben zugespitzt.** ▸5 **Basis der Stängelblätter im Unterschied zum Sumpf-Pippau [527] abgerundet.** ▸6 Blütenköpfe in lockerer Rispe. ▸7 Hüllblätter kurz behaart. ▸8 Blüten gelb, etwa doppelt so lang wie die Hülle. ▸9 Die längliche **Frucht mit 20 Rippen** (a) und weißem Haarkranz (b).

**165** Symphytum asperum agg., Boraginaceae

## Rauer Beinwell (Artengruppe)

mehrjährig | 6–9 | 1,8 m

Angebaut und an nährstoffreichen Standorten an Wegrändern und Schuttplätzen verwildert. ❀ Gewöhnlicher Giersch [754], Große Klette [317], Große Brennnessel [296].

▶1 **Stängel** verzweigt, durch **stachelige Borstenhaare sehr rau.** ▶2 Blätter eiförmig, die unteren gestielt. ▶3 Stängelblätter wechselständig, aber im Unterschied zum Gewöhnlichen Beinwell [434] **am Stängel nicht herablaufend angeordnet.** ▶4 Blütenkrone purpurrot bis blauviolett, bis 2 cm lang, im Unterschied zu anderen Beinwell-Arten nie gelblich. ▶5 Teilfrucht ein **runzeliges Nüsschen**, aus einer vierteiligen Frucht entstammend.

**166** ✚✚ Saponaria officinalis, Caryophyllaceae

## Echtes Seifenkraut

mehrjährig | 7–9 | 0,9 m

Nährstoffreiche Standorte an Wegrändern, Hecken, Uferböschungen und Schuttplätzen. ❀ Acker-Winde [289], Schmalblättriger Doppelsame [686], Zypressen-Wolfsmilch [342].

▶1 Weit kriechende, unterirdische Ausläufer. ▶2 Gegenständige Anordnung der Blätter am aufsteigenden bis aufrechten Stängel. ▶3 Form der Blätter elliptisch, an beiden Enden mehr oder weniger spitz zulaufend. ▶4 Unteres Blattende in einen kurzen Stiel auslaufend. ▶5 **Blattfläche mit meist 3 deutlich hervortretenden Blattnerven.** ▶6 Blüten dicht und büschelig an End- und Seitenästen der Triebspitzen angeordnet. ▶7 Blütenkelch zylindrisch geformt (a), an der Spitze mit 5 ungleich langen Zähnen (b). ▶8 **Kronblätter** (a) blassrosa bis weiß, bis 4 cm lang, Durchmesser der Krone (b) bis 2,5 cm. ▶9 Fruchtkapsel an der Spitze vierzähnig, mit bis zu 2,5 cm etwa genauso lang wie der Kelch. ▶10 Zahlreiche dunkelbraune bis schwärzliche, annähernd nierenförmige Samen.

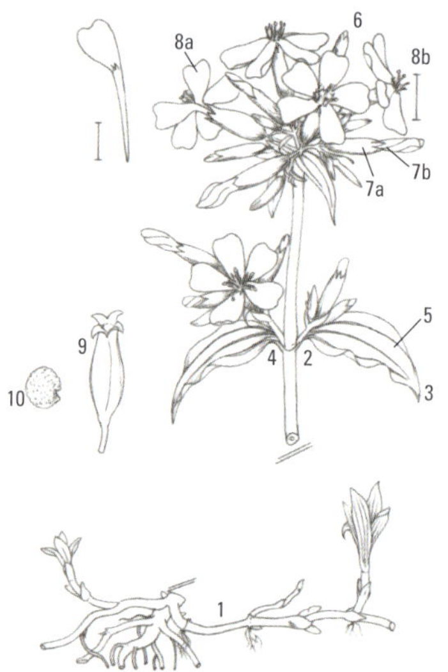

**167** Hieracium sabaudum, Asteraceae

## Savoyer Habichtskraut

mehrjährig | 8–10 | 1,5 m

Wärmebegünstigte Plätze in lichten Eichen- und Kiefernwäldern, an Gebüschsäumen, in Heiden und Halbtrockenrasen. Heidekraut [260], Rundblättrige Glockenblume [337], Echter Ehrenpreis [494].

▸1 Stängel aufrecht, verholzend, behaart. ▸2 **Pflanze einen weißen Milchsaft führend, ohne Grundblattrosette.** ▸3 **Stängelblätter zahlreich und dicht stehend.** ▸4 Blätter oberseits glänzend und meist kahl. ▸5 Blattform länglich-elliptisch, in der Ausgestaltung sehr variabel. ▸6 Blattrand gezähnt. ▸7 Blütenstand locker rispig mit bis etwa 10 Blütenästen und bis etwa 50 gelben Blütenköpfchen. ▸8 Hülle der Blütenkörbchen grün bis schwarz, dick eiförmig. ▸9 Griffel (a) und Früchte (b) meist dunkel gefärbt.

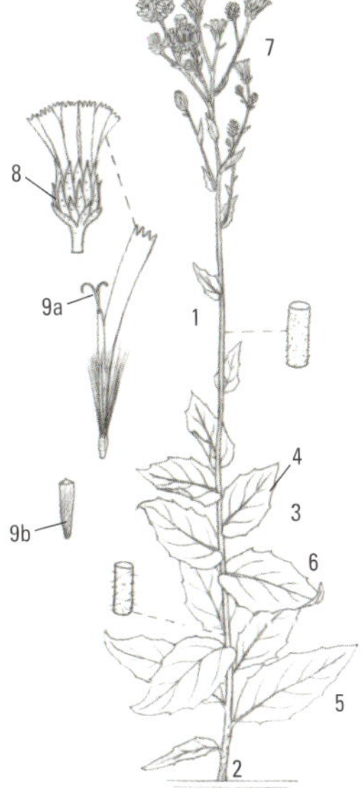

**168** Mentha spicata, Lamiaceae

## Ähren-Minze

mehrjährig | 7–9 | 1 m

Aus Gärten auf Ruderalstandorte wie z. B. Schuttplätze und Wegränder verwildert. Gewöhnliches Hirtentäschel [541], Weg-Malve [589], Gewöhnliche Eselsdistel [534].

▸1 Stängel der aromatisch duftenden Pflanze aufrecht, vierkantig. ▸2 **Im Unterschied zur ähnlichen Ross-Minze [146] Stängel kahl.** ▸3 Blätter ohne oder nur mit sehr kurzen Stielen. ▸4 Blattform länglich-eiförmig, Länge bis etwa 7 cm. ▸5 Blattunterseite mit deutlich vortretenden Nerven. ▸6 **Blattrand scharf gezähnt.** ▸7 Blütenstände kerzenförmig-ährenartig an den Zweigspitzen. ▸8 Blütenkelch gleichmäßig fünfzähnig, kahl. ▸9 Blütenkrone mit 4 etwa gleich langen Zipfeln, Farbe rosa, hell-lila oder weiß. ▸10 Die 4 Staubblätter und der lange Griffel aus der Blütenkrone herausragend. ▸11 Teilfrüchte, bis 1 mm lang aus vierteiliger Frucht stammend.

**169** Epilobium roseum, Onagraceae

## Rosenrotes Weidenröschen

mehrjährig | 7–9 | 0,8 m

Nährstoffreiche, oft feucht-nasse Standorte in Röhrichtbeständen an Graben-, Bach- und Flussufern sowie an Hecken- und Straßenrändern. ❀ Echtes Mädesüß [703], Gewöhnlicher Blutweiderich [148], Große Brennnessel [296].

▶1 Stängel durch herablaufende Leisten zumindest an der Basis kantig (a), an der Spitze weichhaarig und reich verzweigt (b). ▶2 Die **an der Basis gegenständig (a), an der Spitze meist wechselständig** (b) angeordneten, häufig rötlich überlaufenen **Blätter bis etwa 1 cm lang gestielt.** ▶3 **Blattform oval, an beiden Enden zugespitzt.** ▶4 Blattunterseiten mit deutlich hervortretendem Adernetz. ▶5 **Blattrand kurz, scharf und drüsig gezähnt.** ▶6 Die vorne schmal eingebuchteten Kronblätter erst weißlich, dann rosa gefärbt, **deutlich kleiner als 1 cm.** ▶7 Frucht eine lange, dicht behaarte, vierkantige, schotenähnliche Kapsel.

**170** Impatiens parviflora, Orobanchaceae

## Kleinblütiges Springkraut

einjährig | 6–9 | 0,6 m

In Auen- und Laubwäldern sowie in Saum- und Ruderalgesellschaften. ❀ Gewöhnliches Hexenkraut [184], Gewöhnliche Nelkenwurz [729], Großes Springkraut [478].

▶1 Stängel im oberen Drittel verzweigt (a) und an den Gelenken geschwollen (b). ▶2 Blätter wechselständig am Stängel angeordnet. ▶3 **Blattrand sägeförmig gezähnt.** ▶4 Blattstiel etwa 2 cm lang. ▶5 Blütensporn gerade. ▶6 Blütenstand mit 4–12 Blüten. ▶7 **Blüten mit 1–2 cm Länge wesentlich kleiner als diejenigen des Großen Springkrauts** [478]. ▶8 Frucht keulenförmig, bis 2 cm lang.

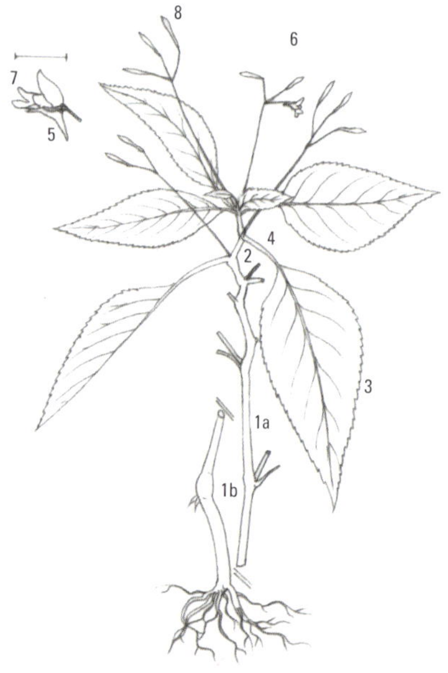

**171** ✚✚ Mercurialis annua, Euphorbiaceae

## Einjähriges Bingelkraut

einjährig | 5–10 | 0,4 m

Nährstoffreiche Standorte (Stickstoffzeiger) in Weinbergen, Äckern, Gärten und auf Schuttplätzen. ❀ Feinstrahl-Berufkraut [357], Kanadisches Berufkraut [341], Riesen-Goldrute [375].

▸1 **Stängel verzweigt, reich beblättert, mit zahlreichen gegenständig gestellten Ästen.** ▸2 Blätter gegenständig angeordnet, ungeteilt, länglich eiförmig, bis etwa 10 cm lang. ▸3 Blattrand stumpf gezähnt. ▸4 Blüten unscheinbar, grünlich, in dichten Knäueln entlang langer Äste angeordnet. ▸5 8–12 Staubblätter. ▸6 Frucht eine borstig behaarte, zweiteilige, bis 3 mm lange Kapsel. ▸7 **Fruchtstiel kürzer als die Frucht.**

**172** ✚ Sinapis arvensis, Brassicaceae

## Acker-Senf

einjährig | 5–6 | 0,8 m

Sonnig-warme, nährstoffreiche Standorte auf Äckern und Brachen sowie an Wegböschungen und Schuttplätzen. ❀ Kanadisches Berufkraut [341], Kompass-Lattich [524], Kohl-Gänsedistel [727].

▸ 1 Wurzel dünn und spindelförmig. ▸2 Stängel aufrecht, ästig verzweigt (a), zumindest an der Basis behaart (b). ▸3 Die unteren, grasgrünen **Blätter** gestielt, von länglich-eiförmiger Gestalt und nur **aus wenigen seitlichen Abschnitten (a) und einem stark vergrößerten Endabschnitt (b)** zusammengesetzt. ▸4 Die oberen Blätter länglich, ungeteilt, an den Zweigen meist sitzend oder kurz gestielt und wechselständig angeordnet. ▸5 Blattränder gezähnt. ▸6 Gesamtblüten- und Fruchtstand aus reichhaltigen, **an der Spitze doldenartig gedrängten Trauben** zusammengesetzt. ▸7 Blüte mit 4 schwefelgelben Kronblättern (a), 6 Staubblättern (b) und 4 schmalen Kelchblättern (c). **Kelchblätter zur Blütezeit waagrecht abstehend.** ▸8 **Frucht eine lang geschnäbelte, bis 4 cm lange Schote.**

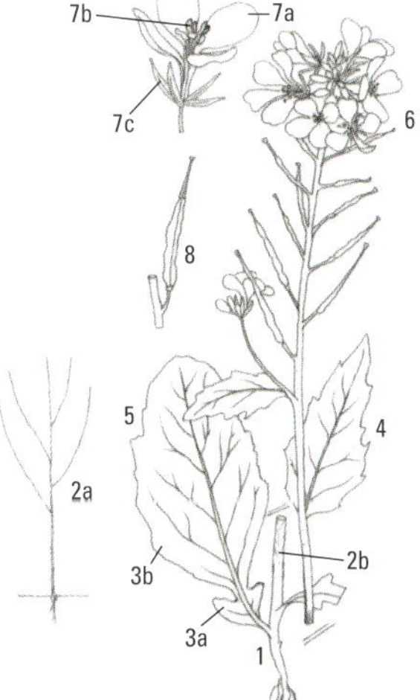

**173** Epilobium montanum, Onagraceae

## Berg-Weidenröschen

mehrjährig | 6–9 | 1 m

An lichten Stellen in krautreichen Wäldern, an den Rändern von Waldwegen sowie im Saum von Hecken. Spring-Schaumkraut [684], Fuchssches Greiskraut [138], Knoten-Braunwurz [186], Wald-Ziest [275].

▸1 Stängel aufrecht, rundlich, feinflaumig behaart, wie die Blätter an besonnten Stellen oft rot überlaufen. ▸2 Den Blattachseln entspringende, teils rosettenartige Seitentriebe. ▸3 Blattform länglich eiförmig, Länge bis annähend 10 cm. ▸4 **Blattrand fein gezähnt.** ▸5 Blätter kurz gestielt. ▸6 Durchmesser der purpurfarbenen Blüte bis etwa 1 cm. ▸7 **Kronblätter außen gespalten, auf der Fläche von dunkler gefärbten Adern durchzogen.** ▸8 Narbe vierteilig. ▸9 Fruchtkapseln bis 9 cm lang, flaumig behaart. ▸10 Same eiförmig, mit einem federigen Haarkranz als Krone.

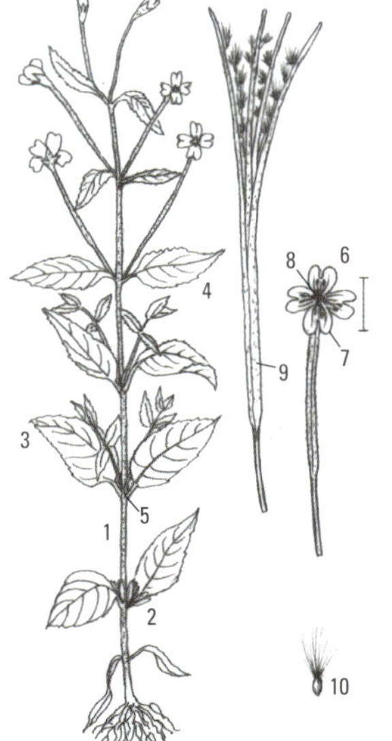

**174** Clinopodium vulgare, Lamiaceae

## Gewöhnlicher Wirbeldost (Calamintha clinopodium)

mehrjährig | 7–10 | 0,6 m

Sommerwarme und basenreiche Standorte in lichten Wäldern sowie an Wald-, Weg- und Heckenrändern. Gewöhnliches Knaulgras [9], Gewöhnliche Nelkenwurz [729], Gewöhnlicher Dost [203].

▸1 Pflanze mit Ausläufern. ▸2 **Stängel** aufrecht, **zottig behaart.** ▸3 Gegenständige Stellung der Blätter am vierkantigen Stängel. ▸4 **Blätter eiförmig, kurz gestielt (a), seicht gekerbt (b) und kurz behaart (c).** ▸5 Rundliche Blütenstände aus 10–20 scheinbar quirlig angeordneten Blüten. ▸6 Blütenkelch behaart, mit grannenartigen Zähnen an der Spitze. ▸7 **Die flaumig behaarte Blütenkrone bis 1,5 cm lang, purpurrot oder gelegentlich weiß.** ▸8 Nüsschen kugelig, glatt, etwa 1 mm lang.

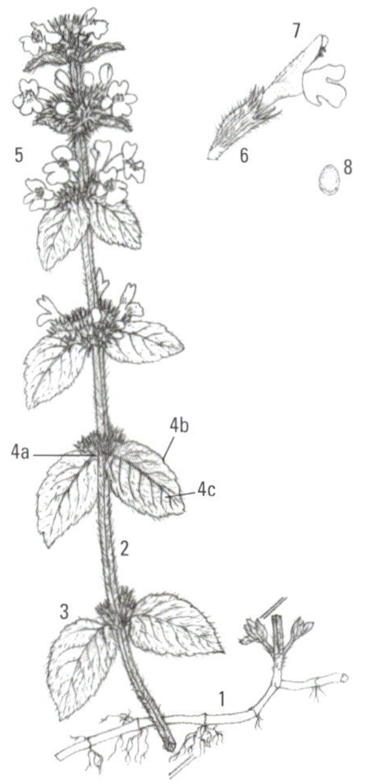

**175** Galeopsis bifida, Lamiaceae

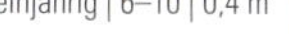

## Kleinblütiger Hohlzahn

einjährig | 6–10 | 0,4 m

An Waldrändern, in Waldschlägen, lichten Wäldern, Bach- und Flusssäumen sowie auf Äckern und an Ackerrändern. Gewöhnlicher Giersch [754], Lauchhederich [307], Große Klette [317], Kletten-Labkraut [373].

Art ähnelt dem Stechenden Hohlzahn [187] mit folgenden Unterschieden: ▸1 Stängel meist ohne Drüsen. ▸2 Blattränder meistens mit weniger als 10 Paar Zähnen. ▸3 Kelch grün, am Grund meist verdickt. ▸4 Krone bis 15 mm lang, meist purpurn gefärbt (Stechender Hohlzahn gelegentlich auch weiß). ▸5 **Mittelabschnitt der Unterlippe deutlich ausgerandet.**

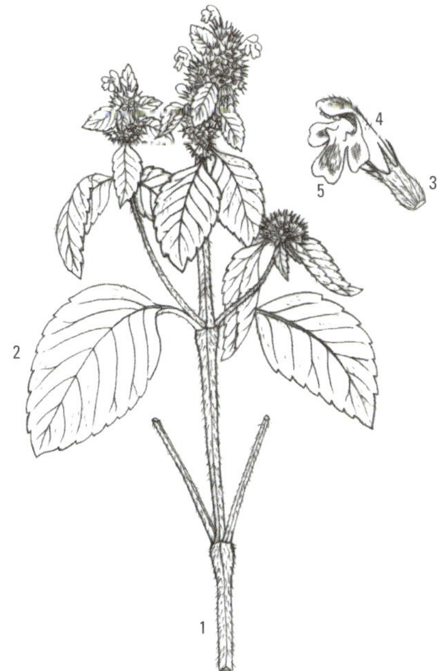

**176** Scutellaria galericulata, Lamiaceae

## Gewöhnliches Helmkraut

mehrjährig | 6–9 | 0,5 m

Auf nährstoffreichen Böden in nassen Wiesen, Rieden und Wäldern sowie an Gräben und Ufern. Sumpf-Labkraut [390], Gewöhnlicher Gilbweiderich [468], Sumpf-Haarstrang [792].

▸1 Stängel aufsteigend oder aufrecht, vierkantig (a), an den Kanten häufig kurz und rau behaart. ▸2 Gegenständige Stellung der kurz gestielten, länglichen bis schmal eiförmigen Blätter. ▸3 Blattunterseiten mit hervortretenden Nerven. ▸4 Blattränder gezähnt und meist etwas herabgebogen. ▸5 **Blüten** gestielt, **paarweise und einseitswendig angeordnet.** ▸6 **Blütenkelch mit einer abstehenden Schuppe auf der Oberseite.** ▸7 Die meist blaue, kurzflaumig behaarte Blütenkrone bis 2 cm lang. ▸8 **Blütenunterlippe mit weißem, violett gestricheltem Fleck.** ▸9 Frucht vierteilig, Teilfrucht ein kleines, warziges Nüsschen.

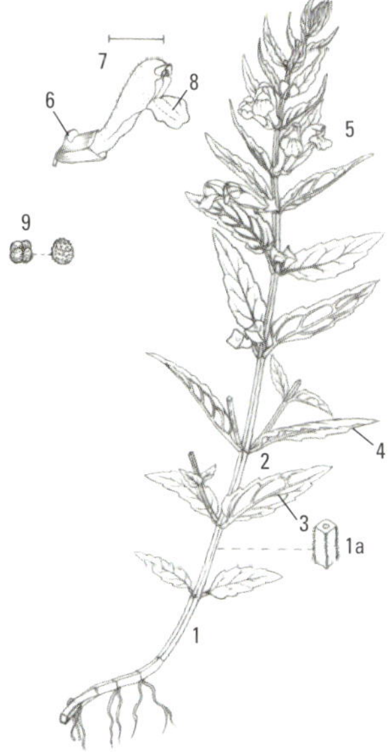

**177** Galeopsis speciosa, Lamiaceae

## Bunter Hohlzahn

einjährig | 7–9 | 1 m

Nährstoffreiche Standorte in lichten Wäldern, an Waldschlägen, Ufern und Wegrändern. Stechender Hohlzahn [187], Gewöhnlicher Rainkohl [559], Acker-Spergel [49].

▸1 Stängel aufrecht und borstig behaart. ▸2 Deutliche Verdickung des Stängels an den Knoten. ▸3 Blätter eiförmig, bis 12 cm lang. ▸4 Blattstiele bis 4 cm lang. ▸5 Blattrand grob gezähnt. ▸6 Blütenkelch bis 2 cm lang. ▸7 Kronröhre weit aus dem Kelch herausragend. ▸8 **Krone bis etwa 3 cm lang und überwiegend gelb und weiß gefärbt.** ▸9 **Mittellappen der Unterlippe meist violett gezeichnet.** ▸10 Unterlippe zahnförmig ausgestülpt. ▸11 Teilfrucht ein bis 3,5 mm langes, eiförmiges Nüsschen.

**178** Silene latifolia ssp. alba, Caryophyllaceae

## Weiße Lichtnelke

einjährig | 6–9 | 1,5 m

Sonnig-trockene, meist kalkreiche Standorte an Acker- und Wegrändern, in Weinbergen sowie auf Böschungen und Schuttplätzen. Kanadisches Berufkraut [341], Gewöhnlicher Dost [203], Riesen-Goldrute [375].

▸1 Pflanze kurz und dicht behaart. ▸2 Pflanze mit **verzweigtem**, aufsteigendem bis aufrechtem Stängel (a), grundständiger Blattrosette (b) und gegenständiger Stellung der Stängelblätter (c). ▸3 Blattform ungeteilt, ganzrandig, schmal-eiförmig und dabei oben zugespitzt. ▸4 Untere Blätter lang gestielt. ▸5 Pflanze wie die Rote Lichtnelke [179] zweihäusig, also entweder mit weiblichen (a) oder männlichen (b) Blüten. ▸6 Blütenkelch fünfzähnig, mit 10 (männliche Pflanzen) oder 20 Nerven (weibliche Pflanzen). ▸7 **Die weiße Blütenkrone mit 5 weißen, tief gespaltenen Kronblättern.** ▸8 Männliche Pflanzen mit 10 Staubblättern (a), weibliche Pflanzen mit 5 Griffeln (b). ▸9 Frucht eine gestielte, bis 16 mm lange, zehnzähnige Kapsel, mit **aufrechten Kapselzähnen** (a).

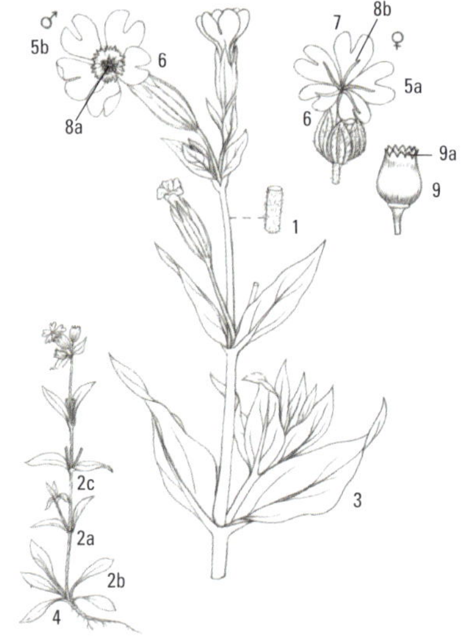

**179**  Silene dioica, Caryophyllaceae

## Rote Lichtnelke

mehrjährig | 4–6 | 0,9 m

Nährstoffreiche, meist feuchte Standorte in Wiesen und Wäldern, an Waldrändern, Böschungen, in Hochstaudenfluren und an Bachufern. ❀ Echtes Mädesüß [703], Hohe Primel [107], Arznei-Baldrian [702].

▸1 Ganze Pflanze weichhaarig. ▸2 Pflanze mit aufrechtem Stängel (a), grundständiger Blattrosette (b) und gegenständiger Stellung der Stängelblätter (c). ▸3 Blattform ungeteilt, ganzrandig, schmal-eiförmig und dabei oben zugespitzt. ▸4 Untere Blätter lang gestielt. ▸5 Pflanze im Unterschied zu einigen anderen Leimkraut- und Lichtnelken-Arten zweihäusig, also entweder mit weiblichen oder männlichen Blüten. ▸6 **Blütenkrone rötlich**, nur selten weiß, bis 2,5 cm im Durchmesser, mit 5 tief gespaltenen Kronblättern (a), 10 Staubblättern (männliche Pflanzen) (b) oder 5 Griffeln (weibliche Pflanzen) (c). ▸7 Blütenkelch fünfzähnig, oft purpurn überlaufen, mit 10 (männliche Pflanzen)–20 Nerven (weibliche Pflanzen). ▸8 Frucht eine gestielte, bis 13 mm lange, zehnzähnige Kapsel, mit nach außen umgerollten Kapselzähnen (a)

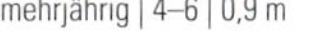

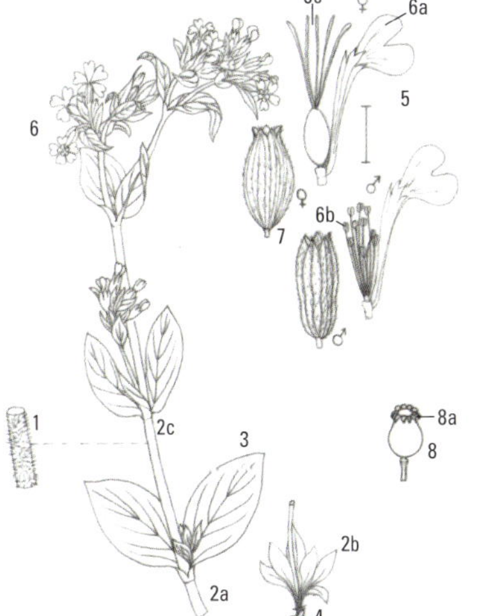


**180** Hypericum tetrapterum, Hypericaceae

## Flügel-Hartheu

mehrjährig | 6–8 | 0,8 m

Auf feuchten bis nassen Böden an Gräben und Ufern sowie als Bestandteil feuchter Hochstaudenfluren. ❀ Gewöhnlicher Wasserdost [632], Echtes Mädesüß [703], Gewöhnlicher Gilbweiderich [468], Arznei-Baldrian [702].

▸1 **Stängel** aufrecht (a), **im Querschnitt geflügelt vierkantig** (b). ▸2 Blätter elliptisch geformt (a), in der Durchsicht dicht punktiert (b). ▸3 Blattlänge bis 4 cm. ▸4 **Blattrand im Unterschied zum Tüpfel-Hartheu [474] nicht umgebogen.** ▸5 Blüten in dichten, doldenartigen Blütenständen. ▸6 Kronblätter mit einer Länge bis 8 mm etwa doppelt so lang wie der Kelch. ▸7 Farbe der Blütenkrone hellgelb. ▸8 30–40 Staubblätter, in etwa so lang wie die Kronblätter. ▸9 Frucht eine eiförmige Kapsel mit feinen Längsleisten

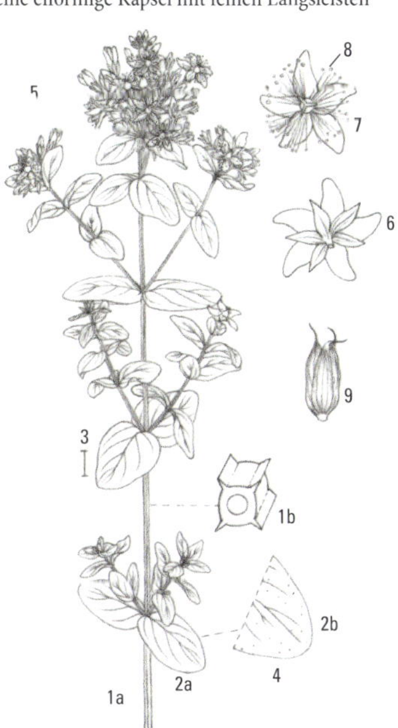

**181 !** Phyteuma orbiculare, Campanulaceae

## Kugel-Teufelskralle

mehrjährig | 5–7 | 0,5 m

Sonnig-kalkreiche Standorte an Felsen sowie in mageren Säumen und Wiesen. Wundklee [726], Knolliger Hahnenfuß [636], Kleiner Wiesenknopf [720].

▸1 Stängel kahl, in einem **kugeligen Blütenköpfchen** endend, aufrecht oder überhängend. ▸2 Blätter zart, Blattränder schwach gekerbt (a). ▸3 **Grundblätter** gestielt und von **länglich-eiförmiger Gestalt.** ▸4 Obere Blätter sitzend und wechselständig am Stängel angeordnet. ▸5 Hüllblätter lang zugespitzt. ▸6 Blütenkrone blau, vor dem Aufblühen gekrümmt. ▸7 Frucht eine mit seitlichen Poren sich öffnende Kapsel.

**182 ✚** Salvia pratensis, Lamiaceae

## Wiesen-Salbei

mehrjährig | 4–8 | 0,6 m

Meist kalkreiche Standorte in trockenen Wiesen und Rasen sowie auf Dämmen, Böschungen, Verkehrsinseln und an Wegrändern. Skabiosen-Flockenblume [539], Echtes Labkraut [340], Kleiner Wiesenknopf [720].

▸1 Wuchs meist aufrecht, seltener aufsteigend. ▸2 Stängel kräftig, im Querschnitt vierkantig, locker abstehend behaart. ▸3 Bodennahe Blattrosette mit bis zu 10 cm langen, **unregelmäßig gezähnten, runzeligen** und lang gestielten **Blättern.** ▸4 **Blattfarbe hellgrün, Blätter beim Zerreiben deutlich nach Salbei riechend.** ▸5 Blattstiele behaart. ▸6 Blattnervatur vor allem auf der Blattunterseite deutlich hervortretend und behaart. ▸7 Blattrand unregelmäßig und grob gezähnt. ▸8 Zahlreiche Blüten in einem reichhaltigen, ährenartigen Blütenstand. ▸9 Blütenkelch mit vortretenden Nerven, behaart, oft rot überlaufen. ▸10 **Blütenkrone dunkelviolett**, selten weiß oder rötlich, bis etwa 2 cm lang. ▸11 Blütenoberlippe helmartig gewölbt (a), Unterlippe dreiteilig (b), 2 Staubblätter (c). ▸12 Frucht aus 4 eiförmigen Nüsschen zusammengesetzt.

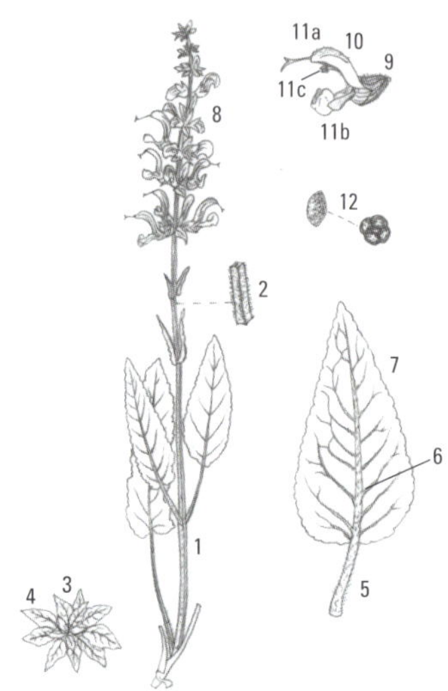

**183** Amaranthus retroflexus, Amaranthaceae

## Zurückgekrümmter Fuchsschwanz

einjährig | 7–9 | 1,2 m

Nährstoffreiche Böden in Weinbergen, an Flussufern, auf Äckern und in Ruderalgesellschaften. Weißer Gänsefuß [564], Schmalblättriger Doppelsame [686].

▸1 Der behaarte und gefurchte Stängel häufig rötlich. ▸2 In der oberen Hälfte Stängel meist dicht beblättert. ▸3 Wechselständige Anordnung der Blätter am Stängel. ▸4 Blattstiele lang, Blattform rauten- bis eiförmig. ▸5 Blattflächen mit tief eingesenkten Blattadern. ▸6 Blütenstand eine Rispe aus knäuelig zusammengedrängten, zu Scheinähren (a) vereinigten **Teilblütenständen, die an der Spitze der Pflanze angeordnet sind oder den Blattachseln entspringen.** ▸7 Vorblätter der Blütenhülle mit aufgesetzter Stachelspitze. ▸8 Frucht eine zwei- bis dreispitzige Kapsel. ▸9 Same linsenförmig, glänzend schwarz.

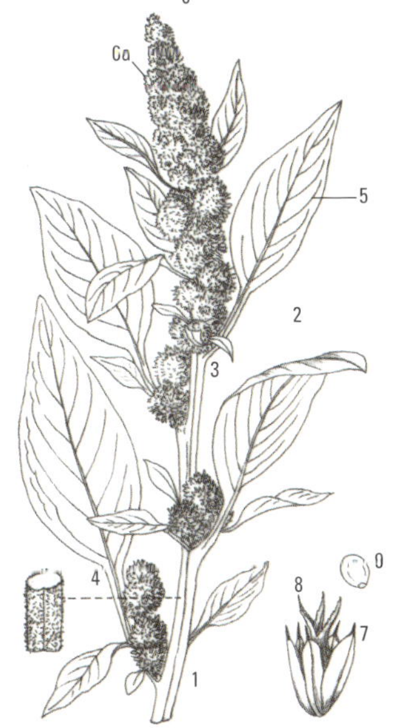

**184** Circaea lutetiana, Onagraceae

## Gewöhnliches Hexenkraut

mehrjährig | 6–7 | 0,7 m

Nährstoffreiche Standorte in Auen- und feuchten Laub- und Nadelmischwäldern sowie an beschatteten Wegrändern. Knöllchen-Scharbockskraut [324], Gewöhnliche Nelkenwurz [729], Gold-Hahnenfuß [648], Wald-Ziest [275].

▸1 Lange, weißliche Wurzelausläufer. ▸2 Stängel aufrecht, unten rundlich (a), oben schwach kantig (b). ▸3 Blattstiel bis 3 cm lang. ▸4 Blattstiel oberseits rinnig. ▸5 Der überwiegende Anteil der Blätter am oberen Ende lang zugespitzt. ▸6 **Blattgrund abgerundet, im Gegensatz zu anderen Hexenkraut-Arten nicht oder nur angedeutet herzförmig.** ▸7 **Blattrand nur entfernt gezähnt.** ▸8 Anordnung der Blüten in Trauben. ▸9 **Blüten- und Fruchtstiele behaart.** ▸10 Kelchblätter zurückgeschlagen, häufig purpurfarben überlaufen. ▸11 Die 2 weißen Kronblätter tief eingeschnitten. ▸12 Narbe zweilappig. ▸13 Die lang borstig behaarte Frucht verkehrt ei- bis birnenförmig.

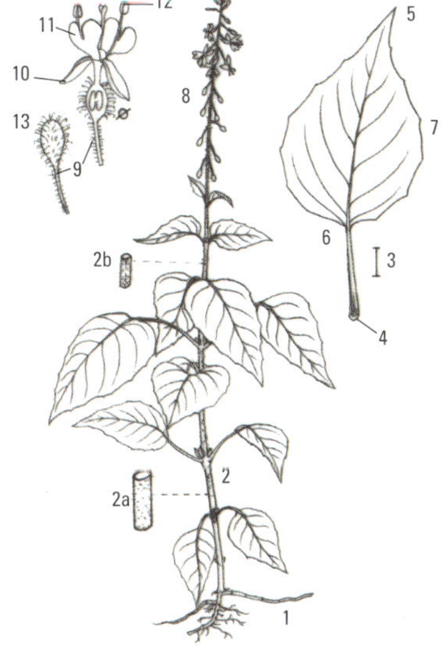

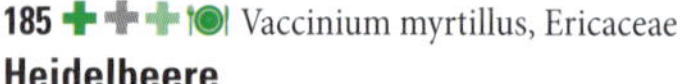

## 185 Vaccinium myrtillus, Ericaceae

### Heidelbeere

Halb- oder Zwergstrauch | 4–6 | 0,6 m

In Wäldern auf nährstoffarmen, bodensauren Standorten, im Besonderen in Moorrandwäldern, daneben auch auf besonnten Standorten in Zwergstrauchheiden. ❀ Heidekraut [260], Dorniger Wurmfarn [680], Sprossender Bärlapp [118].

▸1 Pflanze reich verzweigt (a), mit unterirdisch kriechenden Trieben (b). ▸2 **Triebe kantig, grün**, mit wechselständig angeordneten Blättern. ▸3 Blätter kurz gestielt, eiförmig, grün, auf sonnigen Standorten auch rot überlaufen, bis 2,5 cm lang. ▸4 **Blattränder fein gesägt bis fein gezähnt.** ▸5 Die nickenden Blüten einzeln den Blattachseln entspringend. ▸6 Blütenkelch (a) mit der kugeligen Krone (b) verwachsen. ▸7 Blütenkrone grünlich und dabei oft rötlich überlaufen, mit 4–5 zurückgeneigten Zipfeln (a) und 8 oder 10 Staubblättern (b). ▸8 Frucht eine blauschwarze, bis 8 mm breite Beere.

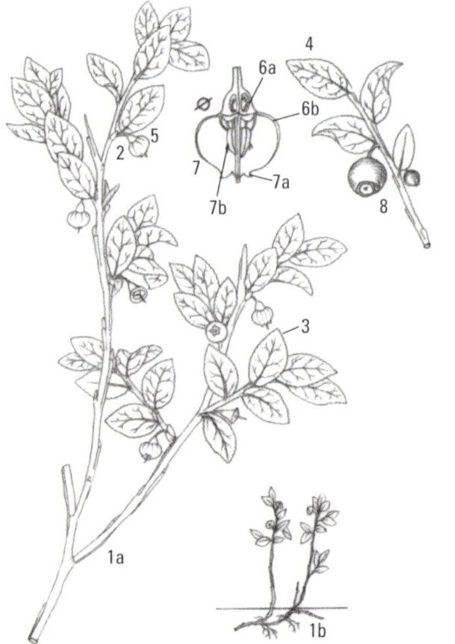

## 186 Scrophularia nodosa, Scrophulariaceae

### Knoten-Braunwurz

mehrjährig | 6–8 | 1,2 m

Auf nährstoffreichen, frischen Standorten vor allem in Laubmischwäldern und hierbei im Besonderen an Waldwegrändern. ❀ Gewöhnlicher Giersch [754], Lauchhederich [307], Weiße Pestwurz [329].

▸1 Pflanze kahl. ▸2 **Wurzelstock knollig verdickt.** ▸3 **Stängel aufrecht, vierkantig, im Unterschied zur Flügel-Braunwurz [462] ungeflügelt.** ▸4 Gegenständige Anordnung der Blätter am Stängel. ▸5 Blätter gestielt (a) und eiförmig zugespitzt (b). ▸6 Blattränder scharf gesägt. ▸7 Blütenstand eine weit verzweigte Blütenrispe. ▸8 Blütenkelch mit 5 länglichen, an der Spitze abgerundeten Zipfeln. ▸9 Blütenkrone bräunlich, am Grund grünlich, bis 1 cm lang, mit kurzer und damit bauchig ausgebildeter Blütenröhre (a). ▸10 Die zweiteilige Blütenoberlippe (a) länger als die dreiteilige Unterlippe (b). ▸11 Frucht eine zweispaltige Kapsel.

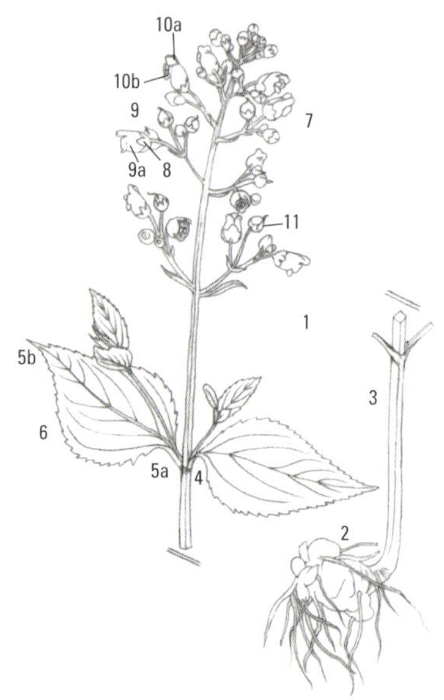

**187** Galeopsis tetrahit, Lamiaceae

## Stechender Hohlzahn

einjährig | 6–10 | 1 m

Nährstoffreiche Standorte in Wildkrautgesellschaften der Äcker, Wegränder, Schuttplätze und Waldschläge. Schmalblättriges Weidenröschen [353], Kletten-Labkraut [373], Gewöhnlicher Rainkohl [559], Himbeere [732].

▸1 Ganze Pflanze rau behaart. ▸2 Stängel mit Drüsen und **im Bereich der Blattansätze deutlich verdickt.** ▸3 Blattstiele bis 4 cm lang. ▸4 Blatt eiförmig, oben zugespitzt, bis etwa 8 cm lang. ▸5 Blattrand beiderseits meist mit mehr als 10 Zähnen. ▸6 2–7 reichblütige, quirlartige Teilblütenstände. ▸7 Kelchzähne grannenartig zugespitzt, so lang oder länger als die Kelchröhre. ▸8 **Blütenkrone von wechselnder Färbung: meist in weißen und roten Farbtönen, auch gelbe Fleckungen kommen vor.** ▸9 Länge der Blütenkrone etwa 1,5 cm. ▸10 **Unterlippe zahnförmig ausgestülpt.** ▸11 Mittellappen der Unterlippe quadratisch geformt (a), mit spitzem Zähnchen (b) an der Unterseite. ▸12 Teilfrucht ein eiförmiges Nüsschen.

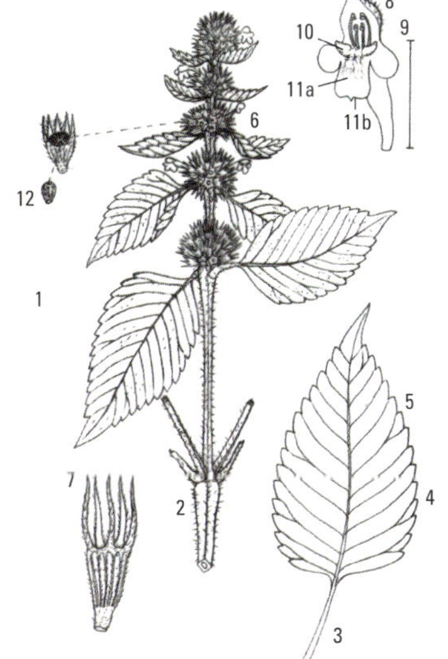

**188** Galeopsis pubescens, Lamiaceae

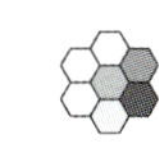

## Weichhaariger Hohlzahn

einjährig | 7–10 | 0,6 m

Nährstoffreiche Standorte an Waldschlägen, Gebüschen, Hecken, an Zäunen, Bachufern und Ackerrändern. Filz-Klette [318], Schwarznessel [221], Weiße Taubnessel [278].

▸1 **Stängel** verzweigt (a) und **weich behaart** (b). ▸2 **Nur mäßige Verdickung des Stängels unter den Blattansätzen.** ▸3 **Blätter** eiförmig, bis etwa 7 cm lang und **beiderseits behaart.** ▸4 Blattstiel bis 4 cm lang. ▸5 Blattrand auf beiden Seiten mit 10–20 Zähnen. ▸6 Kelch behaart, bis etwa 1 cm lang. ▸7 Blüten in dichten Scheinquirlen angeordnet. ▸8 Röhre der Blütenkrone gelblich, meist weit aus dem Kelch herausragend. ▸9 Krone purpurn, Länge bis etwa 3 cm. ▸10 Unterlippe mit gelblichem Fleck. ▸11 Klausenfrucht, Teilfrüchte bis 3 mm lang.

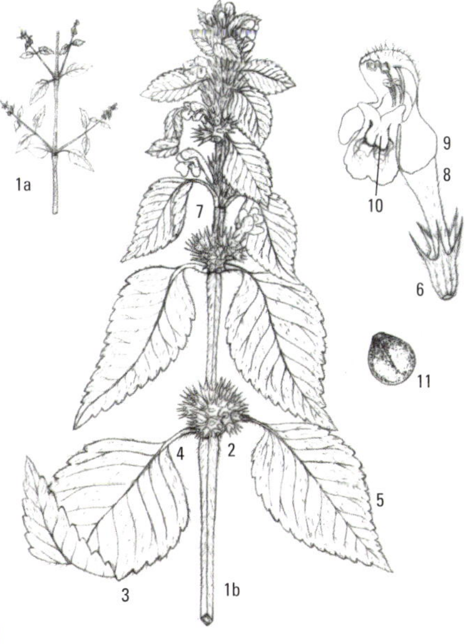

**189** ✚ Prunella grandiflora, Lamiaceae

## Großblütige Braunelle

mehrjährig | 6–9 | 0,4 m

Sonnig-trockene Standorte in mageren Wiesen und Rasen, an Waldsäumen und Wegrändern sowie in lichten Wäldern. ❀ Zypressen-Wolfsmilch [342], Echtes Labkraut [340], Hufeisenklee [712].

▸1 **Pflanze im Unterschied zur Gewöhnlichen Braunelle [201] ohne Ausläufer.** ▸2 Stängel aufsteigend oder aufrecht, kurz behaart (a). ▸3 Gegenständige Stellung der Stängelblätter. ▸4 **Oberes Blattpaar vom Blütenstand abgerückt, ungestielt.** ▸5 Untere Stängelblätter gestielt, bis 6 cm lang. ▸6 Blattform oval bis eiförmig. ▸7 Blüten in kopfigen Blütenständen. ▸8 **Blütenkrone violett, bis 2,5 cm lang und damit deutlich größer als die Blüte der Gewöhnlichen Braunelle.** ▸9 Teilfrucht ein rundlich-eiförmiges Nüsschen, bis 2 mm lang, aus einer vierteiligen Frucht entstammend.

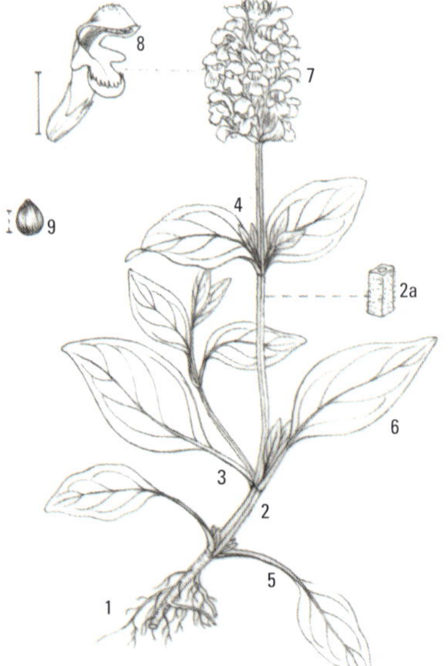

**190** Moehringia trinervia, Caryophyllaceae

## Dreinervige Nabelmiere

ein- bis mehrjährig | 5–7 | 0,3 m

In schattigen Wäldern und Gebüschen sowie auf Waldschlägen und an Waldwegen. ❀ Lauchhederich [307], Waldmeister [455], Stinkender Storchschnabel [655].

▸1 Pflanze mit aufsteigenden Stängeln. ▸2 Paarweise Anordnung der Blätter am kurz behaarten Stängel (a), gegenständige Blattstellung. ▸3 Blätter eiförmig, oben zugespitzt, bis 3 cm lang. ▸4 Im Unterschied zur ähnlichen Vogel-Sternmiere [210] **zeigt die Blattfläche 3(–5) bogig verlaufende Nerven** (Vogel-Sternmiere einnervig). ▸5 Blüten auf langen Stielen einzeln den Blattachseln entspringend, oder zu wenigen doldenartig an den Triebspitzen. ▸6 Blüte fünfzählig: 5 schmal-längliche Kelchblätter (a) mit grünem Mittelstreif und häutigem Rand. 5 Kronblätter (b), jeweils deutlich kürzer als der Kelch. Breite der weißen Blütenkrone bis 1 cm. 10 Staubblätter (c). ▸7 Frucht eine kugelige Kapsel.

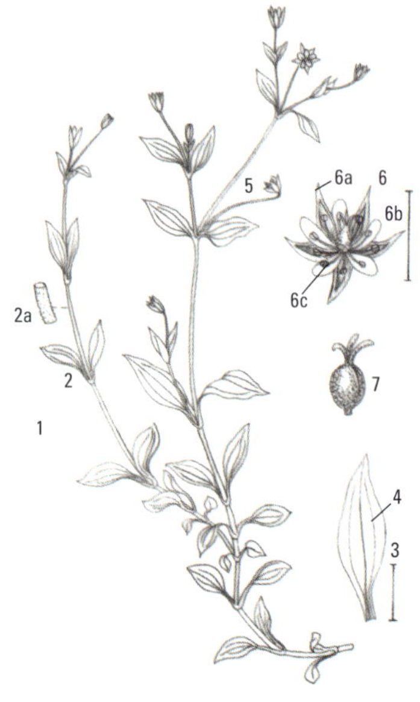

**191** ✚✚ Potamogeton natans, Potamogetonaceae

## Schwimmendes Laichkraut

mehrjährig | 6–8 | L 1,5 m

In Schwimmblatt-Gesellschaften stehender oder, seltener, fließender Gewässer wie Seen, Weiher, Tümpel, Altwässer und Gräben. ❀ Weiße Seerose [339], Gewöhnliches Pfeilkraut [551].

▶1 Wasserpflanze sowohl mit untergetauchten als auch mit an der Wasseroberfläche schwimmenden Blättern. Untergetauchte Blätter früh absterbend. ▶2 **Schwimmblätter derb, oval, oben zugespitzt, bis etwa 10 cm lang, kreuz und quer auf dem Wasser liegend.** ▶3 Farbe der lang gestielten Schwimmblätter dunkelgrün bis bräunlich, Beschaffenheit lederig. ▶4 Blattgrund abgerundet oder herzförmig. ▶5 Blütenstand eine lang gestielte, reichblühende, bis etwa 8 cm lange Ähre. ▶6 Teilfrüchte kurz gestielt, linsenförmig, bis 5 mm lang, am Rande schwach gekielt.

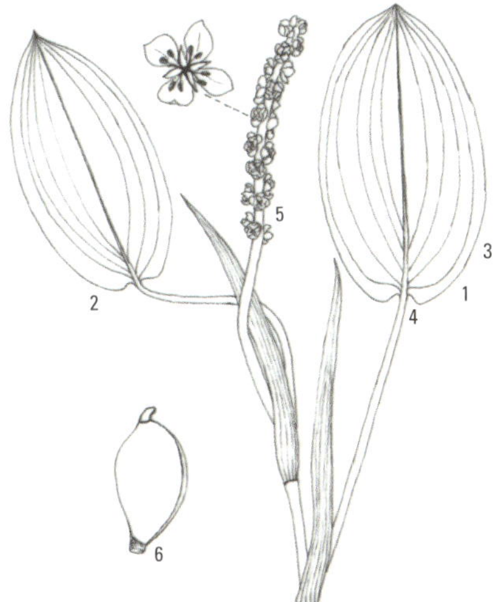

**192** ⊗✚✚ Atropa bella-donna, Solanaceae

## Echte Tollkirsche

mehrjährig | 6–8 | 1,5 m

Nährstoff- und lichtreiche Stellen im Wald wie Lichtungen, Wege und Kahlschläge. ❀ Lanzett-Kratzdistel [535], Gewöhnlicher Wasserdost [632], Tüpfel-Hartheu [474].

▶1 Wurzelstock pfahl- bis rübenförmig, mehrköpfig. ▶2 Stängel mit stumpfen Kanten (a), aufrecht, oben verzweigt (b). ▶3 **Blätter im Bereich des Blütenstandes so angeordnet, dass jeweils ein kleineres und ein größeres Blatt zusammenstehen.** ▶4 **Blätter groß**, maximal bis 20 cm lang und verhältnismäßig dünn. ▶5 Blattrand ungezähnt. ▶6 Die **braunviolette, eng glockenförmige Blütenkrone** einzeln an langen Stielen angeordnet. ▶7 5 Staubblätter mit dicken, gelblichen Staubbeuteln. ▶8 Kelch mit 5 spitz zulaufenden Zipfeln, zur Fruchtzeit sternförmig ausgebreitet. ▶9 **Frucht eine glänzend schwarze, saftige, kirschgroße Beere.**

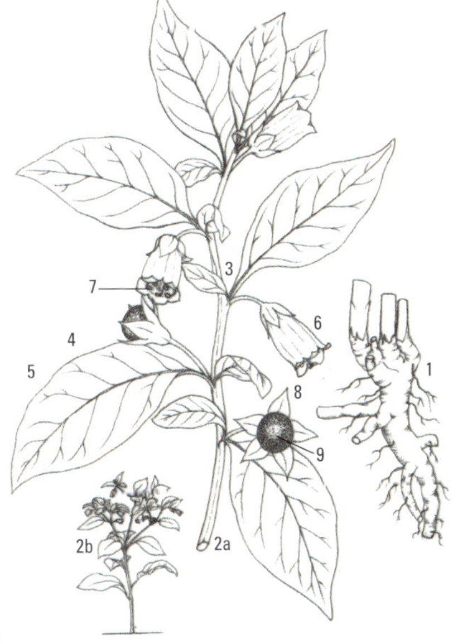

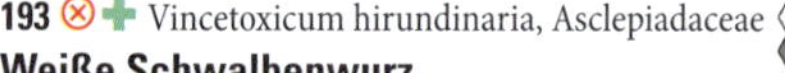

**193** ⊗ ✚ Vincetoxicum hirundinaria, Asclepiadaceae

## Weiße Schwalbenwurz

mehrjährig | 5–8 | 1 m

Im sonnigen Saum von Gebüschen und Waldrändern, in lichten Wäldern sowie als Pionier auf Steinschutt und Halden. ❀ Weißes Waldvögelein [459], Stinkende Nieswurz [662], Ausdauerndes Bingelkraut [467].

▸1 Stängel aufrecht, rund, hohl, mit flaumigen Haarleisten. ▸2 Die dunkelgrünen, kurz gestielten Blätter in gegenständiger Blattstellung. ▸3 Die ganzrandigen, leicht gewellten Blattränder wie auch die Blattnerven kurzflaumig behaart. ▸4 **Blattform lang zugespitzt-eiförmig, Blattgrund herzförmig (a).** ▸5 Blütenstand auf langen Stielen den Blattachseln entspringend. ▸6 Der kleine Blütenkelch in 5 schmale Spitzen auslaufend. ▸7 Die fünfzählige Blütenkrone gelblich-weiß und trichterförmig. ▸8 **Frucht eine** zusammengesetzte, **schmal kegelförmige, bis etwa 5 cm lange Kapsel.** ▸9 Die flachgedrückten Samen mit weißem Haarschopf.

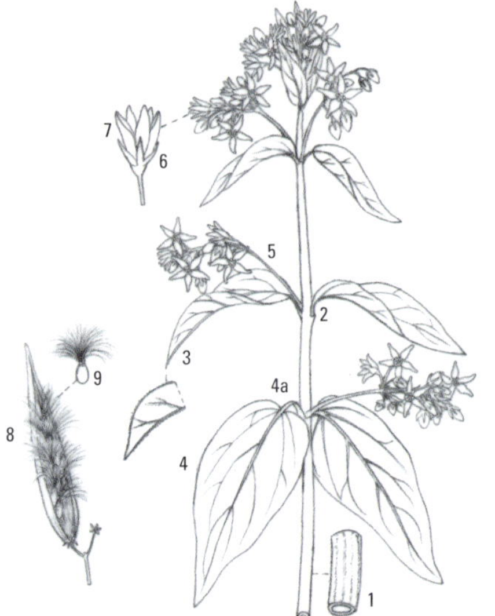

**194** ✚✚ Pulmonaria officinalis, Boraginaceae

## Geflecktes Lungenkraut (Echtes Lungenkraut)

mehrjährig | 3–4 | 0,4 m

In Mischwäldern auf nährstoffreichen, lehmigen, oft kalkhaltigen Böden. ❀ Gelbes Windröschen [633], Frühlings-Platterbse [739].

▸1 **Blätter gelblich-grün, weiß gefleckt, borstig behaart.** ▸2 Grundblätter annähernd herzförmig, größte Breite unterhalb der Blattmitte. ▸3 Stängelblätter länglich-oval. ▸4 **Blattstiel** nicht länger als die Blattfläche, bis 15 cm lang, **häufig mit schmalen Flügeln.** ▸5 **Blütenkelch** trichterförmig, aufgeblasen, **mit zahlreichen Drüsen an der Kelchbasis.** ▸6 Blütenkrone blau-violett, anfänglich auch blass-rosa. ▸7 Frucht aus vier schwarz glänzenden Teilfrüchten (Klausen) gebildet.

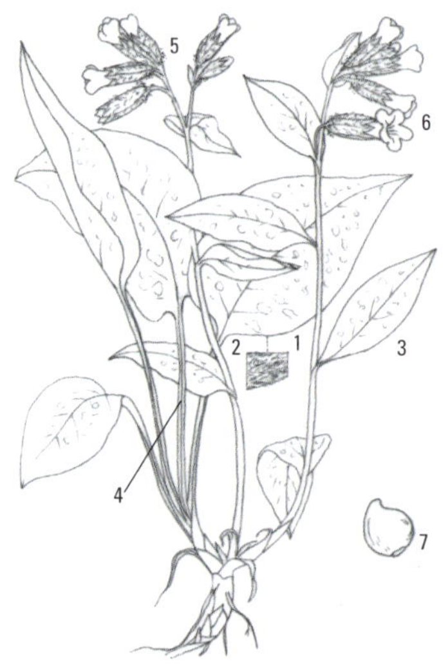

**195** 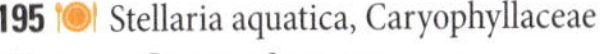 Stellaria aquatica, Caryophyllaceae

## Wasser-Sternmiere (Wasserdarm, Myosoton aquaticum)

einjährig bis mehrjährig | 6–9 | 0,5 m

Nährstoffreiche, nasse Standorte in Flussauen, an Ufern, Gräben und Waldwegen. ❀ Gewöhnliche Zaunwinde [290], Echtes Mädesüß [703], Große Brennnessel [296].

▸1 Pflanze von niederliegendem oder aufsteigendem Wuchs. ▸2 Stängel zerbrechlich, unten kantig und glatt (a), in der oberen Hälfte rund und behaart (b). ▸3 Blätter ungeteilt, ganzrandig, eiförmig, oben zugespitzt, an der Basis schmal herzförmig. ▸4 **Obere Blätter sitzend** und gegenständig **am Stängel angeordnet (a), nur die unteren meist kurz gestielt** (b). ▸5 **Blüte** mit 5 Kelchblättern (a), 5 Kronblättern (b), 10 Staubblättern (c) und **im Unterschied zu anderen Sternmiere-Arten mit 5 Griffeln (d); Durchmesser der Blüte bis 15 mm.** ▸6 Kronblätter bis fast zum Grunde eingeschnitten, bis 1,5-mal so lang wie der Kelch. ▸7 Frucht eine **eiförmige Kapsel**, die etwas länger wird als der Kelch.

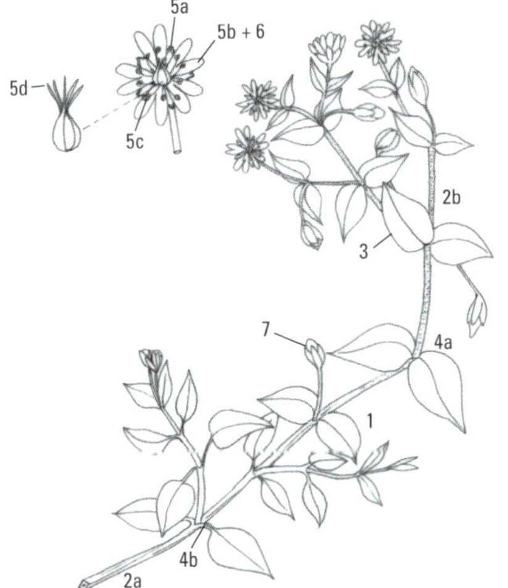

**196** Pulmonaria obscura, Boraginaceae

## Dunkles Lungenkraut

mehrjährig | 3–4 | 0,3 m

In Mischwäldern auf nährstoffreichen, lehmigen Böden. ❀ Gewöhnlicher Giersch [754], Busch-Windröschen [639], Gefleckter Aronstab [314].

▸1 Stängel abstehend behaart. ▸2 **Blätter ungefleckt**, dunkelgrün, Blattoberseiten borstig behaart. ▸3 Grundblätter an der Basis herzförmig (a) oder abgerundet (b). ▸4 Blattstiel der Grundblätter ein- bis zweimal so lang wie die Blattfläche. ▸5 Wechselständige Anordnung der 4–9 länglichen Stängelblätter. ▸6 Blütenkrone fünfzipfelig, röhrenförmig, erst rötlich, dann blau-violett. ▸7 Blütenkelch zur Fruchtzeit bis 2 cm lang.

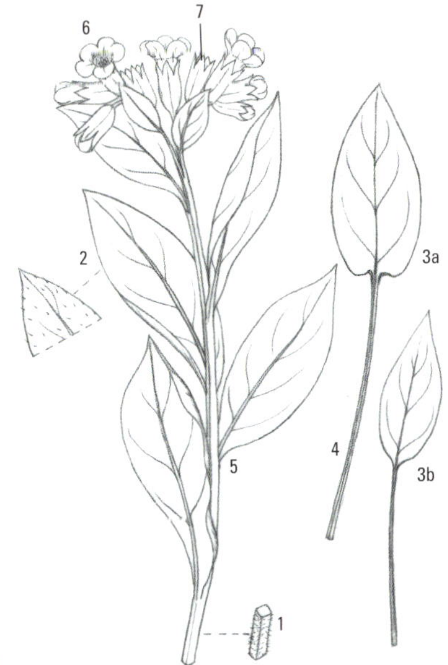

**197** Alisma plantago-aquatica, Alismataceae

## Gewöhnlicher Froschlöffel

mehrjährig | 6–8 | 0,9 m

An flach überschwemmten Ufern von Teichen und Seen sowie in Gräben und Fahrspuren. Flatter-Binse [2], Ufer-Wolfstrapp [532], Gewöhnliches Schilf [13], Gewöhnliche Teichsimse [3].

▸1 Grundblattrosette aus lang gestielten Blättern. ▸2 **Blattflächen** löffelartig, **parallelnervig**, eiförmig oder länglich, bis 20 cm lang. ▸3 **Blütenstängel** schaftartig, **unbeblättert.** ▸4 Blütenstand eine breit ausladende, zusammengesetzte, stockwerkartig aufgebaute Rispe. ▸5 Blütenkrone der ab mittags geöffneten Blüte auf etwa 2 cm langen Stielen sitzend. ▸6 Blüte aus 3 äußeren, kleinen, grünlichen Kelchblättern (a), 3 inneren, weißen oder rötlichen Kronblättern (b) und 6 Staubblättern (c) aufgebaut. ▸7 Fruchtstand aus kreisförmig angeordneten Teilfrüchtchen bestehend.

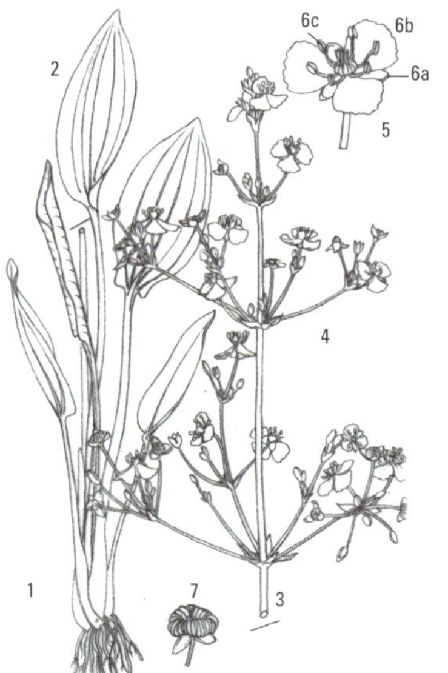

**198** Arenaria serpyllifolia agg., Caryophyllaceae

## Quendel-Sandkraut (Artengruppe)

einjährig | 5–9 | 0,3 m

Menschlich stark geprägte Standorte an Wegen, Böschungen, Dämmen und Mauern sowie in Äckern und seltener in Trockenrasen. Stinkender Storchschnabel [655], Ausgebreitetes Glaskraut [207], Ausdauernder Knäuel [123], Feld-Ehrenpreis [230].

▸1 Stängel aufrecht oder niederliegend, ästig, schwach flaumig behaart. ▸2 **Blätter** mehrnervig, behaart, oben zugespitzt, von **eiförmiger Gestalt.** ▸3 Paarweise Anordnung der Blätter, an der Basis miteinander verwachsen. ▸4 Zahlreiche, lang gestielte Blüten, meist einzeln den Achseln der Blätter entspringend. ▸5 Blüten fünfzählig, die weißen **Kronblätter kürzer als die Kelchblätter.** ▸6 Kelchblätter mit schmalem Hautrand (a), behaart, vorne lang zugespitzt (b). ▸7 10 Staubblätter mit dunkelblauen Staubbeuteln. ▸8 Fruchtkapsel (a) nur wenig länger als der Kelch (b). ▸9 Zahlreiche dunkelbraune, nierenförmige Samen, nur etwa 0,5 mm groß werdend.

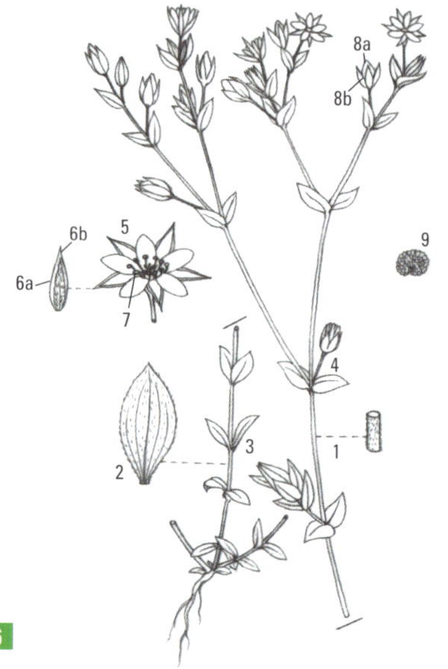

**199** ! Vaccinium oxycoccos, Ericaceae

## Gewöhnliche Moosbeere (Oxycoccus palustris)

Zwergstrauch | 5–6 | L 1 m

Nass-saure, sonnige Standorte in Hoch- und Zwischenmooren sowie in ehemaligen Torfstichen. Rundblättriger Sonnentau [599], Fieberklee [612], Sumpf-Veilchen [331].

▸1 Die fadenförmigen Stängel von niederliegendem, weit kriechendem Wuchs. ▸2 **Blätter immergrün**, ledrig, am Stängel wechselständig angeordnet. ▸3 Blattform länglich bis schmal-elliptisch, Länge bis 1 cm. ▸4 **Blattunterseiten mit hervortretender Mittelrippe (a), Blattoberseiten glänzend** (b). ▸5 **Blattränder meist eingerollt**, ganzrandig. ▸6 Blüten und Früchte zu 1–4 endständig an dünnen, langen Stielen. ▸7 **Die turbanartige, kleine Blütenkrone**, in rosa oder lila Farbtönen, mit 4(–5) herab gebogenen Zipfeln (a) und 8 offen liegenden Staubblättern (b). ▸8 **Frucht eine rote oder gelblich-rote, kugelige, fleischige Beere.**

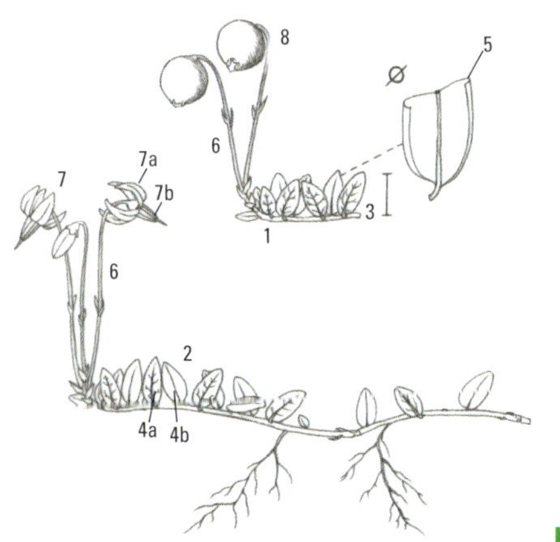

**200** Hypopitys monotropa, Ericaceae

## Echter Fichtenspargel (Monotropa hypopitys)

mehrjährig | 6–7 | 0,3 m

In schattigen Buchen- und Nadelwäldern. Dorniger Wurmfarn [680], Wald-Sauerklee [627].

Schmarotzer; ohne Chlorophyll. Nach Vanille duftend. Beim Trocknen schwarz werdend. ▸1 **Stängel bleich, dicht mit gelblichbraunen Schuppenblättern besetzt.** ▸2 Schuppenblätter bis 1,5 cm lang. ▸3 Blütenstand je nach Unterart mit 3–20 Blüten. ▸ 4 Blüten erst nickend, später aufrecht. ▸5 **Blütenkrone glockenartig zusammenneigend.** ▸6 Endständige Blüten (a) mit 5 Kron- und 10 Staubblättern, seitenständige Blüten (b) mit 4 Kron- und 8 Staubblättern. ▸7 1 Griffel (a) mit trichterförmiger Narbe (b). ▸8 Frucht eine rundliche bis eiförmige Kapsel.

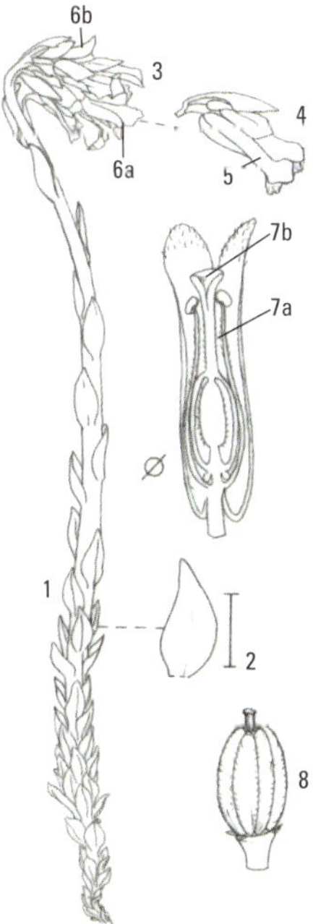

**201** Prunella vulgaris, Lamiaceae

## Gewöhnliche Braunelle

mehrjährig | 6–9 | 0,4 m

Nährstoffreiche Standorte in Wiesen und Weiden, an Ufern, Wegrändern und Grünstreifen. Gänseblümchen [102], Zottiges Franzosenkraut [220], Breit-Wegerich [212].

▸1 **Pflanze mit oberirdischen Ausläufern.** ▸2 Stängel aufrecht oder aufsteigend, wie die Blätter zerstreut behaart (a) und oft rötlich überlaufen. ▸3 Jeweils zwei Blätter in gegenständiger Blattstellung paarweise gegenüberstehend. ▸4 Blätter länglich und spärlich behaart. ▸5 Blattrand ganzrandig oder schwach gekerbt. ▸6 **Oberstes Blattpaar den Blütenstand tragend.** ▸7 Blüten zu mehreren in einem zylindrischen Köpfchen angeordnet. ▸8 Blütenkrone blauviolett, zweilippig, 1 bis 1,5 cm lang. ▸9 Oberlippe helmförmig (a), Unterlippe dreiteilig (b). ▸10 Die 4 Staubblätter unter der Oberlippe aufsteigend. ▸11 Teilfrucht ein rundlich-eiförmiges Nüsschen, bis 2 mm lang, aus einer vierteiligen Frucht entstammend.

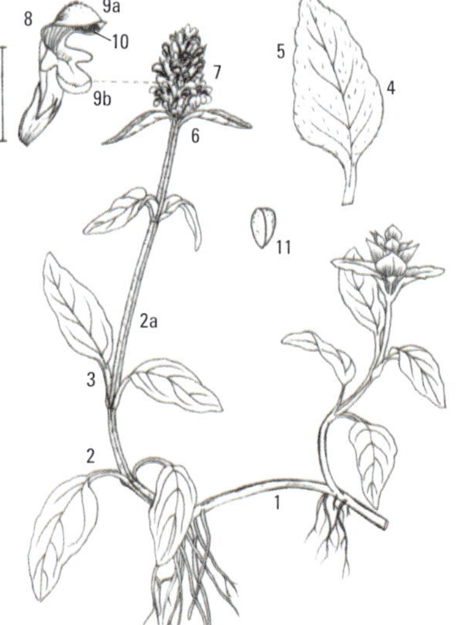

**202** Amaranthus albus, Amaranthaceae

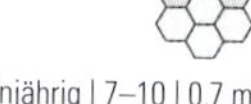

## Weißer Amarant

einjährig | 7–10 | 0,7 m

Als Pionier auf trocken-warmen, nährstoffreichen Standorten an Wegen, Schuttplätzen, Bahnanlagen und Häfen. Zurückgekrümmter Fuchsschwanz [183], Schmalblättriger Doppelsame [686], Einjähriges Bingelkraut [171].

▸1 Wuchs der Pflanze ästig und breit verzweigt. ▸2 Der weißlich-grüne Stängel meist unbehaart. ▸3 Blätter in einen langen Stiel verschmälert, zumindest die oberen mit stachelartiger Spitze. ▸4 Blattrand etwas gewellt. ▸5 Knäuelige Anordnung der hellgrünen **Blüten in den Blattwinkeln.** ▸6 Die spitz zulaufenden Blütenvorblätter (a) etwa doppelt so lang wie die Blütenhüllblätter (b). ▸7 Frucht eine sich durch einen Querriss öffnende, nur etwa 1,5 mm lange Kapsel.

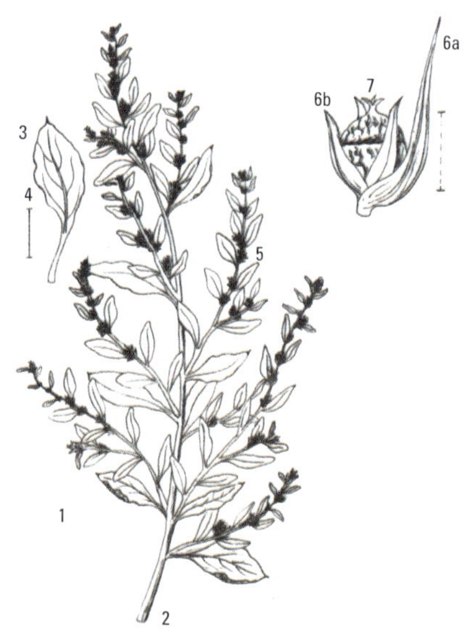

203 Origanum vulgare, Lamiaceae

## Gewöhnlicher Dost

mehrjährig | 7–10 | 0,9 m

Sonnig-trockene Standorte an Wald- und Gebüschrändern, in Magerwiesen sowie in lichten Eichen- und Kiefernwäldern. Echtes Labkraut [340], Tüpfel-Hartheu [474], Gewöhnliche Goldrute [420].

Pflanze aromatisch duftend. ▸1 Stängel häufig rötlich überlaufen, rundlich, behaart, an der Basis verholzend, im oberen Drittel verzweigt. ▸2 Paarweise versetzte (kreuz-gegenständige) Anordnung der kurz-gestielten Blätter am Stängel. ▸3 **Blattflächen eiförmig, derb, bis 4 cm lang.** ▸4 Köpfchenförmige end- und seitenständige Teilblütenstände. ▸5 Kelch fünfzähnig, die Zähne etwa von gleicher Länge. ▸6 Blütenkrone rötlich, bis 7 mm lang, mit flacher, ausgerandeter Oberlippe (a) und deutlich dreiteiliger Unterlippe (b). ▸7 Staubblätter (a) und Griffel (b) aus der Krone herausragend. ▸8 Früchte glatt, braun, etwa 1 mm lang.

204 Plantago media, Plantaginaceae

## Mittlerer Wegerich

mehrjährig | 5–7 | 0,5 m

In mageren Wiesen und Rasen meist kalkreicher Böden sowie an Weg- und Straßenrändern. Gewöhnliche Möhre [782], Wiesen-Salbei [182], Tauben-Skabiose [699].

▸1 **Stängel** aufrecht, **nicht gefurcht, mit bis zu 50 cm Länge mehrfach länger als die Blätter.** ▸2 Anordnung der Blätter in einer dem Boden meist anliegenden Grundblattrosette. ▸3 **Blätter behaart**, eiförmig bis elliptisch, **spitz.** ▸4 Die 5–9 Blattadern deutlich hervortretend. ▸5 **Blätter in einen kurzen Stiel verschmälert.** ▸6 Die zylindrische, erst kurze Blütenähre verlängert sich zur Fruchtzeit bis auf 15 cm. ▸7 Die lilafarbenen Staubblätter weit aus der Blüte herausragend. ▸8 Frucht eine bis 4 mm große, meist 4-samige Kapsel.

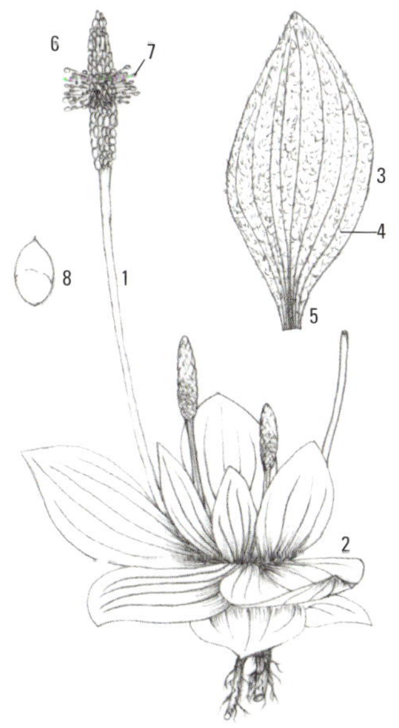

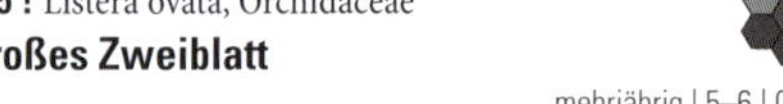

**205 !** Listera ovata, Orchidaceae

## Großes Zweiblatt

mehrjährig | 5–6 | 0,6 m

Nährstoffreiche Standorte in Auen- und Mischwäldern sowie auf feuchten Bergwiesen. ❀ Wald-Engelwurz [768], Herbst-Zeitlose [382], Echtes Mädesüß [703].

▸1 Stängel aufrecht, kräftig (a), unterhalb der Blätter meist vierkantig (b). ▸2 **Blattstellung annähernd gegenständig, Blätter zu zweien im unteren Drittel des Stängels.** ▸3 Beschaffenheit der **Blätter** derb; Form **eiförmig**, ungeteilt; Länge bis etwa 10 cm. ▸4 Blütenstand eine lockere, vielblütige Traube. ▸5 Blütenhülle grün, häufig rot berandet. ▸6 Blütenlippe tief zweilappig, Lappen zungenförmig, bis 1 cm lang. ▸7 Frucht eine keulige bis kugelige Kapsel.

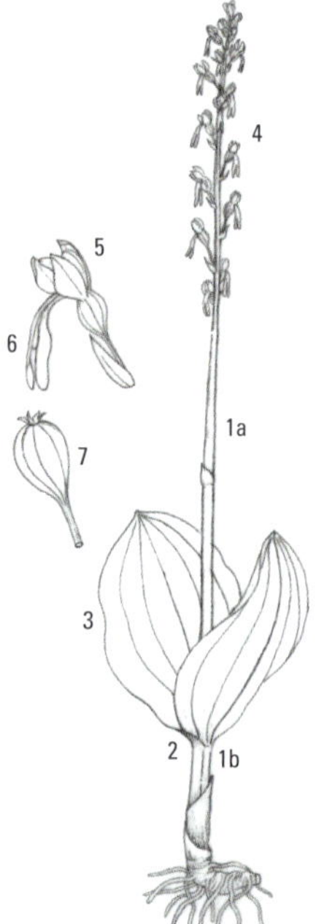

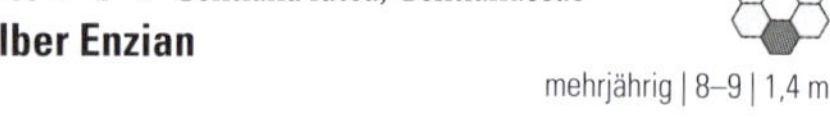

**206 !!** ✚✚✚ Gentiana lutea, Gentianaceae

## Gelber Enzian

mehrjährig | 8–9 | 1,4 m

Basenreiche Standorte in Magerwiesen und -weiden, Flachmooren und lichten Wäldern. ❀ Echte Arnika [460], Heidekraut [260], Bärwurz [797].

▸1 Stängel aufrecht, hohl, gerieft, im Querschnitt rund. ▸2 Gegenständige Anordnung der ganzrandigen Blätter. ▸3 **Form der Blätter elliptisch, Farbe blaugrün, Länge bis 30 cm.** ▸4 **5–7 parallel angeordnete und gut sichtbare Blattnerven.** ▸5 **Büschelige Anordnung der gelben Blüten in den Blattachseln.** ▸6 Blütenkelch zwei bis sechsteilig, einseitig tief geschlitzt. ▸7 **Die 5 Staubbeutel frei, im Unterschied zu anderen Enzian-Arten nicht zu einer Röhre verwachsen.** ▸8 Fruchtkapsel bis 6 cm lang und spitz-kegelig geformt.

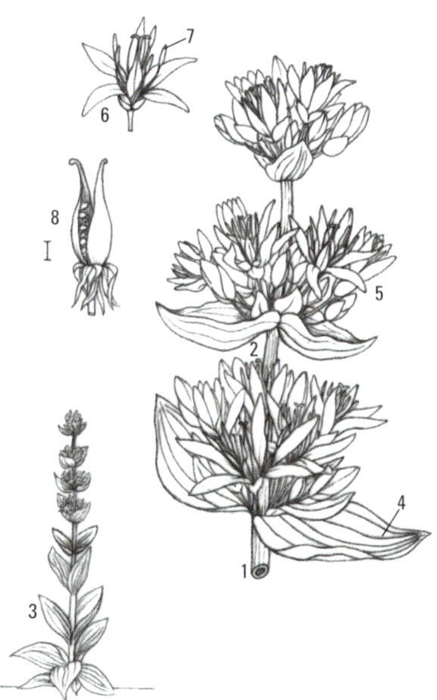

**207** ✚ Parietaria judaica, Urticaceae

## Ausgebreitetes Glaskraut

mehrjährig | 6–9 | 0,4 m, L 0,5 m

Nährstoffreiche, warme Standorte an meist süd-exponierten Mauerspalten, Mauerfüßen und Felsspalten. ❀ Quendel-Sandkraut [198], Rundblättrige Glockenblume [337], Mauer-Zimbelkraut [588].

▸1 **Pflanze stark verzweigt mit vielfach rot überlaufenen, ausgebreiteten Stängeln.** ▸2 Wechselweise Anordnung der gestielten Blätter an **bogig aufsteigendem Stängel.** ▸3 **Blätter dunkelgrün, eiförmig, zugespitzt, etwa 3 cm lang.** ▸4 Blütenstände knäuelig in den Blattachseln, aus unscheinbaren Blüten gebildet. ▸5 Frucht ein einsamiges, schwarzes, bis etwa 1,5 mm langes Nüsschen.

**208** ✚ Galinsoga parviflora, Asteraceae

## Kleinblütiges Franzosenkraut

einjährig | 6–10 | 0,6 m

Nährstoffreiche Standorte der Äcker, Gärten, Weinberge und Schuttplätze. ❀ Gewöhnliches Hirtentäschel [541], Weißer Gänsefuß [564], Purpurrote Taubnessel [308].

▸1 **Stängel** aufrecht, oberwärts verzweigt, **fast kahl.** ▸2 Oberfläche des Stängels schwach gerieft. ▸3 Gegenständige Anordnung der Blätter am Stängel. ▸4 Blätter zart, eiförmig, vorne zugespitzt. ▸5 Blattrand gewellt, schwach gezähnt, behaart. ▸6 Blattstiele oberseits rinnenförmig. ▸7 Blütenstand doldenartig. ▸8 Blütenköpfe etwa 5–7 mm im Durchmesser. ▸9 Meist 5 weiße, zungenförmige, vorne dreilappige (a) Randblüten, selten 6 oder 7. ▸10 Früchte der Röhrenblüten mit einem aus längeren Schuppen gebildeten Haarkranz. (Haarkranz der Zungenblüten verkümmert).

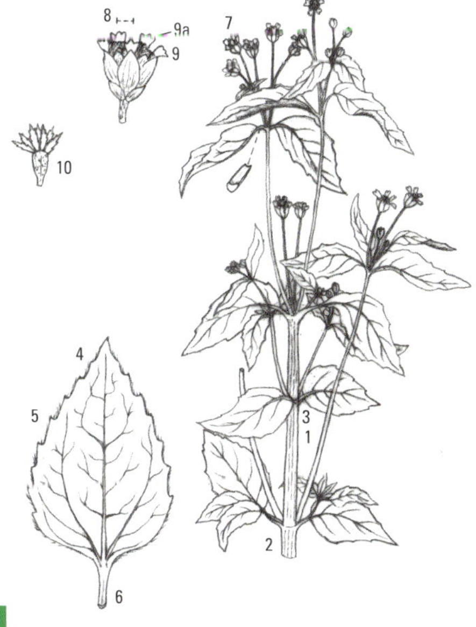

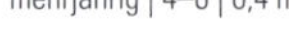

**209** Veronica chamaedrys, Plantaginaceae

## Gamander-Ehrenpreis

mehrjährig | 4–6 | 0,4 m

In lichten Eichenwäldern, an Wald-, Gebüsch- und Heckensäumen sowie in Wiesen und an Wegböschungen. ❀ Gewöhnlicher Gundermann [330], Wiesen-Platterbse [602], Zickzack-Klee [605], Zaun-Wicke [717].

▸1 **Stängel** aufsteigend, **mit 2 deutlich ausgebildeten Haarleisten.** ▸2 Blätter eiförmig, bis annähernd 4 cm lang. ▸3 Blattoberseiten schwach behaart bis fast kahl (a), Unterseiten stärker behaart (b). ▸4 **Blattränder grob gezähnt.** ▸5 Blüten in lockeren, den Blattwinkeln entspringenden Trauben. ▸6 Kelchzipfel lang und schmal, behaart. ▸7 **Blütenkrone mit einem Durchmesser bis etwa 1 cm, blau, dunkler geadert, in der Mitte weiß.** ▸8 Frucht eine deutlich abgeflachte Kapsel. ▸9 Griffel lang, etwa so lang wie die Frucht.

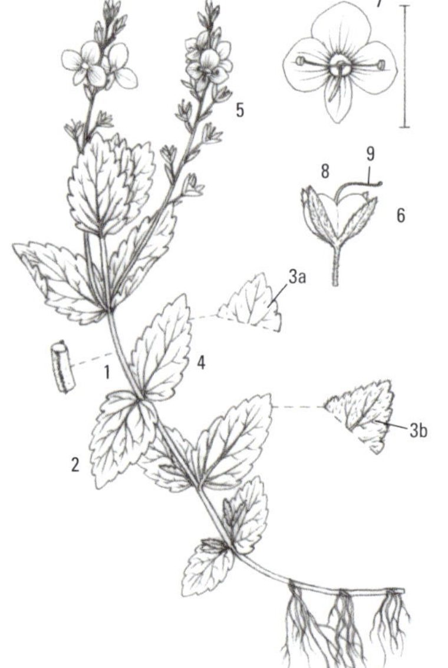

**210** ✚✚🍽 Stellaria media agg., Caryophyllaceae

## Vogel-Sternmiere (Artengruppe)

Vogelmiere (Artengruppe)

einjährig | 3–10 | 0,8 m

Nährstoffreiche Plätze in Gärten und Weinbergen, auf Äckern, an Wegrändern und Schuttstellen. ❀ Gewöhnliches Hirtentäschel [541], Gewöhnliche Möhre [782], Purpurrote Taubnessel [308].

▸1 Pflanze von niederliegendem bis aufsteigendem, in jedem Falle verzweigtem Wuchs. ▸2 **Stängel und Blütenstiele meist einreihig behaart.** ▸3 **Laubblätter kurz, eiförmig, ganzrandig und zugespitzt.** ▸4 Blütenkronblätter weiß, bis fast zum Grunde zweiteilig, je nach Unterart oft fehlend, kürzer oder nur wenig länger als der Kelch (a). ▸5 Staubbeutel purpurrot bis violett, seltener grau, je nach Unterart 3–10 an der Zahl. ▸6 Frucht eine längliche Kapsel, die deutlich länger ist als der meist behaarte Blütenkelch. ▸7 Samen etwa 1 mm groß.

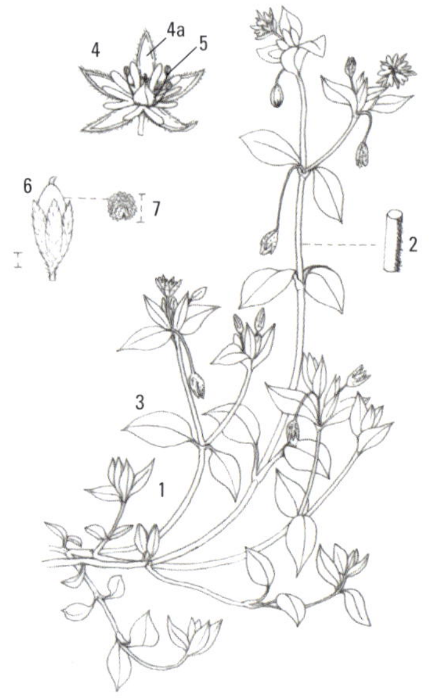

**211** Cerastium glomeratum, Caryophyllaceae

## Knäuel-Hornkraut

einjährig | 4–9 | 0,5 m

Nährstoffreiche, aber kalkarme Standorte in Wiesen, Äckern, an Böschungen und Wegen. ❀ Acker-Schmalwand [75], Vielsamiger Gänsefuß [472], Steifer Sauerklee [628].

▸1 **Pflanze gelbgrün**, abstehend behaart. ▸2 Stängel verzweigt, entfernt beblättert. ▸3 Blätter länglich eiförmig, zugespitzt. ▸4 Blütenstände doldenartig, an der Spitze knäuelig gedrängt, Blütenstiel kürzer als der Kelch (a). ▸5 Tragblätter krautig, ohne Hautrand. ▸6 Kelchblätter spitz, mit Hautrand. ▸7 Kronblätter weiß, im oberen Drittel gespalten, etwa so lang wie der Kelch. ▸8 10 Staubblätter. ▸9 Frucht eine etwa 10 mm lange, schmale, schwach gekrümmte, zehnzähnige Kapsel.

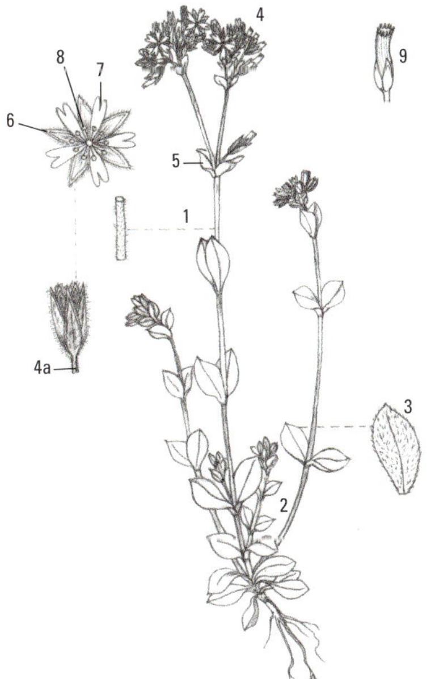

**212** Plantago major, Plantaginaceae

## Breit-Wegerich

mehrjährig | 6–10 | 0,4 m

Auf Schotterwegen und begangenen Plätzen, in Pflasterfugen, an Ufern und in intensiv genutzten (Groß-)Viehweiden auf meist lehmigen Böden. ❀ Zottiges Franzosenkraut [220], Echter Vogelknöterich [424], Gewöhnliche Braunelle [201].

▸1 Stängel bis zum Blütenansatz nicht länger als die Blätter. ▸2 Blätter in grundständiger Rosette. ▸3 Blätter gestielt, breit eiförmig. ▸4 **Blattstiel von der Blattfläche deutlich abgesetzt.** ▸5 Die 5–9 Blattadern deutlich hervortretend. ▸6 **Blüten- und Fruchtähre lang-zylindrisch, bis 20 cm lang.** ▸7 Tragblätter weiß berandet. ▸8 Blütenkrone mit gelblichen Zipfeln. ▸9 **Die 4 lilafarbenen, später sich gelblich-bräunlich verfärbenden Staubblätter weit weniger aus der Blüte herausragend als bei anderen Wegerich-Arten.** ▸10 Frucht eine eiförmige, mehrsamige, bis 4 mm lange Kapsel.

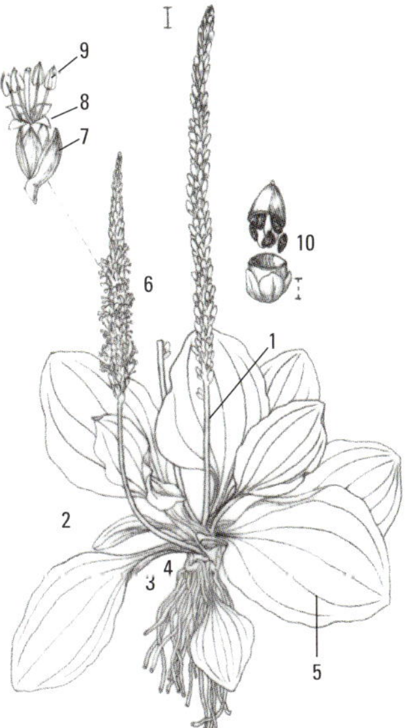

**213** Pyrola minor, Ericaceae

## Kleines Wintergrün

mehrjährig | 6–7 | 0,3 m

In Zwergstrauchheiden und aufgelassenen Steinbrüchen sowie in bodensauren Wäldern, vor allem in Kiefern-, Fichten- und Buchenbeständen. ❀ Heidekraut [260], Wiesen-Wachtelweizen [130], Heidelbeere [185].

▸1 **Pflanze mit wintergrüner Grundblattrosette.** ▸2 Stängel häufig rötlich überlaufen, meist mit 2 schmalen Stängelblättern. ▸3 Blattform rundlich bis oval, Durchmesser bis 5 cm, Blattfarbe dunkelgrün. ▸4 Blattränder fein gezähnt und fein gewellt. ▸5 Die weiß bis hellrosa gefärbten Blüten in allseitswendigem, bis zu 20 Blüten enthaltendem Blütenstand nickend. ▸6 Blütenkrone kugelig zusammenneigend, fünfzählig. ▸7 Die 5 Kelchblätter der Blütenkrone angedrückt und zugespitzt. ▸8 **Griffel (a) höchstens so lang wie der Fruchtknoten (b) und damit zur Blütezeit von den Kronblättern verdeckt.** ▸9 Frucht eine hängende, tief eingeschnürte Kapsel.

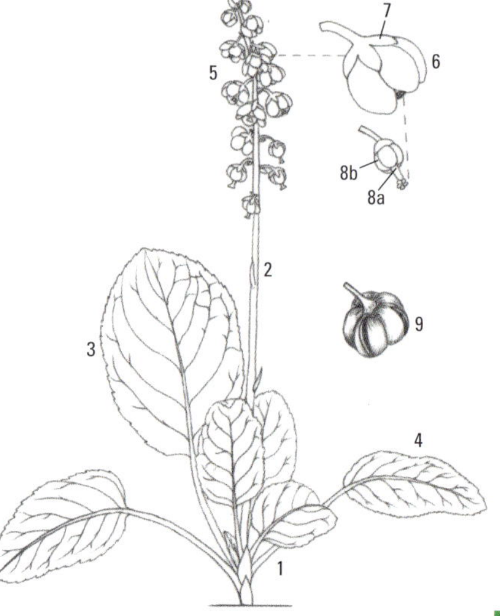

**214** Lysimachia nemorum, Primulaceae

## Hain-Gilbweiderich

mehrjährig | 5–8 | 0,2 m

Quellige Standorte in Auen- und Schluchtwäldern sowie feuchte Plätze an Wegrändern. ❀ Gegenblättriges Milzkraut [232], Kressen-Schaumkraut [721], Ufer-Wolfstrapp [532].

▸1 **Pflanze meist von aufsteigendem Wuchs.** ▸2 Gegenständige Anordnung der Blätter am kantigen und kahlen Stängel. ▸3 Blätter ungeteilt, eiförmig, **zugespitzt**, ganzrandig, im Gegenlicht **durchscheinend punktiert.** ▸4 **Im Unterschied zum ähnlichen Pfennig-Gilbweiderich [500] Blätter mindestens 1,5-mal so lang wie breit.** ▸5 Blüten lang gestielt, einzeln den oberen Blattachseln entspringend. ▸6 Kelch mit 5 schmalen, sehr langen und spitzen Kelchzipfeln. ▸7 Blütenkrone goldgelb, an der Basis verwachsen, bis fast zum Grunde in 5 (nur) bis 8 mm **lange Kronzipfel** gespalten. ▸8 5 Staubblätter. ▸9 Frucht eine kugelige, bis 4 mm lange Kapsel.

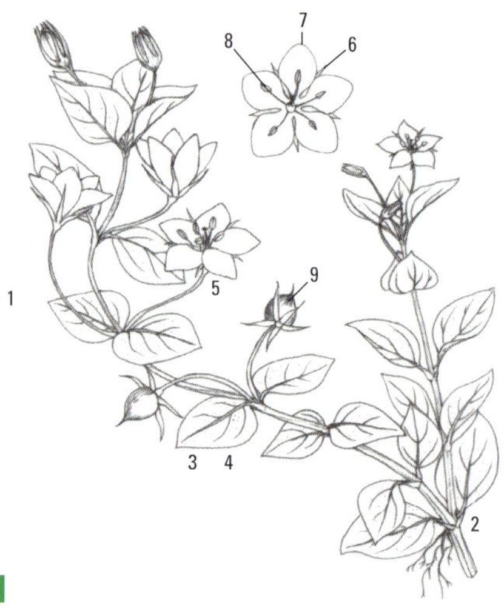

**215 !** Acinos arvensis, Lamiaceae

## Gewöhnlicher Steinquendel

ein- bis mehrjährig | 6–9 | 0,4 m

Trockenrasen und Ruderalstandorte mit trockenen, nährstoffarmen, sandigen oder steinigen Böden in sonniger Lage. Einjähriger Knäuel [122], Weiße Fetthenne [415].

▸1 Stängel der **nach Minze riechenden Pflanze** schwach verholzend, behaart. ▸2 **Blätter kurz gestielt, 1–2 cm lang, am Rande meist eingerollt.** ▸3 **Blattrand jederseits meist mit 1–3 flachen Zähnen.** ▸4 Blattnerven unterseits hervortretend. ▸5 Blütenstand aus 3(–5) quirlartig angeordneten, violetten Blüten gebildet. ▸6 Blütenkelch bauchig und behaart, mit 13 stark hervortretenden Nerven. ▸7 Die violette Blütenkrone meist kürzer als 1 cm.

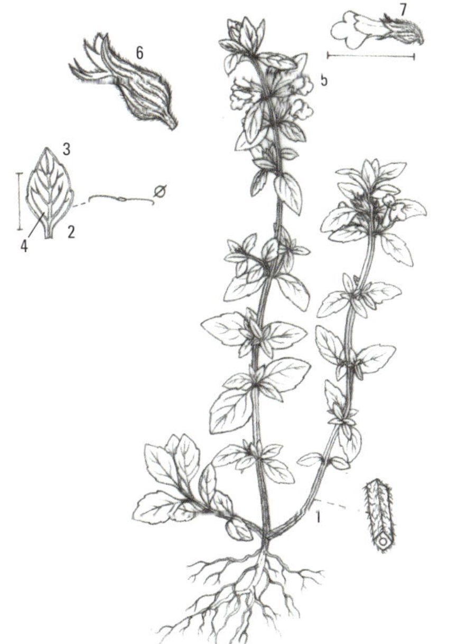


**216** Mentha aquatica, Lamiaceae

## Wasser-Minze

mehrjährig | 7–9 | 0,8 m

An See- und Bachufern, Gräben sowie in Röhrichten und nassen Wiesen. Echtes Mädesüß [703], Bach-Nelkenwurz [730], Bach-Ehrenpreis [491].

▸1 Pflanze mit Ausläufern. ▸2 **Oberirdische Pflanzenteile** (Spross) oft rot überlaufen, **stark aromatisch.** ▸3 Stängel aufrecht, oft verzweigt, vierkantig, abstehend behaart. ▸4 Gegenständige Blattstellung. ▸5 Blätter gestielt (a), eiförmig oder oval, bis etwa 5 cm lang. ▸6 Blattrand mit flachen Sägezähnen. ▸7 **Blüten köpfchenförmig an den Zweigenden und z. T. in den oberen Blattwinkeln.** ▸8 Blütenkelch gleichmäßig fünfzähnig, meist locker abstehend behaart. ▸9 Blütenkrone mit 4 etwa gleich langen Zipfeln, rosa, hellviolett oder lila. ▸10 Die 4 Staubblätter und der Griffel aus der Blütenkrone herausragend. ▸11 Griffel lang, an der Spitzein 2 Narbenäste geteilt. ▸12 Teilfrüchte klein, nur bis 1 mm lang, aus einer vierteiligen Frucht entstammend.

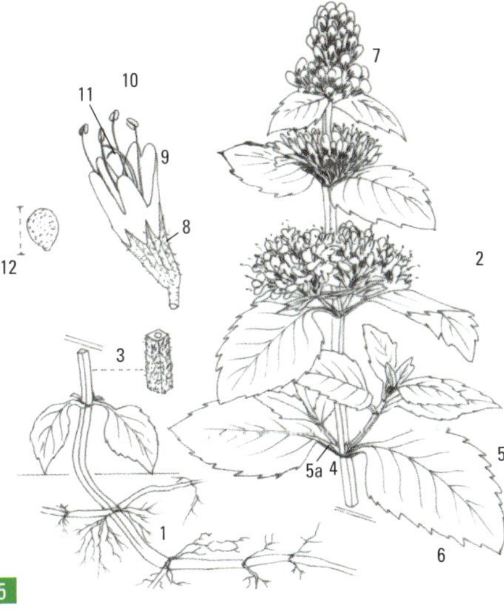

**217** Orthilia secunda, Ericaceae

## Nickendes Birngrün

(Nickendes Wintergrün, Pyrola secunda) mehrjährig | 6–7 | 0,2 m

Auf meist kalkreichen, schattigen Standorten in Nadel- und seltener in Buchenwäldern. ❀ Wald-Sauerklee [627], Wald-Veilchen [304].

▸1 Stängel einfach, zur Blütezeit meist herabgebogen. ▸2 **Blätter ähnlich einem Birnenblatt oberseits glänzend, eiförmig, oben zugespitzt, bis 4 cm lang.** ▸3 Blattrand feinkerbig gesägt. ▸4 **Bis zu 30 nickende Blüten in einseitswendiger, endständiger Traube.** ▸5 Blütenkrone glockenförmig bis halbkugelig, gelbgrün. ▸6 Frucht eine bis 4 mm große, kugelige Kapsel.

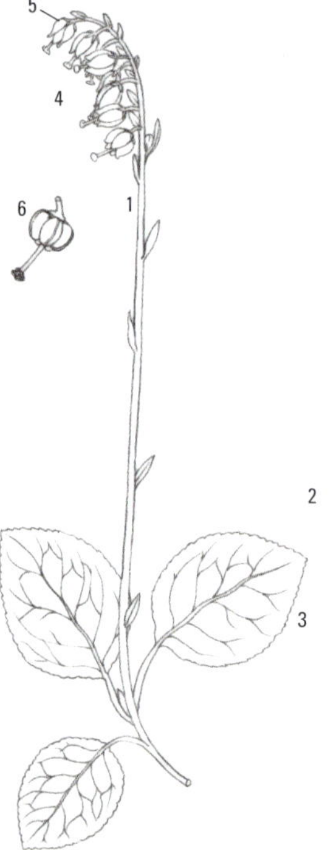

**218** ✚✚✚ Melissa officinalis, Lamiaceae

## Zitronen-Melisse

mehrjährig | 7–8 | 1 m

In Gärten kultiviert und in Wildkrautgesellschaften an Wegrändern und Schuttplätzen verwildert. ❀ Gewöhnlicher Beifuß [745], Tüpfel-Hartheu [474], Wege-Rauke [546].

▸1 Pflanze mit Ausläufern. ▸2 **Die nach Zitrone riechende Pflanze behaart (a) und verzweigt (b).** ▸3 Die **eiförmigen Blätter** kurz gestielt. ▸4 Blattränder grob gezähnt. ▸5 Die quirlartigen Teilblütenstände drei- bis zwölfteilig. ▸6 **Blütenkelch** zweilippig, fünfzähnig und **glockenförmig.** ▸7 Die bis 1,5 cm lange, zweilippige Blütenkrone weiß oder hellgelb. ▸8 Blüte mit 4 zusammen neigenden Staubblättern. ▸9 Teilfrucht ein bis 2 mm langes Nüsschen, aus einer vierteiligen Frucht entstammend.

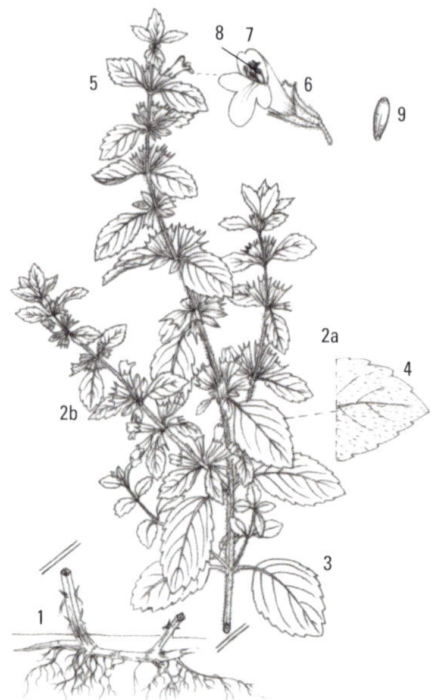

**219!** Physalis alkekengi, Solanaceae

## Gewöhnliche Blasenkirsche

(Wilde Blasenkirsche) mehrjährig | 5–8 | 0,6 m

Nährstoffreiche, wärmebegünstigte, gerne halbschattige Standorte in Weinbergen und im Randbereich lichter Eichen-Hainbuchenwälder. Gewöhnlicher Giersch [754], Gewöhnliche Nelkenwurz [729], Große Brennnessel [296].

▸1 **Pflanze mit langen, unterirdischen Ausläufern** (o. Abb.). ▸2 Stängel aufrecht wachsend und abstehend kurz behaart. ▸3 Blätter gestielt, breit eiförmig, spitz. ▸4 Blattränder ganzrandig oder unregelmäßig gezähnt. ▸5 Blüten einzeln an kurzen Stielen den Blattachseln entspringend. ▸6 **Blütenkelch orangerot, zur Fruchtzeit lampionartig aufgeblasen.** ▸7 Blüte mit fünflappiger, grünlich-weißer Krone (a) und 5 Staubblättern (b). ▸8 Frucht eine kugelige, glänzende, rötliche oder orangefarbene, etwa 1 cm große Beere.

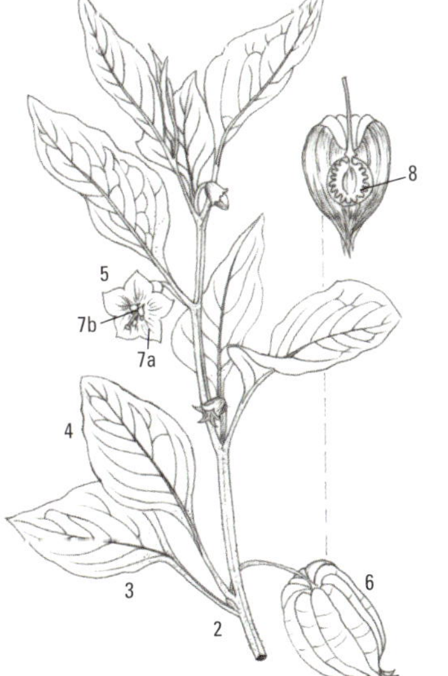

**220** Galinsoga quadriradiata, Asteraceae

## Zottiges Franzosenkraut

(Behaartes Knopfkraut, Galinsoga ciliata) einjährig | 6–10 | 0,8 m

Nährstoffreiche Standorte auf Äckern, in Gärten, Weinbergen sowie an Weg- und Straßenrändern. Garten-Wolfsmilch [105], Steifer Sauerklee [628], Breit-Wegerich [212], Gewöhnliche Braunelle [201].

▸1 Pflanze stark verzweigt. ▸2 **Stängel abstehend behaart.** ▸3 Gegenständige Anordnung der Blätter am Stängel. ▸4 **Blätter** eiförmig, dunkelgrün, **beiderseits behaart.** ▸5 Blattrand spitz gezähnt und behaart. ▸6 Anordnung der Blütenköpfchen meist einzeln an den Triebspitzen (oder in wenigblütigen Blütenständen). ▸7 Hülle der Blütenköpfchen drüsig behaart. ▸8 **5 weiße, zungenförmige Randblüten (a) umgeben einen Kranz gelber Röhrenblüten (b).** ▸9 Frucht mit etwa 1 mm Länge ziemlich klein (a), an der Spitze mit einem kurzen, aus Schuppen gebildeten Haarkranz (b).

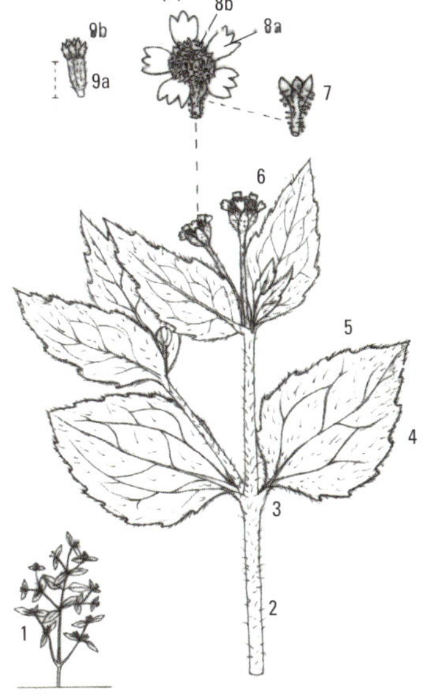

**221** ✚ Ballota nigra, Lamiaceae

## Schwarznessel

mehrjährig | 7–9 | 1,2 m

Auf stickstoffreichen, häufig sandigen Lehmböden an Hecken, Zäunen, Flussufern und ruderalen Standorten wie Straßenränder und Schuttplätze. ❀ Kleine Klette [292], Weiße Taubnessel [278], Echtes Herzgespann [573], Große Brennnessel [296].

▸1 Mehrere kräftige, aufrechte, vierkantige Stängel. ▸2 **Blätter und Stängel behaart, unangenehm riechend.** ▸3 Gegenständige Anordnung der Blätter am Stängel. ▸4 **Blätter durch hervortretende Adern runzelig.** ▸5 Blütenkelch mit kräftig vortretenden Nerven und 5 grannenartigen Spitzen (a). ▸6 Bis zu 10 rot- bis blauviolett oder weiß gefärbte, in den Achseln der Blätter angeordnete (a) sowie an der Triebspitze gehäufte (b) Lippenblüten in Teilblütenständen zusammenstehend.

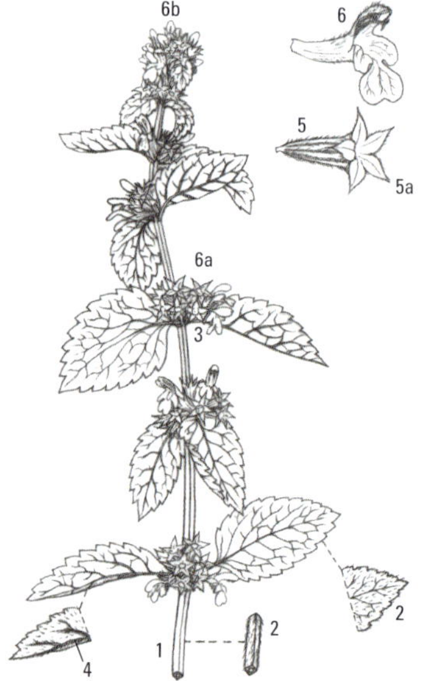

**222** Veronica polita, Plantaginaceae

## Glanz-Ehrenpreis

einjährig | 3–9 | 0,2 m

Nährstoffreiche und meist kalkhaltige Standorte auf Äckern, in Gärten und in Weinbergen. ❀ Sonnenwend-Wolfsmilch [111], Purpurrote Taubnessel [308], Vogel-Sternmiere [210], Acker-Hellerkraut [256].

▸1 Stängel behaart, niederliegend oder aufsteigend, mit gegenständig angeordneten Blättern. ▸2 Das dunkelgrün glänzende, beiderseits schwach behaarte Blatt von rundlich-eiförmiger Gestalt. ▸3 **Blattlänge im Unterschied zum ähnlichen Persischen Ehrenpreis [229] nur etwa 1 cm** (Persischer Ehrenpreis: 2 cm). ▸4 **Blattränder sägezahnartig gekerbt.** ▸5 Blüten einzeln auf langen Stielen den Blattachseln entspringend. ▸6 **Die 4 Kelchzipfel** behaart und **von eiförmiger Gestalt.** ▸7 Blütenkrone himmelblau mit dunklerem Schlund, radförmig, bis 8 mm breit. ▸8 Frucht eine dicht behaarte, oben stark eingebuchtete Kapsel. ▸9 Griffel die Ausbuchtung der Kapsel deutlich überragend.

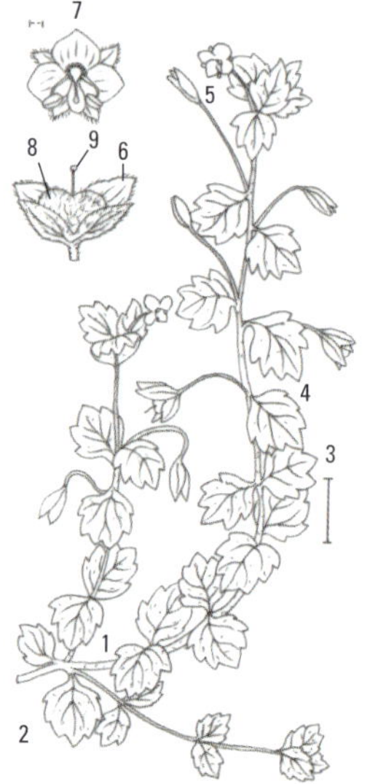

**223** Galeobdolon luteum agg., Lamiaceae

## Echte Goldnessel (Artengruppe)

(Lamium galeobdolon agg.) mehrjährig | 5–6(7) | 0,6 m

In Laub- und Nadelmischwäldern, unter anderem der Bachauen. Waldmeister [455], Ausdauerndes Bingelkraut [467], Vierblättrige Einbeere [495], Vielblütige Weißwurz [473].

▸1 Wuchs der Pflanze niederliegend bis aufsteigend. ▸2 **Art meist mit langen Ausläufern.** ▸3 Farbe der Pflanze dunkelgrün, Unterarten mit weiß gefleckten Blättern (a). ▸4 Stängel wenigstens auf den Kanten behaart. ▸5 Blätter gestielt, Blattstiel 1–3 cm lang. ▸6 Länge der gegenständig am Stängel angeordneten Blätter bis etwa 10 cm. ▸7 Blatt eiförmig geformt, nach oben schmäler werdend. ▸8 Blattunterseite bisweilen rot überlaufen. ▸9 Blattrand grob und unregelmäßig gezähnt. ▸10 **Anordnung der quirlartigen, zwei- bis zwölfblütigen Teilblütenstände in 2–5 Etagen.** ▸11 Länge der je nach Unterart blass- bis goldgelb gefärbten Blütenkrone bis 2,5 cm. ▸12 Oberlippe der Blüte schwach gewölbt und kurz behaart. ▸13 Unterlippe deutlich dreiteilig, **meist mit rötlicher Zeichnung.** ▸14 Teilfrucht ein bis 3 mm langes Nüsschen.

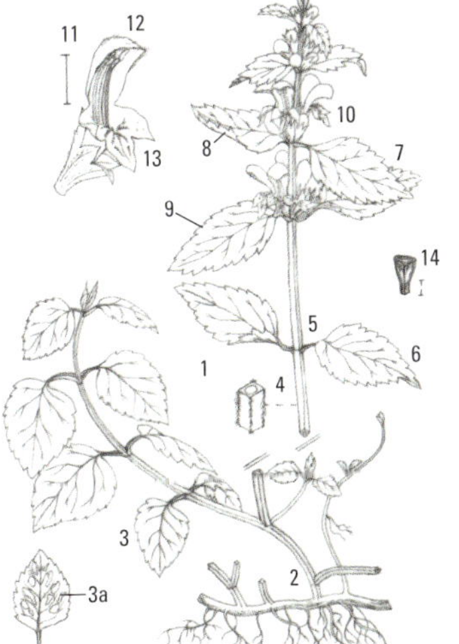

**224** Teucrium chamaedrys, Lamiaceae

## Edel-Gamander

Halbstrauch | 7–8 | 0,3 m

In lichten Eichen- und Kiefernwäldern sowie in Magerrasen meist kalkreicher Standorte. Zypressen-Wolfsmilch [342], Gewöhnliche Straußmargerite [682], Weiße Schwalbenwurz [193].

▸1 Die aromatisch riechende Pflanze im unteren Bereich verholzt, mit Ausläufern. ▸2 Stängel vierkantig, behaart. ▸3 Junge Zweige aufrecht (a), ältere Zweige niederliegend, nicht wurzelnd (b). ▸4 Blattstellung gegenständig. ▸5 **Blattform elliptisch, mit keilförmig verschmälertem Blattgrund;** Blattlänge bis 3 cm. ▸6 Blattunterseiten hell, mit deutlich hervortretendem Adernetz (a), Oberseiten dunkelgrün (b). ▸7 **Blattrand tief gezähnt, jederseits mit 4–8 stumpfen Zähnen.** ▸8 Blüten einseitswendig zu 1–6 in den Achseln der oberen Blätter. ▸9 Der behaarte, oft rötlich überlaufene Blütenkelch regelmäßig fünfzähnig. ▸10 Blütenkrone bis 1,5 cm lang, rosa, selten weiß. ▸11 **Die 2 längeren und 2 kürzeren Staubblätter wie der Griffel weit aus der Krone herausragend.** ▸12 Teilfrucht ein bis 2 mm langes Nüsschen, aus vierteiliger Frucht stammend.

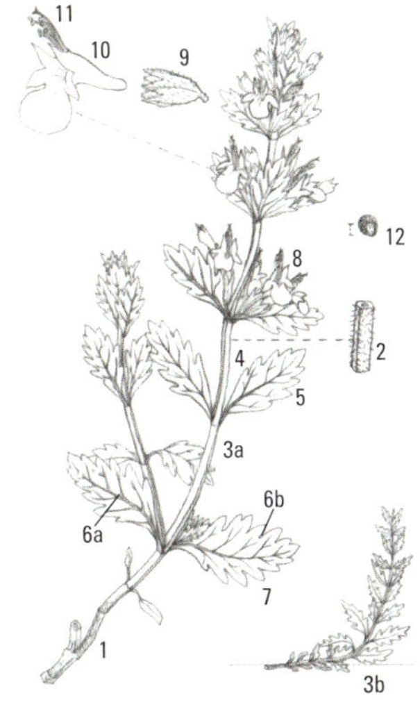

**225** Urtica urens, Urticaceae

## Kleine Brennnessel

einjährig | 6–10 | 0,6 m

Als Pionier auf offenen, nährstoffreichen Böden in Gärten und Weinbergen sowie an Schutt- und Mistplätzen. Weißer Gänsefuß [564], Purpurrote Taubnessel [308], Einjähriges Bingelkraut [171].

▸1 Stängel vierkantig, von aufsteigendem bis aufrechtem Wuchs. ▸2 Stängel (a) und Blätter (b) ähnlich der weit verbreiteten Großen Brennnessel [296] mit zahlreichen Brennhaaren. ▸3 Blätter gegenständig am Stängel angeordnet, eiförmig, **eine Länge von 5 cm im Unterschied zur Großen Brennnessel [296] nur selten erreichend.** ▸4 Blattränder tief gezähnt, **Endzahn des Blattes nicht oder nur unwesentlich größer als die Seitenzähne.** ▸5 **Pflanze einhäusig, in jedem der aufrechten Blütenstände zahlreiche weibliche (a) und (weniger) männliche Blüten (b).** ▸6 Frucht ein ei- bis linsenförmiges, gelbgrünes Nüsschen.

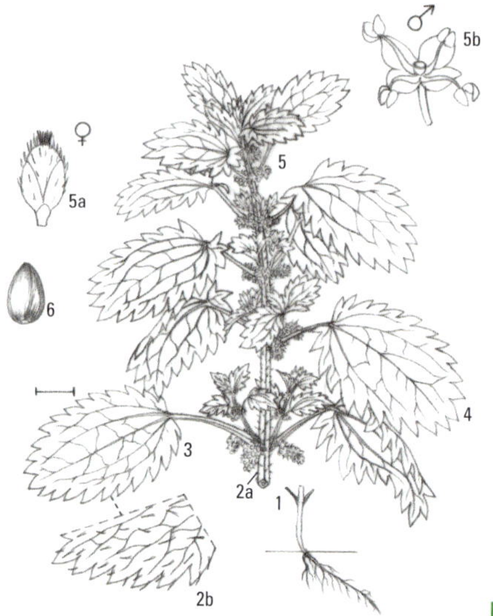


**226** Euphrasia stricta, Orobanchaceae

## Steifer Augentrost

einjährig | 6–9 | 0,4 m

In Magerrasen kalkarmer Böden, an Böschungen sowie an Straßen- und Wegrändern. Heidekraut [260], Kleines Habichtskraut [76], Hunds-Veilchen [305].

Halbschmarotzer. ▸1 **Ganze Pflanze oft dunkel weinrot bis braunviolett gefärbt, nicht oder nur wenig behaart.** ▸2 Stängel straff aufrecht, mit ebenfalls aufrecht stehenden Seitenästen verzweigt. ▸3 Blattrand mit spitzen, meist kurz begrannten Zähnen. ▸4 Eiförmige Gestalt der mit keiligem Grund dem Stängel ansitzenden Tragblätter. ▸5 **Tragblätter mit spitzen, grannenartigen Zähnen** zu 4–7 je Blatthälfte. ▸6 Blüten in endständigen Ähren. ▸7 Krone lila oder weiß, Unterlippe mit gelbem Fleck und dunklen Streifen, Länge der Krone bis 1 cm. ▸8 **Fruchtkapsel mit einer Länge von etwa 8 mm etwa so lang wie der Kelch.** ▸9 Samen kleiner als 1,5 mm.

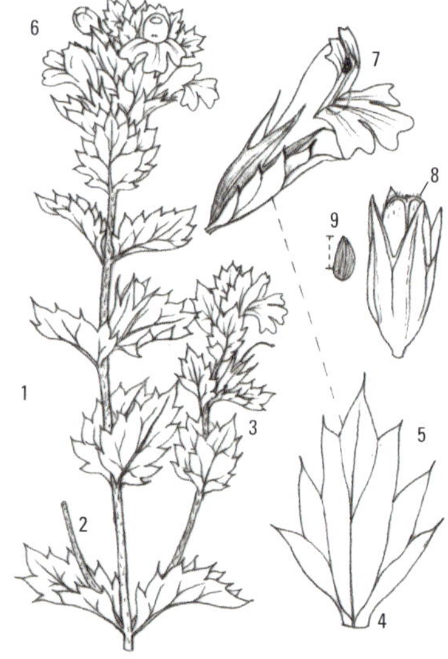

**227** Rhinanthus minor, Orobanchaceae

## Kleiner Klappertopf

einjährig | 5–9 | 0,5 m

In mageren Wiesen und Rasen. ❀ Zottiger Klappertopf [247], Wiesen-Salbei [182], Kleiner Wiesenknopf [720].

▸1 Pflanze nicht oder nur wenig behaart. ▸2 **Stängel schwarz oder grün gestrichelt**, aufrecht. ▸3 Kreuz-gegenständige Anordnung der Blätter am Stängel, alle Blätter stängelständig. ▸4 Blätter länglich, bis 1,5 cm breit. ▸5 Blattränder gezähnt. ▸6 **Zähne der dunkelgrünen Tragblätter nach oben hin kleiner werdend.** ▸7 **Blütenkrone** hellgelb, **nur bis 1,5 cm lang, mit geradem Rücken.** ▸8 **Oberlippe mit 2 sehr kleinen, kaum seitlich abstehenden, weißlichen Zähnen. Zähne etwa so lang wie breit.** ▸9 Frucht eine wenigsamige Kapsel.

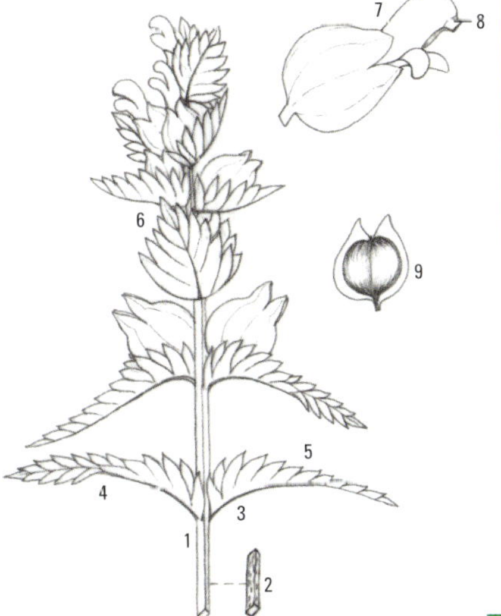

**228** !! ✚ Trapa natans, Trapaceae

## Gewöhnliche Wassernuss

einjährig | 6–7 | L 3 m

In wärmebegünstigten, besonnten, nährstoffreichen, stehenden Gewässern bis 2 Meter Wassertiefe. ❀ Raues Hornblatt [808], Große Teichrose [313], Schwimmendes Laichkraut [191].

▸1 Wasserpflanze mit flutendem, rundlichem, schlaffem Stängel. ▸2 Gegenständig angeordnete Wasserwurzeln an den Schnittstellen vom Stängel zu den früh absterbenden Unterwasserblättern. ▸3 Schwimmblätter rosettig gehäuft (a), Unterwasserblätter (b) kleiner als die Schwimmblätter. ▸4 **Blätter rautenförmig, bis etwa 5 cm im Durchmesser, erst olivgün, dann bräunlich-violett.** ▸5 **Blattunterseiten wie die Blatt- und Blütenstiele borstig behaart (a), Blattoberseiten glänzend (b).** ▸6 **Blattstiele der äußeren Rosettenblätter sehr lang (bis etwa 15 cm), in der Mitte sich verbreiternd.** ▸7 Blattränder in der oberen Blatthälfte stark gezähnt. ▸8 Blütenkelch borstig behaart. ▸9 Blütenkrone kleiner als 1 cm, weiß, wie der Kelch vierteilig. ▸10 Die holzige, hartschalige Frucht mit 4 Kelchdornen, etwa 3 cm im Durchmesser.

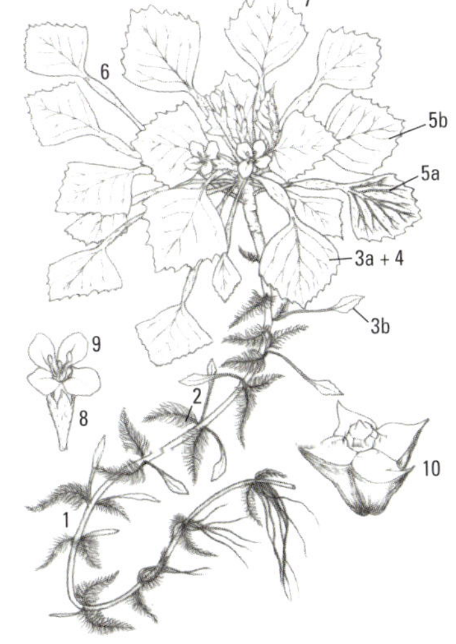

**229** Veronica persica, Plantaginaceae

## Persischer Ehrenpreis

einjährig | 3–9 | 0,3 m, L 0,4 m

Nährstoffreiche Standorte auf lehmigen Böden, vor allem auf Äckern, an Wegen sowie in Weinbergen und Gärten. ❀ Gewöhnlicher Gundermann [330], Purpurrote Taubnessel [308], Vogel-Sternmiere [210].

▸1 Pflanze behaart. ▸2 Stängel niederliegend bis aufsteigend. ▸3 Blätter eiförmig, deutlich länger als breit, bis etwa 2 cm lang, matt. ▸4 Blattrand grob gezähnt oder deutlich gekerbt. ▸5 **Blüten lang gestielt, einzeln den Blattachseln entspringend.** ▸6 Die himmelblaue Blütenkrone mit gelblichem Schlund, wie bei allen Ehrenpreis-Arten mit 4 ungleich langen Kronzipfeln und 2 Staubblättern. ▸7 Frucht eine bis 1 cm breite, herzförmige und in die vier umgebenden Kelchblätter eingebettete Kapsel. ▸8 An der Spitze der Frucht ein bis 3 mm langer Griffel.

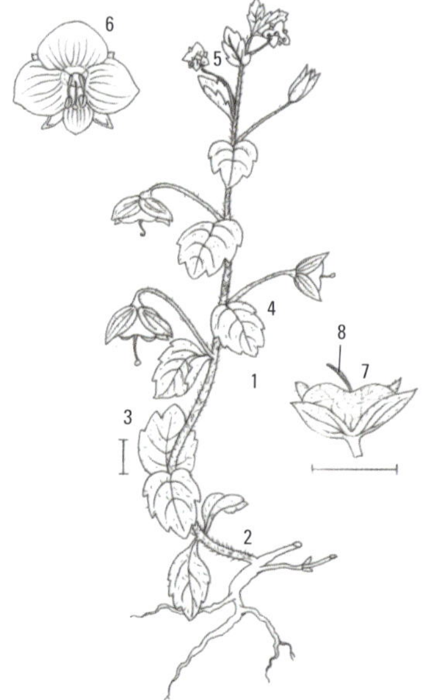

**230** Veronica arvensis, Plantaginaceae

## Feld-Ehrenpreis

einjährig | 3–9 | 0,3 m

Nährstoffreiche Standorte auf Äckern und Waldschlägen sowie an Wegrändern und auf Mauerkronen. ❀ Quendel-Sandkraut [198], Frühlings-Hungerblümchen [85], Weiße Fetthenne [415].

▸1 Stängel aufsteigend oder aufrecht, verzweigt und vor allem im oberen Teil behaart. ▸2 Blätter eiförmig, bis 2 cm lang. ▸3 Blattränder grob gesägt. ▸4 **Blüten einzeln in den Achseln der oberen, sehr schmalen Tragblätter.** ▸5 Blütenkelch mit 4 länglichen, behaarten Zipfeln, die länger sind als die Frucht. ▸6 Blütenkrone mit weißem Schlund, sonst hell- bis dunkelblau, bis 4 mm breit. ▸7 Frucht eine breit herzförmige und abgeflachte Kapsel. ▸8 **Griffel kurz, die Ausbuchtung der herzförmigen Kapsel nur wenig überragend.**

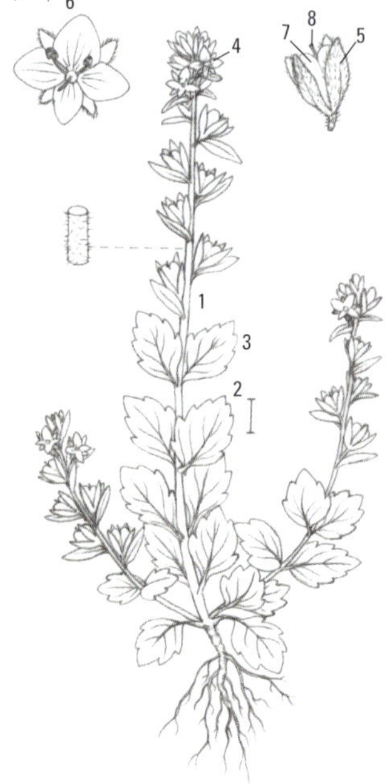

**231** Veronica montana, Plantaginaceae

## Berg-Ehrenpreis

mehrjährig | 5–6 | 0,3 m

An feuchten und quelligen Standorten in Laubwäldern und an Waldwegen. ❀ Wiesen-Schaumkraut [685], Gegenblättriges Milzkraut [232], Hain-Gilbweiderich [214].

▸1 **Pflanze durch abstehende Haare weich behaart.** ▸2 Stängel weit kriechend, dabei niederliegend oder mit der Spitze aufsteigend. ▸3 **Blätter** rundlich-eiförmig, **relativ lang gestielt** (bis 15 mm). ▸4 Blattrand grob kerbig gezähnt. ▸5 Blüten und Früchte in zwei- bis achtteiligen, lang gestielten Trauben. ▸6 Blütenkrone radförmig, blasslila mit dunklerer Aderung (a). ▸7 Frucht eine stark abgeflachte, annähernd brillenförmige, bewimperte Kapsel. ▸8 Griffel nur wenig kürzer als die Frucht.

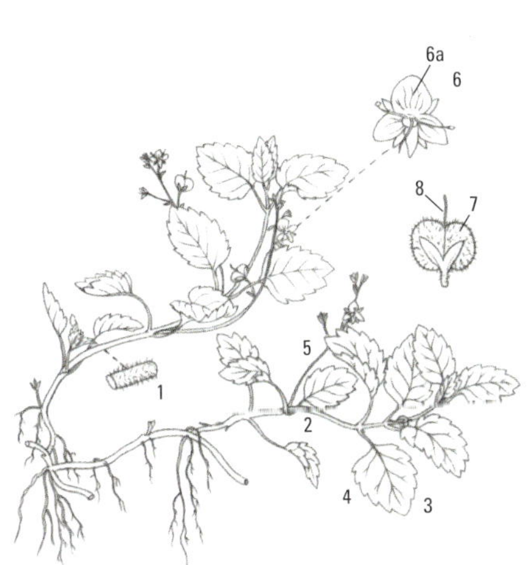

**232** Chrysosplenium oppositifolium, Saxifragaceae

## Gegenblättriges Milzkraut

mehrjährig | 4–5 | 0,2 m

Meist kalkarme Standorte in Quellfluren, an Waldbächen, Waldwegen und überrieselten Felsen. ❀ Kressen-Schaumkraut [721], Wechselblättriges Milzkraut [325], Großes Springkraut [478], Arznei-Baldrian [702].

▸1 Oberirdische Ausläufer, an den Verzweigungen Wurzeln bildend. ▸2 **Stängel im Querschnitt vierkantig** und ähnlich wie die Blätter meist locker abstehend behaart. ▸3 **Blattstellung gegenständig.** ▸4 Blätter gestielt, Blattfläche rundlich bis rautenförmig. ▸5 **Blattränder deutlich flacher gekerbt als die des Wechselblättrigen Milzkrauts [325].** ▸6 **Blüte unscheinbar, gelbgrün, umrahmt von gelblichen, leuchtenden Hochblättern.** ▸7 Kelchblätter breit eiförmig, **Kronblätter fehlend.**

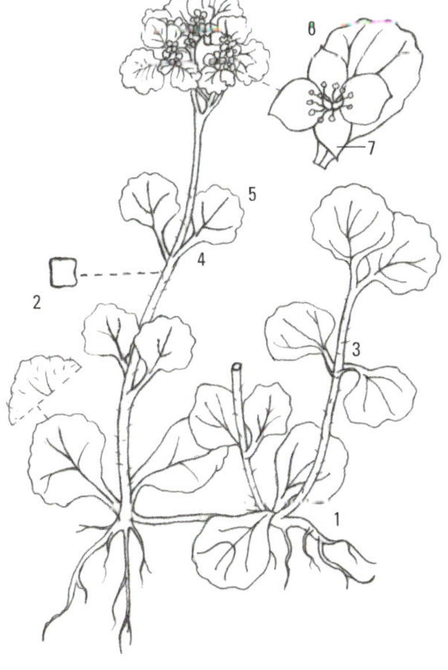

**233** ! 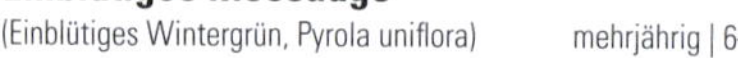 Moneses uniflora, Ericaceae

## Einblütiges Moosauge

(Einblütiges Wintergrün, Pyrola uniflora) mehrjährig | 6–7 | 0,15 m

Schattige Standorte in Nadelwäldern auf oberflächlich nährstoffverarmten Böden. ❀ Nickendes Birngrün [217], Wald-Sauerklee [627], Heidelbeere [185].

▸1 Pflanze mit nur einem aufrechten Stängel. ▸2 **Blätter in grundständiger Rosette, dunkelgrün.** ▸3 Blattflächen rundlich, bis 2 cm im Durchmesser, mit deutlich ausgeprägter Nervatur. ▸4 **Blüten nickend, einzeln am (meist) blattlosen Stängel.** ▸5 Blütenkrone bis 2,5 cm im Durchmesser, die 5 weißen Kronblätter flach ausgebreitet. ▸6 Frucht eine rundliche, bis 7 mm lange Kapsel. ▸7 10 Staubblätter. ▸8 Griffel lang, gerade.

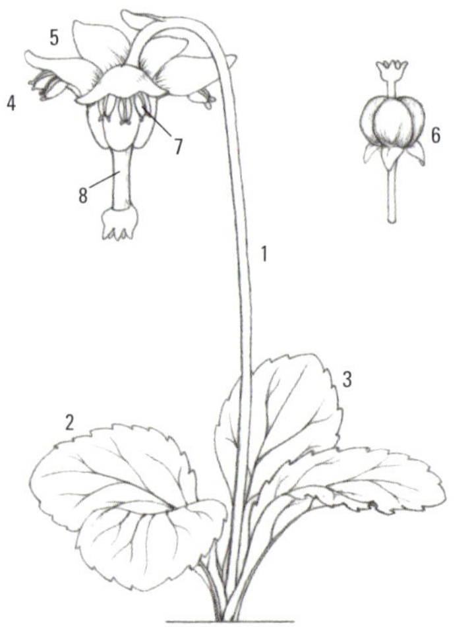


**234** Kickxia spuria, Plantaginaceae

## Eiblättriges Tännelkraut

ein- bis zweijährig | 7–10 | L 0,4 m

Kalkreiche Standorte auf Äckern und Brachen. ❀ Acker-Gauchheil [283], Kleine Wolfsmilch [365], Spießblättriges Tännelkraut [294], Acker-Leimkraut [445].

▸1 **Stängel lang und zottig behaart (a), dünn und niederliegend (b).** ▸2 Wechselständige Anordnung der Blätter am Stängel. ▸3 **Blätter** kurz gestielt (a), **rundlich bis breit eiförmig, nur wenig länger als breit.** ▸4 Blüten einzeln und lang gestielt den Blattachseln entspringend. ▸5 Blütenstiele zottig und drüsig behaart. ▸6 Blütenkelch fünfspaltig. ▸7 **Blütensporn lang und gebogen.** ▸8 Oberlippe der Blütenkrone innen braunviolett (a), Unterlippe dunkelgelb (b). ▸9 Frucht eine bis 6 mm lange, kugelige Kapsel.

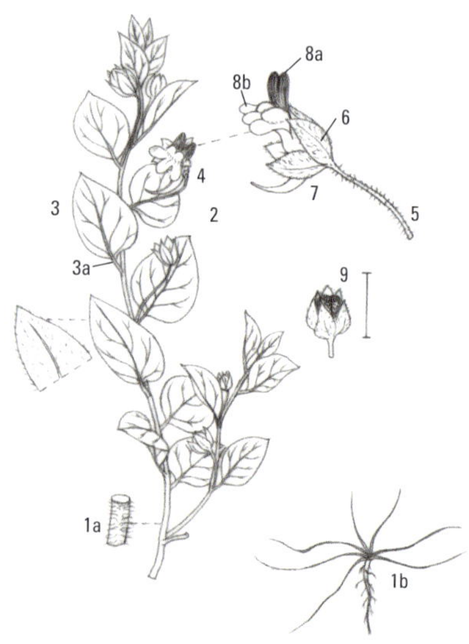

**235** ⊗ Senecio inaequidens, Asteraceae

## Schmalblättriges Greiskraut

mehrjährig | 6–11 | 0,6 m

Trocken-warme Standorte an Straßenrändern, Bahnanlagen und Schuttplätzen. Starke Ausbreitungstendenz. ❀ Gewöhnlicher Beifuß [745], Pfeilkresse [272], Raukenblättriges Greiskraut [693].

▸1 Stängel gerillt (a), bereits von der Basis an verzweigt und zahlreich beblättert. ▸2 Wechselständige Anordnung der Blätter am Stängel. ▸3 **Blätter ungeteilt, sehr schmal länglich, bis 7 cm lang und nur bis etwa 4 mm breit.** ▸4 Blattränder häufig kurz gezähnt und umgerollt, dadurch scheinbar (oder tatsächlich) ganzrandig. ▸5 Blütenköpfchen einzeln und endständig an langen Zweigen eines rispenartigen Gesamtblütenstandes. ▸6 Durchmesser der Blütenköpfchen bis 2,5 cm. ▸7 Hülle der Köpfchen mit vielblättriger Außenhülle. ▸8 Blüten gelb, mit einem die Röhrenblüten umgebenden Kranz von 12–15 Zungenblüten. ▸9 Früchte mit Haarkranz.

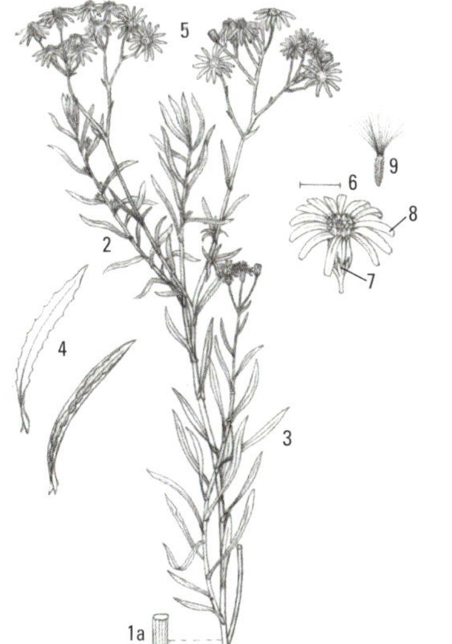

**236** Symphyotrichum novae-angliae, Asteraceae

## Raublatt-Herbstaster (Aster novae-angliae)

mehrjährig | 9–11 | 1,6 m

Feucht-nährstoffreiche Standorte im Saum von Auenwäldern und in Hochstaudenfluren der Bäche. ❀ Gewöhnliche Zaunwinde [290], Echtes Mädesüß [703], Große Brennnessel [296].

▸1 Pflanze mit Ausläufern. ▸2 Stängel kräftig, oben verzweigt und dicht behaart (a). ▸3 Die länglichen, ganzrandigen, **behaarten Blätter mit herzförmiger Basis den Stängel umfassend.** ▸4 **Blütenköpfe** zahlreich, bis 4 cm im Durchmesser, **rosa bis purpurn** gefärbt. ▸5 Blütenhülle behaart, bis 1 cm lang. ▸6 **Die dicht behaarte Frucht mit bräunlich gefärbtem Haarkranz.**

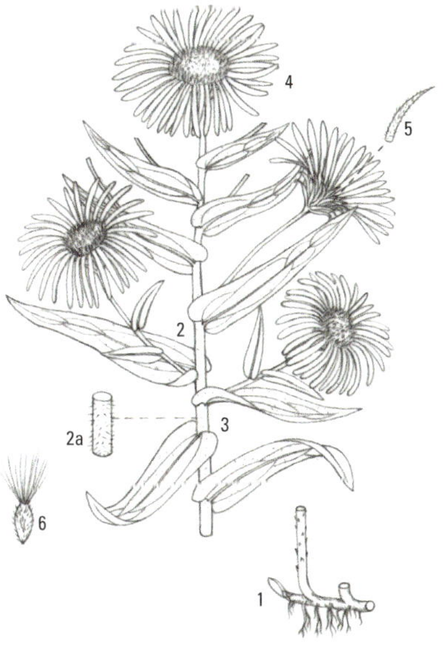

**237** Symphyotrichum novi-belgii agg., Asteraceae

## Neubelgien-Herbstaster (Artengruppe)

(Aster novi-belgii agg.) mehrjährig | 8–10 | 1,5 m

In Gärten kultiviert und auf nährstoffreichen, lehmigen Böden in Hochstaudenfluren an Ufern, Bahndämmen und Schuttplätzen verwildert. ❀ Gewöhnliche Zaunwinde [290], Kanadisches Berufkraut [341], Riesen-Goldrute [375].

▸1 Pflanze mit Ausläufern. ▸2 Stängel kahl oder kurz behaart, oben verzweigt, mit wechselständig angeordneten Blättern. ▸3 **Blätter kahl**, schmal-länglich bis schmal-eiförmig, vorne zugespitzt. ▸4 Blattränder ganzrandig oder schwach gezähnt. ▸5 **Blattbasis mit schmalen Öhrchen den Stängel halb umfassend.** ▸6 Die zahlreichen Blütenköpfe rispenartig angeordnet. ▸7 Hülle der Köpfchen mit bis 9 mm langen Hüllblättern. ▸8 **Blütenköpfchen aus meist blauvioletten Zungenblüten (a) und gelben Röhrenblüten (b) bestehend.** ▸9 **Frucht mit kurzem, weißem Haarkranz.**

**238** Prenanthes purpurea, Asteraceae

## Purpur-Hasenlattich

mehrjährig | 7–8 | 1,8 m

Vorzugsweise kalkarme Standorte in Buchen- und Fichtenmischwäldern, Schluchten und Hochstaudenfluren. ❀ Gewöhnlicher Mauerlattich [731], Ährige Teufelskralle [281], Quirl-Weißwurz [129], Heidelbeere [185].

▸1 Stängel reich verzweigt. ▸2 Blätter länglich, dünn, kahl, vor allem unterseits graugrün gefärbt (a). ▸3 Obere Blätter ungeteilt. ▸4 **Untere Blätter mit stark vergrößertem Endlappen** (a) und kleineren Blattabschnitten in der unteren Hälfte (b). ▸5 Blattrand des Endlappens gezähnt. ▸6 **Blattbasis den Stängel öhrchen- bis pfeilförmig umfassend.** ▸7 Gesamtblütenstand eine lockere Rispe. ▸8 **Blütenköpfchen nickend (a), zahlreich, mit jeweils 2–5 zungenförmigen, violett gefärbten Blüten (b).** ▸9 Hülle der Blütenköpfchen bis 13 mm lang. ▸10 Frucht mit weißem Haarkranz.

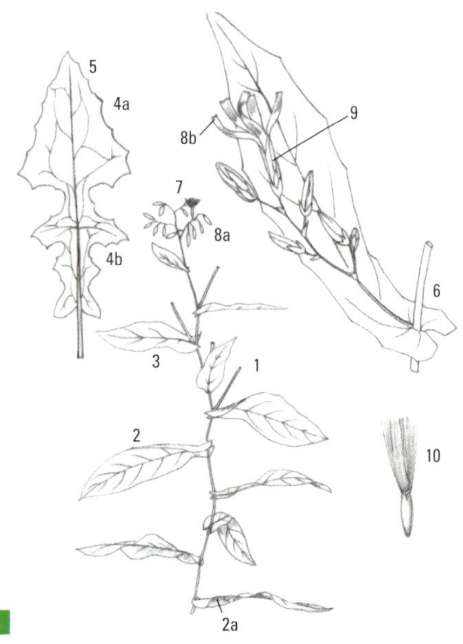

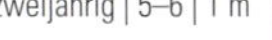

**239** Isatis tinctoria, Brassicaceae

## Färber-Waid

zweijährig | 5–6 | 1 m

Sonnig-trockene Standorte, z. B. an Uferdämmen, Mauern, Felsen und Straßenböschungen sowie in Trocken- und Pionierrasen. Färber-Hundskamille [691], Gewöhnlicher Natternkopf [358], Feinstrahl-Berufkraut [357], Weiße Fetthenne [415].

**Pflanze blaugrün.** ▶1 Stängel aufrecht, beblättert, oben verzweigt. ▶2 Form der Blätter schmal-oval. ▶3 Blätter den Stängel mit spitzen Zipfeln umfassend. ▶4 Blattrand glatt oder nur mit schwachen Buchten. ▶5 Anordnung der zahlreichen, vierblättrigen Blüten in traubigen Teilblütenständen. ▶6 Kronblätter gelb, an der Spitze meist abgerundet. ▶7 **Früchte hängend, (meist) einsamig, sich schwarz verfärbend.** ▶8 Fruchtstiele bis 8 mm lang, dünn, an der Spitze keulig verdickt.

**240 !** Asplenium scolopendrium, Aspleniaceae

## Hirschzunge (Phyllitis scolopendrium)

mehrjährig | 7–9 | 0,4 m

Schattig-luftfeuchte oder sickerfeuchte, oft kalkreiche Standorte in Schlucht- und Blockwäldern, an beschatteten Felsen, Mauern und Blockhalden sowie in Brunnenschächten. Stinkender Storchschnabel [655], Großes Springkraut [478], Ausdauerndes Bingelkraut [467].

▶1 Anordnung der bis etwa 60 cm langen, erst aufrecht wachsenden, dann überhängenden Blätter, in einer grundständigen Rosette. ▶2 **Blätter zungenförmig, fest, schwach glänzend, ungeteilt, ganzrandig.** ▶3 Blattränder etwas wellig. ▶4 Blattbasis herzförmig eingebuchtet. ▶5 Blattstiele dicht mit Spreuhaaren besetzt. ▶6 **Blattunterseiten zur Fruchtzeit mit schräg zur Mitte verlaufenden, langen, braunen Sporengefäßen (Sori).**

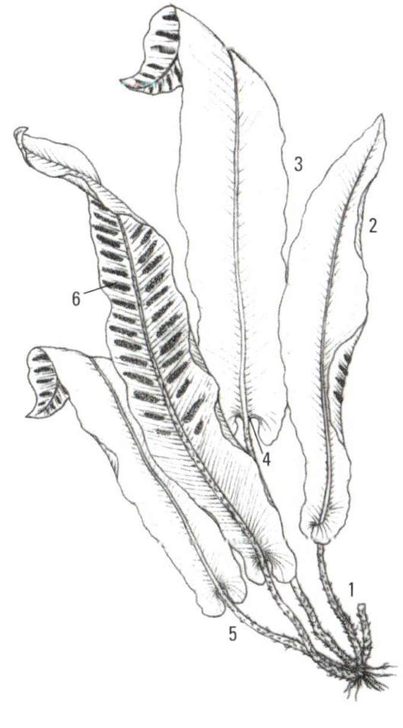

**241** Veronica anagallis-aquatica agg., Plantaginaceae

## Blauer Wasser-Ehrenpreis (Artengruppe)

einjährig | 5–8 | 0,7 m

Nährstoffreiche, zeitweise überflutete Standorte im Röhricht von Bächen und Gräben. ❀ Gewöhnliche Brunnenkresse [724], Gewöhnliches Schilf [13], Flügel-Braunwurz [462].

▸1 Stängel aufrecht, hohl, undeutlich vierkantig, wie die Blätter kahl. ▸2 Kreuz-gegenständige Anordnung der Blätter am Stängel, die oberen sitzend (a), die unteren kurz gestielt (b). ▸3 **Blätter länglich bis schmal eiförmig, bis 3 cm breit und bis 12 cm lang.** ▸4 Blattränder schwach gesägt bis gezähnt oder auch ganzrandig. ▸5 Blüten und Früchte in reichhaltigen Trauben. ▸6 Die bis 8 mm breite, radförmig ausgebreitete Blütenkrone hell- bis violettblau und dabei dunkler geadert. ▸7 Frucht eine lang gestielte, kugelige, bis 4 mm breite Kapsel. ▸8 **Fruchtstiele in der Mehrzahl schräg aufwärts gerichtet.**

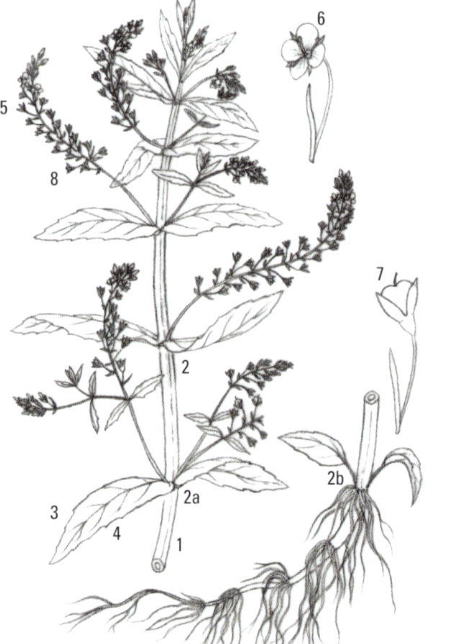

**242** ✚ Anchusa officinalis, Boraginaceae

## Gebräuchliche Ochsenzunge

mehrjährig | 5–9 | 0,8 m

An trockenen Acker- und Wegrändern, in Weinbergen, auf Trockenrasen, an Hecken, Brachen und sonstigen Ruderalstellen. ❀ Gewöhnliche Möhre [782], Gewöhnliches Bitterkraut [384], Gelbe Resede [744].

▸1 Kräftige, nur wenig verzweigte Pfahlwurzel. ▸2 Stängel aufrecht, behaart, reich beblättert. ▸3 Blätter an der Stängelbasis bis etwa 20 cm lang, zur Stängelspitze hin an Größe stetig abnehmend. ▸4 Form der rau behaarten Blätter länglich, schmal und oben zugespitzt. ▸5 Anordnung der Blüten sowohl an der Spitze der Pflanze, als auch an langen Stielen den Blattachseln entspringend. ▸6 **Blütenkrone rot- bis blauviolett**, bis 1 cm lang. ▸7 Im Inneren der Blütenkrone 5 weiße, samtige Schlundschuppen. ▸8 Frucht ein runzeliges Nüsschen.

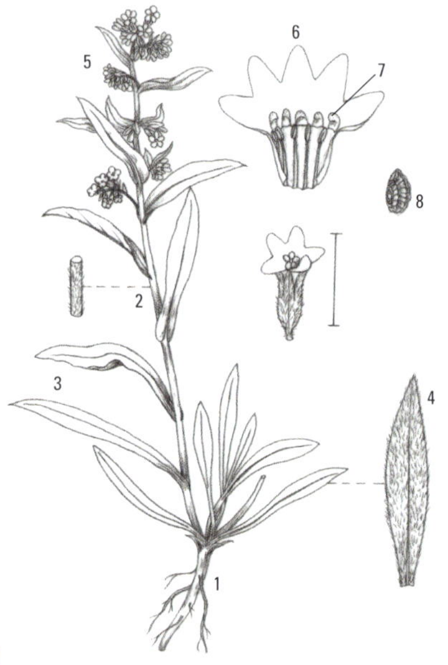

**243** Inula salicina, Asteraceae

## Weidenblättriger Alant

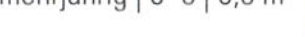

mehrjährig | 6–8 | 0,8 m

An hellen, kalkreichen Gebüschsäumen und Waldrändern, in Magerrasen und an Böschungen. ❀ Gewöhnlicher Natternkopf [358], Feinstrahl-Berufkraut [357], Sibirische Schwertlilie [20], Gewöhnliches Pfeifengras [5].

▸1 **Wurzelstock kriechend, an den Knoten neue Stängel treibend.** ▸2 Stängel aufrecht, beblättert und im Gegensatz zum ähnlichen **Weidenblatt-Rindsauge [394] kahl (a) oder an der Basis nur wenig behaart (b).** ▸3 Wechselständige Anordnung der Blätter am Stängel. ▸4 Blätter glänzend dunkelgrün, länglich, unterseits mit erhabenen Adern. ▸5 **Blattbasis vor allem der oberen Blätter den Stängel leicht umfassend.** ▸6 Blütenköpfe locker doldenartig angeordnet oder einzeln. ▸7 Die goldgelben Blütenköpfchen bis 4 cm breit. ▸8 **Hüllblätter am Rande mit Wimpern, oben spitz und umgebogen.** ▸9 **Zungenblüten im Unterschied zum ähnlichen Weidenblatt-Rindsauge [394] nur etwa 1 mm breit.** ▸10 **Früchte mit langem Haarkranz,** schwach gerippt und kahl.

**244** Stachys palustris, Lamiaceae

## Sumpf-Ziest

mehrjährig | 6–9 | 1 m

Feuchte oder wechselfeuchte, nährstoffreiche Standorte in Staudenfluren an Ufern, Gräben und Wegen sowie in Nasswiesen und auf Äckern. ❀ Echtes Mädesüß [703], Gelbe Wiesenraute [763].

▸1 **Pflanze mit unterirdischen Ausläufern.** ▸2 Stängel aufrecht, vierkantig, meist **zumindest an den Kanten kurz behaart.** ▸3 **Die** gegenständig und **sitzend oder nur sehr kurz gestielt am Stängel angeordneten Blätter in der Form länglich bis schmal dreieckig.** ▸4 Anordnung der Blüten in quirlartigen, vier- bis sechsblütigen Teilblütenständen. ▸5 Blütenkelch ohne deutlich hervortretende Nervatur, oft purpurn überlaufen, bis 1 cm lang. ▸6 Blütenkrone purpurfarben bis rotviolett, bis annähernd 2 cm lang. ▸7 Die auf hellem Grund purpur gezeichnete Unterlippe (a) annähernd doppelt so lang wie die Oberlippe (b). ▸8 Teilfrucht ein bis 2 mm langes, glänzend dunkelbraunes Nüsschen, aus einer vierteiligen Frucht entstammend.

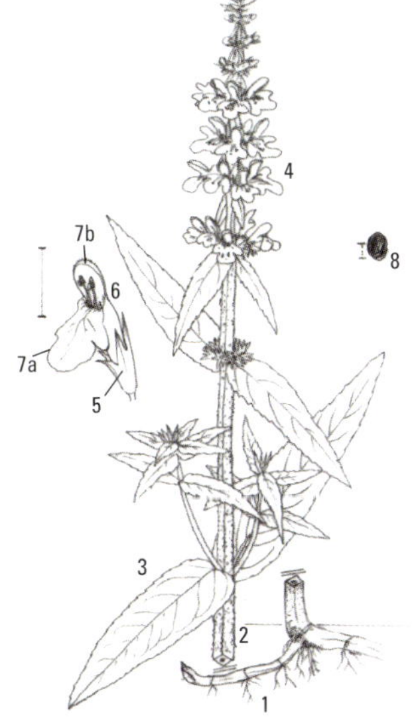

**245** 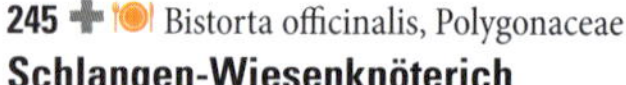 Bistorta officinalis, Polygonaceae

## Schlangen-Wiesenknöterich

(Wiesen-Knöterich, Persicaria bistorta, Polygonum bistorta)

mehrjährig | 5–7 | 1 m

In Nass- und Feuchtwiesen, Hochstaudenfluren, Auenwäldern und an Ufern. ❀ Kohl-Kratzdistel [547], Echtes Mädesüß [703], Sumpf-Hornklee [615].

▸1 Rhizom waagrecht, kräftig und gekrümmt. ▸2 Stängel aufrecht, unverzweigt. ▸3 Untere Blätter lang gestielt. ▸4 Blattfläche oberseits dunkelgrün, unterseits blaugrün, bis 20 cm lang. ▸5 **Blattrand wellig gebogen.** ▸6 Stängelblätter kurz gestielt oder am Stängel ansitzend. ▸7 **Blütenstand zylindrisch, endständig.** ▸8 Staubblätter aus der rötlich-weißen Blüte herausragend. ▸9 Frucht eine scharf dreikantige, im Durchmesser bis 0,5 cm große Nuss.

**246 !** Rhinanthus serotinus, Orobanchaceae

## Großer Klappertopf

(Rhinanthus major, Rhinanthus angustifolius)

einjährig | 5–10 | 0,5 m

In feuchten Wiesen auf meist kalkreichen Böden. ❀ Kohl-Kratzdistel [547], Bach-Nelkenwurz [730], Großer Wiesenknopf [706].

▸1 Pflanze nicht oder nur wenig behaart. Stängel oft schwarz oder grün gestrichelt. ▸2 Kreuzgegenständige Anordnung der Blätter am Stängel, alle Blätter stängelständig. ▸3 Blätter länglich, Blattränder gezähnt. ▸4 **Zähne der Tragblätter nach oben hin kleiner werdend.** ▸5 Blütenkrone hellgelb, bis etwa 2 cm lang. ▸6 Kronröhre am Rücken aufwärts gebogen. ▸7 **Oberlippe mit 2 rechtwinklig abstehenden, bis 2 mm langen, bläulichen Zähnen. Zähne länger als breit.** ▸8 Frucht eine wenigsamige Kapsel.

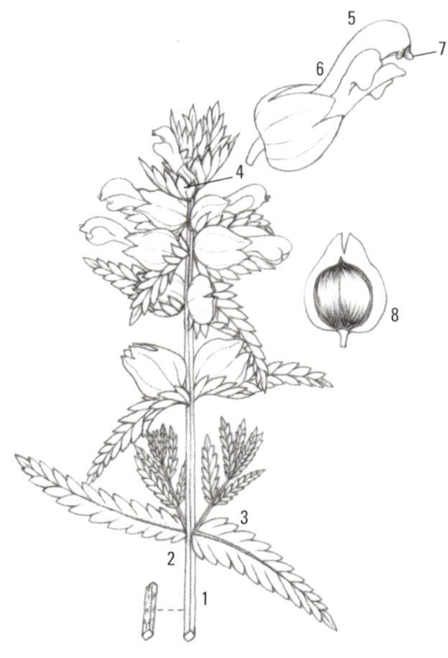

**247** Rhinanthus alectorolophus, Orobanchaceae

## Zottiger Klappertopf

einjährig | 5–9 | 0,6 m

In mageren Wiesen und Rasen häufig kalkreicher Böden, seltener in Getreideäckern. ❀ Wiesen-Witwenblume [548], Wiesen-Salbei [182], Wiesen-Primel [160].

▸1 **Stängel vor allem im oberen Bereich dicht-zottig behaart.** ▸2 Versetzt gegenständige Anordnung der Blätter am Stängel, alle Blätter stängelständig. ▸3 Blätter länglich, vor allem auf den Nerven der Blattunterseiten dicht behaart. ▸4 Blattränder kerbig gezähnt. ▸5 **Zähne der rhombisch geformten Tragblätter im Unterschied zu anderen Klappertopf-Arten alle von gleicher Länge, oder die oberen Zähne nur wenig kürzer als die unteren.** ▸6 **Blütenkelch abgeflacht, bauchig.** ▸7 **Blütenkrone** hellgelb, bis etwa 2 cm lang, **aufwärts gebogen.** ▸8 **Blütenoberlippe** helmartig, beiderseits mit einem blauen, violetten oder weißen, **bis etwa 2 mm langen, abstehenden Zahn (a).** ▸9 Frucht eine wenigsamige Kapsel.

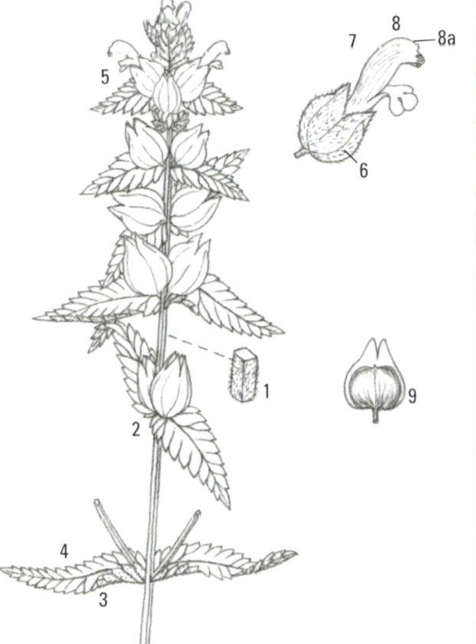


**248** Lepidium campestre, Brassicaceae

## Feld-Kresse

einjährig | 6–8 | 0,6 m

Trittgefährdete Standorte der Wege und Wegränder, Dämme sowie Hafen- und Bahnanlagen. ❀ Gewöhnliches Hirtentäschel [541], Echter Vogelknöterich [424], Wege-Rauke [546].

▸1 Stängel der behaarten Pflanze aufrecht, dicht beblättert, oben verzweigt. ▸2 Blätter an der Basis gestielt, in der Form länglich, am Rande glatt (a) oder tief eingeschnitten (b). ▸3 **Obere Blätter mit pfeilförmiger Basis den Stängel umfassend.** ▸4 Blüte mit 4 weißen, bis 3 mm langen Kronblättern. ▸5 Kelchblätter länglich eiförmig, am Rande weiß hautrandig. ▸6 Wie für die Pflanzenfamille der Kreuzblütler typisch, 4 längere und 2 kürzere Staubblätter. ▸7 Frucht dicht mit Bläschen bedeckt. ▸8 An der Spitze der Frucht ein kurzer Griffel.

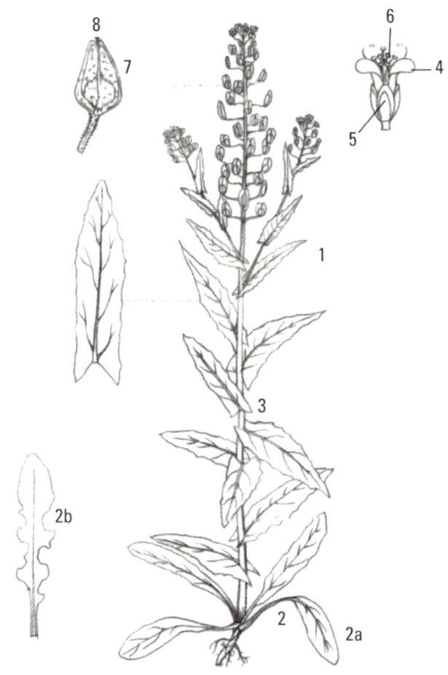

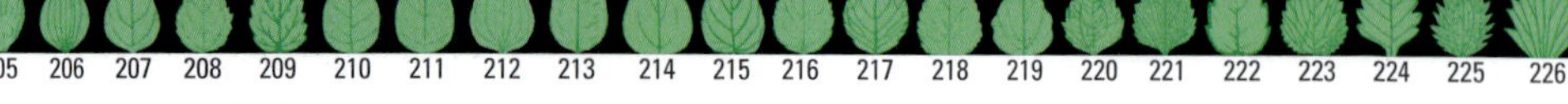

**249** ! ✚ Camelina sativa agg., Brassicaceae

## Saat-Leindotter (Artengruppe)

einjährig | 5–6 | 1 m

Warm-trockene, nährstoffreiche Standorte an Schuttplätzen, auf Ödland und Äckern; die Unterart C. sativa heute nur noch selten als Ölfrucht angebaut und von dort verwildert. ❀ Große Klette [317], Gewöhnlicher Beifuß [745], Wege-Rauke [546].

▸1 Wuchs aufrecht, oben etwas verzweigt. ▸2 Stängel kahl oder durch Behaarung rau. ▸3 Blätter je nach Unterart unterschiedlich stark behaart bis fast kahl. ▸4 Grundblätter gestielt. ▸5 Die dicht und wechselständig stehenden, ungestielten, länglichen **Stängelblätter mit pfeilförmigem Grund den Stängel umfassend.** ▸6 Blüten- und Fruchtstand reichhaltig. ▸7 **Kelchblätter fast so lang wie die meist hellgelben Blütenkronblätter.** ▸8 Frucht ein birnförmiges, bis etwa 8 mm langes Schötchen mit einem **verlängerten Griffel** an der Spitze.

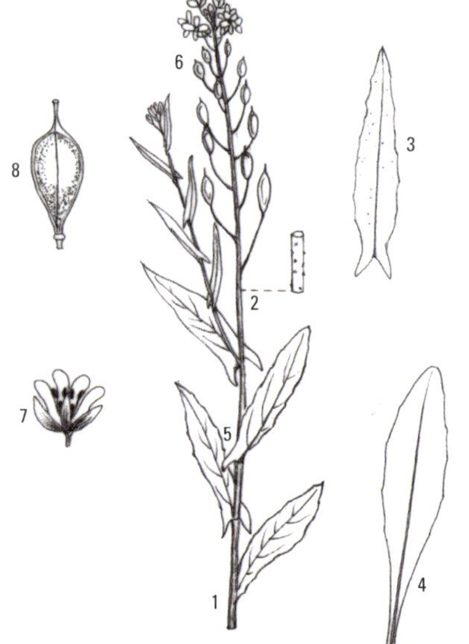

**250** Cerastium arvense, Caryophyllaceae

## Acker-Hornkraut

mehrjährig | 4–7 | 0,3 m

Basenreiche Standorte in lückigen Pionier- und Trockenrasen sowie an Böschungen, Wegen und Weinbergmauern. ❀ Acker-Winde [289], Gewöhnliche Quecke [10], Zypressen-Wolfsmilch [342].

▸1 Stängel zu mehreren, aufsteigend, behaart. ▸2 Die gegenständig angeordneten, bis 25 mm langen **Blätter schmal länglich und mit zusätzlichen Blattbüscheln in den Blattwinkeln.** ▸3 Blüten zu 3–15 doldenartig vereint. ▸4 Tragblätter breit hautrandig, behaart. ▸5 Kelchblätter mit häutigem Rand. ▸6 Kronblätter weiß, im oberen Viertel gespalten. ▸7 Fruchtkapsel bis doppelt so lang wie der Kelch.

**251 !** Neslia paniculata, Brassicaceae

## Gewöhnlicher Finkensame

einjährig | 5–7 | 0,8 m

Pionierstandorte auf nährstoffreichen, lehmigen Äckern und Böschungen. ❀ Hundspetersilie [784], Klatsch-Mohn [743], Acker-Senf [556], Wildes Stiefmütterchen [461].

▸1 Stängel aufrecht, oben meist verzweigt. ▸2 **Blätter und Stängel durch Behaarung rau.** ▸3 Blattstellung wechselständig. ▸4 Blätter länglich, ungeteilt, mehr oder weniger ganzrandig (a), **vor allem die oberen mit pfeilförmigem Grund** (b). ▸5 Vielzählige Blüten- und Fruchttrauben. ▸6 **Blüten und Früchte auf bis 5 mm langen, abstehenden Stielen.** ▸7 Blüte mit 4 hautrandigen Kelchblättern (a), 4 Kronblättern (b), 6 Staubblättern (c) (4 lang, 2 kurz). ▸8 Blütenkronblätter goldgelb, etwas länger als die Kelchblätter. ▸9 Frucht ein **kugeliges Schötchen.**

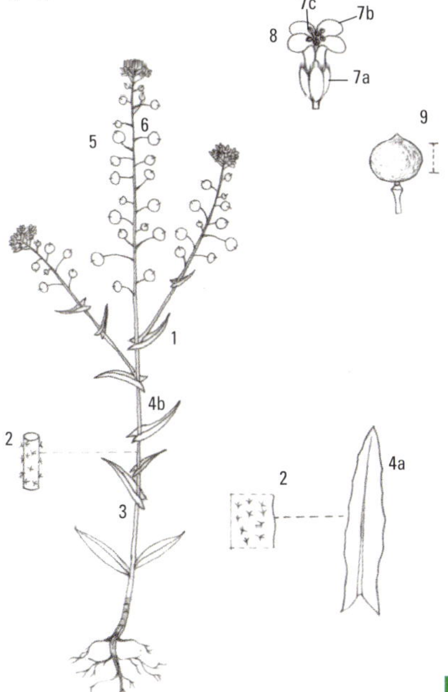

**252** Anchusa arvensis, Boraginaceae

## Acker-Ochsenzunge

einjährig | 5–7 | 0,5 m

Auf kalkarmen, sandigen Böden in Weinbergen, auf Äckern, Ödland und Ruderalstellen. ❀ Acker-Hundskamille [787], Einjähriger Knäuel [122], Acker-Spergel [49].

▸1 Stängel mit Borstenhaaren besetzt, fleischig, kantig und dicht beblättert. ▸2 Wechselständige Anordnung der Blätter am Stängel. ▸3 Blätter schmal, bis 15 cm lang und 2 cm breit, borstig behaart. ▸4 Blattrand wellig und buchtig gezähnt. ▸5 Blattbasis den Stängel kurz umfassend. ▸6 Blütenstände end- und seitenständig, aus zahlreichen Blüten zusammengesetzt. ▸7 **Blütenkelch fast bis zum Grunde in borstig behaarte Zipfel geteilt.** ▸8 **Blütenkrone auf etwa halber Länge knieförmig gebogen, Farbe hell- bis himmelblau.** ▸9 Weiße Schlundschuppen vor der gekrieten Röhre. ▸10 Frucht-Nüsschen feinwarzig, mit deutlichen Rippen.

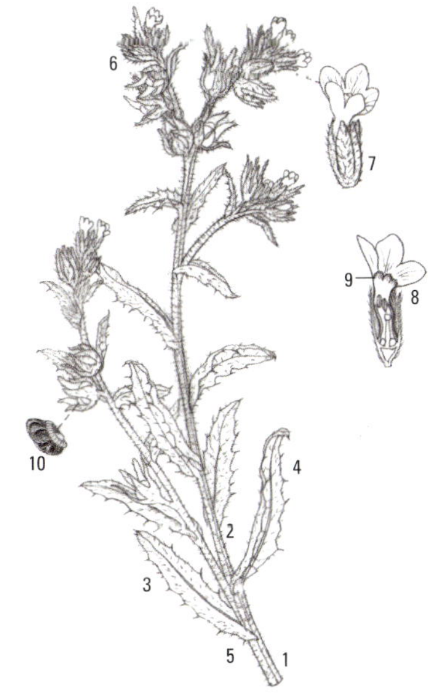

**253** !! Gentianella germanica, Gentianaceae
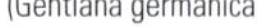

## Deutscher Kranzenzian

(Gentiana germanica) ein- bis zweijährig | 9–10 | 0,4 m

Sonnig-trockene Standorte in Kalk-Magerrasen und Schafweiden. ❀ Große Eberwurz [519], Hufeisenklee [712], Wiesen-Primel [160], Tauben-Skabiose [699].

▸1 Stängel mit aufstrebenden Zweigen, häufig rot überlaufen. ▸2 **Grundblätter verkehrt eiförmig, zur Blütezeit meist schon abgestorben.** ▸3 Stängelblätter länglich-eiförmig, oben spitz. ▸4 Blüte meist fünfzählig. ▸5 **Blütenkrone** bis etwa 3 cm lang, trichterförmig, **rotviolett**. ▸6 Schlund der Blütenkrone stark bärtig. ▸7 Fruchtkapsel deutlich gestielt und schmal-länglich geformt.

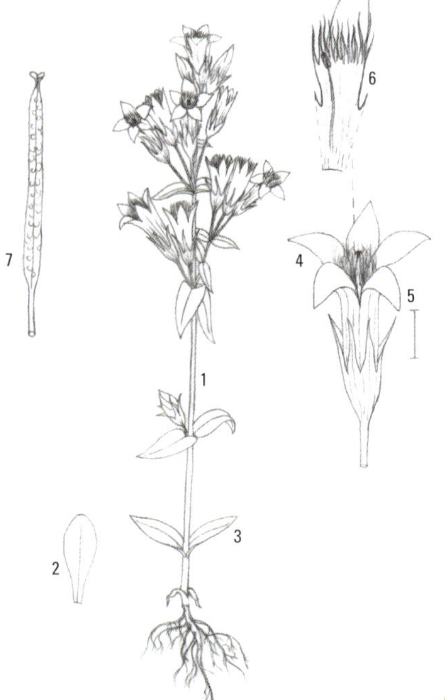

**254** ✚ Pulicaria dysenterica, Asteraceae

## Großes Flohkraut

mehrjährig | 7–8 | 0,6 m

Feucht-nasse Standorte in Auenwäldern, an Ufern, Gräben, Wegen und in moorigen Wiesen. ❀ Gewöhnlicher Wasserdost [632], Ross-Minze [146], Kriechender Hahnenfuß [637].

▸1 Grüne Pflanzenteile dicht wollig behaart. ▸2 Stängel aufrecht, verzweigt und blattreich. ▸3 Blätter länglich-eiförmig, weich, am Rande wellig. ▸4 **Vor allem die Blattunterseiten weiß- bis graufilzig behaart.** ▸5 Stängelblätter mit herzförmiger Basis den Stängel umfassend. ▸6 Die zahlreichen, bis 3 cm breiten Blütenköpfchen in einem verzweigten Gesamtblütenstand angeordnet. ▸7 Hülle der Blütenköpfchen vielreihig, behaart. ▸8 Hüllblätter lang zugespitzt. ▸9 **Blüten goldgelb**, die Zungenblüten (a) deutlich länger als die Röhrenblüten (b). ▸10 Frucht behaart, mit zweireihigem, bis 3 mm langem Haarkranz.

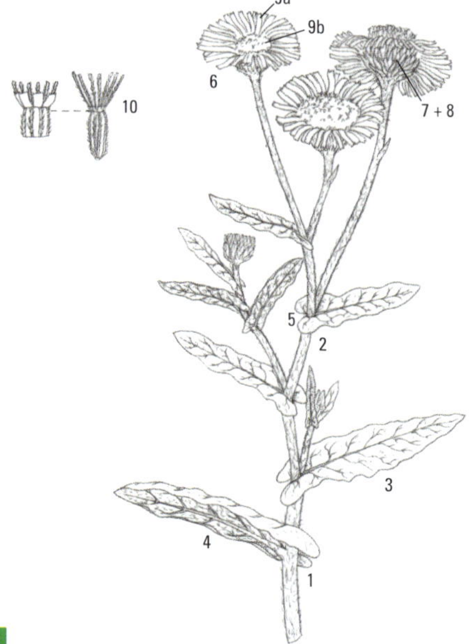

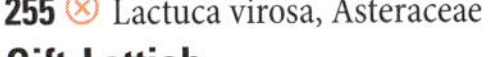

**255** ⊗ Lactuca virosa, Asteraceae

## Gift-Lattich

ein- bis zweijährig | 7–8 | 1,5 m

Trocken-warme Plätze an Weg- und Gebüschrändern, in Kiesgruben und auf Schuttplätzen. ❀ Kompass-Lattich [524], Gewöhnliches Leinkraut [52], Kanadische Goldrute [374].

Pflanze mit Mohnduft. ▸1 Stängel aufrecht, oben verzweigt, oft rötlich überlaufen. ▸2 **Blattstellung im Unterschied zum Kompass-Lattich [524] nahezu waagrecht.** ▸3 Blätter bläulich-grün, steif, auf der Fläche kahl. ▸4 Blatt-Mittelnerv vor allem unterseits stachelig. ▸5 Blattrand fein gezähnt. ▸6 Blätter bisweilen am Rande buchtig gelappt. ▸7 Stängelblätter mit herz- bis pfeilförmigem Grund dem Stängel ansitzend. ▸8 Blätter der Blütenhülle kahl, blaugrün, mit weißem Rand und roter Spitze. ▸9 Blüten hellgelb, zungenförmig, länger als die Hülle. ▸10 **Früchte dunkel**, gerippt (a), mit weißlichem Schnabel (b) und schneeweißem Haarkranz (c).

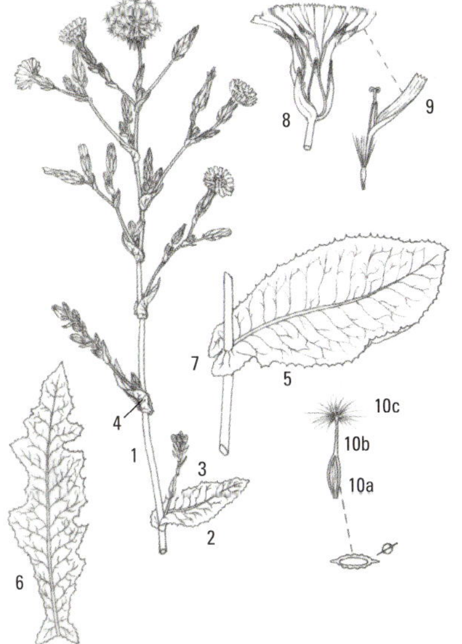

**256** ✚ 🍽 Thlaspi arvense, Brassicaceae

## Acker-Hellerkraut

ein- bis zweijährig | 5–7 | 0,5 m

Nährstoffreiche Standorte auf lehmigen oder tonigen Böden an Äckern und Schuttplätzen. ❀ Hundspetersilie [784], Klatsch-Mohn [743], Persischer Ehrenpreis [229].

Pflanze riecht schwach nach Lauch. ▸1 Stängel aufrecht, kantig, oben verzweigt, mit wechselständig angeordneten Blättern. ▸2 Blattform länglich, Blattlänge bis 6 cm. ▸3 **Obere und mittlere Stängelblätter mit pfeilförmigem Grund den Stängel umfassend (a)**, untere Blätter gestielt (b). ▸4 Blattränder ganzrandig oder mehr oder minder stark gezähnt. ▸5 Blütenstand aus reichblütigen, endständigen Trauben zusammengesetzt. ▸6 Blüte mit 4 abstehenden Kelchblättern (a), 4 weißen, bis 5 mm langen Kronblättern (b) und 6 Staubblättern mit gelben Staubbeuteln (c). ▸7 **Frucht ein flaches, kreis- bis eiförmiges, kurz gestieltes, am Rande breit geflügeltes Schötchen.** ▸8 **Griffel von den Fruchtflügeln weit überragt.**

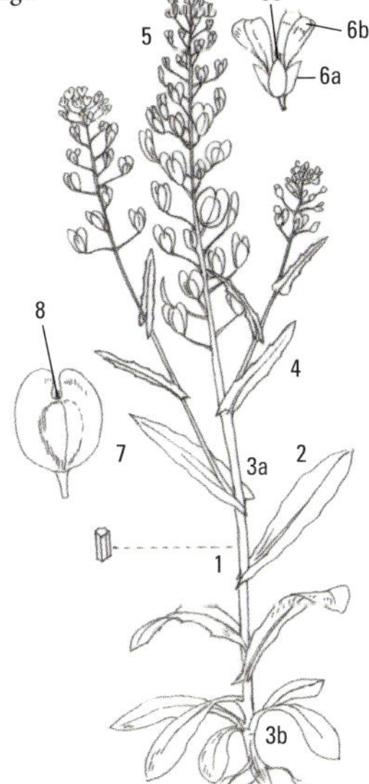

**257** ✚ Hypericum montanum, Hypericaceae
**Berg-Hartheu** (Berg-Johanniskraut)

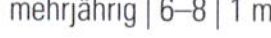

mehrjährig | 6–8 | 1 m

Auf Waldlichtungen, an Waldrändern, lichten Gebüschen und in Wäldern. ❀ Wald-Labkraut [443], Blut-Storchschnabel [657], Gewöhnlicher Dost [203].

▸1 **Stängel** meist zu mehreren, aufrecht, rund und kahl. ▸2 Blätter am Stängel sitzend angeordnet (a), eiförmig, bis 6 cm lang. ▸3 **Blattrand schwarz punktiert**, ganzrandig. ▸4 Blätter (a) meist kürzer als die Stängelglieder (b). ▸5 Blütenstand doldenartig und wenigblütig. ▸6 Blütenkrone blassgelb, ohne dunkle Drüsen. ▸7 Kronblätter (a) etwa doppelt so lang wie die Kelchblätter (b). ▸8 Frucht eine eiförmige, längsgestreifte Kapsel.

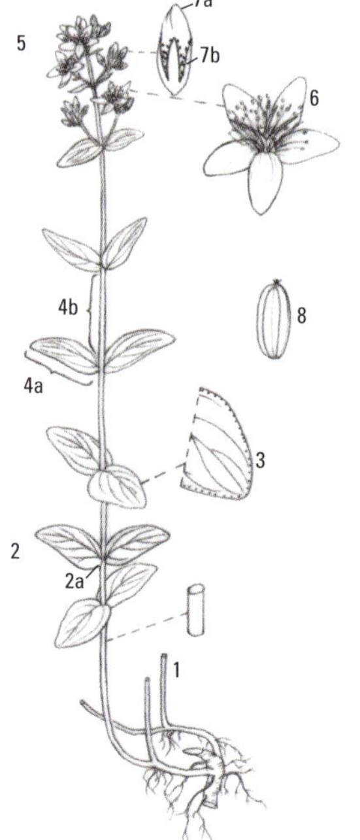

**258** Noccaea montana, Brassicaceae
**Berg-Täschelkraut** (Thlaspi montana)

mehrjährig | 4–5 | 0,25 m

Sonnig-trockene, meist kalkhaltige Standorte in lichten Wäldern, Säumen und Halbtrockenrasen. ❀ Steinbeere [631], Ästige Graslilie [23].

▸1 Grundachse ausläuferartig verzweigt, mehrere Blattrosetten bildend. ▸2 Stängel aufrecht und unverzweigt. ▸3 Blätter bis etwa 4 cm lang, ei- bis spatelförmig, ganzrandig, kahl. ▸4 Stängelblätter zu 3–8, sitzend, an der Basis herzförmig geöhrt. ▸5 Untere Blätter gestielt. ▸6 Blütenstand eine reichblütige, erst halbkugelige, später sich streckende Traube. ▸7 Kelchblätter weißhäutig berandet. ▸8 **Kronblätter weiß, bis 8 mm lang.** ▸9 Die 6 Staubblätter viel kürzer als die Kronblätter, an der Spitze mit gelben Staubbeuteln. ▸10 Fruchtstiele ähnlich lang wie die Schötchen. ▸11 **Griffel bis 2 mm lang, die Ausrandung des Schötchens deutlich überragend.**

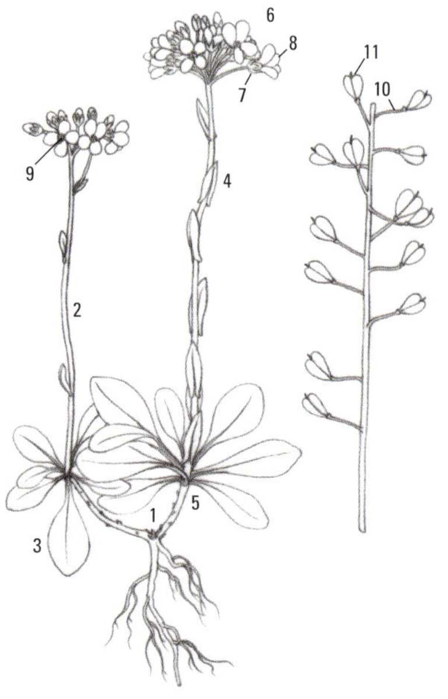

**259** Linaria genistifolia, Plantaginaceae

## Ginsterblättriges Leinkraut

mehrjährig | 6–10 | 1,2 m

Sonnig-kalkhaltige Standorte auf Flussschotter, Felsen und menschlich überprägten Trocken- und Pionierrasen. ❀ Graukresse [391], Gewöhnlicher Natternkopf [358], Gewöhnliche Quecke [10].

▸1 Pflanze im oberen Teil verzweigt, kahl, blaugrün bereift. ▸2 **Blätter ungeteilt, etwas fleischig, eiförmig, zugespitzt.** ▸3 Blüten in schlanken, reichhaltigen Trauben. ▸4 Blütenkrone helmförmig, zweilippig, zitronengelb, ohne Sporn bis etwa 1 cm lang. ▸5 Oberlippe der Blüte aufrecht, gespalten. ▸6 Blütensporn gerade, bis 1 cm lang. ▸7 Fruchtkapsel so lang wie der Kelch oder nur unwesentlich länger. ▸8 Same ungeflügelt, dreikantig.

**260** ✚✚ Calluna vulgaris, Ericaceae

## Heidekraut (Besenheide, Erica vulgaris)

Zwergstrauch | 8–9 | 1 m

Lichtreiche und saure Standorte in Heiden, Mooren, auf Felsen und in Eichen- und Kiefernwäldern. ❀ Rippenfarn [666], Gewöhnliches Pfeifengras [5], Heidelbeere [185].

▸1 Pflanze bereits an der Basis reich verzweigt. ▸2 **Triebe bogig aufsteigend, bei Bodenkontakt wurzelnd.** ▸3 Basis der Triebe verholzend, bis 1 cm stark. ▸4 Gegenständige und vierreihige Anordnung der Blätter. ▸5 **Blätter immer grün, schuppenartig,** bis 4 mm lang. ▸6 **Blüten** traubig und **einseitswendig an den Ästen** ausgerichtet. ▸7 Aus 4 Hochblättern zusammengesetzter grüner Außenkelch.
▸8 Die violettroten Blüten aus 4 Kelch-, 4 Kron- und 8 Staubblättern zusammengesetzt. ▸9 Violettfarbener Kelch (a) bis doppelt so lang wie die Krone (b). ▸10 Frucht eine kugelige, mit Haaren besetzte Kapsel.

10 7 6 8 5 9a 9b 4 3 1 2

**261** Persicaria amphibia, Polygonaceae

## Wasser-Knöterich (Polygonum amphibium)

mehrjährig | 7–10 | 0,6 m, L 2 m

In Nasswiesen und flachen Gewässern, hierbei oft in Seerosen- und Röhrichtgesellschaften. Weiße Seerose [339], Quirl-Tausendblatt [676], Schwimmendes Laichkraut [191].

**Pflanze mit Wasser- und Landformen.** ▸1 Stängel der Landform bogig aufsteigend. ▸2 Stängel der Wasserform auf der Wasseroberfläche schwimmend. ▸3 Blätter gestielt, ganzrandig, glatt, bis 25 cm lang. ▸**4 Blattstiele oberhalb der Mitte der Blattscheiden angeordnet.** ▸5 Blattgrund breit abgerundet bis schwach herzförmig. ▸6 Der endständige Blütenstand bis 5 cm lang, zylindrisch und ährenartig. ▸7 Blütenhülle rosarot, bis 4 mm lang. ▸8 Die 5 Staubblätter aus der Blütenhülle herausragend. ▸9 Frucht eine bis 4 mm lange, glänzende, scharfkantige Nuss.

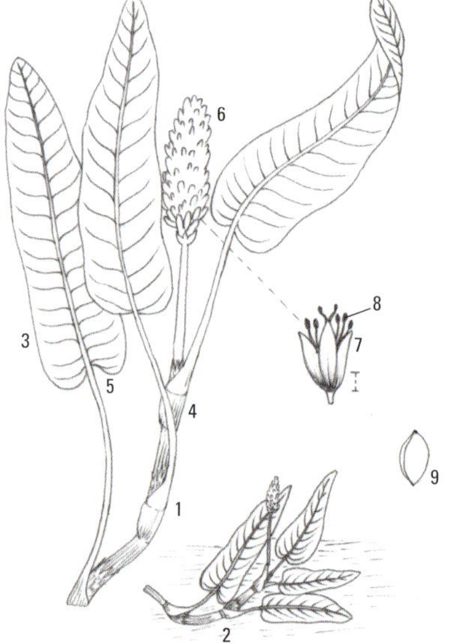

**262** Rumex acetosa, Polygonaceae

## Wiesen-Sauer-Ampfer

mehrjährig | 5–6 | 1 m

Auf nährstoffreichen Standorten in Wiesen und Weiden sowie an Ufern und Wegrändern. Wiesen-Labkraut [361], Gewöhnlicher Bärenklau [752], Spitz-Wegerich [355].

▸1 Stängel schwach gerifelt und teilweise rötlich überlaufen. ▸**2 Blattecken nach unten gerichtet.** ▸3 Blätter dicklich, Farbe grasgrün. ▸4 Blattrand ungezähnt, ganzrandig. ▸5 Grundblätter lang gestielt. ▸**6 Obere Blätter den Stängel pfeilförmig umfassend.** ▸7 Blattansatz mit gefranster Blattscheide. ▸8 Gesamtblütenstand aus knäueligen Teilblütenständen gebildet. ▸9 Blütenkrone rötlich, klein. ▸10 Frucht dreikantig und von trockenen Blättern (a) umhüllt.

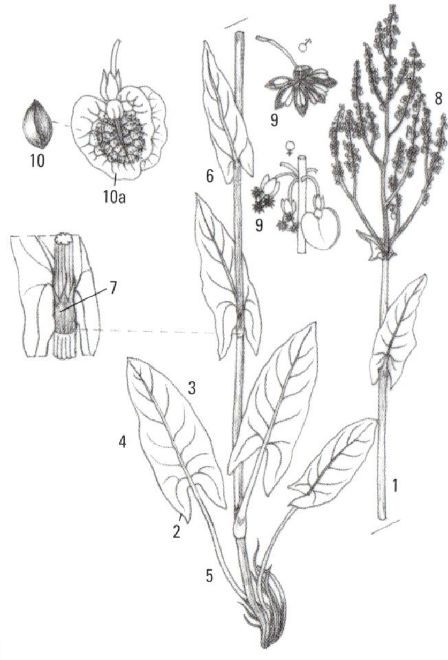

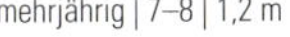

**263** ✚✚ Rumex obtusifolius, Polygonaceae

## Stumpfblättriger Ampfer

mehrjährig | 7–8 | 1,2 m

In Fettwiesen und -weiden, auf ehemaligen Kompost- und Mistplätzen, Waldschlägen sowie an Zäunen, Wegen und Schuttplätzen. ❀ Kriechender Hahnenfuß [637], Wiesen-Löwenzahn [520], Große Brennnessel [296].

▸1 Stängel gefurcht, häufig rot überlaufen. ▸2 **Grundblätter bis 30 cm lang, in der Form breit oval bis eiförmig.** ▸3 Blattgrund der unteren Blätter herzförmig mit abgerundeten Lappen. ▸4 Blattrand ganzrandig und etwas wellig. ▸5 Vor allem die unteren Blätter lang gestielt. ▸6 Nur an den unteren knäueligen Teilblütenständen befindet sich ein längliches Hochblatt. ▸7 Anordnung der Blüten in reichhaltigen, knäueligen Teilblütenständen. ▸8 Blüten- und Fruchthülle oft rötlich überlaufen, mit roter Schwiele (a).

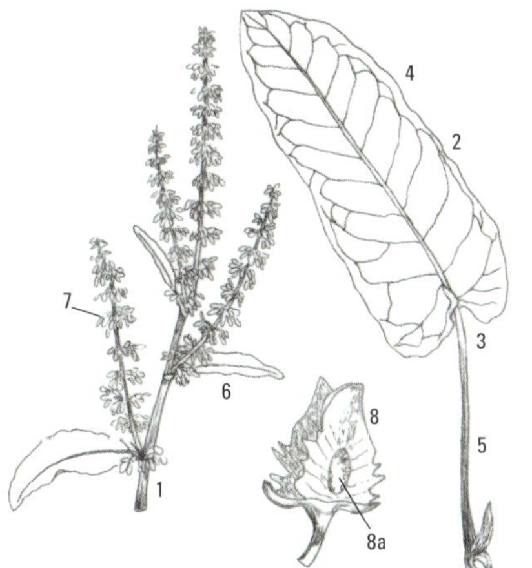

**264** ✚ Turritis glabra, Brassicaceae

## Turmkraut (Arabis glabra)

meist zweijährig | 6–7 | 1,2 m

Nährstoff- und meist kalkreiche, sommerwarme Standorte auf Böschungen und Steinwällen sowie an Gebüschsäumen, Waldwegen, Schlägen und Lichtungen. ❀ Lauchhederich [307], Schöllkraut [728], Wald-Erdbeere [619].

▸1 Weißliche, nur wenig verzweigte Pfahlwurzel. ▸2 Stängel steif aufrecht, unverzweigt, nur im unteren Teil behaart. ▸3 Ein Kranz aus länglichen, ganzrandigen oder buchtig gezähnten, behaarten Blättern eine grundständige Blattrosette bildend. ▸4 **Stängelblätter zahlreich, blaugrün, mit herz-pfeilförmiger Basis (a) den Stängel umfassend.** ▸5 **Blüten- und Fruchttraube mit steil stehenden Ästen, bis etwa 40 cm lang.** ▸6 Blütenkronblätter gelblich oder grünlich-weiß, bis 7 mm lang. ▸7 **Fruchtschoten steil aufrecht, bis 8 cm lang.** ▸8 Samen zweireihig angeordnet.

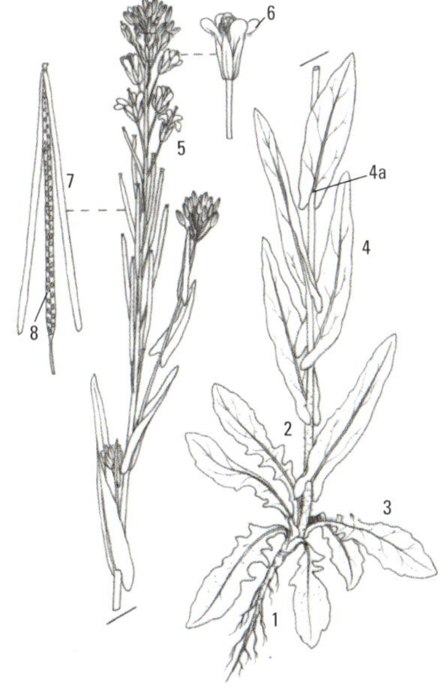

**265** !!  Epipactis helleborine agg., Orchidaceae

## Breitblättrige Ständelwurz (Artengruppe)

mehrjährig | 6–8 | 0,8 m

Basenreiche Standorte in Buchen-, Eichen- und Hainbuchenwäldern, in Nadelmisch- und Auenwäldern sowie an Waldwegen und in Waldwiesen. ❀ Rundblättrige Glockenblume [337], Wald-Labkraut [443], Stinkende Nieswurz [662].

Art sehr variabel. ▸1 Stängel kräftig, aufrecht. ▸2 An der Stängelbasis 2–3 kleine Schuppenblätter. ▸3 **Laubblätter** abstehend, eiförmig bis länglich eiförmig, kräftig geadert, **bis etwa 13 cm lang.** ▸4 Blütenstand leicht einseitswendig ▸5 **Bis zu 80 grünliche, meist rötlich überlaufene Blüten je Blütenstand.** ▸6 Blüten vor dem Aufblühen nickend. ▸7 Helmförmige Anordnung der 3 oberen Kronblätter. ▸8 Frucht mit 3–5 deutlichen Rippen (a), bis etwa 15 mm lang, an der Spitze mit Blütenresten (b).

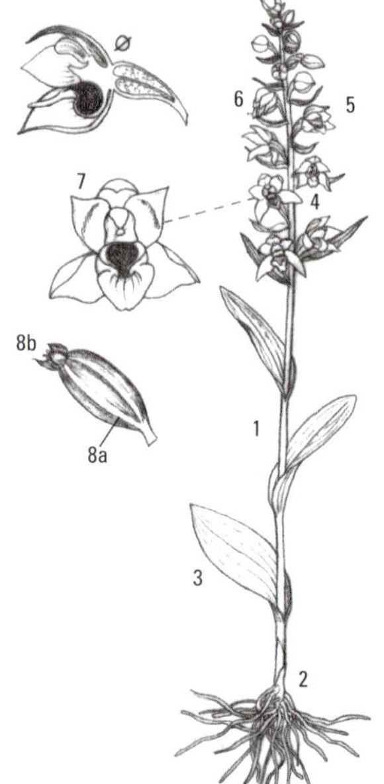

**266** Rumex arifolius, Polygonaceae

## Gebirgs-Sauer-Ampfer (Rumex alpestris)

mehrjährig | 7–8 | 1 m

Nährstoffreiche, durchsickerte Standorte in Bergmischwäldern, Hochstaudenfluren und Bergwiesen. ❀ Blauer Eisenhut [654], Alpen-Milchlattich [554], Wald-Storchschnabel [596].

▸1 Pflanze von aufrechtem und schlankem Wuchs. ▸2 Der kräftige Stängel gestreift. ▸3 Die länglich-eiförmigen Blätter weich und dünn. ▸4 Grundblätter lang gestielt. ▸5 **Stängelblätter im Unterschied zum Alpen-Ampfer [293] sitzend angeordnet.** ▸6 **Blattgrund herzförmig mit zugespitzten Lappen.** ▸7 **Blütenstand eine lockere, längliche Rispe** mit einer Vielzahl kleiner Blüten. ▸8 **Blüten- und Fruchthülle mit Schwiele (a), die äußeren Blätter der Blüten- und Fruchthülle (b) zurückgeschlagen.** ▸9 Frucht eine bis 0,5 cm große Nuss.

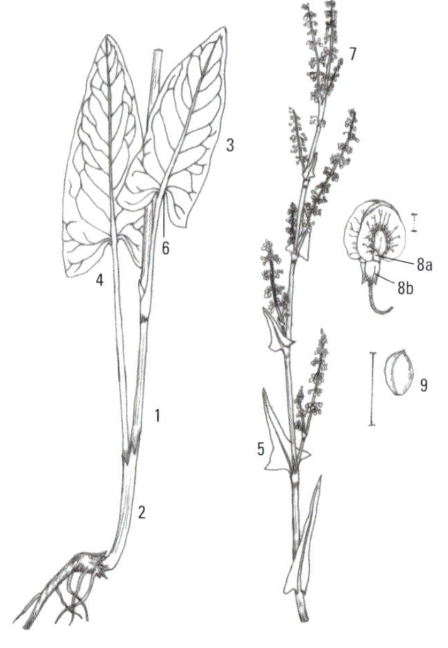

**267** Microthlaspi perfoliatum, Brassicaceae

## Durchwachsenblättriges Kleintäschelkraut

(Stängelumfassendes Hellerkraut, Thlaspi perfoliatum)

ein- bis zweijährig | 3–5 | 0,3 m

Sonnig-trockene Standorte in lückigen Mager- und Trockenrasen sowie auf Äckern und in Weinbergen. ❀ Kelch-Steinkraut [83], Quendel-Sandkraut [198], Frühlings-Hungerblümchen [85].

▸1 Pflanze **blaugrün** und kahl. ▸2 Stängelblätter mit deutlichen Öhrchen den **runden Stängel** umfassend. ▸3 Blattstiel der spatelförmigen Grundblätter ähnlich lang wie die Blattfläche. ▸4 Blüte mit kurzen, weißen Blütenkronblättern und **gelben Staubbeuteln (a).** ▸5 Kelchblätter mit weißem Hautrand. ▸6 Frucht ein herzförmiges Schötchen. ▸7 **Schötchen am Rand mit deutlichen Flügeln, diese jedoch deutlich schmäler als beim ähnlichen Acker-Hellerkraut [256].** ▸8 Die waagrecht abstehenden Fruchtstiele mit bis zu 9 mm Länge nur unwesentlich länger als die Schötchen. ▸9 **Griffel von den Flügeln weit überragt.**

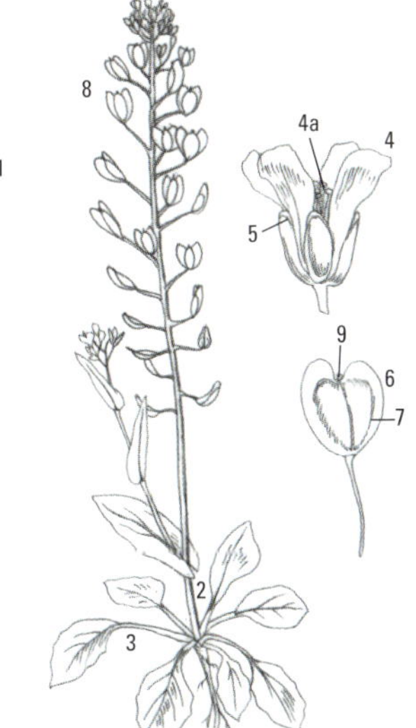

**268** Campanula rapunculoides, Campanulaceae

## Acker-Glockenblume

mehrjährig | 6–9 | 0,8 m

Meist kalkreiche Standorte in lichten Eichen- und Kiefernwäldern, im Wald- und Gebüschsaum sowie in Äckern und Weinbergen. ❀ Wald-Labkraut [443], Ausdauerndes Bingelkraut [467], Ährige Teufelskralle [281].

▸1 Stängel aufrecht, kantig, kahl oder kurz behaart. ▸2 Grundblätter und untere Stängelblätter gestielt, in der Form dreieckig mit herzförmigem Grund. ▸3 Obere und mittlere Stängelblätter länglich, sitzend oder nur kurz gestielt. ▸4 **Blüten in den Achseln der oberen Blätter einseitswendig angeordnet.** ▸5 **Kelchzähne** länglich, spitz, **abstehend bis zurückgebogen**, behaart. ▸6 Blütenkrone blauviolett oder selten weiß, bis 3 cm lang.

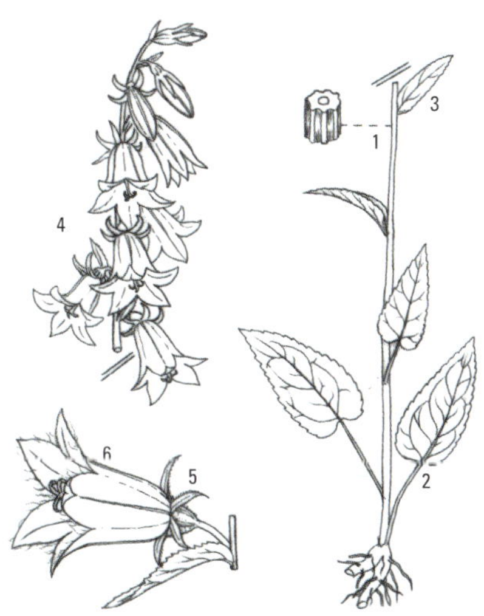

**269** Verbascum nigrum, Scrophulariaceae

## Schwarze Königskerze

zwei- bis mehrjährig | 6–8 | 1,2 m

Überwiegend sonnige, teils halbschattige, meist nährstoffreiche Standorte auf lehmigen Böden, vor allem auf Waldschlägen, an Waldwegen und Schuttplätzen sowie an Ufern und Dämmen. Wald-Erdbeere [619], Gewöhnliches Leinkraut [52], Fuchssches Greiskraut [138].

▸1 **Stängel** vor allem im oberen Teil behaart und **wie die Blattstiele häufig braunviolett überlaufen.** ▸2 Blätter länglich dreieckig, vor allem die unteren mit herzförmigem Grund. ▸3 **Blattoberseiten dunkelgrün und fast kahl, Blattunterseiten graufilzig.** ▸4 **Untere Blätter lang gestielt.** ▸5 Blütenstand eine dichtblumige Blütenkerze. ▸6 Blütenkrone dunkelgelb, fünfteilg, bis 2,5 cm im Durchmesser, am Grund häufig rot gefleckt. ▸7 Staubblätter mit wollig-violett behaarten Staubfäden (a). ▸8 Frucht eine eiförmige, bis etwa 7 mm lange, vielsamige Kapsel.

**270** Hieracium murorum, Asteraceae

## Wald-Habichtskraut (Hieracium sylvaticum)

mehrjährig | 5–8 | 0,5 m

In Laub- und Nadelwäldern, auf Waldschlägen, am Waldrand und auf Waldwiesen. Dorniger Wurmfarn [680], Wiesen-Wachtelweizen [130], Salbei-Gamander [295].

▸1 Pflanze nur in der oberen Hälfte verzweigt. ▸2 **Stängel meist nur mit einem einzelnen Blatt.** ▸3 Grundblätter lang gestielt. ▸4 Blattoberfläche häufig braun gefleckt. ▸5 Blattrand spitz gezähnt. ▸6 Rispiger Gesamtblütenstand aus 4–15 gelben Blütenköpfen. ▸7 **Hülle der Blütenköpfchen** eiförmig, **schwärzlich-grün.** ▸8 Früchte schwarz, bis 4 mm lang.

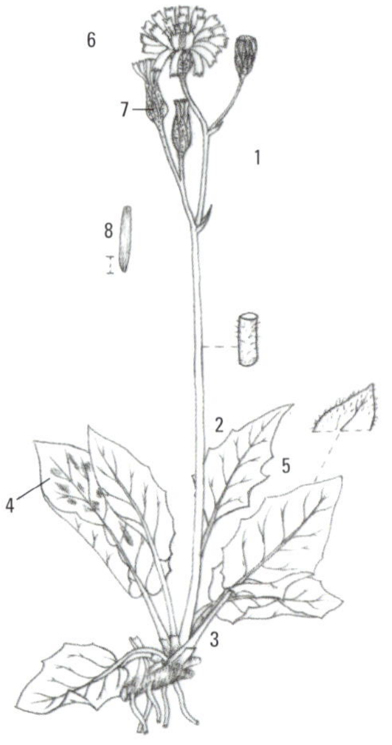

**271** Betonica officinalis, Lamiaceae

## Gewöhnliche Betonie (Heil-Ziest, Stachys officinalis)

mehrjährig | 6–8 | 1 m

Basenreiche Standorte in Magerwiesen, lichten Gehölzen und Laubmischwäldern. Zypressen-Wolfsmilch [342], Wiesen-Witwenblume [548], Gewöhnlicher Dost [203].

▸1 Stängel aufrecht, kurz behaart. ▸2 Blätter schmal oval bis schmal eiförmig, bis 12 cm lang und 4 cm breit. ▸3 Grundblätter lang gestielt. ▸4 Stängelblätter gegenständig angeordnet. ▸5 Blattgrund herzförmig ausgebuchtet. ▸6 **Blattrand stumpf gesägt bis schwach gekerbt.** ▸7 Der endständig angeordnete Blütenstand ährenartig. ▸8 Blütenkelch bis 7 mm lang, meist behaart und spitz begrannt. ▸9 **Blütenkrone** lippenförmig, Farbe dunkelrosa, Länge bis 15 mm. ▸10 Unterlippe mit großem Mittellappen.

**272** Lepidium draba, Brassicaceae

## Pfeilkresse (Cardaria draba)

mehrjährig | 5–6 | 0,6 m

In großen Gruppen an Wegen, Straßenböschungen, Bahndämmen, Weinbergen und Schuttplätzen. Acker-Hornkraut [250], Acker-Winde [289], Gewöhnliche Möhre [782], Gewöhnliche Sichelmöhre [807].

▸1 **Pflanze mit unterirdischen Ausläufern.** ▸2 Wuchs aufrecht, oben verzweigt. ▸3 Stängel beblättert, etwas kantig, kurz grau behaart. ▸4 **Blätter graugrün, mit pfeilförmigen, stängelumfassenden Zipfeln.** ▸5 Blattrand buchtig gezähnt. ▸6 Blütenstand eine reichhaltige, schirmförmige Rispe. ▸7 Blütenkronblätter weiß, mit bis zu 4 mm Länge etwa doppelt so lang wie der Kelch. ▸8 Frucht ein herz- bis nierenförmiges Schötchen.

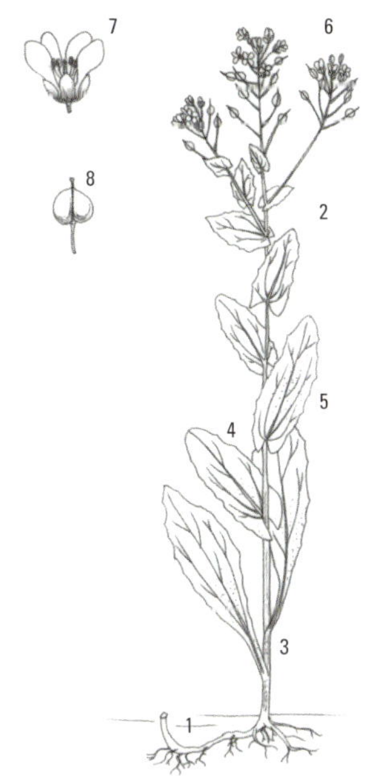

**273** Fallopia sachalinensis, Polygonaceae

## Sachalin-Flügelknöterich

(Reynoutria sachalinensis) mehrjährig | 7–10 | 4 m

Nährstoffreiche, oft kalkhaltige Standorte an Fluss- und Bachufern, an Waldsäumen, Gebüschen sowie an Bahndämmen und Schuttplätzen. Gewöhnlicher Giersch [754], Gewöhnlicher Beifuß [745], Große Brennnessel [296].

▸1 Pflanze mit unterirdischen Ausläufern (o. Abb.). ▸2 Stängel kantig gestreift, zu mehreren, dichte Büsche bildend. **▸3 Blätter weich, großflächig, bis 30 cm lang, an der Basis schwach herzförmig oder gestutzt.** ▸4 Blattunterseiten behaart. ▸5 Blütenstände rispig, mit zahlreichen grünlichweißen bis grünlichgelben Blüten. ▸6 Blütenhülle aus 5 Perigonblättern gebildet. ▸7 8 Staubblätter und 3 Griffeläste bilden das Innenleben der Blüte. ▸8 Frucht eine dreikantige Nuss.

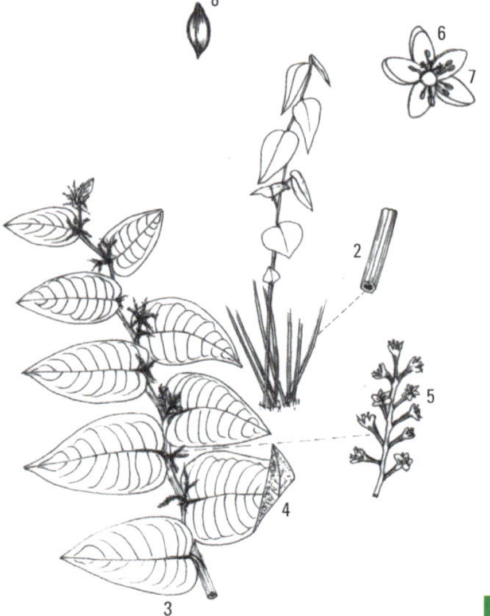

**274** Stellaria nemorum, Caryophyllaceae

## Hain-Sternmiere

mehrjährig | 6–9 | 0,6 m

Nährstoffreiche Standorte in Erlen- und Eschenwäldern, in staudenreichen Mischwäldern vor allem höherer Lagen sowie an Waldwegrändern. Rauhaariger Kälberkropf [755], Großes Springkraut [478], Wald-Witwenblume [433].

▸1 Pflanze mit bis zu 15 cm langen, überwiegend oberirdischen Ausläufern und von aufsteigendem oder emporklimmendem Wuchs. ▸2 Stängel rund, behaart, mit gegenständig angeordneten, dünnen Blättern. ▸3 Blattform ungeteilt ganzrandig, eiförmig, oben zugespitzt. ▸4 Blattrand mit Wimpern. **▸5 Mittlere und untere Blätter im Gegensatz zur ähnlichen Wasser-Sternmiere [195] lang gestielt (a), nur die oberen sitzend (b).** ▸6 Blüte mit 5 Kelchblättern (a), 5 weißen Kronblättern (b), 10 weißlichen Staubblättern (c) und 3 Griffeln (d). ▸7 **Kronblätter** bis fast zum Grunde zweiteilig und etwa **doppelt so lang wie der Kelch.** ▸8 Frucht eine **längliche Kapsel**, die etwas länger wird als der Kelch.

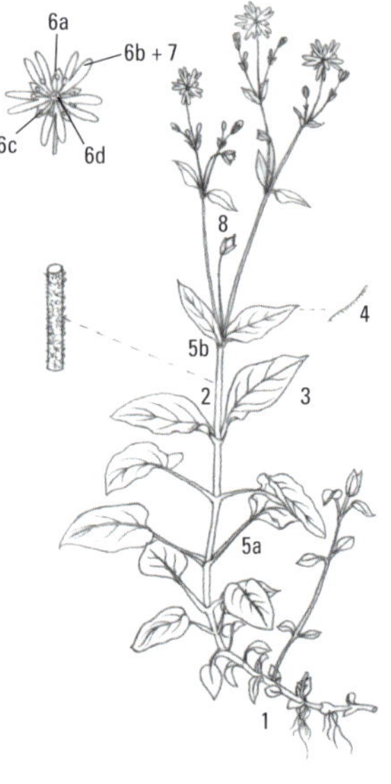

275 Stachys sylvatica, Lamiaceae

## Wald-Ziest

mehrjährig | 6–9 | 1 m

Feuchte und nährstoffreiche Plätze in Laubwäldern, z. B. an Waldwegrändern und quelligen Bereichen. Gewöhnlicher Giersch [754], Lauchhederich [307], Gewöhnliches Hexenkraut [184], Gewöhnlicher Efeu [586].

Streng unangenehmer Geruch. ▸1 Pflanze mit langen, unterirdischen Ausläufern. ▸2 Stängel aufrecht, vierkantig. ▸3 Blätter von kreuzweise-gegenständiger Blattstellung. ▸4 **Stängel (a), Blätter (b) und Blattstiele (c) weich behaart.** ▸5 Blätter lang gestielt. ▸6 **Blattrand grob gezähnt.** ▸7 Gesamtblütenstand kerzenartig, aus meist sechsblütigen, etagenartig übereinander angeordneten Teilblütenständen (a) gebildet. ▸8 Blütenkelche behaart, mit 5 spitzen Zähnen, oft rötlich-braun überlaufen. ▸9 Frucht vierteilig, Teilfrüchte (a) glatt, bis 2 mm lang.

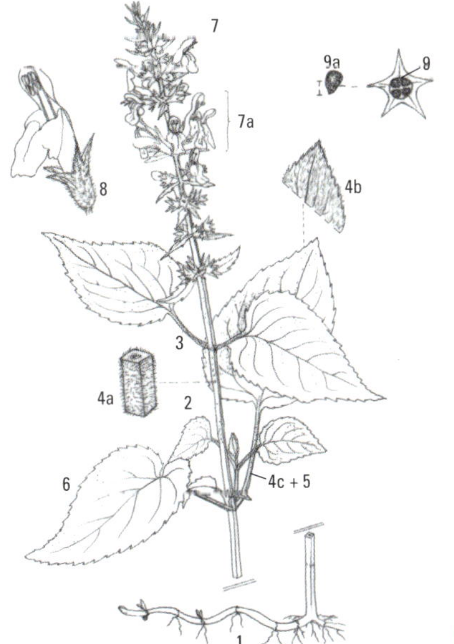

276 ! Lunaria rediviva, Brassicaceae

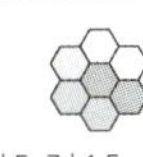

## Ausdauerndes Silberblatt (Mondviole)

mehrjährig | 5–7 | 1,5 m

Nährstoffreiche und meist luftfeuchte Standorte in Schlucht-, Block- und Bergwäldern. Gewöhnlicher Giersch [754], Stinkender Storchschnabel [655], Ausdauerndes Bingelkraut [467].

▸1 Stängel aufrecht, oben ästig, kantig, abstehend behaart. ▸2 **Alle Blätter gestielt.** ▸3 Untere Blätter herzförmig, bis etwa 20 cm lang. ▸4 Blattrand deutlich gezähnt. ▸5 Kelchblätter lila, bis 7 mm lang. ▸6 Blütenkronblätter bis 2 cm lang, weißlich bis hellviolett. ▸7 **Früchte bis 9 cm lang, flach (a), an den Enden zugespitzt (b), an einem bis 4 cm langen, stielartigen Fruchtträger (c) hängend.**

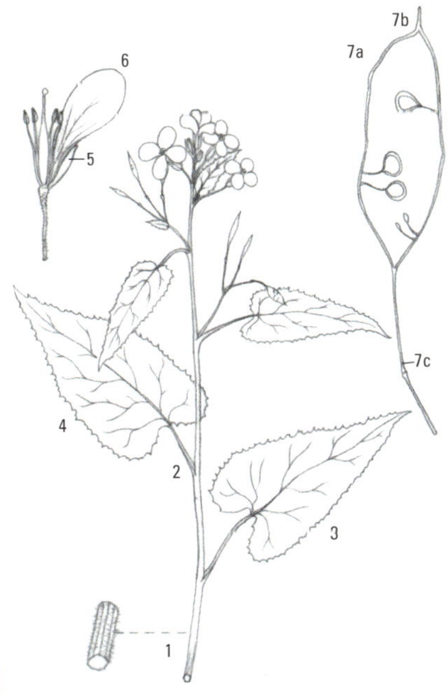

**277** Circaea alpina, Onagraceae

## Alpen-Hexenkraut

mehrjährig | 6–8 | 0,2 m

Auf feucht-schattigen Standorten in Schlucht-, Auen- und feuchten Mischwäldern und in Quellfluren. ❀ Gegenblättriges Milzkraut [232], Sumpf-Pippau [527], Riesen-Schachtelhalm [42], Gewöhnlicher Wasserdost [632].

▸1 **Ausläufer mit knollig verdickten Enden** (a) und lang erhalten bleibenden Niederblättern (b). ▸2 Blatt dünn und glänzend, bis 5 cm lang. ▸3 **Blattrand scharf gezähnt.** ▸4 **Blattgrund herzförmig.** ▸5 Blattstiel schwach geflügelt. ▸6 Kronblätter deutlich kürzer als Kelch- und Staubblätter. ▸7 **Fruchtstiele im Unterschied zum Gewöhnlichen Hexenkraut kahl.** ▸8 Frucht keulenförmig, kurz behaart, mit unauffälligem Tragblatt (a).

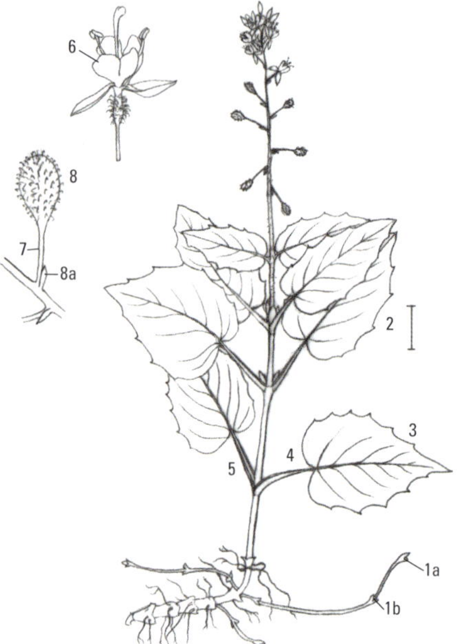

**278** Lamium album, Lamiaceae

## Weiße Taubnessel

mehrjährig | 4–10 | 0,5 m

Nährstoffreiche Standorte auf dörflichen Plätzen, z. B. Mistplätzen, Wegen, Hecken. ❀ Gewöhnlicher Giersch [754], Große Klette [317], Große Brennnessel [296].

▸1 Pflanze mit kurzen, meist unterirdischen Ausläufern. ▸2 Stängel kantig, häufig rot überlaufen. ▸3 Blattstiele bis 3 cm lang. ▸4 **Blattform ähnlich den Blättern einer Brennnessel eiförmig bis dreieckig, vorne spitz zulaufend.** ▸5 Blattfläche etwa doppelt so lang wie breit, bis 7 cm lang und bis 4 cm breit. ▸6 Blattrand regelmäßig, zum Teil sägeartig gezähnt. ▸7 Blüten in quirlartigen Teilblütenständen. ▸8 **Teilblütenstände jeweils mit 6–16 weißen bis gelblich-weißen Blüten.** ▸9 Kelch mit 5 grannenartigen, spitzen Zipfeln (a), am Grund häufig violett (b). ▸10 Blüten-Oberlippe auf der Oberseite dicht bewimpert. ▸11 **Staubbeutel dunkelbraun bis schwärzlich und lang bewimpert.** ▸12 Teilfrucht (Klause) ein dreikantiges, bis 3 mm langes, bräunliches Nüsschen.

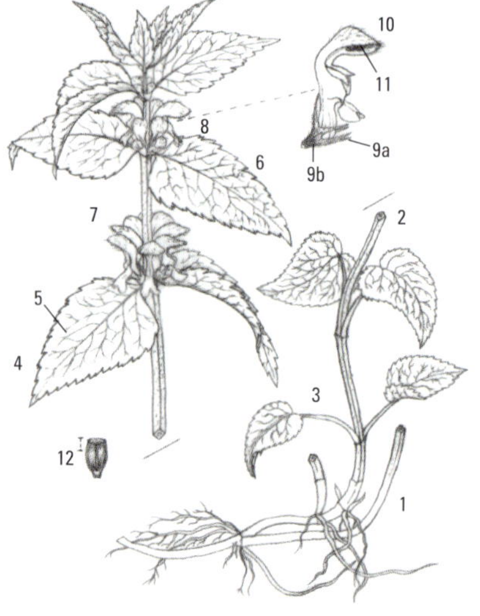

**279** Viola hirta, Violaceae

## Behaartes Veilchen

mehrjährig | 3–5 | 0,2 m

Trocken-warme, oft kalkhaltige Standorte an Wald- und Gebüschrändern, in Eichen- und Kiefernwäldern und in Magerwiesen. ❀ Gewöhnlicher Wirbeldost [174], Blut-Storchschnabel [657], Gewöhnlicher Dost [203].

▸1 Laubblätter in grundständigen Blattrosetten. ▸2 Blätter bis 8 cm lang gestielt, Blattstiele behaart. ▸3 Blattflächen herzförmig bis länglich eiförmig, meist deutlich länger als breit, bis 9 cm lang. ▸4 Blattränder fein gekerbt. ▸5 Nebenblätter spitz, kurz gefranst, bis 1,5 cm lang. ▸6 **Die bis 10 cm langen Blütenstängel dicht abstehend behaart, Behaarung kurz.** ▸7 Blütenstängel mit einem kleinen Blattpaar **(Vorblätter) unterhalb der Stängelmitte.** ▸8 **Blütenkrone nicht duftend**, hellviolett, am Grund weiß, mit einem bis 5 mm langen Sporn (a). ▸9 Frucht eine kugelige, behaarte Kapsel.

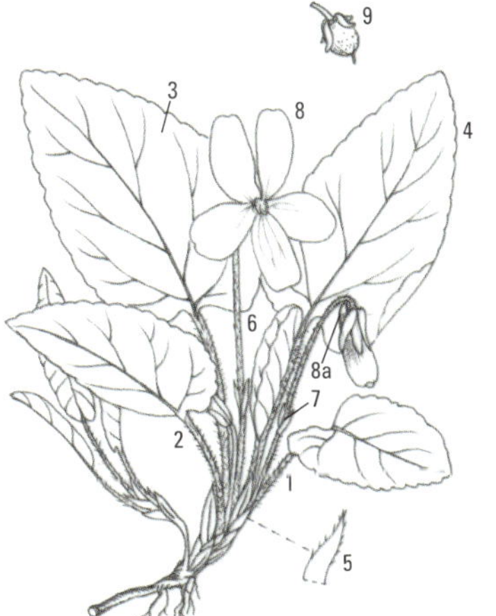

**280** Phyteuma nigrum, Campanulaceae

## Schwarze Teufelskralle

mehrjährig | 5–7 | 0,5 m

Halbschattige, kalkarme Standorte in Bergwiesen und lichten Wäldern. ❀ Bärwurz [797], Wiesen-Sauer-Ampfer [262], Gold-Grannenhafer [7].

▸1 Stängel aufrecht, kahl. ▸2 Grundblätter lang gestielt, in der Form dreieckig, etwa doppelt bis dreimal so lang wie breit. ▸3 Blattbasis der Grundblätter deutlich herzförmig. ▸4 Blattrand schwach gekerbt bis schwach gezähnt. ▸5 Stängelblätter nach oben hin schmäler und kleiner werdend. ▸6 **Blütenstand erst eiförmig, dann länglich, aus zahlreichen schwarzblauen bis schwarzvioletten Blüten gebildet.** ▸7 Hüllblätter schmal, lang und spitz. ▸8 Frucht eine mit seitlichen Poren sich öffnende Kapsel.

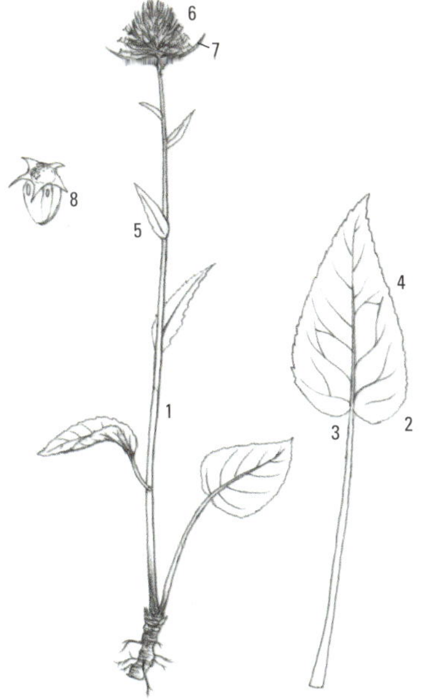

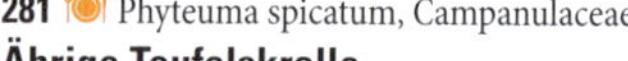

**281** Phyteuma spicatum, Campanulaceae

## Ährige Teufelskralle

mehrjährig | 5–7 | 0,8 m

Auf nährstoffreichen Böden in unterschiedlich zusammengesetzten Wäldern, insbesondere in Buchenwäldern sowie auf Bergwiesen. Busch-Windröschen [639], Waldmeister [455], Wald-Veilchen [304].

▸1 Stängel aufrecht, nicht verzweigt. ▸2 **Blätter ungeteilt, im Zentrum häufig schwarz gefleckt** (a), am Stängel wechselständig angeordnet (b). ▸3 Grundblätter lang gestielt (a), im Umriss dreieckig bis spitz eiförmig, an der Basis mit herzförmigem Grund (b). ▸4 Obere Stängelblätter sitzend angeordnet, im Umriss länglich. ▸5 Blattränder gezähnt. ▸6 **Blütenstand eine walzenförmige oder zylindrische Ähre.** ▸7 **Blüten (gelblich-)weiß mit grünlicher Spitze**, aus 5 miteinander verwachsenen, vor dem Aufblühen deutlich gekrümmten Blütenkronblättern gebildet. ▸8 Griffel und Narben lang aus der Blütenkrone herausragend. ▸9 Hochblätter schmal-länglich, kürzer als der Blütenstand. ▸10 Frucht eine meist rundliche, zwei- bis dreifächerige Kapsel.

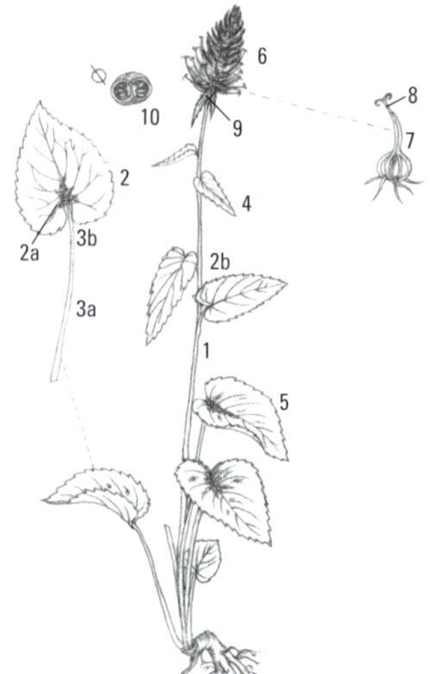

**282** Campanula glomerata, Campanulaceae

## Knäuel-Glockenblume

mehrjährig | 6–9 | 0,6 m

Warme, häufig kalkhaltige Standorte in Magerrasen und -weiden sowie an Wald- und Wegrändern. Kleine Eberwurz [533], Hufeisenklee [712], Saat-Esparsette [667], Tauben-Skabiose [699].

▸1 Stängel aufrecht und unverzweigt. ▸2 Grundblätter und untere Stängelblätter gestielt. ▸3 Blattflächen länglich bis eiförmig. ▸4 Blattgrund abgerundet (a) oder herzförmig (b). ▸5 Blüten an der Stängelspitze in Knäueln angeordnet und von Hochblättern umfasst. ▸6 **Weitere knäuelig angeordnete Blüten in den Winkeln der oberen Stängelblätter.** ▸7 Blütenkrone blauviolett, bis 3 cm lang.

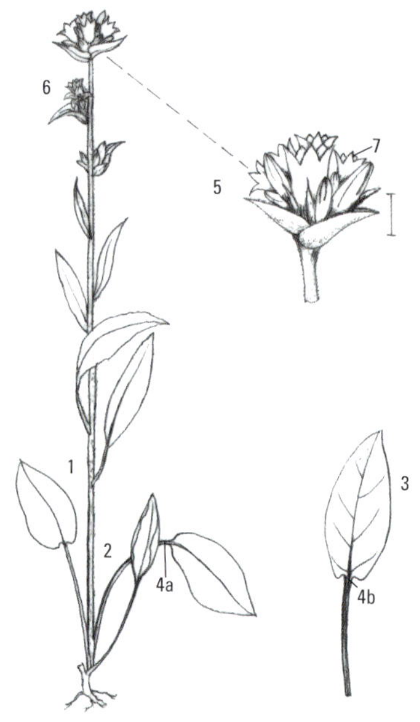

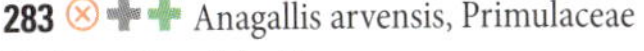

**283** Anagallis arvensis, Primulaceae

## Acker-Gauchheil

einjährig | 6–10 | 0,3 m

Auf nährstoffreichen Böden in Weinbergen und Gärten sowie auf Äckern und Schuttplätzen. Weißer Gänsefuß [564], Kohl-Gänsedistel [727], Vogel-Sternmiere [210].

▸1 **Stängel vierkantig**, anfangs behaart. ▸2 **Kreuzweise gegenständige Anordnung der Blätter.** ▸3 Das ganzrandige Blatt sitzend, eiförmig, unterseits punktiert, bis 2 cm lang. ▸4 Blütenstiele die Blätter überragend, den Blattachseln entspringend. ▸5 Kelch mit 5 schmalen, zugespitzten Zipfeln. ▸6 Krone mit 5 blauen oder roten, am Rande bewimperten Lappen. ▸7 5 behaarte Staubblätter. ▸8 Fruchtkapsel lang gestielt, Stiel zurückgebogen.

**284** Noccaea caerulescens, Brassicaceae

## Gebirgs-Täschelkraut (Thlaspi caerulescens)

ein- bis zweijährig | 4–6 | 0,4 m

Nährstoffreiche, aber kalkarme Standorte in Bergwiesen und -weiden, auf steinigen Hängen und Böschungen. Gewöhnlicher Frauenmantel [594], Wiesen-Margerite [101], Rot-Klee [609].

▸1 Pflanze mit mehreren Stängeln und meist mehreren Blattrosetten. ▸2 Stängel in der Regel unverzweigt. ▸3 Wechselständige Anordnung der Blätter am Stängel. ▸4 Stängelblätter bis 2 cm lang, länglich, **ohne Öhrchen** dem Blattgrund ansitzend. ▸5 **Bodennahe Blätter spatelförmig, bis 7 cm lang gestielt, meist blaugrün gefärbt.** ▸6 Blütenstand eine erst dichte, später sich streckende, endständige Traube. ▸7 Blüte mit 4 hautrandigen, oft rötlich überlaufenen Kelchblättern (a), 4 an der Spitze abgerundeten Kronblättern (b), 6 Staubblättern (4 lang, 2 kurz) mit zuletzt violetten Staubbeuteln (c). ▸8 Die 4 weißen oder seltener rötlichen Kronblätter jeweils über den Lücken der Kelchblätter angeordnet. ▸9 Frucht ein lang gestieltes, vorne geflügeltes Schötchen. ▸10 Fruchtstiele annähernd waagrecht vom Stängel abstehend, nur unwesentlich länger oder kürzer als die Schötchen. ▸11 Griffel die Ausrandung des Schötchens meist deutlich überragend.

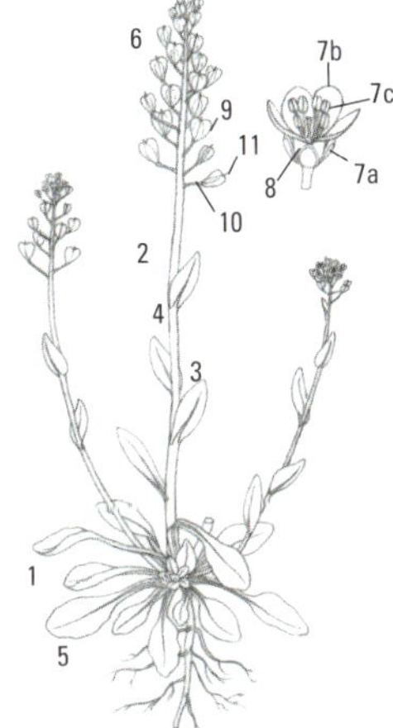

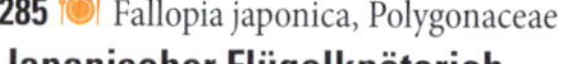

**285** Fallopia japonica, Polygonaceae

## Japanischer Flügelknöterich

(Reynoutria japonica) mehrjährig | 7–9 | 3 m

Nährstoffreiche Standorte an Fluss- und Bachufern, an Waldwegen sowie an Bahndämmen und Schuttplätzen.
Gewöhnlicher Giersch [754], Gewöhnlicher Beifuß [745], Große Brennnessel [296].

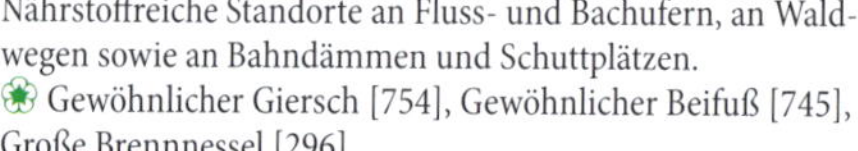

▸1 Pflanze mit Wurzelausläufern. ▸2 Stängel zu mehreren, kräftig, aufrecht, oben verzweigend. ▸3 **Durchmesser der Stängel bis zu 2,5 cm.** ▸4 **Blätter breit eiförmig, am Grund abgerundet oder gestutzt (a), oben zugespitzt (b), bis 13 cm lang.** ▸5 Anordnung der Blüten in Rispen, den Blattachseln entspringend. ▸6 Blütenhülle fünfblättrig, weiß bis hellgrün. ▸7 8 Staubblätter (a) und 3 Griffeläste (b) je Blüte. ▸8 Frucht eine dreikantige, geflügelte Nuss.

**286** Fallopia convolvulus, Polygonaceae

## Acker-Flügelknöterich

(Polygonum convolvulus) einjährig | 7–10 | 1,2 m

Nährstoffreiche Standorte in Äckern und Weinbergen.
Acker-Gauchheil [283], Acker-Winde [289], Acker-Rettich [542], Acker-Gänsedistel [512].

▸1 **Pflanze am Boden kriechend, windend oder kletternd.** ▸2 **Stängel kantig, hin- und hergebogen, sich häufig rot verfärbend.** ▸3 Blätter gestielt. ▸4 **Blattform pfeil- oder spießförmig**, oben in eine und am Grund in 2 Spitzen auslaufend. ▸5 Blüten zu 1–6 in den Blattachseln (a) oder in endständigen, ährenartigen Blütenständen (b). ▸6 Blütenhülle grün, am Rand und innen weißlich, bis 2,5 mm lang. ▸7 Frucht eine dreikantige, bis 0,5 cm lange Nuss.

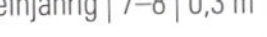

**287** Cuscuta epithymum, Convolvulaceae

## Quendel-Seide

einjährig | 7–8 | 0,3 m

Sonnige, kalkarme Standorte auf Böschungen, in lückigen Wiesen und in Ginster-Heiden. ❀ Heidekraut [260], Flügel-Ginster [454], Arznei-Thymian [485], Weiß-Klee [626].

**Schmarotzer.** ▸1 **Kletterpflanze**, mit Saugwurzeln in die Wirtspflanze eindringend. ▸2 **Stängel dünn, windend, meist rot.** ▸3 Blätter klein und schuppenförmig. ▸4 **Blüten in** (relativ) **wenigblütigen, kugeligen Knäueln**, 8–18 Blüten je Knäuel. ▸5 Kelch fünfteilig, etwa halb so lang wie die Kronröhre. ▸6 **Blütenkrone fünfzählig**, glockenförmig, meist rötlich-weiß. ▸7 Schlundschuppen nach innen zusammenneigend. ▸8 **Staubblätter aus der Krone herausragend.** ▸9 2(–4) Griffel, die länger sind als der Fruchtknoten. ▸10 Kelchblätter dreieckig. ▸11 Frucht eine kugelige Kapsel.

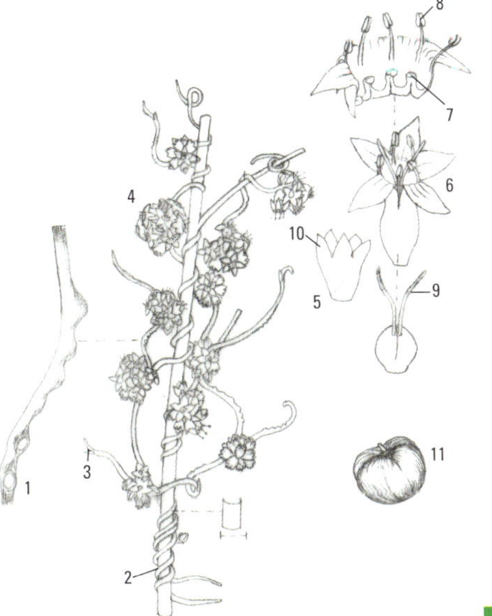

**288** ✚✚ Cuscuta europaea, Convolvulaceae

## Europäische Seide

einjährig | 6–9 | 1 m

Periodisch überflutete, meist kalkhaltige Auenstandorte. ❀ Gewöhnlicher Beifuß [745], Gewöhnliche Zaunwinde [290], Gewöhnlicher Hopfen [584], Große Brennnessel [296].

**Schmarotzer.** ▸1 **Kletterpflanze**, mit Saugwurzeln in die Wirtspflanze eindringend. ▸2 **Stängel kräftig, hellgelb, häufig rot überlaufen.** ▸3 Blätter schuppenförmig verkümmert. ▸4 **Blüten zu vielblütigen Knäueln vereinigt.** ▸5 Kelchblätter breit eiförmig. ▸6 **Blütenkrone meist vierzählig**, glockenförmig, gelblich oder rötlich-weiß. ▸7 Schlundschuppen der Kronröhre angedrückt, klein, zum Teil fehlend. ▸8 **Staubblätter im Gegensatz zur Quendel-Seide [287] in die Blütenkrone eingeschlossen.** ▸9 Meist 2 Griffel, nicht länger als der Fruchtknoten. ▸10 Frucht eine zweifächerige, etwa 3 mm lange Kapsel.

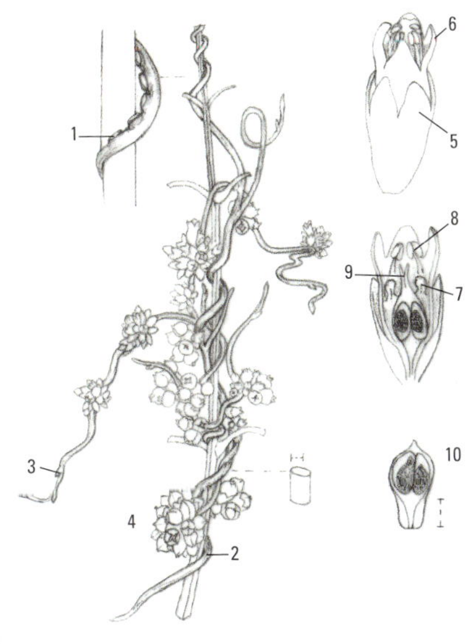

**289** ✚✚ Convolvulus arvensis, Convolvulaceae

## Acker-Winde

mehrjährig | 6–9 | 1 m

Nährstoffreiche, menschliches Schaffen anzeigende Plätze wie Gärten, Äcker und Weinberge. ❀ Pfeilkresse [272], Acker-Hornkraut [250], Gewöhnliche Quecke [10].

▸1 **Stängel emporwindend oder niederliegend.** ▸2 **Blatt mit bis zu 3 cm Länge im Unterschied zum großflächigen Blatt (bis 10 cm) der Gewöhnlichen Zaunwinde [290] verhältnismäßig klein.** ▸3 **Blattgrund pfeilförmig.** ▸4 Blätter gestielt. ▸5 Blütenstängel mit einem Paar kleiner Vorblätter. ▸6 Blüten meist einzeln, etwa 2–2,5 cm im Durchmesser. ▸7 Die weiß bis rosa gefärbte **Blütenkrone trichterförmig.** ▸8 Staubblätter (a) meist kürzer als der Griffel (b).

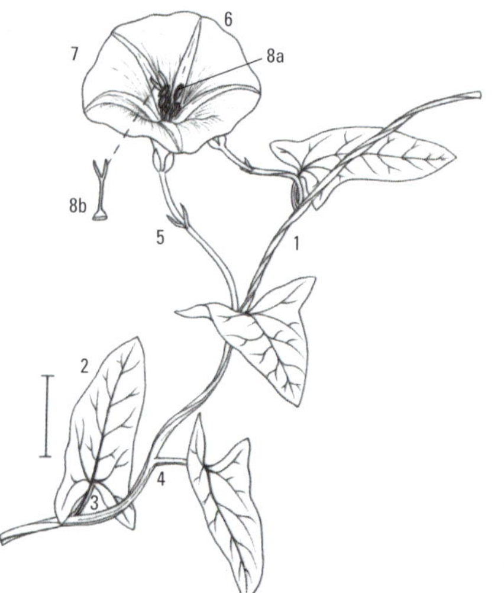

**290** ✚ Calystegia sepium, Convolvulaceae

## Gewöhnliche Zaunwinde (Convolvulus sepium)

mehrjährig | 6–9 | 3 m

In staudenreichen Krautfluren nährstoffreicher Standorte an Ufern, Wegrändern, Zäunen und in Auenwäldern. ❀ Gewöhnlicher Giersch [754], Gewöhnlicher Wasserdost [632], Große Brennnessel [296].

▸1 **Stängel windend oder kriechend.** ▸2 **Blätter pfeilförmig, bis 10 cm lang.** ▸3 2 große Vorblätter den Blütenkelch umgebend. ▸4 Die gestielten Blüten einzeln in den Achseln der Blätter. ▸5 **Blüte trichter- oder glockenförmig, weiß, gelegentlich rosa.** ▸6 Staubblätter (a) kürzer als der Griffel (b). ▸7 Frucht eine meist viersamige Kapsel. ▸8 Same kantig, rau, schwarz gefärbt.

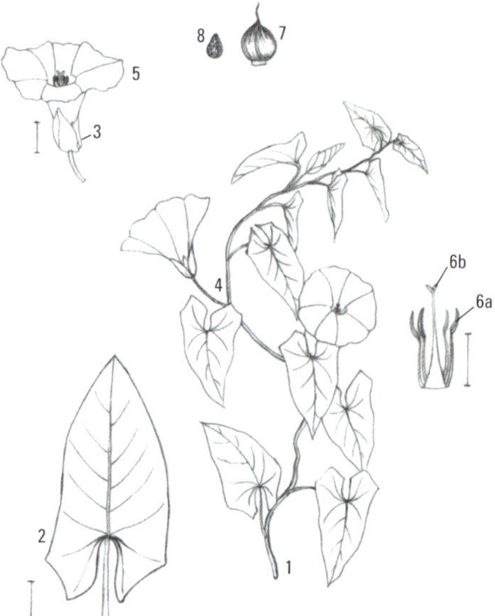

**291** Fallopia dumetorum, Polygonaceae

### Hecken-Flügelknöterich (Polygonum dumetorum)

einjährig | 7–9 | 3 m

An Wald- und Heckenrändern, in Waldlichtungen und Ufergebüschen sowie in Grünstreifen größerer Straßen. ❀ Gewöhnlicher Hopfen [584], Kratzbeere [630], Große Brennnessel [296], Zaun-Wicke [717].

▸1 **Stängel sich nach rechts an Gerüst-Pflanzen emporwindend.** ▸2 Stängelquerschnitt rundlich oder kantig. ▸3 Blätter am Grund herz- oder pfeilförmig. ▸4 **Blattspitze länger ausgezogen als beim Acker-Flügelknöterich [286].** ▸5 Blütenstände zu 2–5 den Blattachseln entspringend (a) oder ährenartig an den Triebspitzen angeordnet (b). ▸6 Blüten- und Fruchthülle mit breiten, am Stiel herablaufenden Flügeln. ▸7 Frucht eine glatte, etwa 2–3 mm lange Nuss.

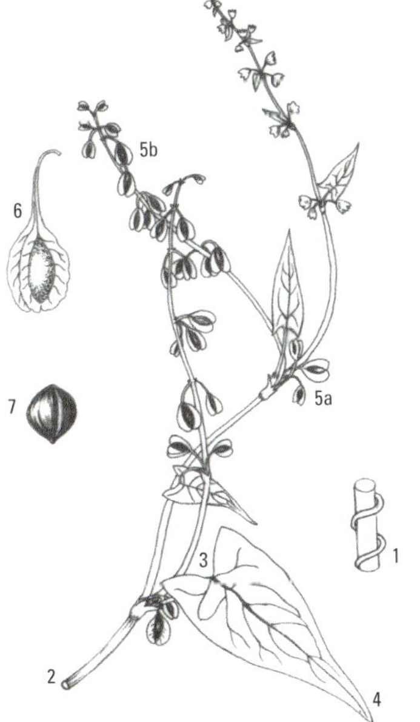

**292** ✚ 🍽 Arctium minus, Asteraceae

### Kleine Klette

zweijährig | 7–9 | 1,2 m

Lichte Stellen im Wald und stickstoffreiche Ruderalstandorte wie Wegränder und Schuttplätze. ❀ Gewöhnlicher Beifuß [745], Weiße Taubnessel [278], Gewöhnliches Bitterkraut [384].

Arctium-Arten bastardieren oft untereinander, die Merkmale können sich dabei mischen. ▸1 Stängel längs-gefurcht (a), häufig rötlich überlaufen, oben mit aufrecht abstehenden Ästen (b). ▸2 **Blattstiele innen hohl oder markig, außen rinnig und gerieft.** ▸3 Blätter bis 50 cm lang, gestielt, breit eiförmig. ▸4 Blattunterseite filzig behaart. ▸5 Durchmesser der gestielten **Blütenköpfchen bis 2,5 cm**, Farbe purpurrot. ▸6 Hüllblätter schmal, mit hakenförmiger Spitze. ▸7 Blüten röhrenförmig, oben fünfspaltig. ▸8 Frucht schwarz und braun gefleckt, bis 7 mm lang.

**293** Rumex alpinus, Polygonaceae

## Alpen-Ampfer

mehrjährig | 7–8 | 1,2 (2) m

Als Überweidungszeiger auf frisch-feuchten Standorten im Bereich von Viehlägern in höheren Lagen sowie vereinzelt in Alpendost-Hochstaudenfluren. Grauer Alpendost [327], Stumpfblättriger Ampfer [263], Große Brennnessel [296].

▸1 Pflanze meist herdenbildend (o. Abb.). ▸2 Stängel kräftig, aufrecht und tief gefurcht. ▸3 **Blätter** rundlich-herzförmig bis rundlich-oval, **bis zu 50 cm lang und bis 35 cm breit.** ▸4 **Alle Blätter gestielt, Blattstiele bis 20 cm lang.** ▸5 Blattränder fein gekerbt und wellig. ▸6 **Gesamtblütenstand als reichhaltige, dichte, spindelförmige Rispe;** Teilblütenstände knäuelig (a). ▸7 Die grünlich-braune, bis 6 mm lange Blüten- und Fruchthülle rundlich-eiförmig **ohne Schwiele (a)** und mit herzförmigem Grund (b). ▸8 Frucht eine bis 3 mm lange, bräunliche Nuss. ▸9 Fruchtstiele unterhalb der Frucht verdickt.

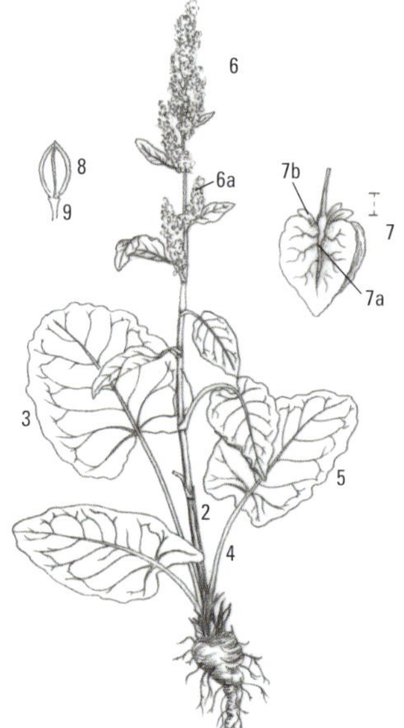

**294** Kickxia elatine, Plantaginaceae

## Spießblättriges Tännelkraut

ein- bis zweijährig | 7–10 | L 0,4 m

Wärmebegünstigte Standorte auf Schuttplätzen, an Gleisanlagen und auf Stoppeläckern. Acker-Gauchheil [283], Kleine Wolfsmilch [365], Eiblättriges Tännelkraut [234], Acker-Senf [556].

▸1 **Stängel dünn, behaart (a) und niederliegend (b).** ▸2 Wechselständige Anordnung der Blätter am Stängel. ▸3 **Blätter** kurz gestielt (a), **spieß- bis pfeilförmig**, länger als breit, bis 2 cm lang (b). ▸4 Blüten einzeln auf langen, nicht behaarten Stielen den Blattachseln entspringend. ▸5 Blütenkelch fünfteilig. ▸6 Oberlippe der gelblichen Blütenkrone auf der Innenseite braunviolett (a), Unterlippe dunkelgelb (b). ▸7 **Blütensporn gerade.** ▸8 Frucht eine zweifächerige, kugelige, bis 5 mm lange Kapsel. ▸9 Same elliptisch bis eiförmig geformt, auf der Oberseite grubig gefurcht.

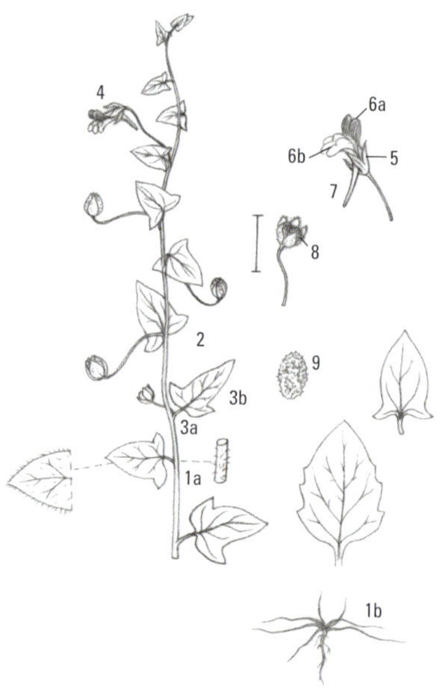

**295** Teucrium scorodonia, Lamiaceae

## Salbei-Gamander

mehrjährig | 6–9 | 0,7 m

In bodensauren, lichten Eichen-, Kiefern- und Buchenwäldern, an Wald- und Gebüschrändern, auf Kahlschlägen und silikatischen Felsen. ❀ Roter Fingerhut [436], Wald-Habichtskraut [270], Echter Ehrenpreis [494].

▸1 Pflanze mit Ausläufern. ▸2 Stängel vierkantig und weich behaart. ▸3 Die gegenständig angeordneten **Blätter** gestielt, ungeteilt, fest, **an Salbei erinnernd.** ▸4 **Blattflächen stark runzelig** (a), Blattränder gekerbt (b). ▸5 **Mittlere Blätter größer als die unteren.** ▸6 Gesamtblütenstand aus mehreren blütentragenden Zweigen gebildet. ▸7 Blütenzweige mit traubenartig und einseitswendig angeordneten Blüten, jeweils 2 Blüten bilden eine Etage. ▸8 Blütenkelch bis 6 cm lang, röhrenförmig, mit 4 kleinen (a) und einem großen Zahn (b). ▸9 Die bis etwa 1 cm lange Blütenkrone gelblich-grün bis gelblich-weiß, lippenförmig. ▸10 Unterlippe mit herabhängendem, vergrößertem Mittellappen (a); Oberlippe reduziert (b). ▸11 Die 4 Staubblätter und der Griffel aus der Krone herausragend. ▸12 Teilfrucht ein **glattes**, bis 2 mm langes, rundliches **Nüsschen**, aus einer vierteiligen Frucht entstammend.

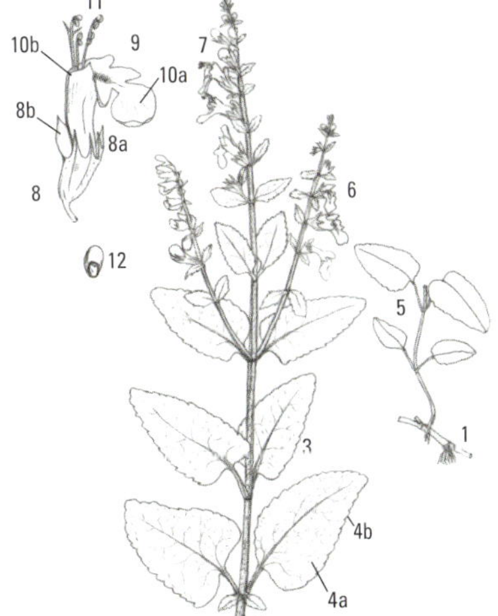

**296** Urtica dioica, Urticaceae

## Große Brennnessel

mehrjährig | 6–9 | 2 m

Nährstoffreiche Standorte in der Nähe menschlicher Siedlungen, z. B. Mist- und Schuttplätze sowie an Bach- und Flussufern, Waldlichtungen und in Auenwäldern. ❀ Gewöhnlicher Giersch [754], Lauchhederich [307], Gewöhnlicher Beifuß [745].

▸1 Stängel aufrecht (a), vierkantig (b), mit Brennhaaren (c). ▸2 Gegenständige Anordnung der Blätter am Stängel. ▸3 Blatt eiförmig, wie der Stängel mit Brennhaaren. ▸4 **Blattlänge meist über 5 cm.** ▸5 Blattrand gesägt. ▸6 **Endzahn im Unterschied zur Kleinen Brennnessel [225] meist länger als die übrigen Zähne.** ▸7 **Pflanze meist zweihäusig, das heißt, auf einer Pflanze entweder mit weiblichen (a) oder männlichen Blüten (b).** ▸8 Weibliche Blütenzweige zuletzt hängend. ▸9 Männliche Blütenzweige aufrecht. ▸10 Blütenhülle vierteilig. ▸11 Frucht eine einsamige Nuss.

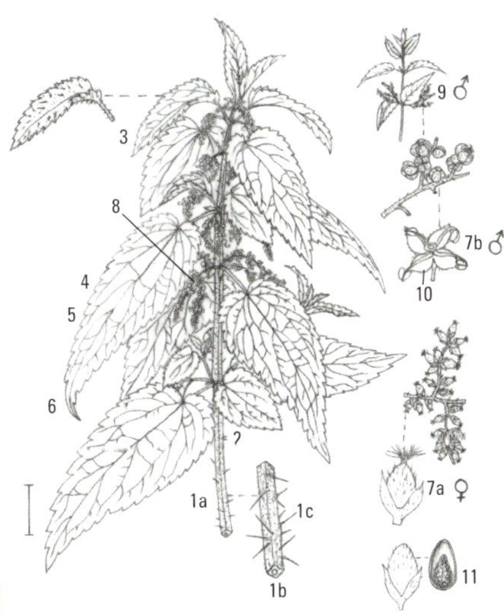

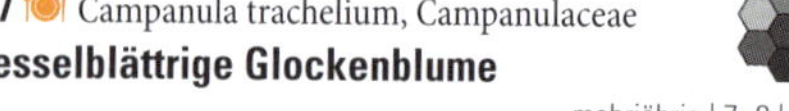

**297** Campanula trachelium, Campanulaceae

## Nesselblättrige Glockenblume

mehrjährig | 7–8 | 1 m

Nährstoffreiche Standorte in krautreichen Eichen- und Buchenwäldern sowie im Saum von Gebüschen und Hecken. ❀ Wald-Labkraut [443], Ausdauerndes Bingelkraut [467], Vierblättrige Einbeere [495], Ährige Teufelskralle [281].

▸1 Stängel aufrecht, kantig, behaart. ▸2 Grundblätter lang gestielt. ▸3 Blätter behaart, Blattrand gesägt. ▸4 **Untere Blätter nesselartig.** ▸5 Obere Stängelblätter länglich, sitzend am Stängel angeordnet. ▸6 Blütenstand eine meist allseitswendige Traube mit 1–3 Blüten je Blattachsel. ▸7 **Blütenkrone blauviolett, bis 5 cm lang**, an der Öffnung bewimpert. ▸8 Kelchzipfel lang, spitz und zottig behaart.

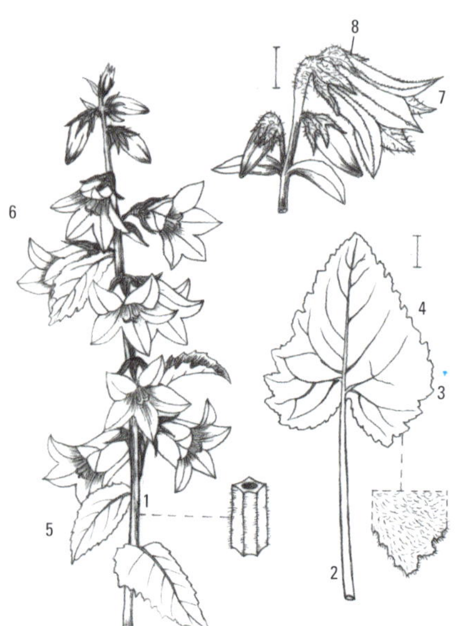

**298** ⊗ Nicandra physalodes, Solanaceae

## Giftbeere

einjährig | 7–9 | 1,3 m

Gelegentlich angebaut und auf nährstoffreiche Ruderalstandorte verwildert. ❀ Gewöhnlicher Beifuß [745], Weißer Gänsefuß [564], Weißer Stechapfel [570].

▸1 Stängel verzweigt, an der Oberfläche kahl. ▸2 Wechselständige Anordnung der eiförmigen Blätter. ▸3 Blattrand buchtig gelappt. ▸4 Stellung der Blüten einzeln und meist überhängend in den Blattachseln. ▸5 **Blütenkrone** hellblau bis blauviolett, **in der Mitte weißlich**, Durchmesser bis 4 cm. ▸6 **Blütenkelch stark fünfkantig (a), zur Fruchtzeit vergrößert und die Frucht blasenartig umschließend (b).** ▸7 5 etwa gleich lange Staubblätter. ▸8 Frucht eine bräunliche, saftarme, giftige Beere.

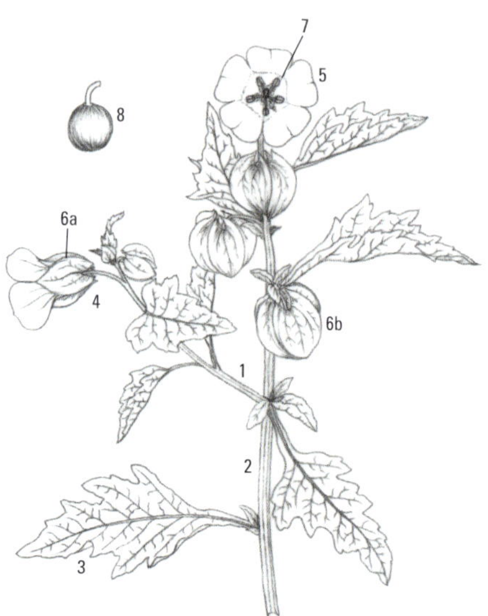

**299 !** Nepeta cataria, Lamiaceae

## Echte Katzenminze

mehrjährig | 6–9 | 1,2 m

Meist nährstoffreiche Pionierstandorte an Mauern, Zäunen, Schuttplätzen sowie an Gebüsch- und Wegrändern.
❀ Nickende Distel [531], Spitzblatt-Malve [650], Großblütige Königskerze [421].

Zitronenartiger Geruch. ▶1 Stängel aufrecht, vierkantig, verzweigt. ▶2 Gegenständige Anordnung der Blätter am Stängel. ▶3 Blätter gestielt (a), Blattform im Umriss dreieckig, ungeteilt (b), bis 5 cm lang. ▶4 Blattgrund herzförmig (a), **Blattränder grob gezähnt** (b). ▶5 Vor allem die **Blattunterseiten grauhaarig.** ▶6 Die köpfchen- oder ährenartigen Blütenstände an der Spitze von Haupt- und Nebentrieben angeordnet. ▶7 **Blütenkelch dicht behaart, lang zugespitzt, fünfzähnig,** bis 8 mm lang. ▶8 Zähne des Blütenkelchs meist rötlich oder violett überlaufen. ▶9 Blütenkrone etwa 1 cm lang, gelblich oder rötlich, lippenförmig, mit Ober- (a) und dreiteiliger, purpurn gefleckter Unterlippe (b). ▶10 2 längere und 2 kürzere, unter der Oberlippe aufsteigende Staubblätter. ▶11 Frucht in 4 etwa 2 mm lange, glatte Nüsschen zerfallend.

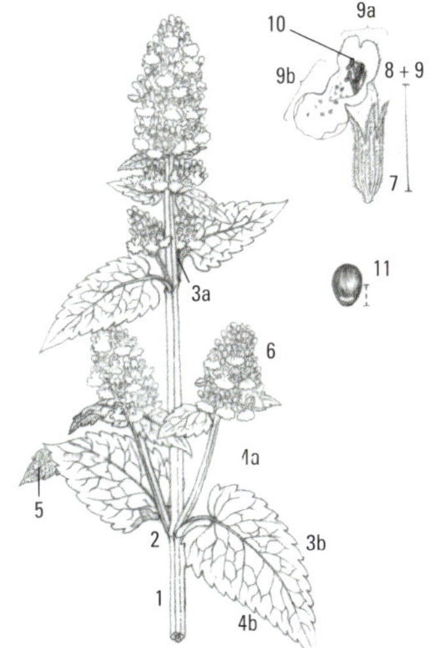

**300** Lamium maculatum, Lamiaceae

## Gefleckte Taubnessel

mehrjährig | 4–6(9) | 0,6 m

An nährstoffreichen Wald-, Weg- und Heckenrändern, auf Schuttplätzen, an Mauerfüßen sowie in Auenwäldern.
❀ Gewöhnlicher Giersch [754], Gewöhnliche Zaunwinde [290], Kletten-Labkraut [373].

▶1 Ganze Pflanze behaart. ▶2 Pflanze mit unter- und oberirdischen Ausläufern. ▶3 Ausläufer in Blütensprossen endend. ▶4 Stängel kantig, häufig rotviolett überlaufen. ▶5 Alle Blätter 1–4 cm lang gestielt. ▶6 Blätter dreieckig bis herzförmig, bis 5 cm, in Ausnahmefällen bis 8 cm lang. ▶7 **Blattoberfläche besonders im Winter häufig mit hellem Mittelstreif.** ▶8 Blattrand mit unregelmäßigen, teils abgerundeten Zähnen. ▶9 Teilblütenstände quirlartig, gebildet aus jeweils 6–16 Blüten. ▶10 Kelch meist rötlich, mit lang zugespitzten, sternförmig ausgebreiteten Zähnen. ▶11 **Blütenkrone karminrot, selten weiß, mit hängender, gefleckter Unterlippe (a).** ▶12 Staubbeutel rötlich braun und zottig behaart. ▶13 Teilfrüchte dreikantig, glatt.

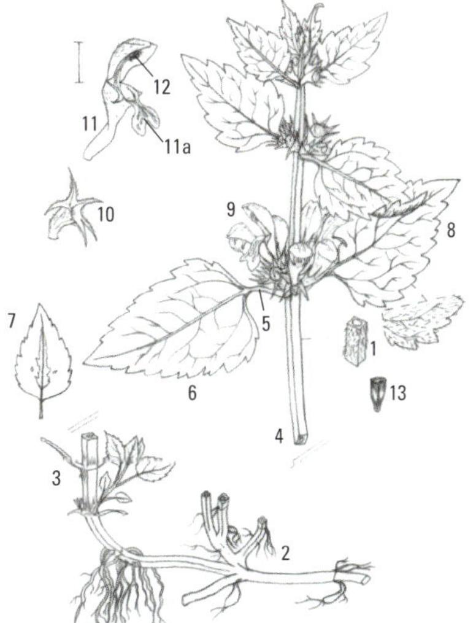

**301** ✚✚ Euphrasia officinalis, Orobanchaceae

## Echter Augentrost (Euphrasia rostkoviana)

einjährig | 5–10 | 0,3 m

Auf meist kalkarmen, teilweise auch kalkreichen Standorten in mageren Wiesen und Halbtrockenrasen, vor allem auf Böschungen. ❀ Kleines Habichtskraut [76], Kleine Pimpinelle [711], Kleiner Wiesenknopf [720].

Halbschmarotzer. ▸1 **Stängel und Blätter behaart.** ▸2 Untere Blätter kreuzweise gegenständig (a), wenige obere oft wechselständig (b) und allesamt sitzend (c) am Stängel angeordnet. ▸3 **Blätter eiförmig**, bis etwa 1 cm lang. ▸4 Deutlich hervortretende Blattaderung. ▸5 Blattrand mit 3–6 Zähnen je Blatthälfte. ▸6 Tragblätter drüsig behaart. ▸7 Blüten zu mehreren am Ende der Zweige. ▸8 **Krone bis 14 mm lang, weiß mit violetter Aderung, gelbem Fleck auf der Unterlippe (a) und am Schlund (b) sowie einer häufig lila gefärbten Oberlippe (c).** ▸9 **Fruchtkapsel (a) kürzer als der Kelch (b), bis 7 mm lang.** ▸10 Samen kleiner als 2 mm.

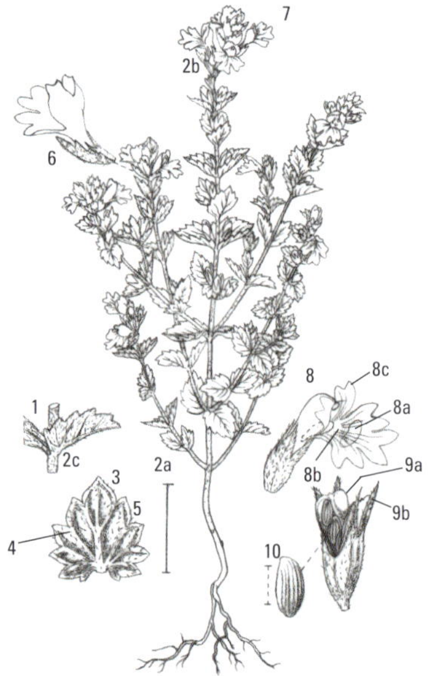

**302** ! ✚ Mimulus guttatus, Phrymaceae

## Gefleckte Gauklerblume

mehrjährig | 7–8 | 0,9 m

Nährstoffreiche, eher kalkarme Standorte in Fluss- und Bachröhrichten sowie in Hochstaudenfluren auf quelligen Standorten. ❀ Kressen-Schaumkraut [721], Behaartes Weidenröschen [400], Bach-Ehrenpreis [491].

▸1 Stängel aufrecht, kahl, hohl. ▸2 Gegenständige Blattstellung. ▸3 Blätter länglich eiförmig, einteilig. ▸4 Untere Blätter gestielt. ▸5 Blattrand unregelmäßig gezähnt. ▸6 Blüten auf langen Stielen einzeln den oberen Blattwinkeln entspringend, in der Gesamtansicht zu einer endständigen Traube vereinigt. ▸7 Blütenkelch glockenförmig und fünfkantig. ▸8 **Blütenkrone trichterförmig, dottergelb, bis 5 cm lang.** ▸9 Blüten-Oberlippe zweiteilig. ▸10 **Vor allem die dreiteilige Unterlippe häufig rot gepunktet.** ▸11 Frucht eine eiförmige, bis etwa 1 cm lange Kapsel.

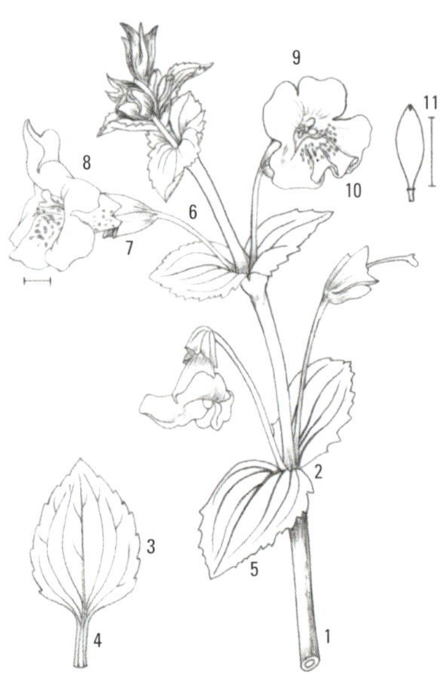

**303** Circaea intermedia, Onagraceae

## Mittleres Hexenkraut

mehrjährig | 6–8 | 0,4 m

Nährstoffreiche Standorte in Schlucht- und Auenwäldern, etwas feuchter stehend als das Gewöhnliche Hexenkraut (Circaea lutetiana [184]). ❀ Wald-Engelwurz [768], Sumpf-Pippau [527], Riesen-Schachtelhalm [42], Stinkender Storchschnabel [655].

Die Art variiert in ihren Merkmalen. Vom Gewöhnlichen Hexenkraut [184] unterscheidet sie sich durch folgende, meist gut erkennbare Merkmale: ▸1 Im gesamten Habitus etwas kleiner. ▸2 Schuppenförmige Niederblätter verbleiben an den Ausläufern. ▸3 **Blätter zur Spitze des Stängels hin an Größe deutlich abnehmend.** ▸4 Blätter dünn, matt glänzend, Blattrand meist etwas stärker gezähnt. ▸5 Blattbasis schwach herzförmig. ▸6 Blütenstiele mit unscheinbarem Tragblatt. ▸7 **Narbe ausgerandet** (Gewöhnliches Hexenkraut: Narbe zweilappig). ▸8 Frucht meist vor der Reife abfallend.

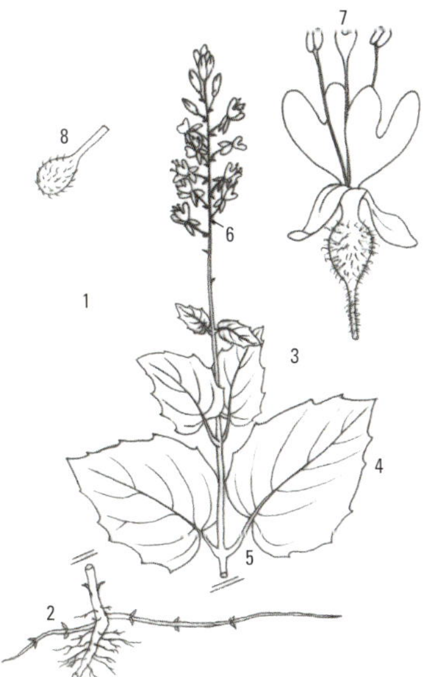

**304** Viola reichenbachiana, Violaceae

## Wald-Veilchen

mehrjährig | 3–5 | 0,25 m

In schattigen Mischwäldern auf nährstoffreichen Böden, insbesondere in Buchenwäldern. ❀ Wald-Schaumkraut [737], Gewöhnlicher Efeu [586], Vielblütige Weißwurz [473].

▸1 Stängel aufsteigend. ▸2 **Blätter lang-gestielt, dunkelgrün, länglich-eiförmig und dabei deutlich länger als breit.** ▸3 Blattgrund herzförmig. ▸4 **Nebenblätter bis 1,5 cm lang, schmal, mit langen Fransen.** ▸5 Blattpaar der Blütenstängel (Vorblätter) oberhalb der Mitte. ▸6 Die geruchslosen Blüten bis 8 cm lang gestielt, Krone hellviolett bis violett. ▸7 **Blütensporn gerade, bis 6 mm lang, von gleicher Farbe wie die Blütenkrone.** ▸8 Frucht eine aufrechte, spitze Kapsel.

**305** Viola canina agg., Violaceae

## Hunds-Veilchen

mehrjährig | 3–4 | 0,3 m

Bodensaure Standorte in Heiden, Magerrasen und -weiden, an Waldrändern und in lichten Eichenwäldern. ❀ Heidekraut [260], Flügel-Ginster [454], Kleines Habichtskraut [76].

▸1 Stängel aufsteigend oder aufrecht. ▸2 **Blätter bis 4 cm lang, länglich eiförmig und bis doppelt so lang wie breit.** ▸3 Blattgrund herzförmig eingebuchtet. ▸4 Blattränder seicht gekerbt. ▸5 Nebenblätter bis etwa 1 cm lang, am Rande fransenartig gezähnt. ▸6 Blütenstiele bis 10 cm lang, mit einem Paar Vorblätter deutlich oberhalb der Mitte (a). ▸7 Blütenkrone blassviolett, mit einem geraden oder etwas aufwärts gebogenen, gelblich oder grünlich gefärbten, bis 8 mm langen Blütensporn (a). ▸8 Kelchblätter lang und spitz, an der Basis mit Anhängsel (a). ▸9 Frucht eine eiförmige, den Kelch deutlich überragende Kapsel.

**306** ✚ Melittis melissophyllum, Lamiaceae

## Immenblatt

mehrjährig | 5–7 | 0,6 m

In Laubwäldern, z. B. in Buchenwäldern auf kalkreichen Standorten sowie an Wald- und Gebüschrändern. ❀ Haselwurz [323], Frühlings-Platterbse [739], Ausdauerndes Bingelkraut [467].

▸1 Stängel vierkantig (a), weich und abstehend behaart (b). ▸2 Blätter gestielt (a), eiförmig (b), am Stängel gegenständig angeordnet (c). ▸3 **Blattrand grob gezähnt.** ▸4 Blütenkelch breit glockenförmig, zehnnervig. ▸5 Blüten gestielt (a), zu 1–3 in den oberen Blattwinkeln. ▸6 **Blütenkrone bis zu 4,5 cm lang, weiß und rosa gefärbt.** ▸7 Blüten-Oberlippe (a) viel kleiner als die dreiteilige Unterlippe (b). ▸8 4 Staubblätter, dabei die vorderen etwas länger als die hinteren. ▸9 Teilfrüchte eiförmig, dreikantig, bis 5 mm lang, aus einer vierteiligen Frucht entstammend.

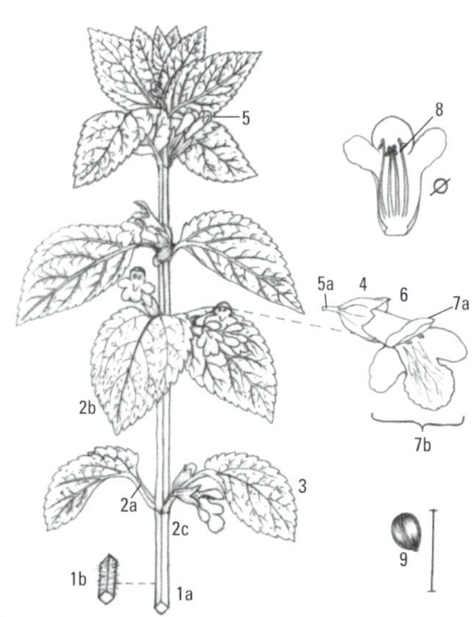

**307** Alliaria petiolata, Brassicaceae

## Lauchhederich (Knoblauchsrauke)

zweijährig | 4–5 | 1 m

Nährstoffreiche Standorte an Wald- und Wegrändern, im Auenwald, in Hecken und verwilderten Gärten. ❀ Gewöhnlicher Gundermann [330], Gefleckte Taubnessel [300], Große Brennnessel [296].

▸1 Stängel aufrecht, kräftig, etwas kantig, überwiegend kahl und nur an der Basis schwach behaart. ▸2 Grundblätter lang gestielt, rundlich oder nieren- bis herzförmig, **beim Zerreiben nach Knoblauch riechend.** ▸3 Stängelblätter kurz gestielt, dreieckig bis herzförmig, zuweilen mit lang ausgezogener Spitze. ▸4 **Alle Blätter kahl, dünn**, saftig-grün. ▸5 Blattrand buchtig und unregelmäßig gezähnt. ▸6 Die zierlichen weißen Blüten endständig angeordnet. ▸7 Frucht eine bis 6 cm lange, vierkantige, aufrecht gestellte Schote mit 6–8 schwarzen Samen. ▸8 **Schote bei Reife von unten nach oben allmählich aufreißend** und schließlich abfallend. ▸9 Fruchtstiel kurz, bis 6 mm lang, annähernd so dick wie die Schote.

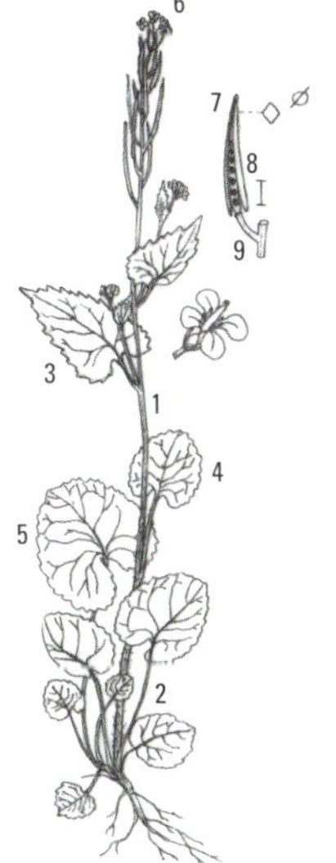

**308** Lamium purpureum, Lamiaceae

## Purpurrote Taubnessel

einjährig | 3–9 | 0,6 m

Vom Menschen stark geprägte, nährstoffreiche Standorte, z. B. Weinberge, Gärten, Äcker, Schuttplätze und Wegränder. ❀ Gewöhnlicher Reiherschnabel [671], Vogel-Sternmiere [210], Persischer Ehrenpreis [229].

Unangenehmer Geruch. ▸1 Stängel kantig, grün oder rotviolett, häufig schon am Grund verzweigt. ▸2 Alle Blätter bis 1 cm lang gestielt. ▸3 **Blatt**form herz- bis eiförmig, **Länge nur bis etwa 2 cm.** ▸4 Blattrand schwach gekerbt oder stumpf gezähnt. ▸5 Teilblütenstände dicht gedrängt, jeweils mit 6–10 Blüten. ▸6 Kelch mit spreizenden, spitzen Zähnen. ▸7 **Kronröhre gerade, Krone purpurn, nur bis etwa 1 cm lang.** ▸8 Unterlippe mit kurzen, bespitzten Seitenlappen (a) und deutlich größerem, in der Mitte eingekerbtem Mittellappen (b). ▸9 Staubbeutel violett gefärbt und zottig bewimpert. ▸10 Teilfrucht (Klause) ein bis etwa 2 mm langes, meist glattes und graues Nüsschen.

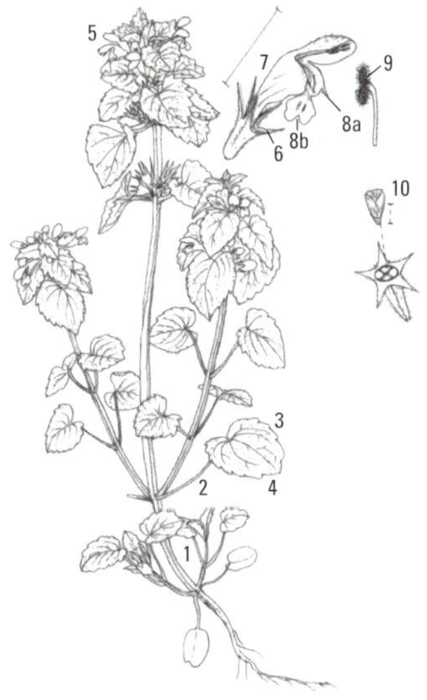

**309 !** Stachys arvensis, Lamiaceae

## Acker-Ziest

einjährig | 7–10 | 0,3 m

Nährstoffreiche, aber meist kalkarme Standorte extensiv genutzter oder brachliegender Äcker, in Gärten und Weinbergen sowie an Schuttplätzen. ❀ Stechender Hohlzahn [187], Acker-Rettich [542], Vogel-Sternmiere [210].

▸1 Stängel vierkantig, abstehend behaart, niederliegend oder aufsteigend, meist sparrig verzweigt. ▸2 **Blätter von eiförmiger Gestalt, zumindest die unteren an der Basis herzförmig (a).** ▸3 Obere Blätter gegenständig und sitzend am Stängel angeordnet (a), untere Blätter bis 2 cm lang gestielt (b). ▸4 **Blattränder stumpf gekerbt.** ▸5 Blütenstand aus zwei- bis sechsblütigen, quirlartigen Teilblütenständen gebildet. ▸6 Blütenkelch abstehend behaart, häufig rötlich überlaufen, mit deutlich hervortretender Nervatur. ▸7 **Die kurz gestielte Blütenkrone nur bis 9 mm lang und damit nur wenig länger als der Kelch, blassrosa.** ▸8 **Teilfrucht mit warzig-rauer Oberfläche**, bis 2 mm lang, aus einer vierteiligen Frucht entstammend.

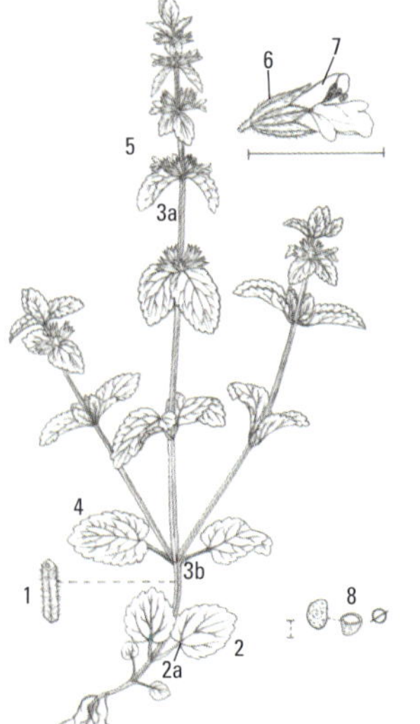

**310 !!** Listera cordata, Orchidaceae

## Kleines Zweiblatt (Neottia cordata)

mehrjährig | 6–7 | 0,2 m

Nährstoffarme Standorte in Fichten- und Moorwäldern. ❀ Sprossender Bärlapp [118], Moor-Heidelbeere [496], Preiselbeere [476].

▸1 Stängel aufrecht, dünn und zart, Farbe blassgrün, teils rot überlaufen. ▸2 **2 annähernd gegenständige Blätter** im mittleren Stängeldrittel. ▸3 **Blätter** ungeteilt, **dreieckig-herzförmig**, bis 2,5 cm lang. ▸4 Blattflächen mit starker Aderung, behaart, Oberseite glänzend-grün, unterseits schwach bläulich. ▸5 Blütenstand eine lockere, kurze, fünf- bis zehnblütige Traube. ▸6 Blütenlippe tief zweispaltig und damit doppelt-zungenförmig, Farbe braunrot. ▸7 Länge der Blütenlippe (a) bis zu 5 mm, damit annähernd doppelt so lang wie die Blätter der Blütenhülle (Perigonblätter) (b). ▸8 Perigonblätter grünlich, teils bräunlich überlaufen. ▸9 Frucht eine lang gestielte, kugelige, nicht gedrehte, bis etwa 5 mm lange Kapsel.

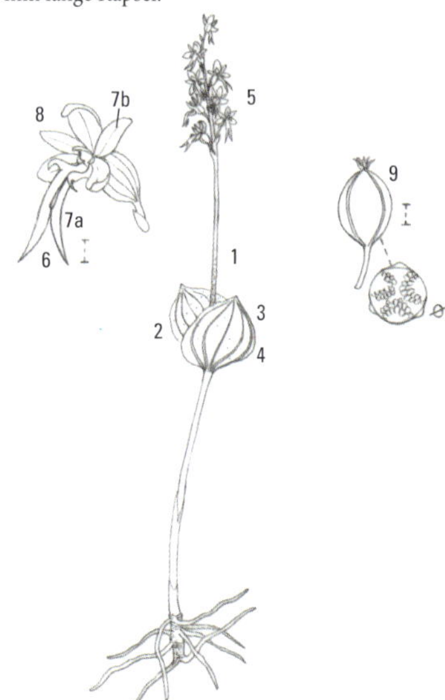

311!! Parnassia palustris, Parnassiaceae

## Sumpf-Herzblatt

mehrjährig | 7–8 | 0,4 m

Basenreiche Standorte in Flachmooren, Moor- und Sumpfwiesen, Schafweiden und Kalk-Magerrasen. Breitblättrige Fingerwurz [403], Gewöhnliches Kreuzblümchen [364], Sumpf-Veilchen [331].

▶1 **Stängel** steif aufrecht, kantig (a), häufig **mit einem stängelumfassenden Blatt (b).** ▶2 **Die zahlreichen Grundblätter rosettig angeordnet und lang gestielt (a).** ▶3 Blätter herzförmig bis breit eiförmig, mit deutlichen, bogig verlaufenden Hauptnerven (a). ▶4 Einzeln-endständige Anordnung der Blüten am Stängel. ▶5 Blüte fünfzählig: 5 grünliche, elliptisch bis eiförmige Kelchblätter (a); **5 weiße, dunkler geaderte,** eiförmige und oben meist etwas ausgebuchtete Kronblätter (b); 5 Staubblätter (c); 5 zwischen den Staubblättern angeordnete, gefranste Nektarblätter (d). ▶6 Frucht eine vielsamige Kapsel.

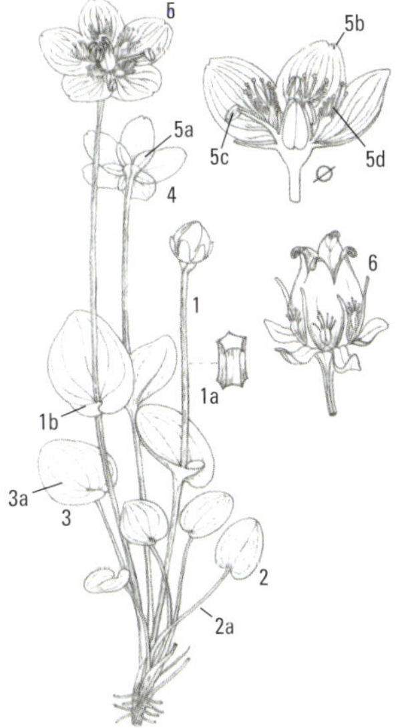

312 Maianthemum bifolium, Ruscaceae

## Zweiblättrige Schattenblume

mehrjährig | 5–6 | 0,2 m

In schattigen Wäldern mit nährstoffarmen Böden. Dorniger Wurmfarn [680], Wald-Sauerklee [627], Echter Ehrenpreis [494].

▶1 Stängel aufrecht. ▶2 **Blühende Pflanzen mit meist 2, selten 3 wechselständig angeordneten Blättern (a); nichtblühende Pflanzen in der Regel mit nur einem Blatt (b).** ▶3 Blätter dunkelgrün, herzförmig zugespitzt oder eiförmig mit herzförmiger Basis, Länge bis 10 cm. ▶4 **Deutlich sichtbare, parallel angeordnete Blattnervatur.** ▶5 Blätter kurz gestielt. ▶6 Blüten in endständiger Traube. ▶7 Die wohlriechende Blütenhülle aus 4 weißen, zurückgebogenen Blütenhüllblättern zusammengesetzt. ▶8 4 Staubblätter, kürzer als oder gleich lang wie die Blütenhüllblätter. ▶9 **Frucht eine (zuletzt) leuchtend rote und glänzende Beere.**

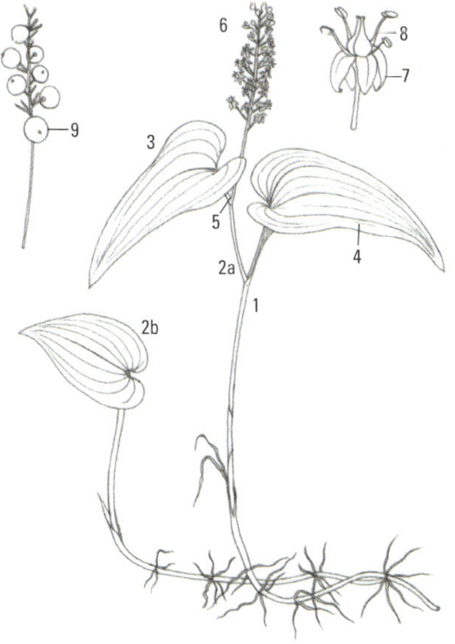

**313 ! ⊗ ✚** Nuphar lutea, Nymphaeaceae

## Große Teichrose

mehrjährig | 6–8 | L 3 m

In Schwimmblatt-Gesellschaften nährstoffreicher, langsam fließender oder stehender Gewässer, wie etwa Seen und Altwässer, bis etwa 6 m Wassertiefe. ❀ Weiße Seerose [339], Gewöhnliche Seekanne [338], Quirl-Tausendblatt [676].

▸1 Wasserpflanze mit dreikantigen Blattstielen. ▸2 Blätter breit oval bis herzförmig, bis 30 cm lang. ▸3 Blattrand oft gewellt. ▸4 Blüten im Durchmesser bis 5 cm, duftend. ▸5 **Blütenhülle mit 5 gelblichen, außen oft grünlichen Perigonblättern.** ▸6 Staubblätter zahlreich. ▸7 **Frucht flaschenförmig**, vielsamig, bis 4 cm lang.

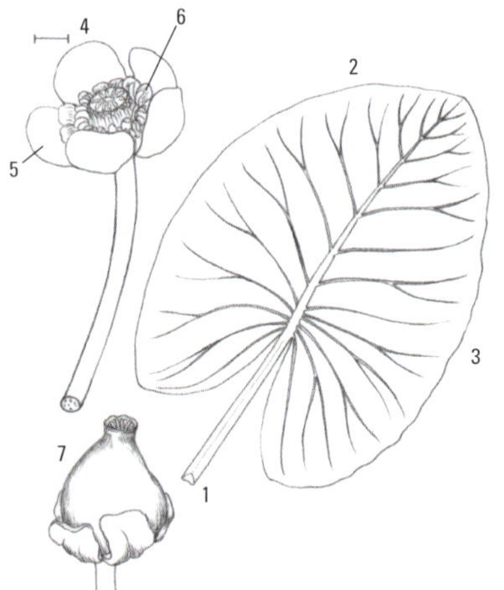

**314 ⊗ ✚** Arum maculatum, Araceae

## Gefleckter Aronstab

mehrjährig | 4–5 | 0,4 m

In Auenwäldern und nährstoff- und krautreichen, feuchten Laubmischwäldern sowie an Hecken. ❀ Bär-Lauch [401], Maiglöckchen [441], Echte Goldnessel [223].

▸1 Die längliche Knolle innen weiß gefärbt. ▸2 **Blätter** lang gestielt, **pfeil- bis spießförmig**, dunkelgrün. ▸3 Blütenstängel hellgrün, nur wenig beblättert. ▸4 Das auffällige, bis 25 cm lange Hochblatt grünlich-weiß, teilweise mit rötlichen Schattierungen. ▸5 **Hochblatt im unteren Bereich bauchig aufgeblasen.** ▸6 Blütenkolben mit weiblichen Blüten an der Basis (a), darüber männlichen Blüten (b) sowie oben und dazwischen sterilen Blüten. ▸7 **Frucht eine rundliche, orange- bis scharlachrote, an einem Kolben angeordnete Beere.**

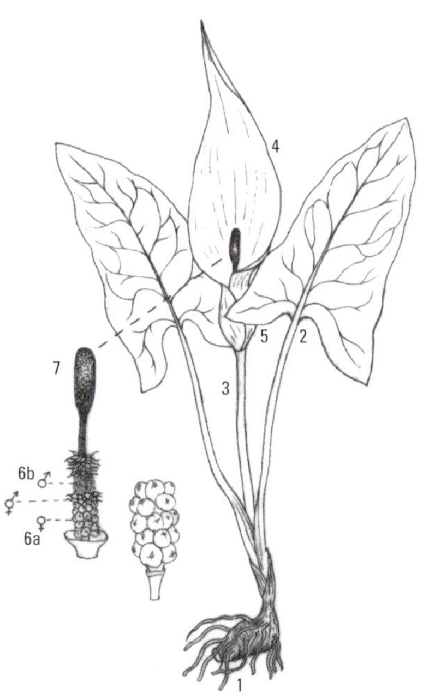

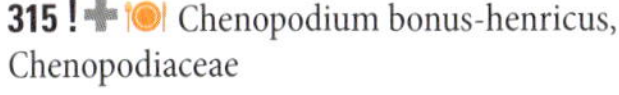

**315 !** Chenopodium bonus-henricus, Chenopodiaceae

## Guter Heinrich (Blitum bonus-henricus)

mehrjährig | 6–8 | 1 m

Nährstoffreiche Plätze vor allem im Umkreis bäuerlicher Siedlungen, etwa an Ställen und Dungstätten sowie an Wegen, Straßen und Zäunen. ❀ Gewöhnliches Hirtentäschel [541], Weiße Taubnessel [278], Stumpfblättriger Ampfer [263], Große Brennnessel [296].

▸1 Wurzel rübenartig, fleischig. ▸2 Oberirdische Teile der Pflanze mehlig bestäubt, etwas klebrig. ▸3 Meist mehrere, aufsteigende bis aufrechte, kantige Stängel. ▸4 Blätter lang gestielt. ▸5 **Blattflächen dreieckig bis spießförmig, bis 10 cm im Durchmesser.** ▸6 Blattrand leicht gewellt, ganzrandig. ▸7 Blütenstand kerzenförmig an der Stängelspitze, im Gegensatz zu den Melden (Atriplex) nicht zweihäusig. ▸8 Nur das untere Ende des Blütenstandes mit Laubblättern. ▸9 Blütenhülle grün, drei- bis fünfblättrig. ▸10 Same bis etwa 2 mm lang, breit eiförmig, am Rand gerundet, dunkelrotbraun bis schwarz

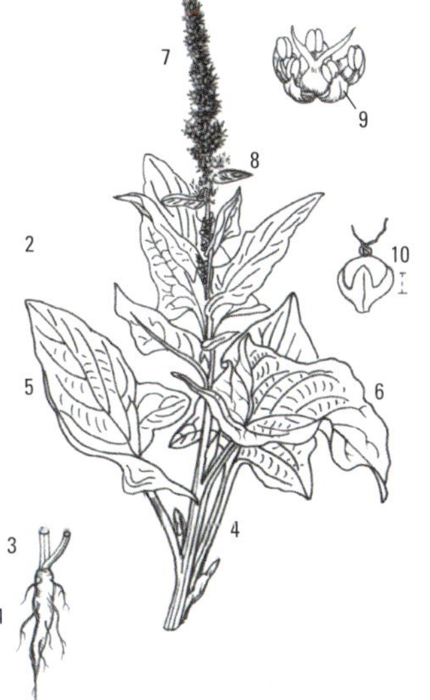

**316** Lunaria annua, Brassicaceae

## Einjähriges Silberblatt

einjährig | 4–6 | 1 m

Verwildert in Gartennähe sowie abseits der Gärten auf Schuttplätzen und an Wegrändern. ❀ Gewöhnlicher Beifuß [745], Gewöhnlicher Gundermann [330], Große Brennnessel [296].

▸1 Stängel aufrecht, behaart. ▸2 **Blätter derb, breit herzförmig** (a) und von anliegenden Härchen (b) rau. ▸3 Grundblätter lang gestielt (a), **obere Blätter ungestielt** (b). ▸4 Blattaderung vor allem auf den Unterseiten deutlich hervortretend. ▸5 Blattrand grob gezähnt. ▸6 Blütenstand locker, doldenartig. ▸7 Kelchblätter häutig berandet, an der Spitze violett. ▸8 Blütenkronblätter dunkelviolett, bis 2,5 cm lang. ▸9 **Frucht ein rundliches oder ovales, bis 4 cm langes Schötchen mit glänzender Scheidewand.** ▸10 **An der Fruchtspitze ein bis 8 mm langer Griffel.**

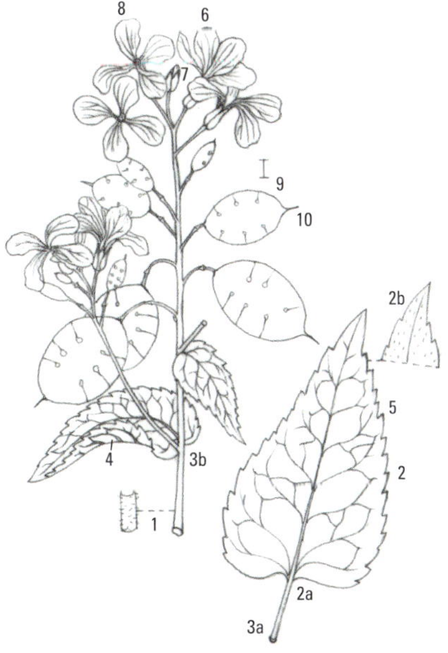

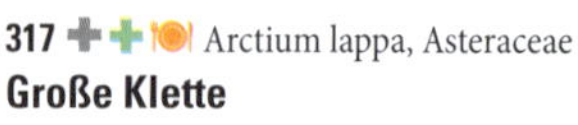

**317** Arctium lappa, Asteraceae

## Große Klette

zweijährig | 7–9 | 1,5 m

An Flussufern und lichten Stellen im Wald sowie an stickstoffreichen Ruderalstandorten wie Bahnanlagen, Wegen und Schuttplätzen. Gewöhnlicher Giersch [754], Lauchhederich [307], Große Brennnessel [296].

Arctium-Arten bastardieren oft untereinander, die Merkmale können sich dabei mischen. ▸1 Stängel aufrecht, kräftig, längs gefurcht. ▸2 Grundblätter dreieckig bis herzförmig, bis 50 cm lang und annähernd so breit. ▸3 **Blattstiele im Gegensatz zur Kleinen Klette [292] zumindest an der Basis mit Mark gefüllt.** ▸4 Zahlreiche, lang gestielte, violette Blütenköpfe in lockerer doldenartiger Anordnung. ▸5 **Blütenköpfe** bis 7 cm lang gestielt (a) und **bis 5 cm im Durchmesser (b).** ▸6 **Die kahlen Hüllblätter so lang oder nur wenig länger als die Blüten, an der Spitze mit gelblichen Widerhaken.** ▸7 Frucht schwarz gefärbt, oberseits etwas runzelig, bis 7 mm lang.

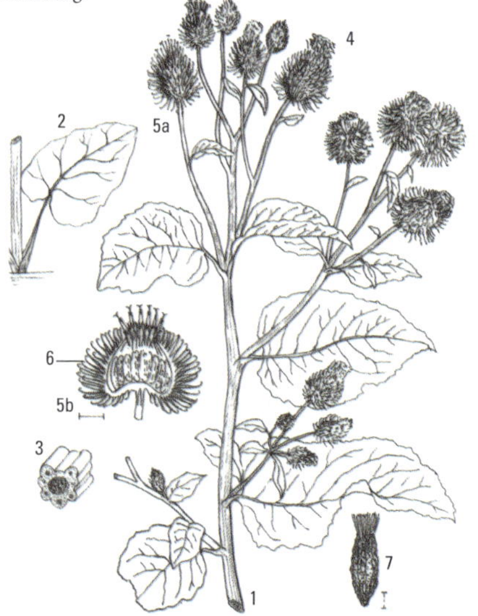

**318** Arctium tomentosum, Asteraceae

## Filz-Klette

zweijährig | 7–8 | 1,2 (2,5) m

Nährstoffreiche Ruderalstandorte wie Wegränder und Schuttplätze sowie an Ufern. Gewöhnlicher Beifuß [745], Weiße Taubnessel [278], Echtes Herzgespann [573].

▸1 Stängel aufrecht, tief gefurcht (a), mit aufrecht abstehenden Ästen (b). ▸2 **Blattstiele im Unterschied zur Kleinen Klette [292] zumindest an der Basis mit Mark gefüllt.** ▸3 Blätter oberseits dunkelgrün, **unterseits graufilzig, etwas kleiner als die Blätter der Großen Klette [317].** ▸4 Wechselständige Anordnung der Blätter am Stängel. ▸5 Blütenstiele mit 3 bis 10 cm Länge meist deutlich länger als die bis 3 cm breiten Blütenköpfe. ▸6 **Blütenhülle dicht wollig behaart.** ▸7 Innere Hüllblätter mit gerader, rötlicher Spitze. ▸8 Äußere Hüllblätter mit hakenförmiger Spitze. ▸9 Früchte schwach runzelig, 5–6 mm lang.

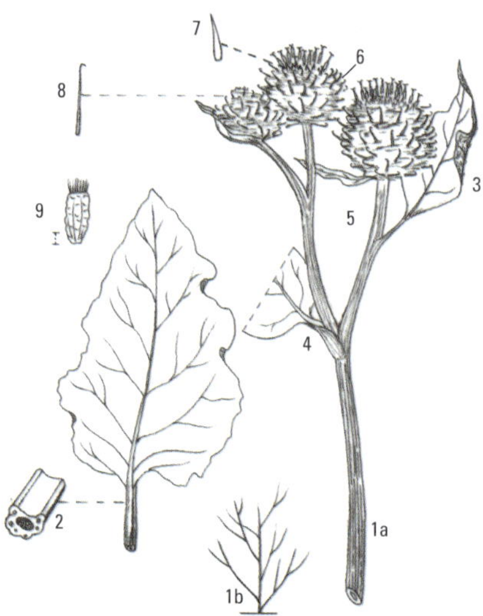

**319** Aristolochia clematitis, Aristolochiaceae

## Osterluzei (Pfeifenwinde)

mehrjährig | 5–6 | 1 m

Nährstoffreiche Standorte in Weinbergen, Gebüschen, Hecken und Ruderalplätzen. ❀ Gewöhnlicher Giersch [754], Gewöhnliche Waldrebe [734], Große Brennnessel [296].

Pflanze fruchtig riechend. ▸1 Stängel aufrecht, unverzweigt, vierkantig, hin- und hergebogen, gelbgrün gefärbt. ▸2 **Blätter an der Basis tief herzförmig** und lang gestielt. ▸3 Blattflächen etwa 10x10 cm, die Unterseite hellgrün. ▸4 Blüten in wenigblütigen, achselständigen Büscheln angeordnet. ▸5 **Die schwefelgelbe Blütenhülle bis 8 cm lang, am Grund aufgeblasen (a), oben zungenartig verbreitert (b).** ▸6 Frucht eine kugelige oder birnenförmige, erst grüne, später schwarze, 1–2 cm große Kapsel.

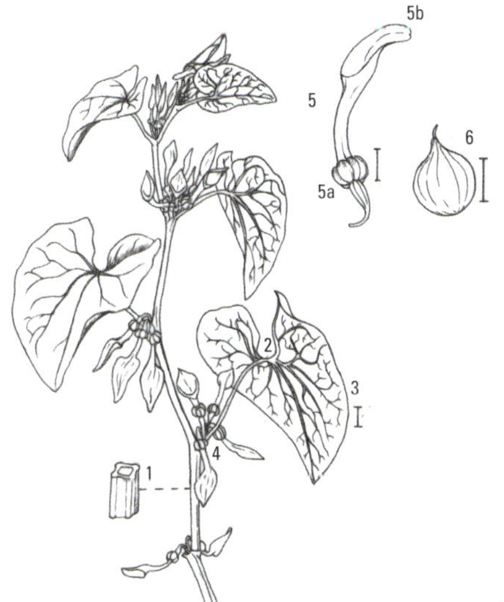

**320**  Rumex scutatus, Polygonaceae

## Schild-Ampfer

mehrjährig | 5–8 | 0,6 m

Basenreiche Standorte in Steinschutthalden, Steinbrüchen und Felsspalten sowie an Mauern und Bahndämmen. ❀ Sand-Schmalwand [356], Stinkender Storchschnabel [655], Weiße Schwalbenwurz [193].

▸1 Die blaugrüne, kahle, am Grund häufig verzweigte Pflanze mit Ausläufern. ▸2 Stängel am Grund verholzend und bogig aufsteigend. ▸3 **Die gestielten, bis 5 cm langen Blätter schildförmig bis breit spießförmig.** ▸4 **Blattbasis mit 2 abstehenden, spitzen Lappen.** ▸5 Blütenstand mit zahlreichen, aufrechten Ästen. ▸6 **Blüten- und Fruchthülle** dünn, **ohne Schwiele**, deutlich größer als die Frucht. ▸7 Frucht ein bis 5 mm langes, graugelbes Nüsschen.

**321** ✚ Lathraea squamaria, Orobanchaceae

## Gewöhnliche Schuppenwurz

mehrjährig | 3–4 | 0,2 m

Kalkreiche Standorte in Auen- und Schluchtwäldern, je nach Unterart auch in Fichtenwäldern. ❀ Bär-Lauch [401], Hohe Primel [107], Knöllchen-Scharbockskraut [324], Stinkender Storchschnabel [655].

Schmarotzer, meist auf Bastard-Pappel und Hasel. ▸1 **Pflanze bleich** (ohne Chlorophyll), **häufig rosaviolett überlaufen.** ▸2 Stängel saftig, kahl. ▸3 **Blätter fleischig, schuppenförmig.** ▸4 Blüten in einseitswendigen, vor dem Erblühen nickenden Trauben. ▸5 **Die hellviolette bis rosarote, glockenförmige, zweilippige Krone den Kelch meist nur wenig überragend.** ▸6 Kelch drüsig behaart, etwa 1 cm lang. ▸7 **4 Staubblätter, aus der Krone herausragend.** ▸8 Frucht eine eiförmige, einfächerige, dünnwandige, bis etwa 11 mm lange Kapsel.

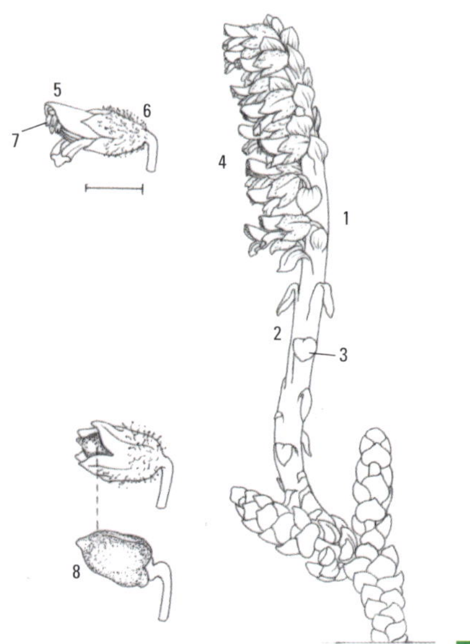

**322** Veronica filiformis, Plantaginaceae

## Faden-Ehrenpreis

mehrjährig | 3–4 | 0,3 m

Nährstoffreiche, aber meist kalkarme Standorte in Weiden, Brachen, Gärten, Parkrasen und an Wegrändern. ❀ Gänseblümchen [102], Breit-Wegerich [212], Wiesen-Löwenzahn [520].

▸1 **Stängel niederliegend, im Unterschied zum ähnlichen Persischen Ehrenpreis [229] sehr dünn und bei Bodenkontakt wurzelnd.** ▸2 **Blätter** kurz gestielt, **dünn behaart, nur bis 1 cm lang** und von rundlicher Gestalt. ▸3 Blattränder grob gekerbt. ▸4 **Blüten und Früchte einzeln auf sehr langen Stielen den Blattachseln entspringend.** ▸5 Blütenkelch mit 4 langen, länglich-eiförmigen, behaarten Kelchzipfeln. ▸6 Blütenkrone hellblau, bis 1,3 cm im Durchmesser. ▸7 Frucht eine abgeflachte, nierenförmige Kapsel mit einem (bis 4 mm) langen Griffel (a).

**323** ⊗ ✚✚ Asarum europaeum, Aristolochiaceae

## Haselwurz

mehrjährig | (3)4–5 | 0,1 m

Auf nährstoffreichen, kalkhaltigen Böden in krautreichen Mischwäldern. ❀ Christophskraut [753], Türkenbund-Lilie [413], Ausdauerndes Bingelkraut [467].

▸1 Grundachse kriechend, mit 3–4 schuppenförmigen Niederblättern (a) besetzt. ▸2 Blattstiele zottig behaart. ▸3 2–4 **dunkelgrüne, ledrig-feste, nierenförmige Blätter**, bis 10 cm lang. ▸4 Die endständig angeordnete, schwach nickende Blüte nach Pfeffer riechend. ▸5 **Blütenhülle glockenförmig**, in 3 Abschnitten mit eingebogener Spitze endend, außen bräunlich, im Inneren dunkelpurpurn gefärbt. ▸6 12 in 2 Reihen angeordnete Staubblätter. ▸7 Frucht eine kugelige, sechsfächerige, behaarte Kapsel.

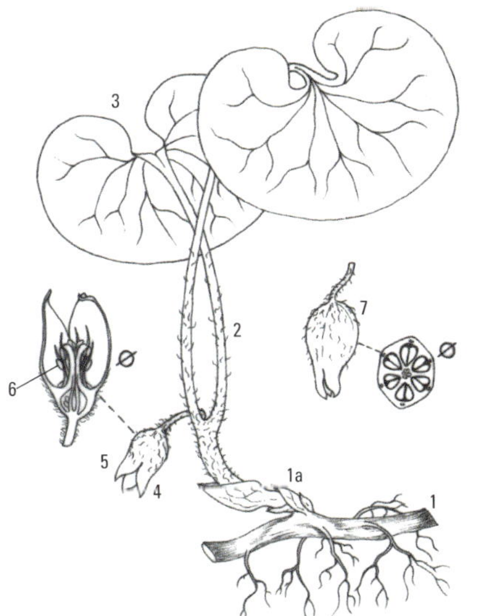

**324** ✚✚ Ficaria verna, Ranunculaceae

## Knöllchen-Scharbockskraut

(Ranunculus ficaria) mehrjährig | 3–5 | 0,3 m

In Auenwäldern und feuchten Auenwiesen, Obstgärten, Parkanlagen und am Rande von Hecken und Gebüschen. ❀ Gewöhnlicher Giersch [754], Lauchhederich [307], Wiesen-Schaumkraut [685].

▸1 Wurzeln mit keulenförmigen Verdickungen. ▸2 Stängel dem Boden anliegend oder aufsteigend. ▸3 Blätter lang gestielt. ▸4 **Brutknöllchen** (Brutknospen) **in den Blattachseln.** Aus diesen Knöllchen entwickeln sich neue, wurzelnde Triebe. ▸5 **Blattflächen fettig glänzend, in der Beschaffenheit dicklich-fleischig.** ▸6 Form der Blätter annähernd herzförmig. ▸7 Blattrand schwach gezähnt, gekerbt oder annähernd ganzrandig. ▸8 **Blüte mit 8–11 leuchtend gelben**, am Morgen geschlossenen **Kronblättern** (a), 3 gelblich-grünen Kelchblättern (b) und zahlreichen gelben Staubblättern (c).

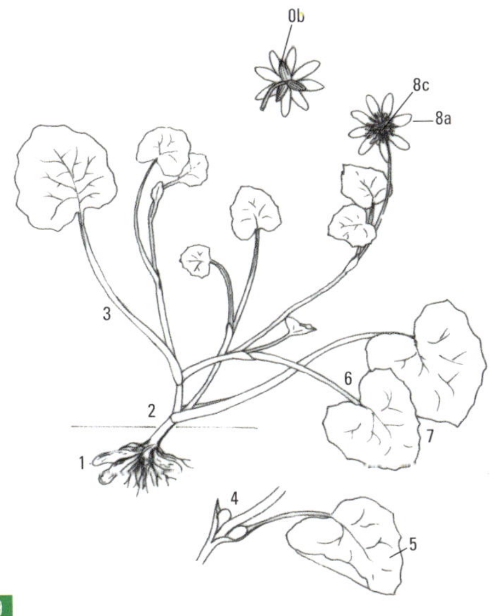

**325** ✚ Chrysosplenium alternifolium, Saxifragaceae

## Wechselblättriges Milzkraut

mehrjährig | 3–5 | 0,2 m

Nährstoffreiche Standorte in Quellfluren, an Waldbächen, an Kalk-Felsen sowie in Auen- und Schluchtwäldern. ❀ Gegenblättriges Milzkraut [232], Gewöhnlicher Wurmfarn [678], Stinkender Storchschnabel [655], Großes Springkraut [478].

▸1 Pflanze mit unterirdischen Ausläufern. ▸2 **Stängel** aufrecht, im **Querschnitt dreikantig**, 5–15 cm hoch. ▸3 **Blätter zu 2–3 wechselständig am Stängel angeordnet.** ▸4 **Blattform herz-nierenförmig, Breite bis 5 cm.** ▸5 Blätter lang gestielt und wie die Stiele behaart. ▸6 **Blattrand breit und kurz gelappt.** ▸7 Blüte unscheinbar, gelblich oder grünlich. ▸8 **Blütenstand von leuchtend gelbgrünen Hochblättern umrahmt.** ▸9 Frucht eine vielsamige Kapsel.

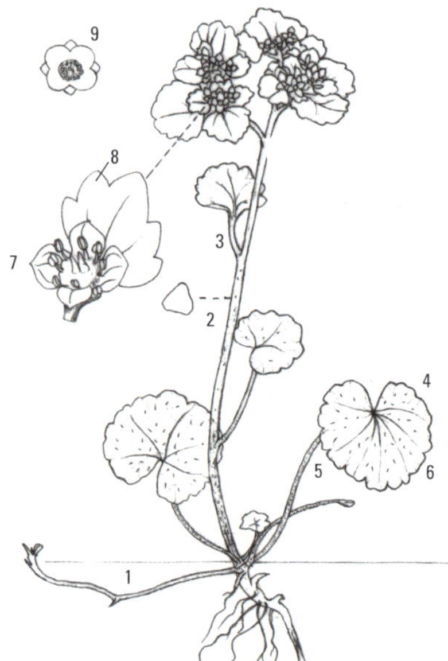

**326** ✚✚✚ Tussilago farfara, Asteraceae

## Huflattich

mehrjährig | 2–4 | 0,3 m

An Wegrändern, Brachen, Ufern, Äckern und Böschungen mit vorzugsweise offenen Böden in der Eigenschaft als Bodenfestiger. ❀ Weißer Steinklee [606], Gewöhnliche Pestwurz [328], Kriechender Hahnenfuß [637].

▸1 Verbreitung der Art über unterirdische, kriechende Spross-Ausläufer. ▸2 Der nach Pfeffer riechende Stängel mit grünen bis bräunlichen Blattschuppen. ▸3 **Die grundständigen Blätter erst nach der Blüte erscheinend, bis etwa 20 cm groß.** ▸4 **Beschaffenheit der Blattoberfläche derb, etwas fettig, Farbe dunkelgrün.** ▸5 Blattunterseite weißfilzig. ▸6 Blattrand gezähnt, die Zähne mit dunkler Spitze. ▸7 Blattstiele im Querschnitt rinnig U-förmig. ▸8 Hülle der gelben Blütenköpfchen flaumig behaart, teils rötlich überlaufen. ▸9 Blütenköpfchen am Abend etwa zur Hälfte geschlossen. ▸10 Früchte bis 0,5 cm lang, **mit mächtigem Haarkranz (a).**

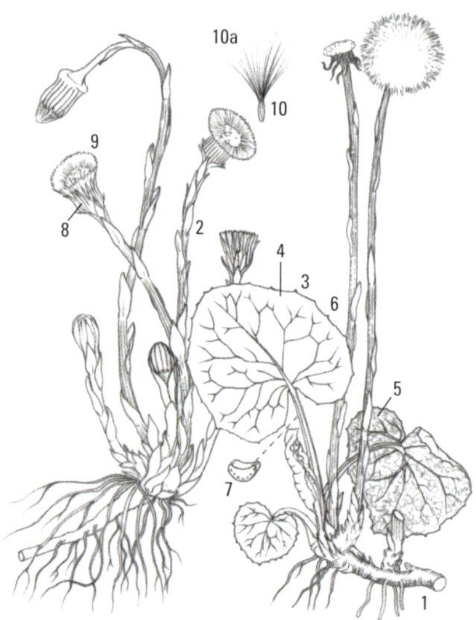

**327** Adenostyles alliariae, Asteraceae

## Grauer Alpendost

mehrjährig | 7–8 | 2 m

In montanen Hochstaudenfluren und auf nährstoffreichen, frischen Standorten in Bergmischwäldern. ❀ Wald-Storchschnabel [596], Wald-Witwenblume [433], Meisterwurz [634].

▸1 Kräftiger, behaarter, gefurchter Stängel. ▸2 **Blatt weich, groß, bis 50 cm im Durchmesser, dreieckig bis nierenförmig. Ähnlichkeit mit Pestwurz-Arten.** ▸3 Blattunterseite spinnwebig behaart. ▸4 Blattrand ungleich gezähnt. ▸5 Blattadernetz weitmaschig. ▸6 Bei Grund- und unteren Stängelblättern: Seitennerven des Blattgrunds am Blattrand verlaufend (ähnlich wie bei der Gewöhnlichen Pestwurz [328]). ▸7 Obere Stängelblätter am Grund mit Öhrchen. ▸8 Anordnung der zahlreichen Blütenköpfchen zu einem doldenartigen Gesamtblütenstand (Scheindolde). ▸9 **Blütenköpfchen schmal länglich, nur drei- bis fünfblütig.** ▸10 5 längliche Hüllblätter umschließen das Blütenköpfchen. ▸11 **Blütenkrone blassrot**, selten weiß, bis annähernd 1 cm lang.

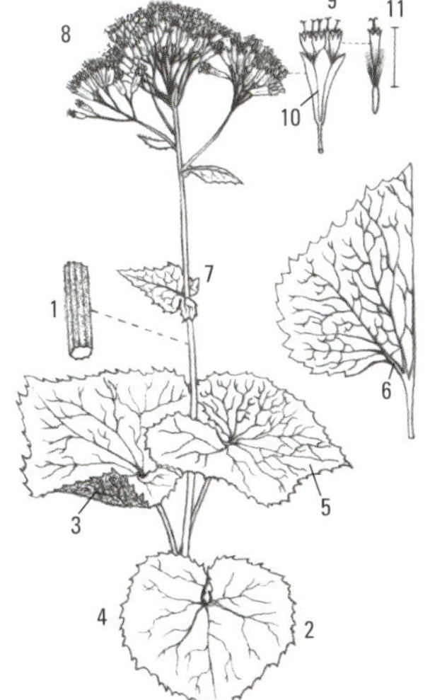

**328** ✚✚ Petasites hybridus, Asteraceae

## Gewöhnliche Pestwurz

mehrjährig | 3–5 | 1,5 m

Luftfeuchte, sickernasse und nährstoffreiche Standorte an Ufern von Fließgewässern sowie an quelligen Hängen und Wegrändern. ❀ Rauhaariger Kälberkropf [755], Kletten-Labkraut [373], Gefleckte Taubnessel [300].

▸1 Blätter nach der Blütenzeit erscheinend, **Grundblätter bis 90 cm breit.** ▸2 Blattstiel im Querschnitt rinnenförmig ausgebildet, rundlich, gerippt. ▸3 Unterseite der Blätter graugrün und schwach spinnwebig behaart. ▸4 Adernetz vor allem auf der Blattunterseite deutlich hervortretend, Blattadern behaart. ▸5 Blattoberseiten fein behaart, Blattadern hier teils rötlich. ▸6 **Untere Seitennerven direkt am Blattrand.** ▸7 Blattränder gezähnt. ▸8 Hüllblätter der Blütenköpfchen länglich ausgebildet und violett überlaufen. ▸9 **Blütenkrone rosa bis purpurfarben, in Ausnahmefällen auch weiß; in diesem Falle Verwechslungsmöglichkeit mit der Weißen Pestwurz [329].** ▸10 Frucht bis 3 mm lang und mit schmutzig-weißem Haarkranz.

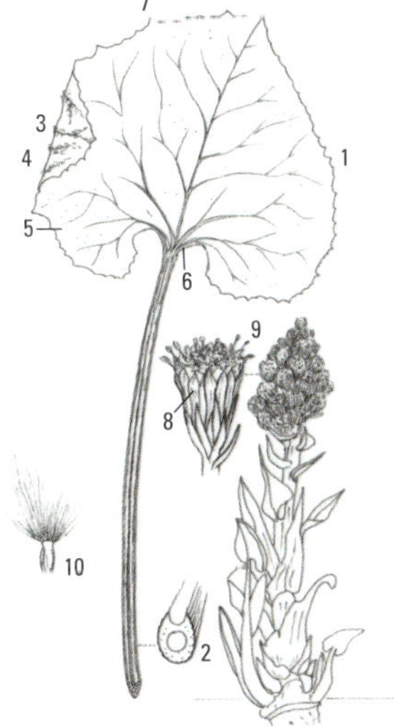

329 Petasites albus, Asteraceae

## Weiße Pestwurz

mehrjährig | 3–5 | 0,8 m

Schattig-kühle und frisch-feuchte, nährstoffreiche Standorte in Buchen-, Schlucht- und Mischwäldern, an Ufern von Bergbächen sowie an Waldwegrändern. ❀ Wald-Engelwurz [768], Rauhaariger Kälberkropf [755], Wald-Witwenblume [433].

▸1 Stängel mit schuppenförmigen Blättern. ▸2 **Blätter im Unterschied zu den derben Blättern des ähnlichen Huflattichs [326] relativ dünn und schlaff, höchstens 40 cm breit.** ▸3 **Die langen Blattstiele nicht gerippt, oberseits abgeflacht.** ▸4 Blattform breit rundlich bis herzförmig, Blätter breiter als lang. ▸5 Blattunterseite dicht grau- bis weißfilzig behaart, Blattnerven hervortretend. ▸6 Die Seitennerven der unteren Blattlappen nicht direkt am Blattrand. ▸7 **Blattrand ungleich, jedoch im Unterschied zum ähnlichen Grauen Alpendost [327] doppelt gezähnt, die Blattzähne scharf und spitz.** ▸8 Blüten vor den Blättern erscheinend, Gesamtblütenstand aus zahlreichen Blütenköpfchen gebildet. ▸9 Blütenköpfchen aus weißlich-gelben Röhrenblüten (a) und schmal länglichen, weiß berandeten Hüllblättern (b) gebildet. ▸10 Die bis zu 3 mm lange Frucht mit langem, weißem, borstigem Haarkranz.

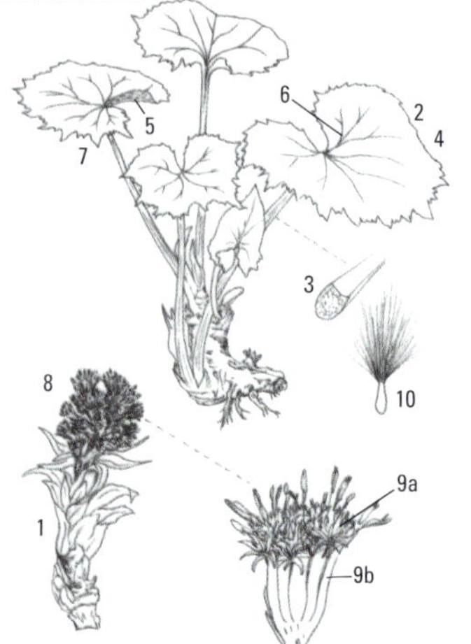

330 Glechoma hederacea, Lamiaceae

## Gewöhnlicher Gundermann

(Gundelrebe)

mehrjährig | 3–5 | 0,4 m

In Auenwäldern, an Wald- und Gebüschrändern sowie in lückigen Wiesen und Weiden. ❀ Kletten-Labkraut [373], Gewöhnliche Nelkenwurz [729], Große Brennnessel [296].

Würziger Geruch. ▸1 **Lange oberirdische, an den Knoten wurzelnde Ausläufer.** ▸2 Stängel kriechend, vorne aufsteigend, beblättert. ▸3 **Blatt rundlich bis nierenförmig**, im Durchmesser bis 5 cm. ▸4 **Blattrand buchtig gekerbt.** ▸5 Blattoberseite glänzend dunkelgrün. ▸6 Grundblätter lang gestielt. ▸7 Blattstiel der Stängelblätter etwa genauso lang oder wenig länger als die Blattfläche. ▸8 **Blüten zu 2–3 in den Blattwinkeln.** ▸9 Kelch mit vortretenden Nerven, vor allem auf diesen zottig behaart. ▸10 Blütenkrone lippenförmig, blau- oder rotviolett. ▸11 Unterlippe mit großem, ausgerandetem Mittellappen. ▸12 Frucht ein kleines Nüsschen.

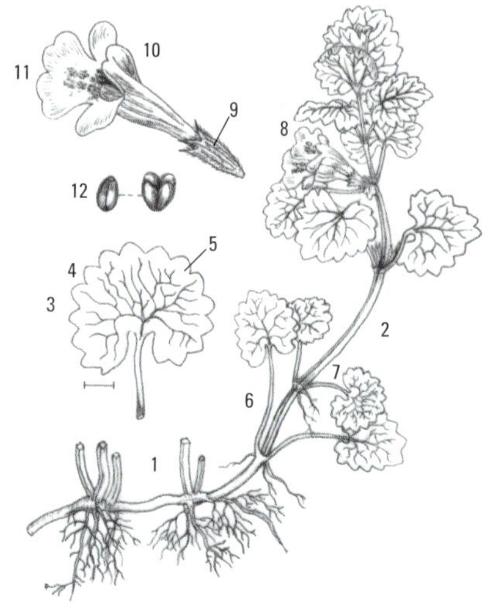

**331** Viola palustris, Violaceae

## Sumpf-Veilchen

mehrjährig | 5–6 | 0,15 m

Auf nährstoffarmen, torfigen Böden an Moorseen und -weihern, Niedermooren, in Kleinseggenbeständen, Gräben und Quellfluren. ❀ Strauß-Gilbweiderich [363], Sumpf-Herzblatt [311], Echtes Fettkraut [483].

▸1 Pflanze mit Ausläufern und 3–4 grundständigen Blättern. ▸2 **Die kahlen Blätter rundlich bis nierenförmig, meist breiter als lang, gelblichgrün.** ▸3 Blätter bis 10 cm lang gestielt. ▸4 Blattränder schwach gekerbt. ▸5 **Nebenblätter eiförmig, zugespitzt, mit sehr kurzen Fransen.** ▸6 **Blattpaar (Vorblätter) der bis 10 cm langen Blütenstiele etwa in der Stängelmitte oder wenig tiefer.** ▸7 Kelchblätter eiförmig mit kurzen Anhängseln an der Basis (a). ▸8 Blütenkrone blassviolett mit dunklen Streifen, ohne Duft. ▸9 Frucht eine spitze, an einem aufrechten Stiel befindliche Kapsel.

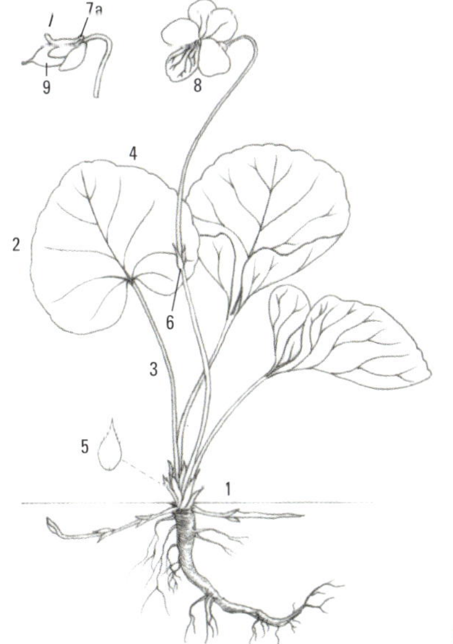

**332** Viola riviniana, Violaceae

## Hain-Veilchen

mehrjährig | 4–6 | 0,25 m

In lichten Eichenwäldern sowie in bodensauren Magerrasen und Heiden. ❀ Heidekraut [260], Kleines Habichtskraut [76], Heidelbeere [185].

▸1 Pflanze kräftig, Stängel aufsteigend oder aufrecht. ▸2 **Blätter rundlich, bis 5 cm lang, im Vergleich zum ähnlichen Wald-Veilchen [304] gleich lang oder nur wenig länger als breit.** ▸3 Blattgrund herzförmig (a), Blattränder leicht gekerbt (b). ▸4 Nebenblätter mit breiten Fransen. ▸5 Die bis 8 cm langen Blütenstiele mit einem Blattpaar (Vorblätter) weit oberhalb der Mitte. ▸6 Kelchblätter lang zugespitzt, bis etwa 1 cm lang, an der Basis mit bis 2 mm langen Anhängseln (a). ▸7 **Die geruchslose Blütenkrone hellblau bis hellviolett, mit weißlicher Basis.** ▸8 **Blütensporn heller als die Kronblätter.** ▸9 Frucht eine zugespitzte Kapsel mit einem deutlich ausgebildeten Griffel an der Spitze.

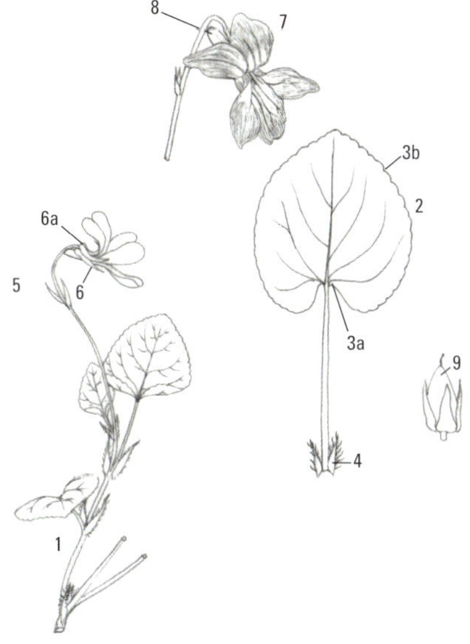

**333** ++ Viola odorata, Violaceae

## März-Veilchen (Wohlriechendes Veilchen)

mehrjährig | 3–4 | 0,2 m

Halbschattige und nährstoffreiche Standorte in Weinbergen, an Waldrändern, Waldwegen, Hecken und Gebüschen. ❀ Lauchhederich [307], Gewöhnliche Nelkenwurz [729], Gewöhnlicher Gundermann [330].

▸1 **Die wohlriechende Pflanze mit oberirdischen, sich bewurzelnden Ausläufern.** ▸2 **Blätter rundlich bis nierenförmig, etwa gleich lang wie breit.** ▸3 Blattgrund tief und eng herzförmig eingeschnitten. ▸4 Blattrand fein gekerbt. ▸5 Blattstiele anliegend behaart, länger als die Blattflächen. ▸6 Nebenblätter bis 1,5 cm lang, **eiförmig**, kurz gefranst. ▸7 Blütenstängel mit einem kleinem Blattpaar (Vorblätter) oberhalb der Mitte. ▸8 Blüten violett, wohlriechend, mit meist geradem, bis 7 mm langen Sporn (a). ▸9 Die beiden seitlichen Kronblätter schräg abwärts gerichtet. ▸10 Frucht eine kugelige, samtig behaarte, in Bodennähe wachsende Kapsel.

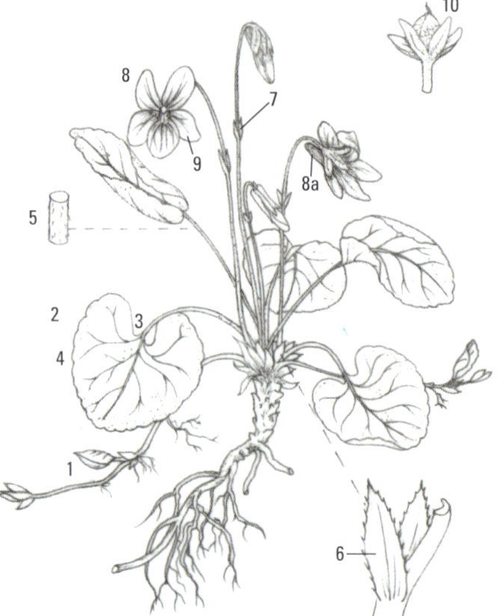

**334** Viola mirabilis, Violaceae

## Wunder-Veilchen

mehrjährig | 4–6 | 0,3 m

Trocken-warme, kalkreiche Standorte in Laubmischwäldern. ❀ Wald-Labkraut [443], Stinkende Nieswurz [662], Frühlings-Platterbse [739], Immenblatt [306].

▸1 Pflanze mit grundständiger Blattrosette. ▸2 **Der einreihig kurz-behaarte Stängel erst zur Fruchtzeit ausgebildet, dann bis 30 cm hoch.** ▸3 Grundblätter breit-herzförmig bis nierenförmig, mit bis zu 8 cm Breite meist breiter als lang. ▸4 **Blattlänge im Sommer bis 10 cm, Länge der kantigen Stiele zu diesem Zeitpunkt bis 20 cm.** ▸5 Blattränder flach gekerbt. ▸6 Blattunterseiten glänzend. ▸7 Nebenblätter länglich bis länglich-eiförmig, nicht gefranst, höchstens schwach bewimpert. ▸8 Die wohlriechende, blasslila Blüte mit einem grünlich-weißen, bis 7 mm langen Sporn (a). ▸9 Kelchblätter zugespitzt, mit Anhängseln. ▸10 Frucht eine kahle, lang-gestielte Kapsel.

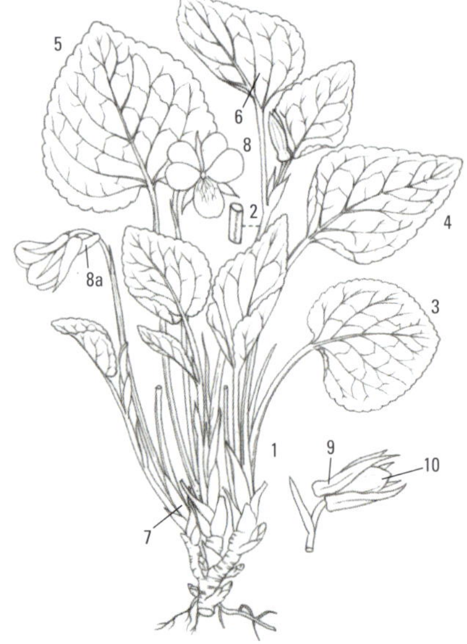

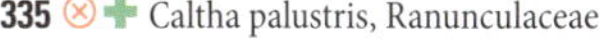

**335** Caltha palustris, Ranunculaceae

## Sumpf-Dotterblume

mehrjährig | 4–5 | 0,6 m

Nährstoffreiche Standorte in Auen- und Bruchwäldern, quelligen Bereichen sowie in Gräben und Sumpfwiesen. Wald-Engelwurz [768], Kressen-Schaumkraut [721], Wechselblättriges Milzkraut [325], Gewöhnliches Hexenkraut [184].

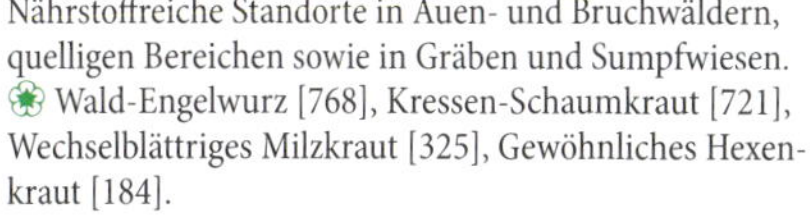

▸1 Stängel hohl, kahl, im oberen Teil verzweigt. ▸2 Grundblätter lang gestielt. ▸3 **Blätter groß, bis 15 cm im Durchmesser, rundlich bis nierenförmig, fettig glänzend, dunkelgrün.** ▸4 Blütenhülle dunkelgelb. ▸5 Staubblätter zahlreich. ▸6 Mehrsamige Früchte mit kurzem Schnabel.

**336** Viola biflora, Violaceae

## Zweiblütiges Veilchen

mehrjährig | 5–7 | 0,2 m

Nährstoffreiche, frische bis feuchte Standorte an Bächen, in Quellrinnen sowie in lichten, hochstaudenreichen Berg- und Schluchtwäldern. Grauer Alpendost [327], Wald-Witwenblume [433], Hain-Sternmiere [274].

▸1 Der unverzweigte, 5–20 cm lange Stängel mit 2–4 Blättern. ▸2 Die bis 12 cm lang gestielten **Grundblätter nierenförmig** und dabei mit einer Breite bis 5 cm **breiter als lang.** ▸3 **Blattgrund tief eingebuchtet.** ▸4 Blattrand schwach gekerbt. ▸5 Die länglich-eiförmigen, **ganzrandigen Nebenblätter** mit einer Länge bis 4 mm relativ klein. ▸6 Blüten einzeln oder zu zweien, jeweils auf bis zu 4 cm langen Blütenstielen. ▸7 **Blütenkrone gelb, das untere Kronblatt mit dunklen Adern, mit Sporn etwa 1,5 cm lang.**

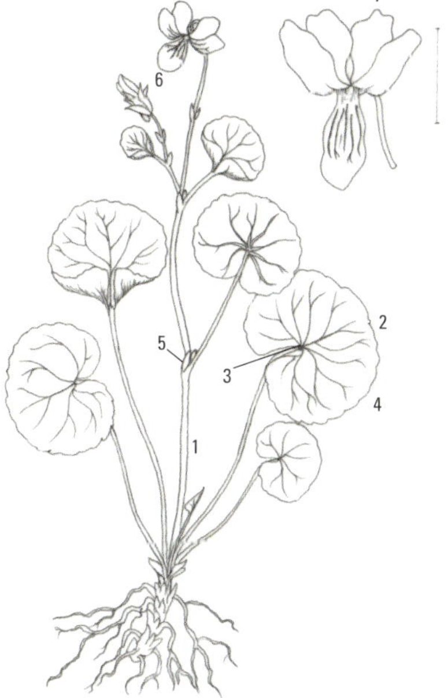

**337** Campanula rotundifolia agg., Campanulaceae

## Rundblättrige Glockenblume (Artengruppe)

mehrjährig | 6–9 | 0,3 (0,6) m

Auf vielfältigen Standorten unterschiedlicher Nährstoffversorgung wie magere Wiesen, Heiden, Felsen, Waldränder und lichte Eichenwälder. ❀ Gewöhnlicher Dost [203], Aufrechter Ziest [360], Behaartes Veilchen [279].

Art sehr variabel. ▸1 Stängel an der Basis behaart. ▸2 Aus der Wurzel häufig sterile Blattrosetten treibend. ▸3 **Grundblätter** lang gestielt, **rundlich oder nierenförmig, zur Blütezeit meist vertrocknet.** ▸4 Stängelblätter schmal länglich (lineal bis lanzettlich) geformt. ▸5 Blütenstand eine lockere Rispe. ▸6 Blüten einzeln an langen Stielen. ▸7 **Blütenknospen vor dem Erblühen aufrecht (a), später nickend (b).** ▸8 Blütenkrone blau, bis 2 cm lang.

**338 !!** Nymphoides peltata, Menyanthaceae

## Gewöhnliche Seekanne

mehrjährig | 7–8 | 0,1 m, L 1,5 m

In Schwimmblatt-Gesellschaften sommerwarmer, nährstoffreicher, langsam fließender oder stehender Gewässer über Schlammböden bis etwa 2 m Tiefe. ❀ Große Teichrose [313], Weiße Seerose [339], Spiegelndes Laichkraut [428].

▸1 Wasserpflanze mit auf der Wasseroberfläche flutendem, im Querschnitt rundem Stängel (a). ▸2 Blätter lang gestielt. ▸3 **Blattform rundlich, Durchmesser bis 10 cm, Blattbasis herzförmig (a).** ▸4 Blattoberfläche dunkelgrün glänzend (a), Blattunterseite (z. T.) rötlich-violett (b). ▸5 Blüten einzeln, lang gestielt. ▸6 Durchmesser der **goldgelben Blütenkrone** bis etwa 4 cm. ▸7 **Die 5 Kronblätter am Rande gefranst.** ▸8 5 Staubblätter. ▸9 Frucht eine vielsamige, zugespitzt-eiförmige Kapsel.

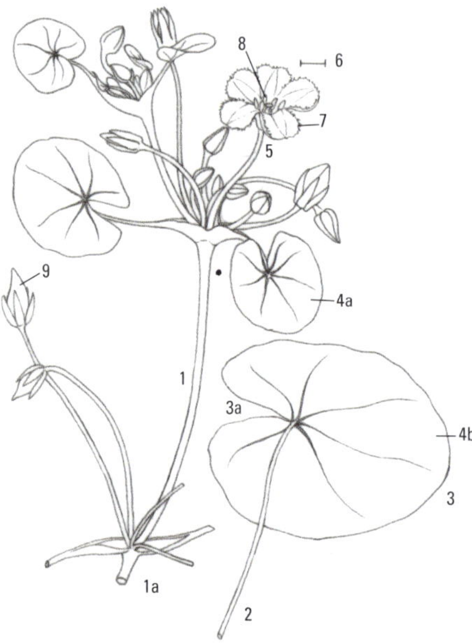

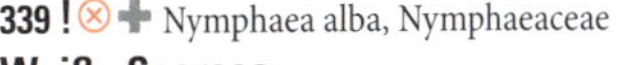

**339 !** Nymphaea alba, Nymphaeaceae

## Weiße Seerose

mehrjährig | 6–8 | L 2 m

In Schwimmblatt-Gesellschaften mäßig nährstoffreicher, langsam fließender oder stehender Gewässer, wie etwa Seebuchten, Teiche und Altwässer, bis etwa 3 m Wassertiefe. Quirl-Tausendblatt [676], Gewöhnliche Seekanne [338], Große Teichrose [313], Schwimmendes Laichkraut [191].

▸1 Wasserpflanze mit rundlichen, festen Blättern und ganzrandigem Blattrand (a). ▸2 **Blattbasis tief herzförmig.** ▸3 Hauptnerven der beiden Blattlappen an der Blattbasis nicht bogenförmig gekrümmt. ▸4 Blatt- und Blütenstiele lang, im Querschnitt rund. ▸5 **Blüten mit doppelter Hülle: 4 Kelchblätter, außen grün, innen weiß (a); 15–25 weiße Kronblätter (b).** ▸6 **Zahlreiche, gelbliche Staubblätter mit gelben Staubbeuteln.** ▸7 Durchmesser der Blüte bis etwa 12 cm. ▸8 Frucht eine vielsamige, eiförmige bis kugelige, bis 3 cm lange Kapsel.

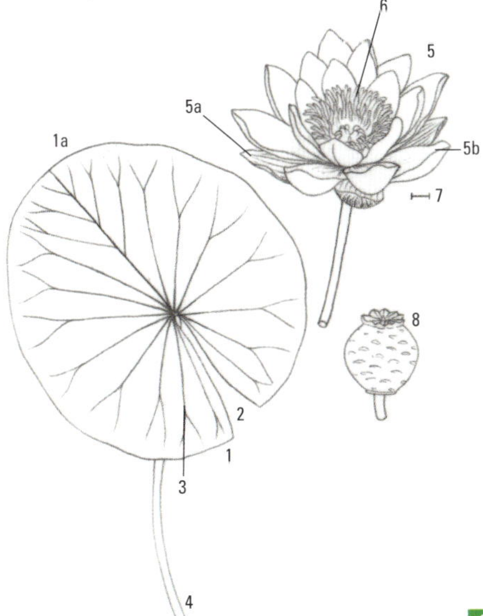

**340** Galium verum agg., Rubiaceae

## Echtes Labkraut (Artengruppe)

mehrjährig | 5–9 | 0,8 m

In Magerrasen, -wiesen und -weiden, an Wegrainen und Gebüschsäumen. Gewöhnliche Möhre [782], Gewöhnlicher Dost [203], Arznei-Thymian [485].

▸1 Pflanze mit unter- und oberirdischen Ausläufern (o. Abb.). ▸2 Stängel aufsteigend, schwach kantig und meist kurz behaart. ▸3 **Anordnung der Blätter in acht- bis zwölfzähligen Quirlen.** ▸4 **Blätter zugespitzt nadelförmig, Länge bis 2,5 cm.** ▸5 Blüten in reichhaltigen, endständigen Rispen. ▸6 Blütenkrone radförmig, nach Honig riechend. ▸7 Frucht glatt, bis etwa 1,5 mm lang.

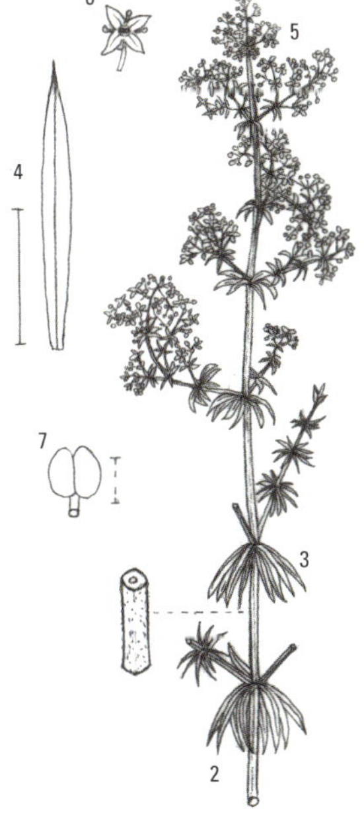

**341** Erigeron canadensis, Asteraceae

## Kanadisches Berufkraut

(Conyza canadensis)

einjährig | 7–10 | 1,5 m

Als Pionierpflanze an Wegen, Schuttplätzen, in Gärten, Äckern und Weinbergen. ❀ Feinstrahl-Berufkraut [357], Weißer Steinklee [606], Einjähriges Bingelkraut [171], Kratzbeere [630].

▸1 **Alle Pflanzenteile abstehend behaart.** ▸2 Pflanzengestalt schlank aufrecht. ▸3 Blätter überwiegend länglich geformt. ▸4 Blattrand im unteren Bereich buchtig gezähnt (a), im oberen Bereich ganzrandig (b). ▸5 **Gesamtblütenstand stark verzweigt, mit zahlreichen Blütenköpfchen.** ▸6 Blütenköpfchen zylindrisch geformt, gelblich grün. ▸7 Zungenblüten (a) nur wenig länger als die gelblichen Röhrenblüten (b). ▸8 Früchte mit grauem, etwa 2,5 mm langem Haarkranz.

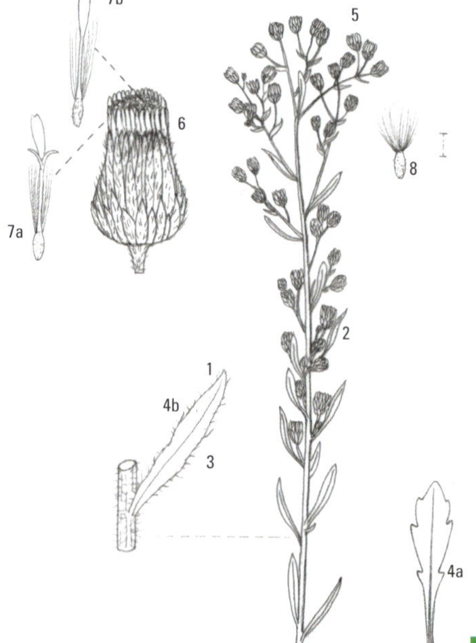

**342** Euphorbia cyparissias, Euphorbiaceae

## Zypressen-Wolfsmilch

mehrjährig | 4–6 | 0,6 m

Basenreiche Standorte in Mager- und Trockenrasen, an Böschungen und Wegrändern sowie in lichten, trockenen Wäldern. ❀ Gewöhnliche Möhre [782], Gewöhnlicher Natternkopf [358], Gewöhnlicher Dost [203].

▸1 Pflanze mit Milchsaft (a) und kriechenden Ausläufern (b). ▸2 **Blätter ungestielt und nadelförmig, Farbe blaugrün.** ▸3 Hüllblätter gelblich, zuletzt oft rötlich. ▸4 Blütenstand endständig, doldenartig, mit bis zu 15 Ästen. ▸5 Männlicher Blütenstand becherförmig. ▸6 Halbmondförmige, zweihörnige Drüsen am oberen Rand des Blütenbechers. ▸7 Weibliche Blüte kugelförmig, aus dem männlichen Blütenbecher heraushängend. ▸8 **Fruchtkapsel an 3 Stellen tief gefurcht, die Oberfläche warzig-runzelig**, Länge bis 3 mm. ▸9 Samen glatt, grau, bis 2 mm lang.

Besonderheit: Häufig finden sich verkümmerte Pflanzen mit verkürzten Ästen, hervorgerufen wird diese Erscheinung durch den Erbsenrost (Uromyces pisi).

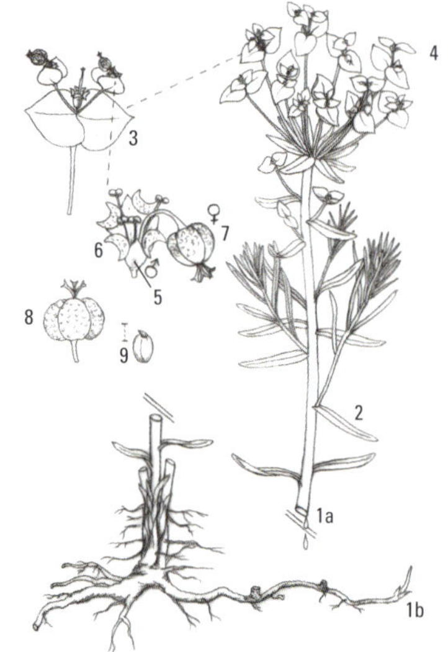

**343 !!**  Scorzonera humilis, Asteraceae

## Niedrige Schwarzwurzel

mehrjährig | 5–6 | 0,5 m

In mageren, feuchten, teils moorigen Wiesen auf kalkarmen Böden. ❀ Echte Arnika [460], Gewöhnliches Kreuzblümchen [364], Blutwurz [644].

▸1 **Pflanze mit schwarzer, walzenförmiger Wurzel (a) und grundständiger Blattrosette (b).** ▸2 Stängel aufrecht oder aufsteigend, einköpfig. ▸3 Grundblätter lang und schmal, vorne zugespitzt. ▸4 Hülle des gelben Blütenköpfchens bis 2,5 cm lang. ▸5 Hüllblätter mit breitem Saum. ▸6 **Alle Blüten zungenförmig, an der Spitze fünfzähnig (a).** ▸7 Die längliche, bis annähernd 1 cm lange Frucht mit langem, mehrreihigem, schmutzig-weißem Haarkranz.

**344 !!** Gentiana pneumonanthe, Gentianaceae 

## Lungen-Enzian

mehrjährig | 7–9 | 0,4 m

Wechselfeuchte, basenreiche Standorte in Moor- und Streuwiesen sowie in Flachmooren. ❀ Gewöhnlicher Blutweiderich [148], Gewöhnliches Pfeifengras [5], Blutwurz [644], Gewöhnlicher Teufelsabbiss [451].

▸1 Stängel an der Basis verholzend. ▸2 **Pflanze ohne grundständige Blattrosette** (a), Blätter kreuzgegenständig am Stängel angeordnet (b). ▸3 **Blätter schmal länglich**, einnervig, ganzrandig. ▸4 Blütenkelch mit länglichen, zugespitzten Zähnen. ▸5 Kelchzipfel (a) etwa so lang wie die Kelchröhre (b). ▸6 **Blütenglocke** bis 5 cm lang, **azurblau.** ▸7 Jeweils ein kurzer, breiter Zahn zwischen den 5 Kronzipfeln. ▸8 Fruchtkapsel lang gestielt.

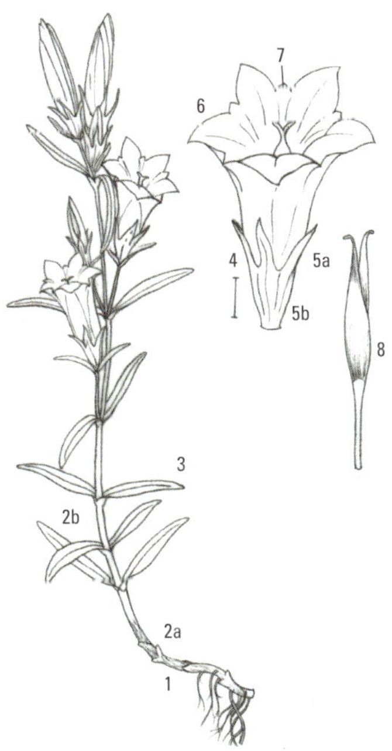

**345 !!** Lilium bulbiferum, Liliaceae

## Feuer-Lilie

mehrjährig | 5–7 | 0,9 m

Häufig kultiviert und in Gebüschsäume, Bergwiesen und Waldränder verwildert. ❀ Sichel-Hasenohr [68], Breitblättriges Laserkraut [762], Hirsch-Haarstrang [780].

▸1 Stängel aufrecht, dicht beblättert. ▸2 Wechselständige und sitzende Anordnung der Stängelblätter. ▸3 **Brutzwiebeln in den Blattachseln**, jeweils zu 1–3. ▸4 Blattform schmal länglich, Länge der Blätter bis 10 cm, Breite nur bis etwa 1 cm. ▸5 Blüten endständig, zu 1–5. ▸6 Blütenhülle trichterförmig, mit 6 aufrechten, (meist) leuchtend (orange-)roten, innen gefleckten, bis 7 cm langen Perigonblättern. ▸7 Frucht eine dreifächerige, sechskantige, bis 4 cm lange, vielsamige Kapsel.

**346** ✚ Reseda luteola, Resedaceae

## Färber-Resede (Färber-Wau)

ein- bis zweijährig | 6–9 | 1,5 m

Als Pionier auf warm-trockenen, nährstoffreichen Standorten an Schuttplätzen, Bahn- und Hafenanlagen, Uferböschungen und Dämmen. ❀ Echte Hundszunge [450], Gewöhnlicher Natternkopf [358], Gelbe Resede [744].

▸1 Stängel steif aufrecht mit steil stehenden Ästen. ▸2 Wechselständige Anordnung der **länglichen, stets ungeteilten, ganzrandigen, bis 15 cm langen Blätter.** ▸3 Untere Blätter wellig. ▸4 Blüten in stark verlängerten, rutenförmigen Trauben. ▸5 **Blütenkrone vierteilig, hellgelb**, asymmetrisch. ▸6 Frucht aufrecht stehend, fast kugelig und dabei etwa ebenso lang wie dick.

**347** Campanula persicifolia, Campanulaceae

## Pfirsichblättrige Glockenblume

mehrjährig | 6–8 | 0,8 m

In lichten Wald- und Gebüschsäumen sowie in lichten Eichen-, Buchen- und Kiefernwäldern und an Wegböschungen. Haselwurz [323], Wald-Labkraut [443], Ausdauerndes Bingelkraut [467].

▸1 Stängel aufrecht, kahl, oder nur an der Basis behaart. ▸2 Grundblätter länglich, an der Basis in den Stiel verschmälert. ▸3 **Stängelblätter schmal länglich**, am Stängel ansitzend. ▸4 Blütenstand traubig, drei- bis achtblütig. ▸5 Blütenstiele mit 2 Hochblättern an der Basis. ▸6 Kelchzipfel schmal und spitz, erst abstehend, dann aufrecht. ▸7 **Blütenkrone hell- (bis lila-) blau oder gelegentlich weiß, weitglockig, bis 4 cm lang.**

**348 !** Dianthus deltoides, Caryophyllaceae

## Heide-Nelke

mehrjährig | 6–9 | 0,5 m

In kalkarmen Magerrasen und -weiden sowie an Wegböschungen. Kleines Habichtskraut [76], Wiesen-Margerite [101], Gewöhnliches Kreuzblümchen [364], Arznei-Thymian [485].

▸1 An jeder Pflanze blühende (a) und kürzere, dichter beblätterte nichtblühende (b) Sprosse. ▸2 Stängel dicht behaart, erst aufrecht (a), oberwärts gabelig verzweigt (b). ▸3 **Die Basis der gegenständig angeordneten und hier verwachsenen Blätter im Unterschied zur Karthäuser-Nelke [115] nur zu einer kurzen Blattscheide verwachsen.** ▸4 **Blätter** länglich, bis 3 cm lang, durch kurze Haare **rau.** ▸5 **Anordnung der Blüten einzeln (a) oder zu zweien (b).** ▸6 Blüten lang gestielt. ▸7 2 krautige, in eine lange Granne auslaufende Kelchschuppen, annähernd halb so lang wie der zylindrische Kelch. ▸8 Kelch purpurn oder grünlich gestreift, oben mit spitzen Zähnen ausgestattet. ▸9 **Blütenkrone purpurrot, mit hellen Punkten (a) und dunklem, ringartigem Streifen (b).** ▸10 Kronblatt an der Spitze kurz gezähnt. ▸11 Kapsel nur wenig länger als der Kelch. ▸12 Samen matt-schwarz, eiförmig, am oberen Ende mit aufgesetzt wirkender Spitze, bis 2,5 mm lang.

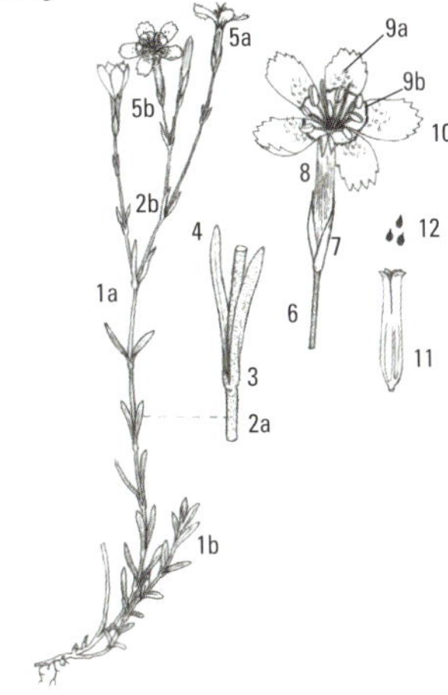

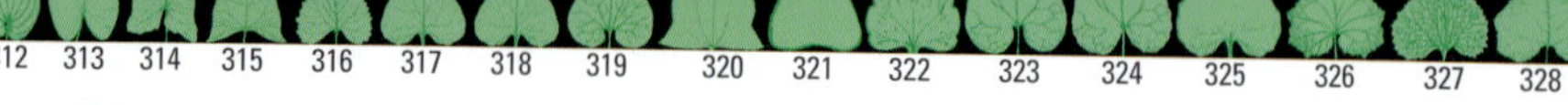

**349** ! ⊗ ✚ ✚ Iris germanica, Iridaceae

## Deutsche Schwertlilie

mehrjährig | 6 | 1 m

An Weinbergsmauern, sonnig-grasigen Böschungen, felsigen Abhängen sowie an Burgruinen. ❀ Braunstieliger Streifenfarn [664], Schöllkraut [728], Feinstrahl-Berufkraut [357], Kratzbeere [630].

▸1 Stängel kräftig, rundlich (a), die Blätter überragend und oben verzweigt (b). ▸2 **Blätter breit schwertförmig, bis 3 cm breit, meist etwas sichelförmig gebogen.** ▸3 Blüten wohlriechend, kurz gestielt bis annähernd sitzend am Stängel angeordnet. ▸4 **Blütenkrone meist violett bis blau, selten weiß, am Grund gelblich.** ▸5 **Äußere Blüenkronblätter mit gelbem Bart.** ▸6 Fruchtkapsel dreikantig, bis 6 cm lang.

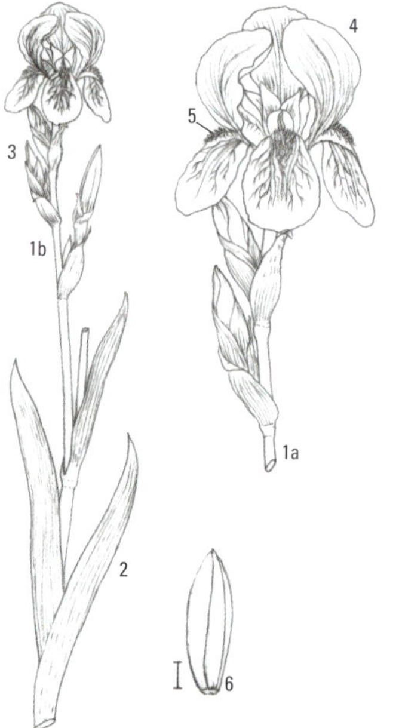

**350** Buglossoides purpurocaerulea, Boraginaceae

## Purpurblaue Rindszunge

(Lithospermum purpurocaeruleum)

mehrjährig | 4–6 | 0,6 m

Basenreiche Standorte in lichten Kiefern-, Laub- und Niederwäldern, in Staudensäumen, an sonnigen Wald- und Gebüschrändern sowie an sonnig-trockenen Böschungen. ❀ Pfirsichblättrige Glockenblume [347], Ausdauerndes Bingelkraut [467], Wiesen-Primel [160], Behaartes Veilchen [279].

▸1 Wurzelstock mit ausläuferartigen Seitenachsen. ▸2 Der **dicht beblätterte Stängel** abstehend rauhaarig. ▸3 Blühende Sprosse aufrecht (a), **sterile Stängel liegend oder herabgebogen** (b). ▸4 Die schmalen Blätter an beiden Enden zugespitzt, bis 8 cm lang und borstig behaart. ▸5 Blüten dicht gedrängt an der Spitze der Triebe. ▸6 Die schmal länglichen Kelchzipfel borstig bewimpert. ▸7 Blütenkrone mit gut 15 mm Länge etwa 1,5-mal so lang wie der Kelch. ▸8 5 behaarte Schlundleisten (a) und 5 Staubbeutel (b) im inneren der **rosa bis azurblau** gefärbten **Blütenkrone.** ▸9 **Teilfrucht eiförmig, glänzend weiß, bis 5 mm lang.**

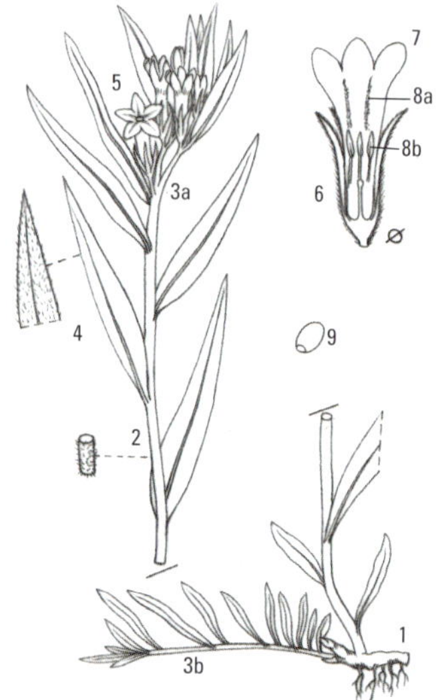

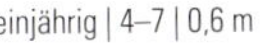

**351** Buglossoides arvensis, Boraginaceae

## Acker-Steinsame (Lithospermum arvense)

einjährig | 4–7 | 0,6 m

Nährstoffreiche Standorte in Getreidefeldern, Weinbergen und Ruderalstandorten. ❀ Acker-Vergissmeinnicht [372], Klatsch-Mohn [743], Wildes Stiefmütterchen [461].

▸1 Stängel aufrecht, beblättert, im Querschnitt rundlich, von angedrückten Borstenhaaren rau. ▸2 Blätter bis 4 cm lang, länglich, zugespitzt, dicht mit Borstenhaaren besetzt. ▸3 Blüten kurz gestielt in den oberen Blattachseln. ▸4 Blütenkrone mit 6–8 mm nur wenig länger als der Kelch. ▸5 Kelchzipfel lang, spitz und borstig behaart. ▸6 An der Basis der **weißen (bis hellblauen) Blütenkrone** 5 flaumig behaarte Schlundleisten (a) und 5 Staubblätter (b). ▸7 Teilfrucht dreikantig, an der Oberfläche **warzig**, vorne zugespitzt.

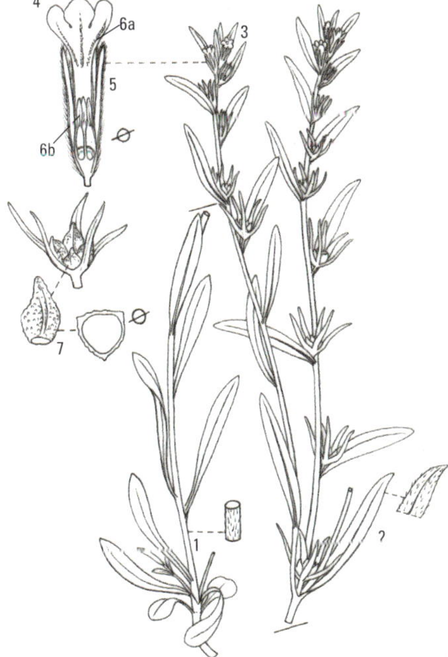

**352** ⊗ ✚ Ranunculus flammula, Ranunculaceae

## Brennender Hahnenfuß

mehrjährig | 5–10 | 0,6 m

Als Pionier an Ufern, Quellen und nassen Wegrändern, in Gräben sowie in sumpfigen Wiesen. ❀ Ufer-Wolfstrapp [532], Hain-Gilbweiderich [214], Pfeffer-Knöterich [134].

▸1 Stängel von liegender, bogig aufsteigender oder aufrechter Gestalt, an den unteren Knoten wurzelnd (a). ▸2 Die länglichen Stängelblätter wechselständig und ungestielt, oder nur sehr kurz gestielt dem Stängel ansitzend. ▸3 **Die grundständigen Blätter lang gestielt, Blattflächen löffel- bis eiförmig.** ▸4 Die zahlreichen, blassgelben, fünfteiligen Blüten bis 2 cm im Durchmesser. ▸5 Frucht ein sehr kurz geschnäbeltes, rundliches bis eiförmiges Nüsschen.

**353** ✚ Epilobium angustifolium, Onagraceae

## Schmalblättriges Weidenröschen

mehrjährig | 6–8 | 1,5 (2) m

Als Pionierpflanze herdenweise an Kahlschlägen, Schuttplätzen, Waldrändern und Ufern. ❀ Lanzett-Kratzdistel [535], Gewöhnlicher Wasserdost [632], Tüpfel-Hartheu [474].

▸1 Weit kriechender Wurzelstock. ▸2 Stängel meist unverzweigt, rundlich oder etwas kantig und rötlich überlaufen. ▸3 Blätter schmal, lang, oben zugespitzt. ▸4 **Blattunterseite bläulich-grün.** ▸5 **Markante helle Blattnerven in der Blattmitte.** ▸6 Blattrand mit kurzen, schwieligen Zähnen. ▸7 Blätter ohne, oder nur mit sehr kurzen Stielen. ▸8 **Blütenstand** eine endständige Traube, **bis halb so hoch wie die ganze Pflanze** ▸9 Kelchblätter sehr schmal, länglich, außen rötlich. ▸10 Die purpurroten Kronblätter bis 1 cm lang. ▸11 Staubblätter an der Basis verbreitert. ▸12 Griffel abwärts geneigt, mit vierteiliger Narbe ▸13 Fruchtkapseln bis 6 cm lang, sehr schmal, häufig rot überlaufen. ▸14 Samen zahlreich, länglich, mit federigem Anhängsel (a).

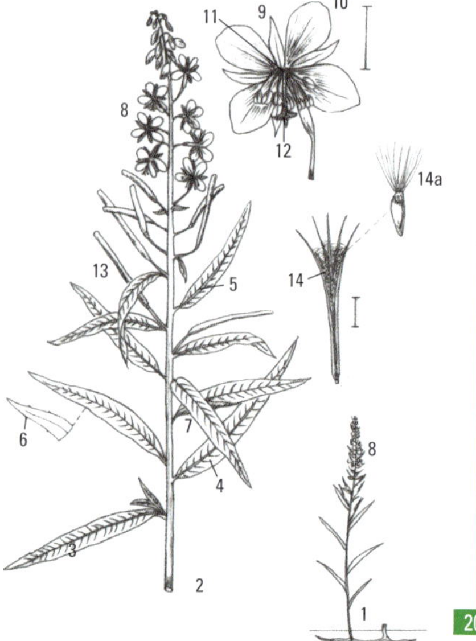

**354** ! ✚ Misopates orontium, Plantaginaceae

## Gewöhnliches Katzenmaul

(Acker-Löwenmaul, Antirrhinum orontium) einjährig | 7–9 | 0,4 m

Nährstoffreiche, aber kalkarme Standorte in Weinbergen, Gärten, auf Äckern und Brachen sowie an Wegrändern. ❀ Stechender Hohlzahn [187], Acker-Spergel [49], Acker-Ziest [309].

▸1 Pflanze vor allem im oberen Bereich abstehend drüsig behaart. ▸2 Blätter kurz gestielt (a), ungeteilt, länglich, ganzrandig (b). ▸3 Obere Blätter wechselständig (a), untere Blätter gegenständig (b). ▸4 Blütenstand eine lockere, endständige Traube; Blüten dabei einzeln in den oberen Blattwinkeln angeordnet. ▸5 **Blütenkelch mit 5 langen Zipfeln, die Blüte und Frucht meist überragen.** ▸6 **Blütenkrone fleischig-rosa, dunkel gestreift**, bis etwa 1,5 cm lang. ▸7 4 Staubblätter, nicht aus der Krone herausragend. ▸8 Frucht eine eiförmige, zweifächerige, dicht behaarte Kapsel.

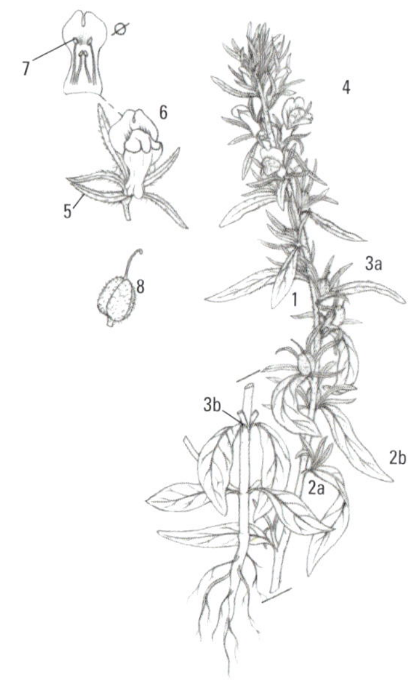

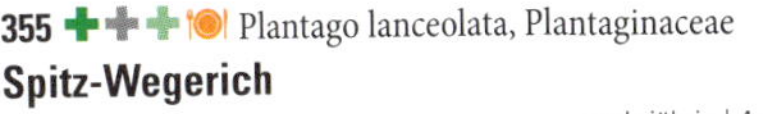

**355** Plantago lanceolata, Plantaginaceae

## Spitz-Wegerich

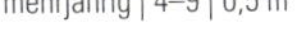

mehrjährig | 4–9 | 0,5 m

In eher mageren bis mäßig nährstoffreichen Wiesen und Rasen auf Sand- und Lehmböden sowie an Wegrändern und auf Äckern. ❀ Gewöhnliches Ferkelkraut [505], Wiesen-Margerite [101], Wiesen-Löwenzahn [520].

▸1 Stängel unverzweigt, kantig gefurcht, unbeblättert. ▸2 Alle Blätter in grundständiger Rosette. ▸3 **Form der Blätter schmal länglich, am Grund deutlich verjüngt (a), Länge bis 30 cm.** ▸4 Die 3–7 Blattadern deutlich hervortretend. ▸5 Blütenstand eine vielblütige, eiförmige bis kurz-zylindrische Ähre. ▸6 Blütenkrone bräunlich, bis 4 mm lang. ▸7 Die 4 gelblichen Staubblätter lang aus der Blüte herausragend. ▸8 Frucht eine eiförmige, bis 4 mm lange, zweisamige Kapsel.

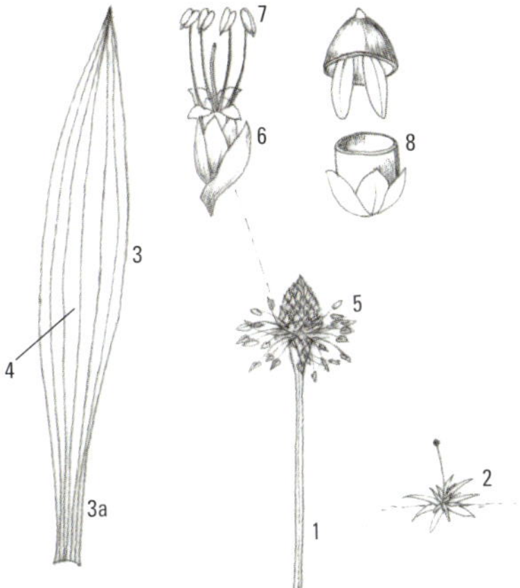

**356** Arabidopsis arenosa, Brassicaceae

## Sand-Schmalwand

ein- bis zweijährig | 4–8 | 0,4 m

In Felsspalten, Steinschutt-Fluren, Sandrasen, Bahnschottern und Wegerändern meist kalkhaltiger Standorte. ❀ Zwerg-Glockenblume [490], Zerbrechlicher Blasenfarn [673], Ruprechtsfarn [775].

▸1 Die oft mehrstängelige, zumindest an der Basis stärker behaarte Pflanze mit aufsteigendem bis aufrechtem Stängel und grundständiger Blattrosette. ▸2 **Grundblätter behaart, vom Rande her unterschiedlich stark eingeschnitten.** ▸3 Stängelblätter nach oben hin weniger behaart und weniger geteilt bis ungeteilt. ▸4 Blüten in lockeren bis dichten Trauben. ▸5 Die hautrandigen Kelchblätter in etwa halb so lang wie die Kronblätter. ▸6 Blütenkrone blasslila oder weiß; Kronblätter bis 8 mm lang. ▸7 Frucht eine aufrechte, bis etwa 5 cm lange Schote. ▸8 Schote ist wesentlich länger als ihr Stiel.

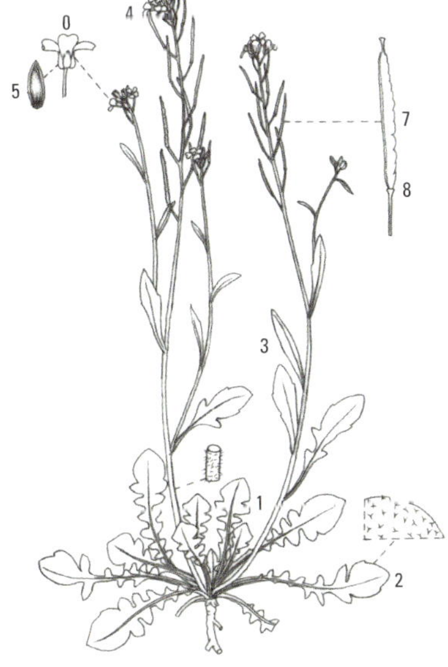

**357** ✚ Erigeron annuus, Asteraceae

**Feinstrahl-Berufkraut** (Feinstrahl-Aster)

ein- bis zweijährig | 6–10 | 1 m

Lichte und flachgründige Stellen an Felsköpfen und menschlich geschaffenen Ersatzstandorten wie Mauerkronen, Wegrändern, Steinbrüchen und Kiesgruben. ❀ Kanadisches Berufkraut [341], Weißer Steinklee [606], Einjähriges Bingelkraut [171], Kratzbeere [630].

▸1 Stängel straff aufrecht, flaumig behaart, reich beblättert. ▸2 **Blätter fest, am Rande gezähnt.** ▸3 Grundblätter lang gestielt. ▸4 Anordnung der Blütenköpfchen in doldenartigem Gesamtblütenstand. ▸5 **Blütenköpfe etwa 2 cm im Durchmesser, erinnern an gestielte Gänseblümchen.** ▸6 Zahlreiche, weiße Zungen- (a) und gelbe Röhrenblüten (b). ▸7 Frucht mit borstigem Haarkranz.

**358** ✚ Echium vulgare, Boraginaceae

**Gewöhnlicher Natternkopf**

mehrjährig | 6–8 | 1 m

Sommerwarme Standorte an Straßenrändern, auf Dämmen, in Felsfluren, Steinbrüchen, Gleisanlagen und Häfen. ❀ Gewöhnlicher Beifuß [745], Weg-Distel [514], Gewöhnliche Möhre [782], Tüpfel-Hartheu [474].

▸1 Wurzel bis 2,5 m tief, dunkelbraun. ▸2 **Stängel und Blätter rau behaart** (Fraßschutz!). ▸3 Blätter wechselständig am Stängel angeordnet. ▸4 Form der Blätter lang und schmal, am oberen Ende kurz zugespitzt. ▸5 Blütenstand zylindrisch, bis 50 cm lang. ▸6 Kelch fünfteilig, mit länglichen Zipfeln. ▸7 **Blütenkrone bis 2 cm lang, erst rosafarben, dann blau oder rötlich**, selten weiß. ▸8 **Staubblätter weit aus der Blüte herausragend.** ▸9 Teilfrucht bis 3 mm lang, an den Seiten rau, aus vierteiliger Frucht (Klausenfrucht) entstammend.

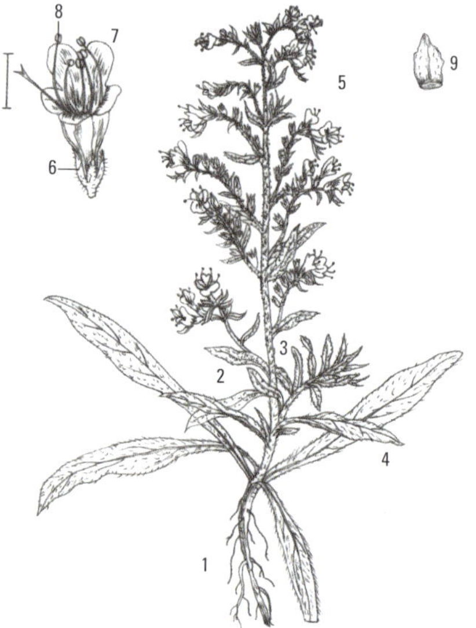

**359 !** Galium spurium, Rubiaceae

## Kleinfrüchtiges Kletten-Labkraut

einjährig | 5–9 | 0,8 m

Nährstoffreiche Standorte in Getreidefeldern, Leinäckern und an Schuttplätzen auf lehmigen und tonigen Böden. ❀ Acker-Gauchheil [283], Acker-Rittersporn [806], Klatsch-Mohn [743].

▸1 Der scharf vierkantige, emporklimmende oder liegende Stängel durch rückwärts gerichtete Stacheln rau. ▸2 Blätter in sechs- bis zehnzähligen Quirlen. ▸3 Die stachelspitzigen **Blättchen nur 1–2 mm breit.** ▸4 Blüten in wenigblütigen, doldenartigen Blütenständen. ▸5 **Die unscheinbaren, vierteiligen, grüngelben Blüten nur 1 mm im Durchmesser.** ▸6 Die zweiteiligen Früchte glatt, feinkörnig oder mit hakigen Borsten.

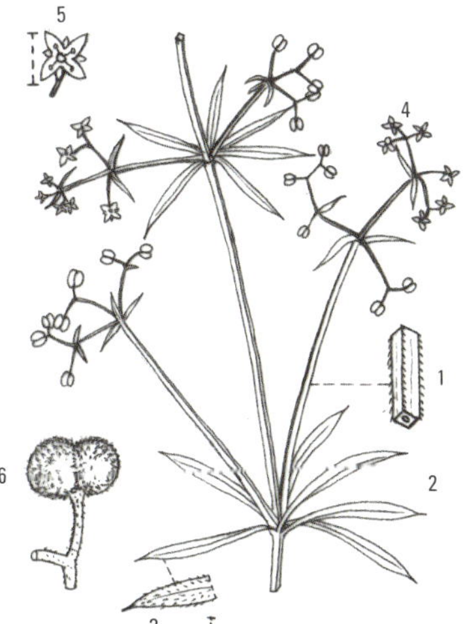

**360 ✚✚** Stachys recta, Lamiaceae

## Aufrechter Ziest

mehrjährig | 6–10 | 0,6 m

Sonnig-trockene, meist kalkreiche Standorte auf Dämmen und Rainen, in Weinbergen, an Wald- und Gebüschrändern sowie in lichten Eichen- und Kiefernwäldern. ❀ Feld-Beifuß [802], Blut-Storchschnabel [657], Gewöhnlicher Dost [203].

▸1 Stängel vierkantig und von aufrechter oder aufsteigender Form. ▸2 **Blätter und Stängel rau behaart.** ▸3 Blattstellung gegenständig. ▸4 Blattform schmal-länglich, ungeteilt. ▸5 Blattrand fein gezähnt oder gekerbt. ▸6 Blütenstand aus sechs- bis zehnblütigen Teilblütenständen gebildet. ▸7 Blütenkelch röhrenförmig, bis 1 cm lang, mit 5 spitzen, stechenden Zähnen. ▸8 Blütenkrone weißlich-gelb, bis 2 cm lang, kurz behaart, lippenförmig, bräunlich gezeichnete Unterlippe (a). ▸9 Teilfrucht ein glattes bis sehr fein punktiertes Nüsschen, einer vierteiligen Frucht entstammend.

**361** ✚✚ 🍽 Galium mollugo agg., Rubiaceae

## Wiesen-Labkraut (Artengruppe)

mehrjährig | 5–9 | 2 m

Nährstoffreiche Standorte in sonnigen Wiesen, Weiden, an Wegrainen sowie Wald- und Gebüschsäumen. ❀ Spitz-Wegerich [355], Wiesen-Löwenzahn [520], Rot-Klee [609].

▸1 Stängel vierkantig, kahl. ▸2 Blätter zu 6–9 im Quirl angeordnet. ▸3 **Blatt rau, einnervig, mit stacheliger Spitze.** ▸4 Blattbreite bis 8 mm, Blatt etwa 5-mal so lang wie breit. ▸5 Blütenstand eine reichhaltige Rispe. ▸6 **Blütenkrone weiß, radförmig-flach**, Durchmesser bis 4 mm. ▸7 Teilfrüchte länglich-kugelig, 1–2 mm lang.

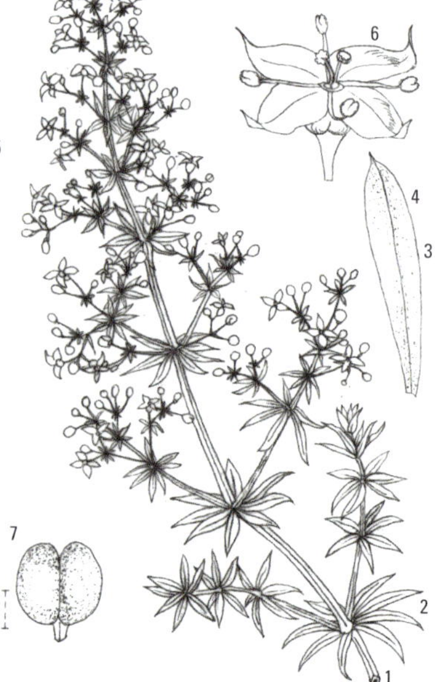


**362** 🍽 Bistorta vivipara, Polygonaceae

## Knöllchen-Wiesenknöterich

(Persicaria vivipara, Polygonum viviparum) mehrjährig | 6–8 | 0,3 m

Basenreiche, oberflächlich meist entkalkte Standorte in alpinen Magerrasen und Halden sowie als Eiszeit-Relikt in schwach sauren Magerrasen z. B. auf der Schwäbischen Alb. ❀ Flügel-Ginster [454], Gewöhnliches Kreuzblümchen [364], Kleiner Wiesenknopf [720].

▸1 **Stängel** aufrecht und **unverzweigt.** ▸2 Die schmal länglichen **Blätter am Rande umgerollt.** ▸3 Unterste Blätter lang gestielt. ▸4 Blattunterseiten bläulichgrün. ▸5 Die bräunlichen Blattscheiden röhrenförmig. ▸6 **Der schmal-zylindrische Blütenstand im unteren Teil mit Brutknospen (Bulbillen) (a), die häufig schon auf der Mutterpflanze Blätter entwickeln.** ▸7 Die kurz gestielte Blüte weiß (bis rosa). ▸8 Die 6–8 Staubblätter aus der Blüte herausragend. ▸9 Frucht eine selten entwickelte, dreikantige Nuss.

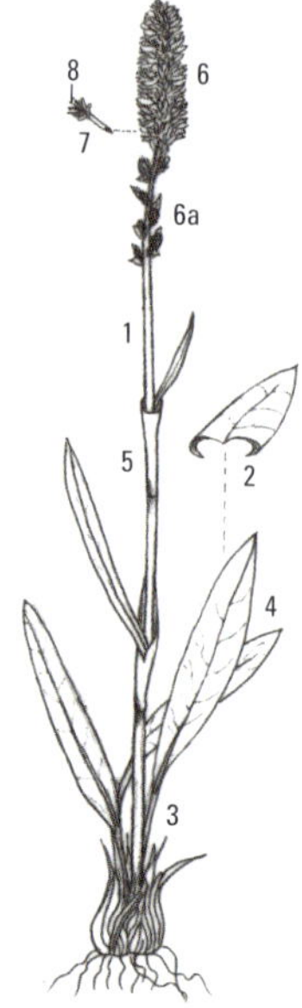

**363 !** Lysimachia thyrsiflora, Primulaceae

## Strauß-Gilbweiderich

mehrjährig | 5–6 | 0,7 m

Moorige oder feucht-nasse Standorte in Seggenrieden, Niedermooren und an Ufern. ❀ Sumpf-Labkraut [390], Gewöhnlicher Gilbweiderich [468], Sumpf-Haarstrang [792].

▸1 Stängel aufrecht, unverzweigt, rund, rötlich überlaufen. ▸2 **Kreuzweise gegenständige Anordnung der schmal-länglichen Blätter am Stängel.** ▸3 Blätter ungestielt, lang zugespitzt, bis 8 cm lang und bis 1,5 cm breit. ▸4 Blattunterseite vor allem auf den Nerven lang behaart. ▸5 **Blüten im mittleren Stängelteil, in dichten, blattachselständigen, etwa 2 cm lang gestielten köpfchenartigen Trauben.** ▸6 Blütenkelch mit schmal-länglichen, spitz zulaufenden Zipfeln. ▸7 Kronblätter (a) gelb, deutlich länger als der Kelch, aber kürzer als die Staubblätter (b). ▸8 Frucht eine bis 3 mm lange, kugelige Kapsel.

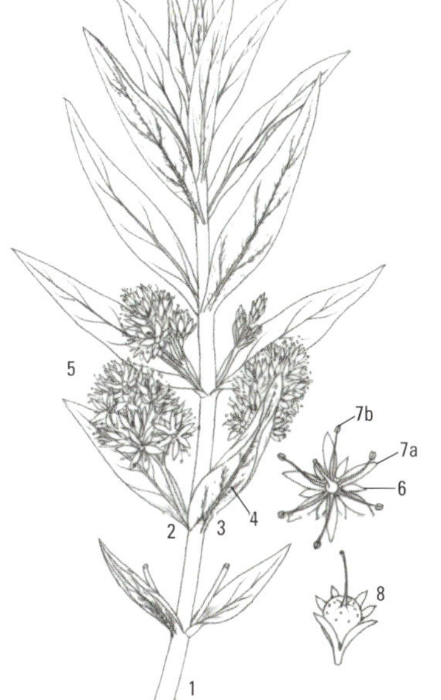

**364 ✚** Polygala vulgaris, Polygalaceae

## Gewöhnliches Kreuzblümchen

mehrjährig | 5–8 | 0,3 m

In mageren, bodensauren Wiesen, Weiden, Heiden und Wegböschungen. ❀ Gewöhnliche Möhre [782], Bärwurz [797], Sand-Thymian [464].

▸1 Pflanze aufsteigend oder aufrecht. ▸2 Stängel zu mehreren, kahl oder schwach behaart, an der Basis verholzend. ▸3 An der Stängelbasis keine Grundblattrosette. ▸4 Stängelblätter in wechselständiger Anordnung. ▸5 **Untere (Stängel-)Blätter länglich-elliptisch, nach oben hin an Größe zunehmend.** ▸6 Obere Blätter schmal-länglich, bis etwa 3 cm lang. ▸7 Blütenstand 15- bis 30-blütig, nicht schopfig. ▸8 Die seitlichen Kelchblätter wie bei allen Kreuzblümchen kronblatt- und flügelartig. ▸9 **Kronblätter die flügelartigen Kelchblätter überragend**, wie diese meist von blau-violetter Farbe, seltener weiß oder rötlich. ▸10 Frucht eine zweisamige Kapsel.

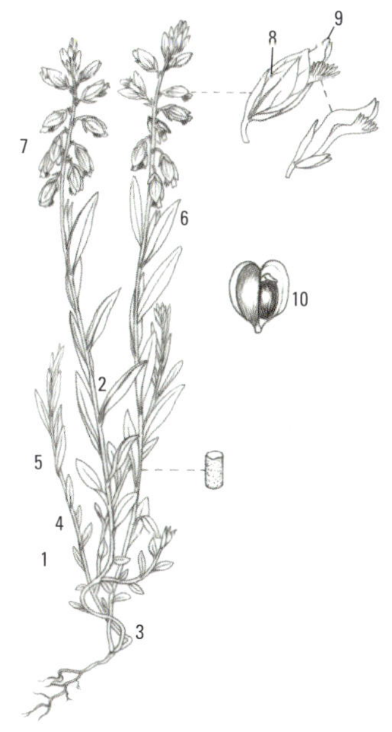

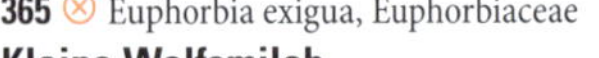

**365** ⊗ Euphorbia exigua, Euphorbiaceae

## Kleine Wolfsmilch

einjährig | 5–10 | 0,3 m

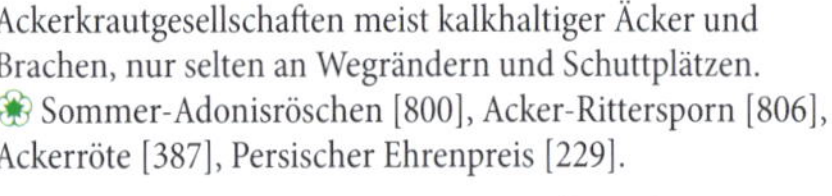

Ackerkrautgesellschaften meist kalkhaltiger Äcker und Brachen, nur selten an Wegrändern und Schuttplätzen. ❀ Sommer-Adonisröschen [800], Acker-Rittersporn [806], Ackerröte [387], Persischer Ehrenpreis [229].

▸1 Wurzel pfahlförmig, relativ dünn und lang. ▸2 Stängel schmächtig, rundlich, gelblichgrün, häufig rot überlaufen. ▸3 **Blätter schmal-länglich** geformt, bis 3 cm lang. ▸4 Doldenartige Blütenstände mit je 3(–5) Zweigen (Strahlen). ▸5 Doldenstrahlen gabelig verzweigt. ▸6 Nektardrüsen sichelförmig (a), in lange, fädliche Spitzen ausgezogen (b). ▸7 Fruchtkapsel glatt, kahl, bis 2,5 mm lang. ▸8 Samen warzig oder runzelig, bis 1,5 mm lang, erst gelblich, später schwarzbraun.

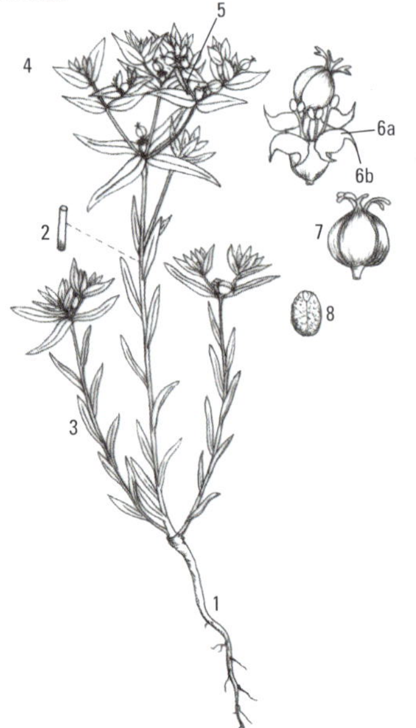

**366 !!** Gentianopsis ciliata, Gentianaceae

## Gewöhnlicher Fransenenzian

(Gentiana ciliata, Gentianella ciliata) zweijährig | 8–10 | 0,3 m

Sonnig-trockene Standorte in Kalk-Magerrasen und Waldsäumen. ❀ Kleine Eberwurz [533], Dornige Hauhechel [617], Tauben-Skabiose [699].

▸1 Stängel aufrecht und kantig. ▸2 **An der Stängelbasis keine grundständige Blattrosette.** ▸3 Gegenständige Anordnung der Blätter am Stängel. ▸4 Blätter lang und schmal, mit einem deutlichen Mittelnerv. ▸5 Blütenkelch mit 4 spitzen Zähnen. ▸6 **Blütenkrone (hell)blau, bis zur Mitte verwachsen.** ▸7 **Zipfel der Kronblätter am Rande gefranst.** ▸8 Fruchtkapsel eiförmig und lang gestielt.

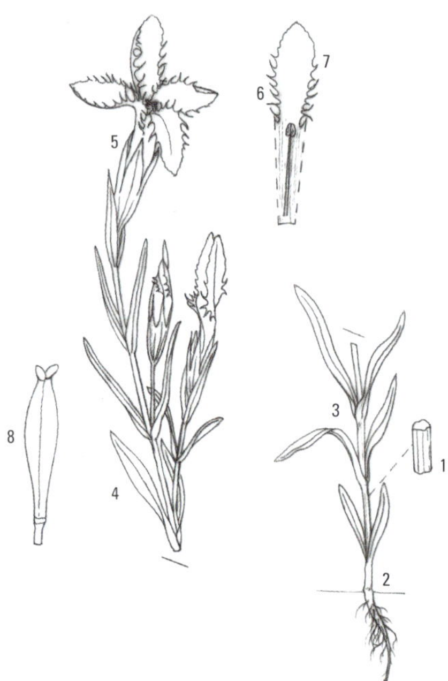

**367** ✚✚ Linum catharticum, Linaceae

## Purgier-Lein

einjährig | 5–8 | 0,3 m

In Magerrasen und Moorwiesen sowie als Pionier an Wegrändern und Wegböschungen. ❀ Mittlerer Wegerich [204], Weidenblättriger Alant [243].

▸1 Stängel dünn, mindestens im oberen Bereich ästig verzweigt. ▸2 **Gegenständige Blattstellung zumindest im unteren und mittleren Stängelbereich.** ▸3 **Blätter** ungestielt und ungeteilt, einnervig, vorne zugespitzt, **bis 1 cm lang.** ▸4 Blattrand durch Wimpern rau. ▸5 Blüte fünfzählig, mit 5 Kron- (a), 5 Kelch- (b) und 5 Staubblättern (c). ▸6 Blütenkrone klein, weiß, am Grund gelb. ▸7 Kelchblätter ganzrandig, im oberen Bereich mit drüsigen Wimpern. ▸8 Frucht eine kugelige, bis 3 mm lange Kapsel.

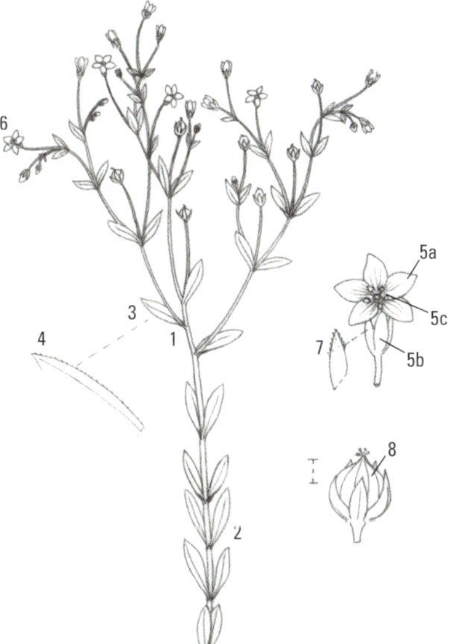

**368** Polygala comosa, Polygalaceae

## Schopf-Kreuzblümchen

mehrjährig | 5–6 | 0,3 m

Auf trocken-warmen, meist kalkreichen Standorten in Magerrasen, z. B. auf Dämmen und Rainen. ❀ Saat-Esparsette [667], Wiesen-Salbei [182], Kleiner Wiesenknopf [720].

▸1 Pflanze an der Basis verzweigt. ▸2 Die zahlreichen Stängel von aufsteigender oder aufrechter Statur. ▸3 Die bis zu 3 cm langen **Stängelblätter nach oben hin kaum an Größe zunehmend.** ▸4 Blüten zu 15–50 in schopfartiger Anordnung. ▸5 Blütenkrone meist rötlich. ▸6 Die kronblattartigen Kelchflügel mit mehr oder weniger deutlicher Nervatur. ▸7 **Kelchflügel und Blütenkrone** im Vergleich mit dem Gewöhnlichen Kreuzblümchen [364] mit 5–7 mm **etwa gleich** lang. ▸8 Frucht eine zweisamige, bis etwa 5 mm lange Kapsel.

**369 !!** Dactylorhiza maculata agg., Orchidaceae

## Gefleckte Fingerwurz (Artengruppe)

mehrjährig | 6–7 | 0,7 m

Feuchte oder wechselfeuchte Standorte in Wiesen, Flachmooren und lichten Wäldern. ❀ Sumpf-Dotterblume [335], Echtes Mädesüß [703], Wiesen-Sauer-Ampfer [262], Gewöhnlicher Teufelsabbiss [451].

▸1 Stängel schlank, oben kantig (a). ▸2 An der Stängelbasis 1–2 braune Schuppenblätter. ▸3 **4–10 variabel gefleckte, aufrecht abstehende Blätter.** ▸4 Blattoberseite dunkelgrün, meist stark gefleckt, selten ungefleckt. ▸5 Blattunterseite blaugrün. ▸6 Untere Blätter länglich-eiförmig, bis 20 cm lang. ▸7 Obere Blätter schmal-länglich. ▸8 Blütenähre kegelförmig-zylindrisch, mit bis zu 60 meist hellvioletten Blüten. ▸9 Äußere Blätter der Blütenhülle länglich, abstehend. ▸10 Innere Blätter der Blütenhülle kürzer als die äußeren. ▸11 **Blütenlippe** dreilappig, **purpurn gefleckt** oder gestrichelt. ▸12 **Sporn dünn, abwärts gerichtet.**

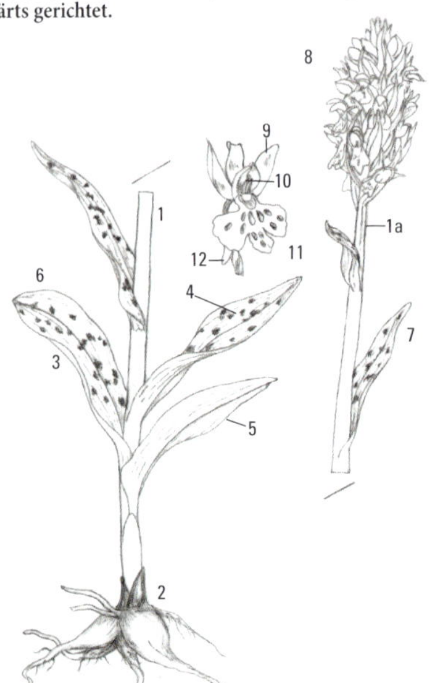

**370** Centaurea jacea, Asteraceae

## Wiesen-Flockenblume

mehrjährig | 6–10 | 1,5 m

Basenreiche Standorte in Wiesen, Weiden, Magerrasen und an Wegböschungen. ❀ Wiesen-Glockenblume [150], Wiesen-Kümmel [796], Wiesen-Witwenblume [548], Steifhaariger Löwenzahn [511].

▸1 Stängel aufrecht, einfach oder verzweigt. ▸2 Untere Blätter länglich, häufig jedoch mit schmalen Abschnitten. ▸3 **Obere Stängelblätter länglich und meist ungeteilt.** ▸4 Blattrand aller Blätter meist fein gezähnt. ▸5 Blütenköpfe purpurrot, einzeln an den Zweigenden. ▸6 Hüllblätter schuppenförmig angeordnet, je nach Unterart unterschiedlich gestaltet. ▸7 Äußere Kronblätter tief geteilt. ▸8 Frucht glänzend, wenig gestreift, **ohne Haarkranz**, bis 3 mm lang.

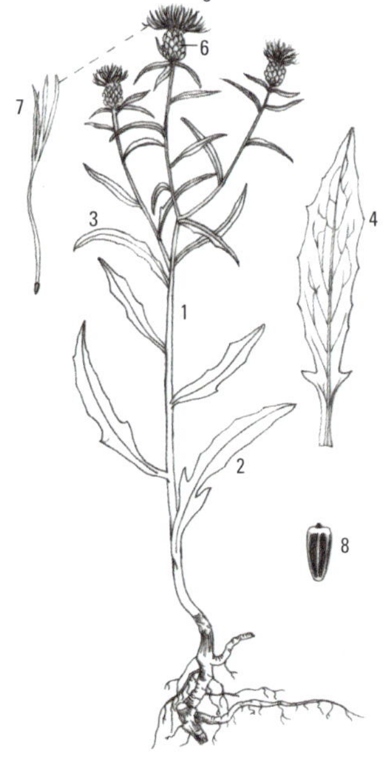

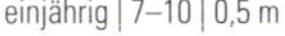

**371** Persicaria minor, Polygonaceae

## Kleiner Knöterich (Polygonum minus)

einjährig | 7–10 | 0,5 m

Feucht-nasse Standorte am Rande von Waldwegen, Gräben, Pfützen und Ufern. Dreiteiliger Zweizahn [563], Pfeffer-Knöterich [134], Milder Knöterich [396].

▸1 Stängel aufrecht oder niederliegend. ▸2 **Blattscheiden mit zahlreichen, langen borstigen Wimpern (a) und im Unterschied zum Pfeffer-Knöterich [134] auf der Fläche behaart (b).** ▸3 Blätter schmal länglich, dabei 4- bis 12-mal so lang wie breit. ▸4 **Blütenstand bis 4 cm lang, meist aufrecht.** ▸5 Die 5 Blütenblätter rosa, selten grünlich-weiß. ▸6 Frucht eine abgeflachte, bis 2 mm lange Nuss.

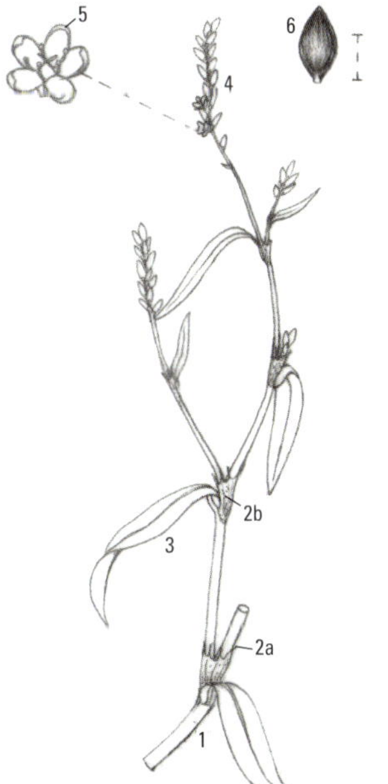

**372** Myosotis arvensis, Boraginaceae

## Acker-Vergissmeinnicht

ein- bis zweijährig | 4–10 | 0,5 m

Nährstoffreiche Standorte auf Äckern, in Waldschlägen und an Wegrändern. Gewöhnliches Leinkraut [52], Zweijährige Nachtkerze [395], Klatsch-Mohn [743].

▸1 Pflanze mit Grundblattrosette, bereits von der Basis an verzweigt. ▸2 **Stängel, Blätter und Frucht grau behaart.** ▸3 Blätter länglich, bis 5 cm lang, ganzrandig, wechselständig. ▸4 Obere Blätter sitzend am Stängel angeordnet. ▸5 Untere Blätter in einen Stiel verschmälert. ▸6 Blütenstand blattlos. ▸7 Krone trichterförmig, fünfzipfelig, hellblau, Durchmesser nur etwa 2–3 mm. ▸8 **Kelchstiel zur Fruchtzeit deutlich länger als der Kelch.**▸9 Kelch fünfzipfelig, abstehend behaart, zur Fruchtzeit abfallend. ▸10 Teilfrucht ein kantiges, etwa 1 mm langes Nüsschen, einer vierteiligen Frucht entstammend.

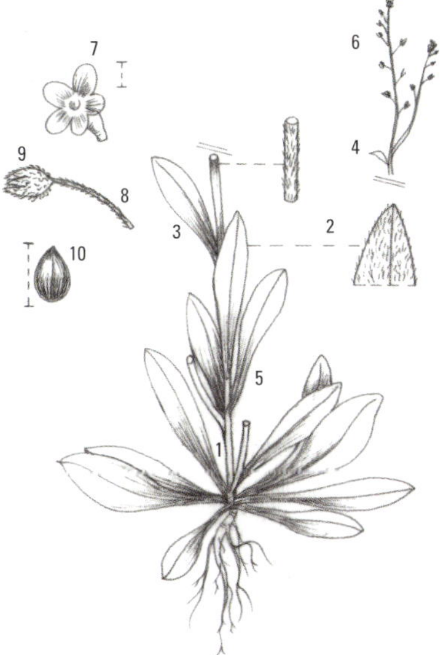

**373** Galium aparine, Rubiaceae

## Kletten-Labkraut (Gewöhnliches Klebkraut)

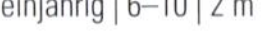

einjährig | 6–10 | 2 m

Nährstoffreiche Standorte in Auenwäldern, Weinbergen, Gärten, an Bächen sowie an Wegrändern und Schuttplätzen. ❀ Gewöhnlicher Giersch [754], Gewöhnliche Zaunwinde [290], Schöllkraut [728], Große Brennnessel [296].

▸1 Pflanze emporklimmend oder niederliegend. ▸2 Stängel vierkantig, mit abwärts gerichteten, stacheligen Borsten. ▸3 **Blätter in einem sechs- bis neunblättrigen Quirl angeordnet.** ▸4 Form der Blätter schmal länglich, Länge bis 6 cm. ▸5 **Blätter mit Stachelspitze.** ▸6 Blattrand stachelig behaart. ▸7 2–5 weiße, nur bis 2 mm groß werdende, radförmige Blüten bilden einen doldenartigen Blütenstand. ▸8 Fruchtstiele bis 2 cm lang. ▸9 Gesamtfrucht aus 2 miteinander verwachsenen, kugeligen Teilfrüchten gebildet. ▸10 **Teilfrüchte mit hakigen Borsten, 3–7 mm lang.**

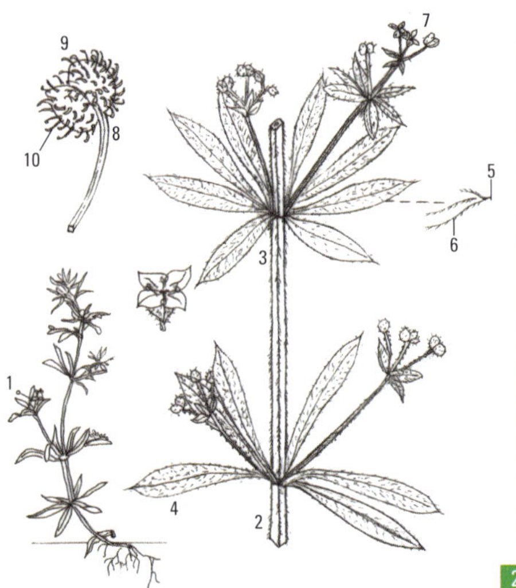


**374** Solidago canadensis, Asteraceae

## Kanadische Goldrute

mehrjährig | (8–)9 | 2,5 m

Sonnig-warme, nährstoffreiche Standorte in lichten Auenwäldern, an Ufern, Böschungen und in (brachliegenden) Weinbergen. ❀ Gewöhnlicher Beifuß [745], Gewöhnliche Möhre [782], Große Brennnessel [296].

▸1 Pflanze mit Ausläufern. ▸2 Stängel aufrecht (a), dicht beblättert (b), **im Unterschied zur Riesen-Goldrute [375] fein behaart (c) und grün.** ▸3 Blatt länglich, oben zugespitzt. ▸4 **Blattunterseiten dicht behaart.** ▸5 Blattrand meist entfernt gezähnt oder seltener ganzrandig. ▸6 Blütenköpfchen im Durchmesser nur bis 0,5 cm groß. ▸7 Hüllblätter schmal, lang, anliegend und zugespitzt. ▸8 **Zungenblüten** (a) gelb, **im Unterschied zu anderen Goldruten-Arten nur wenig länger als die Röhrenblüten (b).** ▸9 Frucht mit Haarkranz.

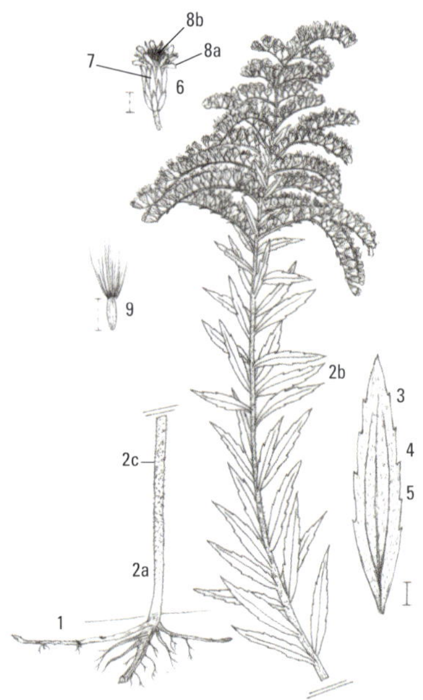

**375** Solidago gigantea, Asteraceae

## Riesen-Goldrute

mehrjährig | (8–)9 | 2,5 m

Nährstoffreiche Standorte in Auenwäldern, an Waldrändern und Böschungen, auf Brachland und Weinbergen. ❀ Gewöhnlicher Giersch [754], Drüsiges Springkraut [163], Große Brennnessel [296].

▶1 **Stängel** aufrecht, **bläulich oder grau bereift.** ▶2 **Im Unterschied zur ähnlichen Kanadischen Goldrute [374] Stängel nur im Bereich des Blütenstandes etwas behaart.** ▶3 Blätter länglich, bis 12 cm lang, lang zugespitzt. ▶4 Blattfläche deutlich dreinervig. ▶5 Blattrand entfernt gesägt oder ganzrandig. ▶6 Gesamtblütenstand eine pyramidenförmige Rispe. ▶7 Rispenäste herabgebogen, an der Oberseite mit zahlreichen Blütenkörbchen. ▶8 Hüllblätter länglich, spitz, hautrandig, bis maximal 4 mm lang. ▶9 Blüten goldgelb, mehr als 30 Stück je Körbchen. ▶10 **Zungenblüten (a) die Hülle (b) deutlich überragend.** ▶11 Früchte mit einem weißen Haarkranz aus langen, borstig-federigen Haaren.

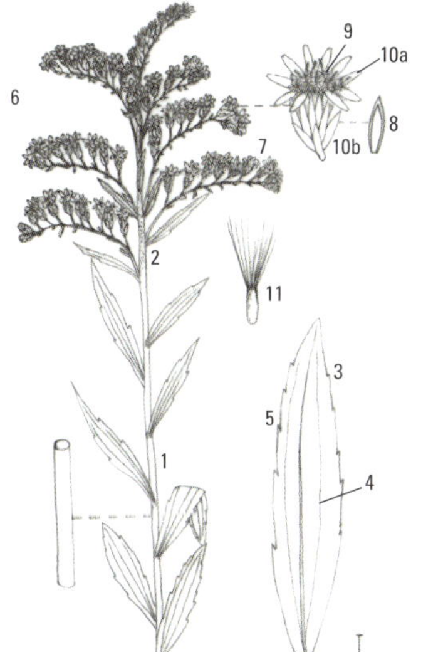

**376** Rumex palustris, Polygonaceae

## Sumpf-Ampfer

ein- bis mehrjährig | 7–9 | 0,8 m

Feucht-nasse, zeitweise überschwemmte Standorte auf schlammigen Böden an Altwassern, Flüssen, Dämmen und Fischteichen. ❀ Dreiteiliger Zweizahn [563], Pfeffer-Knöterich [134], Wasser-Sumpfkresse [92].

▶1 Stängel aufrecht, meist bereits unterhalb der Mitte verzweigt. ▶2 **Blätter länglich, in der Mitte am breitesten,** untere Blätter bis 20 cm lang und nur bis 3 cm breit. ▶3 Blütenstand zur Fruchtzeit braun bis rötlich gefärbt, mit zahlreichen, vielblütigen Blütenknäueln. ▶4 Blüten- und Fruchthülle bräunlich, zungenförmig, **mit seitlichen Zähnen (a) und großen Schwielen (b).** ▶5 Frucht ein hellbraunes, bis 2 mm langes Nüsschen.

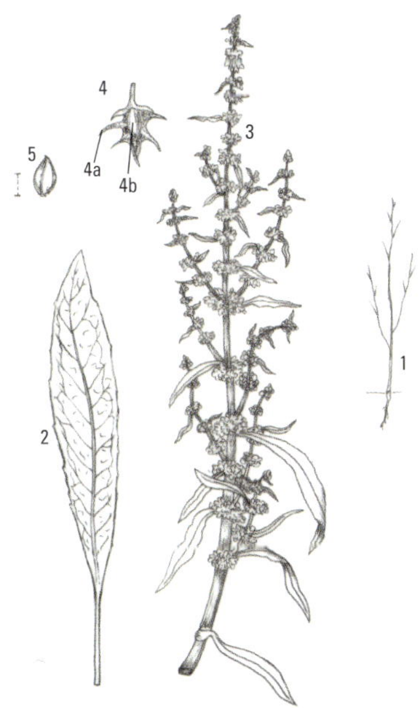

**377** Valerianella locusta, Valerianaceae

## Gewöhnliches Rapünzchen

(Gewöhnlicher Feldsalat, Rapunzel) einjährig | 4–5 | 0,3 m

Nährstoffreiche Standorte auf Äckern, in Weinbergen und auf Brachland sowie auf flachgründigen Felsstandorten. Purpurrote Taubnessel [308], Weiße Fetthenne [415], Gewöhnliches Greiskraut [544].

▸1 Stängel kantig, aufrecht und mehrfach gabelig verzweigt. ▸2 Unter jeder Verzweigung 2 sitzend und gegenständig angeordnete Hochblätter. ▸3 An der Stängelbasis eine grundständige Blattrosette. ▸4 Grundblätter, wie auch die unteren Stängelblätter löffelförmig in einen Stiel verschmälert. ▸5 **Alle Blätter** ungeteilt und **ganzrandig, oder nur kurz gezähnt** oder schwach bewimpert. ▸6 Gesamtblütenstand aus mehreren gestielten, köpfchenartigen Teilblütenständen gebildet. ▸7 Blütenkrone fünfspaltig mit 3 Staubblättern und einem Griffel, blassblau oder seltener purpurn, klein. ▸8 Frucht ein rundlich bis eiförmiges Nüsschen.

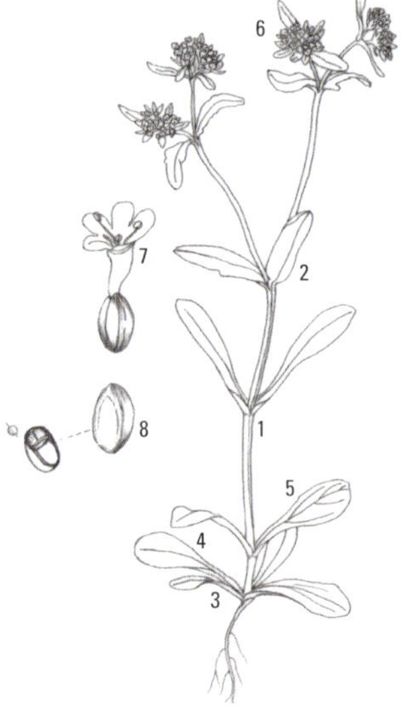

**378** Valerianella carinata, Valerianaceae

## Gekieltes Rapünzchen (Gekielter Feldsalat)

einjährig | 4–5 | 0,4 m

Nährstoffreiche, meist kalkhaltige Standorte auf Äckern und Böschungen, in Weinbergen und an Wegrändern. Acker-Winde [289], Schmalblättriger Doppelsame [686], Pfeilkresse [272].

▸1 Stängel kantig, aufrecht (a) und mehrfach gabelig verzweigt (b). ▸2 Unter jeder Verzweigung 2 sitzend und gegenständig angeordnete Hochblätter. ▸3 An der Stängelbasis eine grundständige Blattrosette. ▸4 **Alle Blätter** ungeteilt und **ganzrandig**, die unteren löffelförmig in einen Stiel verschmälert. ▸5 Die kleine Blütenkrone fünfspaltig mit 3 Staubblättern und einem Griffel, blassblau. ▸6 **Frucht im Unterschied zum Gewöhnlichen Rapünzchen [377] länglich und mit einer tiefen Furche (a) und im Gegensatz zum Gezähnten Rapünzchen [509] ohne erkennbare Zähnchen an der Spitze (b).**

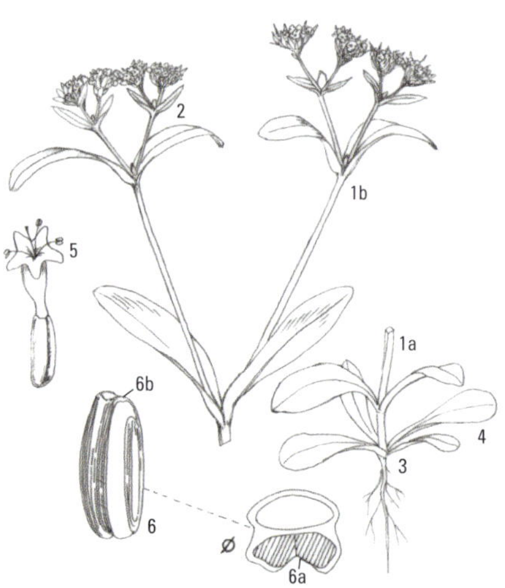

**379** Lappula squarrosa, Boraginaceae

## Kletten-Igelsame

einjährig | 6–9 | 0,7 m

An überhängenden Felsen, an Mauern und Wegrändern sowie auf Äckern, Brachen und Schuttplätzen. ❀ Schlangenäuglein [477], Echte Hundszunge [450], Vaillant-Erdrauch [786].

▸1 **Pflanze dicht graugrün behaart.** ▸2 Stängel starr aufrecht, zumindest im oberen Bereich verzweigt. ▸3 Blätter schmal länglich bis schmal oval, ungeteilt, ganzrandig. ▸4 Untere Blätter bisweilen kurz gestielt, sonst alle Blätter sitzend. ▸5 Blütenstand beblättert. ▸6 Blütenkrone den Kelch etwas überragend. ▸7 **Blütenkelch bis fast zur Basis geteilt.** ▸8 Blütenkrone hellblau, etwa 4 mm lang. ▸9 Schlundschuppen gelb, klein, warzig. ▸10 Griffel (a) und Staubblätter (b) in der Blütenkrone eingeschlossen. ▸11 Frucht vierteilig (Klausenfrucht), **Teilfrüchte** bis 4 mm lang, **mit Warzen auf der Oberfläche (a) und in einer Reihe angeordneten Widerhaken (b).**

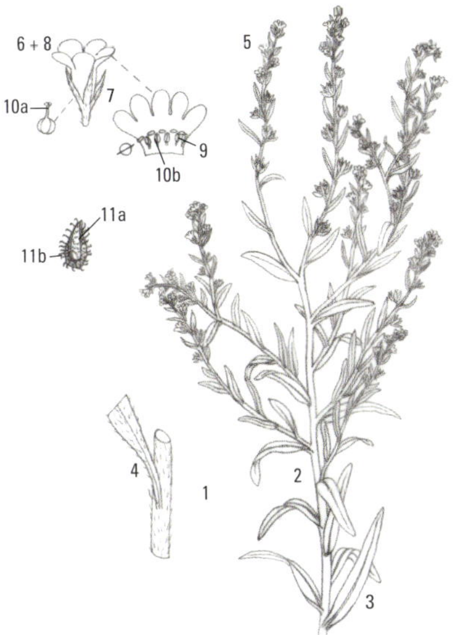

**380** Chaenorhinum minus, Plantaginaceae

## Kleiner Orant

einjährig | 6–9 | 0,4 m

Basenreiche, lichte Standorte an Wegrändern, Schuttplätzen, Steinbrüchen und auf Äckern. ❀ Lauchhederich [307], Schöllkraut [728], Echter Vogelknöterich [424], Gemüse-Portulak [88].

▸1 **Pflanze** meist bereits von der Basis an strauchartig verzweigt und **abstehend drüsig behaart.** ▸2 Gegenständige Anordnung der unteren Blätter (a), obere Blätter wechselständig (b). ▸3 Blätter schmal länglich, bis annähernd 4 cm lang. ▸4 Blüten einzeln auf langen Stielen den Blattachseln entspringend. ▸5 Blütenkelch ungleich fünfteilig. ▸6 **Blütenkrone** zweilippig, **weißlich-lila mit gelbem Schlund**, bis 6 mm lang. ▸7 Blütensporn etwa halb so lang wie die Blütenkrone. ▸8 4 Staubblätter, nicht aus der Krone herausragend (o. Abb.). ▸9 Frucht eine zweifächerige, eiförmige, bis 4 mm lange Kapsel. ▸10 Same eiförmig, mit Längsleisten, bis 0,8 mm lang.

**381** 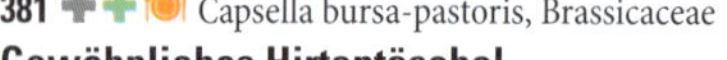 Capsella bursa-pastoris, Brassicaceae 

## Gewöhnliches Hirtentäschel

ein- bis zweijährig | 1–10 | 0,7 m

Nährstoffreiche Standorte in Äckern und Gärten sowie an Wegen und Schuttplätzen. Weißer Gänsefuß [564], Purpurrote Taubnessel [308], Kohl-Gänsedistel [727].

▸1 Stängel einfach oder verzweigt. ▸2 Grundständige Blätter in einer Rosette angeordnet. ▸3 **Form der Grundblätter stark variierend.** ▸4 Stängelblätter mit spitzen Öhrchen den Stängel umfassend. ▸5 Blüten an der Spitze der Triebe doldig gedrängt. ▸6 Blütenkrone weiß, mit vier 2–3 mm langen Kronblättern. ▸7 Kelchblätter zur Zeit der Blüte anliegend. ▸8 **Frucht ein dreieckiges Schötchen** (»Hirtentäschel«).

**382** ⊗ ✚ Colchicum autumnale, Colchicaceae 

## Herbst-Zeitlose

mehrjährig | 8–10 | 0,4 m

Auf mäßig nährstoffreichen Standorten in Wiesen und in Auenwäldern. Wiesen-Kerbel [779], Wiesen-Labkraut [361], Gewöhnlicher Bärenklau [752].

Pflanze im Unterschied zum ähnlichen Bär-Lauch [401] ohne Lauch-Geruch. ▸1 Knolle eiförmig, braunschuppig, mit bis zu 7 cm Länge etwa drei- bis fünfmal so groß wie die Zwiebel des Bär-Lauchs. ▸2 **Trichterförmige Anordnung der Blätter.** ▸3 **Blätter dunkelgrün glänzend, zungenförmig, bis 40 cm lang.** ▸4 Erscheinen der hell-lila Blüten im Herbst, vor der Blattentwicklung. ▸5 Blütenstiel lang und rund. ▸6 6 Staubblätter mit orangegelben Staubbeuteln. ▸7 3 sehr lange, an der Spitze verdickte Griffel. ▸8 **Die eiförmig aufgeblasene, vielsamige, bis 5 cm lange Fruchtkapsel im Zentrum des Blatttrichters.**

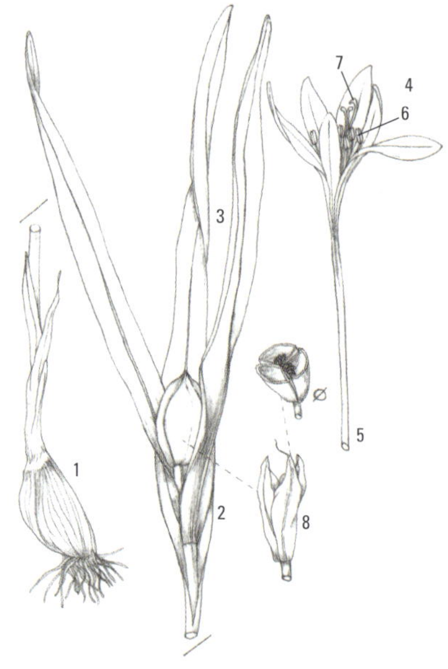

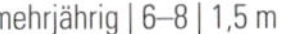

**383** ✚✚ Rumex crispus, Polygonaceae

## Krauser Ampfer

mehrjährig | 6–8 | 1,5 m

Als Pionier auf nährstoffreichen, oft verdichteten, feucht-nassen Böden an Weg- und Straßenrändern, Schuttplätzen, Gräben, Ufern, auf Großvieh-Weiden und Äckern. ❀ Ufer-Wolfstrapp [532], Hain-Gilbweiderich [214], Gewöhnlicher Blutweiderich [148].

▸1 Stängel aufrecht, kräftig, oberwärts verzweigt, häufig rot überlaufen. ▸2 **Grundblätter derb, bis 30 cm lang, am Grund verschmälert, oben zugespitzt und auf der ganzen Länge kraus gewellt.** ▸3 Blütenstand locker, etwa halb so lang wie die ganze Pflanze. ▸4 **Eines der 3 Blüten- und Fruchthüllblätter mit besonders stark ausgeprägter Schwiele, die Schwielen der beiden anderen Hüllblätter deutlich kleiner oder fehlend.** ▸5 Frucht ein bis 3 mm langes Nüsschen.

**384** Picris hieracioides, Asteraceae

## Gewöhnliches Bitterkraut

ein- bis mehrjährig | 6–7(10) | 0,9 m

Nährstoffreiche, überprägte Standorte an Wegrändern, Dämmen, Steinbrüchen, Schuttplätzen und Bahnhöfen sowie in gestörten Wiesen und Rasen. ❀ Gewöhnliche Wegwarte [525], Gewöhnliches Leinkraut [52], Gewöhnliche Goldrute [420].

▸1 **Pflanze** mit Milchsaft (a) und **durch borstige Behaarung rau (b).** ▸2 Stängel aufrecht, gefurcht, oben verzweigt, häufig dunkelrot überlaufen. ▸3 Untere Blätter gestielt (a), obere Blätter sitzend und wechselständig am Stängel angeordnet (b). ▸4 Blattränder ganzrandig oder schwach buchtig gezähnt und meist etwas gewellt. ▸5 Blütenköpfe in lockerer Rispe. ▸6 Hüllblätter (a) von zahlreichen kleinen, länglichen Außenhüllblättern (b) umgeben. ▸7 **Blüten zungenförmig, gelb, außen häufig rot überlaufen, bis etwa doppelt so lang wie die Hülle.** ▸8 Blütenzunge an der Spitze fünfzähnig. ▸9 Frucht länglich, gerieft, mit fransigem, schneeweißem Haarkranz. Länge der Frucht ohne Haarkranz bis etwa 5 mm.

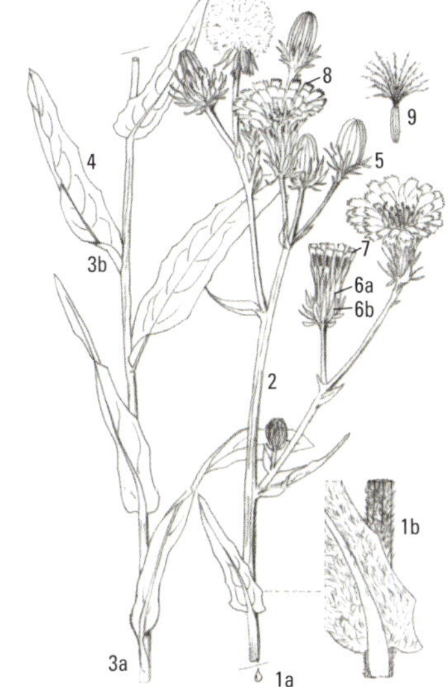

**385**  Potamogeton crispus, Potamogetonaceae

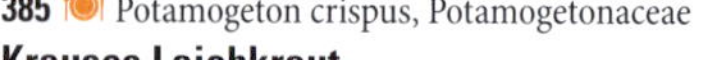

## Krauses Laichkraut

mehrjährig | 6–8 | L 2 m

Bis in 4 m Wassertiefe stehender oder langsam fließender Gewässer tieferer Lagen wie Teiche, Seen, Altwässer, Bäche und Gräben. ❀ Berle [670], Ähren-Tausendblatt [677], Spiegelndes Laichkraut [428].

▸1 **Wasserpflanze mit rötlichem, vierkantigem Stängel.** ▸2 Pflanze ohne Schwimmblätter, Blätter untergetaucht, am Stängel wechselständig (a) und ungestielt (b) angeordnet. ▸3 **Form der dreinervigen, bis 10 cm langen Blätter schmal und wellig.** ▸4 Blattränder zumindest an der Spitze fein gezähnt. ▸5 Stiele der kurzen, nur bis 2 cm langen, lockerblütigen Blütenähre bis 10 cm lang. ▸6 Blüte mit 4 Blütenkronblättern. ▸7 Früchte aus am Grund miteinander verwachsenen, einsamigen Teilfrüchten gebildet. ▸8 Teilfrüchte an der Basis mit kurzem Schnabel.

**386 !** Phyteuma orbiculare, Campanulaceae

## Kugel-Teufelskralle

mehrjährig | 5–7 | 0,5 m

Sonnig-kalkreiche Standorte an Felsen sowie in mageren Säumen und Wiesen. ❀ Wundklee [726], Knolliger Hahnenfuß [636], Kleiner Wiesenknopf [720].

▸1 Stängel kahl, in einem **kugeligen Blütenköpfchen** endend, aufrecht oder überhängend. ▸2 Blätter zart, Blattränder schwach gekerbt (a). ▸3 **Grundblätter** gestielt und **von länglich-eiförmiger Gestalt.** ▸4 Obere Blätter sitzend und wechselständig am Stängel angeordnet. ▸5 Hüllblätter lang zugespitzt. ▸6 Blütenkrone vor dem Aufblühen gekrümmt. ▸7 Frucht eine sich mit seitlichen Poren öffnende Kapsel.

**387** Sherardia arvensis, Rubiaceae 

## Ackerröte

einjährig | 5–9 | 0,3 m

Nährstoffreiche Standorte lehmiger und meist kalkreicher Böden auf Äckern und hierbei vor allem auf Getreidefeldern, auf Brachland und an Wegrändern. ❀ Gewöhnliches Hirtentäschel [541], Weißer Gänsefuß [564], Persischer Ehrenpreis [229].

▸1 Stängel vierkantig, von der Basis an ästig verzweigt, feinborstig behaart. ▸2 **Stängelblätter zu 4–6 quirlständig am Stängel angeordnet.** ▸3 **Blätter schmal-länglich, spitz, ganzrandig, bis 1 cm lang.** ▸4 Blattränder und Mittelnerv der Blattunterseite nach vorne gerichtet behaart. ▸5 **Blütenstände mit jeweils nur wenigen Blüten an den Zweigenden.** ▸6 Hochblätter zu 8–10, laubblattartig, schmal-länglich, am Grund verwachsen und die Blüte sternförmig umgebend. ▸7 Blütenkelch am oberen Ende in 6 Zipfel geteilt, behaart. ▸8 Blütenkrone hell-rötlich, bis 5 mm lang, röhrenförmig (a), an der Spitze vierzipfelig (b). ▸9 Frucht bis 4 mm lang, in 2 vorne gezähnte (a) Teilfrüchte zerfallend.

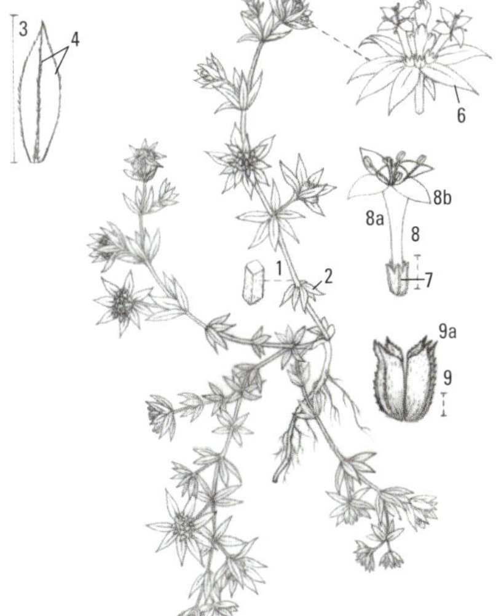

**388** ⊗ ✚ Erysimum cheiranthoides, Brassicaceae 

## Acker-Schöterich

einjährig | 5–8 | 0,9 m

Nährstoffreiche Plätze in Äckern, Gärten, an Kiesbänken und Ufern. ❀ Spreizende Melde [566], Graugrüner Gänsefuß [565], Schutt-Kresse [65].

▸1 Stängel aufrecht, kantig, dünn behaart. ▸2 Wechselständige Anordnung der Blätter am Stängel. ▸3 **Blätter ungeteilt, rau behaart.** ▸4 Blattrand glatt oder unregelmäßig gezähnt. ▸5 Reichhaltige Blüten- und Fruchttrauben. ▸6 Kelchblätter länglich, mit weißem Hautrand. ▸7 Kronblätter gelb, bis 5 mm lang. ▸8 Frucht eine aufrecht abstehende, bis 3 cm lange und bis etwa 1 cm lang gestielte, kantige Schote. ▸9 Same länglich, hellbraun.

**389** ⊗ ✚ Andromeda polifolia, Ericaceae

**Polei-Gränke** (Rosmarinheide)

Zwergstrauch | 5–8 | 0,3 m

Nährstoffarme Standorte auf Bulten in lichten, mit nur wenigen Bäumen bewachsenen Hochmooren. ❀ Heidekraut [260], Rundblättriger Sonnentau [599], Gewöhnliche Moosbeere [199].

▸1 Zwergstrauch mit weit kriechenden, sich bewurzelnden, verholzenden Trieben. ▸2 Blätter wechselständig am Stängel angeordnet. ▸3 Blätter immergrün, derb, schmal, 2–4 cm lang, am Rande nach unten gebogen. ▸4 **Blattoberseite dunkelgrün, erinnert an Rosmarin.** ▸5 **Stark hervortretender Mittelnerv.** ▸6 Blüten zu 2–8 in doldenartiger Anordnung. ▸7 **Die rosafarbene Blütenkrone glockenförmig, nickend.** ▸8 Im Innern der Blütenglocke 10 am Grund behaarte Staubblätter. ▸9 Frucht eine lang gestielte, kugelige, fünffächerige Kapsel.

**390** Galium palustre, Rubiaceae

**Sumpf-Labkraut**

mehrjährig | 5–8 | 0,8 m

In nassen und moorigen Wiesen, Seggenrieden, Gräben, an Ufern und im Erlen-Bruchwald. ❀ Echtes Mädesüß [703], Gewöhnliches Pfeifengras [5], Gewöhnliches Schilf [13].

**Pflanze wird durch Trocknung schwarz.** ▸1 **Blätter meist vierzählig** am kantigen Stängel angeordnet; das ähnliche Moor-Labkraut [80] mit 5–8 Blättchen im Quirl. ▸2 Die länglich-ovalen Blätter bis 1,5 cm lang. ▸3 Blütenstand reichhaltig, jedoch locker und schlank. ▸4 Blütenkrone weiß, 2–3 mm im Durchmesser. ▸5 **Staubbeutel rot.** ▸6 Fruchtschale feinkörnig rau, fast glatt.

**391** Berteroa incana, Brassicaceae

## Graukresse

ein- bis zweijährig | 6–8(10) | 0,7 m

Sonnige Stellen auf Wegen, Schuttplätzen, Häfen, Dämmen und Kiesgruben. ❀ Gewöhnliche Möhre [782], Gewöhnlicher Natternkopf [358], Zweijährige Nachtkerze [395].

▸1 Stängel aufrecht, beblättert, im unteren Teil verholzend, ebenso wie die Blätter graugrün. ▸2 **Blätter** länglich, oben zugespitzt, **mit sternförmigen Haaren.** ▸3 Blattrand ganzrandig oder undeutlich gezähnt. ▸4 Blüten- und Fruchtstand aus mehreren Ästen mit traubig angeordneten Früchten (a) und doldig angeordneten Blüten (b) zusammengesetzt. ▸5 **Kronblätter weiß, fast bis zur Mitte zweiteilig,** bis 6 mm lang. ▸6 Kelchblätter eiförmig, schmal hautrandig, behaart. ▸7 Frucht ein oval geformtes, bis 10 mm langes, gestieltes Schötchen. ▸8 **Griffel bis 3 mm lang.**

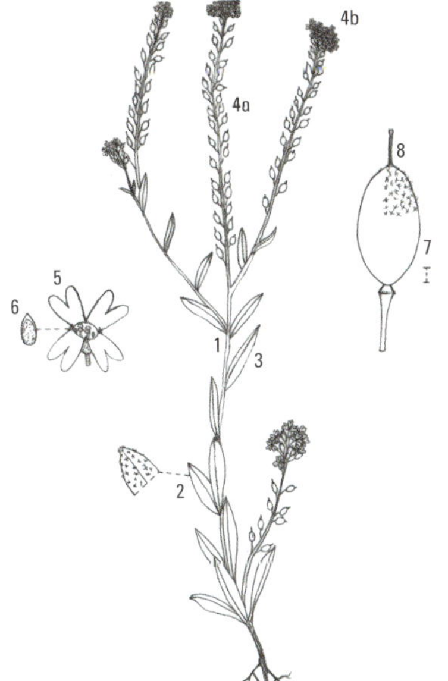

**392 !!** Epipactis palustris, Orchidaceae

## Sumpf-Ständelwurz

mehrjährig | 6–8 | 0,5 m

Basenreiche Standorte in Moorwiesen, Seggenrieden und Binsensümpfen. ❀ Sumpf-Glanzkraut [423], Gewöhnliches Pfeifengras [5], Sumpf-Herzblatt [311], Gewöhnliches Kreuzblümchen [364].

▸1 Stängel aufrecht, an der Basis mit anliegenden Schuppenblättern (a). ▸2 Laubblätter aufrecht abstehend (a), mit vorstehenden Nerven (b), graugrün. ▸3 Obere Blätter schmal, länglich, vorne spitz. ▸4 Untere Blätter länglich eiförmig. ▸5 **Blütenstand mit 8–15 locker und nach einer Seite ausgerichteten Blüten.** ▸6 Fruchtknoten (a) und später die Frucht (b) sechskantig. ▸7 Blüte rötlich-weiß oder grünlich, 2–3 cm im Durchmesser. ▸8 Blütenlippe zweiteilig, hinten rötlich geadert (a), vorne mit Längsleisten (b). ▸9 Frucht lang gestielt, meist mit Blütenresten an der Spitze, bis 25 mm lang.

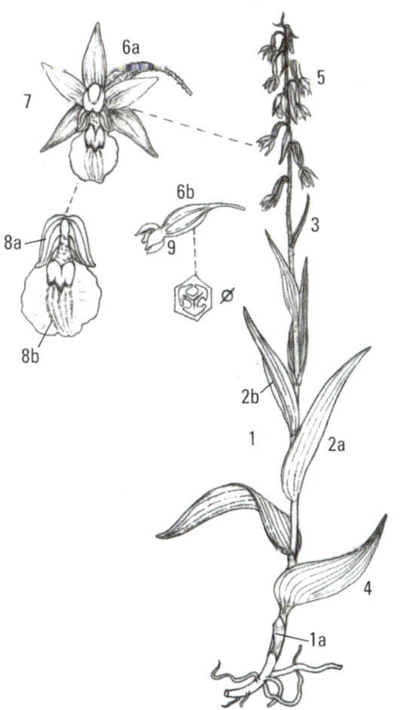

393 ! ✚ Neottia nidus-avis, Orchidaceae

## Vogel-Nestwurz

mehrjährig | 5–6 | 0,4 m

In Wäldern, vor allem in Buchenwäldern auf kalkreichen Böden. ❀ Wald-Labkraut [443], Türkenbund-Lilie [413], Ausdauerndes Bingelkraut [467].

▸1 Wurzeln fleischig, nestartig angeordnet. ▸2 **Spross gelblich-braun, ohne Blattgrün** (Chlorophyll). ▸3 3–6 stängelumfassende, schuppenförmige Blätter je Stängel. ▸4 Blütenstand reichhaltig, bis 20 cm lang. ▸5 **Blütenhülle helmförmig zusammenneigend, nach Honig duftend.** ▸6 Blütenlippe bis 13 mm lang, deutlich länger als die Blütenhülle, am Ende zweispaltig. ▸7 Frucht eine eiförmige, kantige Kapsel mit gedrehtem Stiel.

394 ✚ Buphthalmum salicifolium, Asteraceae

## Weidenblatt-Rindsauge (Ochsenauge)

mehrjährig | 6–9 | 0,7 (1,5) m

Warm-trockene Standorte am südlich exponierten Wald- und Gebüschsaum, in lichten Eichen- und Kiefernwäldern sowie in Magerrasen. ❀ Ästige Graslilie [23], Gewöhnliche Möhre [782], Gewöhnlicher Dost [203].

▸1 Stängel **im Unterschied zum ähnlichen Weidenblättrigen Alant [243] abstehend behaart.** ▸2 Stängel wechselständig beblättert, in der oberen Hälfte mit wenigen Seitenästen. ▸3 Die schmal-länglichen, oben zugespitzten Blätter bis 10 cm lang. ▸4 **Stängelblätter mit am Stängel ansitzendem, aber nicht umfassendem Blattgrund.** ▸5 Die lang gestielten **Blütenköpfe** gold- bis dottergelb, meist einzeln am Ende der Stängel, **bis 5 cm breit.** ▸6 **Hüllblätter in eine Spitze auslaufend.** ▸7 Im Zentrum des Blütenkörbchens zahlreiche, dichtstehende Röhrenblüten. ▸8 **Zungenblüten im Unterschied zum Weidenblättrigen Alant bis 3 mm breit und an der Spitze gezähnelt.** ▸9 **Früchte** bis 4 mm lang, **an der Spitze mit einem Krönchen statt Haarkranz.**

**395** Oenothera biennis agg., Onagraceae

## Zweijährige Nachtkerze (Artengruppe)

zweijährig | 6–8 | 2 m

Trocken-warme und meist nährstoffreiche Standorte an (Bahn-)Dämmen, Böschungen, Schuttplätzen, Flussufern, Wegrändern und in Steinbrüchen. ❀ Feinstrahl-Berufkraut [357], Tüpfel-Hartheu [474], Weißer Steinklee [606].

▸1 Pflanze dicht drüsenhaarig. ▸2 Wechselständige Anordnung der Blätter am aufrecht stehenden Stängel. ▸3 Pflanze zweijährig, im 1. Jahr eine grundständige, dem Boden anliegende, **häufig rötlich überlaufene Blattrosette bildend.** ▸4 Form der **Blätter** länglich, **drei- bis sechsmal so lang wie breit, bis 15 cm lang.** ▸5 Blattfarbe hellgrün, mit weiß gefärbten Blattnerven. ▸6 Blattrand schwach gezähnt oder seltener ganzrandig. ▸7 Untere Blätter in einen Stiel verschmälert (a), die oberen sitzend angeordnet (b). ▸8 **Blütenstand** vielblütig, traubig, **aufrecht.** ▸9 Blütenknospen büschelig angeordnet. ▸10 **Die 4 Blütenkronblätter leuchtend gelb, bis etwa 5 cm lang, deutlich länger als die Staubblätter.** ▸11 8 Staubblätter (a) und eine vierteilige Narbe (b). ▸12 Die 4 Kelchblätter zurückgeschlagen. ▸13 Frucht eine vierfächerige, raue, schmal-längliche, bis 4 cm lange Kapsel. ▸14 **Samen zahlreich, klein, schwarz, an Mohn erinnernd.**

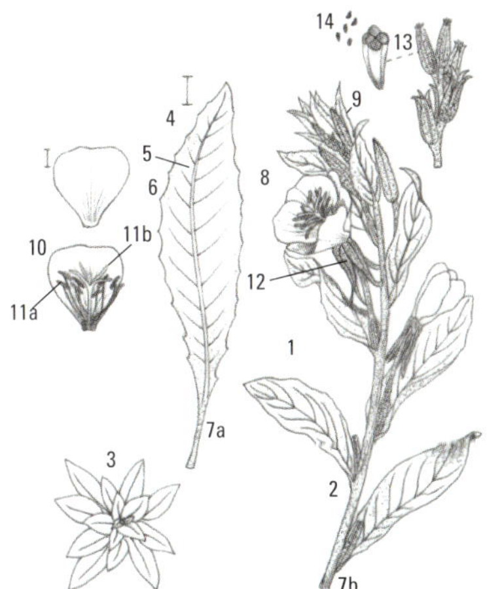

**396** Persicaria mitis, Polygonaceae

## Milder Knöterich

(Polygonum mite, Polygonum dubium) einjährig | 7–10 | 0,6 m

Feuchte Standorte am Rande von Waldwegen, Gräben, Quellen sowie an Teich- und Flussufern. ❀ Pfeffer-Knöterich [134], Ampfer-Knöterich [149], Gewöhnliche Sumpfkresse [543].

▸1 Stängel aufsteigend (a) oder aufrecht (b). ▸2 **Blattscheiden bis 7 mm lang bewimpert (a), auf der Fläche behaart (b).** ▸3 Blätter schmal länglich, bis 12 cm lang, dabei etwa vier- bis sechsmal so lang wie breit und nach oben und unten lang verschmälert. ▸4 **Größte Breite (etwa 2 cm) in der Blattmitte.** ▸5 Blütenstand bis 6 cm lang, wenig überhängend, lockerblütig. ▸6 Blütenhüllblätter rosa, oder selten grünlich-weiß, bis 5 mm lang. ▸7 Frucht eine dreikantige, bis 0,3 cm lange, schwärzlich glänzende Nuss.

**397**  Galeopsis angustifolia, Lamiaceae

## Schmalblättriger Hohlzahn

einjährig | 6–10 | 0,4 m

Trockene Standorte auf Dämmen, Äckern und Geröllhalden sowie an Bahngleisen. ❀ Sommer-Adonisröschen [800], Acker-Rittersporn [806], Trauben-Gamander [742], Huflattich [326].

▸1 Stängel aufrecht, verzweigt, oft rötlich gefärbt. ▸2 Blätter kurz gestielt. ▸3 **Form der Blätter schmal-länglich, bis 15-mal so lang wie breit.** ▸4 Kelch fünfzähnig, behaart. ▸5 Krone purpurfarben, etwa 3-mal so lang wie der Kelch. ▸6 Wie bei allen Hohlzahn-Arten: Unterlippe zahnförmig ausgestülpt (a), 2 längere und 2 kürzere, unter der Oberlippe aufsteigende Staubblätter (b). ▸7 Teilfrucht ein 2–3 mm langes Nüsschen.

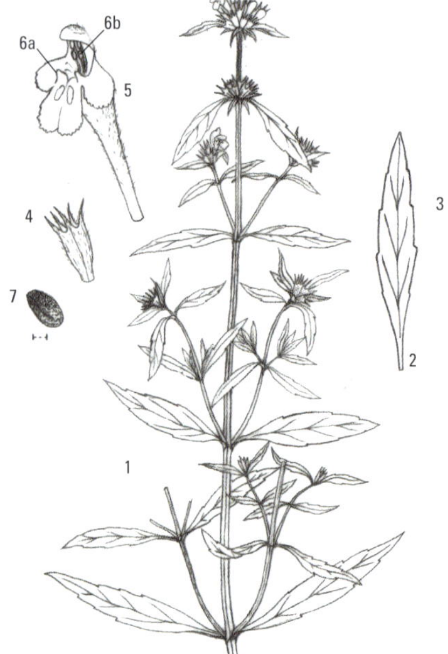

**398**  Campanula rapunculus, Campanulaceae

## Rapunzel-Glockenblume

einjährig | 6–8 | 0,8 m

In mageren Wiesen und Weiden, an Böschungen und Wegrainen sowie im lichten Saum von Waldrändern, Feldgehölzen und Gebüschen. ❀ Blut-Storchschnabel [657], Gewöhnlicher Dost [203], Aufrechter Ziest [360], Behaartes Veilchen [279].

▸1 Pflanze von aufrechtem Wuchs. ▸2 Wurzel rübenförmig. ▸3 Stängel kantig. ▸4 **Stängelblätter sehr schmal (lanzettlich).** ▸5 Grundblätter zur Blütezeit meist vertrocknet. ▸6 **Blütenstand aufrecht und schlank; Blüten im Unterschied zur Acker-Glockenblume [268] nach allen Seiten (allseitswendig) ausgerichtet.** ▸7 2 Hochblätter am Grund der lang gestielten Blüten. ▸8 Die aufrecht stehenden Kelchzipfel lang und schmal. ▸9 Blütenkrone trichterförmig, hell blauviolett. ▸10 Frucht eine aufrechte, längliche, sich mit 3 Poren öffnende Kapsel.

**399** Oenothera parviflora agg., Onagraceae

## Kleinblütige Nachtkerze (Artengruppe)

zweijährig | 6–9 | 2 m

Trocken-warme und meist nährstoffreiche Standorte an Bahndämmen, Schuttplätzen, Flussufern und Hafenanlagen. Gewöhnliche Möhre [782], Weißer Steinklee [606], Gelbe Resede [744], Wege-Rauke [546].

▸1 Wechselständige Anordnung der Blätter am Stängel. ▸2 **Blätter** schmal, **fünf- bis zehnmal so lang wie breit.** ▸3 Blütenstand häufig nickend. ▸4 4 Kron- (a), 4 Kelch- (b) und 8 Staubblätter (c). ▸5 **Blütenkronblätter kürzer, etwa so lang wie die Staubblätter, höchstens 2 cm lang.** ▸6 Frucht eine vierfächerige, raue, schmal-längliche, bis 4 cm lange Kapsel. ▸7 Samen zahlreich, klein, schwarz, an Mohn erinnernd.

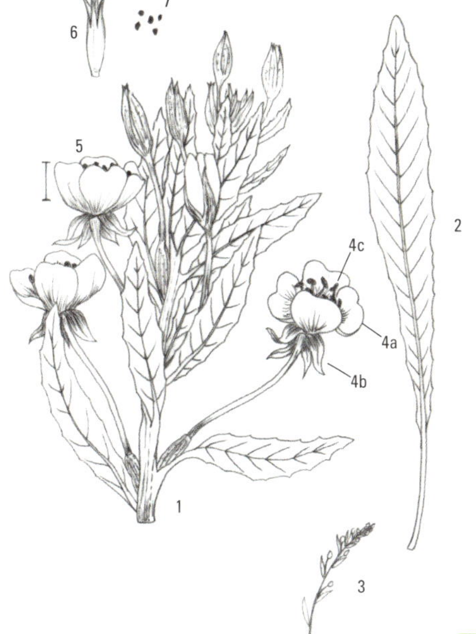

**400** Epilobium hirsutum, Onagraceae

## Behaartes Weidenröschen

mehrjährig | 6–9 | 1,5 m

Nährstoffreiche Standorte in feuchten Hochstaudenfluren an Gräben, Bächen und Quellen. Gewöhnliche Zaunwinde [290], Echtes Mädesüß [703], Bach-Nelkenwurz [730].

▸1 Pflanze aufrecht, oben verzweigt. ▸2 **Stängel abstehend behaart**, rund, nur unten etwas kantig (a). ▸3 **Blätter sitzend am Stängel angeordnet, die unteren diesen halb umfassend.** ▸4 Blattrand mit deutlichen, nach vorne gerichteten Zähnen. ▸5 Endständige Blüten- und Fruchttraube. ▸6 Die 4 Kelchzipfel von schmaler Form. ▸7 **Die 4 Kronblätter mit einer Länge von bis zu 2 cm verhältnismäßig groß, purpurrot, an der Spitze ausgerandet.** ▸8 8 Staubblätter. ▸9 Narbe groß, deutlich vierteilig. ▸10 Lange, schotenähnliche Fruchtkapseln.

**401** Allium ursinum, Alliaceae

## Bär-Lauch (Bärlauch)

mehrjährige Zwiebelpflanze | 3–5 | 0,5 m

Schattige Stellen in kraut- und nährstoffreichen, feuchten Laubmisch- und Auenwäldern. Gefleckter Aronstab [314], Gewöhnlicher Efeu [586], Hohe Primel [107].

▸1 Zwiebel der **nach Knoblauch riechenden Pflanze** im Unterschied zum ähnlichen Maiglöckchen [441] schmal, nur wenig von der Basis der beiden Laubblätter abgesetzt. ▸2 Blätter länglich, ganzrandig, bis 20 cm lang. ▸3 Blattstiel auf der Unterseite hell gefärbt, bis 20 cm lang. ▸4 Blütenstand kugelig, bis etwa 20 Blüten tragend. ▸5 Blütenstängel im Querschnitt dreikantig, unbeblättert, bis 40 cm lang. ▸6 **Blütenhülle** sechsblättrig, **weiß.** ▸7 Blütenhüllblätter länglich, spitz, bis 1 cm lang. ▸8 6 Staubblätter, etwa halb so lang wie die Blütenhüllblätter (Perigonblätter). ▸9 Fruchtstand lang gestielt, meist dreiteilig, grün.

**402 !!** Orchis mascula, Orchidaceae

## Stattliches Knabenkraut (Männliches Knabenkraut)

mehrjährig | 4–6 | 0,6 m

Basenreiche Standorte, in lichten Wäldern sowie in Bergwiesen und Halbtrockenrasen. Maiglöckchen [441], Wald-Labkraut [443], Türkenbund-Lilie [413].

▸1 Stängel kräftig, rund, hellgrün, im oberen Bereich oft rötlich überlaufen. ▸2 **Stängelblätter** den Stängel scheidenförmig umfassend, Länge bis 12 cm, sowohl oberhalb (a) als auch **unterhalb** (b) **der Blattrosette vorkommend.** ▸3 **Blattrosette** aus 2–4 meist **gefleckten Laubblättern,** diese bis 20 cm lang, 3 cm breit. ▸4 Oberstes Stängelblatt den Beginn des Blütenstandes nicht erreichend. ▸5 Blütenstand zylindrisch geformt, Länge bis 15 cm, die 10–30 Blüten nach allen Seiten ausgerichtet. ▸6 **Tragblätter** (a) häutig, purpurn, **ca. 2 cm lang, ähnlich lang wie der Fruchtknoten** (b). ▸7 Blütenkrone zwischen rot und weiß variabel gefärbt. ▸8 2 seitliche Blätter der Blütenhülle nach außen gedreht (a), die übrigen helmförmig zusammen neigend (b). ▸9 Blütenlippe dreilappig, bis 12 mm lang. ▸10 Blütensporn aufwärts gerichtet, bis 1 cm lang. ▸11 Frucht eine kurz gestielte, aufrechte, bis etwa 2 cm lange Kapsel.

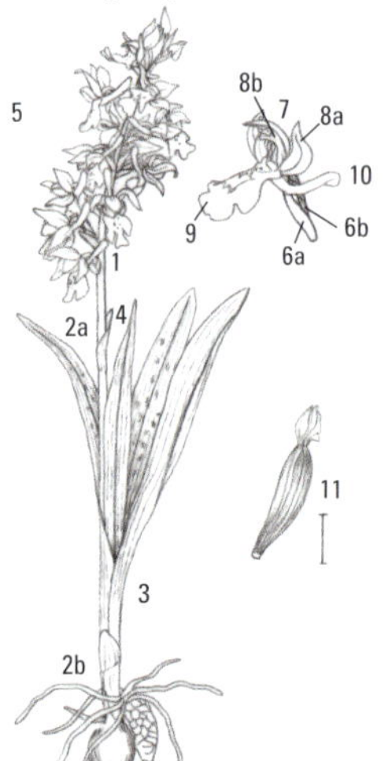

**403 !!** Dactylorhiza majalis, Orchidaceae

## Breitblättrige Fingerwurz

mehrjährig | 5–6 | 0,5 m

In kalkarmen Nasswiesen, Quellsümpfen, Flachmooren und Gräben. ❀ Gewöhnliches Pfeifengras [5], Sumpf-Herzblatt [311], Blutwurz [644].

▶1 Kräftige Pflanze mit aufrechtem, **hohlem** und dickem **Stängel.** ▶2 Häutige Scheidenblätter am Grund des Stängels. ▶3 Blätter länglich-eiförmig, trübgrün, zu 3–7. ▶4 Blattoberseite meist gefleckt. ▶5 Untere Blätter bis 18 cm lang. ▶6 **Oberstes Blatt häufig bis zur Blütenähre reichend.** ▶7 Blütenähre pyramidenförmig, bis 8 cm lang und mit bis zu 35 Blüten besetzt. ▶8 Blütenlippe meist dreiteilig und lilapurpurn gezeichnet. ▶9 Kapseln ungestielt, bis 14 mm lang.

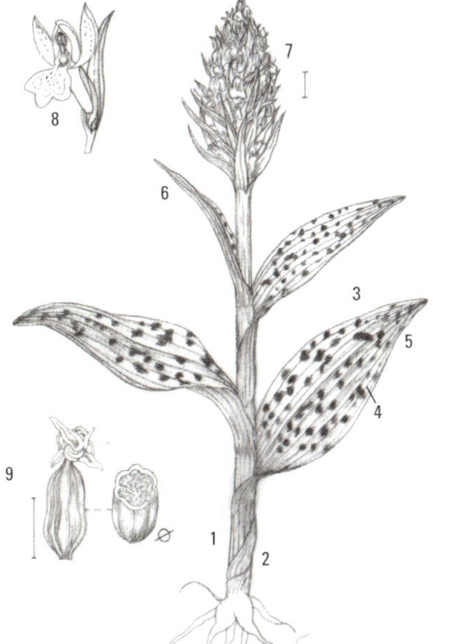

**404 !** Aster amellus, Asteraceae

## Berg-Aster

mehrjährig | 7–10 | 0,7 m

Trockenwarme, meist kalkhaltige Standorte im Saum von Gebüschen und Wäldern. ❀ Ästige Graslilie [23], Sichel-Hasenohr [68], Blut-Storchschnabel [657], Hirsch-Haarstrang [780].

▶1 Stängel bis zur Spitze beblättert, nur oben verzweigt. ▶2 Blätter rauhaarig, länglich, die unteren gestielt. ▶3 **Blütenstand mehrköpfig, dieser mit blaulila gefärbten Zungenblüten (a) und gelben Röhrenblüten (b).** ▶4 Frucht mit weißem, gelblichem oder rötlichem Haarkranz.

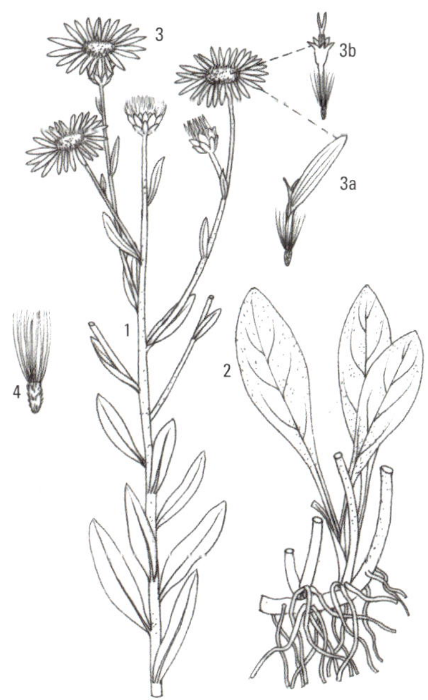

**405** Stellaria alsine, Caryophyllaceae

## Quell-Sternmiere

mehrjährig | 6–7 | 0,4 m

Quellige Standorte an Quellbereichen, Gräben und Waldwegen auf kalkarmen Böden. Sumpf-Dotterblume [335], Kressen-Schaumkraut [721], Bach-Quellkraut [84], Brennender Hahnenfuß [352].

▶1 Pflanze niederliegend oder aufsteigend, verzweigt, bläulich-grün. ▶2 Die zahlreichen, schlaffen, vierkantigen, kahlen Stängel mit gegenständig angeordneten Blättern. ▶3 Blätter einnervig, saftig, am Grund bewimpert. ▶4 Blattform länglich-oval, ungeteilt, ganzrandig; Blattlänge bis 2,5 cm. ▶5 Blüte aus 5 zugespitzten, dreinervigen Kelchblättern (a), 5 tief gespaltenen Kronblättern (b), 10 Staubblättern (c) und 3 Griffeln (d) gebildet; Durchmesser der Blüte bis etwa 0,7 cm. ▶6 **Kronblätter weiß, deutlich kürzer als die Kelchblätter.** ▶7 Frucht eine bis 3 mm lange, länglich-eiförmige **Kapsel (a), von gleicher Größe wie der Kelch (b).**

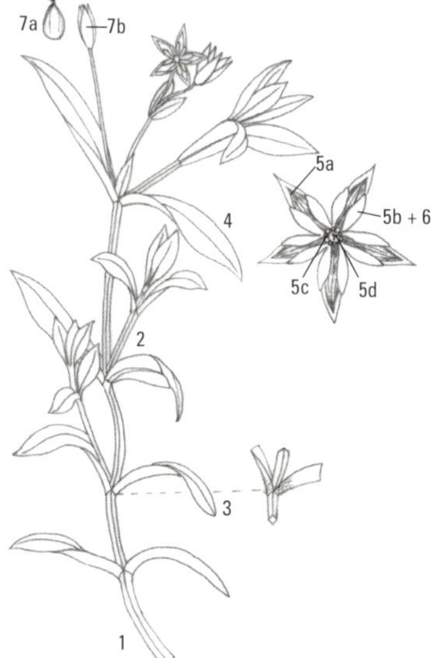

**406** Genista tinctoria, Fabaceae

## Färber-Ginster

Halbstrauch | 5–7 | 0,6 m

In Magerrasen, lichten Eichen- und Kiefernwäldern sowie an Waldrändern. Doldiges Habichtskraut [63], Färber-Scharte [426], Gewöhnlicher Teufelsabbiss [451], Salbei-Gamander [295].

▶1 Pflanze in der oberen Hälfte rutenartig verzweigt. ▶2 Stängel und Zweige durch feine Rillen kantig. ▶3 **Zweige stets dornenlos**, angedrückt behaart (a), überwiegend blütentragend (b). ▶4 Blätter ungeteilt, länglich, bis etwa 4 cm lang, an den Enden zugespitzt. ▶5 Traubige Anordnung der Blüten an den Zweigen. ▶6 Blüten mit laubartigen Tragblättern. ▶7 Blütenkrone gelb, bis 16 mm lang. ▶8 Frucht eine braun glänzende, längliche Hülse.

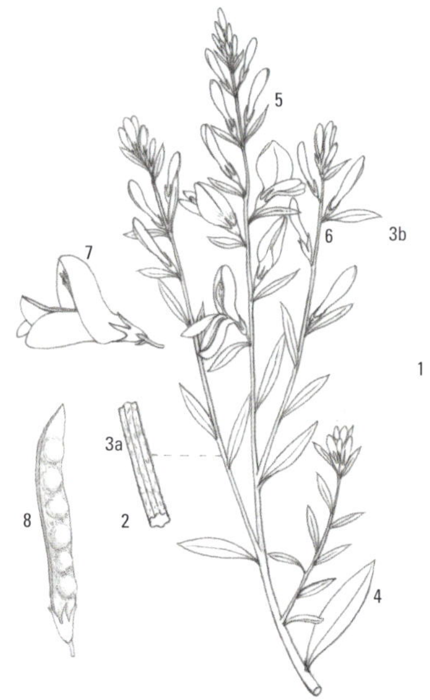

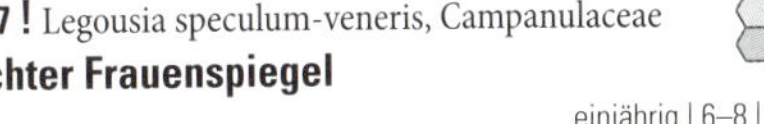

**407 !** Legousia speculum-veneris, Campanulaceae

## Echter Frauenspiegel

einjährig | 6–8 | 0,4 m

Meist kalkreiche Standorte auf (Getreide-)Äckern und Weinbergen. ❀ Acker-Rittersporn [806], Sommer-Adonisröschen [800], Ackerröte [387].

▸1 Stängel verzweigt, mit wechselständig angeordneten Blättern. ▸2 Blätter ungeteilt, eiförmig oder oval, 1–3 cm lang. ▸3 Blütenkelch und Blütenkrone tief fünfteilig. ▸4 **Kelchzipfel sehr schmal, lang und spitz.** ▸5 Blütenkrone dunkelviolett mit hellem Schlund, bis 2,5 cm im Durchmesser. ▸6 5 Staubblätter. ▸7 Frucht eine glänzend braune, dreifächerige, kantige, bis 15 mm lange, vielsamige Kapsel.

**408 !!** Orchis morio, Orchidaceae

## Kleines Knabenkraut

mehrjährig | 4–5 | 0,4 m

Kalkfreie und kalkreiche Standorte in Magerrasen und mageren Wiesen. ❀ Karthäuser-Nelke [115], Frühlings-Enzian [458], Saat-Esparsette [667], Kleiner Wiesenknopf [720].

▸1 Stängel hell- bis bläulich-grün, oberwärts oft purpurn überlaufen, von 3–6 Blättern scheidenförmig umhüllt. ▸2 **Oberstes Stängelblatt den Beginn des Blütenstandes erreichend.** ▸3 Entwicklung einer Blattrosette im späten Herbst. ▸4 **Rosettenblätter** zu 5–8, **ungefleckt**, am Mittelnerv gefalten (a), bis 15 cm lang und nur bis etwa 1,5 cm breit. ▸5 Blütenstand zylindrisch, bis 10 cm lang, mit bis etwa 20 Blüten. Blütenfarbe in Farbtönen von purpurrot bis weiß variierend. ▸6 Tragblätter **annähernd 2 cm lang, damit ähnlich lang wie der Fruchtknoten.** ▸7 **Alle Blätter der Blütenhülle helmförmig zusammenneigend**, von dunkleren Nerven gezeichnet. ▸8 **Blütenlippe** breiter als lang und **nur angedeutet dreilappig.** ▸9 Mittelbereich der Blütenlippe aufgehellt und mit dunklen Linien oder Punkten gezeichnet. ▸10 **Blütensporn waagrecht oder aufwärts gerichtet, nur wenig kürzer als der Fruchtknoten.** ▸11 Frucht eine bis etwa 15 mm lange Kapsel.

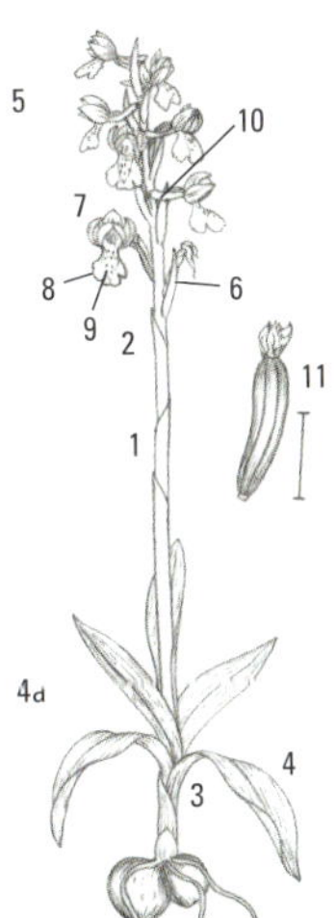

409 ✚ Hieracium aurantiacum, Asteraceae

## Orangerotes Habichtskraut

mehrjährig | 6–8 | 0,5 m

Auf Magerweiden und -rasen sowie an Straßen- und Gartenböschungen. ❀ Echte Arnika [460], Blutwurz [644], Schweizer Schuppenlöwenzahn [506], Heidelbeere [185].

▸1 **Pflanze mit bis zu 15 cm langen Ausläufern.** ▸2 **Blätter und Stängel dicht behaart.** ▸3 Stängel hellgrün, hohl, leicht zusammendrückbar. ▸4 Grundblattrosette aus 2–5 länglichen bis spateligen oder zungenförmigen, weichen Blättern. ▸5 Stängelblätter zu 1–4. ▸6 **Blütenköpfe** zu 2–12, flach, im Unterschied zu anderen Habichtskraut-Arten **orangerot** gefärbt. ▸7 Hülle des Blütenkörbchens meist schwärzlich.

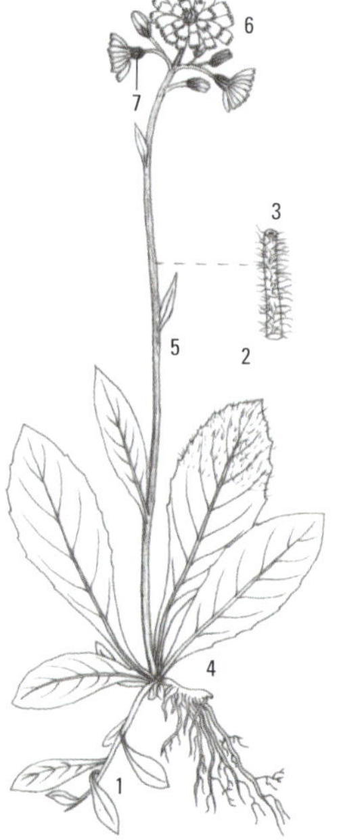


410 !! Himantoglossum hircinum, Orchidaceae

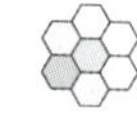

## Bocks-Riemenzunge

mehrjährig | 5–6 | 0,8 m

In Kalk-Mager- und Trockenrasen, an sonnigen Gebüschsäumen, Waldrändern und Böschungen. ❀ Gewöhnliches Sonnenröschen [425], Helm-Knabenkraut [422], Wiesen-Primel [160], Tauben-Skabiose [699].

▸1 Stängel kräftig, im oberen Bereich schwach kantig. ▸2 Blatt fleischig, Farbe bläulichgrün, zur Blütezeit bereits welkend. ▸3 Blattform länglich eiförmig, Länge bis 20 cm. ▸4 Blattfläche reich geadert. ▸5 **Blütenähre** zylindrisch, **reichblütig, bis 30 cm lang.** ▸6 Blütenhülle helmartig zusammenneigend. ▸7 Blütenlippe lang, dreiteilig, gelbgrün. ▸8 **Mittellappen der Blütenlippe bandartig ausgezogen und schraubig gedreht.**

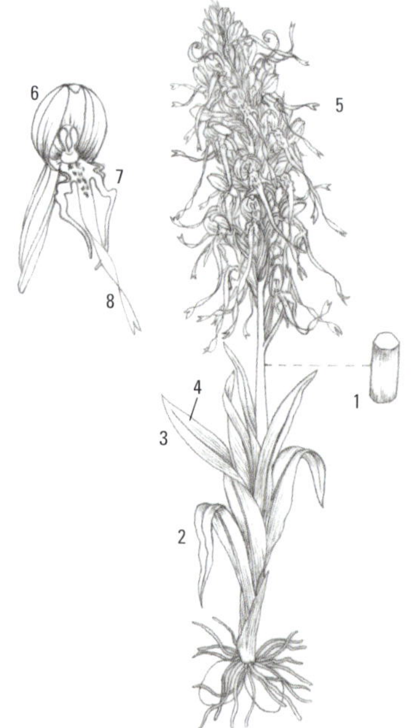

**411 !!** Ophrys apifera, Orchidaceae

## Bienen-Ragwurz

mehrjährig | 6(–7) | 0,4 m

In Kalk-Magerrasen, in lichten Gebüschen sowie Eichen- und Kiefernwäldern. ❀ Karthäuser-Nelke [115], Gewöhnliches Sonnenröschen [425], Helm-Knabenkraut [422].

▸1 **Stängel kräftig**, rund und kahl. ▸2 Grundblattrosette aus 2–4 länglichen, ganzrandigen, zugespitzten, bis 8 cm langen Blättern. ▸3 Oberstes Stängelblatt die Blütenähre nicht erreichend. ▸4 Blütenstand mit 2–10 locker angeordneten Blüten. ▸5 Tragblätter gleich lang oder länger als die Blüten. ▸6 Blütenhülle mit rosa-weißlich bis violett gefärbten, mit einem grünen Mittelnerv (a) versehenen Hüllblättern. ▸7 Blütenlippe dreilappig, samtig, bis 12 mm lang. ▸8 **Seitenlappen der Blütenlippe gelblich behaart.** ▸9 **Mittellappen kastanienbraun, häufig gelb gezeichnet**, bauchig aufgeblasen und als Landeplatz für Insekten dienend. ▸10 Frucht eine aufrechte, zylindrische, bis annähernd 3 cm lange Kapsel.

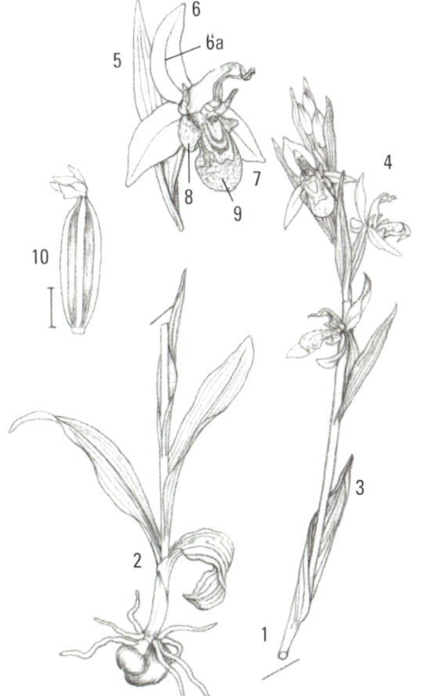

**412 !!** Ophrys insectifera, Orchidaceae

## Fliegen-Ragwurz

mehrjährig | 5–6 | 0,4 m

In lichten Kiefernwäldern und in Kalk-Magerrasen. ❀ Helm-Knabenkraut [422], Tauben-Skabiose [699], Edel-Gamander [224].

▸1 **Stängel** grünlichgelb, **dünn.** ▸2 Grundblattrosette aus 2–4 länglichen, bis 9 cm langen Blättern. ▸3 Oberstes Stängelblatt die Blütenähre nicht erreichend. ▸4 Blütenstand schmal, mit 2–10 locker angeordneten Blüten. ▸5 Äußere Blätter der Blütenhülle grünlich und länglich-eiförmig. ▸6 Innere Blätter der Blütenhülle bräunlich, schmal-länglich. ▸7 Blütenlippe samtig, dreilappig. ▸8 **Mittellappen der Blütenlippe am Grund zweispaltig, braun, jedoch mit blaugrauem Mal.** ▸9 **Seitenlappen der Lippe abwärts gerichtet, länglich.** ▸10 Frucht eine aufrechte, zylindrische, bis annähernd 2 cm lange Kapsel.

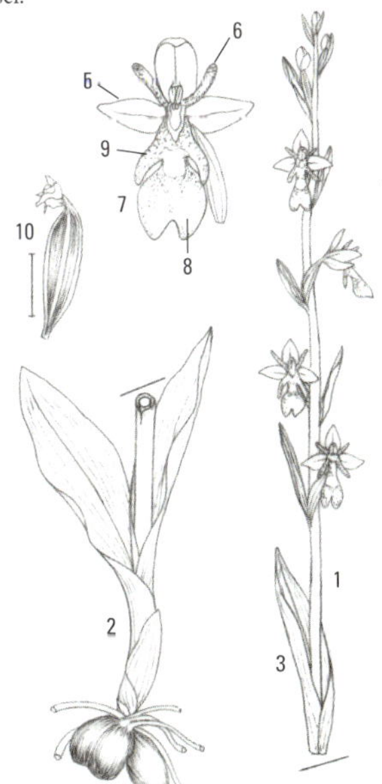

**413 !** Lilium martagon, Liliaceae

## Türkenbund-Lilie

mehrjährig | 6–7 | 1 m

Basenreiche Standorte in Laubwäldern, in höheren Lagen auch in Nadelwäldern sowie in Hochstaudenfluren der höheren Berglagen. Wald-Labkraut [443], Ausdauerndes Bingelkraut [467], Ährige Teufelskralle [281].

▸1 **Stängel** aufrecht, reich beblättert, rund, **gelegentlich rot gefleckt.** ▸2 **Mittlere Stängelblätter zu 4–9 quirlig zusammengedrängt.** ▸3 Obere und untere Stängelblätter wechselständig. ▸4 Blattform länglich-spatelförmig, Länge bis etwa 15 cm. ▸5 Blattfläche sieben- bis elfnervig. ▸6 **Blütenstand** eine drei- bis **zehn**blütige **Traube.** ▸7 **Blüten nickend**, groß, trichterförmig. ▸8 6 Perigonblätter, bis 4 cm lang, zurückgeschlagen, purpurn gefleckt. ▸9 6 Staubblätter, Staubbeutel (meist) rot. ▸10 Frucht eine rundliche bis keulenförmige, dreifächerige, bis 3 cm lange Kapsel mit zahlreichen Samen.

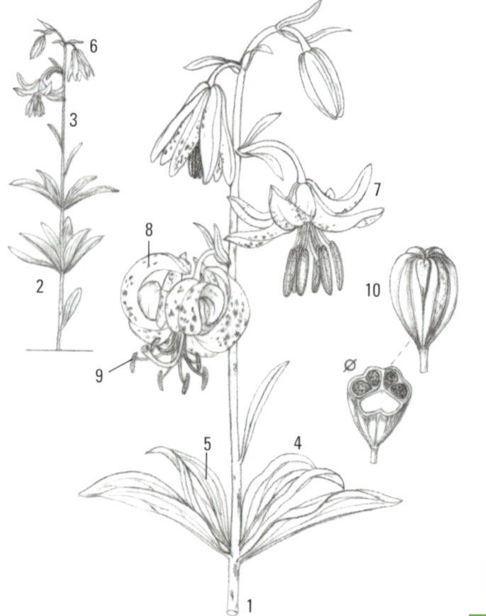

**414** Sedum sexangulare, Crassulaceae

## Milder Mauerpfeffer

mehrjährig | 6–7 | 0,15 m

Als Pionier trocken-warmer, oft kalkhaltiger Standorte auf Felsen, Dämmen, Mauern und Böschungen. Quendel-Sandkraut [198], Frühlings-Hungerblümchen [85], Weiße Fetthenne [415].

▸1 Am Grund reich verzweigte, kriechende und rasenbildende Pflanze mit aufsteigenden Blütenstängeln.
▸2 **Blätter in sechs Reihen spiralig am Stängel angeordnet.**
▸3 **Blätter länglich keulenförmig, vorne abgerundet.**
▸4 Kelchblätter nur etwa ⅓ so lang wie die Kronblätter.
▸5 Blütenkrone mit 5 gelben, spitz zulaufenden, kurz gestielten Kronblättern und 10 Staubblättern, bis 1 cm im Durchmesser.

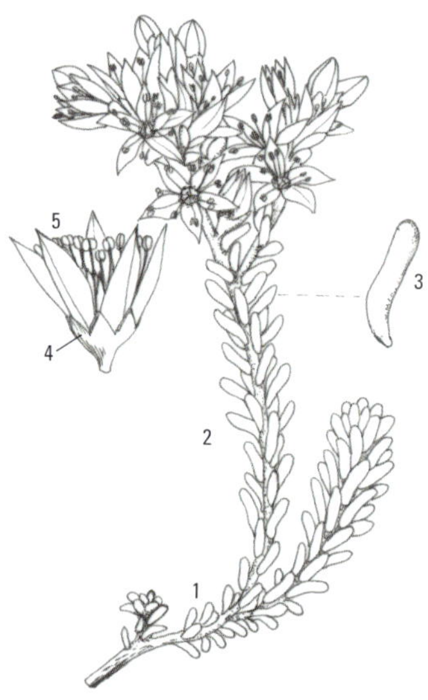

**415** Sedum album, Crassulaceae

## Weiße Fetthenne

mehrjährig | 6–8 | 0,2 m

Als Pionier auf Mauerkronen, Felsköpfen und Schutthalden sowie auf trockenen Dämmen und Böschungen.
❀ Gewöhnlicher Steinquendel [215], Frühlings-Hungerblümchen [85], Frühlings-Fingerkraut [640].

▸1 Bildung von Ausläufern, die an den Verzweigungen wurzeln. ▸2 Pflanze am Grund reich verzweigt. ▸3 Stängel dicht beblättert (a), im oberen Drittel verzweigt (b). ▸4 Wechselständige Anordnung der **keulenförmigen Blättchen.** ▸5 Blättchen fleischig, bis etwa 1,5 cm lang, dunkelgrün oder rötlich. ▸6 Blütenstand doldenartig. ▸7 **Blüte fünfzählig: 5 Kron- (a), 5 Kelch- (b) und 10 rötliche Staubblätter** (c). ▸8 Kronblätter weiß oder rosa, bisweilen mit rötlichem Mittelnerv.

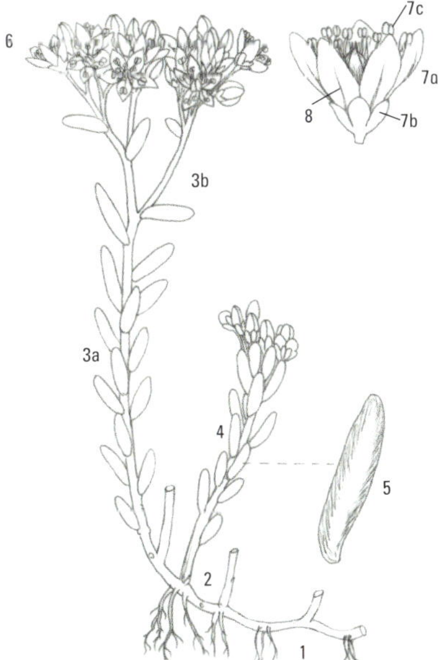

**416 !** Inula hirta, Asteraceae

## Rauhaariger Alant

mehrjährig | 6–7 | 2,5 m

In Halbtrockenrasen, an felsigen Abhängen sowie in lichten Eichen- und Kiefernwäldern. ❀ Ästige Graslilie [23], Weidenblatt-Rindsauge [394], Blut-Storchschnabel [657], Bayerisches Vermeinkraut [141].

▸1 Stängel aufrecht, dicht behaart. ▸2 **Blätter** länglich, ungeteilt, **meist rauhaarig.** ▸3 Wechselständige Anordnung der Blätter am Stängel. ▸4 Stängelblätter mit gerundeter Basis am Stängel ansitzend. ▸5 Blattflächen mit deutlicher Aderung. ▸6 Blattrand schwach gezähnt oder (seltener) ganzrandig. ▸7 **Blütenköpfe goldgelb, mit 2–5 cm Durchmesser relativ groß, meist einzeln an der Spitze der Blütenstängel ansitzend.** ▸8 Gleich anderen Alant-Arten besteht das Blütenköpfchen aus einer inneren Scheibe an zwittrigen Röhrenblüten (a) und einem äußeren Kranz an weiblichen Zungenblüten (b). ▸9 **Zungenblüten nur etwa 1 mm breit, Länge bis 3 cm.** ▸10 Früchte bis 2 mm lang, kahl, mit einem bis etwa 5 mm langen Haarkranz.

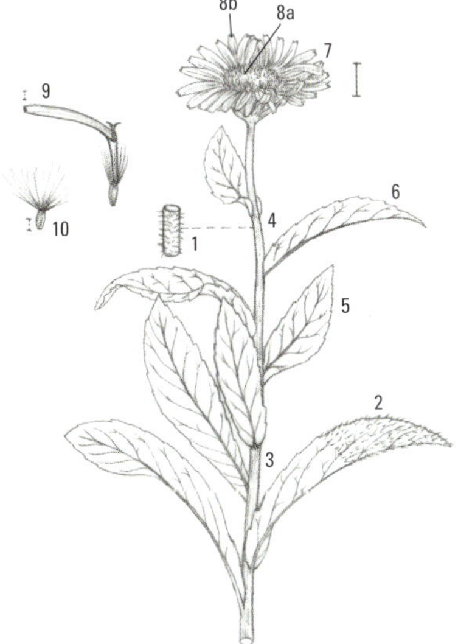

**417** Herniaria glabra, Caryophyllaceae

## Kahles Bruchkraut

mehrjährig | 6–9 | L 0,3 m

Trocken-sandige, kalkarme Standorte an Wegen, Dünen und Dämmen. Silber-Fingerkraut [646], Kleiner Sauer-Ampfer [550], Ausdauernder Knäuel [123], Rote Schuppenmiere [50].

▸1 **Stängel dem Boden flach anliegend.** ▸2 Blätter eiförmig, spitz, Länge bis annähernd 1 cm. ▸3 Nebenblätter klein, dreieckig, weißhäutig, gefranst. ▸4 **Knäuelige Anordnung der Blüten in den Blattachseln.** ▸5 Blüte fünfzählig: 5 schmal hautrandige, an der Basis verwachsene Kelchblätter (a); 5 weiße Kronblätter, kürzer als der Kelch (b); 5 Staubblätter (c). ▸6 2 kurze Griffel. ▸7 Frucht eine eiförmige, nicht aufspringende Nuss.

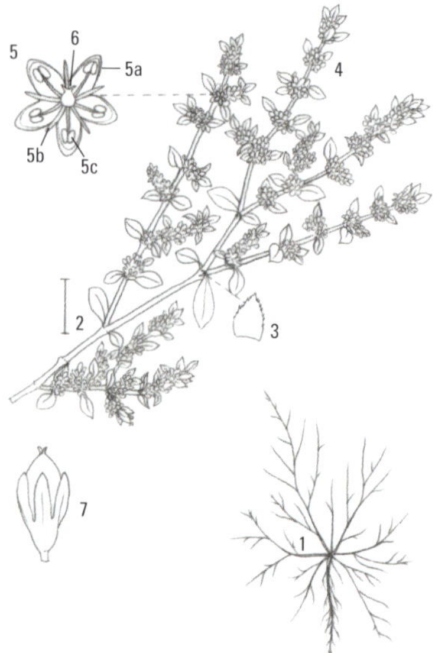


**418 !** Crepis mollis, Asteraceae

## Weichhaariger Pippau

mehrjährig | 6–8 | 0,8 m

Nährstoffreiche, frisch-feuchte Standorte in Bergwiesen. Gewöhnliches Knaulgras [9], Wald-Storchschnabel [596], Bärwurz [797].

▸1 Die oben verzweigte Pflanze mit Grundblattrosette (a). ▸2 Blätter länglich eiförmig, ungeteilt, weich. ▸3 Blattrand fein gezähnt bis ganzrandig. ▸4 **Stängelblätter sitzend, oben zugespitzt.** ▸5 **Basis der Stängelblätter im Unterschied zum Sumpf-Pippau [527] abgerundet.** ▸6 Blütenköpfe in lockerer Rispe. ▸7 Hüllblätter kurz behaart. ▸8 Blüten gelb, etwa doppelt so lang wie die Hülle. ▸9 Die längliche **Frucht mit etwa 20 Rippen** (a) und weißem Haarkranz (b).

**419** Inula helenium, Asteraceae

## Echter Alant

mehrjährig | 7–8 | 2,5 m

An Ufern, Waldrändern, Hecken sowie in Weinbergen. Gewöhnlicher Giersch [754], Lauchhederich [307], Echte Brombeeren [641].

▸1 Stängel kräftig, meist dicht behaart. ▸2 Wechselständige Anordnung der **bis 80 cm langen, ungeteilten Blätter.** ▸3 Blattunterseite graufilzig. ▸4 Blattrand unregelmäßig gezähnt. ▸5 **Blütenköpfe groß, im Durchmesser bis 7 cm, gelb.** ▸6 **Zungenblüten zahlreich, schmal, bis etwa 3 cm lang und nur bis 2 mm breit (a).** ▸7 Frucht bis 5 mm lang, mit bis 10 mm langem Haarkranz.

**420** Solidago virgaurea, Asteraceae

## Gewöhnliche Goldrute

mehrjährig | 7–10 | 1 m

In lichten Mischwäldern, an Waldrändern, in Heiden sowie auf mageren Weiden und Böschungen auf sowohl kalkarmen als auch kalkreichen Böden. Heidekraut [260], Rapunzel-Glockenblume [398], Heidelbeere [185].

▸1 Stängel aufrecht, nur oben verzweigt. ▸2 **Die wechselständig angeordneten Blätter eiförmig und lang gestielt.** ▸3 **Blattstiele geflügelt** (a), Blattränder gesägt (b). ▸4 **Blütenköpfchen** gelb, **in schmalen, aber reichhaltigen Trauben oder Rispen.** ▸5 Hülle des Köpfchens bis 9 mm hoch. ▸6 Blütenköpfchen mit 6–12 länglichen, flach ausgebreiteten Zungenblüten (a), die länger sind als die im Zentrum befindlichen 10–30 Röhrenblüten (b). ▸7 Die behaarte Frucht mit borstigem Haarkranz.

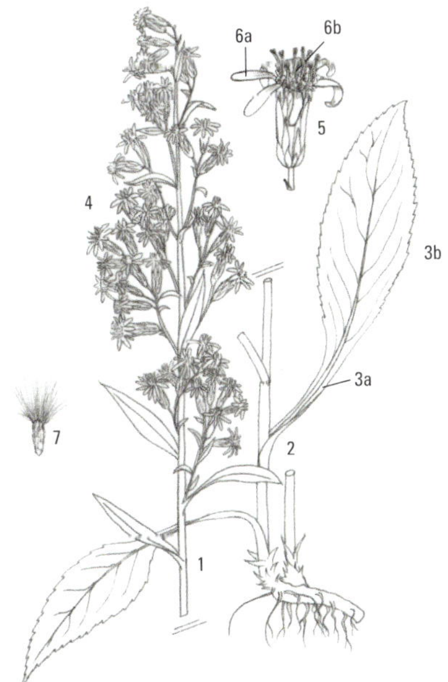

**421** +++ Verbascum densiflorum, Scrophulariaceae

## Großblütige Königskerze

zweijährig | 7–9 | 2,5 m

Sonnig-nährstoffreiche Standorte an Schuttplätzen, Steinbrüchen, Wegrändern, Dämmen, Ufern und auf Waldschlägen. ❀ Gewöhnlicher Beifuß [745], Acker-Kratzdistel [510], Gewöhnliche Möhre [782].

▶1 Stängel aufrecht, im Querschnitt rundlich, **wie die Blätter dicht-filzig behaart.** ▶2 An der Stängelbasis eine grundständige Blattrosette mit nur kurz gestielten Grundblättern. ▶3 Blattunterseiten mit deutlich hervortretendem Adernetz. ▶4 Blattränder gekerbt. ▶5 Blütenstand dicht kerzenförmig. ▶6 **Blütenkrone** gelb, **bis 5 cm im Durchmesser**, aus 5 Kronblättern und 5 ungleich langen Staubblättern gebildet, vgl. **Kleinblütige Königskerze** [440]. ▶7 **Staubblätter mit bis etwa 5 mm langen Staubbeuteln (a), die kürzeren mit wollighellen Staubfäden (b).** ▶8 Frucht eine bis 10 mm lange Kapsel.

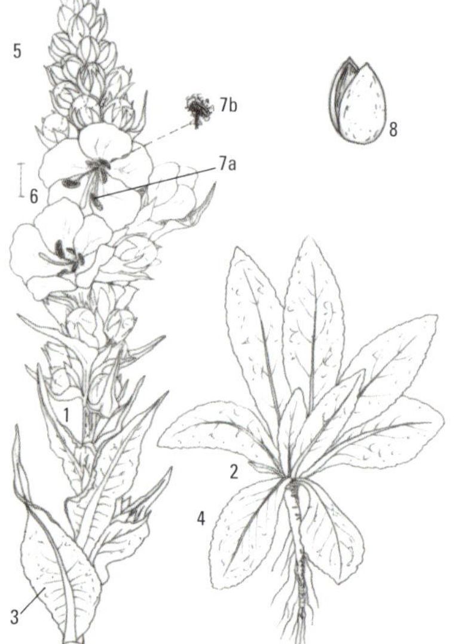

**422** !! + Orchis militaris, Orchidaceae

## Helm-Knabenkraut

mehrjährig | 5(–6) | 0,5 m

In lückigen Halbtrockenrasen auf kalkreichen Böden, u. a. auf Rainen und Böschungen. ❀ Saat-Esparsette [667], Kleines Knabenkraut [408], Tauben-Skabiose [699].

▶1 Stängel kräftig, hellgrün, oberwärts oft rötlich überlaufen, mit 3–7 hellgrün-glänzenden Blättern. ▶2 Blätter ungefleckt, länglich-eiförmig, in der Mitte am breitesten, bis 15 cm lang und bis 5 cm breit. ▶3 Blattbasis scheidig gefalten. ▶4 **Oberstes Stängelblatt den Beginn des Blütenstandes nicht erreichend.** ▶5 Blütenstand dichtblütig, bis 20 cm lang, **mit bis zu 60 rötlichen Blüten.** ▶6 Tragblätter vielfach kürzer als der Fruchtknoten. ▶7 Fruchtknoten gedreht, bis 15 mm lang. ▶8 Blütenhülle helmförmig ausgebildet. ▶9 Außenseite des Blütenhelms im Unterschied zum ähnlichen Purpur-Knabenkraut [431] weißlich, Innenseite violettrot gestreift. ▶10 Blütenlippe weiß und violett, tief dreilappig (a), der Mittellappen zweiteilig (b), die Seitenabschnitte bandförmig (c). ▶11 Blütensporn abwärts gerichtet, etwa halb so lang wie der Fruchtknoten. ▶12 Frucht schwach gekrümmt, bis 2 cm lang.

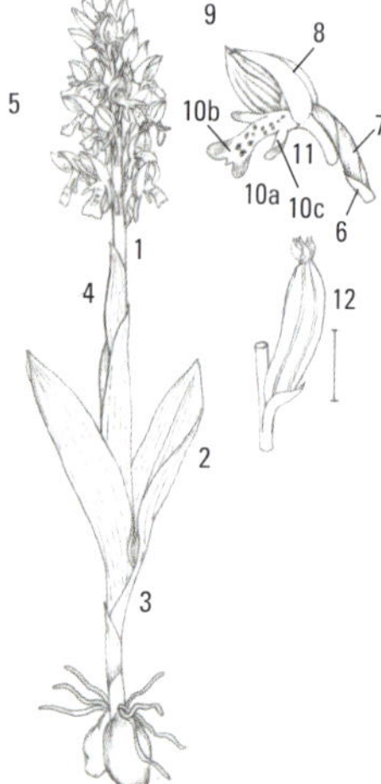

**423 !!** Liparis loeselii, Orchidaceae

## Sumpf-Glanzkraut

mehrjährig | 6 | 0,25 m

In kalkreichen Flach- und Zwischenmooren und Moorwiesen. ❀ Sumpf-Ständelwurz [392], Echtes Fettkraut [483], Sumpf-Herzblatt [311].

▸1 Stängel dünn, kantig. ▸2 **Am Stängelgrund 2 ungleich große (a), gegenständig angeordnete (b), fettig glänzende Blätter.** ▸3 Blätter länglich-oval, das größere bis 12 cm lang. ▸4 Blütenstand locker, (meist) drei- bis zehnblütig, **Blüten gelblich-grün.** ▸5 Blütenlippe zungenförmig (a), in der Mitte rinnig gefalten, abwärts geneigt. ▸6 Die gelbgrünen, umgerollten äußeren Perigonblätter etwa so lang wie die Blütenlippe. ▸7 Frucht eine zylindrische bis keulenförmige Kapsel.

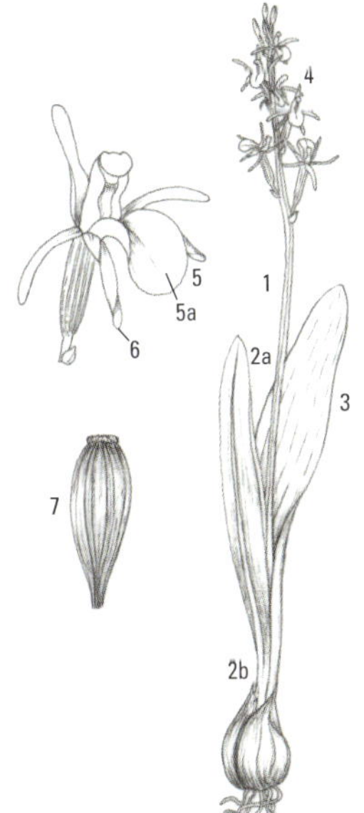

**424** ✚✚✚ Polygonum aviculare agg., Polygonaceae

## Echter Vogelknöterich (Artengruppe)

(Acker-Vogelknöterich) ein- bis zweijährig | 5–11 | 0,5 m

Als Pionierpflanze auf nährstoff- und vor allem stickstoffreichen Standorten meist sandiger Böden in Gärten und Äckern, Pflasterfugen sowie an Wegrändern und Schuttplätzen. ❀ Strahlenlose Kamille [803], Breit-Wegerich [212], Gemüse-Portulak [88].

▸1 Erscheinungsbild und hierbei vor allem die Blätter des Vogel-Knöterichs sehr vielgestaltig. ▸2 Stängel aufsteigend oder niederliegend, bis zur Spitze beblättert. ▸3 Blätter in der Form schmal-oval und kurz gestielt, bis 4 cm lang. ▸4 Blatt am Stängel in silbrig glänzenden, durchsichtigen Blattscheiden auslaufend. ▸5 **Blüten rosa oder grünlich, und weiß, klein, zu 1–3 den Blattwinkeln entspringend.** ▸6 Frucht eine dreikantige, bis 3 mm lange und oben zugespitzte Nuss.

425 ✚✚ Helianthemum nummularium, Cistaceae

## Gewöhnliches Sonnenröschen

Halbstrauch | 6–9 | 0,5 m

In sonnigen Trocken- und Halbtrockenrasen meist kalkhaltiger, oft steiniger Böden. ❀ Blut-Storchschnabel [657], Gewöhnliche Küchenschelle [789], Zickzack-Klee [605].

▸1 **Pflanze an der Basis verholzend** (a) und vor allem im oberen Teil behaart (b). ▸2 Stängel zahlreich, niederliegend oder bogig aufsteigend. ▸3 **Blätter gegenständig** (a), länglich, bis 4 cm lang (b). ▸4 Nebenblätter kurz, länglich. ▸5 **Blütenstand mit bis zu 15** (meist) **goldgelben**, selten weißen oder gelblich-weißen **Blüten**. ▸6 Blüte mit 5 Kron- (a), 5 Kelch- (b) und zahlreichen Staubblättern (c). ▸7 Länge der Kronblätter bis etwa 1,5 cm. ▸8 Die 3 inneren Kelchblätter eiförmig, häufig behaart, von 4 kräftigen Nerven durchzogen, bis 10 mm lang. ▸9 Die 2 äußeren Kelchblätter länglich, nur etwa ⅓ so lang wie die inneren. ▸10 Frucht eine behaarte Kapsel. ▸11 Same bis 2 mm lang und rundlich geformt.

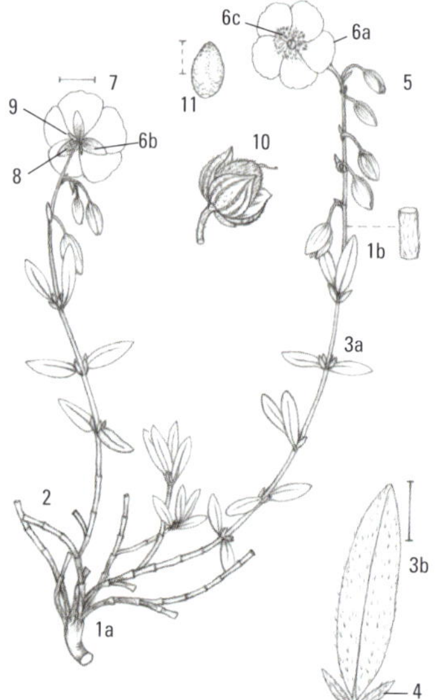

426 ✚ Serratula tinctoria, Asteraceae

## Färber-Scharte

mehrjährig | 7–9 | 1 m

In lichten Laubwäldern, an Waldrändern, in Staudenfluren an Gräben sowie in moorigen oder feucht-nassen Wiesen. ❀ Echtes Mädesüß [703], Sumpf-Labkraut [390], Großer Wiesenknopf [706].

▸1 Stängel kahl, aufrecht, oben ästig verzweigt. ▸2 Die wechselständig angeordneten, mittleren und oberen Stängelblätter an der Basis meist tief gespalten, in der oberen Hälfte aus einem vergrößerten Endabschnitt gebildet. ▸3 **Untere Blätter länglich-eiförmig, ungeteilt oder seltener nur wenig geteilt, mit einem scharf gesägten Blattrand.** ▸4 Blütenköpfchen zylindrisch bis walzenförmig, bis 12 mm breit. ▸5 **Die schmallänglichen Hüllblätter häufig rot überlaufen und schwarz bespitzt.** ▸6 Blütenkrone röhrenförmig, purpurn, selten weiß. ▸7 Die längliche, bis 6 mm lange Frucht mit einem borstigen, schmutzig-weißen Haarkranz, der länger wird als die Frucht.

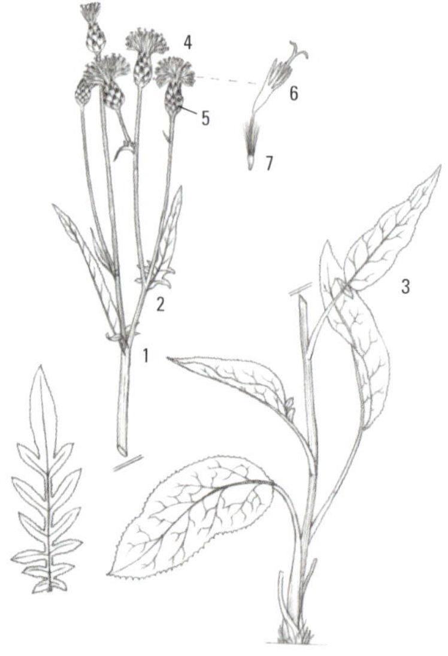

**427** ✚ Genista germanica, Fabaceae

## Deutscher Ginster

Strauch | 5–6 | 0,8 m

Kalkarme, besonnte Standorte an Wald- und Wegrändern, Böschungen und Felsen sowie in lichten Eichen- und Kiefernwäldern. ❀ Heidekraut [260], Flügel-Ginster [454], Berg-Platterbse [736], Hunds-Veilchen [305].

▸1 **Pflanze dornig und behaart.** ▸2 Der aufrechte bis aufsteigende **Stängel im Unterschied zum Flügel-Ginster [454] nicht geflügelt.** ▸3 Die meist stark dornigen, älteren Äste niederliegend bis herab gebogen. ▸4 Blätter länglich, ungeteilt, bis 2 cm lang. ▸5 Blüten in reichblütigen, endständigen Trauben. ▸6 Die goldgelbe Blütenkrone bis 1 cm lang. ▸7 **Frucht** eine bis 1,5 cm lange, **dicht behaarte Hülse.**

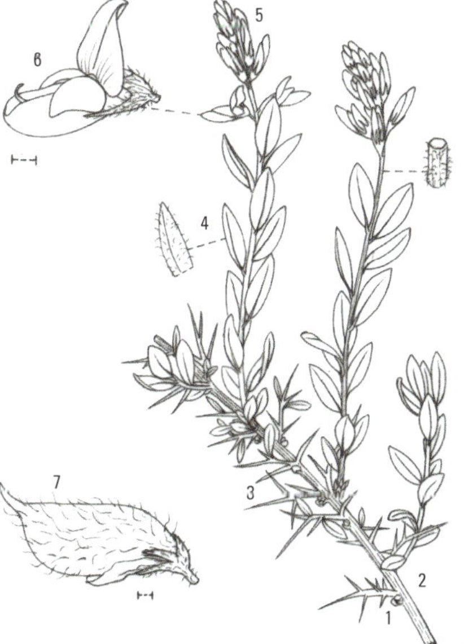

**428** Potamogeton lucens, Potamogetonaceae

## Spiegelndes Laichkraut

mehrjährig | 6–8 | L 6 m

In nährstoffreichen, stehenden oder langsam fließenden Gewässern, wie Seen, Altwässern und Gräben, bis 6 m Wassertiefe. ❀ Quirl-Tausendblatt [676], Krauses Laichkraut [385].

▸1 Wasserpflanze mit verzweigtem Stängel, bis 4 mm im Durchmesser. ▸2 Pflanze ohne Schwimmblätter wie beim Schwimmenden Laichkraut [191]. ▸3 **Blätter** länglich-oval, **glänzend grün und durchscheinend, bis etwa 25 cm lang,** spitz zulaufend (a), gestielt (b), **unter der Wasseroberfläche treibend.** ▸4 Blattrand etwas wellig und rau gezähnelt. ▸5 **Bis 8 cm lange Blattscheiden an der Blattstielbasis.** ▸6 Blütenstand eine lang gestielte, bis etwa 6 cm lange, zylindrische Ähre. ▸7 Teilfrucht geschnäbelt, annähernd kugelig und nur stumpf gekielt.

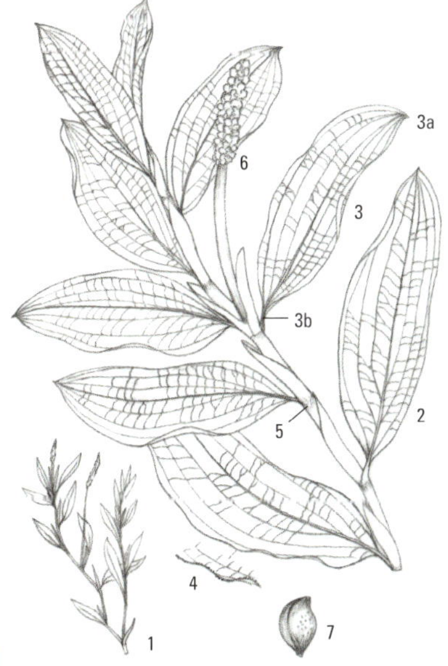

**429** Filago minimia, Asteraceae

## Zwerg-Filzkraut

einjährig | 7–9 | 0,2 m

Sommerwarme, trockene, nährstoffarme Plätze an Dünen, Sandgruben, Felsköpfen, Wegen und Dämmen. Frühlings-Hungerblümchen [85], Berg-Jasione [74], Sand-Vergissmeinnicht [77], Kleiner Sauer-Ampfer [550].

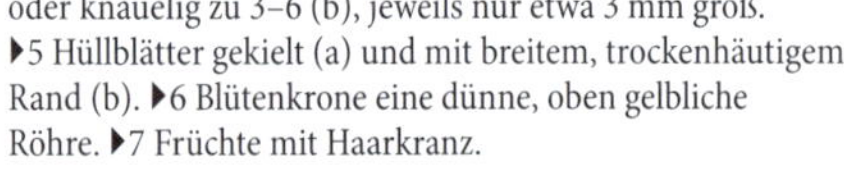

▸1 **Pflanze in weiten Teilen weich-graufilzig.** ▸2 Stängel meist zu mehreren (a), hauptsächlich im oberen Drittel verzweigt (b). ▸3 Blätter schmal länglich, spitz, bis 10 mm lang und etwa 1 mm breit. ▸4 Blütenköpfchen einzeln (a) oder knäuelig zu 3–6 (b), jeweils nur etwa 3 mm groß. ▸5 Hüllblätter gekielt (a) und mit breitem, trockenhäutigem Rand (b). ▸6 Blütenkrone eine dünne, oben gelbliche Röhre. ▸7 Früchte mit Haarkranz.

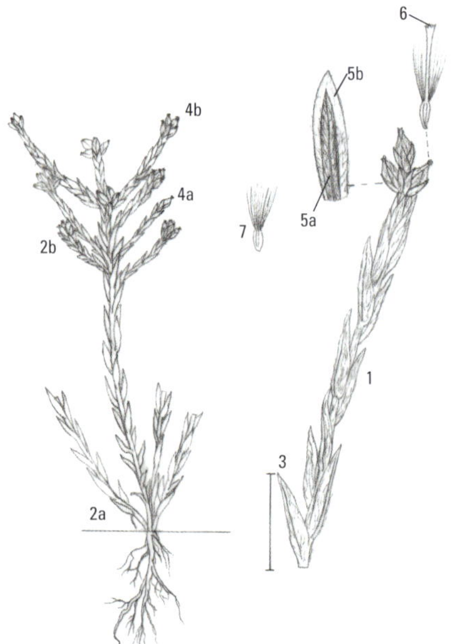

**430 !!** Orchis ustulata, Orchidaceae

## Brand-Knabenkraut

mehrjährig | 5–6 | 0,4 m

Trocken-warme Standorte in mageren Wiesen, Weiden und Rasen sowie im lichten Gebüsch. Bienen-Ragwurz [411], Helm-Knabenkraut [422], Wiesen-Primel [160].

▸1 Stängel schlank und rund. ▸2 Stängelbasis mit 2–3 Schuppenblättern (a), darüber drei- bis sechsrosettig angeordnete Grundblätter (b) und 2–3 den Stängel scheidig umhüllende Stängelblätter (c). ▸3 **Die ungefleckten, länglichen, rinnigen Laubblätter mit größter Breite in oder überhalb der Mitte, bis etwa 10 cm lang und nur etwa 1–2 cm breit.** ▸4 **Oberstes Stängelblatt den Beginn der Blütenähre bei Weitem nicht erreichend.** ▸5 Blütenstand an der Spitze schwärzlich, bis 10 cm lang und bis zu 70 Blüten enthaltend. ▸6 **Die nach Honig duftenden Blüten im Unterschied zu vielen anderen Orchideen-Arten sehr klein.** ▸7 Alle Blätter der Blütenhülle helmförmig zusammenneigend. ▸8 **Obere Blätter der Blütenhülle außen schwarzbraun.** ▸9 Blütenlippe dreiteilig (a), Mittellappen zweispaltig (b). ▸10 Der abwärts gekrümmte Sporn kegelförmig. ▸11 Der grünliche Fruchtknoten gedreht, bis 7 mm lang. ▸12 Frucht eine aufrechte Kapsel.

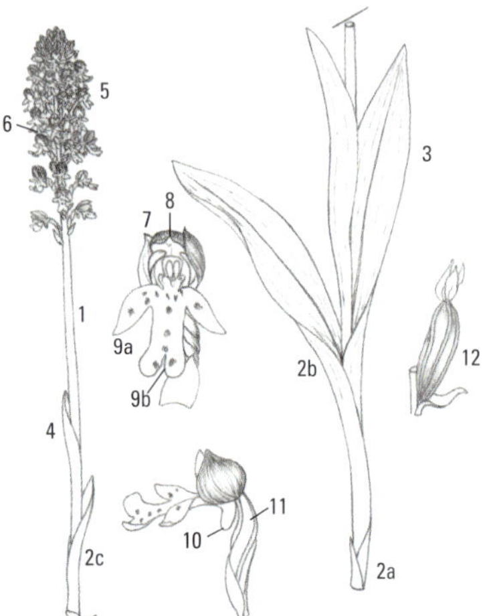

**431 !!** Orchis purpurea, Orchidaceae

## Purpur-Knabenkraut

mehrjährig | 5–6 | 0,6 m

Basenreiche Standorte in lichten Eichenwäldern und Ulmen-Auenwäldern sowie an deren Waldsäumen. ❀ Pfirsichblättrige Glockenblume [347], Schwarze Platterbse [738], Gewöhnliche Straußmargerite [682].

▸1 Stängel kräftig, oberwärts oft purpurn überlaufen. ▸2 3–6 Blätter am Grund rosettig gehäuft. ▸3 Blätter hellgrün, **ungefleckt**, länglich-eiförmig, bis etwa 20 cm lang und bis 7 cm breit. ▸4 Blattbreite in der Blattmitte am größten. ▸5 **Oberstes Stängelblatt den Beginn des Blütenstandes nicht erreichend.** ▸6 **Blütenstand** bis 20 cm lang und **bis zu 90 Blüten** enthaltend. ▸7 **Tragblätter** häutig, etwa **⅓ so lang wie** der gedrehte **Fruchtknoten.** ▸8 **Blütenhülle** helmförmig, trüb- bis **braunrot.** ▸9 Blütenlippe breiter als lang, dreilappig, rötlich-weiß mit rötlichen Flecken. ▸10 Auch der Mittellappen der Blütenlippe breiter als lang, zweiteilig. ▸11 Seitenlappen der Blütenlippe länglich-bandförmig. ▸12 **Blütensporn** herabgebogen, etwa **halb so lang wie der Fruchtknoten.** ▸13 **Frucht** eine **ungestielte**, bis annähernd 2 cm lange, aufwärts gekrümmte **Kapsel.**

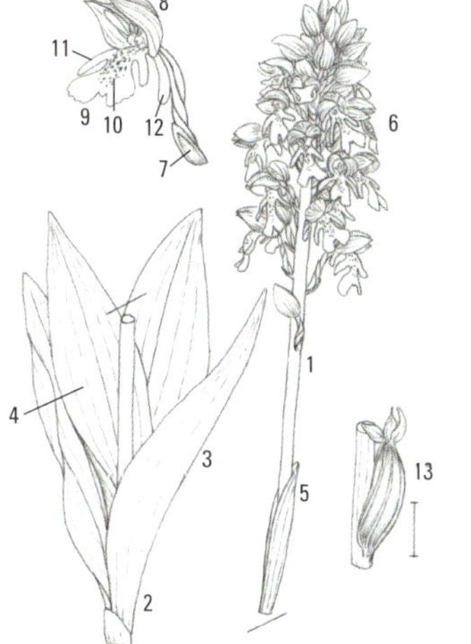

**432 ✚** Trientalis europaea, Primulaceae

## Europäischer Siebenstern (Lysimachia europaea)

mehrjährig | 6–7 | 0,2 m

Nährstoffarme, saure und moorige Standorte in Fichten-, Kiefern- und Birkenwäldern sowie in Wiesen und Torfstichen. ❀ Rippenfarn [666], Sprossender Bärlapp [118], Heidelbeere [185].

▸1 **Pflanze mit unterirdischen Ausläufern (a) und Wurzelknolle (b).** ▸2 Stängel aufrecht, unverzweigt. ▸3 Die eilänglichen, ganzrandigen, bis etwa 5 cm langen Blätter an der Stängelspitze quirlartig gehäuft. ▸4 Blüten einzeln auf langen, dünnen, oft rötlich überlaufenen Stielen. ▸5 Der meist **siebenteilige Kelch** bis fast zum Grunde gespalten, Kelchzipfel schmal, lang und spitz. ▸6 **Blütenkrone** weiß, **wie der Kelch meist siebenteilig**, aber auch sechsteilig möglich. ▸7 Frucht eine kugelige, bis 4 mm lange Kapsel.

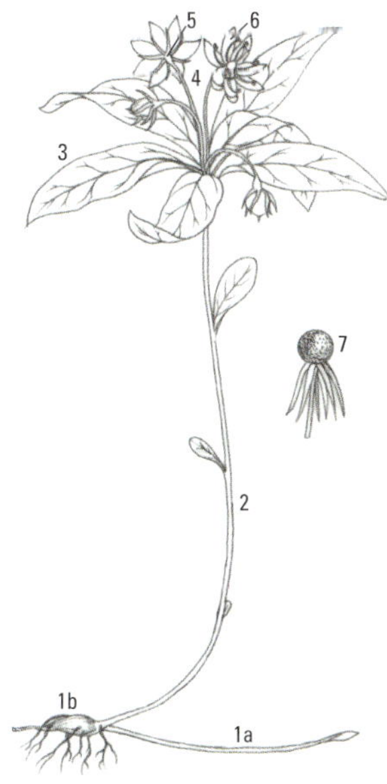

**433** Knautia maxima, Dipsacaceae

## Wald-Witwenblume (Knautia dipsacifolia)

mehrjährig | 6–9 | 1 m

An schattigen Wald- und Wegrändern, in Hochstaudenfluren und Auenwaldsäumen. ❀ Stinkender Storchschnabel [655], Gewöhnlicher Gundermann [330], Rote Lichtnelke [179].

▸1 Wurzelstock waagrecht im Boden liegend. ▸2 Stängel aufrecht, borstig behaart. ▸3 Gegenständige Anordnung der Blätter am Stängel. ▸4 **Blätter ungeteilt, schmal oval, dunkelgrün.** ▸5 Blütenköpfchen lang gestielt, die Stiele dicht behaart. ▸6 Blütenköpfchen aus einer Vielzahl an violetten Blüten (a) und zugespitzten, am Rande bewimperten Hüllblättern (b) bestehend. ▸7 Blütenkelch mit rötlichen Borsten. ▸8 Frucht vierkantig, bis 6 mm lang.

**434** ✚✚✚ Symphytum officinale agg., Boraginaceae

## Gewöhnlicher Beinwell (Artengruppe)

(Arznei-Beinwell)

mehrjährig | 5–7 | 1,2 m

Nährstoffreiche, meist feucht-nasse Standorte an Wegrändern, Bachufern, in Nass- und Moorwiesen, Auen- und Bruchwäldern sowie in Großseggenrieden. ❀ Wald-Engelwurz [768], Kohl-Kratzdistel [547], Bach-Nelkenwurz [730].

▸1 Ganze Pflanze rau-borstig behaart. ▸2 **Stängel** kantig, **am Rande geflügelt** und meist verzweigt. ▸3 **Blätter** hellgrün, länglich-eiförmig, zugespitzt, **bis 25 cm lang.** ▸4 **Stängelblätter mit breiten Blattflügeln am Stängel herablaufend** und wechselständig angeordnet. ▸5 Untere Blätter lang gestielt. ▸6 Blütenkelch tief geteilt, bis 1 cm lang. ▸7 Blütenkrone röhren- bis glockenförmig, rötlichviolett oder gelblich, bis 2 cm lang und damit etwa doppelt so lang wie der Kelch. ▸8 Griffel im Unterschied zu den Staubblättern aus der Blütenkrone herausragend. ▸9 Teilfrucht ein glattes, glänzendes Nüsschen, aus einer vierteiligen Frucht entstammend.

**435** ✚ Antirrhinum majus, Plantaginaceae

## Garten-Löwenmaul

ein- bis mehrjährig | 6–9 | 0,7 m

Als Zierpflanze angebaut und auf sonnigen Standorten an Mauern und Felsen verwildert. ❀ Schöllkraut [728], Mauer-Zimbelkraut [588], Stinkender Storchschnabel [655], Ausgebreitetes Glaskraut [207].

▸1 **Pflanze an der Basis verholzend** (a), im oberen Bereich drüsig behaart (b). ▸2 Blätter ganzrandig und ungeteilt. ▸3 Obere Blätter wechselständig. ▸4 Untere Blätter gegenständig. ▸5 Blütenstand eine relativ dichte, endständige Traube. ▸6 Blütenkelch (a) viel kürzer als die Krone (b). ▸7 **Blütenkrone purpurrot**, selten weiß oder gelblich, am Schlund gelb gefleckt (a), bis 4 cm lang, zweilippig (b). ▸8 Staubblätter nicht aus der Krone herausragend. ▸9 Frucht eine zweifächerige, schief-eiförmige Kapsel.

**436** ⊗ ✚ ✚ Digitalis purpurea, Plantaginaceae

## Roter Fingerhut

zweijährig | 6–7 | 1,5 m

Kalkarme Standorte in lichten Wäldern, an Waldschlägen, Waldwegen und Waldlichtungen. ❀ Schmalblättriges Weidenröschen [353], Himbeere [732], Wald-Greiskraut [521].

▸1 Im ersten Jahr eine grundständige Blattrosette bildend. ▸2 Im 2. Jahr einen **graufilzigen**, aufrechten **Stängel** treibend. ▸3 Farbe der **Blätter** dunkelgrün, die **Unterseite graufilzig.** ▸4 Untere Blätter lang gestielt (a), obere Blätter sitzend (b). ▸5 Blattrand kerbig gesägt. ▸6 Anordnung der Blüten in einer einseitswendigen, nickenden Traube. ▸7 Kelchblätter eiförmig, bis etwa 1 cm lang, das obere etwas kürzer (a). ▸8 **Blüte glockenförmig, purpurfarben, bis 5 cm lang.** ▸9 **Das Innere der Krone mit dunklen, hell umrandeten Flecken.** ▸10 4 Staubblätter, jeweils mit zweiteiligem Staubbeutel (a). ▸11 Narbe zweilappig. ▸12 Frucht eine vielsamige, etwa 12 mm lange, eiförmige Kapsel.

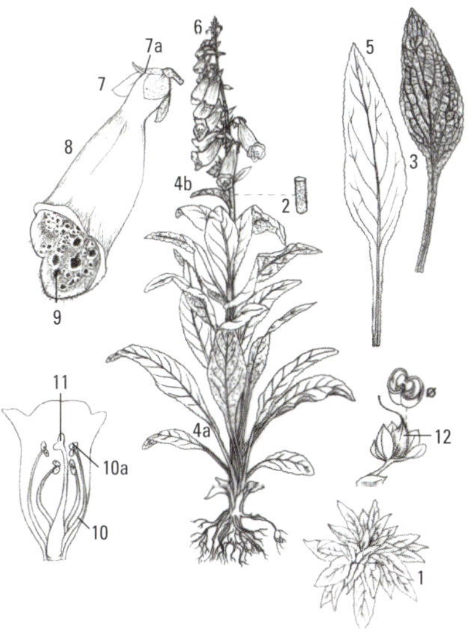

**437** Rumex sanguineus, Polygonaceae

## Blut-Ampfer

mehrjährig | 7–8 | 1 m

Feucht-nasse, nährstoffreiche Standorte in Auenwäldern, an Waldwegen und -straßen, in Fahrspuren, Gräben und an Quellen. ❀ Gewöhnliches Hexenkraut [184], Hain-Gilbweiderich [214], Sumpf-Pippau [527].

Art ähnelt dem Knäuel-Ampfer [157] mit folgenden auffälligen Unterschieden: ▸1 Häufig, **vor allem im Sommer, die ganze Pflanze rot überlaufen.** ▸2 Blätter auffallend dünn. ▸3 Nur eines der 3 Blüten- und Fruchthüllblätter mit Schwiele.

**438** Myosotis sylvatica, Boraginaceae

## Wald-Vergissmeinnicht

zweijährig | 5–7 | 0,4 m

Nährstoffreiche Standorte an Wald- und Wegrändern, in Laubwäldern und Waldschlägen. ❀ Schmalblättriges Weidenröschen [353], Gewöhnlicher Wasserdost [632], Wald-Erdbeere [619].

▸1 Pflanze behaart, im Unterschied zu anderen Myosotis-Arten Behaarung jedoch nicht grau. ▸2 Stängel kantig (a), meist dicht beblättert (b), **Blütenstand unbeblättert (c).** ▸3 Wechselständige Blattstellung. ▸4 Blätter länglich bis oval oder schmal eiförmig, bis etwa 10 cm lang, ganzrandig. ▸5 Kelch glockig, Kelchstiele bis 1,5-mal so lang wie der Kelch. ▸6 **Blütenkrone blau, mit einem Durchmesser bis zu 1 cm verhältnismäßig groß, radförmig ausgebreitet.** ▸7 5 gelbe Schlundschuppen am Übergang von Kronzipfel zu Kronröhre. ▸8 Teilfrüchte spitz und glänzend, einer vierteiligen Frucht entstammend.

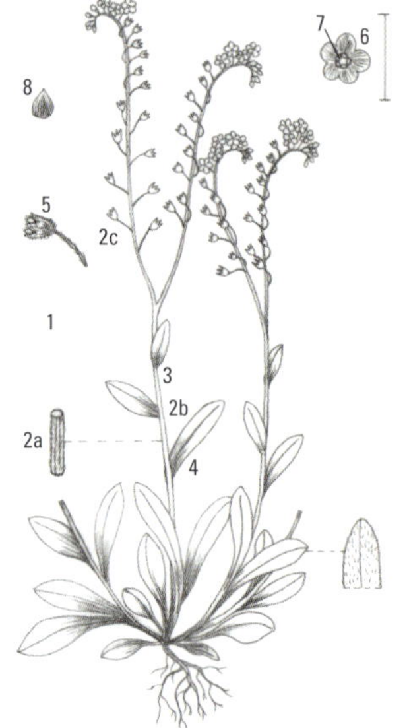

**439** Persicaria maculosa, Polygonaceae

## Floh-Knöterich (Polygonum persicaria)

einjährig | 7–10 | 0,8 m

Nährstoffreiche Standorte in Gärten, auf Äckern und Schuttplätzen sowie an Straßen- und Wegrändern. Weißer Gänsefuß [564], Stechender Hohlzahn [187], Vogel-Sternmiere [210].

▸1 Stängel liegend, steigend oder aufrecht. ▸2 Blätter länglich, bis 12 cm lang, etwa vier- bis sechsmal so lang wie breit. ▸3 **Größte Blattbreite in der Blattmitte.** ▸4 Blattoberseiten häufig schwarz gefleckt. ▸5 **Blattscheiden mit borstigen Wimpern, auf der Fläche kurz behaart.** ▸6 **Blattstiele kurz oder fehlend**, im unteren Bereich der Blattscheiden abzweigend. ▸7 Blütenähren 1–4 cm lang, gedrungen, Blüten sich teilweise überdeckend. ▸8 Blütenhülle weiß oder rosa, selten grünlich-weiß. ▸9 Frucht eine schwarz glänzende, bis 3 mm lange Nuss.

**440** Verbascum thapsus, Scrophulariaceae

## Kleinblütige Königskerze

zwei- bis mehrjährig | 7–9 | 2 m

Nährstoffreiche Standorte auf Waldschlägen und anderen Waldlichtungen, an Schuttplätzen, Ufern und Wegen. Roter Fingerhut [436], Schmalblättriges Weidenröschen [353], Tüpfel-Hartheu [474].

▸1 **Pflanze gelbfilzig behaart.** ▸2 Stängel aufrecht, wenig verzweigt, mit wechselständig angeordneten Stängelblättern. ▸3 An der Stängelbasis eine Rosette aus bis zu 40 cm langen, gestielten Grundblättern. ▸4 Blattränder stumpf gekerbt. ▸5 Blütenstand eine dichte Ähre. ▸6 **Blütenkrone gelb, im Unterschied zur ähnlichen Großblütigen Königskerze [421] nur bis 3 cm im Durchmesser.** ▸7 **Staubblätter ungleich, die 3 kürzeren mit hell-wolligen Staubfäden (a).** ▸8 Frucht eine eiförmige, bis etwa 1 cm lange, vielsamige Kapsel.

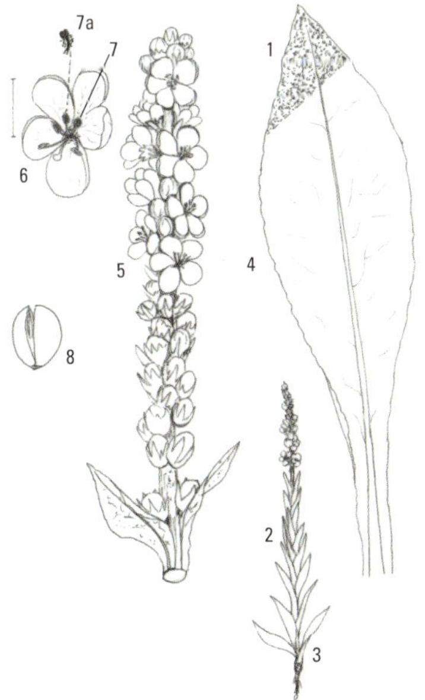

**441 !** ⊗ ✚ ✚ Convallaria majalis, Ruscaceae

## Maiglöckchen

mehrjährig | 5 | 0,25 m

Basenreiche Standorte in Laubwäldern, vor allem in Eichen- und Buchenwäldern. ❀ Gewöhnlicher Giersch [754], Wald-Erdbeere [619], Waldmeister [455].

**Im Unterschied zum ähnlichen Bär-Lauch [401] nicht nach Lauch riechend.** ▸1 Rhizom waagrecht, bis 50 cm tiefe Wurzeln und **jährlich 2 Blätter** treibend. ▸2 Blätter bis etwa 20 cm lang, parallelnervig, fest, oben zugespitzt. ▸3 2 schuppige Niederblätter an der Blattbasis. ▸4 **Blütenstängel kantig, unbeblättert.** ▸5 **Blütentraube nach einer Seite ausgerichtet (einseitswendig).** ▸6 Blütenhülle weiß, glockenförmig, nickend. ▸7 6 Staubblätter, Staubbeutel gelb. ▸8 **Frucht eine leuchtend rote Beere.**

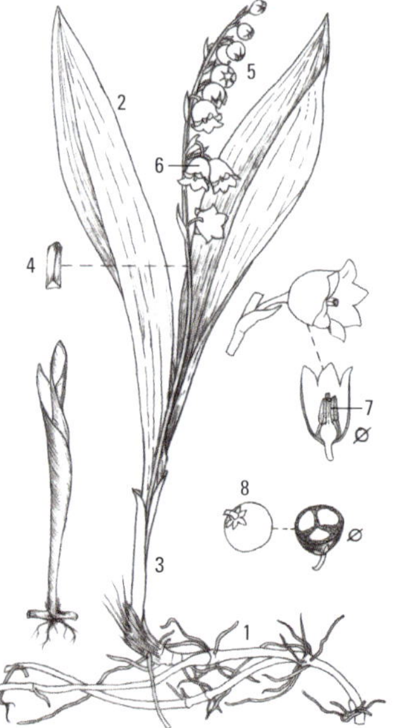

**442 !** Orobanche caryophyllacea, Orobanchaceae

## Gewöhnliche Sommerwurz

mehrjährig | 6–7 | 0,6 m

In Weinbergen, Magerrasen und Gebüschsäumen auf basenreichen Böden. ❀ Blut-Storchschnabel [657], Gewöhnlicher Dost [203] sowie z. B. Wald-Labkraut [443], Wiesen-Labkraut [361] und Waldmeister [455] als Wirtspflanzen.

Schmarotzer, bei Sonnenschein nach **Nelken duftend.** ▸1 Pflanze bräunlich-gelb und dabei vor allem die Blüten häufig violett überlaufen; ohne Chlorophyll. ▸2 Stängelbasis verdickt (a), Stängel mit schuppenförmigen, länglichen, bis annähernd 3 cm langen Blättern (b). ▸3 Blütenkelch tief gespalten. ▸4 **Blütenkrone bis etwa 3 cm lang.** ▸5 Blüten-Unterlippe dreilappig, mit etwa gleich langen Lappen. ▸6 Staubblätter an der Basis verbreitert und behaart (o. Abb.). ▸7 Narbe bräunlich oder rötlich.

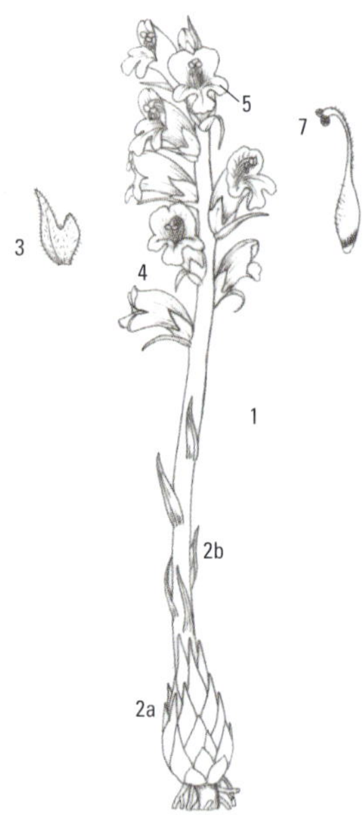

**443** Galium sylvaticum, Rubiaceae

## Wald-Labkraut

mehrjährig | 6–8 | 1,2 m

In Laubwäldern und hierbei vor allem in wärmebegünstigten Eichen-Hainbuchen- und Kalk-Buchenwäldern. ❀ Maiglöckchen [441], Frühlings-Platterbse [739], Ausdauerndes Bingelkraut [467].

**Pflanze blaugrün bereift.** ▸1 Wuchs aufrecht bis leicht überhängend und locker verzweigt. ▸2 Stängel rundlich, mit 4 undeutlichen Längsrippen. ▸3 Anordnung der Blätter in sechs- bis achtzähligen Quirlen. ▸4 Länge der Blätter 2–4 cm, Form schmal länglich, vorne zugespitzt. ▸5 Blätter am Rand durch feine Zähne rau. ▸6 **Blütenstand weit verzweigt.** ▸7 Durchmesser der Einzelblüte etwa 2 mm. ▸8 Frucht eine nur wenig größer als 1 mm werdende, zweiteilige Spaltfrucht.

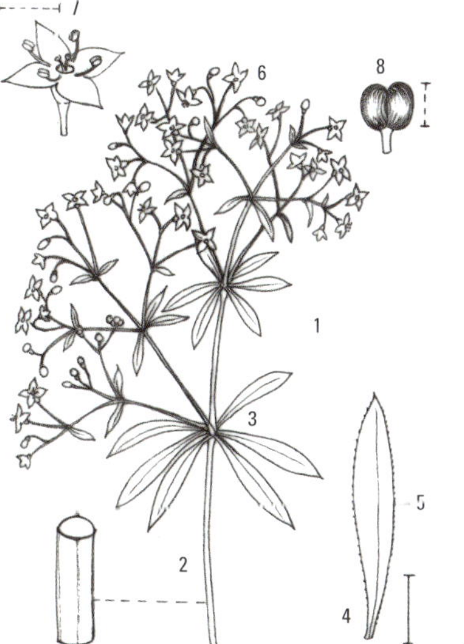

**444 !** ✚ Parietaria officinalis, Urticaceae

## Aufrechtes Glaskraut

mehrjährig | 6–9 | 1,5 m

Warme, nährstoffreiche und windgeschützte Plätze entlang von Mauern und Wänden, in Weinbergen sowie im Saum von Auenwäldern. ❀ Lauchhederich [307], Schöllkraut [728], Gefleckte Taubnessel [300].

▸1 **Stängel aufrecht, unverzweigt.** ▸2 Wechselständige Anordnung der Blätter am Stängel. ▸3 **Blätter länglich, gestielt, bis etwa 12 cm lang und 5 cm breit.** ▸4 **Blattgrund (a) und Blattspitze (b) lang zugespitzt.** ▸5 Blattoberseite dunkelgrün und glasartig glänzend. ▸6 Blütenstände knäuelig in den Blattwinkeln. ▸7 Frucht ein schwarz glänzendes, bis 2 mm langes, einsamiges Nüsschen.

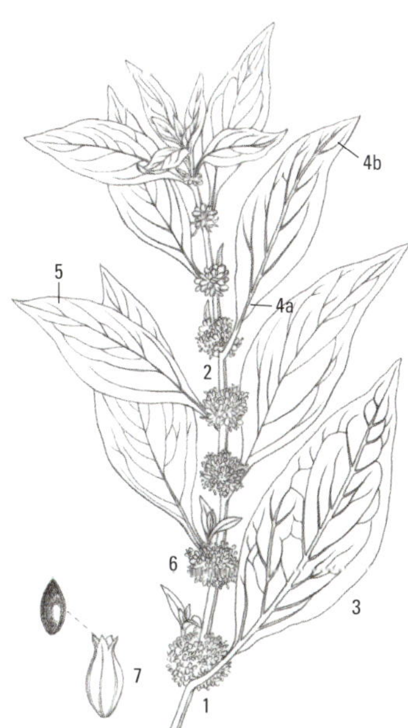

**445** Silene noctiflora, Caryophyllaceae

## Acker-Leimkraut

einjährig | 6–9 | 0,5 m

Trocken-warme, nährstoffreiche und kalkhaltige, lehmige Standorte auf Äckern sowie an Wegrändern und Schuttplätzen. ❀ Sommer-Adonisröschen [800], Kleine Wolfsmilch [365], Acker-Rettich [542].

▸1 Pflanze zerstreut behaart, an der Spitze auch klebrigdrüsig. ▸2 Stängel aufrecht, oben meist verzweigt, am Stängelgrund ohne Blattrosette (a). ▸3 Die bis 10 cm langen Blätter ungeteilt, ganzrandig, länglich-eiförmig und in gegenständiger Blattstellung. ▸4 **Blüten im Unterschied zu Roter [179] und Weißer Lichtnelke [178] zwitterig, mit 10 Staubblättern (a) und 3 Griffeln (b).** ▸5 Kelch angeschwollen, bis etwa 2 cm lang, fünfzähnig, mit 10 grünen, abstehend behaarten Nerven (a) auf weißlichem Hintergrund. ▸6 Die 5 tief-zweispaltigen Kronblätter weißlich bis rosa oder seltener gelblich. ▸7 Frucht eine gestielte, breit-eiförmige, (fünf- bis) sechszähnige Kapsel, Zähne zurückgerollt (a).

**446** Holosteum umbellatum, Caryophyllaceae

## Dolden-Spurre

einjährig | 3–5 | 0,4 m

Trockene Standorte in Weinbergen, auf Dämmen, Dünen und Kiesdächern, seltener auf Äckern. ❀ Quendel-Sandkraut [198], Frühlings-Hungerblümchen [85], Gewöhnlicher Reiherschnabel [671].

▸1 **Pflanze bläulich überlaufen**, mit einem oder mehreren behaarten Stängeln. ▸2 Gegenständige Anordnung der am Grund verwachsenen Stängelblätter. ▸3 1–4 Blattpaare je Stängel. ▸4 Pflanzenbasis mit grundständiger Blattrosette. ▸5 Blätter bis 15 mm lang, ganzrandig. ▸6 Blütenstand endständig, wenigblütig und doldenartig. ▸7 Blüten lang gestielt. ▸8 Blüte fünfzählig: 5 spitze, am Rande trockenhäutige Kelchblätter (a). 5 weiße oder rötliche, **vorne gezähnte Kronblätter** (b), die länger sind als der Kelch. 5 Staubblätter, selten nur 3 oder 4 (c). ▸9 Frucht eine länglich-eiförmigeKapsel mit meist 6, selten 5 Zähnen an der Spitze. ▸10 Same nur etwa 0,5 mm groß, braun, mit feinwarziger Oberfläche.

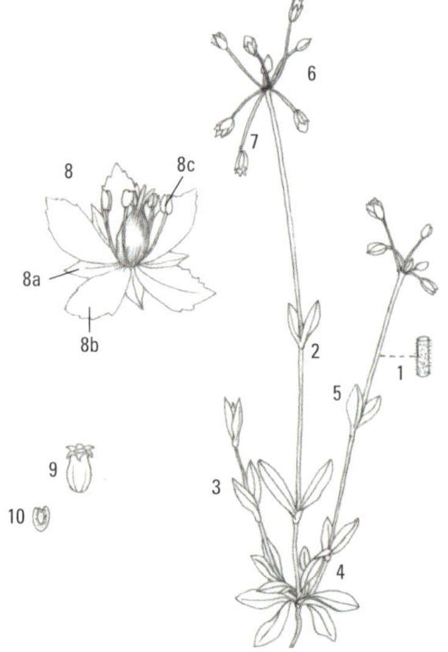

**447** Myosotis ramosissima, Boraginaceae

## Raues Vergissmeinnicht

einjährig | 4–6 | 0,2 m

Sonnig-kalkreiche Standorte auf sandigen Äckern, Dämmen, Felsköpfen und in Ruderalflächen. ❀ Sand-Vergissmeinnicht [77], Kleiner Sauer-Ampfer [550], Ausdauernder Knäuel [123].

▸1 Pflanze verzweigt, dicht grau behaart. ▸2 **Grundblätter** größer als die Stängelblätter, **meist zur Blütezeit bereits abgestorben.** ▸3 Blätter länglich, ganzrandig, wechselständig. ▸4 Blütenstand ohne Blätter. ▸5 Blütenkelch und Krone fünfzipfelig. ▸6 Kelch bis zur Mitte gespalten. ▸7 **Kelchstiel so lang oder kürzer als der Kelch.** ▸8 **Durchmesser** der hellblauen **Blütenkrone nur 1–2 mm.** ▸9 5 Staubblätter. ▸10 **Teilfrüchte** im reifen Zustand **hell** gefärbt, einer vierteiligen Frucht entstammend. ▸11 **Bereich des Fruchtstandes länger als der Rest der Pflanze.**

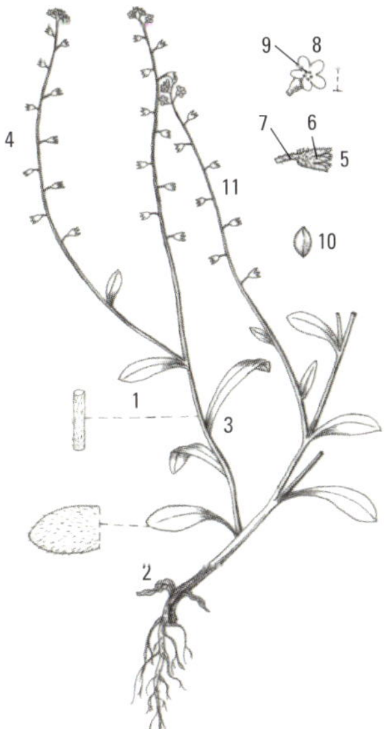

**448 !** ✚✚✚ Centaurium erythraea, Gentianaceae

## Echtes Tausendgüldenkraut

ein- bis zweijährig | 7–10 | 0,5 m

Basenreiche Standorte in sonnigen Waldschlägen und -lichtungen, Magerrasen sowie an Waldwegen und -rändern. ❀ Echte Tollkirsche [192], Berg-Weidenröschen [173], Wald-Erdbeere [619].

▸1 **Die erst oberhalb der Mitte verzweigte Pflanze (a) mit grundständiger Blattrosette (b).** ▸2 Stängel vierkantig, aufrecht. ▸3 Blätter ganzrandig. ▸4 Grundblätter verkehrt eiförmig. ▸5 Die **gegenständig angeordneten**, länglichen bis schmal-eiförmigen **Stängelblätter** vorne spitz zulaufend. ▸6 Blütenstand aus doldenartigen Teilblütenständen zusammengesetzt. ▸7 **Blütenkrone rosa, fünfzählig, mit einer bis 1,5 cm langen Kronröhre (a) und hellgelben, aus der Blüte herausragenden Staubbeuteln (b).** ▸8 Die zweifächerige Frucht bis 1,5 cm lang.

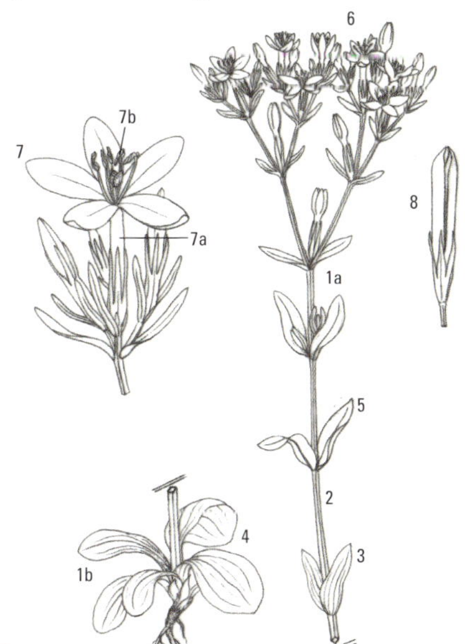

**449** Hypericum humifusum, Hypericaceae

## Liegendes Hartheu (Liegendes Johanniskraut)

ein- bis mehrjährig | 6–9 | 0,2 m

Pionierpflanze, auf lichten Waldwegen und Waldschlägen, in Äckern, an Ufern, Gräben und Pfaden. ❀ Sumpf-Ruhrkraut [66], Kriechendes Gipskraut [54], Quell-Sternmiere [405].

▸1 **Pflanze von niederliegender, am Sprossende aufsteigender Gestalt.** ▸2 Stängel zweikantig, dünn, hohl. ▸3 Gegenständige und sitzende Anordnung der Blätter am Stängel. ▸4 Form der **Blätter** länglich-elliptisch, Farbe **blaugrün.** ▸5 Nur 1–4 Blüten je Stängel. ▸6 Kelchblätter ganzrandig, ungleich groß, schwarz-drüsig. ▸7 Kronblätter gelb, bis 7 mm lang.

**450 !** ⊗ ✚ ✚ Cynoglossum officinale, Boraginaceae

## Echte Hundszunge

zweijährig | 5–7 | 0,8 m

Nährstoffreiche Standorte an Wegrändern, auf Waldschlägen, Viehweiden und Viehläger. ❀ Gewöhnlicher Beifuß [745], Nickende Distel [531], Gewöhnliche Eselsdistel [534].

▸1 Stängel aufrecht, kantig, behaart. ▸2 Wechselweise Anordnung der Blätter am Stängel. ▸3 Blätter länglich, ungeteilt (a), bis 20 cm lang, beiderseits behaart (b). Blattrand ganzrandig (c). ▸4 Untere Blätter gestielt. ▸5 **Blüten entlang bogiger Blütentriebe angeordnet.** ▸6 Blütenkelch tief in 4–5 stark behaarte, bis 8 mm lange Zipfel geteilt. ▸7 **Blütenkrone dunkelviolett bis braunrot**, den Kelch deutlich überragend. ▸8 5 Schlundschuppen, aus der Kronröhre etwas herausragend und diese verschließend. ▸9 5 Staubblätter, mit dem Griffel in der Kronröhre eingeschlossen. ▸10 Frucht eine vierteilige Klause (a), **Teilfrüchte mit wulstigem Rand und zahlreichen Widerhaken (b).**

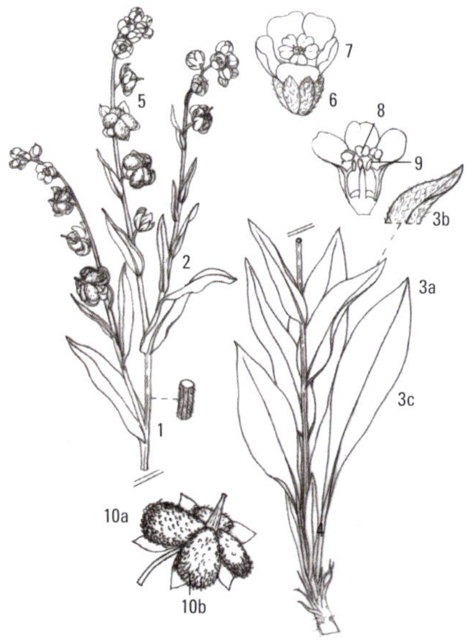

**451**  Succisa pratensis, Dipsacaceae

## Gewöhnlicher Teufelsabbiss

mehrjährig | 7–9 | 0,8 m

Auf wechselfeuchten Standorten in mageren, teils moorigen Wiesen. ❀ Wiesen-Kümmel [796], Wiesen-Sauer-Ampfer [262], Großer Wiesenknopf [706], Färber-Scharte [426].

▸1 Wurzel schwärzlich, kurz. ▸2 Stängel meist verzweigt und behaart. ▸3 **Blätter länglich bis oval, dicklich, beim Auseinanderreißen dünne Fäden ziehend.** ▸4 Blattränder ganzrandig oder mit wenigen Zähnen. ▸5 Obere Blätter sitzend und gegenständig am Stängel angeordnet. ▸6 Grundblätter dunkelgrün, oft mit hellem Mittelstreif. ▸7 **Blütenköpfe halbkugelig bis kugelig,** bis annähernd 3 cm im Durchmesser. ▸8 Hüllblätter zahlreich, schmal, lang und spitz, behaart, am Rande gewimpert. ▸9 Blütenkrone vierspaltig, lila bis blauviolett, behaart, bis 7 mm lang, wie die Frucht mit einem tragenden, behaarten Deckblatt (Spreublatt) (a). ▸10 Frucht zottig behaart, vierkantig, bis 7 mm lang.

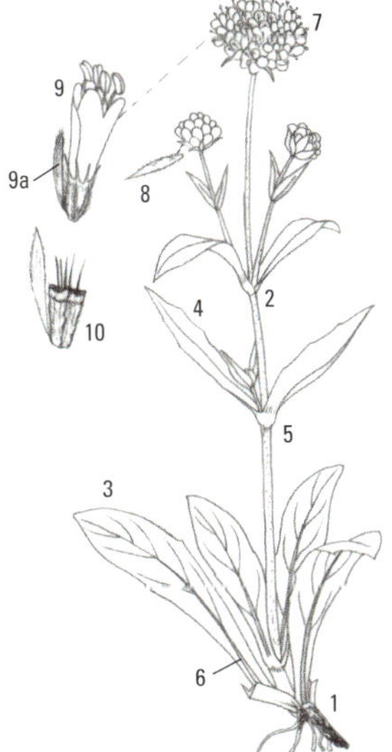

**452** Silene nutans, Caryophyllaceae 

## Nickendes Leimkraut

mehrjährig | 6–8 | 0,8 m

Trocken-warme Standorte an Felsen, Waldsäumen und in lichten Eichenwäldern auf sandigen oder steinigen, flachgründigen Böden. ❀ Großblütiger Fingerhut [153], Wald-Erdbeere [619], Weiße Schwalbenwurz [193].

▸1 Stängel aufrecht, kurz behaart (a), mit gegenständig angeordneten, schmal-länglichen, zugespitzten Stängelblättern (b). ▸2 **Am Stängelgrund eine Rosette aus ungeteilten, spatelförmigen, lang-gestielten Grundblättern.** ▸3 Alle Blätter ganzrandig, bis 10 cm lang, weich und kurz behaart. ▸4 **Die fünfzähligen Blüten in einem einseitswendigen Blütenstand nickend, von weißer oder rötlicher Farbe.** ▸5 Kelch mit 5 Zähnen und 10 rötlichen Nerven. ▸6 Blütenkrone mit tief zweiteiligen Kronblättern (a), 10 Staubblättern (b) und 3 Griffeln (c). ▸7 Frucht eine gestielte, sechszähnige, behaarte, aufrechte, bis 15 mm lange Kapsel, die etwa gleich lang ist wie der umgebende Kelch (a).

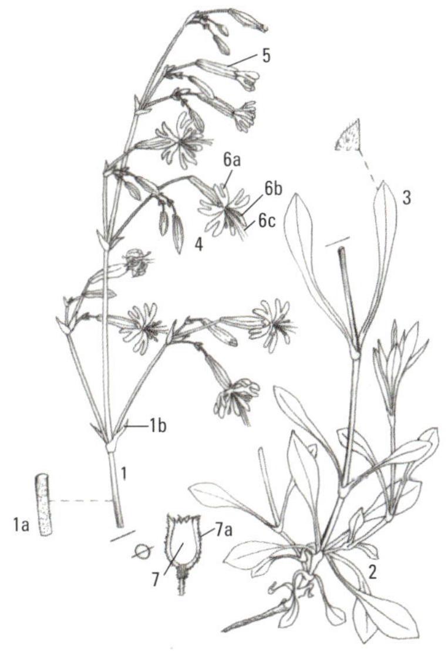

**453** Cruciata laevipes, Rubiaceae

## Gewimpertes Kreuzlabkraut

(Gewöhnliches Kreuzlabkraut)

mehrjährig | 6–8 | 0,5 m

Nährstoffreiche Standorte an Waldrändern, Hecken, Gräben und in Auenwäldern. ❀ Kleiner Odermennig [704], Acker-Kratzdistel [510], Rote Lichtnelke [179].

▸1 Stängel vierkantig, abstehend und weich behaart. ▸2 **Anordnung der gelbgrünen Blätter in vierzähligen Quirlen.** ▸3 Behaarung der Blättchen besonders auf den Nerven und am Blattrand. ▸4 **Anordnung der kleinen, gelben Blüten in den Blattachseln.** ▸5 2 kleine Hochblätter am Grund der Blütenbüschel. ▸6 Blütenkrone etwa 2 mm breit, mit 4 spitzen, an der Basis verwachsenen Zipfeln (a). ▸7 Frucht gekrümmt, schwärzlich werdend, etwa 1,5 mm lang.

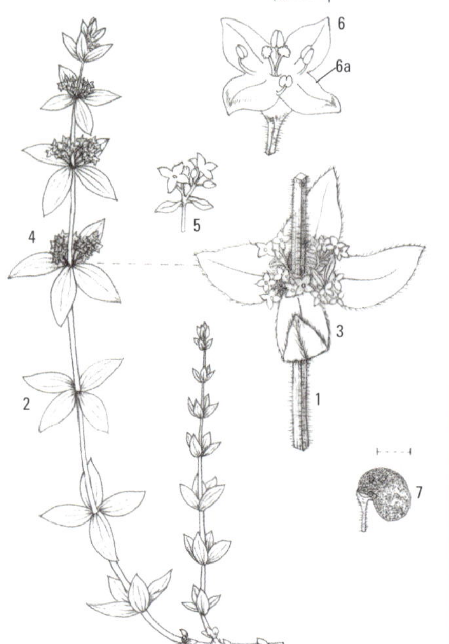

**454** Genista sagittalis, Fabaceae

## Flügel-Ginster

mehrjährig | 5–6 | 0,3 m

In mageren Weiden, Wiesen und Heiden, an Wald- und Wegrändern sowie in lichten Wäldern. ❀ Heidekraut [260], Salbei-Gamander [295], Hunds-Veilchen [305].

▸1 Stängel kriechend (a), verholzend, mit aufrechten Zweigen (b). ▸2 **Stängel und Zweige bis 4 mm breit geflügelt.** ▸3 Blätter elliptisch geformt, ungeteilt, bis 2,5 cm lang. ▸4 Anordnung der Blüten in endständigen, meist dichten und kurzen Trauben. ▸5 Blütenkelche weich behaart. ▸6 Blütenkrone gelb, bis 12 mm lang. ▸7 Frucht eine längliche, bis 2 cm lange, behaarte Hülse.

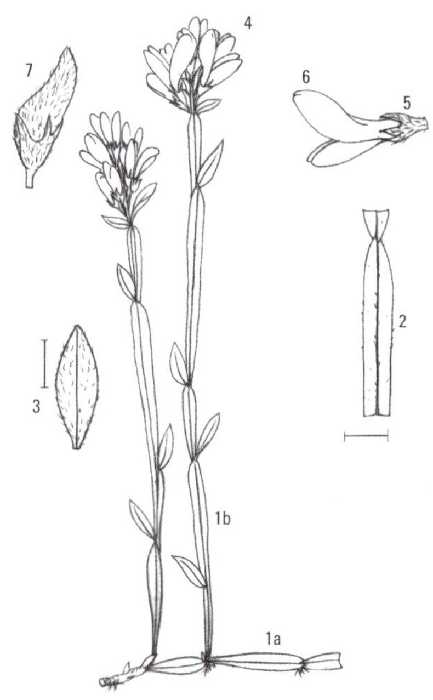

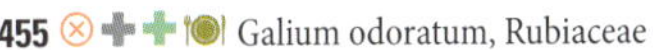

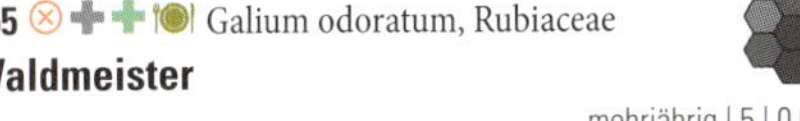

**455** Galium odoratum, Rubiaceae

## Waldmeister

mehrjährig | 5 | 0,6 m

In nährstoffreichen und schattigen Buchenwäldern und Laubmischwäldern. Ausdauerndes Bingelkraut [467], Vierblättrige Einbeere [495], Vielblütige Weißwurz [473].

▸1 **Pflanze mit unterirdischen Ausläufern.** ▸2 Stängel aufrecht, vierkantig, glatt. ▸3 Quirlförmige Anordnung von jeweils 6–10 Blättern. ▸4 Blätter schmal, bis 4 cm lang, oben zugespitzt. ▸5 Blattrand rau und bewimpert. ▸6 Blüten locker doldenartig angeordnet. ▸7 **Blütenkrone trichterförmig, weiß, mit 4 zugespitzten Lappen.** ▸8 **Früchte** zweiteilig, mit **hakigen**, der Verbreitung dienenden **Borsten.**

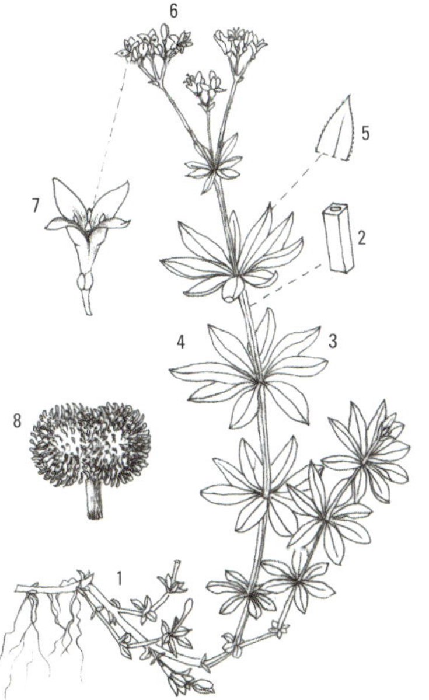

**456 !** Polygala serpyllifolia, Polygalaceae

## Quendel-Kreuzblümchen

mehrjährig | 5–7 | 0,25 m

In bodensauren, mageren Wiesen, Weiden und Rasen bergiger Lagen sowie in Quellfluren und Flachmooren. Gewöhnlicher Frauenmantel [594], Heidekraut [260], Bärwurz [797].

▸1 Pflanze am Grund niederliegend, dann aufsteigend. ▸2 Die Seitenstängel den Haupttrieb meist überwachsend. ▸3 **An der Stängelbasis ohne Grundblattrosette.** ▸4 Untere Stängelblätter gegenständig am Stängel angeordnet (a), die oberen wechselständig (b). ▸5 Stängelblätter nach oben hin an Größe zunehmend, die kleinen unteren Blätter elliptisch geformt, die oberen schmal-länglich. ▸6 Blütenstand drei- bis achtblütig. ▸7 Blütenkrone blau oder grünlich-weiß. ▸8 Kelchflügel länglich, mit deutlicher Flügelnervatur, länger als die zweisamige Fruchtkapsel.

**457** ✚✚ Vinca minor, Apocynaceae

## Kleines Immergrün

Halbstrauch | 3–5 | 0,2 m, L 0,8 m

In Laubmisch- und Schluchtwäldern auf basenreichen Böden sowie gepflanzt in Park-, Friedhofs- und Burganlagen. ❀ Gewöhnliches Hexenkraut [184], Echte Goldnessel [223], Gewöhnliche Nelkenwurz [729].

▸1 Pflanze mit aufsteigenden Blütensprossen (a) und niederliegenden bis überhängenden, an den Knoten wurzelnden, nichtblühenden Trieben (b). ▸2 **Die oberseits dunkelgrün glänzenden, ledrigen Blätter ungeteilt, elliptisch-oval, immergrün.** ▸3 Blattränder etwas umgerollt, ganzrandig. ▸4 **Die blauvioletten Blüten einzeln (oder zu zweien) auf langen Stielen den Blattachseln entspringend.** ▸5 Blütenkrone fünfteilig mit flach ausgebreiteten Blütenzipfeln, Durchmesser bis 3 cm. ▸6 Frucht bis 1,5 cm lang, aus 2 zylindrischen Teilfrüchten gebildet.

**458** !! Gentiana verna, Gentianaceae

## Frühlings-Enzian

mehrjährig | 4–5(8) | 0,15 m

Sonnig-trockene Standorte in Kalk-Magerrasen und an Waldsäumen. ❀ Große Eberwurz [519], Hufeisenklee [712], Wiesen-Primel [160], Tauben-Skabiose [699].

▸1 Stängel aufrecht, kurz, kantig und mit 1–3 Blattpaaren ausgestattet. ▸2 Kreuzgegenständige Anordnung der Stängelblätter. ▸3 **An der Stängelbasis eine Rosette aus grundständigen Blättern.** ▸4 Blätter dreinervig (a), in der Mitte am breitesten (b), ganzrandig (c). ▸5 **Blüte meist einzeln und endständig.** ▸6 Kelch an den Kanten schmal geflügelt (a), kürzer als die Kronröhre (b). ▸7 **Krone** bis 3 cm breit, fünfzipfelig, **meist tief azurblau.** ▸8 5 Kronzipfel, jeweils mit zweispitzigem, weiß gezeichnetem Anhängsel. ▸9 5 Staubblätter. ▸10 Fruchtkapsel länglich, sitzend.

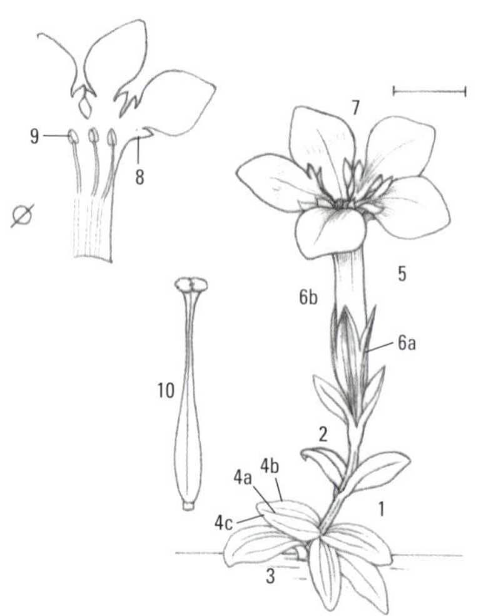

**459 !** Cephalanthera damasonium, Orchidaceae

## Weißes Waldvögelein

mehrjährig | 5–6 | 0,6 m

In meist kalkreichen Buchenwäldern, in Eichen- und Kiefernwäldern sowie in Fichten- und Kiefernaufforstungen. ❀ Haselwurz [323], Türkenbund-Lilie [413], Ausdauerndes Bingelkraut [467].

▶1 Stängel kräftig, meist etwas hin- und hergebogen und durch herablaufende Blätter kantig. ▶2 Am Grund des Stängels locker anliegende Scheidenblätter. ▶3 Laubblätter länglich eiförmig. ▶4 Hervorspringende Blattnerven. ▶5 Blattränder leicht wellig. ▶6 **Blütenstand drei- bis achtblütig.** ▶7 Tragblätter aufrecht abstehend, an Größe nach oben deutlich abnehmend. ▶8 Untere Tragblätter deutlich länger als die Blüten. ▶9 **Blütenkrone gelblich-weiß, meist nur wenig geöffnet, bis 2 cm lang.** ▶10 Die aufrecht-abstehende Frucht dreikantig.

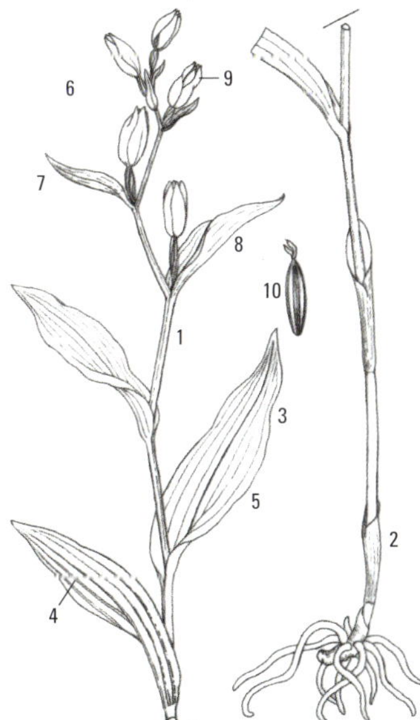

**460 !! ✚✚✚** Arnica montana, Asteraceae

## Echte Arnika

mehrjährig | 7–8 | 0,6 m

In Silikat-Magerwiesen und -weiden, Heiden und lichten Wäldern sowie an Moorrandstandorten. ❀ Heidekraut [260], Bärwurz [797], Niedrige Schwarzwurzel [343].

▶1 Stängel einfach und aufrecht. ▶2 2–6 paarig angeordnete Stängelblätter. ▶3 Grundblätter in deutlicher Rosette. ▶4 Blatt mit elliptischer Form, Blattrand ohne deutliche Zähne. ▶5 **Blütenköpfe** einzeln oder zu mehreren, jeweils **bis 8 cm breit.** ▶6 2 Reihen an länglichen und zugespitzten Hüllblättern. ▶7 Blütenstand aus gelben Röhren- (a) und Zungenblüten (b) gebildet. ▶8 Früchte pinselartig mit borstigem Haarkranz.

**461** ✚ ✚ ✚ Viola tricolor agg., Violaceae

## Wildes Stiefmütterchen (Artengruppe)

ein- bis mehrjährig | 5–10 | 0,4 m

An Weg- und Straßenrändern, an Schuttplätzen sowie in extensiv bewirtschafteten Äckern auf kalkarmen Sand- oder Lehmböden. ❀ Kornblume [61], Acker-Vergissmeinnicht [372], Klatsch-Mohn [743].

▸1 Stängel aufsteigend oder aufrecht, verzweigt. ▸2 Blätter bis 1,5 cm lang gestielt, von länglicher, eiförmiger oder rundlicher Gestalt. ▸3 Blattränder gekerbt. ▸4 **Nebenblätter aus schmalen Abschnitten und einem deutlich längeren Endabschnitt zusammengesetzt.** ▸5 Die bis 8 cm langen Blütenstiele mit einem Blattpaar (Vorblätter) weit oberhalb der Mitte. ▸6 Kelchblätter schmal-länglich, spitz zulaufend. ▸7 Die mehrfarbige, fünfteilige Blütenkrone mit weißlichen, gelben und lila Farbtönen. ▸8 **Mittlere Kronblätter im Unterschied zu vielen Veilchen-Arten aufwärts gerichtet.** ▸9 Blüte mit einem länglichen, meist violetten Sporn. ▸10 **Frucht eine eiförmige Kapsel, die nicht länger wird als der Kelch.**

**462** Scrophularia umbrosa, Scrophulariaceae

## Flügel-Braunwurz

mehrjährig | 6–8 | 1,3 m

Feucht-nasse Standorte auf kalkhaltigen, oft schlammigen Böden an Ufern, Gräben und Quellen. ❀ Behaartes Weidenröschen [400], Kletten-Labkraut [373], Große Brennnessel [296].

▸1 Pflanze von aufsteigendem Wuchs, nach oben hin beasted. ▸2 **Stängel vierkantig und breit geflügelt.** ▸3 Die länglich-eiförmigen Blätter gegenständig am Stängel angeordnet. ▸4 Blütenkrone rostbraun, unten grünlich. ▸5 **Blütenkelch mit 5 breit-hautrandigen Zipfeln.** ▸6 Frucht eine kugelige, bis 6 mm lange Kapsel.

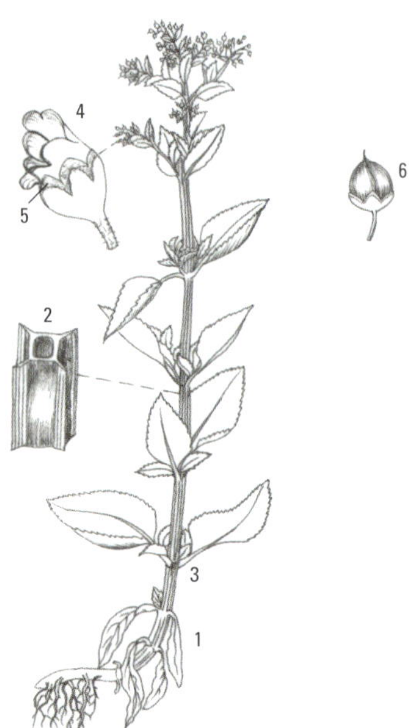

**463** Cerastium fontanum agg., Caryophyllaceae

## Quellen-Hornkraut (Artengruppe)

Gewöhnliches Hornkraut mehrjährig | 4–5 | 0,5 m

In Ackerfluren und an nährstoffreichen Orten wie Gärtnereien, Wegrändern und Schuttplätzen. Wiesen-Schafgarbe [663], Scharfer Hahnenfuß [652], Wiesen-Sauer-Ampfer [262], Rot-Klee [609].

▸1 Pflanze mit mehreren, aufsteigenden Stängeln. ▸2 Stängel und Blätter behaart. ▸3 Die länglichen Blätter gegenständig am Stängel angeordnet, im Unterschied zum Acker-Hornkraut [250] ohne Büschel in den Blattwinkeln. ▸4 Blüten in doldenartigen, teils **wenigblütigen Blütenständen.** Blütenstiele länger als der Kelch (a). ▸5 Tragblätter krautig, meist ohne Hautrand. ▸6 **Kronblätter im oberen Drittel gespalten.** ▸7 Kelchblätter in etwa gleich lang wie die Kronblätter. ▸8 10 Staubblätter. ▸9 Fruchtkapsel aufwärts gebogen, doppelt so lang wie der Kelch.

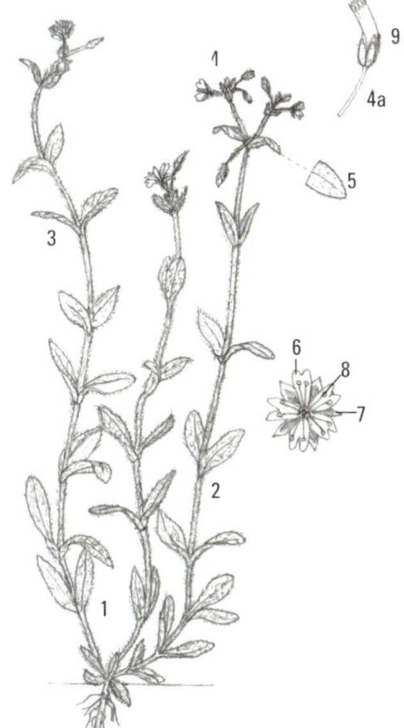

**464** Thymus serpyllum, Lamiaceae

## Sand-Thymian

Halbstrauch | 6–9 | 0,1 m

Trocken-sandige Standorte in lichten Kiefernwäldern und als Pionier auf flachgründigen Felsstandorten und Dünen. Berg-Jasione [74], Kleiner Sauer-Ampfer [550], Ausdauernder Knäuel [123].

▸1 Pflanze mit weit kriechenden oder aufsteigenden, am Grund verholzenden Trieben. ▸2 **Stängel schwach vierkantig, allseitig behaart.** ▸3 Die ganzrandigen, gegenständigen **Blätter** lang und schmal, derb, kurz gestielt, in der unteren Hälfte behaart. ▸4 Blattunterseiten mit stark hervortretenden Nerven. ▸5 Blütenstände kugelig oder zylindrisch am Ende der Zweige. ▸6 Der behaarte Blütenkelch fünfzähnig: oben drei kürzere, unten 2 längere, pfriemliche Zähne. ▸7 Blütenkrone rosa bis purpurn, aus einer einteiligen, leicht ausgebuchteten Oberlippe (a) und einer dreiteiligen Unterlippe (b) gebildet. ▸8 Die 2 längeren und 2 etwas kürzeren Staubblätter wie der Griffel aus der Blüte herausragend. ▸9 Frucht vierteilig, Teilfrucht ein kleines Nüsschen.

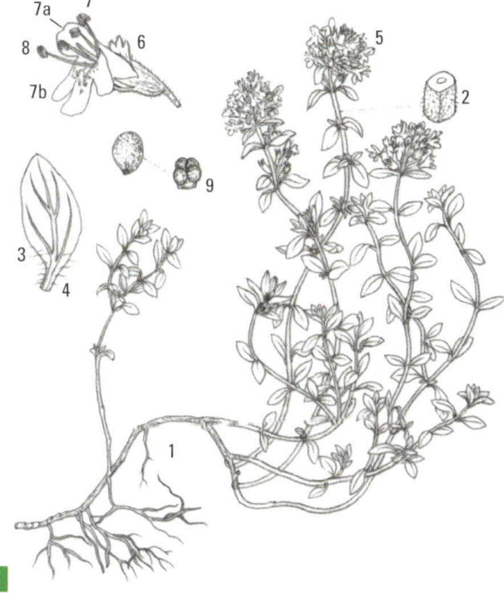

**465** ✚ Hypericum hirsutum, Hypericaceae

## Behaartes Hartheu (Behaartes Johanniskraut)

mehrjährig | 6–8 | 1 m

An Waldrändern und Waldwegen, auf Waldlichtungen und in lichten Gebüschen. ❀ Echte Tollkirsche [192], Lanzett-Kratzdistel [535], Fuchssches Greiskraut [138].

▸1 **Stängel rund, dicht behaart** (a), am Grund verholzt (b). ▸2 Gegenständige Anordnung der Blätter am Stängel. ▸3 Blätter kurz gestielt (a), bis 5 cm lang, mit zahlreichen durchscheinenden Punkten (b). ▸4 **Blattflächen beiderseits weich behaart und schwarz gepunktet.** ▸5 Blütenstand mit zahlreichen hell- bis goldgelben Blüten. ▸6 5 Kelchblätter, bis 4 mm lang, lanzettlich, am Rand mit schwarzen Drüsen. ▸7 5 Kronblätter, gelb, bis 10 mm lang, an der Spitze mit einzelnen schwarzen Drüsen. ▸8 Bis zu 30 gelbe Staubblätter. ▸9 Frucht eine länglich-eiförmige, bis 7 mm lange Kapsel.

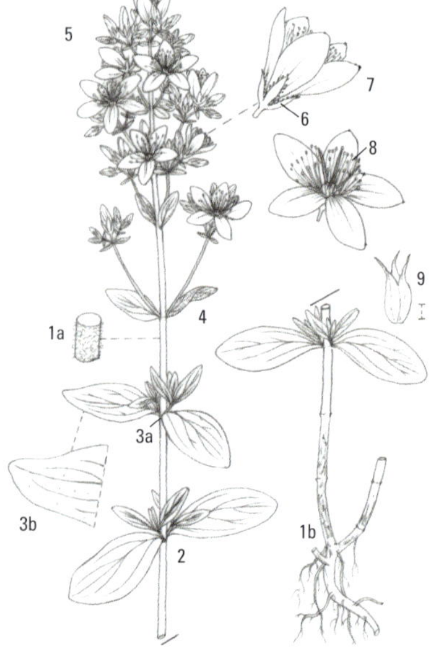

**466** !! ✚ ✚ Spiranthes spiralis, Orchidaceae

## Herbst-Wendelorchis

mehrjährig | 8–9 | 0,25 m

In mageren, meist kalkarmen, vor allem mit Schafen bewirtschafteten Weiden auf lehmigen Böden. ❀ Heidekraut [260], Stängellose Kratzdistel [518], Gewöhnliches Kreuzblümchen [364].

▸1 Stängel aufrecht und dabei oft etwas gebogen. ▸2 Grundblattrosette aus 3–7 dunkel- bis bläulich-grünen, kurz gestielten, schmal-eiförmigen, vorne zugespitzten, bis 3,5 cm langen Blättern. ▸3 **Stängelblätter schuppenförmig**, bis 2 cm lang, das oberste den Beginn des Blütenstandes nicht erreichend (a). ▸4 Blütenstand schmal, langgestreckt, bis 30-blütig. ▸5 **Die kleinen, weißen Blüten kleiner als 1 cm spiralig angeordnet und schwach duftend.** ▸6 Fruchtknoten gedreht. ▸7 Äußere Blütenhüllblätter zungenförmig, außen grünlich, innen weiß. ▸8 Blütenlippe ungeteilt, weiß mit grünlicher Basis, an der Spitze wellig-gekerbt. ▸9 Frucht eine länglich-eiförmige, gestielte, bis 7 mm lange Kapsel.

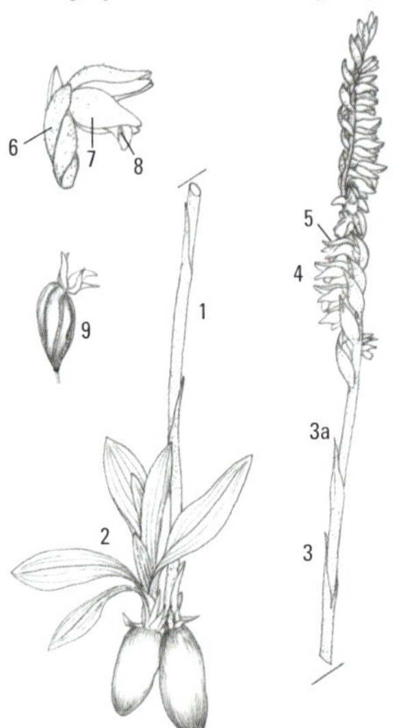

**467** Mercurialis perennis, Euphorbiaceae

## Ausdauerndes Bingelkraut

mehrjährig | 4–5 | 0,4 m

Schattige, häufig luftfeuchte Standorte in Schlucht-, Block- und Auenwäldern sowie in nährstoffreichen Buchen- und Eichenwäldern. Gewöhnlicher Giersch [754], Stinkender Storchschnabel [655], Frühlings-Platterbse [739], Türkenbund-Lilie [413].

▸1 **Stängel unverzweigt**, kantig. ▸2 Gegenständige Blattstellung der **nur im oberen Bereich des Stängels angeordneten Blätter.** ▸3 **Blätter dunkelgrün**, länglich, bis 12 cm lang. ▸4 Blattrand stumpf gezähnt. ▸5 **Blütenstände lang gestielt.** ▸6 Blüten unscheinbar, grünlich. ▸7 **Frucht** eine zweifächerige, **lang gestielte Kapsel.**

**468** Lysimachia vulgaris, Primulaceae

## Gewöhnlicher Gilbweiderich

mehrjährig | 6–8 | 1,5 m

An Quellen, in Gräben, Moorwiesen und feuchten Auen- und Bruchwäldern. Blauer Eisenhut [654], Kleines Mädesüß [668], Gewöhnlicher Blutweiderich [148].

▸1 Lange, unterirdische Ausläufer. ▸2 Pflanze aufrecht wachsend, im oberen Drittel verzweigt. ▸3 Stängel kurz behaart. ▸4 **Blätter gegenständig (a), zu dreien (b) oder spiralig (c) angeordnet.** ▸5 **Blüten und Früchte in gestielten Trauben im oberen Drittel der Pflanze.** ▸6 5 gelbe, am Grund teils rötliche Kronblätter. ▸7 5 Staubblätter. ▸8 Fruchtkapsel (a) so lang wie der tief geteilte Kelch (b).

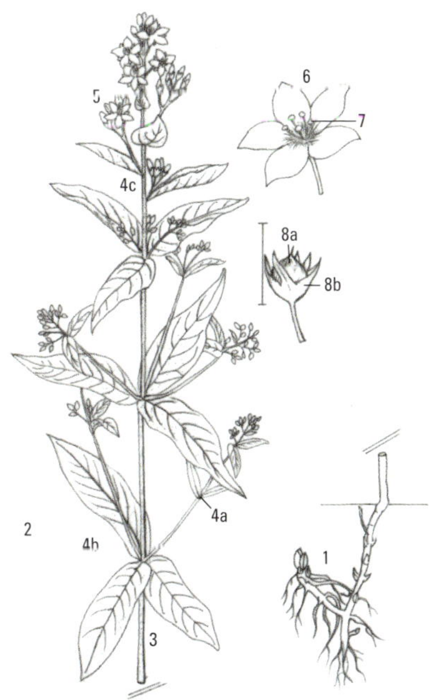

**469 !!** Cypripedium calceolus, Orchidaceae

## Frauenschuh

mehrjährig | 5–6 | 0,5 m

In lichten Nadel- und Mischwäldern auf kalkhaltigen Böden sowie im Saum von Gebüschen. ❀ Weißes Waldvögelein [459], Große Händelwurz [58], Türkenbund-Lilie [413].

▸1 Stängel rundlich, kurzhaarig (a), mit Schuppenblättern an der Basis (b). ▸2 **3–5 breit elliptische, den Stängel umfassende Blätter, jeweils bis 20 cm lang.** ▸3 Blattrand und Blattnerven kurz bewimpert. ▸4 Blütenstand mit 1–3 Blüten. ▸5 **Blütenlippe bauchig (pantoffelförmig) aufgeblasen, gelb, bis 4 cm lang.** ▸6 **Obere Blätter der Blütenhülle rotbraun, bis 6 cm lang, oft spiralig gedreht.** ▸7 Frucht eine lang gestielte Kapsel.

**470 ✚** Polygonatum odoratum, Ruscaceae

## Duftende Weißwurz (Salomonssiegel)

mehrjährig | 5–6 | 0,5 m

Wärmebegünstigte, meist kalkreiche Standorte im Saum von Gebüschen und Waldrändern sowie in lichten Eichen- und Kiefernwäldern. ❀ Kleine Eberwurz [533], Blut-Storchschnabel [657], Kleiner Wiesenknopf [720].

▸1 Stängel aufrecht oder bogenartig aufsteigend, scharfkantig, an der Spitze annähernd zweischneidig (a). ▸2 Blätter aufwärts gerichtet. ▸3 Blattform länglich-eiförmig, Länge bis 14 cm. ▸4 Blattnerven deutlich sichtbar, Blatt längsnervig. ▸5 Blattunterseiten graugrün. ▸6 **Blüten und Früchte meist einzeln, seltener zu zweien,** vgl. Vielblütige Weißwurz [473]. ▸7 Blütenstiele bis 2 cm lang. ▸8 **Die weiße, duftende Kronröhre in der Mitte nicht verengt.** ▸9 Frucht eine blauschwarze, bis 12 mm breite Beere.

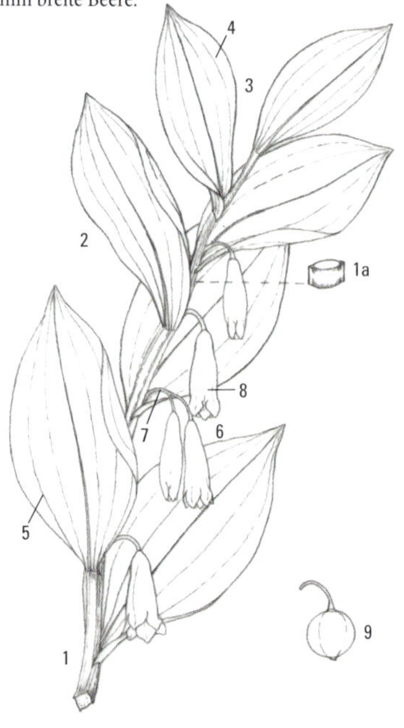

**471** ✚ Mentha arvensis, Lamiaceae

## Acker-Minze

mehrjährig | 7–9 | 0,4 m

Nährstoffreiche Standorte in Feuchtwiesen sowie auf Äckern und Schuttplätzen. ❀ Wald-Engelwurz [768], Pfennig-Gilbweiderich [500], Gänse-Fingerkraut [719], Kriechender Hahnenfuß [637].

Pflanze aromatisch riechend. ▸1 Stängel abstehend behaart (a), vierkantig, häufig verzweigt. ▸2 Gegenständige Blattstellung. ▸3 Blattform länglich eiförmig bis länglich oval. ▸4 Blätter kurz gestielt. ▸5 Blattrand mehr oder weniger stark gezähnt. **▸6 Im Unterschied zur ähnlichen Wasser-Minze [216] Blüten in den Achseln der oberen Blattpaare angeordnet. Anordnung quirlig, nicht köpfchenförmig.** ▸7 Blütenkelch gleichmäßig fünfzähnig, behaart. ▸8 Blütenkrone mit 4 etwa gleich langen Zipfeln, meist lila. ▸9 Die 4 Staubblätter und der Griffel aus der Blütenkrone herausragend. ▸10 Teilfrüchte glatt, kleiner als 1 mm, aus einer vierteiligen Frucht entstammend.

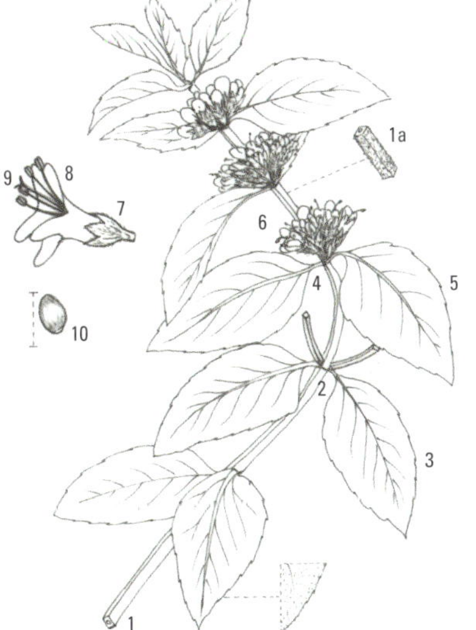

**472** Chenopodium polyspermum, Chenopodiaceae

## Vielsamiger Gänsefuß

(Lipandra polysperma) einjährig | 7–9 | 0,6 m

Menschlich stark geprägte, nährstoffreiche Standorte an Wegen, in Gärten, Weinbergen, auf Schuttplätzen, Äckern sowie an Ufern. ❀ Dreiteiliger Zweizahn [563], Knäuel-Hornkraut [211], Pfeffer-Knöterich [134].

▸1 Stängel aufrecht, vierkantig, oft rot überlaufen. ▸2 An der Stängelbasis häufig mit aufsteigenden oder annähernd waagrecht abstehenden Ästen. ▸3 Blätter gestielt, eiförmig bis oval geformt, verhältnismäßig klein, im Herbst auffallend rot. **▸4 Blattrand im Gegensatz zu vielen anderen Gänsefuß-Arten ungezähnt.** ▸5 Zahlreiche Blütenknäuel zu end- und seitenständigen, ährigen Blütenständen vereinigt, im Gegensatz zu den Melde-Arten [566, 571] nicht zweihäusig. ▸6 Blütenhülle fünfblättrig. ▸7 Frucht linsenförmig, fein punktiert.

**473** ✚ Polygonatum multiflorum, Ruscaceae

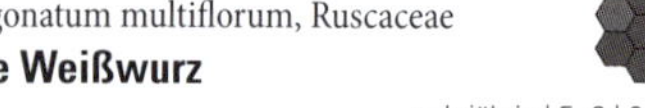

## Vielblütige Weißwurz

mehrjährig | 5–6 | 0,8 m

In nährstoffreichen Buchenmisch- und Auenwäldern sowie in Waldsäumen. ❀ Waldmeister [455], Ausdauerndes Bingelkraut [467], Vierblättrige Einbeere [495].

▸1 Der kräftige Stängel überhängend, unverzweigt, im Querschnitt rund oder stumpfkantig. ▸2 Blätter in 2 Reihen (zweizeilig) am Stängel angeordnet. ▸3 Blattform oval, bis etwa 15 cm lang, oben zugespitzt. ▸4 Blattnerven bogenförmig angeordnet. ▸5 **Die geruchslosen Blüten sowie die Früchte meist in zwei- bis fünfteiligen, den Blattachseln entspringenden, hängenden Trauben**, nur selten einzeln vorkommend, vergleiche Duftende Weißwurz [470] . ▸6 Blütenkrone weiß, mit 6 Staubblättern im Innern, vorne trichterförmig erweitert und in 6 grünliche Kronzipfel (a) geteilt. ▸7 Frucht eine dunkelblau bis blauschwarz bereifte, bis 9 mm breite Beere.

**474** ✚✚✚ Hypericum perforatum, Hypericaceae

## Tüpfel-Hartheu (Tüpfel-Johanniskraut)

mehrjährig | 7–8 | 0,8 m

In Gebüschsäumen, auf Waldlichtungen, an Wald- und Wegrändern sowie auf Magerweiden und in Magerrasen. ❀ Gewöhnliche Möhre [782], Wald-Witwenblume [433], Weißer Steinklee [606].

▸1 Pflanze im oberen Teil buschig verzweigt. ▸2 **Stängel im Querschnitt mit 2 Längskanten und im Inneren markig gefüllt.** ▸3 Blätter am Stängel sitzend und gegenständig angeordnet. ▸4 Blattfläche länglich-oval oder länglich-eiförmig, in der Aufsicht durchscheinend punktiert. ▸5 **Blattrand häufig nach unten umgebogen.** ▸6 5 Blütenkronblätter, einseitig schwach gezähnt, jeweils bis 13 mm lang. ▸7 Kelchblätter gefleckt, bis 5 mm lang, zugespitzt. ▸8 **Bis zu 100 in 3 Büscheln angeordnete Staubblätter.** ▸9 Frucht eine dreiteilige, bis 10 mm lange Kapsel.

**475 !** Campanula latifolia, Campanulaceae

## Breitblättrige Glockenblume

mehrjährig | 6–8 | 1,5 m

Nährstoffreiche Standorte in Schlucht- und Bergmischwäldern und in Hochstaudenfluren. ❀ Lauchhederich [307], Große Sterndolde [582], Rauhaariger Kälberkropf [755], Gewöhnlicher Wasserdost [632].

▸1 Stängel aufrecht und rundlich bis stumpfkantig. ▸2 Blätter eiförmig bis länglich-eiförmig. ▸3 Blätter wechselständig am Stängel angeordnet, die oberen sitzend (a), die unteren gestielt (b). ▸4 Blattränder stumpf gezähnt. ▸5 Blüten zu 1–3 in den Achseln der oberen Laubblätter. ▸6 **Kelchblätter länglich und spitz, abstehend, aber nicht zurückgebogen.** ▸7 **Die weitglockige, blauviolette Blütenkrone bis 6 cm lang.** ▸8 Frucht eine rundlich-ovale, meist nickende, mit 3 Poren sich öffnende Kapsel.

**476** ✚ ✚ 🍽 Vaccinium vitis-idaea, Ericaceae

## Preiselbeere

Halb- oder Zwergstrauch | 5–6 | 0,3 m

Bodensaure Standorte in Moorwäldern und Kiefern- und Fichtenwäldern, in offenen Mooren sowie in Zwergstrauch- und Magerrasen-Gesellschaften an Waldrändern und in Waldlücken, z. B. in Sturmflächen. ❀ Heidekraut [260], Heidelbeere [185], Echter Ehrenpreis [494].

▸1 Büschelige Anordnung der Äste. ▸2 Form der immergrünen, derben, wechselständig angeordneten Blätter schmal verkehrt-eiförmig, vorne abgerundet. ▸3 **Blätter dunkelgrün glänzend, derb, am Rande eingerollt**, Länge bis 3 cm. ▸4 Blüten (a) und Früchte (b) in reichhaltigen, hängenden Trauben. ▸5 Blütenkrone glockenförmig, weiß oder rötlich, meist vierzähnig (a). ▸6 Griffel aus der Blüte herausragend. ▸7 **Frucht die allseits bekannte, erst weiße, später glänzendrote, kugelige Preiselbeere.**

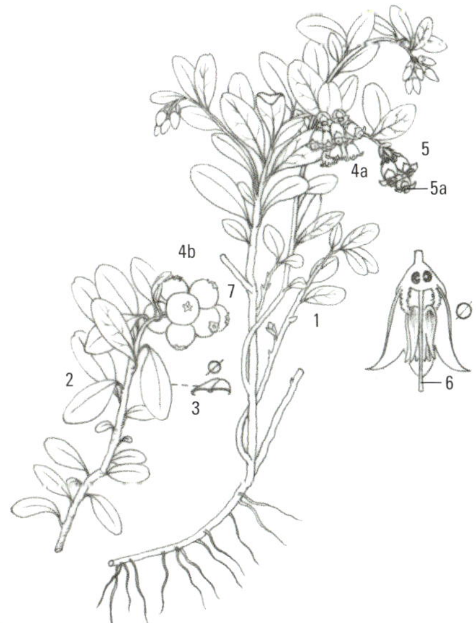

**477** Asperugo procumbens, Boraginaceae

## Schlangenäuglein

einjährig | 5–6 | 0,5 m

An nährstoffreichen Lägerplätzen überhängender Felsen sowie an Mauern, Wegrändern und auf Schuttplätzen. ❀ Gewöhnliche Besenrauke [798], Bastard-Gänsefuß [567], Kletten-Igelsame [379].

▸1 **Pflanze mit hakigen Borsten.** ▸2 Stängel kantig, am Boden liegend oder aufsteigend. ▸3 Blätter dunkelgrün, dünn, einteilig, meist ganzrandig. ▸4 Untere Blätter kurz gestielt (a), obere Blätter sitzend (b). ▸5 Blüten meist einzeln in den Blattachseln sitzend (oder auf kurzen Stielen den Blattachseln entspringend). ▸6 Blütenkelch unregelmäßig fünfzähnig. ▸7 Blütenkrone trichterförmig, den Kelch kaum überragend (a), Farbe violett, blau oder selten weiß, mit weißlichen Schlundschuppen (b). ▸8 Klausenfrucht mit auffälligem, **gezähntem Fruchtkelch** (a), Teilfrucht ein hellbraunes, flaches, geflügeltes Nüsschen (b).

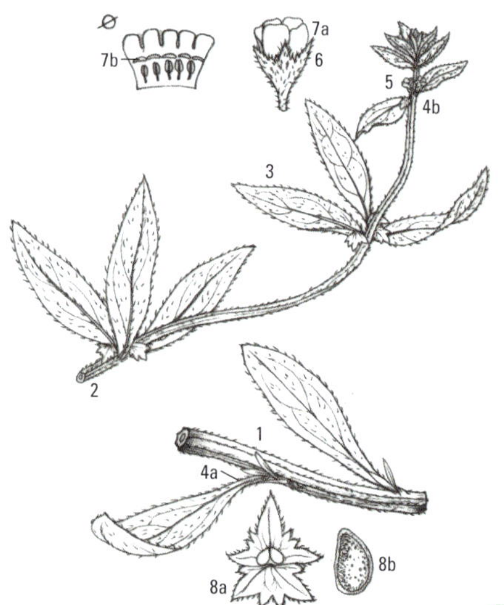

**478** Impatiens noli-tangere, Balsaminaceae

## Großes Springkraut (Rühr-mich-nicht-an)

einjährig | 6–8 | 1 m

Auf quelligen Standorten in Auen- und Schluchtwäldern sowie an Waldwegen und in Waldverlichtungen. ❀ Wald-Engelwurz [768], Gewöhnliches Hexenkraut [184], Wechselblättriges Milzkraut [325], Wald-Ziest [275].

▸1 Pflanze von aufrechtem Wuchs. ▸2 Stängel kantig gefurcht (a), an den Knoten geschwollen (b). ▸3 **Blätter** eiförmig, **am Rande grob gezähnt.** ▸4 Blüten-tragende Äste mit nur einer oder wenigen Blüten. ▸5 **Blütenkrone gelb, bis 4 cm lang.** ▸6 Blütensporn hakig gekrümmt. ▸7 Frucht eine kantige Kapsel, die in reifem Zustand bei Berührung aufspringt (a).

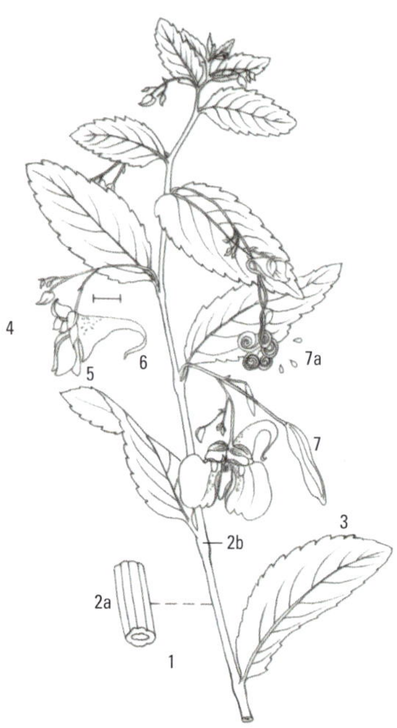

**479** ✚ Inula conyzae, Asteraceae

## Dürrwurz-Alant

mehrjährig | 6–8 | 1,2 m

Sonnige Standorte in Gebüschsäumen, an Waldrändern und in Pionierrasen. ❀ Kleines Habichtskraut [76], Edel-Gamander [224], Mehlige Königskerze [137].

▸1 Stängel von aufrechtem Wuchs (a), filzig und kurz behaart (b), am Grund verholzend (c). ▸2 An der Stängelbasis eine überwinternde Blattrosette. ▸3 **Blätter fest, vor allem auf der Unterseite filzig behaart** (a), am Rande gezähnt (b). ▸4 Untere Blätter bis 20 cm lang. ▸5 Gesamtblütenstand stark verzweigt und mit zahlreichen Blütenköpfchen. ▸6 Blütenköpfchen etwa 1 cm breit. ▸7 Äußere Hüllblätter mit grüner, meist abstehender Spitze. ▸8 Blüten hell- bis bräunlich-gelb. ▸9 **Frucht mit Haarkranz.**

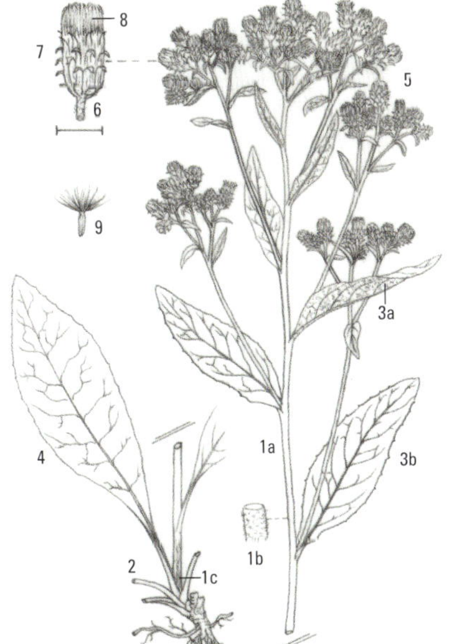

**480** ✚✚ Borago officinalis, Boraginaceae

## Garten-Boretsch

einjährig | 6–8 | 0,5 m

In Gärten gesät und auf nährstoffreichen Schutt- und Kompostplätzen verwildert. ❀ Lauchhederich [307], Stechender Hohlzahn [187], Vogel-Sternmiere [210].

▸1 **Der fleischig-saftige, bis 1 cm dicke Stängel dicht abstehend und borstig behaart.** ▸2 Die **runzeligen Blätter** oval bis länglich-elliptisch geformt. ▸3 Obere Blätter sitzend und wechselständig am Stängel angeordnet. ▸4 Untere Blätter gestielt und im Jungzustand rosettenartig gehäuft. ▸5 Blüten bis 4 cm lang gestielt. ▸6 Blütenkelch fast bis zum Grunde in rauhaarige Zipfel geteilt. ▸7 **Die etwas nickende, bis 3 cm breite Blütenkrone (a) sich leicht vom Kelch (b) lösend.** ▸8 Blütenkrone mit spitzen Zipfeln, blau, mit hellem Schlund. ▸9 **Staubblätter zusammen mit dem Griffel weit aus der radförmigen Blütenkrone herausragend.** ▸10 Teilfrucht ein länglich-eiförmiges, bis 10 mm langes, gekieltes Nüsschen, aus einer vierteiligen Frucht entstammend.

**481 !!** Lindernia procumbens, Linderniaceae

## Gewöhnliches Büchsenkraut

einjährig | 8–9 | 0,1 m

Längere Zeit überflutete Standorte an Flussufern, Gräben und trocken gefallenen Teichen. ❀ Gewöhnliches Schlammkraut [67], Gewöhnlicher Sumpfquendel [103], Gewöhnliche Sumpfkresse [543].

▸1 Stängel niederliegend, kantig, kahl. ▸2 Gegenständige und sitzende Anordnung der Blätter am Stängel. ▸3 Blätter oval-länglich, ganzrandig, bis 2 cm lang. ▸4 Blattflächen mit deutlich dreiaderiger Blattnervatur. ▸5 **Blüten auf langen Stielen einzeln den Blattachseln entspringend.** ▸6 Blütenkelch in 5 lange, schmale Zipfel auslaufend. ▸7 Krone hell-rötlich, bis 7 mm lang, mit zweilippigem Saum. ▸8 Oberlippe ausgerandet. ▸9 4 Staubblätter. ▸10 Frucht eine zweispaltige, bis 5 mm lange Kapsel.

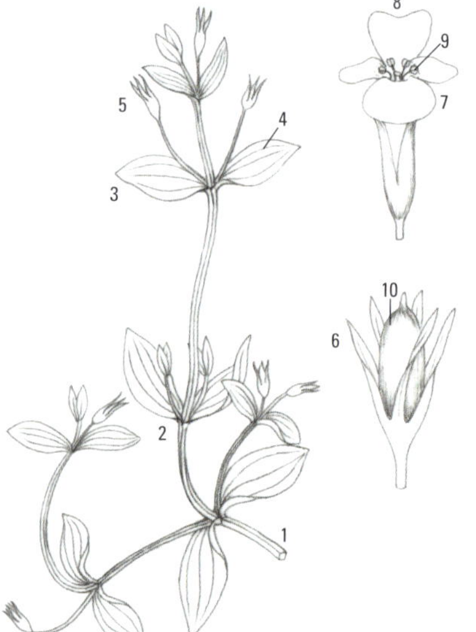

**482** Hypericum maculatum, Hypericaceae

## Kanten-Hartheu (Geflecktes Johanniskraut)

mehrjährig | 6–8 | 0,7 m

In Nass-, Moor-, Mager- und Feuchtwiesen, Heiden, Hochstaudenfluren sowie an meist feuchten Waldrändern und Waldschlägen. ❀ Heidekraut [260], Flügel-Ginster [454], Schweizer Schuppenlöwenzahn [506], Heidelbeere [185].

▸1 Wuchs im Unterschied zum Liegenden Hartheu [449] aufrecht. ▸2 **Pflanze mit dunklen Drüsenpunkten an Stängel, Blättern und Blüten.** ▸3 **Stängel hohl und zumindest teilweise vierkantig.** ▸4 Blätter ganzrandig, am Rande und zum Teil auch auf der Fläche mit schwarzen Drüsenpunkten. ▸5 Blüten auf schwarzdrüsigen Stielen angeordnet (a), Blütendurchmesser bis 3 cm (b). ▸6 Kelchblätter bis 5 mm lang, randlich mit Drüsen. ▸7 Blütenkronblätter goldgelb, im Unterschied zum Tüpfel-Hartheu [474] symmetrisch, (nicht einseitig) gezähnt. ▸8 3 lange Griffel (a) und bis zu 100 Staubblätter (b).

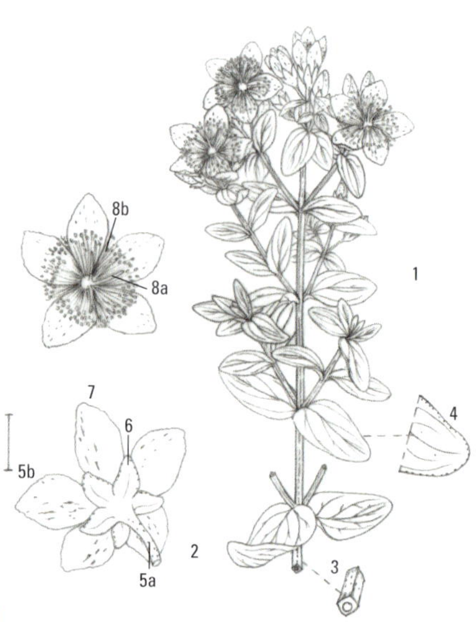

**483 !!** ✚ Pinguicula vulgaris, Lentibulariaceae

## Echtes Fettkraut

mehrjährig | 5–6 | 0,2 m

Moorig-feuchte Standorte in Quellfluren, Flachmooren und Gräben. ❀ Fieberklee [612], Sumpf-Herzblatt [311].

▸1 Anordnung der Blätter in einer grundständigen Rosette. ▸2 **Blätter dick, gelbgrün, fettig glänzend.** ▸3 Blattform länglich-eiförmig, Länge bis 6 cm. ▸4 Blattränder aufwärts gebogen, ohne Zähne oder Buchten. ▸5 Insektenfang durch schleimabsondernde Drüsen auf den Blattoberflächen, durch die das Insekt festgehalten wird, und anschließendes Einrollen der Blattränder. ▸6 Blüten einzeln und endständig an einem blattlosen Stiel. ▸7 Blütenkrone zweilippig, blauviolett mit weißlicher Aufhellung am Schlund. ▸8 Basis der Blütenkrone mit schlankem, geradem Sporn. ▸9 Die dreilappige Unterlippe (a) deutlich länger als die zweilappige Oberlippe (b). ▸10 Frucht eine aufrechte, ei- bis birnenförmige, bis 5 mm lange Kapsel.

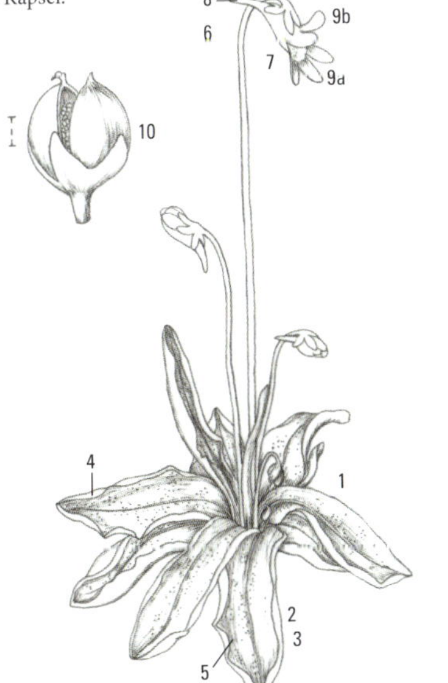


**484** Noccaea caerulescens, Brassicaceae

## Gebirgs-Täschelkraut (Thlaspi caerulescens)

ein- bis zweijährig | 4–6 | 0,4 m

Nährstoffreiche, aber kalkarme Standorte in Bergwiesen und -weiden, an steinigen Hängen und Böschungen. ❀ Gewöhnlicher Frauenmantel [594], Wiesen-Margerite [101], Rot-Klee [609].

▸1 Pflanze mit mehreren Stängeln und meist mehreren Blattrosetten. ▸2 Stängel in der Regel unverzweigt. ▸3 Wechselständige Anordnung der Blätter am Stängel. ▸4 **Stängelblätter** bis 2 cm lang, länglich, **ohne Öhrchen** dem Blattgrund ansitzend. ▸5 **Bodennahe Blätter spatelförmig, bis 7 cm lang gestielt, meist blaugrün gefärbt.** ▸6 Blütenstand eine erst dichte, später sich streckende, endständige Traube. ▸7 Blüte mit 4 hautrandigen, oft rötlich überlaufenen Kelchblättern (a), 4 an der Spitze abgerundeten Kronblättern (b), 6 Staubblättern (4 lang, 2 kurz) mit zuletzt violetten Staubbeuteln (c). ▸8 Die 4 weißen oder seltener rötlichen Kronblätter jeweils über den Lücken der Kelchblätter angeordnet. ▸9 Frucht ein lang gestieltes, vorne geflügeltes Schötchen. ▸10 Fruchtstiele annähernd waagrecht vom Stängel abstehend, nur unwesentlich länger oder kürzer als die Schötchen. ▸11 Griffel die Ausrandung des Schötchens meist deutlich überragend.

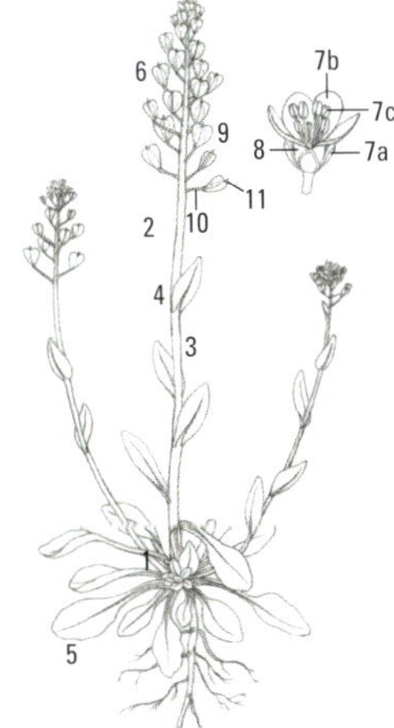

**485** Thymus pulegioides agg., Lamiaceae

## Arznei-Thymian (Artengruppe)

(Quendel-Thymian, Feld-Thymian) Halbstrauch | 6–9 | 0,3 m

Auf flachgründigen, warmen Standorten in Magerrasen und Magerweiden sowie auf Fels- und Mauerkronen. Wiesen-Schafgarbe [663], Gewöhnlicher Frauenmantel [594], Spitz-Wegerich [355].

▸1 Pflanze am Grund verholzend. ▸2 **Stängel im Querschnitt scharf vierkantig, häufig nur an den Kanten dicht behaart.** ▸3 Blatt eiförmig bis oval, bis 2 cm lang. ▸4 Blütenstände endständig an Haupt- und Seitentrieben angeordnet, Blüten hellpurpur. ▸5 Blütenkelch behaart. ▸6 Zähne des Blütenkelches dreieckig und schmal.

**486** Valeriana dioica, Valerianaceae

## Kleiner Baldrian

mehrjährig | 5–6 | 0,7 m

In feuchten, nassen und moorigen Wiesen sowie an Quellbereichen und Bachufern. Sumpf-Dotterblume [335], Echtes Mädesüß [703], Bach-Nelkenwurz [730].

▸1 Pflanze mit beblätterten Ausläufern, an deren Spitze grundständige Blattrosetten (a) gebildet werden. ▸2 Stängel aufrecht, kantig, hohl, mit gegenständig angeordneten Blättern. ▸3 **Mittlere und obere Stängelblätter in längliche Abschnitte geteilt.** ▸4 Grundblätter lang gestielt, ungeteilt oder geteilt mit vergrößertem Endabschnitt (a). ▸5 **Blütenstand schirmförmig-doldenartig.** ▸6 Pflanze zweihäusig, weibliche und männliche Blüten auf unterschiedlichen Pflanzen. Weibliche Blüten (a) weiß bis blassrosa, klein (etwa 1 mm Länge), mit die Krone überragendem Griffel. Männliche Blüten (b) meist rosa, bei bis zu 3 mm Länge deutlich größer als die weiblichen, mit 3 aus der Krone weit herausragenden Staubblättern. ▸7 Frucht mit borstigem Haarkranz.

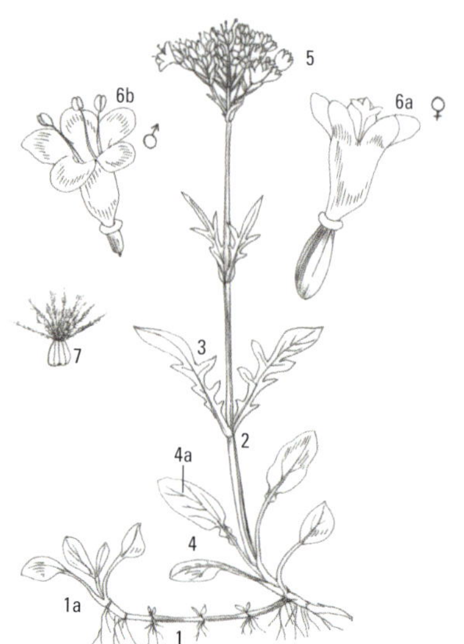

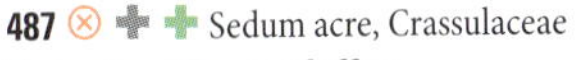

**487** Sedum acre, Crassulaceae

## Scharfer Mauerpfeffer

mehrjährig | 6–8 | 0,15 m

Als Pionier trocken-warmer Standorte auf Felsen, Mauern, Dämmen, Dächern und in Pflasterfugen. Kelch-Steinkraut [83], Frühlings-Hungerblümchen [85].

▸1 Pflanze reich verzweigt und rasenbildend. ▸2 Stängel bogig aufsteigend. ▸3 Blätter eiförmig, fleischig, dick, etwa 5 mm lang. ▸4 **Die goldgelbe Blütenkrone aus 5 spitz zulaufenden Kron- und 10 Staubblättern aufgebaut.** ▸5 Frucht sternförmig ausgebreitet.

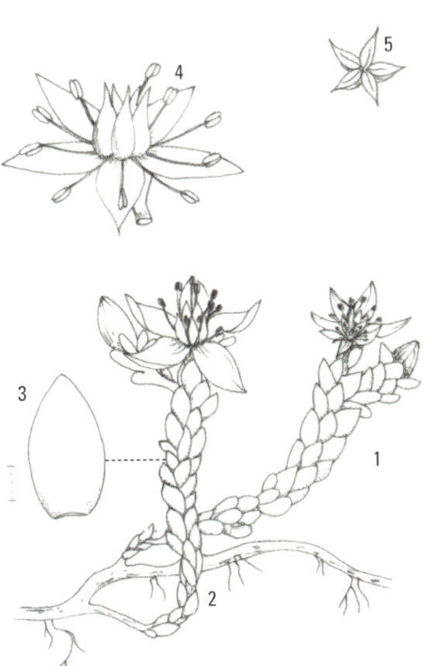

**488** Cerastium semidecandrum, Caryophyllaceae

## Fünfmänniges Hornkraut

einjährig | 3–5 | 1,2 m

Sommer-trockene Standorte in lückigen Trockenrasen sowie an Weg- und Ackerändern. Kelch-Steinkraut [83], Quendel-Sandkraut [198], Frühlings-Hungerblümchen [85], Sand-Vergissmeinnicht [77].

▸1 **Pflanze gelbgrün** gefärbt, behaart, meist mehrstängelig. ▸2 Stängel aufrecht oder niederliegend. ▸3 Blattform eiförmig bis länglich, Blattrand nur entfernt gezähnt. ▸4 Blütenstand doldenartig verzweigt. ▸5 Tragblätter breit hautrandig. ▸6 Kronblätter an der Spitze kurz gespalten. ▸7 Kelchblätter wenig länger als die Kronblätter, spitz und breit hautrandig. ▸8 Fruchtkapsel gekrümmt, doppelt so lang wie der Kelch.

**489** Veronica serpyllifolia, Plantaginaceae

## Quendel-Ehrenpreis

mehrjährig | 4–9 | 0,25 m

Auf begangenen Wegen und gemähten Rasen, in Weiden sowie auf vorzugsweise kalkarmen Äckern. ❀ Gänseblümchen [102], Echter Vogelknöterich [424], Breit-Wegerich [212].

▸1 Stängel aufsteigend bis aufrecht, schwach behaart. ▸2 Blätter eiförmig, bis etwa 2,5 cm lang. ▸3 Blattstiel sehr kurz oder fehlend. ▸4 **Blattränder nur schwach gekerbt oder ganzrandig.** ▸5 Blütenstand eine endständige Traube. ▸6 Die eiförmigen Kelchzipfel flaumig behaart. ▸7 **Blütenkrone weiß bis hellblau, mit blauen oder violetten Adern, etwa 5 mm im Durchmesser.** ▸8 **Frucht eine abgeflachte, locker behaarte, herzförmige Kapsel mit einem langen Griffel.**

**490** Campanula cochleariifolia, Campanulaceae

## Zwerg-Glockenblume

mehrjährig | 6–8 | 0,15 m

Feuchte, kalkhaltige Standorte auf Felsen sowie in beweglichem Kalkgeröll, z. B. der Alpenflüsse. ❀ Sand-Schmalwand [356], Ruprechtsfarn [775].

▸1 Pflanze mit rasig wachsenden Blattrosetten (o. Abb.). ▸2 Stängel aufrecht oder aufsteigend, an der Basis dicht beblättert und spärlich behaart. ▸3 **Im Unterschied zur ähnlichen Rundblättrigen Glockenblume [337] die rundlichen, gestielten Grundblätter zur Blütezeit meist noch vorhanden.** ▸4 **Blattränder kerbig gezähnt.** ▸5 Die lang gestielten Blüten in wenigblütigen Trauben. ▸6 Die weitglockige, helllila oder hellblaue Krone bis 2 cm lang. ▸7 Frucht eine nickende, rundliche, sich nahe der Basis mit 3 Poren öffnende Kapsel.

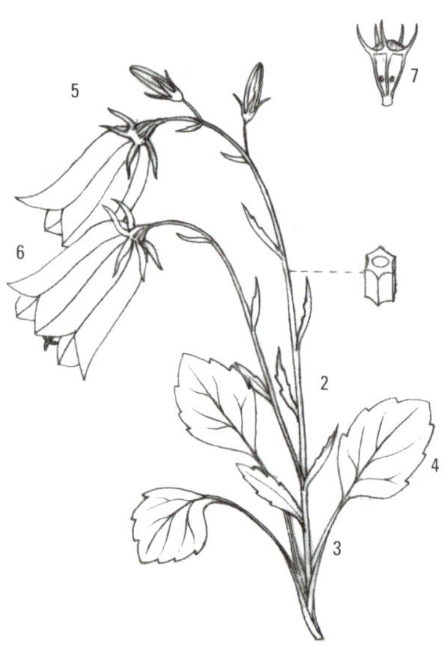

**491** Veronica beccabunga, Plantaginaceae

## Bach-Ehrenpreis (Bachbunge, Bachbungen-Ehrenpreis)

mehrjährig | 5–8 | 0,6 m

Nährstoffreiche, meist flach überschwemmte Standorte an Bachufern und -bänken, Gräben, Quellbereichen und Waldwegrändern. Kressen-Schaumkraut [721], Rohr-Glanzgras [12], Kriechender Hahnenfuß [637].

▸1 **Pflanze mit wurzelnden Ausläufern** (a) und von niederliegendem bis aufsteigendem Wuchs (b). ▸2 Stängel kahl, im Querschnitt rund. ▸3 Gegenständige Anordnung der oval bis rundlich geformten Blätter am Stängel. ▸4 Blätter kurz gestielt (a), glatt und glänzend, **etwas fleischig.** ▸5 Blattränder kerbig gesägt oder annähernd ganzrandig. ▸6 **Die lang gestielten Blütenstände den Blattachseln entspringend.** ▸7 Blütenkrone blau oder violett, radförmig, im Durchmesser etwa 1 cm. ▸8 Blütenkelch vierteilig. ▸9 **Frucht eine lang gestielte, annähernd kugelige Kapsel.**

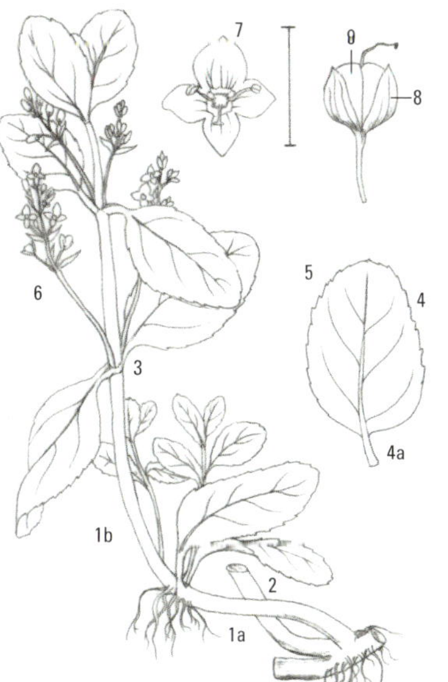

**492** Amaranthus hybridus agg., Amaranthaceae

## Ausgebreiteter Amarant (Artengruppe)

einjährig | 7–9 | 2 m

Nährstoffreiche Standorte an Müllplätzen, Wegen, Weinbergen, Flussufern und Maisäckern. Zurückgekrümmter Fuchsschwanz [183], Weißer Gänsefuß [564], Schmalblättriger Doppelsame [686].

▸1 Pflanze von aufrechtem Wuchs und nur wenig verzweigt. ▸2 Stängel grün-weißlich, im oberen Bereich meist kurz behaart. ▸3 Blätter rhombisch-eiförmig, gestielt, bis etwa 5 cm lang. ▸4 **Gesamtblütenstand eine grünliche, lockere Ähre bildend.** ▸5 Blütenvorblätter länger als die Hüllblätter. ▸6 Hüllblätter der weiblichen Blüte fast genauso lang wie die Frucht.

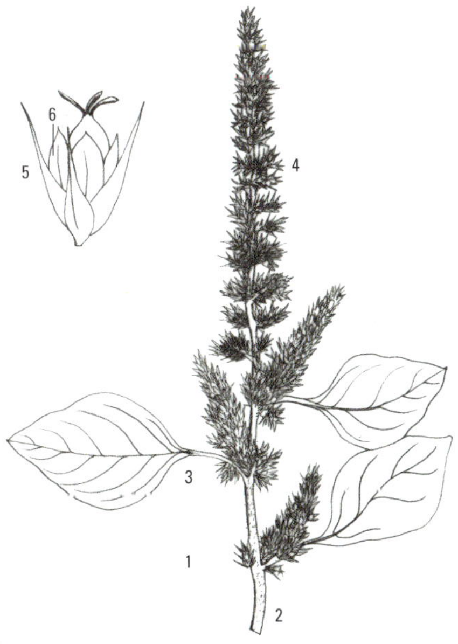

493 Acinos alpinus, Lamiaceae

## Alpen-Steinquendel

mehrjährig | 7–9 | 0,3 m

Magere, meist kalkhaltige Standorte in Halbtrockenrasen und Pionierstandorten der Alpen. ❀ Große Händelwurz [58], Gewöhnlicher Hornklee [733].

▸1 Die angenehm aromatisch nach Minze duftende Pflanze mit niederliegenden bis aufsteigenden, dünnen Stängeln. ▸2 Die eiförmigen bis elliptischen, kreuzgegenständig angeordneten, bis 2 cm langen Blätter am Rand nicht eingerollt. ▸3 Blüten den oberen Blattachseln entspringend. ▸4 **Blütenkelch behaart, Kelchzähne im Unterschied zum Gewöhnlichen Steinquendel [215] nicht (oder nur undeutlich) zusammenneigend.** ▸5 Die zwei unteren Kelchzähne deutlich länger als die drei oberen. ▸6 Die rot-violette Blütenkrone etwa 2 cm lang. ▸7 Blüten-Oberlippe gerade (a), Unterlippe dreilappig, weiß gefleckt und etwas gebogen (b).

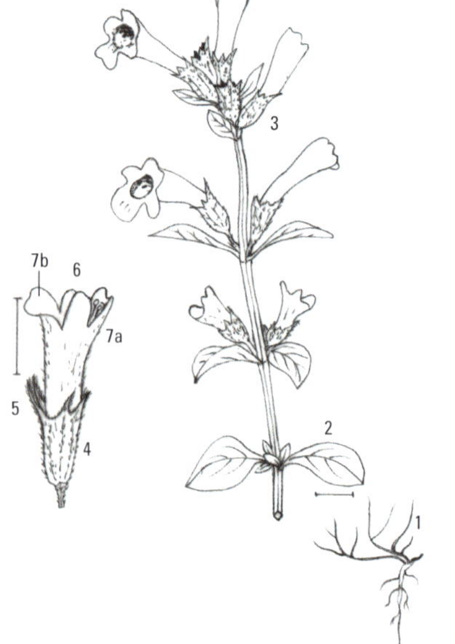

494 Veronica officinalis, Plantaginaceae

## Echter Ehrenpreis

mehrjährig | 5–8 | 0,3 m

Nährstoffarme, relativ lichtreiche Standorte in Heiden, auf mageren Bergweiden, in lichten Wäldern und an Wegböschungen. ❀ Heidekraut [260], Flügel-Ginster [454], Kleines Habichtskraut [76].

▸1 Pflanze graugrün gefärbt und weich behaart. ▸2 Stängel niederliegend, wurzelnd, mit aufrechten Ästen und Blütentrieben. ▸3 Blätter kurz gestielt, eiförmig, bis 5 cm lang. ▸4 **Blattränder fein gesägt.** ▸5 Stiele der ährenartigen, aufrechten, den Blattwinkeln entspringenden Blütenstände dicht abstehend behaart. ▸6 Blütenkrone blassviolett, dunkler geadert, bis etwa 7 mm breit. ▸7 Frucht eine herzförmige, flache Kapsel mit einem Griffel, der etwa genauso lang wird wie die Frucht.

**495** ⊗ ✚ Paris quadrifolia, Melanthiaceae

## Vierblättrige Einbeere

mehrjährig | 5 | 0,4 m

Nährstoffreiche, teils feuchte Standorte in Buchen-, Eichen-, Nadelmisch- und Auenwäldern. ❀ Busch-Windröschen [639], Gefleckter Aronstab [314], Hohe Primel [107].

▸1 Stängel aufrecht, gerade und kahl. ▸2 **Blattkranz aus 4** (selten 3, 5, 6 oder 7) **Blättern am oberen Ende des Stängels.** ▸3 Blätter bis 15 cm lang, netznervig (a), vorne zugespitzt (b). ▸4 **Blüte und Frucht der Mitte des Blattkranzes entspringend.** ▸5 Blütenkrone aus 4 äußeren (a) und 4 inneren (b) grünen Hüllblättern sowie (meist) 8 Staubblättern (c) aufgebaut. ▸6 **Frucht eine schwarz-blau bereifte, bis etwa 1 cm dicke, kugelige Beere.**

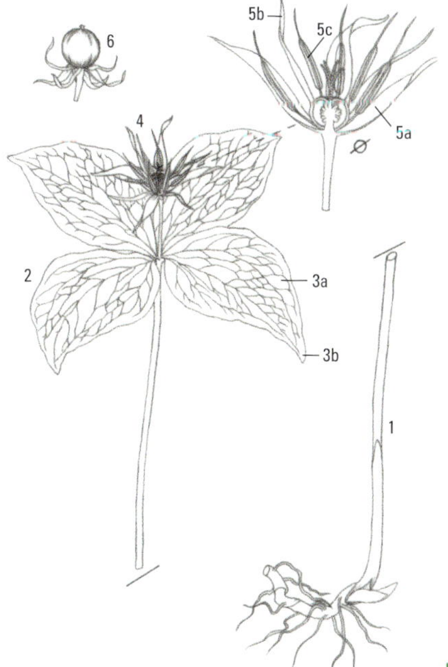

**496** ✚ Vaccinium uliginosum, Ericaceae

## Moor-Heidelbeere (Moorbeere, Rauschbeere)

Halb- oder Zwergstrauch | 5–6 | 1 m

In offenen Mooren, Moor- und Moorrandwäldern sowie in Zwergstrauchgesellschaften auf nährstoffarmen Böden. ❀ Heidekraut [260], Sprossender Bärlapp [118], Heidelbeere [185].

▸1 Pflanze mit unterirdisch kriechenden Trieben. ▸2 **Zweige** sparrig aufstrebend, **im Querschnitt rund**, bräunlich, mit wechselständig angeordneten Blättern. ▸3 **Blätter oberseits blaugrün, bis 2 cm lang, eiförmig, derb, ganzrandig, am Rande schwach herabgebogen.** ▸4 Blattunterseiten mit deutlich hervortretender Nervatur. ▸5 Blüten weißlich oder rötlich, wie die Frucht zu 1–4 am Ende seitenständiger Triebe. ▸6 **Frucht eine birnförmige oder kugelige, blaubereifte, bis 1 cm breite Beere.**

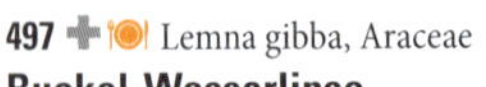

**497** Lemna gibba, Araceae

## Buckel-Wasserlinse

mehrjährig | 4–6 | L 6 mm

In stehenden, nährstoffreichen Gewässern, z. B. Gräben, Tümpel, Dorfteiche. Kleine Wasserlinse [498], Untergetauchte Wasserlinse [91].

▸1 Frei schwimmende Wasser**pflanze, oft rötlich überlaufen.** ▸2 Blattartige Sprossglieder, annähernd symmetrisch, 3(–5)nervig, bis etwa 6 mm lang. ▸3 **Sprossglieder** zu 1–6, durchscheinend, jeweils mit nur einer Wurzel. ▸4 **Unterseite der Laubglieder bauchig gewölbt.** ▸5 Blütenstand mit einer weiblichen (a) und 2 männlichen Blüten (b).

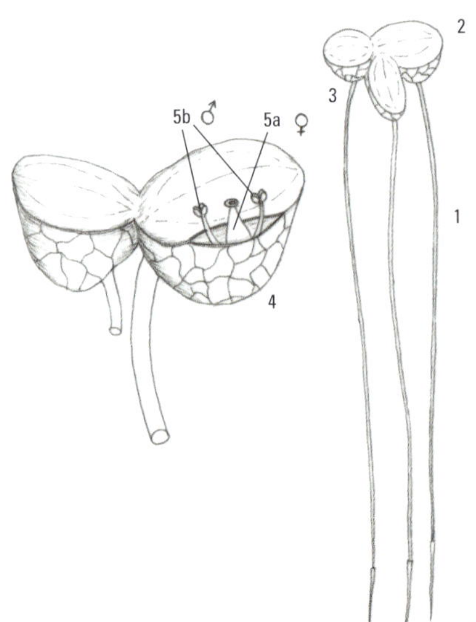

**498** Lemna minor, Araceae

## Kleine Wasserlinse (Entengrütze)

mehrjährig | 4–5 | L 6 mm

In stehenden und langsam fließenden Gewässern mit mittlerem bis hohem Nährstoffgehalt. Buckel-Wasserlinse [497], Schwimmendes Laichkraut [191].

▸1 Frei schwimmende Wasserpflanze. ▸2 Blattartige **Sprossglieder, flach, gelbgrün, meist asymmetrisch, 3(–5)nervig,** bis etwa 6 mm lang. ▸3 Sprossglieder zu 2–6 aneinander hängend (a), jeweils mit nur einer Wurzel (b) und 2 seitlichen (mit bloßem Auge nicht sichtbaren) Taschen (c). ▸4 Wurzel bis 10 cm lang. ▸5 Blütenstand der bei uns nur selten blühenden Pflanze mit einer weiblichen und 2 männlichen Blüten.

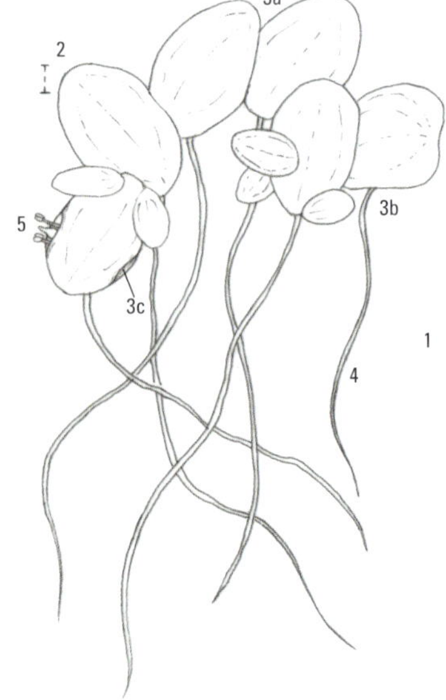

**499** Hydrocotyle vulgaris, Araliaceae

## Gewöhnlicher Wassernabel

mehrjährig | 7–8 | 0,2 m

Feucht-nasse oder zeitweise überschwemmte Stellen in Seggenriedern, Niedermooren, Gräben und Moorwiesen. Heidekraut [260], Gewöhnliches Pfeifengras [5], Sumpf-Veilchen [331].

▸1 **Stängel dünn, bis zu 1 m lang kriechend, an den Knoten wurzelnd.** ▸2 **Blattflächen rund**, bis 4 cm im Durchmesser. ▸3 Blattunterseiten (a) und Blattstiele (b) behaart. ▸4 **Blattrand gekerbt.** ▸5 **Ansatz der Blattstiele etwa in der Mitte der Blattunterseiten.** ▸6 Stiele der Blütendolde (a) nur bis halb so lang wie die langen Blattstiele (b). ▸7 Blütenstand mit wenigen unscheinbaren, weißen oder rötlichen Blüten. ▸8 Frucht eine flache, geflügelte, warzige, bis 2 mm lange Nuss. ▸9 2 Griffel an der Spitze der Frucht.

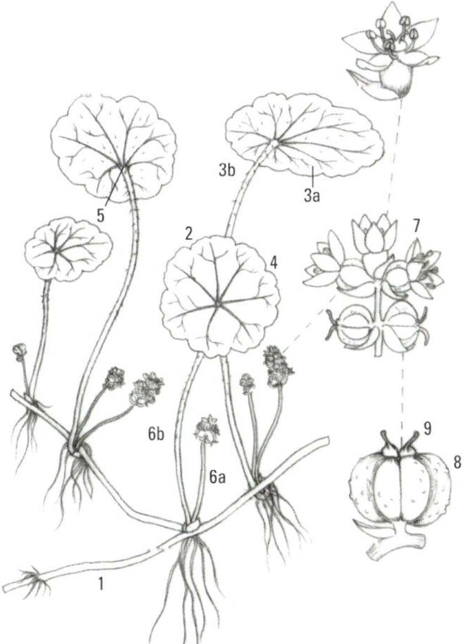

**500** Lysimachia nummularia, Primulaceae

## Pfennig-Gilbweiderich (Pfennigkraut)

mehrjährig | 5–7 | L 0,5 m

In feuchten Wiesen, an Wegrändern, in Gärten und an Ufern. Bach-Nelkenwurz [730], Echtes Mädesüß [703], Gewöhnlicher Blutweiderich [148], Wiesen-Sauer-Ampfer [262].

▸1 **Pflanze flach am Boden wachsend (a)**, an den Blattansätzen neue Wurzeln bildend (b). ▸2 Paarweise (gegenständige) Stellung der Blätter am kantigen Stängel. ▸3 **Blätter nur wenig länger als breit**, rundlich oder elliptisch bis herzförmig (a), kurz gestielt (b), ganzrandig (c), rot punktiert. ▸4 Blüten gestielt (a), einzeln den mittleren Blattwinkeln entspringend (b). ▸5 Kelchzipfel rot punktiert, herzförmig. ▸6 **Blütenkronblätter gelb, bis etwa 15 mm lang, auf der Innenseite sich häufig rötlich verfärbend.** ▸7 5 Staubblätter. ▸8 Frucht eine bis 5 mm lange (nur selten ausgebildete) Kapsel.

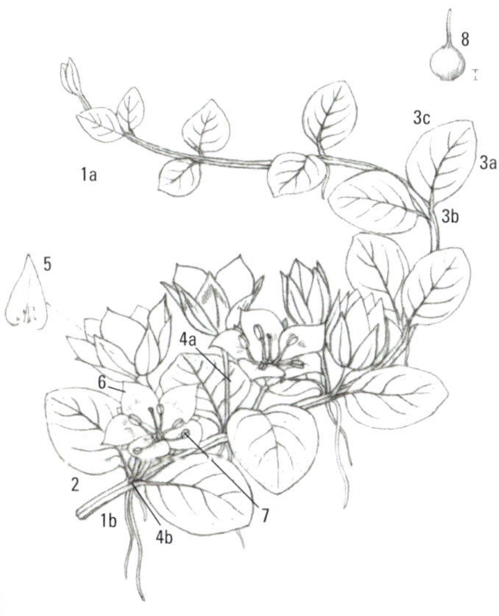

**501**  Claytonia perfoliata, Portulacaceae

**Tellerkraut** (Kubaspinat)

einjährig | 4–7 | 0,2 m

Nährstoffreiche Standorte an Wegen und Mauern sowie in Parkanlagen. ❀ Lauchhederich [307], Stinkender Storchschnabel [655], Gewöhnlicher Gundermann [330].

▸1 **Die lang gestielten, ganzrandigen Blätter oval bis rautenförmig.** ▸2 Hochblätter einen tellerförmigen, flachen Trichter bildend. ▸3 Blütenstand lang gestreckt, dem Zentrum der tellerförmigen Hochblätter entspringend. ▸4 Die relativ kleinen, unscheinbaren, fünfzähligen Blüten in Gruppen von 5 bis 40. ▸5 Die weißen oder rosafarbenen Kronblätter 2–4 Millimeter lang.

**502** Equisetum sylvaticum, Equisetaceae

**Wald-Schachtelhalm**

mehrjährig | 4–6 | 0,8 m

Kalkarme, sickerfeuchte Standorte in aufgelichteten Fichtenwäldern, in Auenwäldern, an Wegböschungen und in brachgefallenen Nasswiesen. ❀ Kriech-Günsel [108], Gewöhnliches Hexenkraut [184], Hain-Gilbweiderich [214].

▸1 **Pflanze zart, meist hellgrün.** ▸2 **Die glockenförmigen Stängelscheiden mit 5–18 Zähnen, diese in 3–6 häutige Lappen auslaufend.** ▸3 Unfruchtbare Sprosse mit mehrfach verzweigten, feingliedrigen, waagrecht abstehenden, am Ende leicht bogenförmig überhängenden Ästen. ▸4 Fruchtbare Sprosse anfänglich bleich und astlos, nach der Sporenreife ergrünend und sich ebenso wie die unfruchtbaren Sprosse verzweigend. ▸5 Fruchtstand eine zylindrische, früh abfallende Ähre.

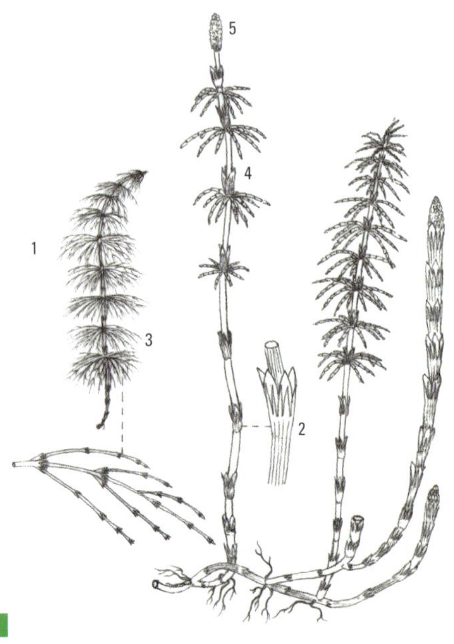

**503** Scorzoneroides autumnalis, Asteraceae

## Herbst-Schuppenlöwenzahn

(Herbst-Löwenzahn, Leontodon autumnalis) mehrjährig | 7–9 | 0,5 m

Nährstoffreiche Standorte in Fettweiden und Zierrasen sowie in Trittgesellschaften. Spitz-Wegerich [355], Wiesen-Löwenzahn [520], Weiß-Klee [626].

▸1 Stängel zu mehreren, gefurcht, verzweigt und Milchsaft enthaltend. ▸2 Kleinere Tragblätter an den Verzweigungen. ▸3 An der Stängelbasis eine grundständige Blattrosette. ▸4 Blattform fiederteilig, Blattabschnitte meist länglich. ▸5 Blütenköpfe einzeln am Ende der Zweige. ▸6 **Blütenkronblätter** gelb, **unterseits häufig rot gestreift.** ▸7 Hülle der Blütenköpfchen bis 15 mm lang, Hüllblätter dachziegelig angeordnet. ▸8 Frucht bis 5 mm lang, runzelig, mit federigem, schmutzig- bis gelblich-weißem Haarkranz (Pappus).

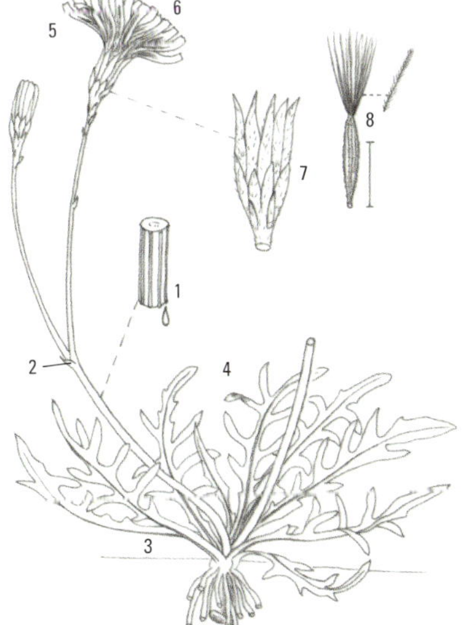

**504 !!** Hypochaeris glabra, Asteraceae

## Kahles Ferkelkraut

einjährig | 7–9 | 0,7 m

Trocken-warme Standorte in sandigen Magerrasen und Äckern sowie an Ruderalstellen. Gewöhnliches Ferkelkraut [505], Berg-Jasione [74], Kleiner Sauer-Ampfer [550].

▸1 Pflanze mit mehreren, zwei- bis dreiköpfigen, einen weißlichen Milchsaft führenden, **grünen Stängeln** (Gewöhnliches Ferkelkraut [505]: Stängel blaugrün). ▸2 Stängel im oberen Bereich häufig mit schuppenförmigen Blättchen. ▸3 An der Stängelbasis eine Rosette aus länglichen, meist kahlen Grundblättern. ▸4 Blattrand buchtig gezähnt (bis seltener fiederteilig eingeschnitten). ▸5 Hülle des **relativ kleinen Blütenköpfchens** bis 15 mm lang. ▸6 Hüllblätter schmal-länglich, mit weißlichem Rand und schwärzlicher Spitze. ▸7 Blütenköpfchen mit gelben, an der Außenseite weißlichen Zungenblüten. ▸8 Frucht mit Haarkranz, nur die inneren Früchte geschnäbelt (a).

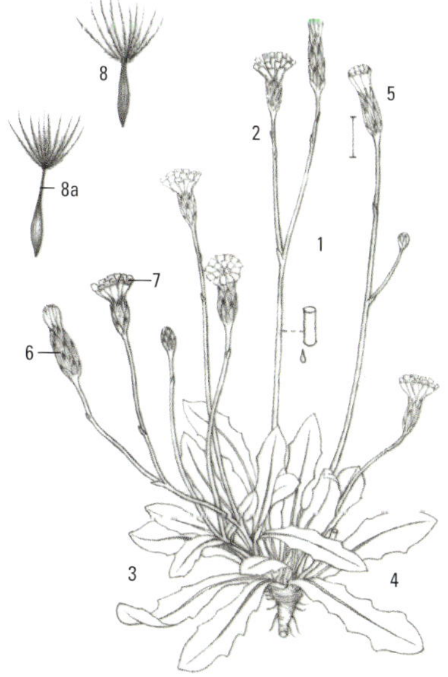

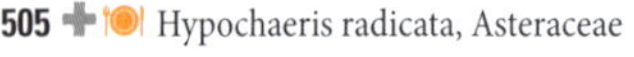

**505** Hypochaeris radicata, Asteraceae

## Gewöhnliches Ferkelkraut

mehrjährig | 6–10 | 0,7 m

In mageren Wiesen und Weiden, in Heiden sowie im Randbereich von Waldwegen. Wiesen-Schafgarbe [663], Kleines Habichtskraut [76], Kahles Ferkelkraut [504], Kleiner Sauer-Ampfer [550].

▸1 **Stängel blaugrün**, aufrecht, schwach kantig, **bisweilen etwas geschlängelt.** ▸2 Im oberen Bereich des Stängels schuppen- oder borstenartige Blättchen. ▸3 Laubblätter in grundständiger, flach dem Boden anliegender Blattrosette. ▸4 **Blätter blaugrün**, länglich, **etwas fleischig**, meist borstig behaart. ▸5 Blattrand buchtig ausgeformt. ▸6 Blütenköpfe einzeln am Ende der Stängel, bis 4 cm im Durchmesser. ▸7 Hüllblätter mit hellem Rand, zum Teil mit steifen Borsten. ▸8 **Die geschnäbelten Früchte mit schirmförmigem Haarkranz.**

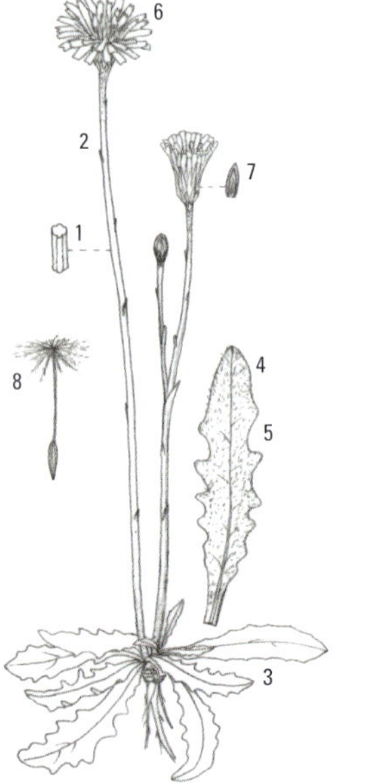

**506** Scorzoneroides helvetica, Asteraceae

## Schweizer Schuppenlöwenzahn

(Leontodon helveticus)

mehrjährig | 7–9 | 0,3 m

Auf sonnig-exponierten sauren Magerrasen oder -weiden bergiger Lagen sowie auf Felsen. Echte Arnika [460], Bärwurz [797], Blutwurz [644].

▸1 **Stängel meist einzeln**, aufrecht, unverzweigt (a), im Unterschied zum Grauen Löwenzahn [62] unterhalb des einzeln stehenden Blütenköpfchens **kaum verdickt** (b). ▸2 **Mehrere schuppenförmige Blätter am Stängel.** ▸3 Laubblätter eine grundständige Rosette bildend. ▸4 Blattform länglich mit unterschiedlich starker Ausprägung eines gebuchteten Blattrandes. ▸5 **Im Unterschied zum Steifhaarigen Löwenzahn [511] Blütenhülle dunkel kraushaarig, bis 15 mm lang.** ▸6 Blüten gelb, zungenförmig. ▸7 Früchte bis 10 mm lang, mit zweireihigem, gelblich- oder schmutzigweißem bis bräunlichem Haarkranz.

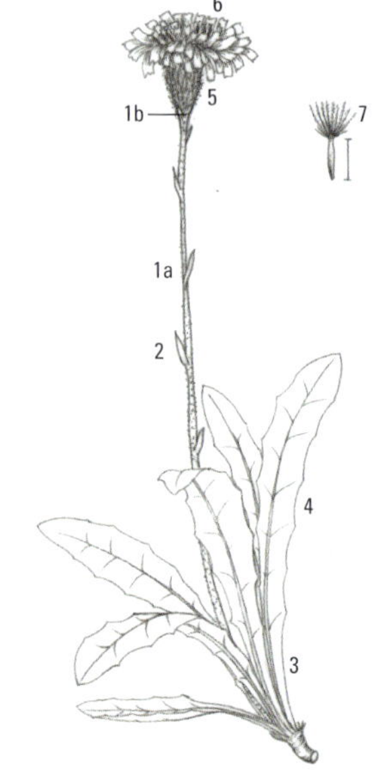

**507** Leontodon saxatilis, Asteraceae

## Nickender Löwenzahn

zweijährig | 7–9 | 0,3 m

Pionier in Trittflächen, Zierrasen, an Wegen, Ufern, Brachen. ❀ Gewöhnlicher Hornklee [733], Spitz-Wegerich [355], Kriechendes Fingerkraut [643].

▸1 **Mehrere blattlose Stängel** je Laubblattrosette. ▸2 Blätter länglich, zerstreut, aber rau behaart. ▸3 Blattrand buchtig gezähnt bis tief eingeschnitten. ▸4 Blütenköpfe vor dem Aufblühen nickend. ▸5 Hülle der Blütenköpfchen bis 9 mm lang, **Hüllblätter mit schwarzem Rand.** ▸6 Äußere Hüllblätter viel kürzer als die inneren. ▸7 **Blüten** gelb, zungenförmig, **etwa doppelt so lang wie die Hülle.** ▸8 Frucht mit federigem Haarkranz.

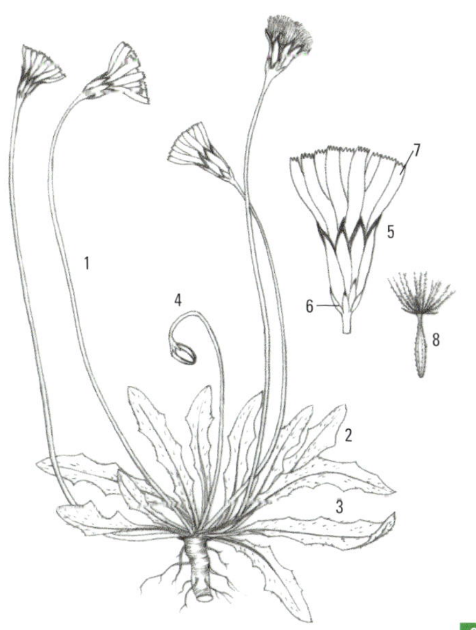

**508** Hieracium laevigatum, Asteraceae

## Glattes Habichtskraut

mehrjährig | 6–8 | 1 m

In lichten Laubwäldern und Gebüschen, Heiden, Silikat-Magerrasen und menschlich überprägten Standorten wie Straßenrändern und Bahnanlagen. ❀ Heidekraut [260], Salbei-Gamander [295], Heidelbeere [185], Echter Ehrenpreis [494].

▸1 **5–15(20) Stängelblätter**, Blätter entfernt stehend am Stängel angeordnet. ▸2 **Ohne oder mit 1–3 grundständigen Blättern.** ▸3 Untere Blätter gestielt. ▸4 **Blattrand mit 6–10 vorspringenden Zähnen.** ▸5 Blütenstand rispig mit 10–30 Blütenköpfchen. ▸6 Hülle der Blütenköpfchen zylindrisch-eiförmig. ▸7 Farbe des Griffels gelb oder dunkel. ▸8 Frucht dunkelbraun bis annähernd schwarz.

**509** Valerianella dentata, Valerianaceae

## Gezähntes Rapünzchen (Gezähnter Feldsalat)

einjährig | 6–7 | 0,6 m

Auf sommerwarmen und nährstoffreichen Standorten in Äckern, Brachen, Weinbergen, Steinbrüchen, Kiesgruben, an Straßenböschungen und Mauern. ❀ Klatsch-Mohn [743], Kleiner Sauer-Ampfer [550], Acker-Senf [556].

▸1 Stängel kantig, rau und gabelig verzweigt. ▸2 Stängelblätter paarweise (gegenständig) am Stängel angeordnet. ▸3 **Hochblätter in der unteren Hälfte meist mit einzelnen, gut ausgebildeten Blattzähnen.** ▸4 Untere Blätter spatelförmig. ▸5 Gesamtblütenstand aus mehreren gestielten, köpfchenartigen Teilblütenständen gebildet. ▸6 Blütenkrone klein, fünfspaltig mit 3 Staubblättern und einem Griffel, weißlich-blassblau oder hell-purpurn. ▸7 **Frucht** eiförmig, **an der Spitze mit einem schmalen, jedoch im Unterschied zum Gewöhnlichen Rapünzchen [377] deutlich sichtbaren Kelchsaum (a).**

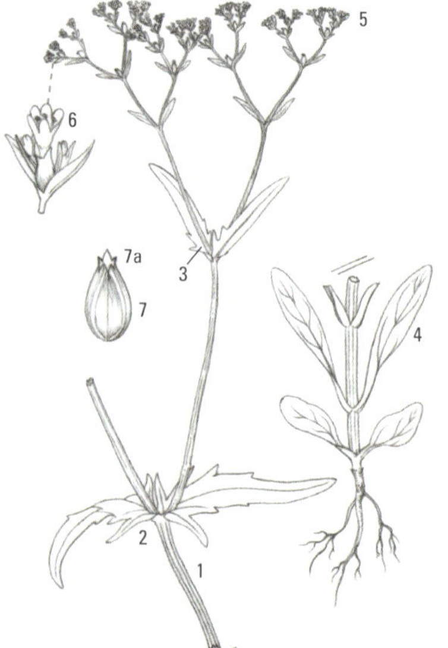

**510** ✚ Cirsium arvense, Asteraceae

## Acker-Kratzdistel (Acker-Distel)

mehrjährig | 7–9 | 1,8 m

Nährstoffreiche, lehmige Standorte in Äckern, Gärten und Waldschlägen sowie an Wegrändern und Schuttplätzen. ❀ Große Klette [317], Krause Distel [538], Große Brennnessel [296].

▸1 Aus dem weit kriechenden Wurzelstock zahlreiche Stängel treibend. ▸2 **Stängel** aufrecht, beblättert, **nicht stachelig.** ▸3 Blätter vielgestaltig: ungeteilt, buchtig gezähnt oder tief geteilt. ▸4 Beschaffenheit des Blattes weich bis starr dornig. ▸5 Blattrand dornig gezähnt und wellig kraus. ▸6 Blütenköpfchen zahlreich, in doldenartiger Rispe angeordnet. ▸7 Im Blütenköpfchen zahlreiche Einzelblüten, deren Blütenkrone mit langer Röhre, lila, selten weiß. ▸8 Haarkranz weich, gefiedert, bis 3 cm lang, weißlich bis gelb gefärbt.

**511** Leontodon hispidus, Asteraceae

## Steifhaariger Löwenzahn (Rauer Löwenzahn)

mehrjährig | 6–10 | 0,6 m

Je nach Unterart Standorte auf Grünland- und Magerrasen oder kalkreichen, felsig-steinigen Bereichen. Glatthafer [4], Gewöhnliches Knaulgras [9], Spitz-Wegerich [355], Scharfer Hahnenfuß [652].

▸1 **Stängel** einzeln oder zu mehreren, unverzweigt (a), **unter dem Blütenköpfchen kaum verdickt** (b). ▸2 **Oft 1–2 kurze Hochblätter am sonst blattlosen Stängel.** ▸3 Blätter in grundständiger Rosette. ▸4 **Blatt** länglich, vielgestaltig, **im Unterschied zum Grauen Löwenzahn [62] meist behaart, aber nicht graufilzig.** ▸5 Blattrand mehr oder weniger tief eingeschnitten, dadurch Blätter (teilweise) in spitze Lappen geteilt. ▸6 Blütenköpfe einzeln an der Stängelspitze, vor dem Erblühen nickend. ▸7 Hülle der Blütenköpfchen bis 17 mm lang, dunkelgrün oder schwärzlich, meist kurz behaart. ▸8 Blüten gelb, zungenförmig, deutlich länger als die Hülle. ▸9 Frucht mit schmutzig-weißem oder bräunlichem, zweireihigem Haarkranz.

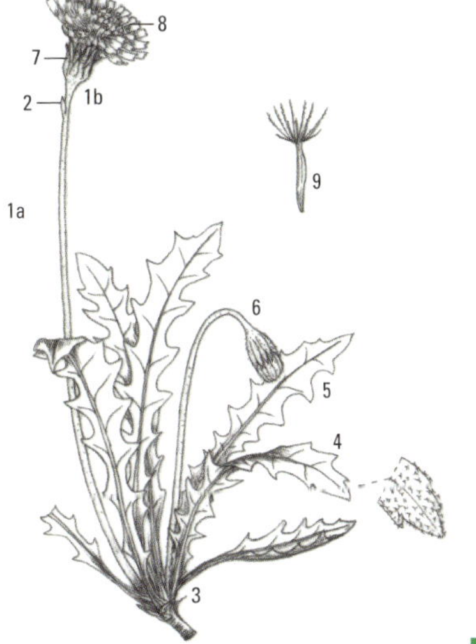

**512** Sonchus arvensis, Asteraceae

## Acker-Gänsedistel

mehrjährig | 7–10 | 1,5 m

Nährstoffreiche Standorte auf lehmigen Böden an Äckern und Ufern. Acker-Gauchheil [283], Gewöhnlicher Reiherschnabel [671], Vogel-Sternmiere [210], Persischer Ehrenpreis [229].

▸1 Pflanze mit Wurzel-Ausläufern (o. Abb.). ▸2 Stängel gestreift, aufrecht, nur oben verzweigt, mit wechselständig angeordneten Stängelblättern, Milchsaft führend (a). ▸3 Blätter glänzend grün, tief in länglich-dreieckige Abschnitte geteilt. ▸4 **Blattgrund mit** den Stängel herzförmig umfassenden, öhrchenförmigen **Lappen**, die **im Unterschied zur Rauen Gänsedistel [529] nicht eingerollt sind.** ▸5 Blattrand fein stachelig gezähnt. ▸6 **Die goldgelben Blütenköpfchen bis 5 cm im Durchmesser.** ▸7 Blütenhülle bis 2 cm lang, **wie die Stiele der Blütenköpfchen und meist auch der obere Stängelbereich, drüsig behaart.** ▸8 Einzelblüten im Blütenköpfchen alle zungenförmig. ▸9 Frucht mit bis zu 20 Rippen und schneeweißem Haarkranz.

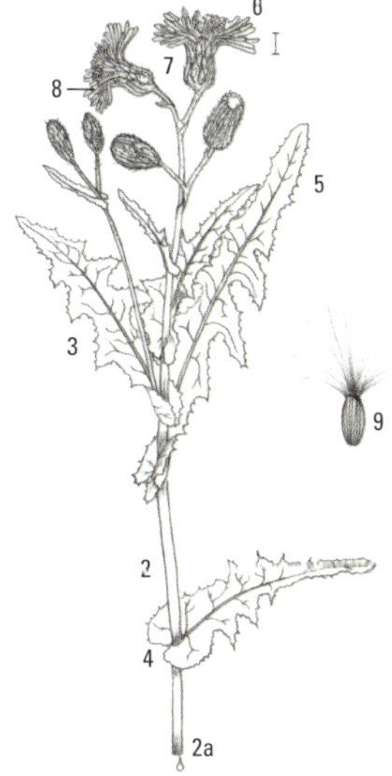

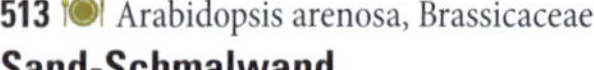

**513** Arabidopsis arenosa, Brassicaceae

## Sand-Schmalwand

ein- bis zweijährig | 4–8 | 0,4 m

In Felsspalten, Steinschutt-Fluren, Sandrasen, Bahnschottern und Wegerändern meist kalkhaltiger Standorte. ❀ Zwerg-Glockenblume [490], Zerbrechlicher Blasenfarn [673], Ruprechtsfarn [775].

▸1 Die oft mehrstängelige, zumindest an der Basis stärker behaarte Pflanze mit aufsteigendem bis aufrechtem Stängel und grundständiger Blattrosette. ▸2 **Grundblätter behaart, vom Rande her unterschiedlich stark eingeschnitten.** ▸3 Stängelblätter nach oben hin weniger behaart und weniger geteilt bis ungeteilt. ▸4 Blüten in lockeren bis dichten Trauben. ▸5 Die hautrandigen Kelchblätter in etwa halb so lang wie die Kronblätter. ▸6 Blütenkrone blasslila oder weiß, Kronblätter bis 8 mm lang. ▸7 Frucht eine aufrechte, bis etwa 5 cm lange Schote. ▸8 Schote wesentlich länger als ihr Stiel.

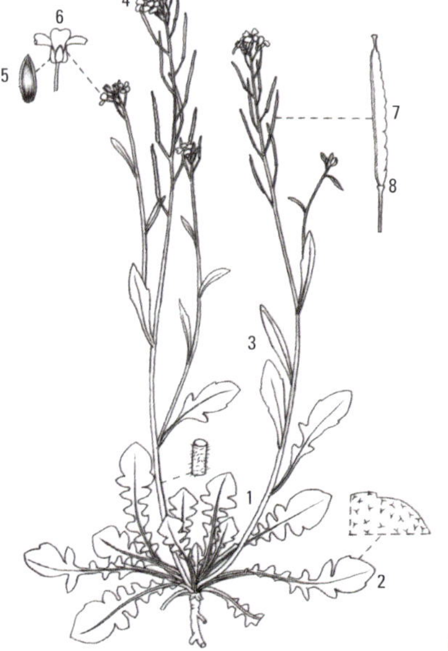

**514** Carduus acanthoides, Asteraceae

## Weg-Distel

zweijährig | 6–9 | 1,2 m

Stickstoffreiche und sonnige Plätze an Wegrändern, Ackerbrachen, Schuttplätzen und Steinbrüchen. ❀ Gewöhnliche Eselsdistel [534], Gewöhnlicher Beifuß [745], Große Brennnessel [296].

▸1 **Stängel** aufrecht, **mit stacheligen Flügeln und bis in die Spitze beblättert.** ▸2 Blätter im Umriss länglich und tief eingeschnitten. ▸3 Dornen kräftig, bis 7 mm lang. ▸4 Blütenköpfe einzeln oder zu 2–3 an den Zweigenden, Durchmesser bis 25 mm. ▸5 Blütenhülle eiförmig bis kugelig, nur wenig behaart. ▸6 Hüllblätter in einen kurzen, gelblichen Dorn auslaufend. ▸7 Krone hellpurpurfarben, bis 17 mm lang. ▸8 Früchte fein punktiert, olivfarben, bis 3,5 mm lang.

**515** Crepis capillaris, Asteraceae

## Kleinköpfiger Pippau

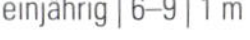

einjährig | 6–9 | 1 m

Als Pionier auf mäßig nährstoffreichen und meist kalkarmen Standorten in lückigen Wiesen, Weiden, Brachen, Grasplätzen und an Wegrändern. ❀ Gewöhnliche Möhre [782], Gewöhnliches Ferkelkraut [505], Kleiner Sauer-Ampfer [550], Weiß-Klee [626].

▸1 Wurzel dünn und spindelförmig. ▸2 Stängel aufrecht, oben verzweigt. ▸3 Laubblätter formenreich, vom Rand her unterschiedlich stark eingetieft. ▸4 Stängelblätter mit pfeil- oder spießförmiger Basis den Stängel umfassend. ▸5 Blütenköpfchen mit weniger als 2 cm Durchmesser verhältnismäßig klein. ▸6 **Die kraus behaarten Hüllblätter länglich, oben zugespitzt.** ▸7 **Äußerer Hüllblattkranz (a) nur ein Drittel so lang wie der innere (b).** ▸8 Frucht mit schneeweißem Haarkranz.

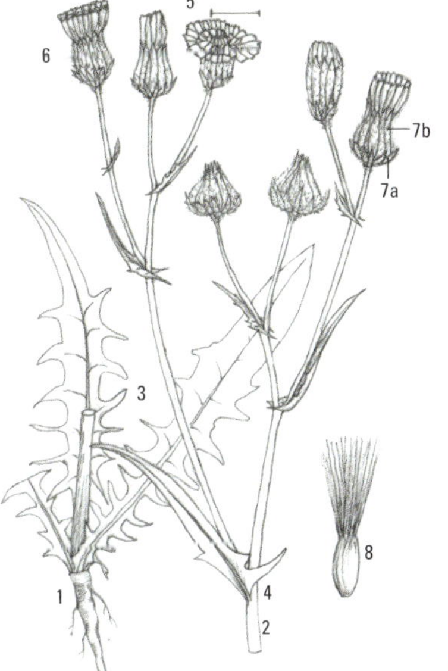


**516** Lactuca perennis, Asteraceae

## Blauer Lattich

mehrjährig | 5–6 | 0,6 m

Trocken-warme Standorte auf Felsen, Trockenrasen, (Weinbergs-)Mauern und an Wegrändern. ❀ Zypressen-Wolfsmilch [342], Färber-Waid [239].

▸1 Stängel aufrecht, oben verzweigt (a), rundlich, unbehaart. ▸2 **Blätter in tiefe, schmale Abschnitte geteilt, kahl, Farbe bläulichgrün.** ▸3 Stängelblätter den Stängel am Grund herzförmig umfassend. ▸4 Untere Blätter mit geflügeltem Stiel. ▸5 Gesamtblütenstand eine lockere Rispe. ▸6 **Die lang gestielten Blütenköpfchen blauviolett.** ▸7 Hülle der Blütenköpfchen kahl, bis etwa 2 cm lang. ▸8 Blüten alle zungenförmig, zu etwa 15 je Blütenköpfchen. ▸9 Frucht schwarz, rau, mit Längsrippen (a), langem Schnabel (b) und schneeweißem Haarkranz (c).

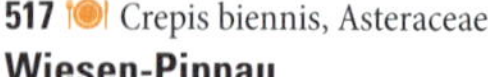

**517** Crepis biennis, Asteraceae

## Wiesen-Pippau

zweijährig | 5–6 | 1,2 m

Nährstoffreiche Standorte in Mähwiesen und an Wegen. Wiesen-Schafgarbe [663], Wiesen-Kerbel [779], Gewöhnliches Knaulgras [9], Gewöhnlicher Bärenklau [752].

▸1 Wurzel gedrungen, kurz. ▸2 Stängel aufrecht, gefurcht, locker beblättert und in der oberen Hälfte verzweigt. ▸3 Blätter unterschiedlich stark in Abschnitte geteilt. ▸4 Obere Blätter sitzend. ▸5 Untere Blätter in einen Stiel verschmälert. ▸6 **Blütenköpfe groß (bis 4 cm breit)**, gestielt, zu mehreren an den Zweigenden (a). ▸7 Hüllblätter länglich, schwärzlichgrün, abstehend behaart. ▸8 Die gerippten Früchte mit reinweißem, pinselartigem Haarkranz.

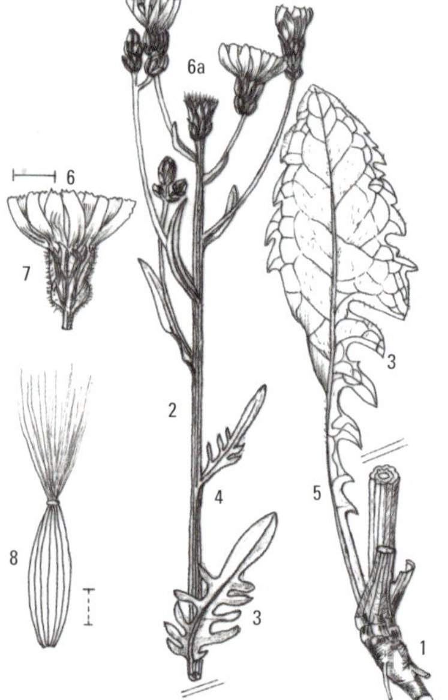

**518** Cirsium acaulon, Asteraceae

## Stängellose Kratzdistel (Cirsium acaule)

mehrjährig | 7–9 | 0,3 m

Trockenwarme, meist kalkhaltige Standorte auf Magerweiden und -rasen sowie in Wald- und Gebüschsäumen. Große Eberwurz [519], Hufeisenklee [712], Saat-Esparsette [667], Kleiner Wiesenknopf [720].

▸1 **Stängel** verkürzt oder **meist fehlend.** ▸2 Die steifen, länglichen Blätter rosettig gehäuft. ▸3 Blätter in eckige, meist drei-(bis vier-)zipfelige, gezähnte Abschnitte geteilt. ▸4 **Blütenköpfe meist einzeln.** ▸5 Die purpurbraun überlaufenen Hüllblätter mit kurzen, nur wenig stechenden Stacheln. ▸6 Blütenkrone purpurn, bis etwa 3 cm lang. ▸7 Frucht mit langem Haarkranz.

**519** ! Carlina acaulis, Asteraceae

## Große Eberwurz (Silberdistel)

mehrjährig | 7–9 | 0,6 m

Sonnig-warme Plätze in basenreichen Magerwiesen und -weiden sowie an Böschungen. Kleine Eberwurz [533], Hufeisenklee [712], Saat-Esparsette [667], Tauben-Skabiose [699].

▸1 Holzige, tiefreichende Pfahlwurzel. ▸2 Stängel entweder nur wenige Zentimeter hoch (a) oder selten verlängert (b). ▸3 Blätter rosettig (a) oder wechselständig angeordnet (b). ▸4 Blattrand buchtig eingetieft und dornig gezähnt. ▸5 **Blütenköpfe meist einzeln, bis 13 cm breit**, gelegentlich zu mehreren, selten verwachsen. ▸6 Hüllblätter spitz zulaufend, die äußeren bewehrt (a), die inneren ungeteilt und silbrig-weiß gefärbt (b). ▸7 Blüten als weißliche oder rötliche, bis 15 mm lange Röhrenblüten ausgebildet. ▸8 **Frucht mit langem Haarkranz.**

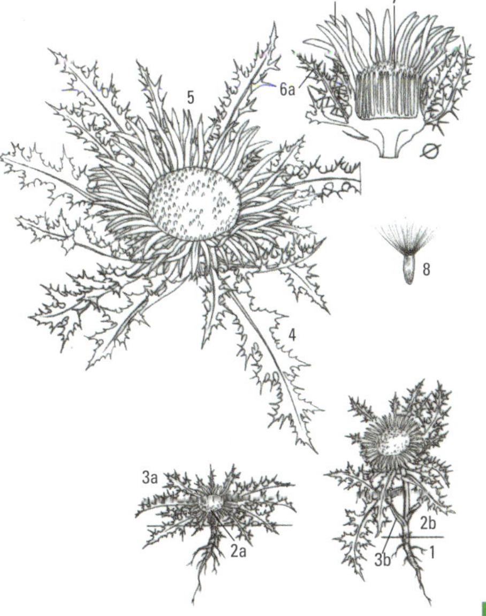

**520** Taraxacum sect. Ruderalia, Asteraceae

## Wiesen-Löwenzahn (Artengruppe)

(Wiesen-Kuhblume, Taraxacum officinale agg.) mehrjährig | 3–7 | 0,4 m

Nährstoffreiche Standorte in Wiesen und Weiden, auf Äckern und an Wegrändern. Wiesen-Kerbel [779], Wiesen-Labkraut [361], Rot-Klee [609].

▸1 **Stängel einköpfig, hohl, mit Milchsaft.** ▸2 Alle Blätter in einer grundständigen Rosette. ▸3 Blatt vom Rande her in mehr oder wenig tiefe Lappen geteilt. ▸4 Blütenhülle zylindrisch, mit zweireihig angeordneten Hüllblättern. ▸5 Äußere Hüllblätter zurückgeschlagen. ▸6 Blüten alle zungenförmig, gelb. ▸7 **Früchte mit langem Schnabel (a) und weißem Haarkranz (b).**

**521** Senecio sylvaticus, Asteraceae

## Wald-Greiskraut

einjährig | 6–9 | 0,8 m

Auf lichten, nährstoffreichen Plätzen im Wald auf kalkarmen Böden wie z. B. Waldschlägen und Waldwegrändern.
❀ Echte Tollkirsche [192], Roter Fingerhut [436], Schmalblättriges Weidenröschen [353].

▶1 Pflanze im Jungzustand mit spinnwebig behaarter Blattrosette aus tief gezähnten Grundblättern. ▶2 Stängel aufrecht wachsend, furchig gerillt und flaumig behaart, **höher werdend als beim ähnlichen Gewöhnlichen Greiskraut** [544]. ▶3 Die tief in längliche, gezähnte Abschnitte geteilten Stängelblätter wechselständig am Stängel angeordnet. ▶4 Hülle der Blütenköpfchen zylindrisch, mit angedrückter vier- bis fünfblättriger Außenhülle (a). ▶5 **Außenhüllblätter im Unterschied zum Gewöhnlichen Greiskraut ohne schwarze Spitzen.** ▶6 Die 13 Hüllblätter länglich, ebenso ohne schwarze Spitzen. ▶7 Blüten hellgelb, **mit 13 die Hülle nur wenig überragenden Zungenblüten (a)** und zahlreichen Röhrenblüten (b). ▶8 Frucht mit zur Fruchtzeit doppelt so langem Haarkranz wie die Frucht.

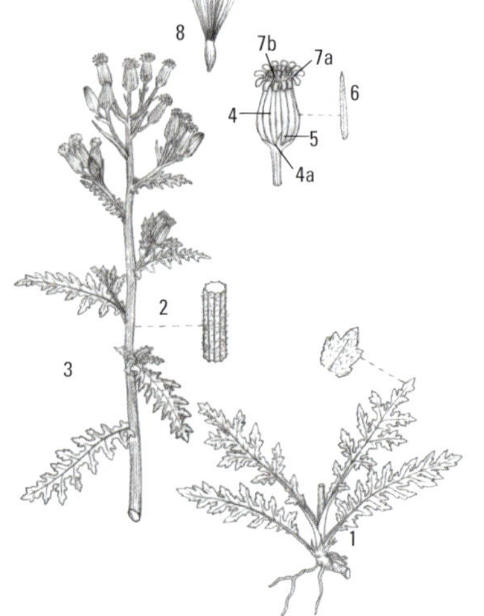

**522** Glebionis segetum, Asteraceae

## Saat-Wucherblume

einjährig | 7–10 | 0,8 m

Sandige Standorte auf Äckern und an Schuttplätzen.
❀ Gewöhnliches Hirtentäschel [541], Weißer Gänsefuß [564], Acker-Ziest [309].

▶1 **Pflanze kahl, blaugrün**, beim Welken würzig nach Cumarin duftend. ▶2 Stängel aufrecht und reich beblättert. ▶3 Untere und mittlere Blätter tief eingeschnitten. ▶4 Blütenköpfe einzeln, lang gestielt. ▶5 Hüllblätter eiförmig, an der Spitze häutig. ▶6 **Zungen- (a) und Röhrenblüten (b) goldgelb.** ▶7 Die gelbliche **Frucht ohne Haarkranz.**

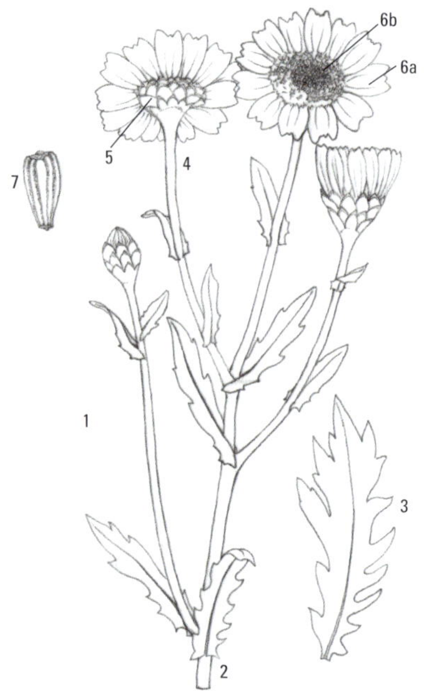

**523** Aposeris foetida, Asteraceae

## Hainsalat

mehrjährig | 6–8 | 0,3 m

Auf meist kalkhaltigen Böden in Buchen-, Eschen- und Mischwäldern sowie an Gebüschen und Waldwegen.
Busch-Windröschen [639], Ährige Teufelskralle [281], Vielblütige Weißwurz [473].

▸1 **Stängel einköpfig, unverzweigt, nicht beblättert, einen weißen Milchsaft enthaltend.** ▸2 An der Stängelbasis eine grundständige Blattrosette. ▸3 **Blätter** länglich, vom Rande her **in drei- bis fünfeckige, meist nicht ganz die Mittelrippe erreichende Abschnitte geteilt.** ▸4 Blütenhülle etwa 1 cm lang, zweiteilig. ▸5 Innere Hüllblätter länglich (a), äußerer Hüllblattkranz kurz (b) und bisweilen undeutlich ausgeprägt. ▸6 Blüten goldgelb, ausschließlich zungenförmig (a), an der Spitze fünfzähnig (b), etwa doppelt so lang wie die Blütenhülle. ▸7 **Früchte** bis 0,5 cm lang, flaumig behaart, **ohne Haarkranz.**

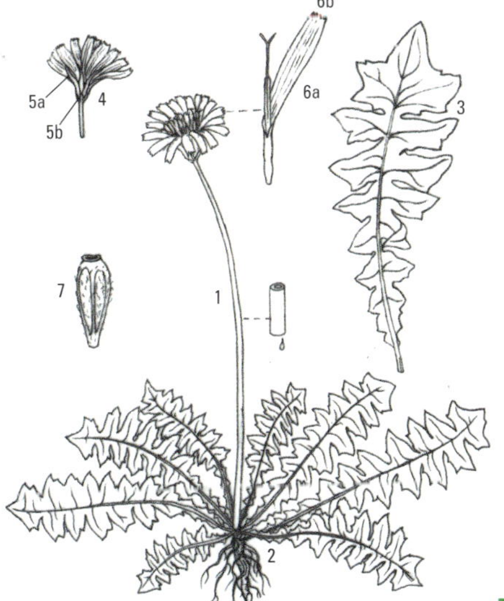

**524** Lactuca serriola, Asteraceae

## Kompass-Lattich

zweijährig | 7–9 | 0,6 m

Nährstoffreiche Standorte in Weinbergen, an Schuttplätzen und Wegrändern oder auf brachliegenden Äckern.
Gewöhnliche Waldrebe [734], Gewöhnliche Nelkenwurz [729], Gewöhnliches Greiskraut [544], Große Brennnessel [296].

▸1 Blätter und Stängel mit dickflüssigem, weißem Milchsaft. ▸2 Stängel steif aufrecht, im unteren Bereich bisweilen stachelig. ▸3 **Blätter blaugrün, steif, annähernd senkrecht gestellt und nach Nord und Süd ausgerichtet.** ▸4 Oberste Blätter länglich, nach oben hin immer weniger geteilt. ▸5 Untere und mittlere Blätter tief in schmale Abschnitte geteilt. ▸6 Blattmittelnerv stark borstig. ▸7 Blattrand dornig gezähnt. ▸8 Blattbasis mit den Stängel umfassenden Zipfeln. ▸9 Blütentragende Äste bogig abstehend. ▸10 Blütenköpfchen klein, mit nur wenigen gelben Blüten. ▸11 Hüllblätter schmal länglich, blaugrün, ziegelartig angeordnet. ▸12 Früchte länglich, graubraun, mit weißem Schnabel (a) und weißem Haarkranz (b).

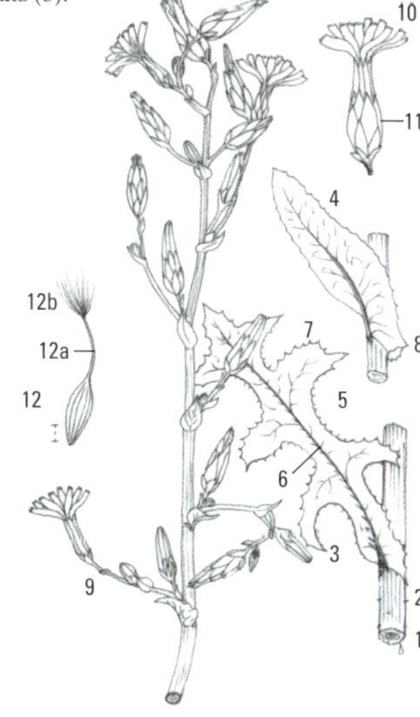

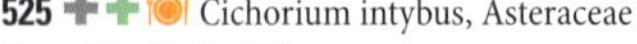

**525** Cichorium intybus, Asteraceae

## Gewöhnliche Wegwarte

mehrjährig | 7–10 | 1,5 m

Nährstoffreiche Standorte an Wegrändern, Schuttplätzen und Mauern sowie auf Äckern und Grasplätzen. Gewöhnlicher Beifuß [745], Gewöhnliche Möhre [782], Zweijährige Nachtkerze [395].

▸1 Wurzel spindelförmig. ▸2 **Stängel** steif aufrecht, vor allem in der oberen Hälfte **sparrig verzweigt**, Milchsaft führend. ▸3 **Blätter tiefbuchtig eingeschnitten**, bis 25 cm lang. ▸4 Blattrand unregelmäßig gesägt. ▸5 Blütenköpfe zahlreich, bis 4 cm im Durchmesser, in Hochblattachseln eingebettet. ▸6 Hüllblätter zweireihig angeordnet, behaart, die äußeren abstehend. ▸7 **Blüten alle zungenförmig, meist hellblau**, Durchmesser bis 5 cm, nur morgens geöffnet. ▸8 Früchte bis 2,5 mm lang, mit krönchenförmigem Kranz an der Spitze.

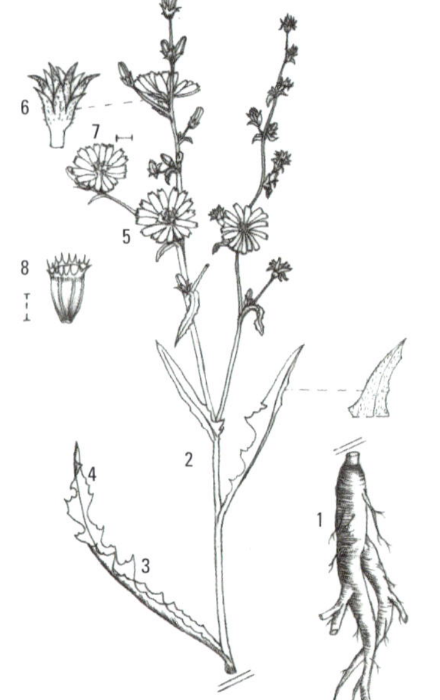

**526** Leucanthemum vulgare agg., Asteraceae

## Wiesen-Margerite (Artengruppe)

mehrjährig | 5–10 | 1 m

In Wiesen- und Rasengesellschaften, auf Brachen und an Wegböschungen. Wiesen-Schafgarbe [663], Gänseblümchen [102], Wiesen-Flockenblume [370], Wiesen-Labkraut [361].

▸1 Stängel aufrecht, einfach oder ästig verzweigt. ▸2 **Grundständige Blätter lang gestielt, spatelförmig.** ▸3 Stängelblätter von länglicher Form (a), am Stängel sitzend angeordnet (b). ▸4 **Blattrand aller Blätter gezähnt.** ▸5 Blütenköpfe auf langen Stielen endständig und einzeln am Stängel angeordnet. ▸6 Zungenblüten weiß, bis 2,5 cm lang. ▸7 Hüllblätter mit dunklem Rand. ▸8 Frucht bis 3 mm lang, meist ohne Haarkranz.

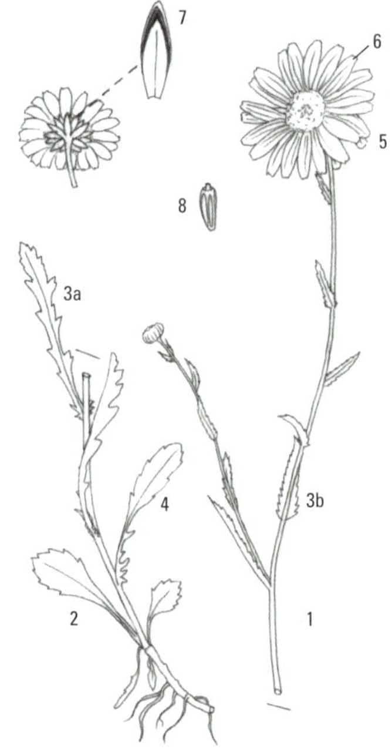

**527** Crepis paludosa, Asteraceae

## Sumpf-Pippau

mehrjährig | 5–8 | 1,2 m

Nährstoffreiche Standorte in nassen Wiesen, Quellbereichen und am Uferbereich von Bächen. Wald-Engelwurz [768], Sumpf-Dotterblume [335], Wechselblättriges Milzkraut [325].

▸1 Stängel aufrecht, an der Spitze locker verzweigt. ▸2 Grundständige Blätter eiförmig bis breit länglich, oben zugespitzt (a), an der Basis stielartig verschmälert (b). ▸3 **Stängelblätter den Stängel mit breiten und spitzen Öhrchen umfassend.** ▸4 Blattrand unregelmäßig gezähnt. ▸5 Gesamtblütenstand vielköpfig. ▸6 **Hüllblätter** länglich, zugespitzt, **mit dunklen Drüsenhaaren.** ▸7 Früchte bis 5 mm lang, mit **gelblich- bis schmutzig-weißem Haarkranz.**

**528** Hieracium lachenalii, Asteraceae

## Gewöhnliches Habichtskraut

mehrjährig | 6–8 | 1 m

In lichten Laubwäldern, Schlagfluren, Gebüschen und Waldmänteln. Heidekraut [260], Rundblättrige Glockenblume [337], Echter Ehrenpreis [494].

▸1 Stängel mit Milchsaft, aufrecht, meist fest und steif, in der oberen Hälfte häufig grau behaart (a). ▸2 **Grundständige Blattrosette mit 2–5,** selten bis 8 **zur Blütezeit noch vorhandenen Blättern.** ▸3 Blattspreite variabel, eiförmig oder länglich, meist ungefleckt. ▸4 Blattfarbe graugrün, unterseits häufig weinrot überlaufen. ▸5 Blattstiel und Blattrand behaart. ▸6 **Blattrand grob gezähnt.** ▸7 Wechselständige Anordnung der 3–5, in Ausnahmefällen bis zu 12 **Stängelblätter.** ▸8 10–25 gelbe, bis 2,5 cm im Durchmesser große Blütenköpfe, verteilt auf 3–8 Blütenäste. ▸9 Blütenhülle grün bis schwarz-grün, in der Form variabel, von länglich bis eiförmig, zylindrisch oder kugelig. ▸10 Frucht lang, dunkel, mit einem schmutzig-weißen Haarkranz.

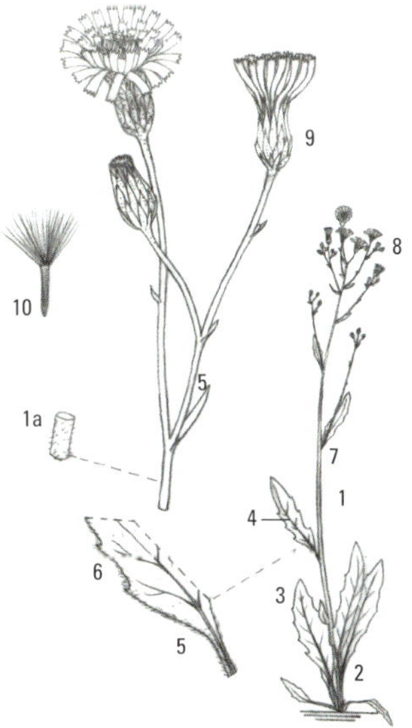

**529** Sonchus asper, Asteraceae

## Raue Gänsedistel

einjährig | 6–10 | 1 m

Als Kulturbegleiter auf nährstoffreichen Standorten in Gärten, Äckern und auf Schuttplätzen. ❀ Gewöhnliches Hirtentäschel [541], Acker-Kratzdistel [510], Acker-Hellerkraut [256].

▸1 Wuchs aufrecht und verzweigt. ▸2 Stängel kantig, mit wechselständig angeordneten Blättern. ▸3 **Die derben, oft ungeteilten und dann eiförmigen Blätter** glänzend dunkelgrün oder bläulich schimmernd. ▸4 **Blatt am Blattgrund schneckenartig eingerollt** (a) oder (die unteren) in einen langen, geflügelten Stiel auslaufend (b). ▸5 **Blattrand dornig gezähnt.** ▸6 **Blütenköpfchen bauchig verdickt, die Köpfchenstiele und meist auch die Köpfchenhülle im Unterschied zur Acker-Gänsedistel [512] kahl, nicht drüsig behaart.** ▸7 Blüten goldgelb und zungenförmig. ▸8 Frucht mit kurzem, büscheligem Haarkranz, Länge ohne Haarkranz etwa 3 mm.

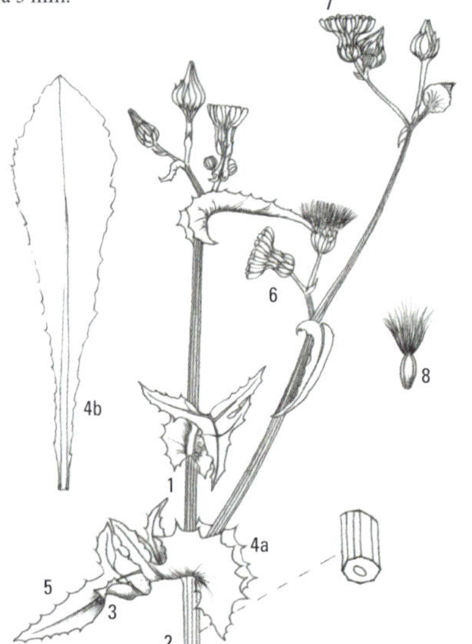

**530** Cirsium palustre, Asteraceae

## Sumpf-Kratzdistel (Sumpf-Distel)

ein- bis zweijährig | 7–9 | 2 (2,5) m

In nassen und moorigen Wiesen, in Gräben, an Ufern, in Auenwäldern und Waldschlägen. ❀ Hänge-Segge [8], Kohl-Kratzdistel [547], Arznei-Baldrian [702].

▸1 Wuchs steif aufrecht, oben schlank verzweigt. ▸2 Im ersten Jahr bildet sich eine dichte Blattrosette. ▸3 Stängel besonders an der Basis dicht behaart. ▸4 **Dornige Blattflügel am Stängel herablaufend.** ▸5 Blätter länglich, an der Oberseite dunkelgrün, unterseits weißfilzig behaart. ▸6 Blattränder der unteren Blätter buchtig ausgeformt (a), die oberen Blätter fast ungeteilt (b), jeweils gelbdornig gezähnt (c). ▸7 **Blütenköpfe zu 2–8 an den Zweigenden büschelig** angeordnet, im Unterschied zur ähnlichen Lanzett-Kratzdistel [535] mit einer Länge von bis zu 2 cm **relativ klein.** ▸8 Hüllblätter schmal länglich, oben mit abstehender Dornspitze. ▸9 Blüten bis 15 mm lang, purpurn, selten rosa oder weiß. ▸10 Frucht mit federigem, bis 1 cm langem Haarkranz.

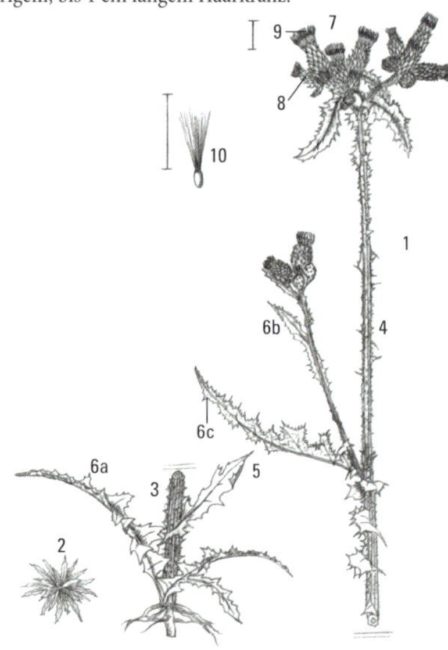

**531** Carduus nutans, Asteraceae

## Nickende Distel

zweijährig | 5–9 | 1 m

In Kalk-Magerrasen sowie an nährstoffreichen, menschlich stark geprägten Plätzen wie Wegen, Schuttplätzen, Steinbrüchen und Deponien. ❀ Gewöhnlicher Beifuß [745], Echte Hundszunge [450], Gewöhnliche Eselsdistel [534], Große Brennnessel [296].

▸1 Stängel nur wenig verzweigt. ▸2 Dornige und kraus gewellte Blattflügel am Stängel entlang laufend. ▸3 Blätter am Boden rosettig (a), am Stängel wechselständig angeordnet (b). ▸4 Blattabschnitte in einen starren Dorn ausgezogen. ▸5 Blütenköpfe kugelig, sich neigend und einzeln stehend. ▸6 **Hüllblätter mit starrer Stachelspitze.** ▸7 Bis etwa 100 süßlich duftende, purpurrote Röhrenblüten den Blütenstand bildend. ▸8 Die Griffel der Röhrenblüten meist deutlich länger und die Staubblätter kürzer als die Kronröhre (o. Abb.). ▸9 Frucht mit Haarkranz.

**532** Lycopus europaeus, Lamiaceae

## Ufer-Wolfstrapp

mehrjährig | 7–8 | 1,3 m

An feuchten Wegrändern und Gräben, auf zeitweise überschwemmten Standorten in Ufer-Röhrichten sowie im Erlenbruch. ❀ Pfeffer-Knöterich [134], Sumpf-Labkraut [390], Brennender Hahnenfuß [352].

▸1 Pflanze mit Ausläufern. ▸2 Stängel aufrecht, vierkantig, mit gegenständig angeordneten Laubblättern. ▸3 **Blätter am Rande grob gezähnt.** ▸4 Blütenkelch mit 5 langen, meist stechenden Zähnen. ▸5 **Blüten unscheinbar, weiß,** zu 10–20 quirlig in den Achseln der oberen Blattpaare angeordnet. ▸6 2 längere und 2 kürzere Staubblätter. ▸7 Frucht in 4 Teilfrüchte zerfallend (Klausenfrucht).

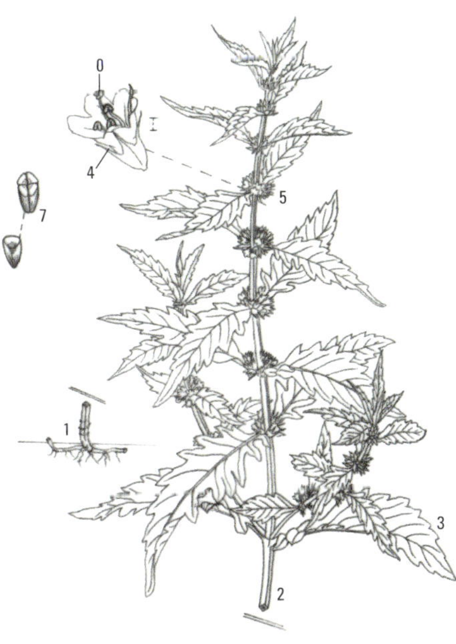

**533** Carlina vulgaris agg., Asteraceae

## Kleine Eberwurz (Artengruppe) (Golddistel)

zwei- bis mehrjährig | 7–9 | 0,6 m

Sommerwarme, meist kalkhaltige Standorte in mageren Wiesen und Weiden, an Wald- und Wegrändern sowie in lichten Eichen- und Kiefernwäldern. ❀ Hufeisenklee [712], Saat-Esparsette [667], Kleiner Wiesenknopf [720].

▸1 Der aufrechte, oben verzweigte Stängel ohne Stacheln. ▸2 Pflanze mit einer zur Blütezeit bereits vertrockneten Grundblattrosette. ▸3 Blätter nur wenig tief geteilt oder ungeteilt, starr, wellig, am Rande stachelig gezähnt. ▸4 Die bis etwa 4 cm breiten Blütenköpfe einzeln am Ende der Zweige. ▸5 **Ein strohgelber Kranz aus inneren Hüllblättern (a) umrahmt die ringförmig** angeordneten, weißlichen oder rötlichen **Röhrenblüten** (b). ▸6 Die bis 5 mm langen Früchte mit einem bis weit über 10 mm langen, weißen, borstigen Haarkranz.

**534** ! ✚ ✚ Onopordum acanthium, Asteraceae

## Gewöhnliche Eselsdistel

zweijährig | 7–9 | 3 m

In staudenreichen Wildkrautgesellschaften auf nährstoffreichen Standorten an Wegrändern, Böschungen, Steinbrüchen und Schuttplätzen. ❀ Gewöhnlicher Beifuß [745], Gewöhnliche Möhre [782], Gelbe Resede [744].

▸1 **Ganze Pflanze zunächst weiß- bis graufilzig behaart, später verkahlend.** ▸2 **Stängel** aufrecht, **mit breiten, dornigen Blattflügeln.** ▸3 **Im 1. Jahr eine große, bis 1 m im Durchmesser werdende Blattrosette bildend.** ▸4 Blätter wellig, am Rande in breit dreieckige, zugespitzte Abschnitte geteilt. ▸5 **Starrer, bis 1 cm langer Dorn an der Spitze der Blattlappen.** ▸6 Blütenköpfe purpurn, kugelig, bis 5 cm im Durchmesser groß und meist einzeln an den Zweigenden. ▸7 Hüllblätter in einen starren, teils zurückgeschlagenen, kräftigen Dorn verschmälert. ▸8 Frucht kantig, querrunzelig (a), bis 10 mm lang, mit einem borstigen, meist rötlichen Haarkranz (b).

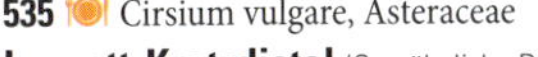

**535** Cirsium vulgare, Asteraceae

### Lanzett-Kratzdistel (Gewöhnliche Distel)

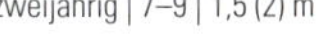

zweijährig | 7–9 | 1,5 (2) m

Stickstoffreiche Standorte auf besonnten Plätzen an Wegen, Schuttplätzen, Ufern und in Waldschlägen. ❀ Große Klette [317], Acker-Kratzdistel [510], Große Brennnessel [296].

▸1 Pflanze mit aufrechtem Wuchs und Verzweigung in der oberen Hälfte. ▸2 Stängel durch herablaufende Blattränder kraus und dornig geflügelt. ▸3 Blätter fiederteilig, die **Lappen in kräftige, gelbe Dornen** auslaufend. ▸4 Blattoberseite dornig behaart (a), Unterseite weißfilzig (b). ▸5 **Blütenköpfe bis 5 cm lang, einzeln an der Spitze der Zweige angeordnet.** ▸6 Blüten purpurrot, bis 3,5 cm lang. ▸7 Hüllblätter länglich, in einen spitzen, gelben Dorn auslaufend.

**536** Echinops sphaerocephalus, Asteraceae

### Drüsige Kugeldistel

mehrjährig | 7–8 | 2 (2,5) m

Trockenwarme Standorte an Wegrändern, Zäunen, Schuttplätzen, Weinbergen und Flussufern. ❀ Gewöhnlicher Beifuß [745], Nickende Distel [531], Gewöhnliche Möhre [782], Echter Steinklee [608].

▸1 Ganze Pflanze drüsig behaart. ▸2 Stängel kantig gefurcht, im oberen Bereich sparrig in mehrere Äste geteilt. ▸3 Blätter bis 40 cm lang. ▸4 Unterste Blätter gestielt. ▸5 Stängelblätter am Grund den Stängel dornig umfassend. ▸6 Blattflächen in grobe, etwa dreieckige Abschnitte geteilt. ▸7 **Blattunterseiten weißfilzig.** ▸8 Blattränder dornig gezähnt. ▸9 (Gesamt-) Blütenköpfe einzeln und endständig an den Ästen angeordnet. ▸10 Form der gestielten (Gesamt-)**Blütenköpfe kugelig, Breite bis 8 cm, beim Aufblühen blau, später grau bis weißlich.** ▸11 (Gesamt-)Blütenköpfe aus zahlreichen »Einzel-Blütenköpfen« gebildet. ▸12 Hüllblätter nach innen allmählich an Größe zunehmend. ▸13 Die zu einer Röhre verwachsenen Staubblätter mit einem Farbton zwischen Blaugrau und Blau. ▸14 Frucht bis 10 mm lang, mit krönchenartigem Haarkranz.

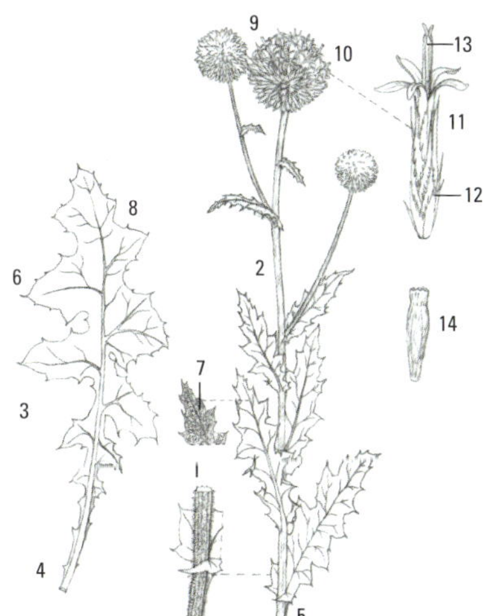

**537** ! ⊗ ✚ Hyoscyamus niger, Solanaceae

## Schwarzes Bilsenkraut

ein- bis zweijährig | 6–10 | 0,8 m

Nährstoffreiche Standorte an Schuttplätzen, Straßen- und Wegrändern sowie an Ruinen und Mauerfüßen. ❀ Schöllkraut [728], Weißer Gänsefuß [564], Gewöhnliche Eselsdistel [534].

▸1 **Stängel** stumpfkantig, reich beblättert und **drüsig-klebrig behaart.** ▸2 Blätter bis 20 cm lang, am Rande buchtig eingetieft. ▸3 **Blattlappen spitz zulaufend.** ▸4 Blüten einseitswendig und fast sitzend angeordnet (a). ▸5 Blütenkelch zottig behaart, am Ausgang mit 5 spitzen Zähnen. ▸6 **Blütenkrone trichterförmig, fünflappig, die Lappen etwas ungleich.** ▸7 **Blütenkrone trübgelb mit violetter Aderung (a), Schlund rotviolett (b).** ▸8 5 Staubblätter, von denen 3 etwas länger sind. ▸9 **Fruchtkelch glockenförmig.** ▸10 Frucht eine vielsamige Kapsel.

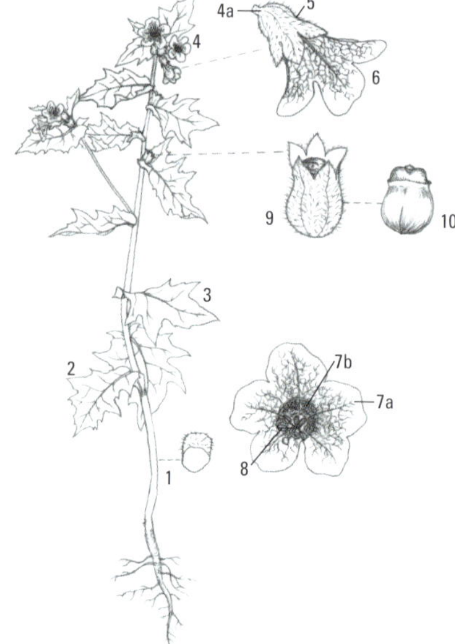

**538** Carduus crispus, Asteraceae

## Krause Distel

mehrjährig | 7–9 | 1,8 m

In staudenreichen Krautfluren nährstoffreicher Standorte an Ufern, Wegrändern und Schuttplätzen. ❀ Große Klette [317], Acker-Kratzdistel [510], Große Brennnessel [296].

▸1 Wuchs aufrecht, oben meist verästelt. ▸2 Stängel durchgehend kraus und stachelig geflügelt. ▸3 Stacheln bis 5 mm lang und nur wenig stechend. ▸4 Blätter weich, die Oberseite trüb-grün. ▸5 Blatt-Unterseite grau- bis weißfilzig. ▸6 **Alle Blätter bis über die Mitte eingeschnitten oder tief gelappt.** ▸7 Blütenköpfchen purpurfarben, kugelig, etwa 1 cm im Durchmesser, zu 3–5 an den Zweig- und Sprossenden angeordnet. ▸8 Hüllblätter länglich, in einen kurzen, spitzen Dorn auslaufend. ▸9 Früchte hellbraun, bis 4 mm lang. ▸10 Haarkranz etwa dreimal so lang wie die Frucht.

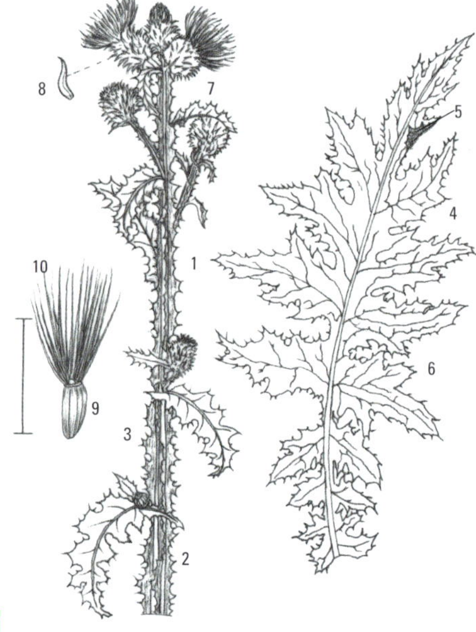

539 Centaurea scabiosa, Asteraceae

## Skabiosen-Flockenblume

mehrjährig | 6–9 | 1,5 m

Sonnige Plätze in Kalk-Magerrasen und Mähwiesen, an Waldrändern und auf Böschungen. Wiesen-Salbei [182], Echtes Labkraut [340], Kleiner Wiesenknopf [720].

▸1 Stängel kantig rau, aufrecht, häufig in der oberen Hälfte verzweigt. ▸2 **Blätter in längliche Abschnitte geteilt, borstig rau, dunkelgrün.** ▸3 Blütenköpfe purpurn, lang gestielt, endständig und meist einzeln angeordnet. ▸4 Hüllblätter mit dunklen, langen Fransen v. a. an der Spitze. ▸5 Randständige Blüten stark vergrößert. ▸6 Früchte bis 5 mm lang, bräunlich, zusammengedrückt. ▸7 Haarkranz ähnlich lang wie die Frucht, meist violett.

540 Diplotaxis muralis, Brassicaceae

## Mauer-Doppelsame

einjährig | 5–8 | 0,6 m

Trocken-warme, nährstoffreiche Standorte in Weinbergen, auf Äckern, an Wegrändern, Schuttplätzen, Kiesgruben, Bahndämmen und Flussufern. Weißer Stechapfel [570], Gewöhnlicher Erdrauch [785], Einjähriges Bingelkraut [171].

▸1 Pflanze mehrstängelig und im Unterschied zum Schmalblättrigen Doppelsame [686] **meist mit Grundblattrosette** (a). ▸2 Blätter buchtig gezähnt oder in Abschnitte geteilt, dann Endabschnitt vergrößert. ▸3 Blütenstand eine wenigblütige Traube. ▸4 Kelchblätter halb so lang wie die gelben Kronblätter. ▸5 Frucht eine aufrecht abstehende Schote mit kurzem Schnabel (a).

**541**  Capsella bursa-pastoris, Brassicaceae

## Gewöhnliches Hirtentäschel

ein- bis zweijährig | 1–10 | 0,7 m

Nährstoffreiche Standorte in Äckern und Gärten sowie an Wegen und Schuttplätzen. ❀ Weißer Gänsefuß [564], Purpurrote Taubnessel [308], Kohl-Gänsedistel [727].

▸1 Stängel einfach oder verzweigt. ▸2 Grundständige Blätter in einer Rosette angeordnet. ▸3 **Form der Grundblätter stark variierend.** ▸4 Stängelblätter mit spitzen Öhrchen den Stängel umfassend. ▸5 Blüten an der Spitze der Triebe doldig gedrängt. ▸6 Blütenkrone weiß, mit vier 2–3 mm langen Kronblättern. ▸7 Kelchblätter zur Zeit der Blüte anliegend. ▸8 **Frucht ein dreieckiges Schötchen (»Hirtentäschel«).**

**542** Raphanus raphanistrum, Brassicaceae 

## Acker-Rettich

ein-(bis zwei-)jährig | 5–10 | 0,6 m

Nährstoffreiche Standorte auf Äckern und Schuttplätzen. ❀ Ackerfrauenmantel [576], Behaarte Wicke [675].

▸1 **Stängel** aufrecht, verzweigt, **bläulich bereift und rau behaart.** ▸2 Untere und mittlere Blätter aus schräg versetzten Blattabschnitten und einem größeren Endabschnitt zusammengesetzt, wie der Stängel rau-borstig behaart. ▸3 Oberste Blätter länglich, ungeteilt. ▸4 Der häufig purpurn überlaufene Blütenkelch schmal, lang und aufrecht. ▸5 **Blütenkrone mit 4 weißen oder blassgelben, violett geaderten Kronblättern.** ▸6 Kronblätter etwa doppelt so lang wie der Kelch. ▸7 **Frucht eine bis 9 cm lange, aufrecht abstehende, gegliederte, gestielte und lang geschnäbelte Schote.**

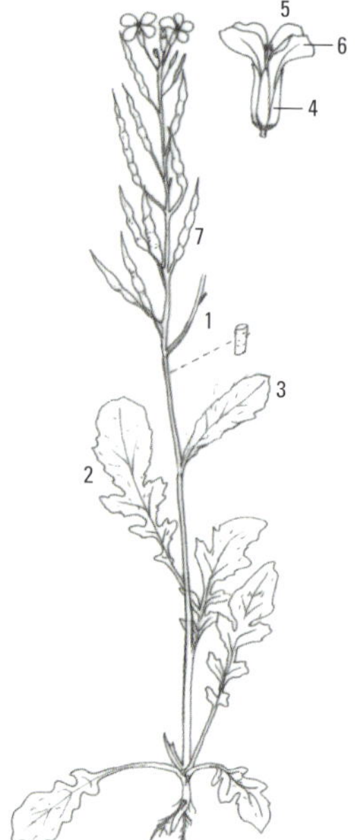

**543** Rorippa palustris, Brassicaceae

## Gewöhnliche Sumpfkresse

einjährig (bis ausdauernd) | 6–10 | 0,6 m

Als Pionier auf nährstoffreichen, meist schlammigen Böden an Ufern und in Gräben sowie an feuchten Weg- und Ackerrändern. ❀ Gewöhnliches Barbarakraut [723], Sumpf-Ruhrkraut [66], Pfeffer-Knöterich [134], Kriechender Hahnenfuß [637].

▸1 Pflanze von aufrechtem Wuchs. ▸2 Alle Blätter in ungleiche Abschnitte geteilt, Endabschnitt vergrößert. ▸3 Stängelblätter am Blattgrund kurz geöhrt. ▸4 Untere Blätter gestielt. ▸5 **Kronblätter hellgelb (a), gleich oder weniger lang als die Kelchblätter (b).** ▸6 Frucht eine gedrungene und häufig etwas gekrümmte Schote. ▸7 Frucht-Stiele mit etwa 5–10 mm Länge kürzer als oder gleich lang wie die Frucht.

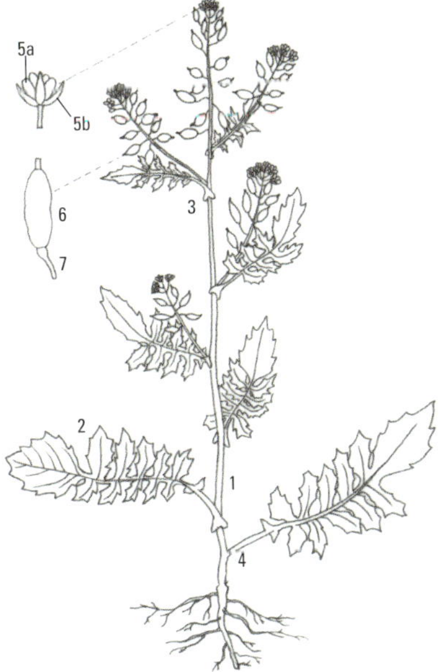

**544** Senecio vulgaris, Asteraceae

## Gewöhnliches Greiskraut

einjährig | 6–10 | 0,5 m

In nährstoffreichen Krautfluren der Äcker, Gärten, Wegränder und Schuttplätze sowie in Waldschlägen. ❀ Knäuel-Hornkraut [211], Vielsamiger Gänsefuß [472], Gewöhnliches Leinkraut [52].

▸1 Pflanze von aufrechtem Wuchs. ▸2 **Stängel** kantig, gerillt, **spinnwebig behaart.** ▸3 Blattform variierend, am Rande meist mit tiefen Buchten. ▸4 Blattrand spitz gezähnt. ▸5 Zahlreiche Blütenköpfchen in dolden- oder rispenartigem Gesamtblütenstand. ▸6 Äußere Hüllblätter kurz, mit dunklen Spitzen. ▸7 Innere Hüllblätter länglich, oben zugespitzt. ▸8 **Röhrenblüten gelb, nur wenig aus der Hülle hinausragend, Zungenblüten meist fehlend.** ▸9 Frucht mit langem, rein weißem Haarkranz.

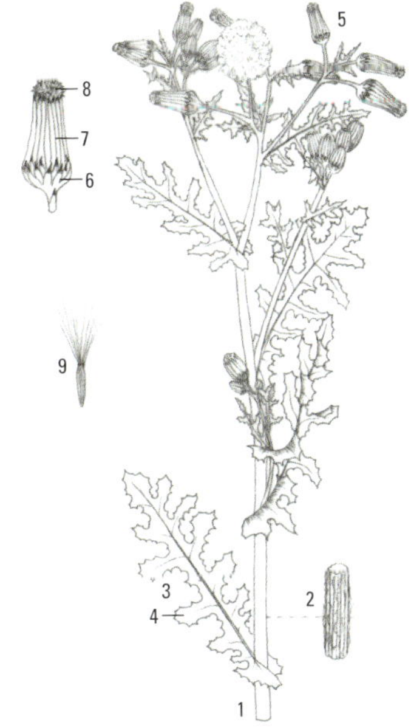

**545** Senecio viscosus, Asteraceae

## Klebriges Greiskraut

einjährig | 6–10 | 0,6 m

Als Pionier auf trocken-warmen, meist kalkarmen Standorten in Schotter- und Steinschuttflächen, z. B. an Bahngleisen und Wegrändern. ❀ Kanadisches Berufkraut [341], Kompass-Lattich [524], Hohe Rauke [683].

**Pflanze klebrig und unangenehm riechend.** ▸1 Stängel aufrecht oder bogig aufsteigend (a), **drüsig behaart (b).** ▸2 Die wechselständig angeordneten, gelblich-grünen **Blätter** tief in unregelmäßige Abschnitte geteilt und **drüsig behaart.** ▸3 Gesamtblütenstand aus zahlreichen Blütenköpfchen gebildet. ▸4 Blütenköpfchen bis etwa 1 cm im Durchmesser. ▸5 Hülle (a) und Außenhülle (b) des Köpfchens an der Spitze nicht schwärzlich. ▸6 **Die 21 Hüllblätter drüsig behaart, grün, bis 1 cm lang.** ▸7 **Außenhülle von der Blütenhülle abstehend.** ▸8 Blüten gelb, davon 13 Zungenblüten (a) sowie zahlreiche Röhrenblüten (b). ▸9 Frucht mit langem, weißem Haarkranz, der zur Fruchtzeit doppelt bis dreimal so lang wird wie die Frucht.

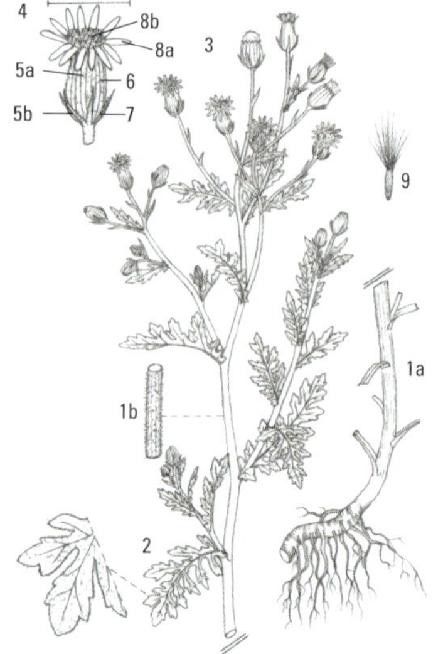

**546** Sisymbrium officinale, Brassicaceae

## Wege-Rauke

ein- bis zweijährig | 5–8 | 0,7 m

Als Pionier an sonnig-warmen, nährstoffreichen Plätzen im Bereich menschlicher Siedlungen wie z. B. an Wegrändern und Schuttplätzen sowie Ufern und Dämmen. ❀ Gewöhnliches Hirtentäschel [541], Weißer Gänsefuß [564], Gewöhnliches Greiskraut [544].

▸1 Stängel steif aufrecht, sparrig verzweigt und flaumig behaart. ▸2 Zweige mit wechselständig angeordneten Blättern. ▸3 Blatt aus mehreren Blattabschnitten und einem oft dreiteiligen, vergrößerten Endabschnitt zusammengesetzt. ▸4 Untere Blätter lang gestielt (o.Abb.). ▸5 Blüte mit 4 Kelchblättern, 4 Kronblättern und 6 Staubblättern. ▸6 Die 4 jeweils über den Lücken der Kelchblätter angeordneten Blütenkronblätter blassgelb, nur bis 3 mm lang. ▸7 **Fruchtstand lang gestreckt und durch angedrückte Schoten rutenförmig.** ▸8 **Frucht eine schmale, dem Stängel anliegende, oben zugespitzte, behaarte Schote.** ▸9 **Der bis 3 mm lange Fruchtstiel ähnlich dick wie die Schote.**

**547** Cirsium oleraceum, Asteraceae

## Kohl-Kratzdistel (Kohl-Distel)

mehrjährig | 7–9 | 1,5 m

Nährstoffreiche und feucht-nasse Bereiche in Wiesen, Auen, an Ufern und Quellen. ❀ Wiesen-Schaumkraut [685], Herbst-Zeitlose [382], Bach-Nelkenwurz [730].

▸1 **Pflanze weichdornig und nur wenig stechend.** ▸2 Quer liegender Wurzelstock. ▸3 Stängel aufrecht, gefurcht, nur zerstreut behaart. ▸4 **Blätter weich, unterschiedlich geformt, die Bandbreite reicht von ungeteilt bis tief fiederspaltig.** ▸5 Blattrand gezähnt. ▸6 Stängelblätter den Stängel herzförmig umfassend. ▸7 **Hochblätter bleich gelb-grün, ungeteilt.** ▸8 **Blütenköpfchen büschelig zu 2–6 an der Spitze der Pflanze, Blüten blassgelb.** ▸9 Früchte mit langem Haarkranz.

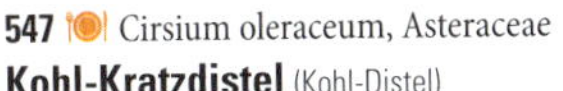

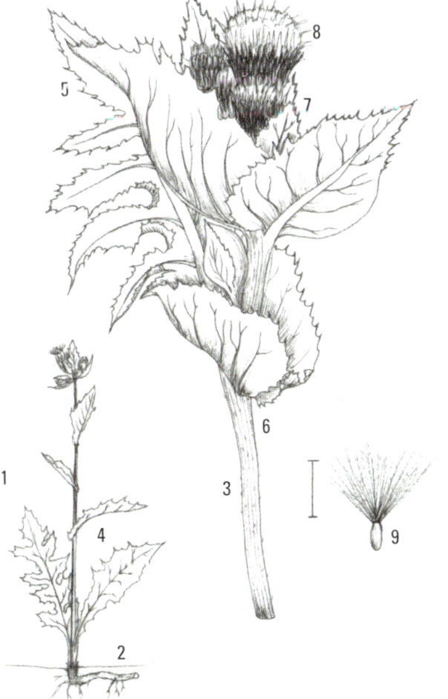


**548** Knautia arvensis, Dipsacaceae

## Wiesen-Witwenblume (Acker-Witwenblume)

mehrjährig | 7–8 | 1 m

In Wiesen und Halbtrockenrasen, an Weg- und Waldrändern sowie auf Äckern. ❀ Wiesen-Schafgarbe [663], Wiesen-Pippau [517], Rot-Klee [609].

▸1 Ganze Pflanze behaart. ▸2 Stängel beblättert, Blätter gegenständig angeordnet. ▸3 **Untere Blätter teilweise ungeteilt (a), nach oben hin stärker eingeschnitten (b).** ▸4 Blütenköpfe rot- bis blauviolett, flach, bis 100 Blüten enthaltend, dabei bis etwa 4 cm breit. ▸5 **Randblüten größer als die inneren Blüten.** ▸6 **Einzelblüten im Unterschied zur ähnlichen Tauben-Skabiose [699] vierteilig, jene fünfteilig.** ▸7 Früchte bis etwa 0,5 cm lang.

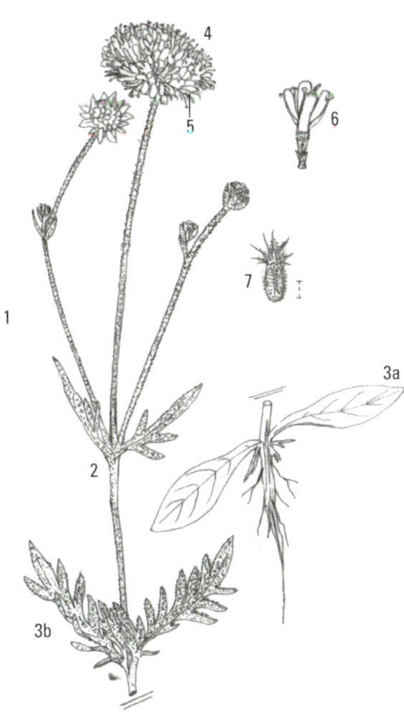

**549** Melampyrum arvense, Orobanchaceae

## Acker-Wachtelweizen

einjährig | 6–9 | 0,5 m

Sonnig-kalkreiche Standorte in Weinbergen, Brachen, Magerrasen und Gebüschsäumen sowie an Weg- und Ackerrändern. ❀ Stängellose Kratzdistel [518], Dornige Hauhechel [617], Bienen-Ragwurz [411].

Halbschmarotzer. ▸1 Stängel vierkantig (a), mit gegenständig angeordneten, schmal-länglichen Blättern (b). ▸2 Blätter lang zugespitzt, die oberen mit grannenartigen Zähnen (a) an der Basis. ▸3 **Blütenstand eine allseitswendige, relativ dichte Ähre.** ▸4 **Hochblätter flach, grannenartig gezähnt (a), häufig purpurrot.** ▸5 Blütenkelch flaumig behaart. ▸6 **Blütenkrone purpurrot mit gelben Flecken oder seltener gelb.** ▸7 Röhre der Blütenkrone gerade. ▸8 Die 4 Staubblätter in der Blütenkrone eingeschlossen. ▸9 Frucht eine eiförmige, kahle, bis 1 cm lange Kapsel.

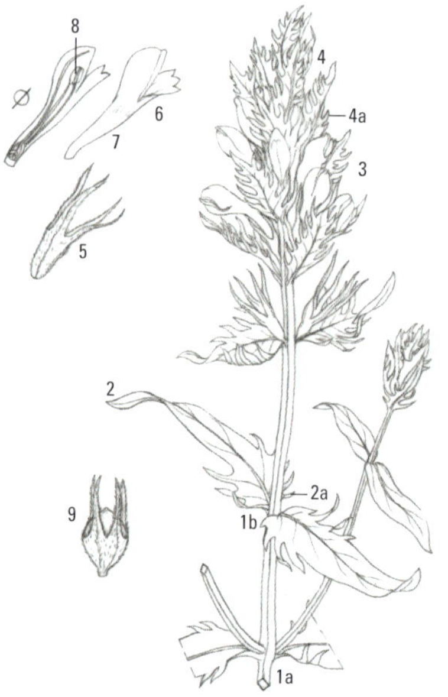

**550** Rumex acetosella, Polygonaceae

## Kleiner Sauer-Ampfer

mehrjährig | 5–8 | 0,3 m

Als Pionier an Wegen und Dämmen, Waldschlägen, Äckern und Brachen sowie in bodensauren, mageren Heiden, Wiesen, Weiden und Rasen. ❀ Berg-Jasione [74], Ausdauernder Knäuel [123], Echter Ehrenpreis [494].

▸1 Stängel gestreift und von bogig aufsteigender bis aufrechter Statur. ▸2 **Die oft rötlich überlaufenen Blätter von pfeil- bis spießförmiger Gestalt, an der Basis meist mit 2 abstehenden, teils umgeschlagenen Zipfeln (a).** ▸3 Grundblätter lang gestielt. ▸4 Blatthüllen (umgebildete, scheidenartige Nebenblätter) in eine lange, zuletzt zerschlitzte Spitze (a) auslaufend. ▸5 Blütenstand wenig verzweigt, rötlich-braun überlaufen. ▸6 Frucht eine bis etwa 1,5 mm lange, glänzend-dunkelbraune Nuss, die stets länger ist als breit.

551 Sagittaria sagittifolia, Alismataceae

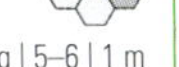

## Gewöhnliches Pfeilkraut

mehrjährig | 5–6 | 1 m

In Röhrichten langsam fließender, nährstoffreicher Gewässer. Berle [670], Schwanenblume [18], Einfacher Igelkolben [17].

▸1 Wasserpflanze mit bandförmigen Unterwasserblättern. ▸2 **Aus dem Wasser ragende Blätter lang gestielt, von Gestalt dreiteilig-pfeilförmig.** ▸3 Blattabschnitte lang und spitz. ▸4 Anordnung der Blüten in mehreren Quirlen. ▸5 Blüte ein bis 2,5 cm breites Perigon. ▸6 Die inneren, kronblattartigen Blätter der Blütenhülle weiß mit rotem Grund. ▸7 Äußere Blätter der Blütenhülle kelchblattartig, grün. ▸8 Die zahlreichen Staubblätter mit rötlichen Staubbeuteln. ▸9 Fruchtstand ein kugeliges Köpfchen. ▸10 Teilfrucht geflügelt und kurz geschnäbelt.

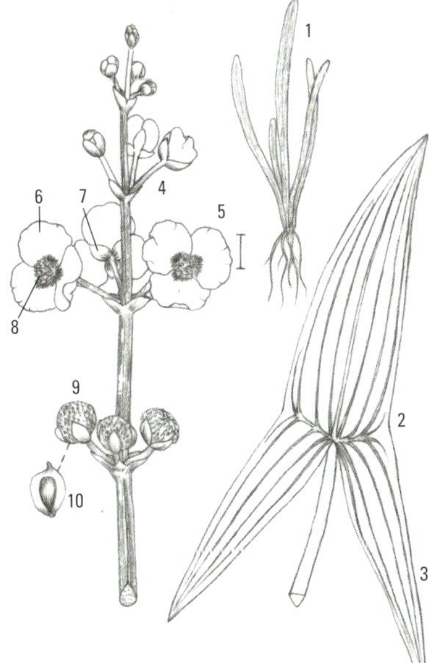

552 Brassica napus, Brassicaceae

## Raps

zweijährig | 4–9 | 1,4 m

Kultiviert und auf luftfeuchten, nährstoffreichen Standorten entlang von Autobahnen, Bahnlinien und Schuttplätzen verwildert. Gewöhnlicher Beifuß [745], Pfeilkresse [272], Wege-Rauke [546].

▸1 Wurzel rübenförmig. ▸2 Blätter bläulich bereift, mit stängelumfassenden Öhrchen. ▸3 Endabschnitt des Blattes vergrößert. ▸4 Blütenkronblätter gelb, bis 18 mm lang und damit fast doppelt so lang wie der Kelch. ▸5 **Kelchblätter aufrecht abstehend, bis 9 mm lang.** ▸6 **Frucht eine bis 9 cm lange, 20–40 Samen enthaltende Schote.**

**553** Bunias orientalis, Brassicaceae

## Orientalische Zackenschote

mehrjährig | 6–7 | 1,5 m

Nährstoffreiche Standorte an Straßenrändern, Uferböschungen, Schuttplätzen und Bahnhöfen. ❀ Gewöhnlicher Beifuß [745], Gewöhnliches Knaulgras [9], Große Brennnessel [296].

▸1 Stängel aufrecht, oben verzweigt. ▸2 Warzige Drüsen am Stängel. ▸3 Untere Blätter bis 40 cm lang, mit großem schmal-dreieckigem Endlappen (a) und jederseits1–3 Seitenlappen (b). ▸4 Obere Blätter ungeteilt. ▸5 Gesamtblütenstand rispenartig (a), weit ausladend, aus traubigen Teilblütenständen zusammengesetzt (b). ▸6 Blütenkrone gelb, die 4 Kronblätter bis etwa 5 mm lang. ▸7 Frucht ein bis 10 mm langes, eiförmiges, feinwarziges, nicht aufspringendes Schötchen. ▸8 Fruchtstiele aufrecht abstehend, bis etwa 15 mm lang.

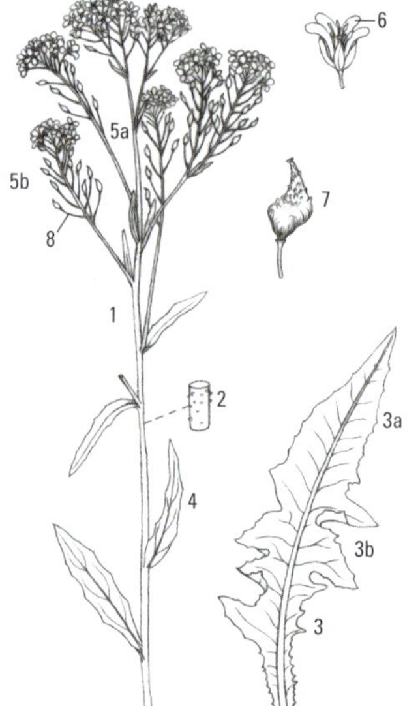

**554** Cicerbita alpina, Asteraceae

## Alpen-Milchlattich

mehrjährig | 7–9 | 2,3 m

In Hochstaudenfluren der Berglagen, an Bachufern und in lichten, feuchten und nährstoffreichen Standorten in Bergmischwäldern. ❀ Grauer Alpendost [327], Purpur-Hasenlattich [238], Fuchssches Greiskraut [138].

▸1 Stängel aufrecht, im oberen Bereich verzweigt und meist violett überlaufen. ▸2 **Blätter dünn, in fast bis zur Mittelachse reichende Abschnitte geteilt.** ▸3 **Endabschnitt stark vergrößert, in der Form dreieckig.** ▸4 Blätter vor allem im mittleren Stängelabschnitt mit geflügeltem Blattgrund den Stängel umfassend. ▸5 Oberste Blätter ungeteilt, in der Form schmal-länglich. ▸6 Blattrand gezähnt. ▸7 Gesamtblütenstand eine Traube aus etwa 2 cm breiten Blütenköpfen. ▸8 Hülle der Blütenköpfchen bis 15 mm lang, behaart. ▸9 **Blüten alle zungenförmig, blauviolett.** ▸10 Früchte mit zweireihigem Haarkranz (Pappus), Gesamtlänge etwa 12 mm.

**555** Barbarea vulgaris, Brassicaceae

## Gewöhnliches Barbarakraut (Echte Winterkresse)

zwei- bis mehrjährig | 4–6 | 1 m

Nährstoffreiche Standorte an Wegen, Dämmen, Ufern und Ackerrändern sowie in Bach- und Flussauen. ❀ Kleinblütiges Weidenröschen [142], Ampfer-Knöterich [149], Stumpfblättriger Ampfer [263].

▸1 Stängel aufrecht, mindestens in der oberen Hälfte verzweigt. ▸2 Blätter fest, in der Farbe tief- bis dunkelgrün. ▸3 Die Grundblätter gestielt und rosettig angeordnet. ▸4 Blatt aus 2–4 Teilblattpaaren und einem deutlich größeren Endabschnitt zusammengesetzt. ▸5 Die obersten Stängelblätter nur wenig geteilt bis ungeteilt und mit geöhrtem Blattrand am Stängel ansitzend (a). ▸6 Kelchblätter länglich, 3–4 mm lang. ▸7 Die gelben Kronblätter an der Spitze schwach ausgerandet. ▸8 **Frucht** eine bis 2,5 cm lange, **vom Stängel abstehende Schote.** ▸9 Fruchtstiel bis 5 mm lang, etwa halb so dick wie die Frucht. ▸10 Spitze der Frucht in einen etwa 2–3 mm langen Griffel auslaufend.

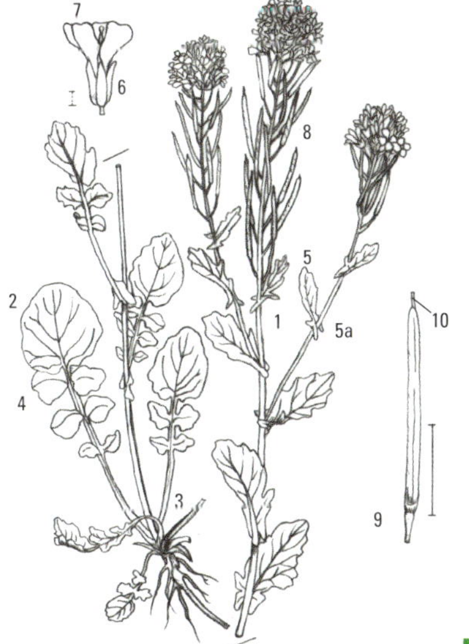


**556** Sinapis arvensis, Brassicaceae

## Acker-Senf

einjährig | 5–6 | 0,8 m

Sonnig-warme, nährstoffreiche Standorte auf Äckern und Brachen sowie an Wegböschungen und Schuttplätzen. ❀ Kanadisches Berufkraut [341], Kompass-Lattich [524], Kohl-Gänsedistel [727].

▸1 Wurzel dünn und spindelförmig. ▸2 Stängel aufrecht, ästig verzweigt (a), zumindest an der Basis behaart (b). ▸3 Die **unteren**, grasgrünen **Blätter** gestielt, von länglich-eiförmiger Gestalt und nur **aus wenigen seitlichen Abschnitten (a) und einem stark vergrößerten Endabschnitt (b)** zusammengesetzt. ▸4 Die oberen Blätter länglich, ungeteilt, an den Zweigen meist sitzend oder kurz gestielt und wechselständig angeordnet. ▸5 Blattränder gezähnt. ▸6 Gesamtblüten- und Fruchtstand aus reichhaltigen, **an der Spitze doldenartig gedrängten Trauben** zusammengesetzt. ▸7 Blüte mit 4 schwefelgelben Kronblättern (a), 6 Staubblättern (b) und 4 schmalen Kelchblättern (c). **Kelchblätter zur Blütezeit waagrecht abstehend.** ▸8 **Frucht eine lang geschnäbelte, bis 4 cm lange Schote.**

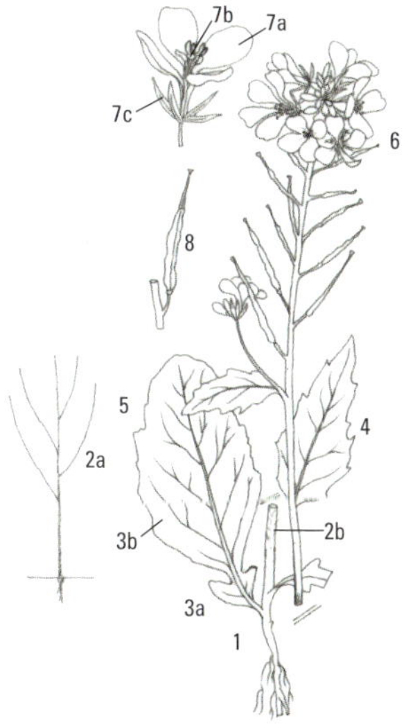

**557** 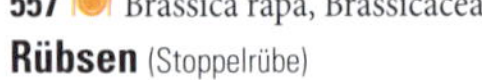 Brassica rapa, Brassicaceae

## Rübsen (Stoppelrübe)

zweijährig | 4–9 | 1,2 m

Kultiviert und auf luftfeuchte, nährstoffreiche Standorte wie Flussufer und Kiesgruben, in wintermilder Klimalage verwildert. Acker-Rettich [542], Acker-Senf [556], Wege-Rauke [546].

▸1 Wurzel sich bei einigen Unterarten zu einer Rübe verdickend. ▸2 Stängel aufrecht. ▸3 **Untere Blätter hellgrün, mit vergrößertem Endteilblatt (a) und 2–3 Teilblattpaaren (b).** ▸4 Obere Blätter blaugrün, länglich bis dreieckig, den Stängel mit runden Öhrchen umfassend. ▸5 **Kelchblätter abstehend**, bis etwa 6 mm lang. ▸6 Die gelben, bis 12 mm langen Kronblätter an der Spitze leicht eingebuchtet. ▸7 Frucht eine bis 10 cm lange, gestielte und vom Zweig abstehend angeordnete Schote. ▸8 Schote mit einem bis 3 cm langen Schnabel.

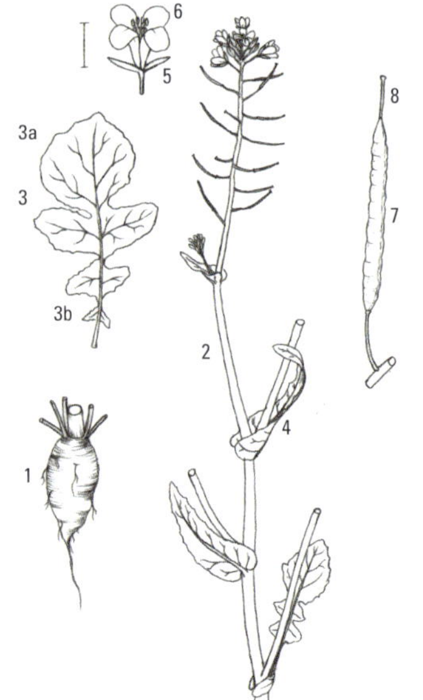

**558** 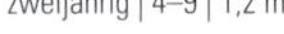 Teesdalia nudicaulis, Brassicaceae

## Bauernsenf

einjährig | 4–5 | 0,2 m

Sonnig-trockene Standorte auf kalkfreien, sandigen Böden, z. B. auf Dämmen, Dünen, Äckern und Wegen. Berg-Jasione [74], Silber-Fingerkraut [646], Kleiner Sauer-Ampfer [550].

▸1 Stängel zu mehreren, bogig aufsteigend. ▸2 Blätter in einer grundständigen Blattrosette angeordnet. ▸3 **Stängelblätter fehlend oder zu 1–3, schmal-länglich, nur bis etwa 1 cm lang.** ▸4 Grundblätter bis an die Blattachse in längliche oder rundliche Abschnitte geteilt, Endabschnitt vergrößert (a). ▸5 Blütenstand eine erst kurze (a), dann gestreckte, endständige Traube (b). ▸6 **Die kleinen Blüten mit** 4 eiförmigen Kelchblättern (a), **4 weißen, ungleich langen Kronblättern** (b) und 6 Staubblättern (c). ▸7 Kronblätter etwa doppelt so lang wie die Kelchblätter. ▸8 Frucht ein schmal geflügeltes, bis 4 mm langes Schötchen.

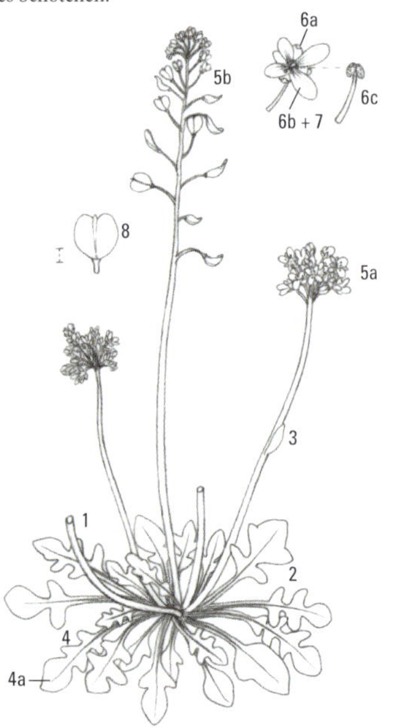

**559** Lapsana communis, Asteraceae

## Gewöhnlicher Rainkohl

ein- bis mehrjährig | 7–9 | 1,3 m

An Straßen- und Wegrändern sowie auf Äckern und Schuttplätzen. Lauchhederich [307], Gewöhnliche Nelkenwurz [729], Große Brennnessel [296], Gamander-Ehrenpreis [209].

▶1 Blätter und Stängel mit Milchsaft und spärlicher Behaarung. ▶2 Stängel kantig, in der oberen Hälfte reich verzweigt. ▶3 Obere Blätter eiförmig oder länglich. ▶4 Untere Blätter fiederteilig (a) und mit geflügeltem Stiel (b). ▶5 **Endlappen vergrößert** (a), 1–2 kleine Blattlappenpaare im unteren Blattbereich (b). ▶6 Blattrand gezähnt. ▶7 Gesamtblütenstand eine lockere Rispe. ▶8 **Blütenköpfchen zahlreich, hellgelb**, jeweils mit 8–15 zungenförmigen Blüten. ▶9 Hülle der Blütenköpfchen bis 8 mm lang. ▶10 Früchte gerippt (a), schwach dreikantig, etwa 4 mm lang, an der Spitze mit ringförmigem Wulst (b), ohne Haarkranz.

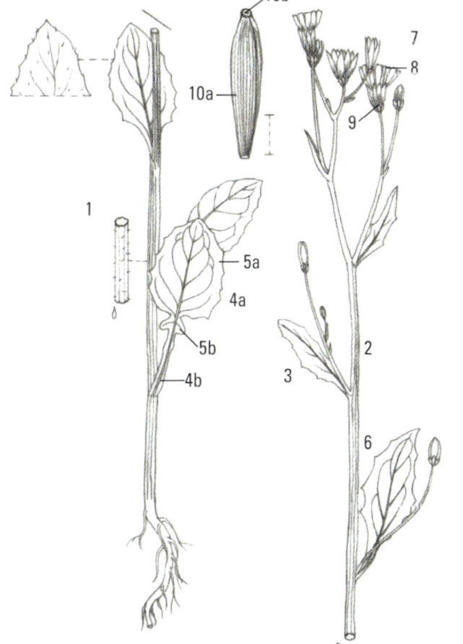

**560** Salvia verticillata, Lamiaceae

## Quirl-Salbei

mehrjährig | 6–9 | 0,6 m

Trocken-warme, meist kalkhaltige Standorte an Wegen, Dämmen, Wiesen und Böschungen. Gewöhnliche Möhre [782], Weiße Fetthenne [415], Aufrechter Ziest [360].

▶1 Stängel aufrecht, verzweigt, behaart. ▶2 Gegenständige Blattstellung. ▶3 Blattform breit herzförmig, bis auf die obersten Blätter mit **2 zusätzlichen, länglichen Blattlappen (a) an der Basis.** ▶4 **Grundblattrosette zur Blütezeit bereits vergangen** (o. Abb.). ▶5 Untere Blätter gestielt. ▶6 Blattrand unregelmäßig und stumpf gezähnt. ▶7 Blüten gestielt, in reichhaltigen, quirlartigen Teilblütenständen vorkommend. ▶8 Hochblätter schmal, nur bis etwa 1 cm lang, braun oder violett gefärbt. ▶9 Blütenkelch fünfzähnig, **2 der Zähne lang zugespitzt und verlängert (a)**, mit stark hervortretenden Nerven und borstiger Behaarung. ▶10 Blütenkrone hellviolett, bis 1,5 cm lang. ▶11 Frucht eine vierteilige Klause, Teilfrucht ein etwa 1,5 mm langes, eiförmiges, braunes Nüsschen (a).

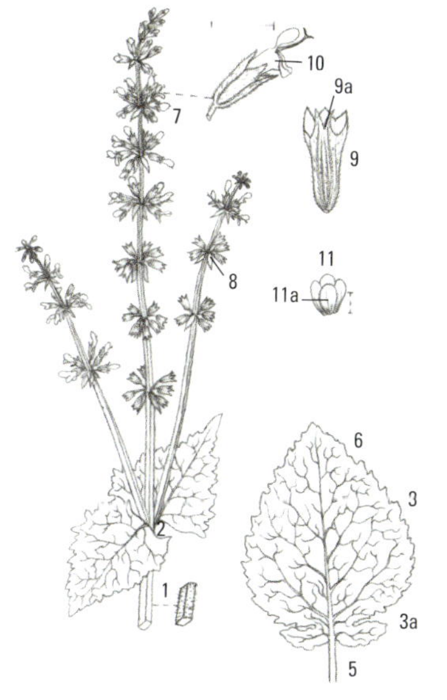

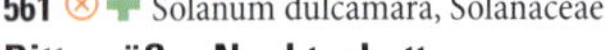

561 Solanum dulcamara, Solanaceae

## Bittersüßer Nachtschatten

kletternder Strauch | 6–8 | 2 m

Auf nährstoffreichen Standorten in feuchten Wäldern, Waldschlägen, Weiden-Gebüschen, Gräben, Quellbereichen und in lichten Uferröhrichten. Sumpf-Kratzdistel [530], Gewöhnlicher Wasserdost [632], Große Brennnessel [296].

▸1 **Stängel niederliegend oder kletternd, kantig, an der Basis verholzend.** ▸2 Die gestielten, ganzrandigen, Blätter wechselständig am Stängel angeordnet. ▸3 **Blattform ein- bis vierteilig, lang zugespitzt, mit einem großen eiförmigen Endlappen (a) und 1–3 eiförmigen Blattabschnitten (b) am Blattgrund.** ▸4 Blütenstände lang gestielt und locker rispenartig. ▸5 Blütenkelch mit 5 Zähnen. ▸6 Blütenkrone gewöhnlich blauviolett, selten weiß oder rosa, fünfteilig, bis 1 cm im Durchmesser. ▸7 Kronblätter häufig zurückgeschlagen, am Grund mit 2 grünen, weiß-berandeten Flecken (a). ▸8 Staubblätter zu einer goldgelben Röhre verwachsen. ▸9 **Frucht eine rote, eiförmige, bis 1 cm lange, hängende Beere.**

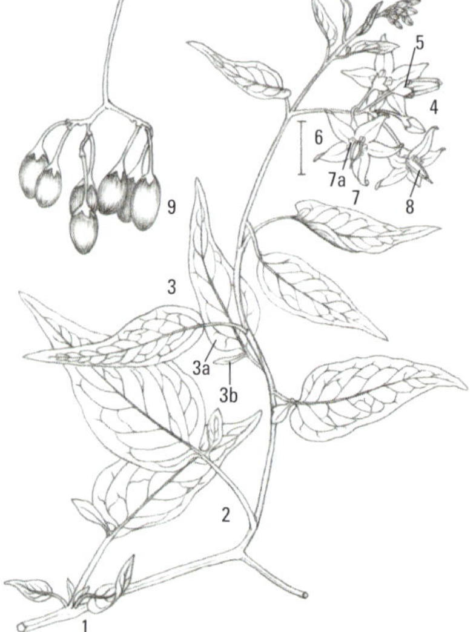

562 Verbena officinalis, Verbenaceae

## Gewöhnliches Eisenkraut

mehrjährig | 7–9 | 1 m

Auf nährstoffreichen Plätzen an Wegen, Mauern und Zäunen sowie in Trittgesellschaften. Schwarznessel [221], Weg-Malve [589], Kleine Brennnessel [225].

▸1 Wurzel stark verzweigt. ▸2 **Stängel** vierkantig, aufrecht, oben verzweigt, **im unteren Bereich verholzend.** ▸3 Gegenständige Anordnung der Blätter. ▸4 **Blätter** vielgestaltig, im Umriss dreieckig bis rautenförmig, **in meist tiefe Abschnitte geteilt.** ▸5 Anordnung der **Blüten in reichhaltigen Trauben.** ▸6 Blüte klein, blasslila, mit 5 Blütenkronblättern. ▸7 Die viersamige Frucht dem Stängel anliegend.

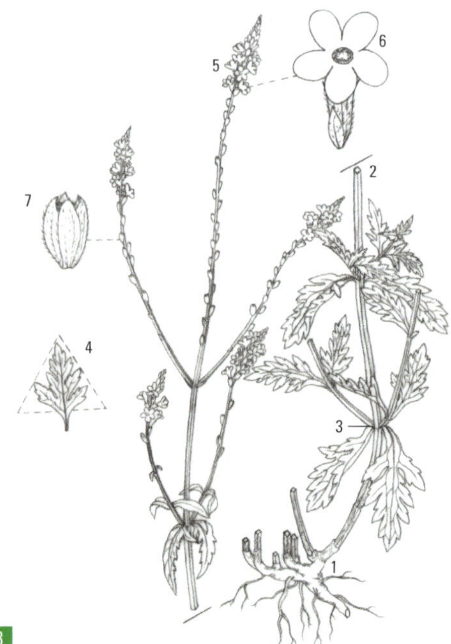

**563** Bidens tripartita, Asteraceae

## Dreiteiliger Zweizahn

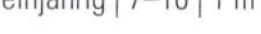

einjährig | 7–10 | 1 m

Nasse, nährstoffreiche Standorte in Gräben, Tümpeln und Äckern. ❀ Pfeffer-Knöterich [134], Gewöhnliche Sumpfkresse [543], Gift-Hahnenfuß [635].

▸1 Stängel aufrecht, häufig braunrot gefärbt, oben stark verzweigt. ▸2 Blätter gegenständig am Stängel angeordnet. **▸3 Blatt drei- bis fünfteilig, mit verlängertem Endlappen.** ▸4 Blattrand grob gezähnt. ▸5 **Blütenköpfe einzeln** am Ende langer Stiele angeordnet. ▸6 Hüllblätter länger als die Blütenköpfchen. ▸7 Röhrenblüten zahlreich, braungelb; **Zungenblüten meist fehlend.** ▸8 Frucht zusammengedrückt, an der Spitze mit 1–2 kürzeren und 2 längeren Grannen.

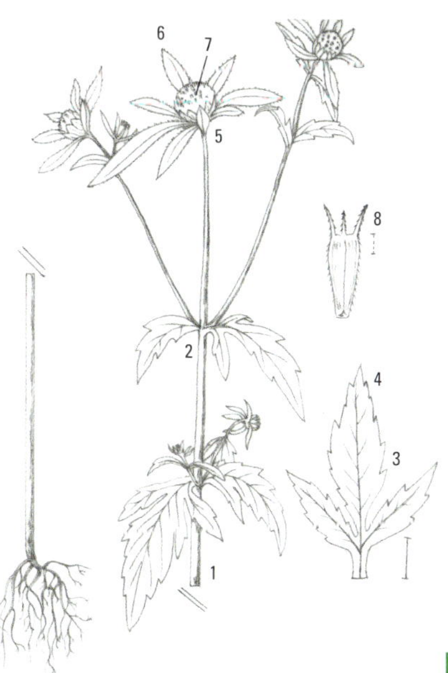

**564** Chenopodium album, Chenopodiaceae

## Weißer Gänsefuß

einjährig | 7–9 | 1,5 m

Pionier auf nährstoffreichen, menschlich überprägten Standorten an Wegen, in Gärten und Äckern sowie auf Schuttplätzen. ❀ Gewöhnliches Hirtentäschel [541], Kohl-Gänsedistel [727], Vogel-Sternmiere [210].

**▸1 Pflanze mehlig bestäubt, blau-, weiß- oder graugrün.** ▸2 Stängel aufrecht, teils rot überlaufen. ▸3 **Blätter formenreich:** länglich, oval, rhombisch, oder annähernd dreieckig. ▸4 Blattrand unregelmäßig buchtig gezähnt. ▸5 Blütenstände ährenartig, den Blattwinkeln entspringend oder endständig an der Stängelspitze, im Gegensatz zu den Melde-Arten [566, 571] nicht zweihäusig. ▸6 Teilblütenstände aus knäuelig zusammengedrängten Blüten gebildet. ▸7 Blütenhülle fünfblättrig. ▸8 Same schwarz, glänzend, kaum größer als 1 mm.

**565** Chenopodium glaucum, Chenopodiaceae

## Graugrüner Gänsefuß

einjährig | 7–9 | 0,5 m

Feucht-frische, sehr nährstoffreiche Standorte, im Besonderen im Bereich dörflicher Siedlungen wie z. B. an Mist- und Müllplätzen, Gräben, Mauerfüßen sowie Straßen- und Wegerinnen. Spreizende Melde [566], Kompass-Lattich [524], Schutt-Kresse [65].

▸1 Die verzweigte, grüne und teils rot überlaufene Pflanze niederliegend oder aufrecht. ▸2 Stängel stumpfkantig gefurcht, kahl. ▸3 **Die gestielten Blätter schmal oval bis schmal ei- oder rautenförmig und bis etwa 10 cm lang.** ▸4 **Blattunterseiten mehlig bestäubt, dadurch blaugrün erscheinend.** ▸5 Blattränder gewellt und unregelmäßig buchtig gezähnt, jederseits mit 1–6 Zähnen. ▸6 Die kurzen, dichten, am Ende der Triebe und in den Blattachseln wachsenden Blütenstände kürzer als die Blätter. ▸7 Frucht von der gelblichgrünen, drei- bis fünfzipfeligen Blütenhülle umschlossen.

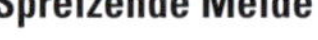

**566** Atriplex patula, Chenopodiaceae

## Spreizende Melde

einjährig | 7–10 | 1,2 m

An menschlich überprägten, nährstoffreichen Standorten in Siedlungen, Weinbergen und an Fahrwegen. Hundspetersilie [784], Gewöhnliches Hirtentäschel [541], Weißer Gänsefuß [564].

▸1 Stängel bereits an der Basis verzweigt. ▸2 **Untere Äste annähernd waagrecht abstehend**, meist bläulich-grün gefärbt. ▸3 Blätter gestielt. ▸4 Blattform länglich dreieckig bis spießförmig. ▸5 **Untere Blätter beiderseits mit je einem herausragenden Zahn im unteren Drittel.** ▸6 Blütenstände am Ende der Triebe oder in den Blattachseln angeordnet. ▸7 Blüten zweihäusig, männliche rundlich (a), weibliche rhombisch-spitz geformt (b). ▸8 **Fruchthülle bis fast zur Mitte miteinander verwachsen, beiderseits mit 1–3 Zähnen nur in der unteren Hälfte.**

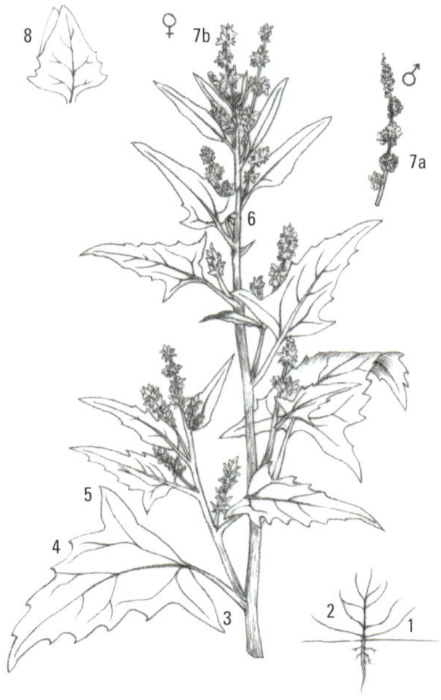

**567** Chenopodium hybridum, Chenopodiaceae

## Bastard-Gänsefuß (Chenopodiastrum hybridum)

einjährig | 5–8 | 1 m

Nährstoffreiche Standorte an Äckern, Dungstätten, Gärten sowie in Felsgrotten und Felsüberhängen. ❀ Schlangenäuglein [477], Weißer Gänsefuß [564], Gewöhnliche Besenrauke [798], Kletten-Igelsame [379].

▸1 Pflanze aufrecht, einfach oder verzweigt. ▸2 Blätter lang gestielt. ▸3 **Blattfläche groß, dunkelgrün, nicht mehlig bestäubt, im Umriss sieben- bis neuneckig mit lang zulaufender Spitze.** ▸4 Blattrand beidseitig mit 2–5 spitzen Zähnen. ▸5 Blütenstand eine vielblütige, pyramidenförmige Rispe, im Gegensatz zu den Melde-Arten [566, 571] nicht zweihäusig. ▸6 Blütenhülle fünfblättrig. ▸7 Blütenhüllblätter mit breitem Hautrand. ▸8 Same mit kraterförmigen Grübchen.

**568** Chenopodium rubrum, Chenopodiaceae

## Roter Gänsefuß

einjährig | 7–10 | 0,8 m

Feucht-frische, sehr nährstoffreiche Standorte an Flüssen und Altwassern sowie im Bereich dörflicher Siedlungen, wie z. B. an Mistplätzen, Klärbecken, Gräben und Dorftümpel. ❀ Spreizende Melde [566], Kompass-Lattich [524], Schutt-Kresse [65], Pfeffer-Knöterich [134].

▸1 **Pflanze meist rot überlaufen**, kahl, oft ästig verzweigt. ▸2 Der grün-weiß-rot-gestreifte Stängel von niederliegendem, aufsteigendem oder auch aufrechtem Wuchs. ▸3 **Blätter dicklich**, kahl, **glänzend**, rhombisch bis spießförmig, dabei oben in eine Spitze auslaufend (a), zur Mitte hin verbreitert (b), an der Basis keilförmig (c). ▸4 Blattflächen bis 5 cm lang ▸5 **Im Unterschied zum ähnlichen Graugrünen Gänsefuß [565] Blätter beiderseits gleichfarbig grün (oder rot überlaufen).** ▸6 Blattränder unterschiedlich stark buchtig gezähnt. ▸7 Blütenstände am Ende der Triebe und den Blattachseln entspringend. ▸8 Frucht von der gelblichgrünen, drei- bis fünfzipfeligen Blütenhülle umschlossen.

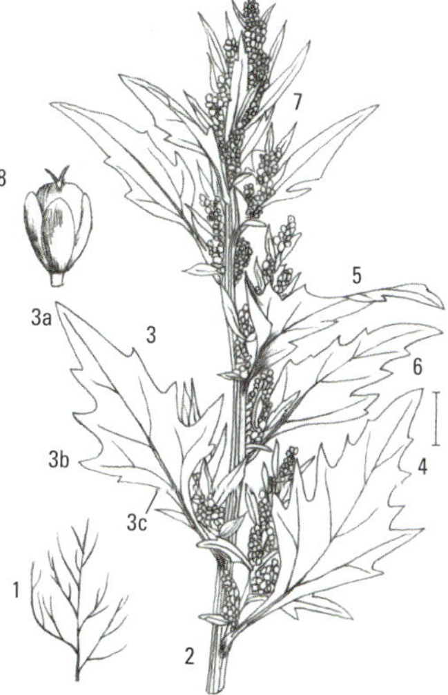

**569** ⊗ ✚ Solanum nigrum, Solanaceae

## Schwarzer Nachtschatten

einjährig | 6–10 | 0,5 m

Trocken-warme, nährstoffreiche Standorte auf Äckern und Schuttplätzen sowie in Weinbergen, Gärten und Siedlungen. ❀ Gewöhnliches Greiskraut [544], Raue Gänsedistel [529], Vogel-Sternmiere [210].

▸1 Pflanze dunkelgrün, bisweilen schwarz-violett überlaufen, kurz behaart. ▸2 Stängel und Zweige kantig und meist nur an den Kanten behaart. ▸3 Wechselständige Stellung der gestielten, **breit eiförmigen bis rhombisch geformten Blätter.** ▸4 **Blattränder buchtig gelappt** oder seltener ganzrandig. ▸5 Blüten und Früchte in kurz gestielten, mäßig reichhaltigen, rispigen Blüten- und Fruchtständen. ▸6 Blütenkrone weißlich, fünfzipfelig, mit goldgelben, zu einer Röhre verwachsenen Staubblättern (a). ▸7 Frucht eine kugelige, im Reifezustand schwarz-glänzende Beere.

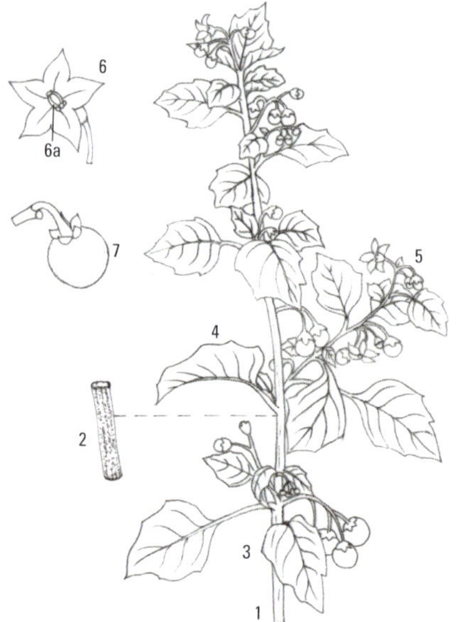

**570** ⊗ ✚ ✚ Datura stramonium, Solanaceae

## Weißer Stechapfel

einjährig | 7–9 | 1,2 m

Wärmebegünstigte, oft kalkhaltige Standorte in brachliegenden Gärten, Äckern und an Aufschüttungen. ❀ Weißer Gänsefuß [564], Mauer-Doppelsame [540], Gewöhnlicher Erdrauch [785], Einjähriges Bingelkraut [171].

▸1 Stängel stumpfkantig, meist verzweigt. ▸2 Die dunkelgrünen, bis 20 cm langen, gestielten **Blätter buchtig und spitz gezähnt.** ▸3 Die weißen, gestielten **Blüten einzeln den Blattachseln entspringend.** ▸4 Kelchzähne ungleich lang. ▸5 **Frucht eine grüne, eiförmige, bis 7 cm lange, stachelige Kapsel.**

**571** Atriplex prostrata, Chenopodiaceae

## Spießblättrige Melde

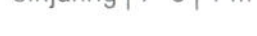

einjährig | 7–9 | 1 m

Auf nährstoffreichen Standorten im Siedlungsbereich wie Wege, Häuser und Hecken. Roter Gänsefuß [568], Kompass-Lattich [524], Schutt-Kresse [65].

Pflanzengestalt sehr variabel. ▶1 Verzweigung des Stängels bereits an der Basis. ▶2 Seitenäste weit ausgebreitet und meist mehlig bestäubt. ▶3 Blätter gestielt, **die unteren dreieckig bis spießförmig, nur wenig länger als breit**, am Rande gezähnt. ▶4 Obere Blätter schmal länglich, ganzrandig. ▶5 Blüten in Knäueln angeordnet, zweihäusig, männliche rundlich (a), weibliche rhombisch-spitz geformt (b). ▶6 **Fruchthülle nur am Grund verwachsen**, bis 1 cm lang, krautig, beiderseits gezähnt.

**572** Bryonia alba, Cucurbitaceae

## Weiße Zaunrübe

mehrjährig | 6–7 | 3 m

Nährstoffreiche, sommerwarme Standorte im Saum von Hecken und Zäunen sowie an Wegen. Lauchhederich [307], Stinkender Storchschnabel [655], Gewöhnlicher Rainkohl [559].

▶1 Pflanze mit Ranken kletternd. ▶2 Wurzeln rübenartig verdickt. ▶3 Die wechselständig angeordneten Blätter handförmig gelappt. ▶4 Mittlerer Blattlappen deutlich länger als die seitlichen. ▶5 **Blattlappen scharf gezähnt.** ▶6 Pflanze meist einhäusig, es befinden sich sowohl (grünliche) weibliche (a) als auch (grünlich-weiße) männliche Blüten (b) auf jeder Pflanze. ▶7 **Kelchzähne etwa so lang wie die Blütenkrone.** ▶8 **Narbe kahl.** ▶9 Frucht eine schwarze, bis 8 mm breite Beere.

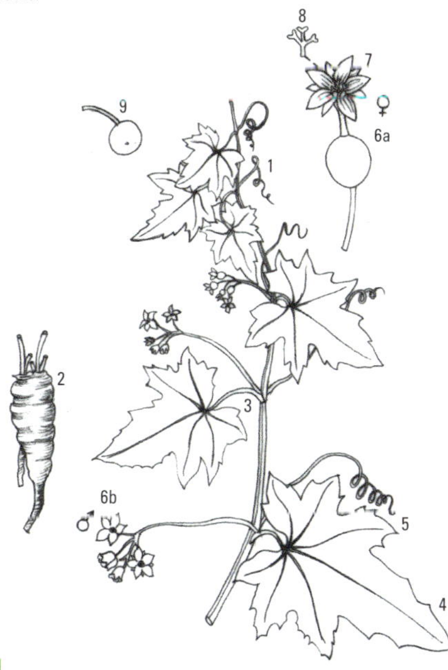

**573** Leonurus cardiaca, Lamiaceae

## Echtes Herzgespann

mehrjährig | 6–9 | 1 m

Auf nährstoffreichen Plätzen an Weg- und Gebüschrändern, Hecken, in Gärten und Weinbergen. ❀ Filz-Klette [318], Schwarznessel [221], Große Brennnessel [296].

▸1 Wuchs aufrecht und verzweigt, ▸2 Stängel im Querschnitt deutlich vierkantig, an den Kanten behaart (a), zwischen den Kanten gerillt (b). ▸3 Alle Blätter gestielt. ▸4 **Blatt ähnlich einem Ahorn-Blatt fingerförmig.** ▸5 Obere Blätter meist dreilappig, mit spitz zulaufenden Lappen. ▸6 Mittlere und untere Blätter fünf- bis siebenlappig. ▸7 Blattunterseiten mit hervortretenden Nerven. ▸8 Etagenartig aufgebauter Blütenstand aus reichblütigen, knäuelig angeordneten Teilblütenständen. ▸9 Kelch mit starren, nach außen gekrümmten Zähnen. ▸10 Die 2 unteren Kelchzähne etwas länger als die 3 oberen. ▸11 Blütenkrone rosa bis fleischfarben, zottig behaart, bis 11 mm lang. ▸12 Frucht vierteilig, Teilfrucht (a) ein vorne gestutztes, bis etwa 2 mm langes, behaartes Nüsschen.

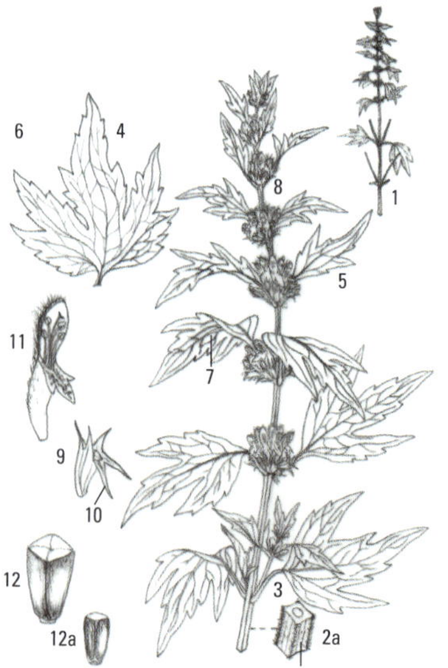

**574 !** Saxifraga tridactylites, Saxifragaceae

## Finger-Steinbrech

einjährig | 3–6 | 0,2 m

Als einjähriger Pionier an trocken-warmen, flachgründigen Standorten, z. B. in Kiesgruben und -dächern, Pflasterfugen sowie an Bahndämmen und Mauerkronen. ❀ Quendel-Sandkraut [198], Frühlings-Hungerblümchen [85], Weiße Fetthenne [415].

▸1 **Pflanze klebrig behaart.** ▸2 Stängel aufrecht, meist rötlich, bisweilen schon von der Basis an, aber mindestens an der Spitze verzweigt. ▸3 Vorkommen der Blätter in einer früh vergänglichen Grundrosette (a) oder wechselständig am Stängel (b). ▸4 **Blätter** bis 2 cm lang und variabel gestaltet: **Formen von einteilig-spatelförmig, bis nur an der Spitze drei- bis siebenzähnig sowie drei- bis fünflappige Formen vor allem der Stängelblätter** kommen vor. ▸5 Die kleinen, weißen Blüten auf mehrfach längeren Stielen. ▸6 Frucht eine annähernd kugelige Kapsel.

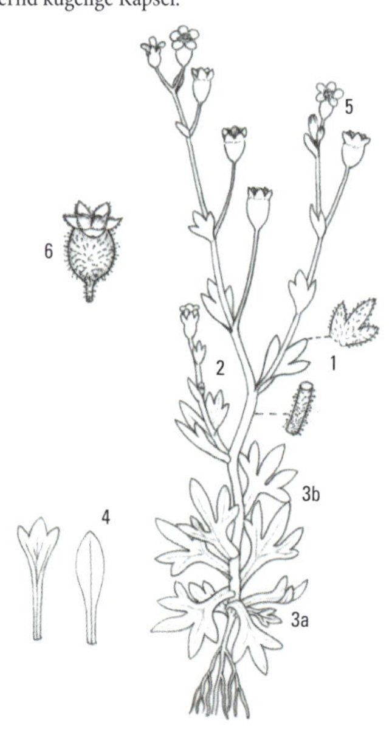

**575 !** Hepatica nobilis, Ranunculaceae

## Leberblümchen

mehrjährig | 3–5 | 1,2 m

Nährstoffreiche, oft kalkhaltige Standorte in krautreichen Laub- und Mischwäldern. Stinkende Nieswurz [662], Frühlings-Platterbse [739], Türkenbund-Lilie [413], Ausdauerndes Bingelkraut [467].

▸1 **Die lang gestielten Blätter alle grundständig.** ▸2 Das lederige Blatt unterseits häufig rotbraun gefärbt. ▸3 Auffallende Blattform, **Blatt in 3 rundliche Lappen geteilt.** ▸4 Blattgrund herzförmig ausgebildet. ▸5 3 oval geformte, behaarte Hochblätter bilden eine kelchartige äußere Blütenhülle. ▸6 Innere Blütenhülle aus **5–10 himmelblau gefärbten kronblattartigen Blättern** (Perigon) bestehend. ▸7 Staubblätter weiß und rot gefärbt. ▸8 Früchte länglich, behaart.

**576** Aphanes arvensis, Rosaceae

## Ackerfrauenmantel (Acker-Frauenmantel)

einjährig | 5–9 | 0,3 m

In Getreidefeldern und an Ackerrändern auf nur mäßig nährstoffreichen, lehmigen Böden. Acker-Hundskamille [787], Acker-Vergissmeinnicht [372], Acker-Rettich [542].

▸1 Mehrere, meist aufsteigende, behaarte Stängel. ▸2 Das graugrüne, behaarte Blatt teilt sich an der Spitze in zahlreiche Abschnitte (Zipfel). ▸3 Untere Blätter deutlich gestielt. ▸4 Auffällige, **tütenförmig verwachsene Nebenblätter**, ebenfalls in schmale Abschnitte auslaufend. ▸5 Blüten grün, blattachselständig, in Knäueln angeordnet und die Nebenblätter meist überragend. ▸6 Blüten- und Fruchtkelch mit Längsfurchen, behaart. ▸7 Frucht ein bräunliches, bis etwa 1,5 mm langes, in den Kelchbecher eingesenktes Nüsschen.

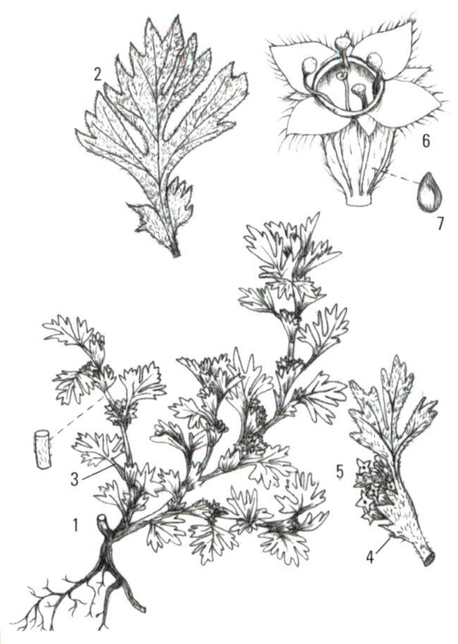

**577** Ranunculus aquatilis agg., Ranunculaceae

## Wasser-Hahnenfuß (Artengruppe)

(Batrachium aquatile) einjährig bis mehrjährig | 5–9 | L 2 m

In stehenden und ruhig fließenden, vorwiegend kalkarmen Gewässern bis etwa 1,5 m Wassertiefe. ❀ Wasserfeder [690], Spiegelndes Laichkraut [428], Bach-Ehrenpreis [491].

▸1 Wasserpflanze mit untergetauchten, verzweigten Stängeln. ▸2 Unterwasserblätter in lineale Zipfel geteilt (a), außerhalb des Wassers die Spannung verlierend und pinselartig zusammenfallend (b). ▸3 **Schwimmblätter mit dreiteiliger, selten fünfteiliger, rundlicher bis nierenförmiger Blattoberfläche.** ▸4 **Die weißen, im Zentrum gelben Blüten, sich auf langen Stielen aus dem Wasser erhebend.** ▸5 Blütenkrone bis 2,5 cm im Durchmesser, mit 5 kronblattartigen Honigblättern (a) und zahlreichen Staubblättern (b). ▸6 Teilfrucht ein kleines, runzeliges Nüsschen.

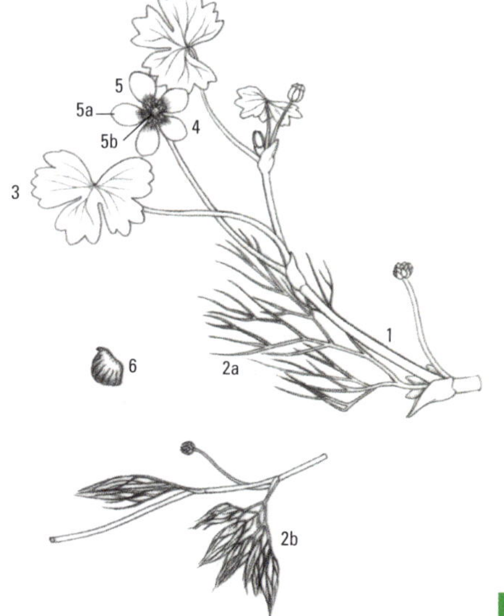

**578** ! ✚ ✚ Saxifraga granulata, Saxifragaceae

## Körnchen-Steinbrech

mehrjährig | 5–6 | 0,5 m

In mageren, nicht zu trockenen, kalkarmen Wiesen, auf grasigen Böschungen und in Eichen-Hainbuchenwäldern. ❀ Wiesen-Glockenblume [150], Wiesen-Kümmel [796], Wiesen-Flockenblume [370].

▸1 **Pflanze klebrig behaart (a), mit Brutknöllchen (b) an der Basis.** ▸2 Stängel aufrecht, meist rötlich. ▸3 **Blatt nierenförmig, bis 4 cm breit.** ▸4 **Blattränder tief gekerbt.** ▸5 Grundblätter und untere Stängelblätter lang gestielt. ▸6 Die wenigen Stängelblätter entfernt stehend. ▸7 Blütenkrone weiß, gelb-grün geadert. ▸8 Kronblätter etwa dreimal so lang wie die Kelchblätter (a) und doppelt so lang wie die Staubblätter (b). ▸9 Frucht eine eiförmige Kapsel.

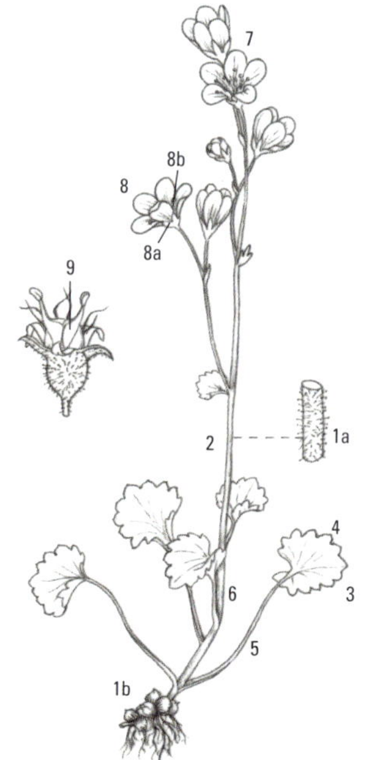

**579** Lamium amplexicaule, Lamiaceae

## Stängelumfassende Taubnessel

einjährig | 3–5 | 0,5 m

In Weinbergen und Gärten sowie auf Äckern, Brachen und Schuttplätzen. Gewöhnliches Hirtentäschel [541], Purpurrote Taubnessel [308], Gekieltes Rapünzchen [378].

▸1 Stängel am Grund verzweigt, vor allem im oberen Bereich behaart (a). ▸2 Blätter nur zerstreut behaart. ▸3 **Untere Blätter** gestielt, **rundlich.** ▸4 **Obere Blätter** sitzend, den Stängel umfassend, **rundlich bis nierenförmig.** ▸5 **Blattränder stumpf gezähnt bis gekerbt.** ▸6 Blüten zu 8–16 in quirliger Anordnung. ▸7 Blütenkelche dicht behaart, bis 8 mm lang. ▸8 Blütenkrone helmförmig, hellviolett, 1–2 cm lang. ▸9 Unterlippe mit zugespitzten Seitenlappen (a) und einem ausgerandeten Mittellappen (b). ▸10 Staubbeutel mit safrangelben Pollenkörnern und dicht behaart. ▸11 **Teilfrucht ein warziges, 3 mm langes Nüsschen**, einer vierteiligen Klausenfrucht entstammend.

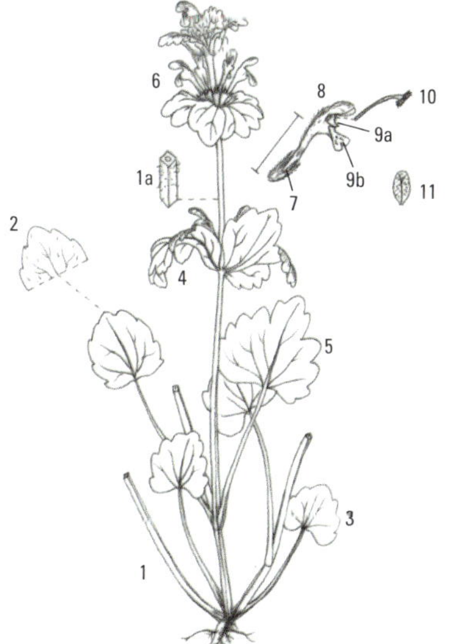

**580** Geranium pyrenaicum, Geraniaceae

## Pyrenäen-Storchschnabel

mehrjährig | 5–10 | 0,8 m

Nährstoffreiche, besonnte Standorte an Böschungen und Ruderalplätzen. Gewöhnlicher Beifuß [745], Lanzett-Kratzdistel [535], Gewöhnliches Leinkraut [52], Spitzblatt-Malve [650].

▸1 Lange und kräftige Pfahlwurzel. ▸2 Gabelig verzweigte, aufsteigende bis aufrechte Stängel. ▸3 Stängel, Blattstiele und Blattflächen abstehend behaart. ▸4 An der Pflanzenbasis eine Rosette aus sehr lang gestielten Grundblättern. ▸5 Blattflächen bis 5 cm, in Ausnahmefällen bis 8 cm breit. ▸6 Gegenständige Anordnung der kürzer gestielten Stängelblätter. ▸7 Am Übergang vom Stängel zu den Stielen der Stängelblätter jeweils ein Paar eiförmiger, häutiger Nebenblätter. ▸8 **Blattflächen rundlich bis nierenförmig, durch schmale Einschnitte (a) in 7–9 Lappen geteilt (b).** ▸9 Blattlappen an der Spitze mehrfach buchtig gekerbt, die 3–10 hierdurch entstandenen Abschnitte (Zipfel) etwa so breit wie lang. ▸10 5 eiförmige Kelchblätter. ▸11 5 Kronblätter violett, oben buchtig eingeschnitten, doppelt so lang wie die Kelchblätter. ▸12 Frucht storchschnabelartig, nach dem Aufplatzen in 5 einsamige Teilfrüchte zerfallend (o. Abb.).

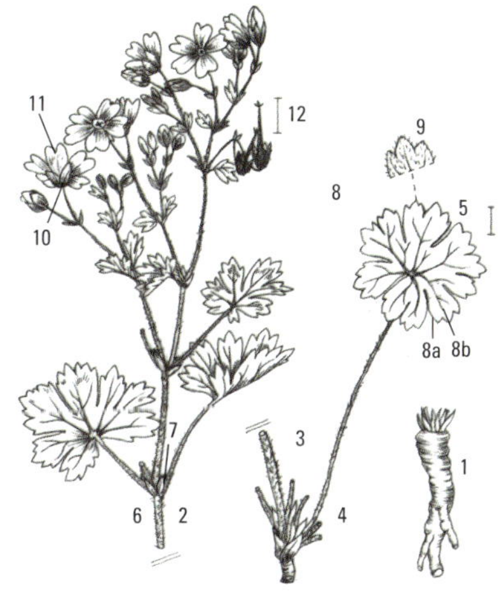

**581** Ranunculus lanuginosus, Ranunculaceae

## Wolliger Hahnenfuß

mehrjährig | 5–7 | 1 m

In nährstoffreichen Laubwäldern, vor allem in Buchen- und Schluchtwäldern. ❀ Ausdauerndes Bingelkraut [467], Vierblättrige Einbeere [495], Hohe Primel [107].

▸1 **Pflanze weich-zottig behaart.** ▸2 Stängel rund, aufrecht, reich verzweigt. ▸3 Obere Blätter sitzend und wechselständig am Stängel angeordnet. ▸4 Grundblätter und untere Stängelblätter lang gestielt, drei- bis fünfteilig. ▸5 Blattlappen gezähnt. ▸6 Blütenkrone gelb, bis 2,5 cm im Durchmesser. ▸7 Nüsschen rundlich-eiförmig, mit stark gekrümmtem, im weiteren Reifestadium eingerolltem Schnabel (a).

**582** ✚ Astrantia major, Apiaceae

## Große Sterndolde

mehrjährig | 6–8 | 1 m

In Waldsäumen von Auen- und Schluchtwäldern sowie auf Bergwiesen. ❀ Gewöhnlicher Wasserdost [632], Stinkender Storchschnabel [655], Wald-Witwenblume [433].

▸1 Stängel aufrecht, wenig verzweigt. ▸2 Die Blätter in 3–7 Lappen geteilt. ▸3 Grundblätter groß, bis etwa 20 cm im Durchmesser. ▸4 Blattrand unregelmäßig gezähnt. ▸5 **Am Blattansatz meist ein heller Fleck.** ▸6 Hochblätter des Gesamtblütenstandes meist drei- bis fünfteilig, variabel. ▸7 Blütenstand erster Ordnung: Dolde. ▸8 Blütenstände zweiter Ordnung: Döldchen. ▸9 Das zentrale Döldchen überragt die seitlichen Döldchen meist deutlich. ▸10 Döldchen von bis 2 cm langen, zugespitzten, länglichen, rosa oder weißen Hüllblättern umrahmt. ▸11 Staubblätter deutlich die unscheinbare Blütenkrone überragend. ▸12 Die längliche, schuppige Frucht bis 7 mm lang.

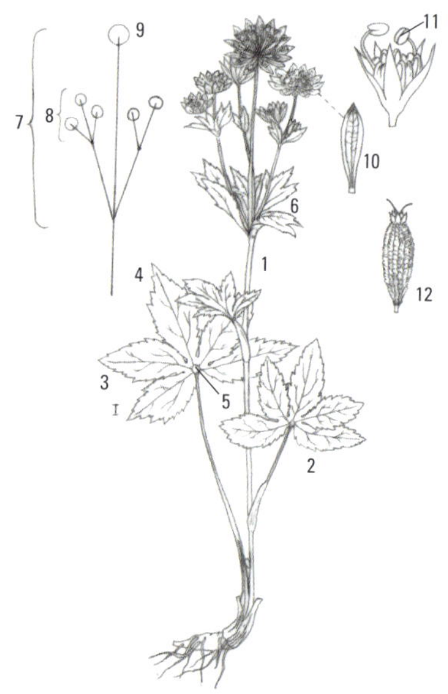

583 ! ⊗ ✚ Aconitum lycoctonum, Ranunculaceae

## Gelber Eisenhut (Wolfs-Eisenhut, Aconitum vulparia)

mehrjährig | 6–8 | 1,8 m

An kühlen und nährstoffreichen Standorten in Schlucht- und Auenwäldern. ❀ Christophskraut [753], Ausdauerndes Silberblatt [276], Ausdauerndes Bingelkraut [467].

▸1 Wurzel im Unterschied zum Blauen Eisenhut [654] nicht knollig verdickt. ▸2 Der aufrecht wachsende Stängel meist kurz behaart. ▸3 Das handförmig geteilte Blatt bis 15 cm breit. Diese Blattform ist häufig zu finden, es besteht Verwechslungsmöglichkeit mit verschiedenen Hahnenfuß- und Storchschnabelarten, z. B. Wiesen-Storchenschnabel [653]. ▸4 **Die Einschnitte zwischen den Lappen bis über die Mitte der Blattfläche gehend.** ▸5 Die meist **blassgelben Blüten** in verlängerten Trauben angeordnet. ▸6 Sporn des Honigblatts schneckenförmig eingerollt. ▸7 Frucht eine mehrere Samen enthaltende Balgfrucht.

584 ✚ ✚ Humulus lupulus, Cannabaceae

## Gewöhnlicher Hopfen

mehrjährig | 7–8 | 6 m

Nährstoffreiche Standorte in Auenwäldern, Weinbergen, Gebüschen und Hecken. ❀ Gewöhnliche Zaunwinde [290], Gefleckte Taubnessel [300], Kratzbeere [630], Große Brennnessel [296].

▸1 **Pflanze sich windend, mit lianenartigen, 3–6 m langen rauen Trieben.** ▸2 Gegenständige Anordnung der Blätter am Stängel. ▸3 **Blätter in der Mehrzahl drei- bis fünflappig, Farbe dunkelgrün, Beschaffenheit rau und fest.** ▸4 Obere Blätter oft ungeteilt. ▸5 Blattoberseiten durch angedrückte Borsten rau. ▸6 Blattrand stark gezähnt. ▸7 Pflanze zweihäusig, entweder mit weiblichen (a) oder mit männlichen Blüten (b). ▸8 **Weibliche Blütenstände zapfenartig, lang gestielt.** ▸9 Männliche Blütenstände rispenartig den Blattachseln entspringend. ▸10 Männliche Blüten mit weißlich-grüner Blütenhülle (a) und 5 gelblichen Staubblättern (b). ▸11 Frucht ein etwa 3 mm langes, helles Nüsschen.

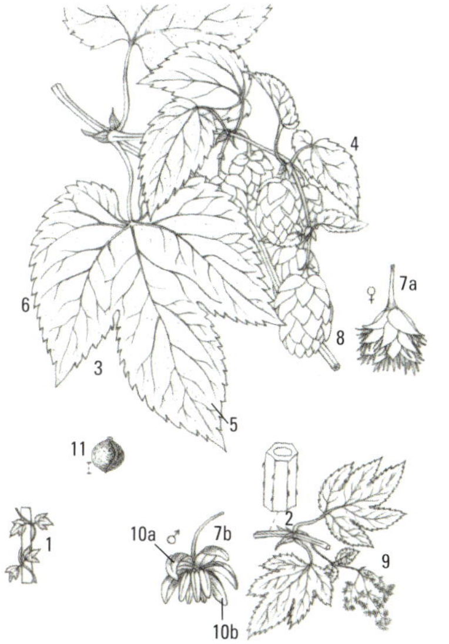

**585** ✚✚ Sanicula europaea, Apiaceae

## Wald-Sanikel

mehrjährig | 5–6 | 0,5 m

Basenreiche, schattige Standorte in Laubmischwäldern und hierbei vor allem in Buchen- und Auenwäldern auf meist lehmigen Böden. ❀ Waldmeister [455], Vierblättrige Einbeere [495], Vielblütige Weißwurz [473].

▸1 Pflanze mit aufrechtem Stängel (a) und grundständiger Blattrosette (b). ▸2 Grundblätter auf bis zu 20 cm langen Stielen. ▸3 Obere Stängelblätter (wenn vorhanden) sitzend und wechselständig am Stängel angeordnet (Bsp. in der Abbildung ohne Stängelblätter). ▸4 Blätter handförmig in (3–)5 Blattlappen geteilt, dunkelgrün, Blattdurchmesser bis 10 cm. ▸5 Blattrand gezähnt, Blattzähne in einer schmalen, grannenartigen Spitze endend (a). ▸6 **Blütendolde lang gestielt (a), aus nur wenigen köpfchenförmigen Döldchen (b) zusammengesetzt.** ▸7 Hochblätter erster (a) und zweiter Ordnung (b) vorhanden. ▸8 Blütenkrone weiß oder seltener rötlich. ▸9 Frucht kugelig, bis 5 mm lang, mit hakigen Stacheln bewehrt.

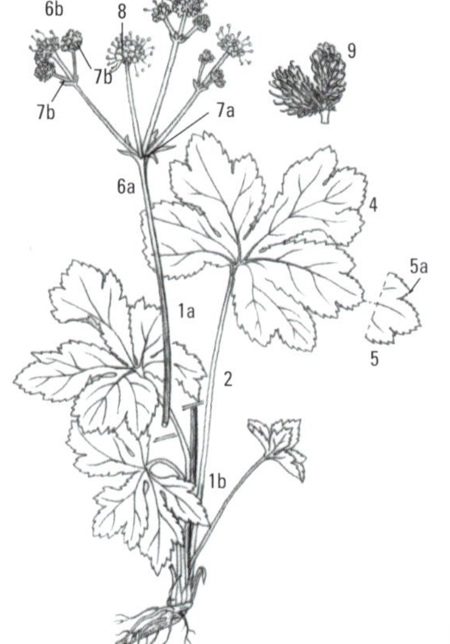


**586** ✚✚ Hedera helix, Araliaceae

## Gewöhnlicher Efeu

kletternder Strauch | 9–10 | 20 m

In Wäldern mit guter Wasserversorgung, an Felsen und Mauern. ❀ Waldmeister [455], Gewöhnliche Nelkenwurz [729], Kleines Immergrün [457].

▸1 **Stamm** verzweigt und **dicht mit Haftwurzeln bewachsen.** ▸2 **Blätter immergrün**, Blattform vielgestaltig: drei- bis fünflappige, rhombische sowie herzförmig-dreieckige Formen kommen vor. ▸3 **Blattoberseiten dunkelgrün glänzend** und mit deutlich hervortretender, weißlicher Nervatur. ▸4 **Blüten und Früchte zu halbkugeligen Dolden vereint.** ▸5 Blüte fünfzählig, gelbgrün, mit 5 Kelchzipfeln (a), 5 Kron- (b) und 5 Staubblättern (c). ▸6 **Frucht eine schwarzblaue, kugelige Beere.**

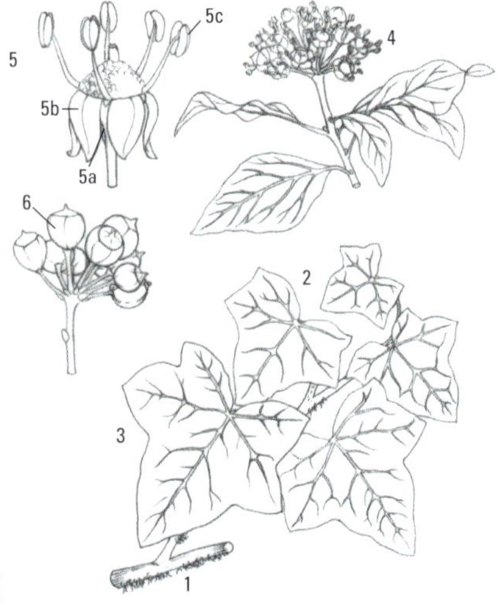

**587** Veronica hederifolia agg., Plantaginaceae

## Efeu-Ehrenpreis (Artengruppe)

einjährig | 3–5 | 0,1 m, L 0,5 m

An meist nährstoffreichen Standorten in Weinbergen und Waldschlägen, auf Äckern sowie an Weg- und Heckenrändern. ❀ Lauchhederich [307], Ackerfrauenmantel [576], Gewöhnlicher Gundermann [330].

▸1 Stängel niederliegend oder aufsteigend, verzweigt, wie die Blätter nur zerstreut behaart. ▸2 **Blätter drei- bis fünflappig, breiter als lang, an Efeu erinnernd.** ▸3 **Der bis etwa 2 cm breite Endlappen (a) breiter als die seitlichen Blattabschnitte (b).** ▸4 Blüten und Früchte einzeln an langen Stielen den Blattachseln entspringend. ▸5 Kelchblätter bewimpert, dreieckig bis herzförmig. ▸6 Blütenkrone hell-blau bis hell-lila, trichterförmig, bis annähernd 1 cm breit. ▸7 Frucht eine kugelige, bis etwa 5 mm breite Kapsel.

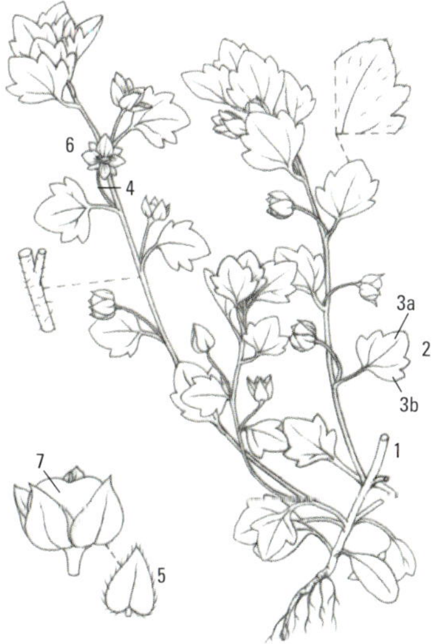

**588** Cymbalaria muralis, Plantaginaceae

## Mauer-Zimbelkraut

mehrjährig | 6–8 | L 0,5 m

Meist kalkhaltige Standorte in Mauerfugen von Weinberg- und Siedlungsmauern und an Felsen. ❀ Pyrenäen-Storchschnabel [580], Stinkender Storchschnabel [655], Ausgebreitetes Glaskraut [207].

▸1 Stängel dünn, herabhängend oder niederliegend. ▸2 Wechselständige Anordnung der **nieren- bis herzförmigen Blätter.** ▸3 Blätter lang gestielt, Stiele länger als die Blattflächen. ▸4 Blattrand fünf- bis sieben-, seltener neunlappig. ▸5 Blatt-Unterseiten häufig violett überlaufen. ▸6 **Blüten auf langen Stielen einzeln den Blattachseln entspringend.** ▸7 Blütenkelch mit 5 länglichen, spitzen Zipfeln. ▸8 **Blütenkrone hellviolett mit dunklerer Aderung und gelbem Schlund.** ▸9 Frucht eine kugelige Kapsel.

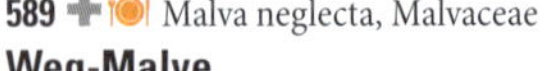

**589** Malva neglecta, Malvaceae

## Weg-Malve

ein- bis zweijährig | 6–9 | 0,5 m

Sonnig-nährstoffreiche Standorte in Weinbaugebieten sowie in Dorf- und Siedlungsnähe, z. B. auf Mist- und Hofplätzen. ❀ Gewöhnliches Hirtentäschel [541], Wege-Rauke [546], Kleine Brennnessel [225].

▸1 **Stängel meist liegend, selten aufrecht.** ▸2 **Blätter sehr lang gestielt, Stiele etwa dreimal so lang wie das Blatt.** ▸3 Form der Blätter rundlich bis nierenförmig (a), am Rande **nur wenig tief** in 5–7 Lappen geteilt (b). ▸4 3 schmale Außenkelchblätter. ▸5 5 **Kronblätter**, hellrosa mit dunklerer Aderung, **mit bis zu 2 cm verhältnismäßig klein**, jedoch etwa doppelt so lang wie der Kelch (a). ▸6 Spitze der Kronblätter ausgerandet. ▸7 Staubblätter zu einer bis 6 mm langen Röhre vereinigt. ▸8 Frucht eine etwa 7 mm breite, flache Scheibe.

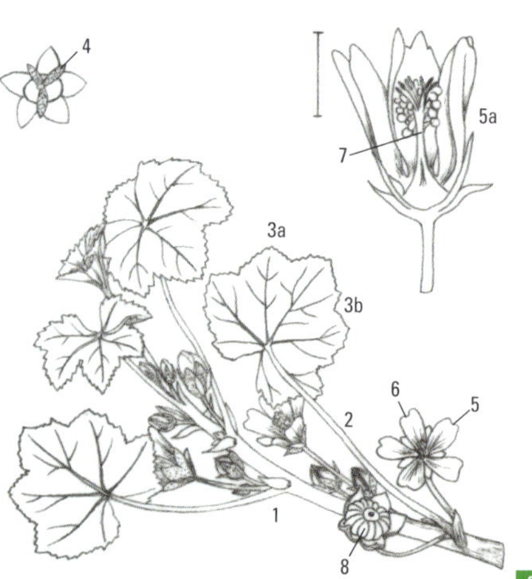

**590** Bryonia dioica, Cucurbitaceae

## Rotfrüchtige Zaunrübe

mehrjährig | 6–7 | 4 m

In Weinbergen, Hecken, Gebüschen und an Zäunen in warmer Lage. ❀ Hecken-Kälberkropf [781], Schöllkraut [728], Gewöhnliche Nelkenwurz [729].

▸1 Wurzel dick und rübenförmig. ▸2 Stängel schlaff, rau, mit spiralig gerollten Ranken. ▸3 Blätter handförmig fünflappig und beiderseits rau. ▸4 **Blattlappen** dreieckig und **nur mit wenigen Zähnchen am Rand.** ▸5 **Pflanze einhäusig, mit männlichen und weiblichen Blüten.** Männliche Blüten (a) in langgestielten Trauben, Krone grünlich-weiß, leicht abfallend. Weibliche Blütenkrone (b) grünlich, kleiner als die männliche Krone. ▸6 **Kelchzähne nur halb so lang wie die Krone.** ▸7 Narbe behaart. ▸8 Frucht eine kugelige, zuletzt scharlachrote, bis 7 mm breite Beere.

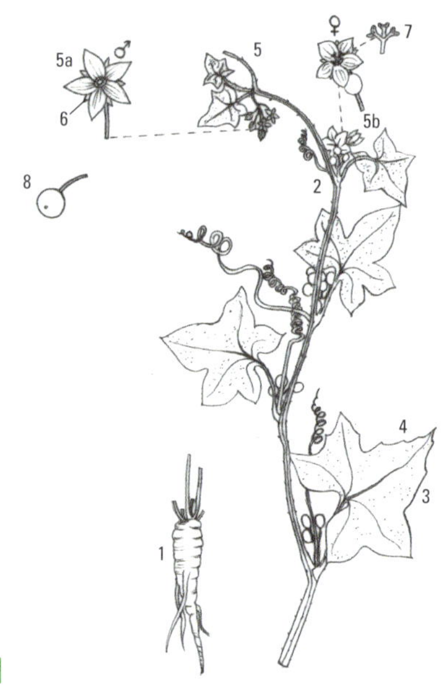

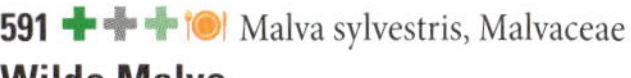

**591** Malva sylvestris, Malvaceae

## Wilde Malve

ein- bis mehrjährig | 5–9 | 1,2 m

Sonnig-warme Standorte an Wegrändern, Mauerfüßen, Bahnanlagen und Schuttplätzen. Gewöhnlicher Beifuß [745], Lanzett-Kratzdistel [535], Gewöhnliche Eselsdistel [534], Wege-Rauke [546].

▸1 Stängel behaart. ▸2 Blätter lang gestielt (a), im Umriss rundlich, vom Rande her meist in (3–)5(–7) Lappen geteilt (b). ▸3 Blattrand gezähnt. ▸4 Blüten zu 2–6 in den Blattwinkeln, seltener einzeln. ▸5 **Außenkelchblätter länglich, etwa fünfmal so lang wie breit.** ▸6 **Blütenkronblätter purpurn bis hellviolett, dunkel gestreift** (a), an der Spitze mit markanter Ausrandung (b), drei- bis viermal so lang wie der Blütenkelch. ▸7 Staubblattröhre bis 12 mm lang. ▸8 Frucht eine bis 1 cm lange Scheibe. ▸9 Teilfrucht rundlich, an einer Seite abgeflacht.

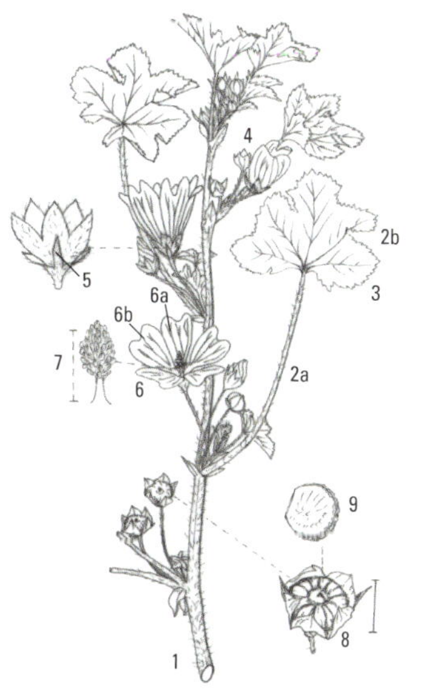


**592** Alcea rosea, Malvaceae

## Garten-Stockrose

ein- bis mehrjährig | 6–10 | 3 m

Aus Gärten selten auf Schutt- und Ruderalplätze verwildert. Gewöhnlicher Beifuß [745], Wege-Rauke [546], Große Brennnessel [296].

▸1 Stängel (a), Blätter (b) und Blütenkelche (c) mit Sternhaaren. ▸2 Blätter gelappt (a) und lang gestielt (b). ▸3 **Die bis 10 cm breiten Blüten** den Blattachseln entspringend. ▸4 **Außenkelche kürzer als der Kelch.** ▸5 5 rötliche, weißliche oder gelbliche Kronblätter. ▸6 Fruchtstand diskusartig.

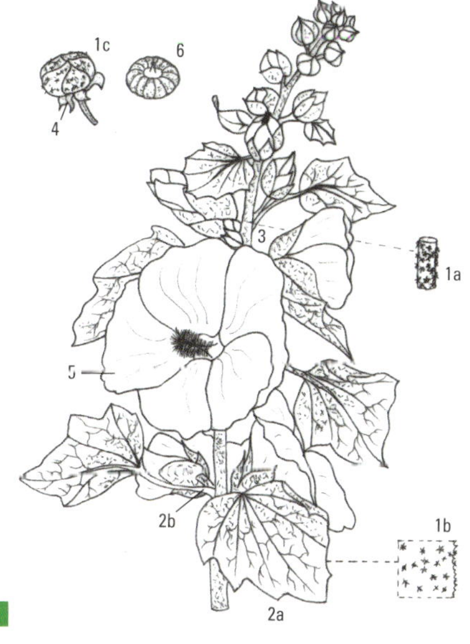

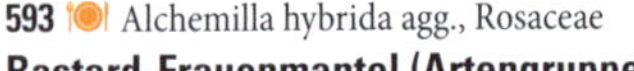

**593** Alchemilla hybrida agg., Rosaceae

## Bastard-Frauenmantel (Artengruppe)

mehrjährig | 6–8 | 0,3 m

In Magerwiesen und -weiden sowie auf mageren Wegböschungen in bergiger Lage. ❀ Gewöhnliches Sonnenröschen [425], Kugel-Teufelskralle [181], Kleiner Wiesenknopf [720].

▸1 Pflanze dicht und abstehend behaart. ▸2 Grundblätter überwiegend rundlich, bis 6 cm im Durchmesser. ▸3 Blattrand bis zur Mitte in 7–9 Lappen geteilt. ▸4 Nebenblätter groß, untere Nebenblätter an der Spitze meist dreizähnig. ▸5 Blattlappen mit 6–15 Zähnen. ▸6 Blüten in dichten, kugeligen Knäueln. ▸7 **Kronblätter wie bei allen Frauenmantel-Arten fehlend**, 4 Staubblätter. ▸8 Außenkelch (a) dünner und schmäler als der eigentliche Blütenkelch (b).

**594** Alchemilla vulgaris agg., Rosaceae

## Gewöhnlicher Frauenmantel (Artengruppe)

mehrjährig | 6–8 | 0,6 m

In lehmigen Wiesen und Weiden sowie an Wald- und Gebüschrändern; Standort variiert je nach Unterart. ❀ Wiesen-Schaumkraut [685], Gewöhnliche Möhre [782], Wiesen-Sauer-Ampfer [262].

▸1 Wurzelstock dicht mit Nebenblattresten besetzt. ▸2 Stängel aufrecht, behaart. ▸3 Blätter in einer Grundblattrosette angeordnet. ▸4 Blattstiele deutlich länger als die Blattflächen, behaart. ▸5 Form der Blätter rundlich bis nierenförmig, randlich mit **5–11 Blattlappen.** ▸6 Blattrand gezähnt. ▸7 **Blattzähne mit Wasserspalten, aus denen bei feuchter Witterung Wasser ausgeschieden wird.** ▸8 Blütenstand reichblütig, rispenartig. ▸9 **Blüten mit 4–5 gelblich oder grünlich gefärbten Kelch- (a) und Außenkelchblättern (b), jedoch ohne eigentliche Blütenkrone.**

**595** Geranium molle, Geraniaceae

## Weicher Storchschnabel

ein- bis zweijährig | 5–9 | 0,6 m

In lückigen, etwas wärmebegünstigten Wildkrautgesellschaften an meist kalkarmen Standorten an Brachen, Wegen und Böschungen. ❀ Gewöhnliches Knaulgras [9], Spitz-Wegerich [355], Gewöhnliche Braunelle [201], Weiß-Klee [626].

▸1 **Pflanze** verzweigt, meist mehrstängelig und **stark abstehend behaart.** ▸2 An der Basis eine Rosette aus lang gestielten Grundblättern. ▸3 Blattflächen in 5–9 (a) ein- bis zweimal eingeschnittene (b) Lappen bis zur Mitte geteilt. ▸4 Nebenblätter eiförmig, grünlich bis rotbraun, trockenhäutig. ▸5 Blüten paarweise angeordnet. ▸6 Blütenkronblätter 4–7 mm lang, rosa bis violett, an der Spitze eingekerbt. ▸7 Die 5 Kronblätter meist länger als die 5 eiförmigen Kelchblätter. ▸8 Staubblätter in 2 Kreisen zu je 5 angeordnet. ▸9 Die namengebende, an einen Storchenschnabel erinnernde Frucht (a) in einsamige, geschnäbelte und querrunzelige Teilfrüchte (b) zerfallend.

**596** Geranium sylvaticum, Geraniaceae

## Wald-Storchschnabel

mehrjährig | 5–7 | 0,7 m

Nährstoffreiche Standorte in Bergmähwiesen, Gebüsch- und Waldsäumen, Hochstaudenfluren und seltener in Auenwäldern. ❀ Gewöhnlicher Frauenmantel [594], Wiesen-Margerite [101], Rote Lichtnelke [179], Rot-Klee [609].

▸1 Stängel gabelig verzweigt. ▸2 **Blatt** bis über die Mitte fünf- bis siebenteilig, **weniger tief eingeschnitten** als der Wiesen-Storchschnabel [653]. ▸3 Blüten in zweiblütigen Teilblütenständen. ▸4 **Die zur Blüte- und Fruchtzeit aufrecht stehenden Blütenstiele drüsig behaart.** ▸5 **Die rötlich-violetten Kronblätter vorne abgerundet, nicht eingebuchtet.** ▸6 Frucht mit Schnabel annähernd 4 cm lang.

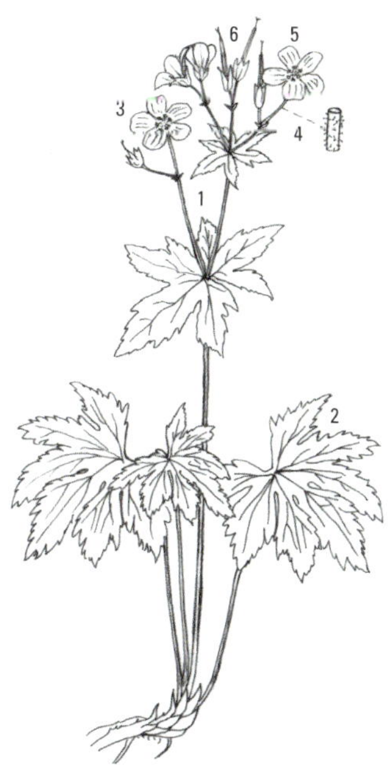

**597** Alchemilla fissa agg., Rosaceae

## Zerschlitzter Frauenmantel (Artengruppe)

mehrjährig | 6–8 | 0,3 m

In lückigen Rasengesellschaften auf Geröllhalden und Felsen der Alpen. ❀ Alpen-Ampfer [293], Schweizer Schuppenlöwenzahn [506].

▸1 Stängel bogig aufsteigend, kahl. ▸2 Grundblätter lang gestielt. ▸3 Blattfläche fünf- bis neunlappig, im Umriss annähernd kreisförmig. ▸4 Einschnitte zwischen den Lappen bis etwa zur Mitte reichend. ▸5 Die ganzrandigen, trockenhäutigen Nebenblätter bis über die Hälfte mit dem Blattstiel verwachsen. ▸6 **Blütenstiele wie die Blütenkelche nicht behaart.** ▸7 Die aus 4 Kelch-, 4 Außenkelch- und 4 Staubblättern und einem Griffel aufgebaute Blüte wie bei allen Frauenmantel-Arten ohne Kronblätter. ▸8 **Die länglichen Außenkelchblätter annähernd so lang wie die gelbgrünen, kronblattartigen Kelchblätter.**

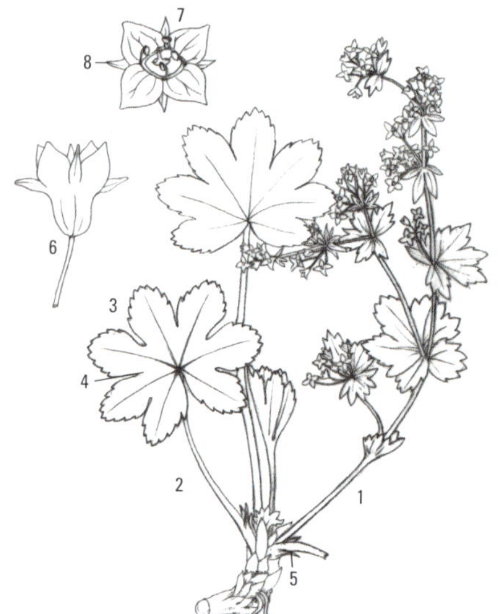

**598** Alchemilla conjuncta agg., Rosaceae

## Verbundener Frauenmantel (Artengruppe)

mehrjährig | 6–8 | 0,3 m

Flachgründige, meist kalkreiche Standorte auf Felsen, Felsschutt und Bergweiden. ❀ Alpen-Gänsekresse [100], Zwerg-Glockenblume [490], Ruprechtsfarn [775].

▸1 Grundblätter sieben- bis neunteilig. ▸2 **Blattunterseiten silbrig-glänzend behaart.** ▸3 Spitzen der Blattabschnitte gezähnt. ▸4 **Mittlere Blattabschnitte über 3 mm miteinander verwachsen.** ▸5 Blüten in lockeren, büscheligen Teilblütenständen. ▸6 Der bis etwa 4 mm lange Blütenstiel wie auch der Blütenkelch behaart. ▸7 Blüte mit gelbgrünen Kelchblättern, ohne Kronblätter.

**599** !! Drosera rotundifolia, Droseraceae

## Rundblättriger Sonnentau

mehrjährig | 7–8 | 0,2 m

Nass-saure Standorte in Mooren, an Quellen und Grabenrändern. Polei-Gränke [389], Gewöhnliche Moosbeere [199], Moor-Heidelbeere [496].

▸1 Stängel zu 1–2, häufig hin- und hergebogen, rötlich überlaufen, kahl. ▸2 Lang gestielte Blätter in grundständiger Rosette. ▸3 **Blattflächen rundlich**, Durchmesser etwa 1 cm. ▸4 **Ausstattung der Blätter mit jeweils etwa 200 rötlichen, dem Insektenfang dienenden und ein klebriges Sekret absondernden Fanghaaren (Tentakeln).** ▸5 Blattunterseiten glänzend grün. ▸6 Blüten in traubiger Anordnung entlang der blattlosen Stängel. ▸7 Bis etwa 25 weiße, knapp 1 cm große, sich nur bei ausreichendem Sonnenschein öffnende Blüten je Stängel. ▸8 Fünfzähliger Aufbau der Blüte: 5 Kron- (a), 5 an der Basis verwachsene Kelch- (b) sowie 5 Staubblätter (c). ▸9 3 bis zum Grund zweispaltige Griffel. ▸10 Fruchtkapseln eiförmig, länger als der anliegende Kelch.

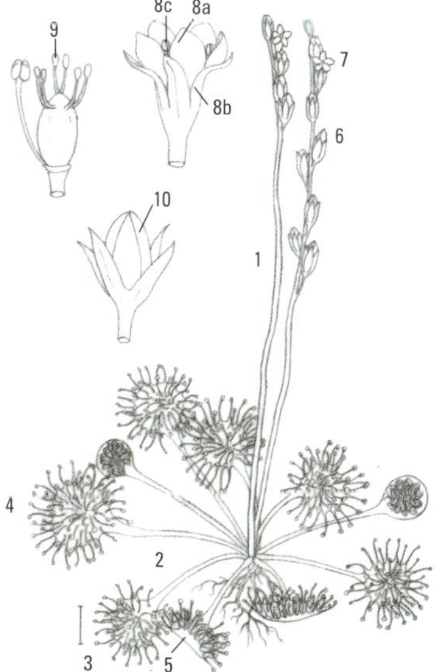

**600** Lathyrus sylvestris, Fabaceae

## Wald-Platterbse

mehrjährig | 7–8 | 2 m

In wärmebegünstigten Säumen von Hecken, Gebüschen und Waldrändern sowie als Pionier auf offenen Böschungen. Gewöhnlicher Dost [203], Kleiner Odermennig [704], Wiesen-Salbei [182], Wiesen-Witwenblume [548].

▸1 **Pflanze blaugrün**, mit Ausläufern (a), von niederliegendem, kletterndem oder aufsteigendem Wuchs. ▸2 **Stängel kräftig, geflügelt, vierkantig, gerillt.** ▸3 **Blätter aus einem Teilblattpaar (a) und einer endständigen Ranke (b) zusammengesetzt.** ▸4 Form der Teilblätter schmal-länglich, Länge bis 15 cm. ▸5 Blattstruktur fest, mit 3(–5) deutlichen Längsnerven. ▸6 Nebenblätter schmal pfeilförmig, bis 2 cm lang. ▸7 Blütenstand einseitswendig, Blüten zu 3–6. ▸8 Blütenkelch mit 5 dreieckigen Zähnen, die unteren länger als die oberen. ▸9 Krone rötlich oder weißlich, häufig grünlich überlaufen, bis 1,5 cm lang. ▸10 **Frucht eine längliche, bis annähernd 10 cm lange und bis 15-samige, braune Hülse.**

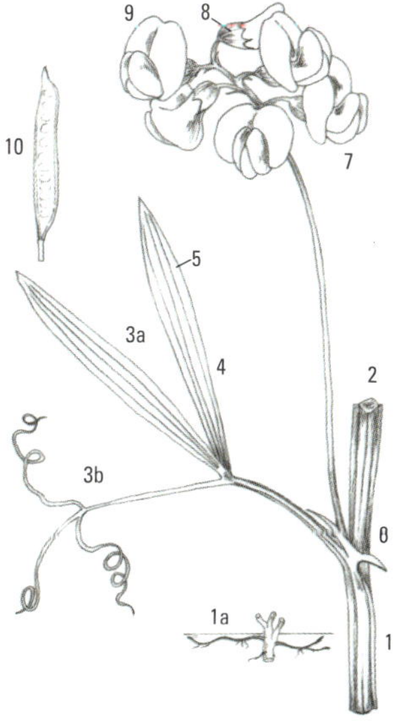

**601** Lathyrus latifolius, Fabaceae
## Breitblättrige Platterbse

mehrjährig | 6–7 | 0,2 m

Im trocken-warmen Saum von Waldrändern und Gebüschen sowie an Ruderalstellen. ❀ Gewöhnliche Möhre [782], Blut-Storchschnabel [657], Gewöhnlicher Dost [203], Zickzack-Klee [605].

▸1 Pflanze mit Ausläufern (o. Abb.). ▸2 **Stängel mit breiten, auffälligen Flügeln.** ▸3 **Ähnlich der Wald-Platterbse [600] Laubblätter nur aus einem Teilblattpaar und einer endständigen Ranke bestehend.** ▸4 Form der Teilblätter breit-länglich. ▸5 Die spitz zulaufenden Nebenblätter meist kürzer als der Blattstiel. ▸6 Blütenstand mit 6–14 lebhaft purpurfarbenen Blüten. ▸7 Frucht eine bis 8 cm lange Hülse.

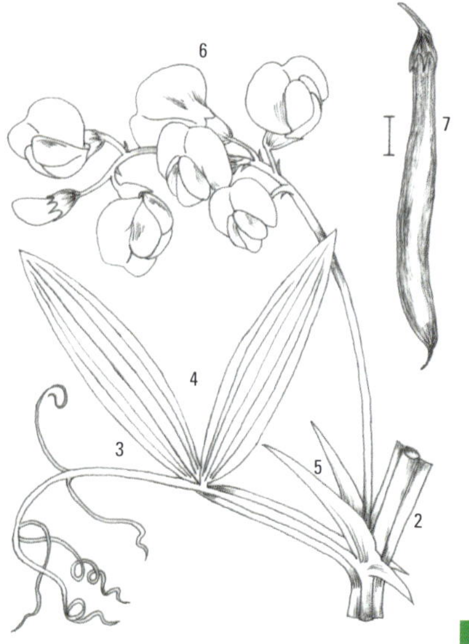

**602** Lathyrus pratensis, Fabaceae
## Wiesen-Platterbse

mehrjährig | 6–7 | 1 m

In Wiesen- und Saumgesellschaften sowie an Ruderalstandorten. ❀ Zaun-Wicke [717], Wiesen-Schafgarbe [663], Wiesen-Labkraut [361].

▸1 Pflanze mit Ausläufern. ▸2 **Stängel** aufsteigend oder auch emporkletternd (a), vierkantig (b), **ungeflügelt**, weichhaarig. ▸3 Wechselständige Anordnung der zusammengesetzten Blätter am Stängel. ▸4 **Blätter auf bis zu 3 cm langen Blattstielen (a), mit nur einem Teilblattpaar (b) und einer oft verzweigten Ranke (c).** ▸5 Teilblätter länglich, bis 3 cm lang, etwa dreimal so lang wie breit. ▸6 Nebenblätter pfeil- bis spießförmig. ▸7 Blüten in drei- bis zwölfblütigen Trauben. ▸8 **Blütenkrone gelb**, schmetterlingsförmig, bis 1,5 cm lang. ▸9 Blütenkelch mit 5 spitzen, ungleich langen Zipfeln, untere Kelchzipfel länger als die oberen. ▸10 Frucht eine bis 3,5 mm lange, flache, behaarte Hülse mit bis zu 12 Samen.

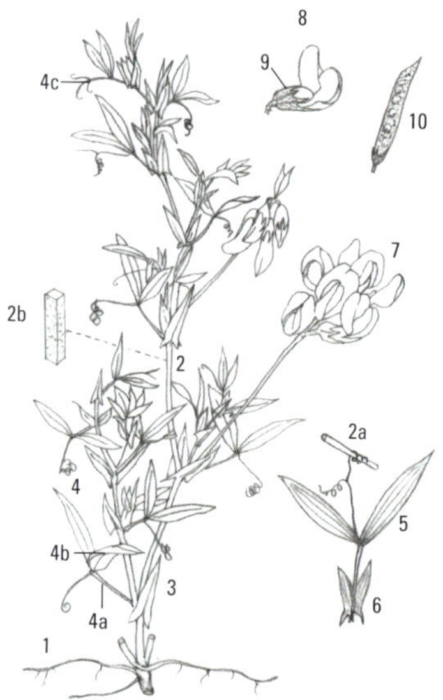

603 ✚ Lathyrus tuberosus, Fabaceae

## Knollen-Platterbse

mehrjährig | 6–8 | 1 m

Auf Äckern und Schuttplätzen sowie an Hecken-, Feld- und Wegrändern. ❀ Acker-Winde [289], Acker-Gänsedistel [512], Echter Vogelknöterich [424].

▸1 Pflanze von niederliegendem oder kletterndem Wuchs (o. Abb.). ▸2 Haselnussgroße Knollen an den Wurzeln. ▸3 **Stängel kantig, ohne Flügelleisten.** ▸4 **Blatt aus nur einem Teilblattpaar und einer endständigen Ranke bestehend.** ▸5 Teilblätter bis 4 cm lang, Blattunterseite bläulich-grün. ▸6 Nebenblätter schmal pfeilförmig. ▸7 Blüten karminrot, bis 2 cm lang, zu 2–5 an einem langen Stiel. ▸8 Frucht mit bis etwa 4 cm Länge eine relativ kurze, braune Hülse, 5–15 kugelige Samen enthaltend.

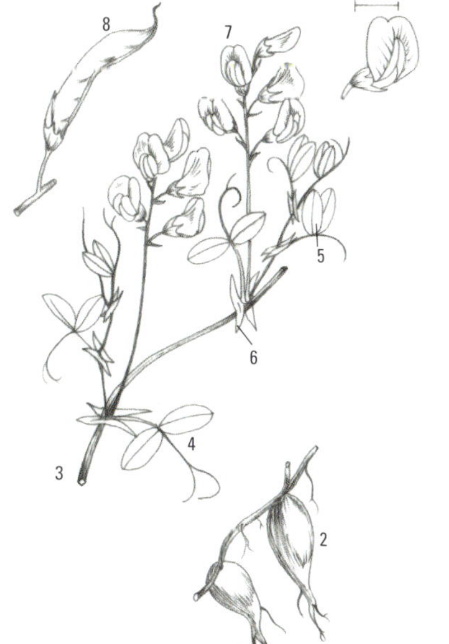

604 ✚✚ Trifolium arvense, Fabaceae

## Hasen-Klee

einjährig | 6–9 | 0,6 m

Als Pionier auf trockenen Ackerflächen, Felsköpfen, an Wegen, Dämmen, Sand- und Kiesgruben. ❀ Quendel-Sandkraut [198], Klatsch-Mohn [743], Einjähriger Knäuel [122].

▸1 Stängel verzweigt, häufig rötlich überlaufen. ▸2 Die fein behaarten, dreizähligen Blätter wechselweise am Stängel angeordnet. ▸3 Teilblätter schmal oval, bis 2,5 cm lang. ▸4 Blattrand vor allem an der Spitze gezähnt oder seltener ganzrandig. ▸5 Am Übergang vom Blatt zum Stängel längliche, zugespitzte, häutige Nebenblätter. ▸6 **Die zahlreichen, flaumig wirkenden Blütenköpfe zylindrisch geformt.** ▸7 Blütenkelch zottig behaart, zehnnervig, mit rötlichen Kelchzähnen (a). ▸8 **Blütenkrone** bis 4 mm lang, **weiß bis rötlich.** ▸9 Frucht eine einsamige Hülse.

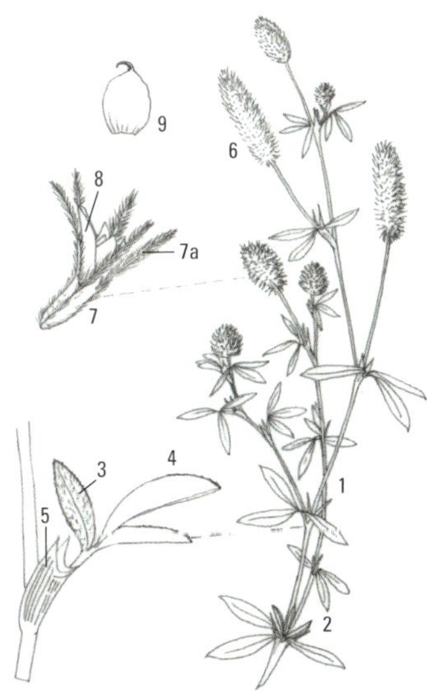

**605** Trifolium medium, Fabaceae

## Zickzack-Klee

mehrjährig | 5–7 | 0,5 m

Wärmebegünstigte, basenreiche Standorte an Wald-, Gebüsch- und Wegerändern. Kleiner Odermennig [704], Gewöhnlicher Dost [203], Gamander-Ehrenpreis [209].

▶1 Pflanze mit weit kriechenden, unterirdischen Ausläufern (o. Abb.). ▶2 **Stängel** aufsteigend, **hin- und hergebogen.** ▶3 Die dreizähligen Blätter in wechselständiger Blattstellung. ▶4 Teilblätter länglich, bis 6 cm lang, mit heller Zeichnung. ▶5 **Blattränder nur schwach gezähnt bis fast ganzrandig.** ▶6 Nebenblätter bewimpert, schmal länglich und lang zugespitzt. ▶7 **Blütenstand ein meist einzeln am Ende des Stängels befindliches, bis 4 cm breites, rundliches oder eiförmiges, gestieltes Köpfchen.** ▶8 Blütenkelch außen kahl, mit ungleich langen Zähnen (a) und 10 Nerven (b). ▶9 Blütenkrone bis 2 cm lang, purpur-rot. ▶10 Frucht eine eiförmige, einsamige Hülse.

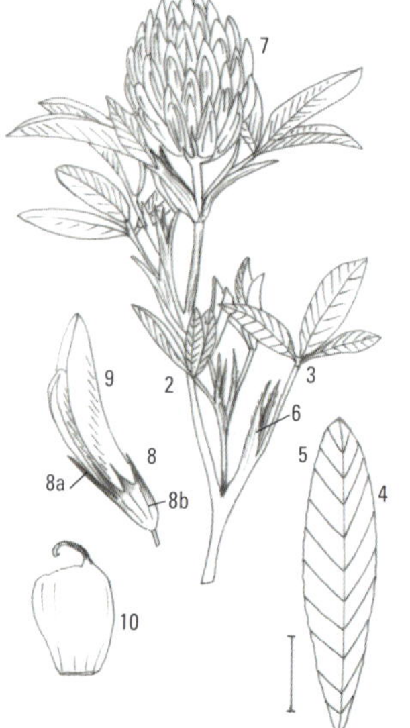

**606** Melilotus albus, Fabaceae

## Weißer Steinklee

zweijährig | 6–8 | 2(–2,5) m

Sonnig-warme, nährstoffreiche Standorte an brachliegenden Weinbergen, Äckern, Ufern, Wegrändern und Bahndämmen. Gewöhnliche Möhre [782], Feinstrahl-Berufkraut [357], Kanadisches Berufkraut [341].

▶1 Pflanze aufrecht und verzweigt. ▶2 Wurzel gelblich, lang-rübenförmig. ▶3 **Stängel sparrig verzweigt, vor allem am Grund verholzend, häufig rötlich überlaufen.** ▶4 Blätter dreizählig (a), Blattstellung wechselständig (b). ▶5 Teilblättchen oval bis verkehrt eiförmig, am Rande schwach gezähnt, gestielt (a). ▶6 Nebenblätter lang und schmal. ▶7 Blüten nickend an lang gestielten, reichhaltigen, aber schmalen Blütentrauben. ▶8 **Blütenkrone weiß**, bis 5 mm lang. ▶9 Frucht eine schief eiförmige, relativ kurze (kleiner als 0,5 cm), ein- bis viersamige Hülse.

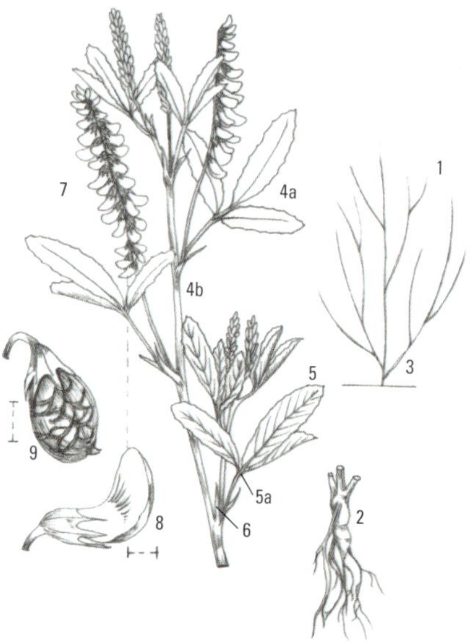

**607** Melilotus altissimus, Fabaceae

## Hoher Steinklee

zweijährig | 7–8 | 1,5 m

In feuchten Hochstaudenfluren an Fluss- und Bachufern und an Gräben sowie an Wegrändern und auf Schuttplätzen. ❀ Behaartes Weidenröschen [400], Kleines Mädesüß [668], Ross-Minze [146].

▶1 Stängel aufrecht, strauchig verzweigt. ▶2 Blätter wechselständig am Stängel angeordnet. ▶3 **Teilblätter länglich, bis 4 cm lang.** ▶4 Blattränder scharf gezähnt. ▶5 Nebenblätter schmal-länglich. ▶6 **Blütentrauben** lang gestielt (a), **bis 6 cm lang, damit für gewöhnlich kürzer** als die Blütenstände des Echten Steinklees [608]. ▶7 Kelch behaart (a), Kelchzähne so lang wie der Kelch, spitz (b). ▶8 Blütenkrone gelb. ▶9 **Frucht eine spärlich behaarte, runzelige, kugelige bis eiförmige Hülse (a) mit 1–2 Samen (b)** und einem langen, schnabelartigen Griffelrest an der Spitze (c).

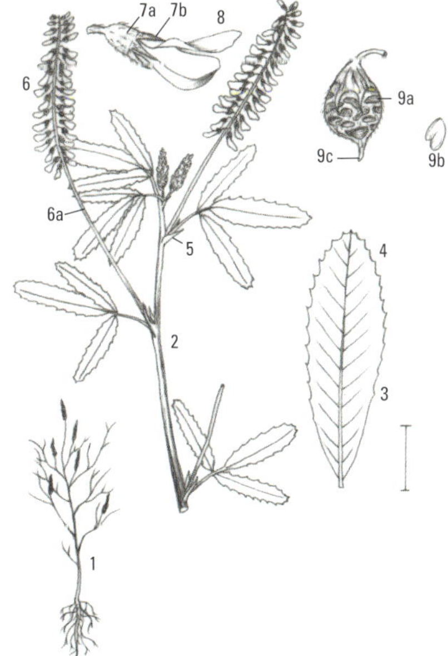

**608** ✚✚ Melilotus officinalis, Fabaceae

## Echter Steinklee

zweijährig | 6–9 | 1,2 m

Sonnig-warme Standorte an Acker-, Weg- und Straßenrändern, Bahnschotter, Schuttplätzen und in Steinbrüchen. ❀ Gewöhnliche Wegwarte [525], Gewöhnliche Möhre [782], Gewöhnlicher Rainkohl [559], Weißer Steinklee [606].

▶1 Stängel buschig verzweigt. ▶2 Blätter gestielt (a), dreizählig (b). ▶3 **Teilblätter länglich-oval oder länglich (verkehrt) eiförmig.** ▶4 **Mittleres Teilblatt (relativ) lang gestielt.** ▶5 Blattrand vor allem in der oberen Hälfte schwach gezähnt. ▶6 Nebenblätter länglich, meist ganzrandig. ▶7 **Blüten in bis 10 cm langen** traubigen, reichhaltigen **Blütenständen.** ▶8 Blütenkelch mit 5 etwa gleich langen Zähnen. ▶9 Blütenkrone gelb, am Blütenstiel hängend angeordnet. ▶10 **Frucht eine unbehaarte, bis 5 mm lange, eiförmige, durch Querrippen gekennzeichnete Hülse, 5–8 Samen enthaltend.** ▶11 Hülsen mit verbleibendem Griffelrest.

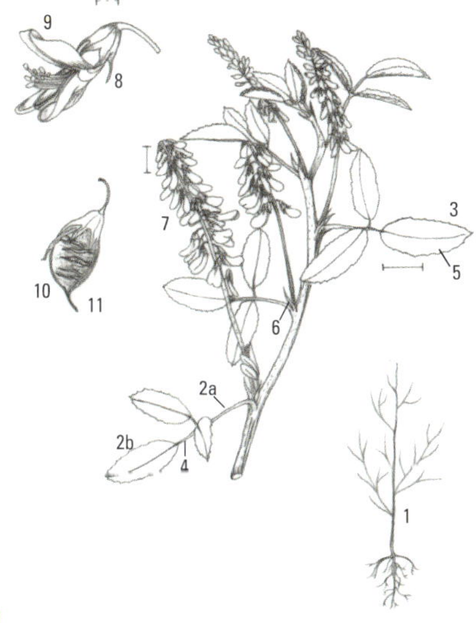

**609** Trifolium pratense, Fabaceae

## Rot-Klee (Roter Wiesen-Klee, Rotklee)

mehrjährig | 6–9 | 0,5 m

In Wiesen und Weiden unterschiedlichen Nährstoffgehalts sowie an Wald- und Wegrändern. Wiesen-Schafgarbe [663], Wiesen-Labkraut [361], Wiesen-Löwenzahn [520].

▸1 Stängel aufsteigend oder aufrecht, behaart (a). ▸2 Blätter dreiteilig. ▸3 Teilblättchen eiförmig, bis 4 cm lang. ▸4 Oberseite der Blättchen mit heller Zeichnung. ▸5 Untere Blätter lang (a), obere Blätter kurz gestielt (b). ▸6 **Nebenblätter mit grannenartiger Spitze (a) und roten oder grünen Adern (b).** ▸7 Blütenköpfe einzeln oder zu zweien, kugelig bis eiförmig, rot. ▸8 Kelchzähne ungleich lang. ▸9 Blütenkrone meist rot, selten weiß. ▸10 Frucht eine einsamige Hülse.

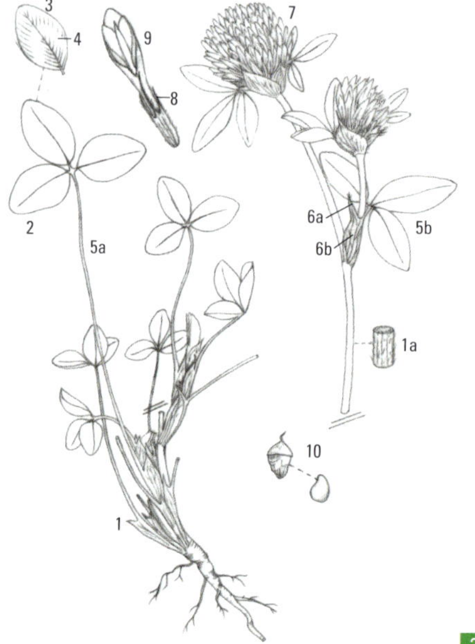

**610** Trifolium hybridum, Fabaceae

## Schweden-Klee

mehrjährig | 5–8 | 0,9 m

Als tiefwurzelnder Pionier auf meist nährstoffreichen Böden in Fett- und Nasswiesen, Weiden, Kiesgruben sowie an Ufern und Wegen. Kohl-Kratzdistel [547], Kriechender Hahnenfuß [637], Stumpfblättriger Ampfer [263].

▸1 Stängel aufrecht oder aufsteigend, verzweigt. ▸2 Die dreiteiligen **Blätter** wechselweise am Stängel angeordnet und **im Unterschied zum ähnlichen Weiß-Klee [626] ohne helle, V-förmige Zeichnung.** ▸3 **Teilblätter** bis 4 cm lang, **eiförmig**, mit fein gezähntem Blattrand. ▸4 Nebenblätter bis 3 cm lang, länglich und lang zugespitzt. ▸5 Blütenstand ein einzeln an langen Stielen befindliches, rundliches Köpfchen. ▸6 **Blütenköpfe häufig mehrfarbig, da sich die Blüten von Weiß nach Rot zu Braun verfärben und immer verschiedene Reifestadien in einem Blütenstand vorhanden sind.**
▸7 Kelch undeutlich fünfnervig. ▸8 **Blüte deutlich gestielt** (a), erst weiß, dann rötlich, bis 1 cm lang (b), nach der Blüte herabgebogen (c). ▸9 Frucht eine zwei- bis viersamige Hülse.

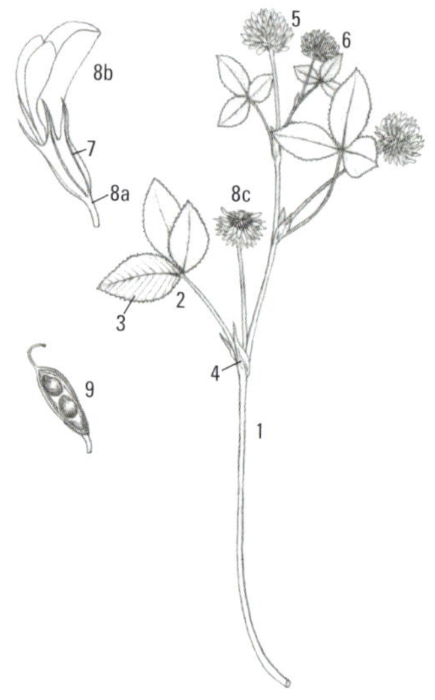

**611** ✚ Lotus corniculatus agg., Fabaceae

## Gewöhnlicher Hornklee (Artengruppe)

mehrjährig | 5–8 | 0,5 m

In Wiesen- und Weidengesellschaften und als Pionier an Böschungen und Wegrändern. ❀ Wiesen-Salbei [182], Mittlerer Wegerich [204], Hopfen-Luzerne [620].

▸1 **Stängel** im Durchmesser kantig (a), im Inneren **meist mit Mark gefüllt** (b). ▸2 Blätter fünfteilig, 3 Teilblätter an der Spitze (a), 2 Blättchen an der Basis (b). ▸3 Teilblätter etwa doppelt so lang wie breit, Länge bis 2 cm. ▸4 Blattränder (a) und Blattnerven (b) mit feinen Wimpern. ▸5 Blüten zu mehreren an einem langen Stiel sitzend. ▸6 Blütenkrone gelb (a), vor dem Aufblühen oft rot überlaufen (b). ▸7 Blütenkelch etwa 5 mm lang, die Kelchzähne etwa so lang wie die Kelchröhre. ▸8 **Kelchzähne vor dem Aufblühen zusammenneigend.** ▸9 Frucht eine bis 3 cm lange, gerade, vielsamige, nach dem Aufspringen sich einrollende Hülse (a).

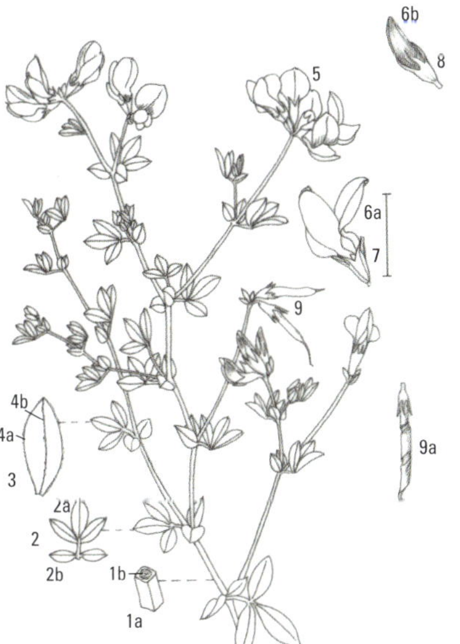

**612** !! ✚ ✚ ✚ Menyanthes trifoliata, Menyanthaceae

## Fieberklee

mehrjährig | 4–5 | 0,3 m

In Flach-, Quell- und Niedermooren, Verlandungssümpfen sowie im Randbereich von Hochmooren. ❀ Strauß-Gilbweiderich [363], Kleiner Baldrian [698], Sumpf-Veilchen [331].

▸1 Grundachse (Rhizom) mit schuppenförmigen Niederblättern. ▸2 Stängel aufrecht. ▸3 **Blätter dreiteilig.** ▸4 **Teilblätter ganzrandig, verkehrt eiförmig, bis 10 cm lang.** ▸5 Blütenstand eine lange, zehn- bis zwanzigblütige Traube. ▸6 Blüte fünfteilig: 5 Kelchzipfel (a), 5 an der Basis verwachsene Kronblätter (b), 5 Staubblätter (c). ▸7 **Blütenkrone weiß, oft rötlich überlaufen, bärtig bewimpert.** ▸8 Staubbeutel violett. ▸9 Frucht eine kugelige bis eiförmige Kapsel mit einem langen Griffel (a) an der Spitze.

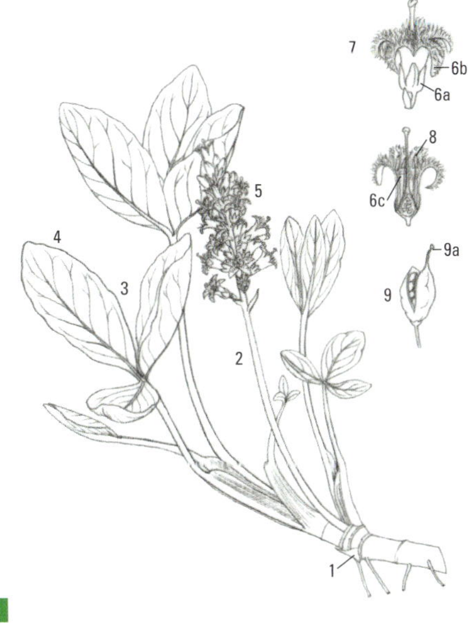

## 613 ✚ Ononis repens, Fabaceae

### Kriechende Hauhechel

mehrjährig | 6–7 | 0,6 m

In Magerrasen und -weiden, auf Äckern und Böschungen sowie an Wald-, Weg- und Gebüschrändern. ❀ Stängellose Kratzdistel [518], Saat-Esparsette [667], Tauben-Skabiose [699].

▸1 **Pflanze mit Ausläufern (a), mehr in die Breite wachsend (b).** ▸2 **Stängel rundum behaart.** ▸3 **Zweige bogig aufsteigend.** ▸4 **Dornen, falls vorhanden, weicher als die der Dornigen Hauhechel [617] (o. Abb.).** ▸5 Wechselständige Blattstellung. ▸6 **Blatt** ein- oder dreiteilig, **behaart.** ▸7 Teilblätter länglich-eiförmig bis länglich-oval. ▸8 Mittleres Teilblatt gestielt. ▸9 Blattrand der Teilblätter kurz gezähnt. ▸10 Nebenblätter eiförmig, gezähnt. ▸11 Blüten zu 1–3 den Blattachseln entspringend. ▸12 Kelch behaart, tief in 5 lange Zipfel gespalten. ▸13 Blütenkrone rosa oder selten weiß, bis 2 cm lang. ▸14 Frucht eine rundliche, weich behaarte Hülse. ▸15 An der Fruchtspitze ein gekrümmter Griffel.

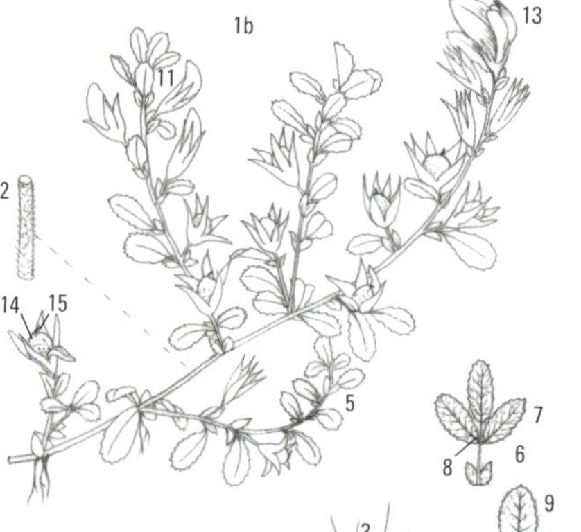

## 614 Medicago falcata, Fabaceae

### Sichel-Luzerne (Sichelklee)

mehrjährig | 5–6 | 0,8 m

Nährstoffarme Standorte in trockenen Wiesen und auf Böschungen sowie an Weg- und Feldrändern. ❀ Hufeisenklee [712], Saat-Esparsette [667], Kleiner Wiesenknopf [720].

▸1 Der kantige Stängel (a) mit wechselständig angeordneten Blättern (b). ▸2 Blätter gestielt (a) und dreiteilig (b). ▸3 **Teilblätter** mit Stachelspitze, **im Unterschied zur ähnlichen Luzerne [616] nur bis 2 cm lang.** ▸4 Nebenblätter lang zugespitzt. ▸5 Blütenstand eine bis 20-blütige Traube. ▸6 **Blütenkrone gelb, im Unterschied zur Hopfen-Luzerne [620] bis etwa 1 cm lang.** ▸7 Frucht eine sichelförmige, bis 15 mm lange Hülse.

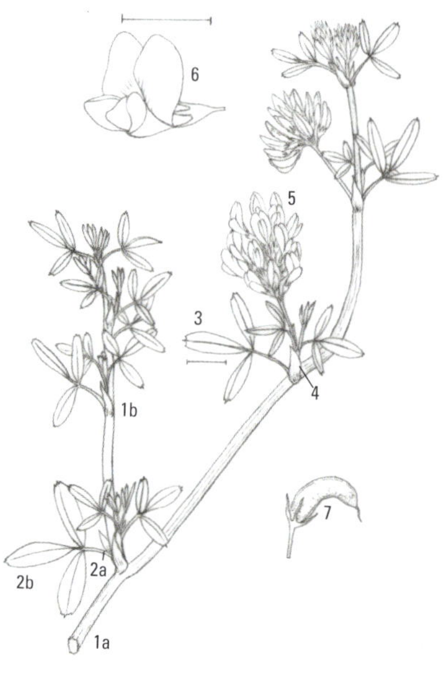

**615** Lotus pedunculatus, Fabaceae

## Sumpf-Hornklee (Lotus uliginosus)

mehrjährig | 5–7 | 0,8 m

In nassen Wiesen, an Ufern und Gräben sowie an feuchten Wald- und Gebüschrändern. ❀ Sumpf-Kratzdistel [530], Echtes Mädesüß [703], Kleiner Baldrian [698].

▸1 **Pflanze** im Unterschied zum Gewöhnlichen Hornklee [733] **mit Ausläufern.** ▸2 **Stängel** rundlich, **hohl.** ▸3 Blätter fünfteilig, 3 Teilblätter an der Spitze (a), 2 Blättchen an der Basis (b). ▸4 Teilblätter etwa doppelt so lang wie breit, Länge bis 2,5 cm. ▸5 Blattunterseiten bläulich-grün. ▸6 Blattränder (a) und Blattnerven (b) mit feinen Wimpern. ▸7 Blütenköpfchen mehrblütig, 8–14 Blüten enthaltend. ▸8 **Zähne des Blütenkelchs vor dem Erblühen zurückgebogen**, beim Gewöhnlichen Hornklee [733] neigen diese vor der Blüte zusammen. ▸9 Blütenkrone gelb, vor dem Aufblühen oft rot überlaufen (a). ▸10 Frucht eine bis 3 cm lange Hülse. ▸11 Wie beim Gewöhnlichen Hornklee rollen sich die Fruchtklappen nach dem Aufspringen ein.

**616** ✚✚ Medicago sativa agg., Fabaceae

## Luzerne (Artengruppe)

mehrjährig | 6–9 | 0,9 m

Als Futterpflanze gesät und auf mageren Wiesen sowie an Wegrändern und Böschungen verwildert. ❀ Wiesen-Flockenblume [370], Kleinköpfiger Pippau [515], Wiesen-Margerite [101].

▸1 Stängel aufrecht (a), mit wechselständig angeordneten (b), dreiteiligen (c) Blättern. ▸2 **Teilblatt** länglich (a), **bis 3 cm lang**, an der Spitze gezähnt (b). ▸3 Nebenblätter lang zugespitzt. ▸4 Blütenstand eine endständige Traube mit bis zu 25 Blüten. ▸5 **Blütenkrone blau, violett** oder bräunlich-grün, bis zu 1 cm lang. ▸6 **Frucht eine bis etwa 5 mm lange spiralförmige Hülse.**

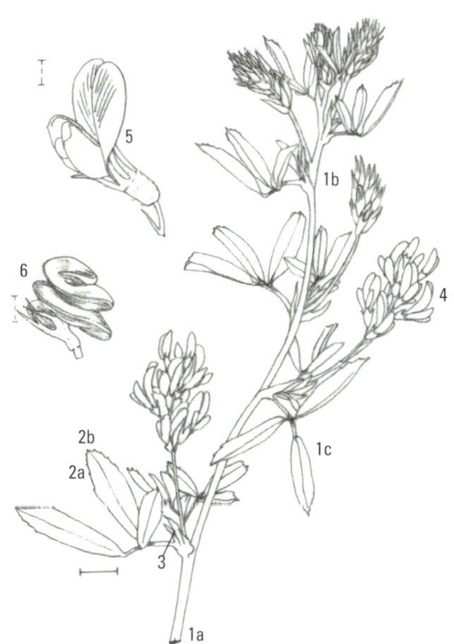

617 ✚✚✚ Ononis spinosa agg., Fabaceae

## Dornige Hauhechel (Artengruppe)

mehrjährig | 6–8 | 0,6 m

In mageren, kalkhaltigen Wiesen, Weiden und Rasen sowie an Wald- und Wegrändern. ❀ Wiesen-Flockenblume [370], Stängellose Kratzdistel [518], Zypressen-Wolfsmilch [342].

Meist mit »Bocksgeruch«. ▸1 Halbstrauch, im unteren Bereich verholzt. ▸2 Stängel **aufsteigend oder aufrecht**, verzweigt, **ein- bis zweiseitig behaart.** ▸3 **Zweige mit spitzen, den Blattachseln entspringenden Dornen bewehrt.** ▸4 Wechselständige Stellung der Blätter am Stängel. ▸5 Mittlere und untere Blätter dreiteilig (a), Teilblätter länglich-oval, vorne zugespitzt (b). ▸6 Blätter im Blütenstand oft einfach, ungeteilt. ▸7 Mittleres Teilblatt kurz gestielt. ▸8 Blattrand der Teilblätter sägeartig gezähnt. ▸9 Nebenblätter eiförmig, gezähnt. ▸10 Blüten meist einzeln (oder zu 2–3) in den Blattachseln. ▸11 Kelch behaart, tief in 5 lange Zipfel gespalten. ▸12 Blütenkrone rosa, violett oder selten weiß, bis 2 cm lang. ▸13 Blüte mit schnabelartiger Verlängerung. ▸14 Frucht eine rundliche, weich behaarte Hülse. ▸15 An der Fruchtspitze ein gekrümmter Griffel.

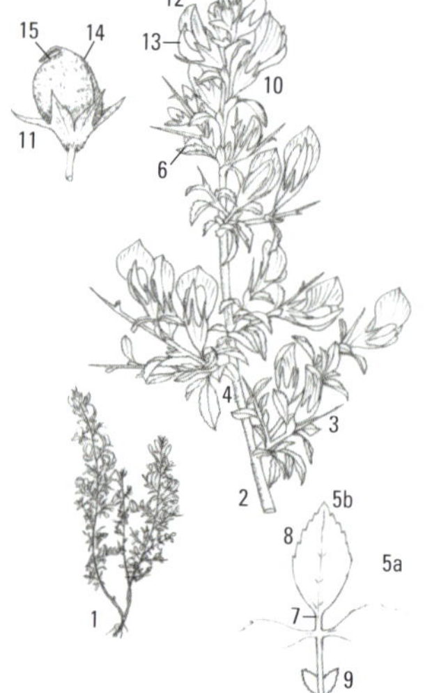

618 Fragaria moschata, Rosaceae

## Zimt-Erdbeere

mehrjährig | 5–6 | 0,4 m

Nährstoffreiche Standorte an Waldrändern, in Gebüschen und Hecken sowie im Erlen-Auenwald. ❀ Gefleckter Aronstab [314], Gewöhnliche Nelkenwurz [729], Gewöhnlicher Efeu [586].

▸1 **Im Unterschied zur ähnlichen Hügel-Erdbeere [623] nur wenige schlecht entwickelte Ausläufer bildend, oder Ausläufer vollständig fehlend.** ▸2 Teilblätter mit 4–10 cm Länge bis etwa doppelt so groß wie die der ähnlichen Wald-Erdbeere [619]. ▸3 Durchmesser der Blüten annähernd doppelt so groß wie bei der Wald-Erdbeere. ▸4 **Blütenstiele abstehend behaart** (bei der Wald-Erdbeere Blütenstiele meist angedrückt behaart). ▸5 **Blütenstand die Laubblätter meist deutlich überragend.** ▸6 Fruchtstand eine kugelige, sich schwer vom Fruchtboden lösende, oft nur sonnenseits rote, sonst gelblich-weiße Scheinbeere.

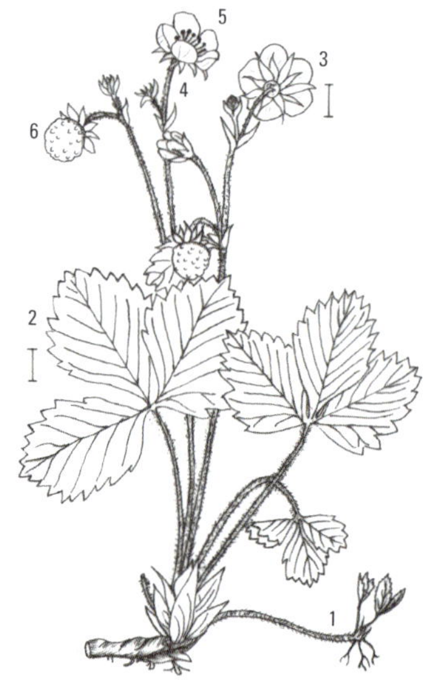

**619** Fragaria vesca, Rosaceae

## Wald-Erdbeere

mehrjährig | 4–6 | 0,2 m

In Waldlichtungen, an Waldwegen, Böschungen sowie Gebüsch- und Heckenrändern. Gewöhnlicher Wasserdost [632], Stechender Hohlzahn [187].

▸1 Aus dem Wurzelstock entspringende, oberirdische, an den Knoten (a) wurzelnde und **Tochterpflanzen** (b) **treibende Ausläufer.** ▸2 **Schuppenförmiges Niederblatt jeweils zwischen den Tochterpflanzen.** ▸3 Grundständige Blätter lang gestielt. ▸4 Blattstiele und Stängel zottig behaart. ▸5 Blätter dreiteilig. ▸6 Blattoberseite dunkelgrün und zerstreut behaart. ▸7 Blattunterseite hell-bläulichgrün und besonders auf den Blattnerven anliegend seidenhaarig. ▸8 Blattzähne mit meist rötlichem Stachelspitzchen. ▸9 **Endzahn jedes Teilblättchens im Unterschied zur Hügel-Erdbeere [623] größer oder gleich groß wie die übrigen Blattzähne.** ▸10 Blütenstand mit 3–6 weißen Blüten. ▸11 **Blüten- und Fruchtkelch zweiteilig, zur Fruchtzeit meist zurückgeschlagen:** Außenkelch grün, mit länglich-schmalen Blättern (a); Hauptkelch mit eiförmigen, zugespitzten Blättern (b). ▸12 Kronblätter bis etwa 8 mm lang, reinweiß. ▸13 20 Staubblätter. ▸14 **Frucht eine bis 2 cm dicke, rote, leicht abfallende Scheinbeere.**

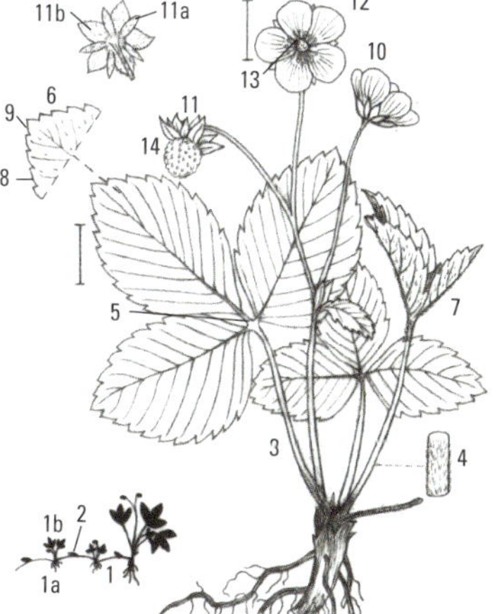

**620** Medicago lupulina, Fabaceae

## Hopfen-Luzerne

(Hopfenklee, Hopfen-Schneckenklee) mehrjährig | 5–9 | 0,6 m

Sonnige Standorte an Wegrändern und -böschungen sowie in mageren Weiden- und Wiesengesellschaften. Gewöhnlicher Hornklee [733], Kleiner Wiesenknopf [720], Tauben-Skabiose [699].

▸1 **Die zahlreichen Stängel von niederliegendem oder aufsteigendem Wuchs.** ▸2 Wechselständige Anordnung (a) der dreiteiligen (b), lang gestielten (c), kleeähnlichen Laubblätter. ▸3 Teilblätter verkehrt ei- bis herzförmig. ▸4 Oberes Teilblättchen (kurz) gestielt. ▸5 Blattränder an den (Teil-)Blattspitzen schwach gezähnt. ▸6 **Nebenblätter** spitz-eiförmig, **meist ganzrandig.** ▸7 Blütenstand eine kopfförmige, lang gestielte Traube mit **bis zu 50 Einzelblüten.** ▸8 Krone gelb, bis 5 mm lang, im Unterschied zu ähnlichen Klee-Arten früh abfallend. ▸9 Blütenkelch fünfzähnig, behaart. ▸10 Frucht eine bis 3 mm lange, nierenförmige Hülse.

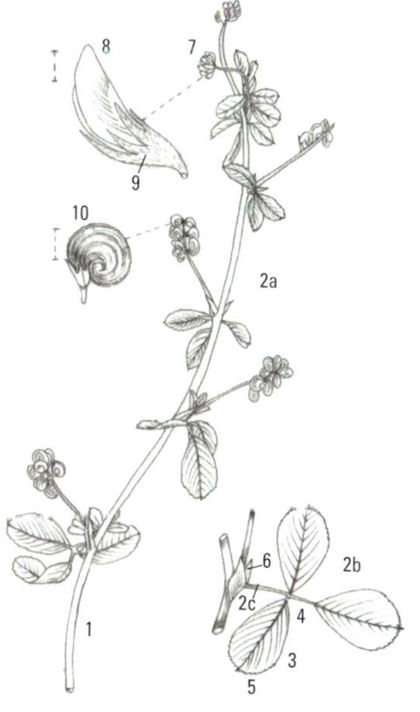

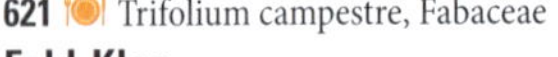

**621** Trifolium campestre, Fabaceae

## Feld-Klee

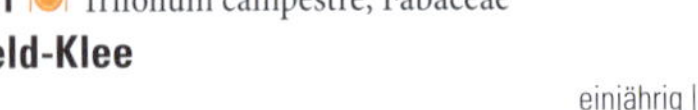

einjährig | 6–9 | 0,4 m

In eher trockenen und lückigen Wiesen, Rasen und Äckern, in Weinbergen sowie an Wegrändern und Schuttplätzen. Kleines Habichtskraut [76], Kleiner Sauer-Ampfer [550], Ausdauernder Knäuel [123].

▸1 Stängel niederliegend oder aufsteigend. ▸2 Wechselständige Anordnung der dreiteiligen, kurz gestielten (a) Blätter. ▸3 Teilblätter bis 2 cm lang, verkehrt eiförmig, in der oberen Hälfte gezähnelt. ▸4 **Mittleres Teilblatt deutlich länger gestielt als die seitlichen.** ▸5 Nebenblätter eiförmig, oben zugespitzt. ▸6 **Blütenstand** rundlich bis eiförmig, bis etwa 12 mm lang, **mit 20–30 Blüten.** ▸7 Untere Kelchzähne (a) länger als die oberen (b). ▸8 **Blütenkrone** goldgelb, bis 6 mm lang, nach dem Verblühen sich hellbraun verfärbend und **im Unterschied zur ähnlichen Hopfen-Luzerne [620] am Blütenstand verbleibend.** ▸9 Frucht eine einsamige Hülse.

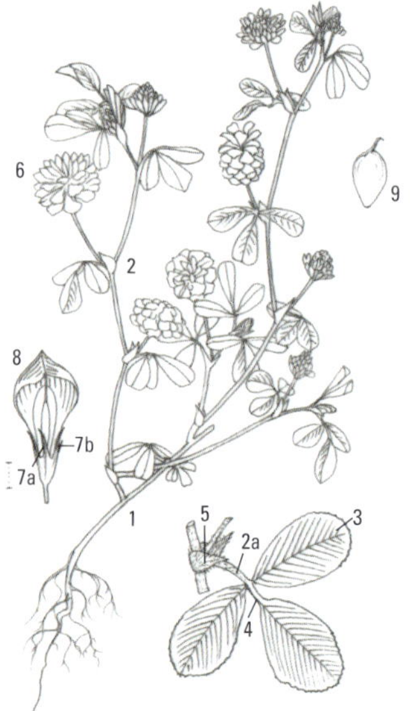

**622** Trifolium dubium, Fabaceae

## Kleiner Klee

einjährig | 5–9 | 0,4 m

Nährstoffreiche Standorte in Wiesen und Weiden sowie an Weg- und Ackerrändern. Gänseblümchen [102], Wiesen-Schaumkraut [685], Spitz-Wegerich [355].

▸1 Stängel verzweigt, von niederliegender bis aufrechter Statur (o. Abb.). ▸2 Wechselweise angeordnete Blätter mit 3 bläulich grünen, verkehrt-eiförmigen, bis 1 cm langen, gestielten Teilblättern. ▸3 **Mittleres Teilblatt etwas länger gestielt als die seitlichen.** ▸4 Obere Blättchenhälfte gezähnt. ▸5 Nebenblätter breit eiförmig, zugespitzt. ▸6 **Blütenköpfchen kugelig, im Unterschied zum ähnlichen Feld-Klee [621] mit nur 2–15 locker angeordneten Blüten.** ▸7 Untere Kelchzähne (a) deutlich länger als die oberen (b). ▸8 Blütenkrone erst hellgelb, später bräunlich. ▸9 Frucht eine einsamige Hülse.

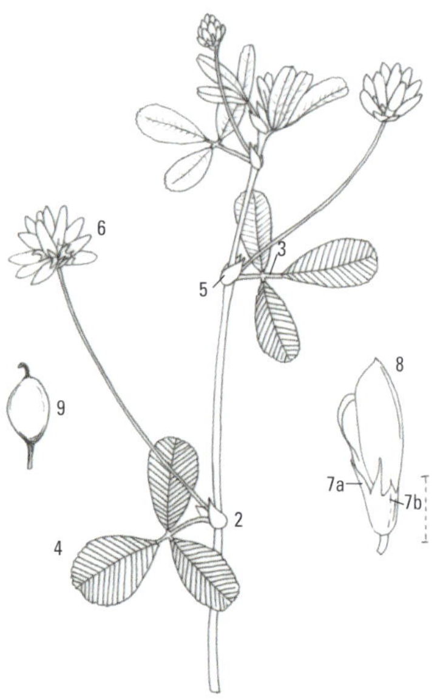

**623** Fragaria viridis, Rosaceae

## Hügel-Erdbeere (Knack-Erdbeere)

mehrjährig | 5–6 | 0,2 m

Meist kalkhaltige Standorte in lichten Eichen- und Kiefernwäldern, im sonnigen Gebüsch und an Böschungen. ❀ Blut-Storchschnabel [657], Gewöhnlicher Dost [203], Hirsch-Haarstrang [780].

▸1 Oberirdische Ausläufer kurz. ▸2 Niederblatt nur im Abschnitt zwischen Mutter- und erster Tochterpflanze. ▸3 Stängel und Blattstiele zottig behaart. ▸4 Teilblätter bis zu 9 cm lang. ▸5 Mittleres Teilblatt kurz gestielt. ▸6 **Endzahn der Blattzähne meist kürzer als die umgebenden Zähne.** ▸7 Blattrand seidig schimmernd behaart. ▸8 Spitzen der Blattzähne rot gefärbt. ▸9 Kronblätter gelblich-weiß, später verbleichend. ▸10 **Innere Kelchblätter umschließen die kugelige, häufig nur teilweise rot gefärbte, sonst gelblich-weiße Frucht und verbleiben nach der Ernte.** ▸11 **Frucht meist nur mit knackendem Geräusch vom Fruchtboden lösbar.**

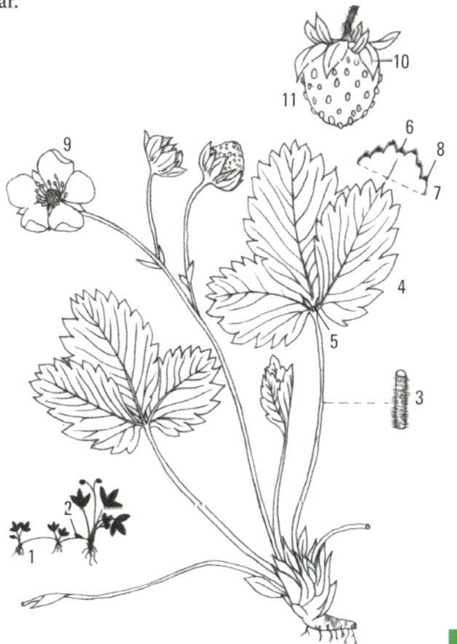

**624** Potentilla sterilis, Rosaceae

## Erdbeer-Fingerkraut

mehrjährig | 4–5 | 0,15 m

Mäßig nährstoffreiche Standorte in Eichen-Hainbuchen-Wäldern, an Wald- und Gebüschrändern sowie an Wegböschungen. ❀ Wald-Labkraut [443], Gewöhnliche Nelkenwurz [729], Ausdauerndes Bingelkraut [467].

▸1 Pflanze mit Ausläufern. ▸2 Die dreiteiligen, bis 10 cm lang gestielten Blätter bläulichgrün. ▸3 Blätter die Blütenstängel überragend. ▸4 **Im Unterschied zur ähnlichen Wald-Erdbeere [619] Blatt-Mittelzahn kürzer als die umgebenden Blattzähne.** ▸5 Seitliche Teilblättchen etwas asymmetrisch. ▸6 Blütenstängel behaart, mit jeweils 1–3 Blüten. ▸7 Die weißen, **sich im Unterschied zur Wald-Erdbeere nicht berührenden Kronblätter** herzförmig.

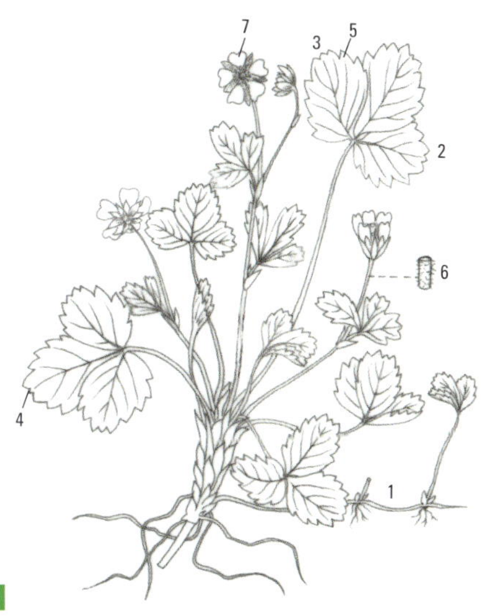

**625** Potentilla indica, Rosaceae

## Scheinerdbeer-Fingerkraut

(Scheinerdbeere, Duchesnea indica) mehrjährig | 5–9 | 0,2 m

Als Zierpflanze kultiviert und an nährstoffreichen, trockenwarmen Standorten in Weinbergen, Hecken, Gebüschsäumen, Gärten, Schuttplätzen und Waldrändern verwildert. ❀ Gewöhnlicher Beifuß [745], Gewöhnlicher Dost [203], Wege-Rauke [546].

▸1 Stängel bis 50 cm lang, niederliegend, an den Verzweigungen Wurzeln bildend. ▸2 Blatt dreiteilig, erdbeerähnlich, beiderseits behaart. ▸3 Blattstiele bis etwa 12 cm lang. ▸4 Mittleres Teilblatt an der Basis keilförmig. ▸5 Blüten im Durchmesser bis 2 cm, gelb, einzeln auf langen Stielen den Blattachseln entspringend. ▸6 Blüte und Frucht mit Innenkelch (a) und Außenkelch (b). ▸7 **Frucht eine fleischige, rundliche, erdbeerähnliche Sammelfrucht.**

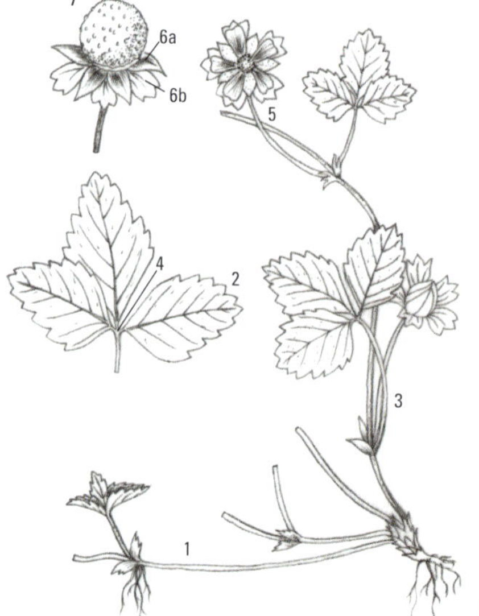

**626**  Trifolium repens, Fabaceae

## Weiß-Klee

mehrjährig | 5–10 | 0,4 m

In gedüngten Wiesen und Weiden sowie an Wegen, Ufern und Ackerrändern. ❀ Gänseblümchen [102], Spitz-Wegerich [355], Wiesen-Löwenzahn [520].

▸1 **Stängel kriechend und nur vorne aufsteigend, bis 50 cm lang, an den Verzweigungen wurzelnd.** ▸2 Blätter lang gestielt, dreizählig. ▸3 Teilblättchen mit V-förmiger Zeichnung (a), bis 3 cm lang, an der Spitze oft eingebuchtet (b). ▸4 **Blattränder fein gezähnt.** ▸5 Nebenblätter länglich, trockenhäutig, mit grannenartigen Spitzen und grünen oder rötlichen Nerven. ▸6 Die lang gestielten, kugeligen, schwach duftenden Blütenköpfchen weiß, gelblich oder leicht rötlich. ▸7 Blütenkelch mit 10 Nerven und 5 ungleich langen Zähnen. ▸8 Blüte bis 12 mm lang, gestielt (a). ▸9 **Verblühte Teile des Blütenköpfchens herabgeschlagen, bräunlich.** ▸10 Frucht eine drei- bis viersamige Hülse.

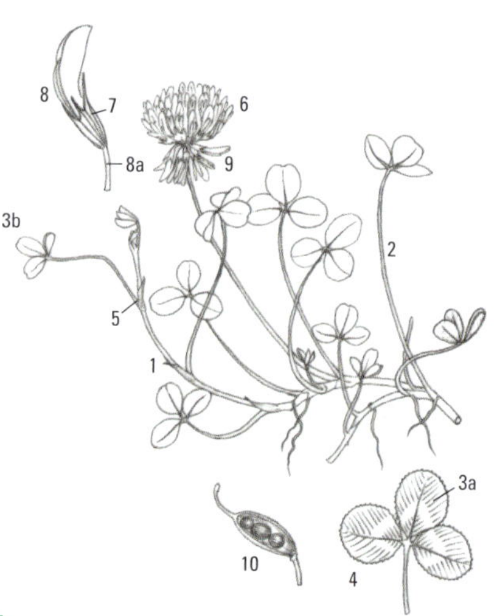

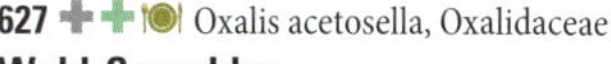

**627** Oxalis acetosella, Oxalidaceae

## Wald-Sauerklee

mehrjährig | 4–5(6) | 0,2 m

An mäßig nährstoffreichen Standorten in schattigen Laub- und Nadelmischwäldern. Echte Goldnessel [223], Gewöhnlicher Efeu [586], Ährige Teufelskralle [281].

▸1 Pflanze mit weit kriechenden, mit schuppigen Blättern besetzten, unterirdischen Ausläufern. ▸2 **Blätter grundständig, lang gestielt.** ▸3 Blattstiel spärlich behaart, oft rot überlaufen. ▸4 Blattfläche (-spreite) aus 3 Teilblättern zusammengesetzt, unterseits oft rot überlaufen. ▸5 Blätter in Sonderfällen grün-weiß panaschiert (o. Abb.). ▸6 Teilblättchen herzförmig gestaltet. ▸7 Blüten lang gestielt. ▸8 Blüten einzeln und endständig am spärlich behaarten Blütenstiel angeordnet. ▸9 Blütenstiel mit einem Paar klein bleibender Blätter (Vorblätter). ▸10 Kelchblätter oval, grün, bis 4 mm lang. ▸11 **Blütenkrone weiß, fünfteilig, mit violetten Adern.** ▸12 10 Staubblätter (a) und 5 Griffel (b). ▸13 Frucht eine fünffächerige, bis 1 cm lang werdende Kapsel.

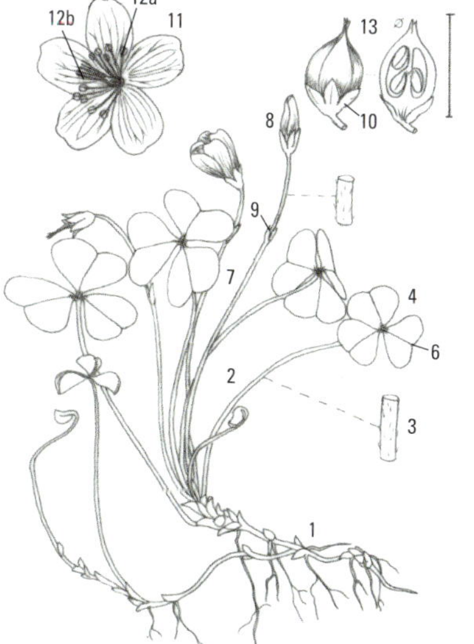

**628** Oxalis stricta, Oxalidaceae

## Steifer Sauerklee (Oxalis fontana)

ein- bis mehrjährig | 6–9 | 0,4 m

Nährstoffreiche Standorte in Äckern, Wegrändern, Gärten und Friedhöfen. Weißer Gänsefuß [564], Stechender Hohlzahn [187], Vogel-Sternmiere [210].

▸1 Pflanze meist mit unterirdischen Ausläufern. ▸2 **Spross nur schwach behaart.** ▸3 **Stängel (meist) aufrecht** und verzweigt. ▸4 Blätter dreiteilig (a), wechselständig am Stängel angeordnet (b), im oberen Stängelbereich durch Verkürzung der Hauptachse gegenständig erscheinend (c). ▸5 Blätter wie bei allen Sauerklee-Arten lang gestielt. ▸6 Teilblättchen an der Spitze ausgerandet. ▸7 Blütenstand doldenartig mit nur wenigen hellgelben Blüten. ▸8 **Blütenstiele an der Basis verdickt.** ▸9 **Blütenstiele nach dem Verblühen waagrecht bis aufrecht abstehend.** ▸10 Frucht eine bis 1,2 cm lange, im Unterschied zum Gehörnten Sauerklee [629] **nicht oder anfänglich nur wenig behaarte Kapsel.** ▸11 Ansatz der Blattstiele ohne Nebenblätter.

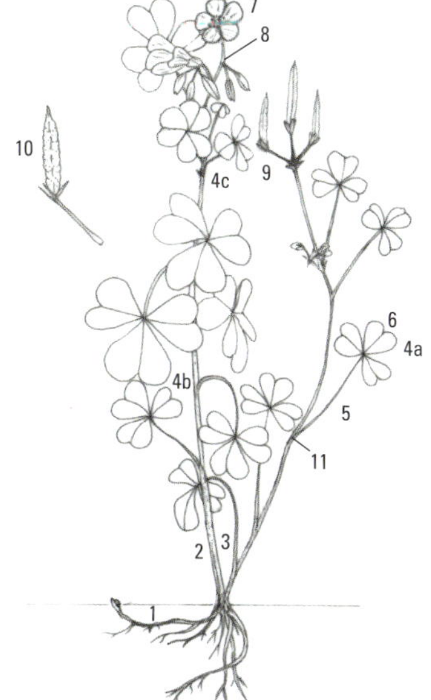

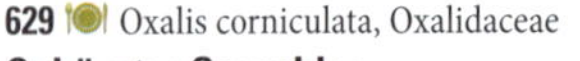

**629** Oxalis corniculata, Oxalidaceae

## Gehörnter Sauerklee

einjährig | 5–10 | 0,5 m

Nährstoffreiche und meist kalkarme Standorte in Gärten, an Wegen und Friedhöfen sowie in Blumentöpfen und Pflanzkübeln. Lauchhederich [307], Breit-Wegerich [212], Gewöhnliche Braunelle [201], Weiß-Klee [626].

▸1 Pflanze kriechend, bei Bodenkontakt an den Verzweigungen wurzelnd. ▸2 Stängel meist dicht behaart. ▸3 **Wechselständige Anordnung der Blätter am Stängel.** ▸4 Blätter lang gestielt, häufig rötlich überlaufen. ▸5 Teilblättchen herzförmig ausgerandet. ▸6 Blütenstand mit 2–6 doldenartig angeordneten Blüten. ▸7 Blütenkrone mit 5 goldgelben Kronblättern. ▸8 Frucht eine **weich behaarte**, fünfkantige, bis 2,5 cm lange Kapsel.

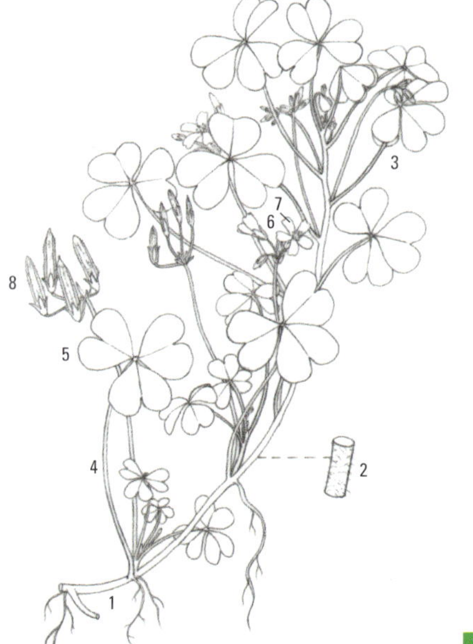

**630** Rubus caesius, Rosaceae

## Kratzbeere

Strauch | 5–6 | 2 m

Als Rohbodenpionier an nährstoffreichen, oft kalkhaltigen Standorten in Flussauen, Auenwäldern, Hecken, Weinbergen, Wald- und Wegrändern sowie auf Böschungen und Äckern. Feinstrahl-Berufkraut [357], Gewöhnlicher Dost [203], Große Brennnessel [296].

▸1 **Pflanze von anfänglich aufrechtem, danach bogig niederliegendem Wuchs, bei Bodenkontakt an der Spitze neue Wurzeln bildend** (o. Abb.). ▸2 **Stängel mit feinen Stacheln, rund, bläulich bereift.** ▸3 Blätter dreiteilig, nur leicht behaart, Unterseite nicht weißfilzig (a). ▸4 Teilblätter ungleich gezähnt (a), (nur) das obere Teilblatt gestielt (b). ▸5 Nebenblätter länglich, oben zugespitzt. ▸6 Blütenstand wenigblütig, Blütenkrone weiß. ▸7 **Staubblätter (a) im Unterschied zur Himbeere [732] etwa so lang wie die Griffel (b).** ▸8 Frucht eine aus 5–20 Teilfrüchten zusammengesetzte, bläulich bereifte Beere.

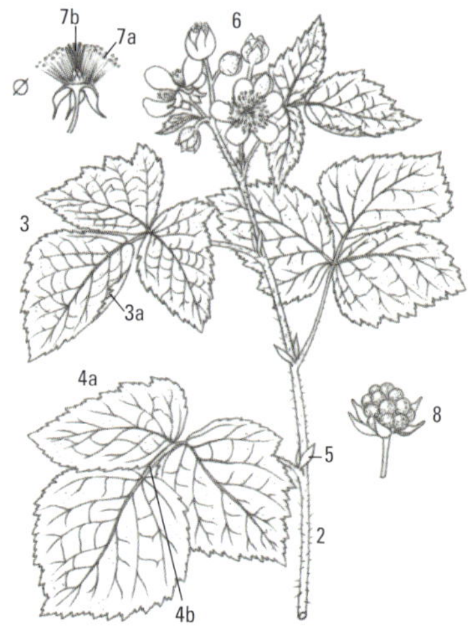

**631** Rubus saxatilis, Rosaceae

## Steinbeere

mehrjährig | 5–7 | 0,3 m

An meist kalkreichen Standorten in eher lichten Nadel-Mischwäldern. Wald-Wachtelweizen [131], Nickendes Birngrün [217], Heidelbeere [185].

▸1 Pflanze mit feinstacheligen, aufrechten Blütenstängeln (a) und herab gebogenen, ausläuferartigen, an den Knoten wurzelnden Laubstängeln (b). ▸2 **Blätter dreiteilig (a), im Unterschied zur Himbeere [732] beiderseits grün, Blattunterseiten nicht graufilzig (b).** ▸3 Blattränder unregelmäßig gezähnt. ▸4 Nebenblätter unterschiedlich gestaltet: an den Laubstängeln elliptisch-eiförmig (a), an den Blütenstängeln lang und schmal (b). ▸5 Blütenstand drei- bis zehnteilig. ▸6 Kelchblätter zuletzt abstehend oder zurückgebogen. ▸7 **Kronblätter aufrecht stehend, schmal, weiß.** ▸8 Die zahlreichen, aufrechten **Staubblätter länger als die Griffel.** ▸9 **Frucht eine leuchtend rote Sammelfrucht mit nur wenigen Teilfrüchten.**

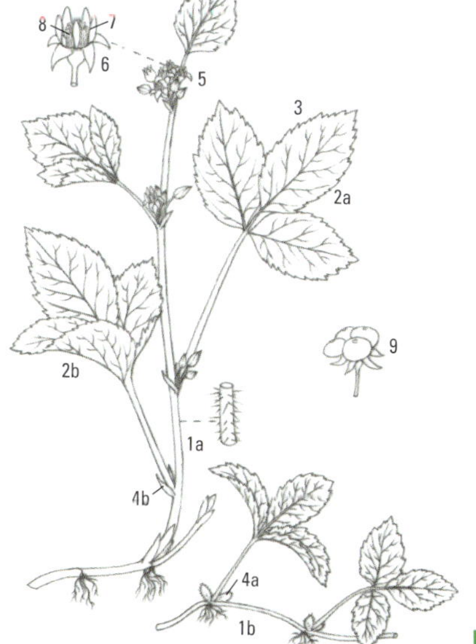

**632** Eupatorium cannabinum, Asteraceae

## Gewöhnlicher Wasserdost

mehrjährig | 7–9 | 1,5 (2) m

Auf feuchten Stellen an Wegen, Böschungen, Ufern, Waldschlägen, Quellbereichen und in Auenwäldern. Wald-Engelwurz [768], Gewöhnliches Hexenkraut [184], Kohl-Kratzdistel [547], Riesen-Schachtelhalm [42].

▸1 Stängel aufrecht, dicht beblättert, oben verzweigt. ▸2 **Blätter tief handförmig drei- bis fünfteilig**, selten einfach. ▸3 Blattrand gezähnt. ▸4 Gesamtblütenstand eine doldenartige Rispe. ▸5 Längliche Hüllblätter umfassen die Blütenköpfchen (Teilblütenstände). ▸6 **Blütenköpfchen mit 4–6 rötlich bis weißlichen Röhrenblüten.** ▸7 **Aus der Krone herausragend 2 lange Narbenäste.** ▸8 Frucht bräunlich, länglich, fünfrippig, mit langem und etwas rauem Haarkranz.

633 Anemone ranunculoides, Ranunculaceae

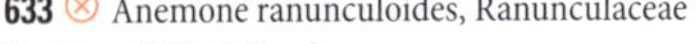

## Gelbes Windröschen

mehrjährig | 4–5 | 0,3 m

In Auenwäldern und in nährstoff- und krautreichen, feuchten Laubmischwäldern. Moschuskraut [759], Hohler Lerchensporn [760], Knöllchen-Scharbockskraut [324], Vierblättrige Einbeere [495].

▸1 Der waagrecht angeordnete Wurzelstock mit schuppenförmigen Blättern besetzt. ▸2 **Blätter** bis zum Grunde dreiteilig (a) und im Unterschied zum Busch-Windröschen [639] **nur weniger als 1 cm gestielt** (b). ▸3 **1–2 (selten 3) gelbe Blüten** entspringen dem im oberen Viertel angeordneten Blattkranz. ▸4 Die Blüte mit 5 Hüllblättern (a) und vielen gelben Staubblättern (b). ▸5 Die kleinen Früchte ähnlich dem Busch-Windröschen [639] dicht mit kurzen, borstigen Haaren besetzt.

634 Peucedanum ostruthium, Apiaceae

## Meisterwurz

mehrjährig | 7–8 | 1 m

Nährstoff- und lichtreiche Standorte in Hochstaudenfluren und Grünerlen-Gebüschen oder aus Pflanzungen an künstlich geschaffenen Standorten wie Zäune und Mauern, verwildert. Grauer Alpendost [327], Wald-Storchschnabel [596], Wald-Witwenblume [433].

Würzig nach Möhren und Sellerie duftend. ▸1 Pflanze mit Ausläufern (o. Abb.). ▸2 Stängel rund und hohl. ▸3 Bauchige Blattscheiden am Übergang von Stängel zu Blatt. ▸4 **Blätter aus 3 gestielten Teilblättern zusammengesetzt.** ▸5 **Teilblätter unregelmäßig dreilappig.** ▸6 Blattränder unregelmäßig gesägt. ▸7 Blütenstand eine stark verzweigte Dolde. ▸8 Blüten rötlich-weiß. ▸9 Frucht breit geflügelt, etwa 5 mm lang.

**635** Ranunculus sceleratus, Ranunculaceae

## Gift-Hahnenfuß

einjährig | 5–10 | 1 m

Als Pionier auf schlammigen Böden an besonnten Teichrändern, Flussufern und Gräben. Dreiteiliger Zweizahn [563], Ufer-Wolfstrapp [532], Gewöhnliche Sumpfkresse [543].

▸1 Stängel hohl, gefurcht und verzweigt. ▸2 **Blätter dicklich, glänzend.** ▸3 Grundblätter lang gestielt und handförmig in 3–5 Lappen geteilt. ▸4 Obere Blätter sitzend und wechselständig am Stängel angeordnet. ▸5 **Die verhältnismäßig kleinen, hellgelben Blüten bis 1 cm im Durchmesser.** ▸6 **Blütenkelch herabgeschlagen.** ▸7 Blütenstiele gefurcht. ▸8 Sammelfrucht (a) aus zahlreichen, rundlichen Nüsschen (b).

**636** Ranunculus bulbosus, Ranunculaceae

## Knolliger Hahnenfuß

mehrjährig | 5–7 | 0,5 m

In mageren Wiesen, Weiden und Böschungen auf basenreichen, lehmigen Böden. Saat-Esparsette [667], Kleiner Wiesenknopf [720], Wiesen-Salbei [182].

▸1 **Pflanze am Grund knollig verdickt.** ▸2 Stängel meist verzweigt. ▸3 **Grundblätter tief dreiteilig** und lang gestielt. ▸4 Mittlerer Blattlappen ähnlich wie beim Kriechenden Hahnenfuß [637] gestielt. ▸5 Obere Stängelblätter in schmale Zipfel geteilt. ▸6 Blütenstiele behaart. ▸7 Kelchblätter abwärts gerichtet und behaart. ▸8 Blüten goldgelb, Krone bis 3 cm im Durchmesser. ▸9 Teilfrucht ein kurz geschnäbeltes Nüsschen.

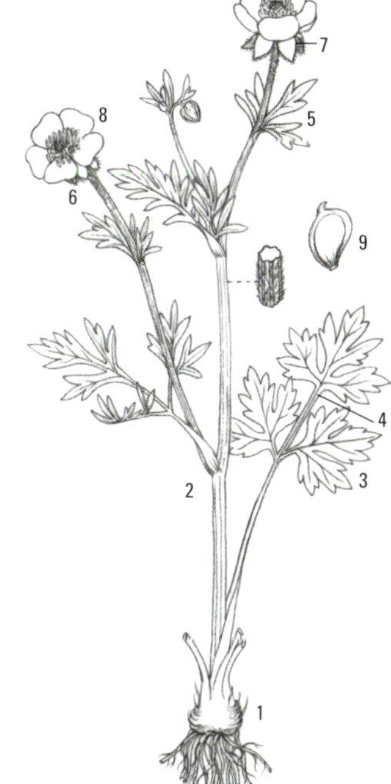

**637** ⊗ ✚ Ranunculus repens, Ranunculaceae

## Kriechender Hahnenfuß

mehrjährig | 5–9 | 0,5 m

Auf nährstoffreichen Böden in Auwäldern, feuchten Wiesen, Gräben, Gärten und auf Äckern. ❀ Wiesen-Kümmel [796], Herbst-Zeitlose [382], Großer Wiesenknopf [706].

▸1 Wurzeln kräftig und büschelig. ▸2 **An den Knoten wurzelnde, oberirdische Ausläufer.** ▸3 Stängel bogig aufsteigend, häufig verzweigt. ▸4 Grundblätter lang gestielt. ▸5 **Blätter aus 3 Teilblättern zusammengesetzt.** ▸6 **Mittelabschnitt der Grundblätter stets gestielt.** ▸7 Stängelblätter sitzend, die Abschnitte schmaler als die der Grundblätter. ▸8 Blüten goldgelb, fünfteilig, bis 3 cm im Durchmesser. ▸9 Nektardrüsen am Grund der Blütenkronblätter. ▸10 Kelchblätter behaart, den Kronblättern anliegend. ▸11 Staubblätter zahlreich. ▸12 Früchtchen rundlich, bis 3 mm lang, mit einem meist gekrümmten Schnabel.

**638** Ranunculus aconitifolius, Ranunculaceae

## Eisenhut-Hahnenfuß

(Eisenhutblättriger Hahnenfuß) mehrjährig | 5–7 | 0,8 m

Nährstoffreiche und sickernasse Standorte an Bächen, Quellen und in staudenreichen Wäldern und Wiesen. ❀ Grauer Alpendost [327], Rauhaariger Kälberkropf [755], Gewöhnlicher Wasserdost [632].

▸1 Stängel aufrecht, oben verzweigt. ▸2 **Grundblätter sehr lang gestielt** (a), Stängelblätter sitzend und wechselständig am Stängel angeordnet (b). ▸3 **Blattflächen bis fast zum Grunde drei- bis fünf(sieben)teilig.** ▸4 Blattränder unregelmäßig gezähnt. ▸5 Die **weißen Blüten** einzeln auf **langen Stielen.** ▸6 **Blütenstiele unterhalb der Blüte kurz behaart.** ▸7 Die fünfteilige Blütenkrone weiß, bis etwa 2 cm im Durchmesser, mit zahlreichen gelben Staubblättern (a). ▸8 Die rundlichen, im Durchmesser etwa 3 mm breiten Früchtchen mit gekrümmtem Schnabel.

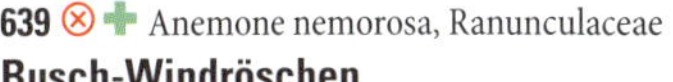

**639** Anemone nemorosa, Ranunculaceae

## Busch-Windröschen

mehrjährig | 3–4 | 0,25 m

In kraut- und nährstoffreichen Mischwäldern und Bergwiesen. Waldmeister [455], Ährige Teufelskralle [281], Dunkles Lungenkraut [196].

▸1 Mehrere aufrechte Stängel dem waagrecht im Boden liegenden Wurzelstock entspringend. ▸2 **Anordnung der gestielten Blätter meist zu dreien in der oberen Hälfte des Stängels.** ▸3 Blatt 3(–5)-teilig, bis zum Grunde in Abschnitte geteilt. ▸4 **Anordnung der Blüten einzeln**, in Ausnahmefällen auch zu zweien, auf langen, nahezu aufrechten Stielen. ▸5 **Weiße, bisweilen an der Außenseite auch rosa bis violett gefärbte Blüte**, im Durchmesser 2–4 cm. ▸6 Blüte mit 6–8 Blütenhüllblättern (a) und zahlreichen gelben Staubblättern (b). ▸7 Fruchtköpfchen nickend. ▸8 Frucht ein mit schnabelartiger Spitze sowie mit borstigen Haaren versehenes Nüsschen.

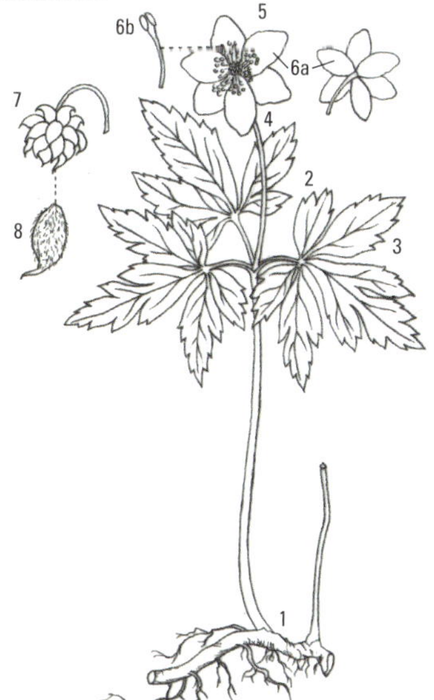

**640** Potentilla verna, Rosaceae

## Frühlings-Fingerkraut (Potentilla tabernaemontani, Potentilla neumanniana)

mehrjährig | 4–5 | 0,3 m

Sonnig-trockene Standorte auf Felsen, Dämmen, Rainen, Hängen und Wegen sowie in lichten Kiefernwäldern. Hufeisenklee [712], Kleiner Wiesenknopf [720], Weiße Fetthenne [415].

▸1 Pflanze mit bewurzelnden Ausläufern, häufig größere Teppiche bildend. ▸2 Stängel niederliegend bis aufsteigend. ▸3 Grundblätter lang gestielt, behaart, handförmig fünf- bis siebenteilig. ▸4 **Teilblättchen verkehrt eiförmig, unten keilförmig, oben beiderseits mit 2–5 Zähnen.** ▸5 Obere Stängelblätter dreiteilig oder ungeteilt. ▸6 Blattunterseiten zumindest auf den Nerven stärker behaart. ▸7 **Nebenblätter schmal-länglich.** ▸8 Blütenstand drei- bis zehnblütig. ▸9 Außenkelchblätter (a) kürzer und schmäler als die Kelchblätter (b). ▸10 Blütenkrone fünfteilig, gelb, mit einem Durchmesser von 1–2 cm. ▸11 Frucht ein runzeliges Nüsschen.

**641** Rubus sect. Rubus, Rosaceae

## Echte Brombeere (Artengruppe)

(Rubus fruticosus agg.) Strauch | 5–8 | L 8 m

An Waldrändern und Waldschlägen sowie in Hecken und Gebüschen. ❀ Drüsiges Springkraut [163], Himbeere [732], Große Brennnessel [296].

▸1 **Triebe (Schößlinge) überhängend, bei Bodenkontakt der Spitzen im Herbst einwurzelnd und dabei neue Schößlinge bildend.** ▸2 **Triebe wie die Blattstiele mit kräftigen Stacheln.** ▸3 Blätter handförmig 3–5(7)-zählig. ▸4 Blattränder gesägt bis kerbig gezähnt. ▸5 Nebenblätter sehr schmal. ▸6 Die fünfzählige Blütenkrone weiß oder rosa überlaufen, mit zahlreichen Staubblättern. ▸7 Frucht eine beerenartige, schwarz-glänzende Sammelfrucht.

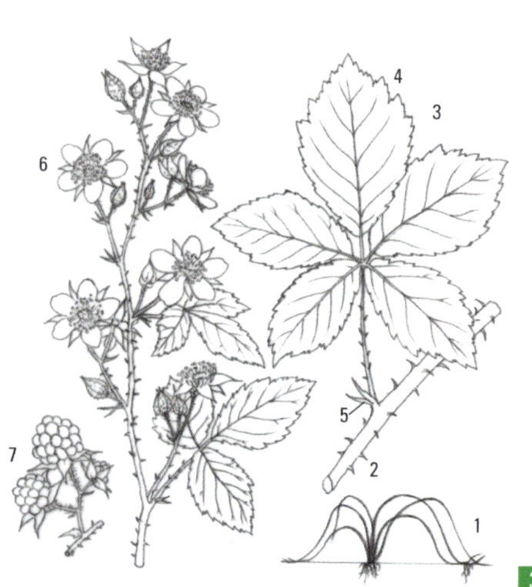

**642** Parthenocissus inserta, Vitaceae

## Gewöhnliche Jungfernrebe (Fünfblätt. Wilder Wein, Parthenocissus quinquefolia)

kletternder Strauch | 7–9 | 10 m

Häufig kultiviert und auf nährstoffreiche Standorte in Auenwäldern, Waldsäumen und Hecken verwildert. ❀ Gewöhnliche Zaunwinde [290], Gewöhnlicher Hopfen [584], Drüsiges Springkraut [163], Große Brennnessel [296].

▸1 Mithilfe von Ranken kletternd. ▸2 **Ranken ohne Haftscheiben.** ▸3 Ältere Zweige mit Luftwurzeln. ▸4 **Blatt fünfteilig.** ▸5 Blattrand grob und sägeartig gezähnt. ▸6 Die grünlichgelbe Blüte mit 5 Kron- (a) und 5 Staubblättern (b). ▸7 **Der doldenartige Fruchtstand** mit nur wenigen Traubenfrüchten. ▸8 Traubenfrüchte blau und etwa 0,5 cm groß.

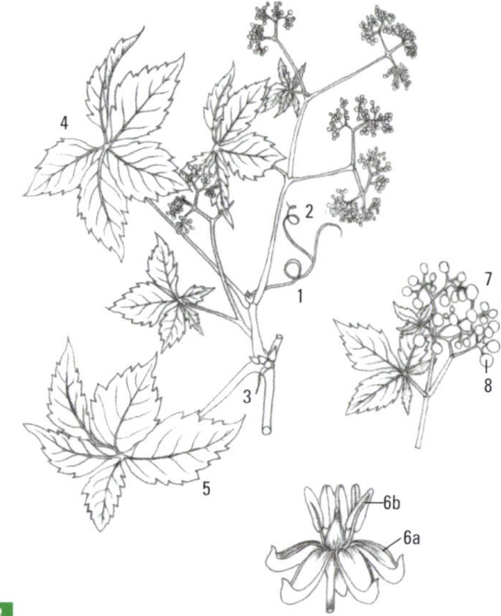

643 Potentilla reptans, Rosaceae

## Kriechendes Fingerkraut

mehrjährig | 5–8 | 0,2 m, L 1 m

Als Pionier auf nährstoffreichen, oft verdichteten Böden, z. B. an Weg- und Straßenrändern, Ufern, Äckern und Dämmen. ❀ Gänse-Fingerkraut [719], Gewöhnliche Braunelle [201], Kriechender Hahnenfuß [637].

▶1 **Pflanze mit einem oberirdisch kriechenden Stängel, der an den Blattansätzen Wurzeln bildet.** ▶2 Blätter handförmig, mit 5(–7) fingerartigen Teilblättern. ▶3 **Teilblätter** oval bis verkehrt eiförmig, bis 7 cm lang, **anliegend behaart oder fast kahl**, am Rande grob gezähnt. ▶4 Blätter lang gestielt, Blattstiele behaart. ▶5 **Nebenblätter eiförmig.** ▶6 **Blüten einzeln auf sehr langen Stielen den Blattansätzen entspringend**, ähnlich dem Gänse-Fingerkraut [719] fünfteilig, Breite bis 2,5 cm. ▶7 Frucht ein einsamiges, runzeliges Nüsschen.

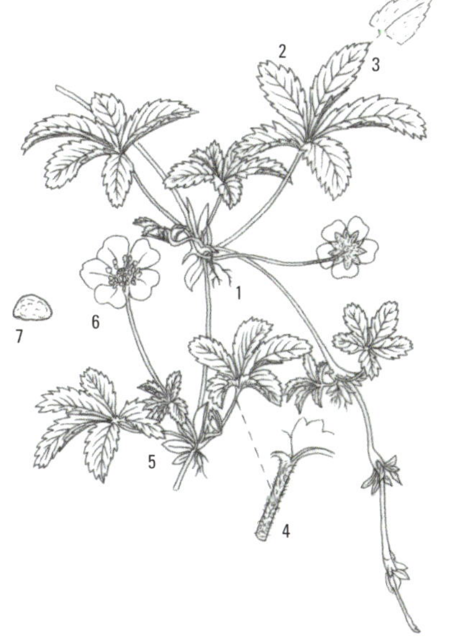

644 Potentilla erecta, Rosaceae

## Blutwurz

mehrjährig | 5–8 | 0,6 m

In Magerwiesen und -weiden, Flachmooren, Zwergstrauchheiden, lichten Wäldern und auf Waldwegen. ❀ Heidekraut [260], Gewöhnliches Kreuzblümchen [364], Sand-Thymian [464].

▶1 Der namengebende, äußerlich dunkelbraune, 1–3 cm breite, knollig verdickte Wurzelstock bei Schnitt rot anlaufend. ▶2 Stängel bogig aufsteigend, oben gabelig verzweigt. ▶3 Grundständige Blätter lang gestielt, dreiteilig. ▶4 Stängelblätter handförmig geteilt, mit (3–)5 eiförmigen Teilblättern, größer als die zur Blütezeit häufig bereits verwelkten Grundblätter. ▶5 Blattränder grob gezähnt. ▶6 Nebenblätter fingerartig eingeschnitten. ▶7 Blüten einzeln und endständig auf 2–6 cm langen, dünnen Stielen, Durchmesser der Blütenkrone etwa 1 cm. ▶8 **Blüte vierteilig: 4 Kelch- (a), 4 Außenkelch- (b) und 4 Blütenkronblätter (c).** ▶9 Anzahl der Staubblätter zwischen 14–20 variierend. ▶10 Frucht ein eiförmiges, runzeliges Nüsschen.

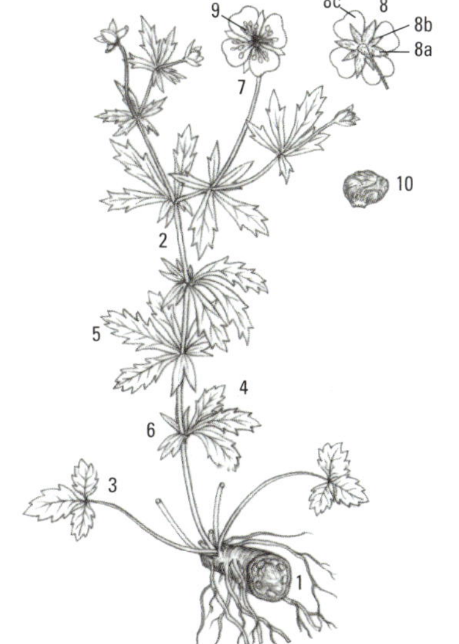

**645** Potentilla recta, Rosaceae

## Hohes Fingerkraut

mehrjährig | 6–7 | 0,8 m

Als Pionier an sonnig-trockenen Standorten wie Dämmen, Böschungen, Ufern und Kiesgruben. ❀ Sand-Vergissmeinnicht [77], Ausdauernder Knäuel [123], Weiße Fetthenne [415].

▸1 **Stängel steif aufrecht**, behaart. ▸2 Blätter handförmig, mit (3)5–7 Teilblättern. ▸3 **Teilblätter länglich** bis verkehrt eiförmig, **dicht behaart, bis etwa 8 cm lang.** ▸4 Blattrand kräftig gesägt. ▸5 **Nebenblätter länglich.** ▸6 Blütenstand im Unterschied zum ähnlichen Kriechenden Fingerkraut [643] reichblütig und rispenartig. ▸7 **Blüten blassgelb, endständig an behaarten Stielen.** ▸8 5 Kelch- (a), 5 Außenkelch- (b), 5 Blütenkronblätter (c) und 25–30 Staubblätter (d) bilden die Blüte. ▸9 Blütenkrone länger als der Kelch, Kronblätter herzförmig (a).

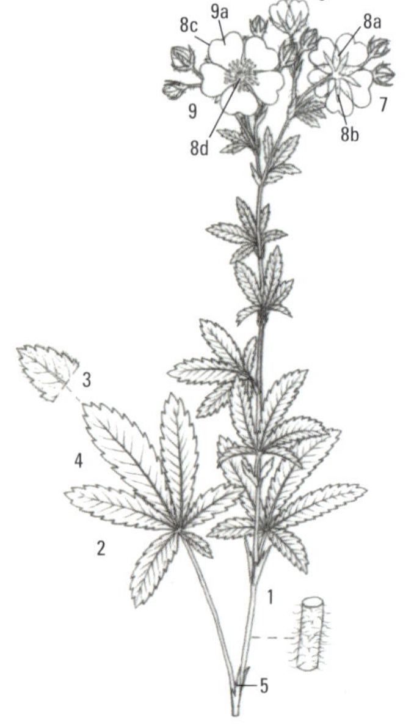

**646** Potentilla argentea, Rosaceae

## Silber-Fingerkraut

mehrjährig | 6–8 | 0,5 m

Trocken-sandige oder kiesige Standorte an Wegrändern, Kiesgruben, Weinbergsmauern und auf Bahngelände. ❀ Einjähriger Knäuel [122], Rote Schuppenmiere [50].

▸1 Die bogig aufsteigenden Stängel weiß-filzig behaart. ▸2 Blätter in 3–5 Blattfinger geteilt. ▸3 grundständige Blattrosette, zur Blütezeit meist bereits abgestorben (o. Abb.). ▸4 Untere Stängelblätter lang gestielt, fünflappig. ▸5 Obere Stängelblätter sitzend am Stängel angeordnet, oft nur dreilappig. ▸6 **Blattfinger** bis 3 cm lang, **am Rande tief gezähnt** und häufig etwas umgerollt. ▸7 **Blattunterseiten und der Blattstiel weißfilzig.** ▸8 **Nebenblätter lang zugespitzt.** ▸9 Blüten gelb, bis etwa 2 cm lang gestielt und bis 1,5 cm im Durchmesser, an der Spitze der Triebe rispenartig angeordnet. ▸10 Aufbau der Blütenkrone aus 5 spitz-eiförmigen Kelch- (a), 5 gelben Blütenkron- (b) und zahlreichen kahlen Staubblättern (c). ▸11 Blütenkelch mit 5 Außenkelchblättern. Alle Kelchblätter auf der Außenseite weißfilzig. ▸12 Frucht ein kleines, einsamiges Nüsschen.

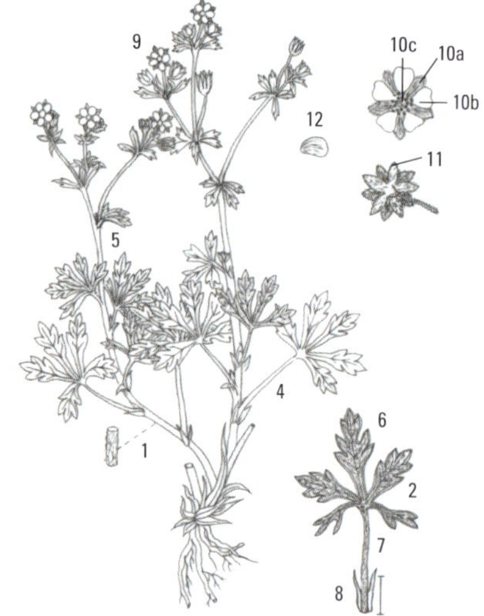

**647**  Malva moschata, Malvaceae

## Moschus-Malve

mehrjährig | 7–9 | 1 m

In sonnigen Wiesen und Weiden, Gebüschsäumen, an Weg- und Straßenrändern und angrenzenden Böschungen. ❀ Gewöhnlicher Wirbeldost [174], Gewöhnliche Möhre [782], Gewöhnlicher Dost [203].

Jüngere Pflanzen (etwas) nach Moschus duftend. ▸1 Stängel aufrecht, behaart. ▸2 Untere Blätter lang gestielt (a), im Umriss rundlich bis nierenförmig (b), am Rande fünflappig geteilt (c). ▸3 **Stängelblätter** handförmig in 5–7 **stark verästelte Abschnitte** geteilt. ▸4 Kelchblätter bis zur Hälfte verwachsen. ▸5 **Außenkelchblätter länglich, im Unterschied zur ähnlichen Spitzblatt-Malve [650] vier- bis sechsmal so lang wie breit.** ▸6 5 **Kronblätter, rosaviolett mit dunklerer Aderung**, drei- bis viermal so lang wie der Kelch. ▸7 Spitze der Kronblätter ausgerandet. ▸8 Staubblätter zu einer bis 9 mm langen Röhre vereinigt. ▸9 Frucht eine etwa 1 cm breite, flache Scheibe. ▸10 **Teilfrüchte auf dem Rücken dicht behaart.**

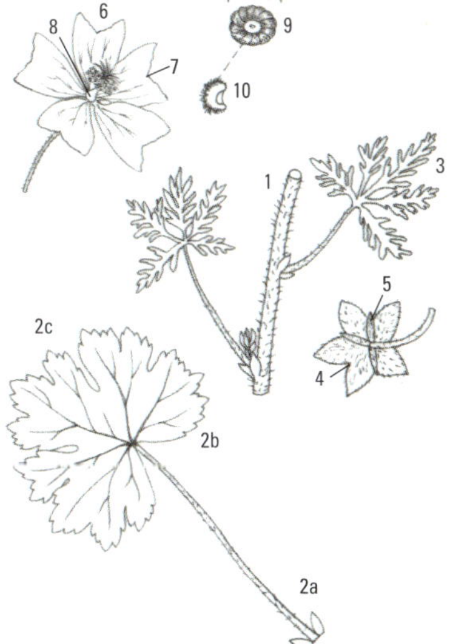

**648** Ranunculus auricomus agg., Ranunculaceae

## Gold-Hahnenfuß (Artengruppe)

mehrjährig | 4–5 | 0,6 m

In nährstoffreichen, grundfeuchten Laubwäldern und Wiesen. ❀ Wiesen-Kümmel [796], Pfennig-Gilbweiderich [500], Großer Wiesenknopf [706].

▸1 Stängel aufrecht, verzweigt. ▸2 Die **sehr variabel gestalteten Grundblätter** lang gestielt, rundlich bis nierenförmig, bis 10 cm im Durchmesser. ▸3 Stängelblätter sitzend, bis zur Basis in meist **sehr schmale Abschnitte** geteilt. ▸4 Blattränder grob gekerbt oder gezähnt. ▸5 Blütenkrone fünfzählig, oft jedoch unvollständig ausgebildet, gelb, bis 3 cm im Durchmesser. ▸6 Teilfrucht ein **behaartes** kurz geschnäbeltes **Nüsschen.**

**649** Geranium dissectum, Geraniaceae

## Schlitzblättriger Storchschnabel

einjährig | 5–9 | 0,6 m

Nährstoffreiche Standorte auf lehmigen Böden in Gärten, auf Äckern sowie an Wegen und Schuttstellen. ❀ Weißer Gänsefuß [564], Sonnenwend-Wolfsmilch [111], Gewöhnlicher Erdrauch [785].

▸1 **Im Unterschied zum ähnlichen Tauben-Storchschnabel [658] Stängel** (rückwärts) **abstehend behaart.** ▸2 Stängelblätter gegenständig angeordnet. ▸3 An der Stängelbasis eine zur Blütezeit meist bereits vertrocknete Grundblattrosette (o. Abb). ▸4 Blätter tief in 5–7 schmale, meist nochmals gegliederte Blattabschnitte geteilt. ▸5 **Die roten, nur etwa 5 mm langen Blütenkronblätter an der Spitze eingekerbt.** ▸6 Die behaarte, schnabelförmige **Frucht (nur) bis 2 cm lang.**

**650** ! Malva alcea, Malvaceae

## Spitzblatt-Malve (Rosen-Malve, Sigmarskraut)

mehrjährig | 6–9 | 1,3 m

Nährstoffreiche Standorte an Wegen, Böschungen, Dämmen und weiteren Ruderalbereichen. ❀ Schwarznessel [221], Nickende Distel [531], Gewöhnliche Möhre [782].

▸1 Stängel aufrecht, dicht mit sternförmigen Haaren besetzt. ▸2 Untere Blätter lang gestielt, rundlich bis nierenförmig. ▸3 Stängelblätter wechselständig an der Sprossachse angeordnet. ▸4 Obere Stängelblätter kurz gestielt, in 3–5 schmale Abschnitte handförmig geteilt. ▸5 **Äußerer Blütenkelch durch 3 schmal-eiförmige Blättchen gebildet, diese zwei- bis dreimal so lang wie breit.** ▸6 Blüten gestielt. ▸7 Kronblätter rosa gefärbt, am oberen Ende in 2 Lappen geteilt. ▸8 Frucht eine etwa 1 cm breite, flache Scheibe. ▸9 Teilfrucht etwa 2 mm breit, nierenförmig.

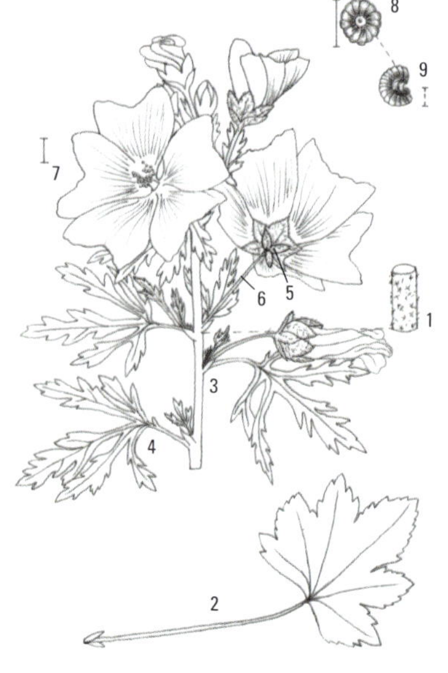

**651** !! ⊗ + Trollius europaeus, Ranunculaceae

## Europäische Trollblume

mehrjährig | 5–6 | 0,6 m

In feuchten, nassen oder moorigen Wiesen auf meist lehmigen Böden, überwiegend in höheren Lagen. ❀ Echtes Mädesüß [703], Niedrige Schwarzwurzel [343], Gewöhnlicher Teufelsabbiss [451].

▸1 Stängel von aufrechtem, meist unverzweigtem Wuchs. ▸2 Obere Stängelblätter meist dreiteilig, am Stängel sitzend und wechselständig angeordnet. ▸3 **Grundblätter und untere Stängelblätter lang gestielt (a), bis an die Basis handförmig in 5 Lappen geteilt (b).** ▸4 **Blattlappen bis über die Mitte in drei Abschnitte geteilt, kahl.** ▸5 Blattabschnitte spitz gezähnt. ▸6 Die gelben Blüten meist einzeln und endständig am Stängel angeordnet, bis 5 cm im Durchmesser. ▸7 **Die 10–15 Blütenhüllblätter kugelig zusammenneigend.** ▸8 Im Inneren der Blütenhülle 4–19 längliche, oben löffelförmige, gelbe Nektarblätter (a) und zahlreiche Staubblätter (b). ▸9 Die zahlreichen Früchte mehrsamig, geschnäbelt.

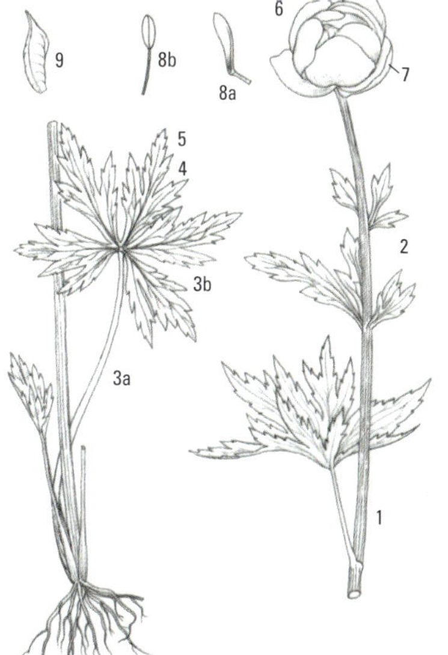

**652** ⊗ + Ranunculus acris, Ranunculaceae

## Scharfer Hahnenfuß

mehrjährig | 5–9 | 1 m

In nährstoffreichen Wiesen und Weiden. ❀ Wiesen-Kerbel [779], Gewöhnlicher Bärenklau [752], Wiesen-Löwenzahn [520].

▸1 Stängel aufrecht und reich verzweigt. ▸2 Obere Stängelblätter sitzend und wechselständig am Stängel angeordnet, bis zum Grunde geteilt. ▸3 Untere Blätter lang gestielt, tief handförmig in 3–5(7) Abschnitte geteilt. ▸4 Die langen Blütenstiele rund, nicht gefurcht. ▸5 Durchmesser der goldgelben Blütenköpfe 2–3 cm. ▸6 **Die 5 Kelchblätter den Kronblättern anliegend, behaart.** ▸7 Staubblätter wie bei allen Hahnenfuß-Arten zahlreich. ▸8 Teilfrucht ein rundliches **Nüsschen mit kurzem Schnabel.**

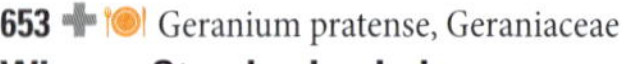

653 Geranium pratense, Geraniaceae

## Wiesen-Storchschnabel

mehrjährig | 5–8 | 0,8 m

Auf nährstoffreichen, nicht zu trockenen Wiesen sowie an Gräben und Böschungen. ❀ Wiesen-Kerbel [779], Wiesen-Pippau [517], Scharfer Hahnenfuß [652], Wiesen-Sauer-Ampfer [262].

▸1 Stängel aufrecht, rundlich, verzweigt. ▸2 Blätter, Stängel und Blattstiele behaart. ▸3 Grundblätter lang gestielt. ▸4 Blattspreiten handförmig in 5–7 Abschnitte geteilt. ▸5 **Einschnitte zwischen den Blattabschnitten bis annähernd in die Mitte reichend.** ▸6 Blattrand grob gezähnt, Blattzähne länger als breit. ▸7 Nebenblätter spitz, trockenhäutig. ▸8 **Blütenkrone blauviolett**, fünfzählig. ▸9 Kelchblätter eiförmig und besonders auf den kräftig hervortretenden Nerven behaart. ▸10 Kronblätter an der Spitze nicht oder nur wenig eingebuchtet (a) und von mehreren sichtbaren Blattnerven durchzogen (b). ▸11 Staubfäden am Grund verbreitert. ▸12 Frucht (»Storchschnabel«) bis 3 cm lang.

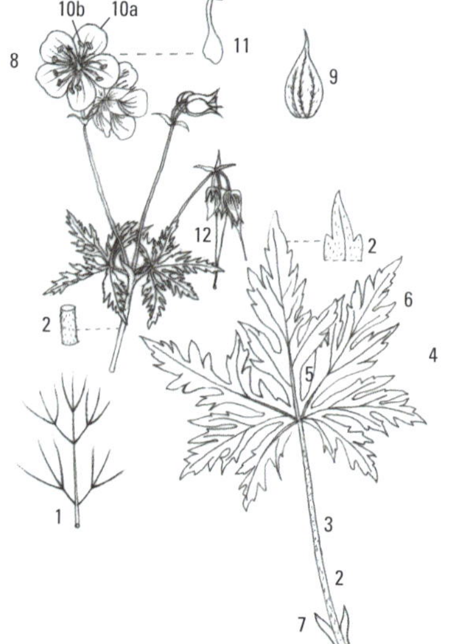

654 ! Aconitum napellus, Ranunculaceae

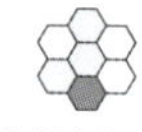

## Blauer Eisenhut

mehrjährig | 6–8 | 1,5 m

An nährstoffreichen und kühl-nassen Standorten in montanen Auenwäldern und in Hochstaudenfluren an Bächen und Quellen. ❀ Rauhaariger Kälberkropf [755], Wald-Storchschnabel [596], Eisenhut-Hahnenfuß [638].

▸1 Wurzeln rübenartig verdickt. ▸2 Pflanze mit aufrechtem, kräftigem Stängel. ▸3 Blätter annähernd bis zum Blattgrund in 5–7 Blattlappen geteilt. ▸4 Die einzelnen **Blattlappen** werden aus **länglichen Abschnitten** gebildet. Form und Stärke der Blattlappen und Abschnitte variiert je nach Unterart. ▸5 Blütenstand durch eine dichte Traube von helmförmigen, blauen Blüten gebildet. ▸6 Im Inneren des Blütenhelms neben zahlreichen Staubblättern (a) 2 langgestielte Honigblätter (b). ▸7 Stiele der Honigblätter gekrümmt. ▸8 Frucht eine mehrsamige Balgfrucht. ▸9 Die glänzend-schwarzen, annähernd dreikantigen Samen etwa 4 mm groß. ▸10 Samen an den Kanten schwach geflügelt.

**655** ✚✚ Geranium robertianum, Geraniaceae

## Stinkender Storchschnabel

(Ruprechtskraut)

einjährig | 5–9 | 0,5 m

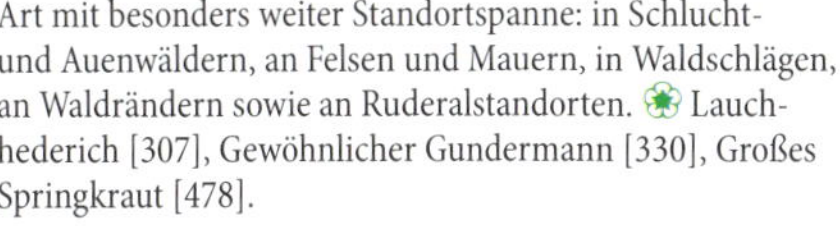

Art mit besonders weiter Standortspanne: in Schlucht- und Auenwäldern, an Felsen und Mauern, in Waldschlägen, an Waldrändern sowie an Ruderalstandorten. ❀ Lauchhederich [307], Gewöhnlicher Gundermann [330], Großes Springkraut [478].

▸1 **Pflanze unangenehm riechend und häufig rot überlaufen.** ▸2 **Stängel reich verzweigt und abstehend behaart.** ▸3 Die gegenständig angeordneten Grundblätter (a) bald vertrocknend, Stängelblätter zahlreich (b). ▸4 Blätter handförmig geteilt. ▸5 Zipfel der Blattabschnitte länglich. ▸6 **Blüte** fünfblättrig, **rosa mit helleren Streifen.** ▸7 Blütenkelch rot-, grün- und braun gestreift, behaart. ▸8 Typisch schnabelartige Frucht der Storchschnabelgewächse.

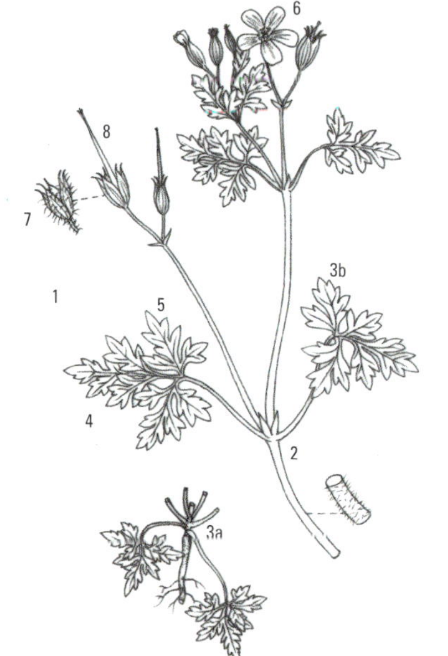


**656** Ranunculus polyanthemos, Ranunculaceae

## Vielblütiger Hahnenfuß

mehrjährig | 5–6 | 0,6 m

In stauden- und nährstoffreichen Mischwäldern, an Waldrändern, Gebüschen und in lückigen Wiesen meist höherer Lagen. ❀ Grauer Alpendost [327], Rauhaariger Kälberkropf [755], Gewöhnlicher Wasserdost [632].

▸1 Stängel aufrecht und reich verzweigt. ▸2 Grundblätter mit langen, **meist dicht behaarten Stielen.** ▸3 Blattfläche der Grundblätter drei- bis fünfteilig. ▸4 Obere Stängelblätter stark geteilt. ▸5 Kelchblätter behaart, den Kronblättern anliegend. ▸6 **Die hell- bis zitronengelben Blüten bis 2,5 cm im Durchmesser.** ▸7 Frucht bis 3 mm lang, an der Spitze kurz geschnäbelt.

**657** ✚ Geranium sanguineum, Geraniaceae

## Blut-Storchschnabel (Blutroter Storchschnabel)

mehrjährig | 6–8 | 0,5 m

Wärmebegünstigte Standorte an Wald- und Gebüschsäumen, in Magerrasen sowie in lichten Eichen- und Kiefernwäldern. ❀ Hügel-Erdbeere [623], Gewöhnlicher Dost [203], Hirsch-Haarstrang [780].

▸1 Stängel niederliegend bis aufrecht, verzweigt, wie die Blätter einfach abstehend behaart und sich im Herbst rot verfärbend. ▸2 Die zerstreut behaarten **Blattflächen bis fast zum Grunde in 6–7 Lappen geteilt.** ▸3 Blattlappen in (2–)3 ganzrandige Zipfel gespalten. ▸4 Die karminroten Blüten einzeln an langen Stielen. ▸5 **Kronblätter vorne schwach eingebuchtet.** ▸6 Frucht mit Schnabel bis 4 cm lang.

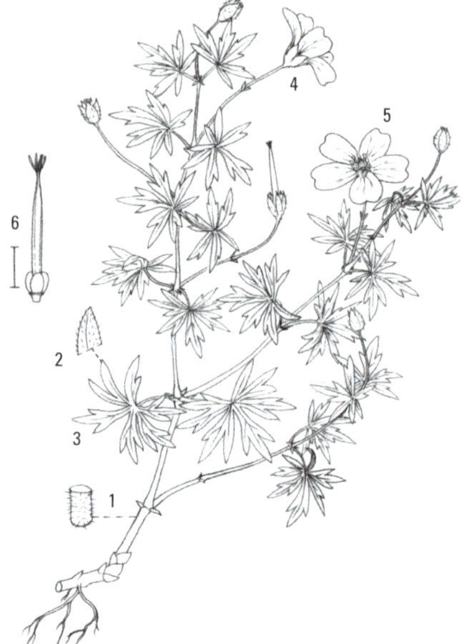

**658** Geranium columbinum, Geraniaceae

## Tauben-Storchschnabel

einjährig | 5–8 | 0,6 m

Auf vom Menschen stark geprägten Plätzen (Ruderalstandorte) an Weg- und Ackerrändern, Schuttplätzen, Brachen und Böschungen. ❀ Gewöhnlicher Beifuß [745], Weißer Gänsefuß [564], Große Brennnessel [296].

▸1 Pflanze mit mehreren, verzweigten Stängeln. ▸2 **Stängel** schwach gerillt, rundlich, **kurz und anliegend behaart.** ▸3 Rosette aus lang gestielten Grundblättern. ▸4 Blattstiele meist rötlich überlaufen. ▸5 **Blattflächen in 5–7 Teile tief eingeschnitten und anliegend behaart.** ▸6 Die **schmalen Blattzipfel** spitz zulaufend. ▸7 Nebenblätter spitz, bis 9 mm lang, häufig rot. ▸8 Blüten einzeln oder zu zweien an langen Stielen angeordnet. ▸9 5 weiß berandete, in eine Granne auslaufende, eiförmige Kelchblätter. ▸10 5 nur leicht ausgerandete, purpurn farbene Kronblätter. ▸11 Gesamtlänge der zusammengesetzten Storchenschnabel-Frucht bis 2,5 cm.

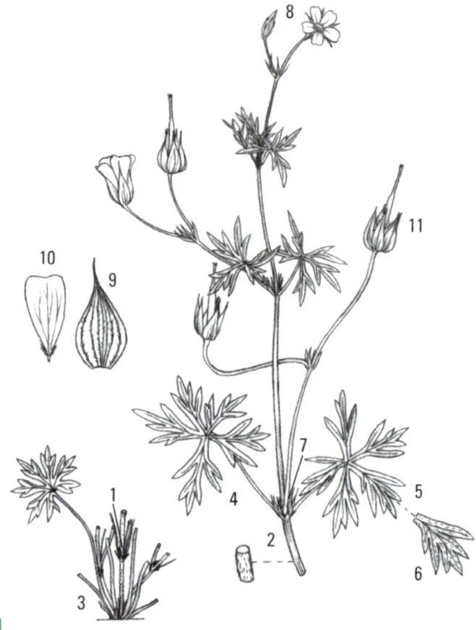

**659** Geranium pusillum, Geraniaceae

## Zwerg-Storchschnabel

zweijährig | 5–9 | 0,5 m

Als Stickstoffzeiger an menschlich überprägten Standorten wie an Wegrändern, in Weinbergen und Schuttplätzen. 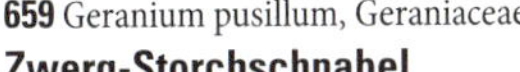 Gewöhnlicher Beifuß [745], Weißer Gänsefuß [564], Große Brennnessel [296].

▸1 Die zahlreichen **Stängel im Unterschied zum Weichen Storchschnabel [595] nur kurz** (kürzer als 0,5 mm) **behaart.** ▸2 Überwinternde Grundblattrosette. ▸3 Stängelblätter gegenständig angeordnet. ▸4 **Blattspreiten rundlich, Gesamtbreite bis etwa 3 cm und bis etwa halb zur Basis in 5–9 Abschnitte geteilt (a).** ▸5 **Zipfel der Blattlappen abgerundet, nicht spitz.** ▸6 Nebenblätter grünlich gefärbt und schmal geformt. ▸7 Blütenstiele dicht mit kurzen Drüsenhaaren besetzt. ▸8 Kronblätter hellviolett, an der Spitze ausgerandet. ▸9 Ein Teil der 10 Staubblätter, vor allem die äußeren, meist ohne Staubbeutel. ▸10 Die schnabelartige **Frucht** anliegend behaart, **im Unterschied zum Weichen Storchschnabel nicht querrunzelig.**

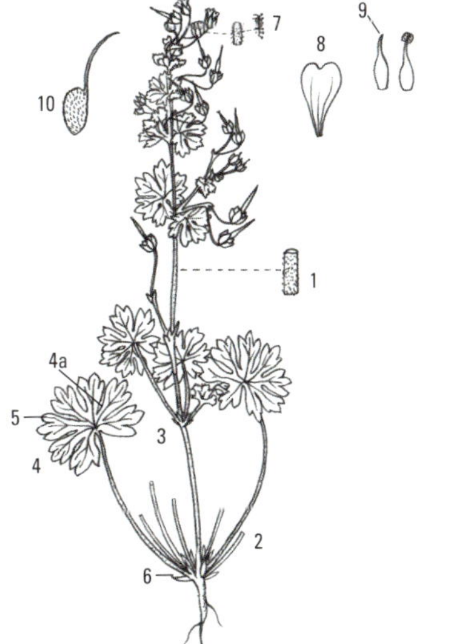

**660** ⊗ Lupinus polyphyllus, Fabaceae

## Stauden-Lupine (Vielblättrige Lupine)

mehrjährig | 6–9 | 1,5 m

Als Pionier an Wegböschungen, Straßen-, Weg- und Waldrändern sowie in Waldschlägen. ❀ Lanzett-Kratzdistel [535], Roter Fingerhut [436], Schmalblättriges Weidenröschen [353], Gewöhnliches Leinkraut [52].

▸1 **Blätter lang gestielt (a), im Umriss rundlich (b), mit bis zu 15 länglichen, ganzrandigen Teilblättchen (c).** ▸2 Teilblättchen bis 15 cm lang, oberseits blaugrün und kahl. ▸3 Blüten in endständigen, bis zu 60 cm langen Trauben. ▸4 Blütenkrone blau bis purpurn, selten weiß, bis 1,5 cm lang. ▸5 Blütenkelch tief zweilippig. ▸6 Frucht eine bis 6 cm lange, behaarte Hülse. ▸7 Samen rundlich bis eiförmig.

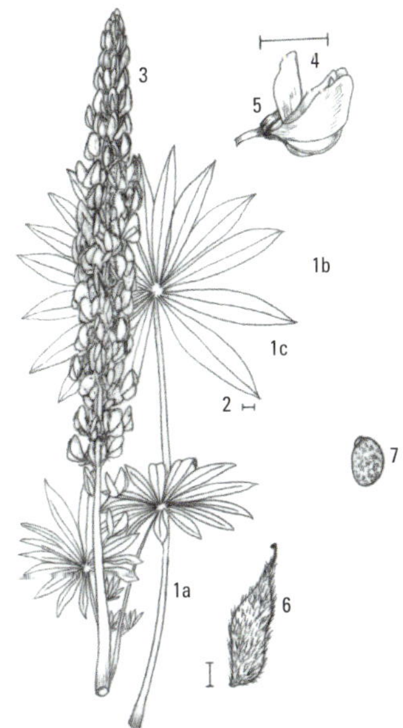

**661** ! ⊗ ✚ Helleborus viridis, Ranunculaceae

## Grüne Nieswurz

mehrjährig | 2–4 | 0,6 m

Auf kalkhaltigen Böden in lichten Wäldern und Gebüschen. ❀ Haselwurz [323], Frühlings-Platterbse [739], Ausdauerndes Bingelkraut [467].

Pflanze wohlriechend. ▸1 Stängel am Grund von hellen, scheidigen Niederblättern umgeben. ▸2 **2 grundständige, nicht überwinternde Blätter, Durchmesser bis 20 cm.** ▸3 **Blätter mit 7–11 Abschnitten handförmig geteilt.** ▸4 Blattabschnitte häufig nochmals geteilt. ▸5 Oberste Stängelblätter meist geteilt. ▸6 Blüten ähnlich den Blüten von Anemonen, oft leicht überhängend. ▸7 Durchmesser der Blüte 4–6 cm, Farbe hell- bis gelbgrün. ▸8 An den Blütenhüllblättern jeweils ein trichterförmiges Nektarblatt. ▸9 2–5 vielsamige, lang geschnäbelte (a), am Grunde miteinander verwachsene (b) Balgfrüchte.

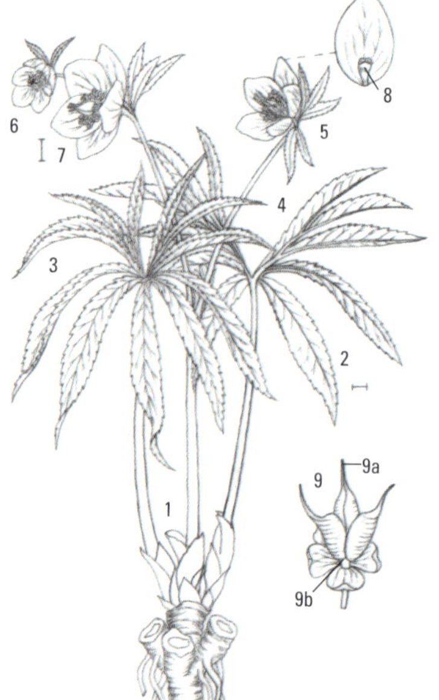

**662** ! ⊗ Helleborus foetidus, Ranunculaceae

## Stinkende Nieswurz

mehrjährig | 2–4 | 0,5 m

Kalkzeiger in lichten Buchen- und Eichenwäldern und Waldsäumen. ❀ Leberblümchen [575], Frühlings-Platterbse [739], Weiße Schwalbenwurz [193].

▸1 Stängel bereits an der Basis verzweigt, verholzend und reich beblättert. ▸2 **Grundblätter drei- bis neunteilig, handförmig geteilt, dunkelgrün, fest, überwinternd.** ▸3 Durchmesser der Grundblätter bis 35 cm. ▸4 **Blattabschnitte** (Teilblätter) **schmal-länglich, am Rande gesägt.** ▸5 **Asymmetrische Anordnung der länglichen Teilblätter,** 2–4 Teilblätter durch einen gemeinsamen Stiel verbunden (a). ▸6 Obere Stängelblätter breit eiförmig, hellgrün, ganzrandig. ▸7 Mittlere Stängelblätter mit Übergangsform: an der Basis breit scheidenartig, ganzrandig, an der Spitze in schmale Abschnitte geteilt. ▸8 Blüten hängend, grün, Breite 1–3 cm. ▸9 **Die 5 Blütenhüllblätter mit rotbraunem Rand, in Form einer Glocke zusammenneigend.** ▸10 Die zahlreichen Staubblätter gelb gefärbt. ▸11 Frucht länglich, vielsamig, braun, Länge bis 2 cm.

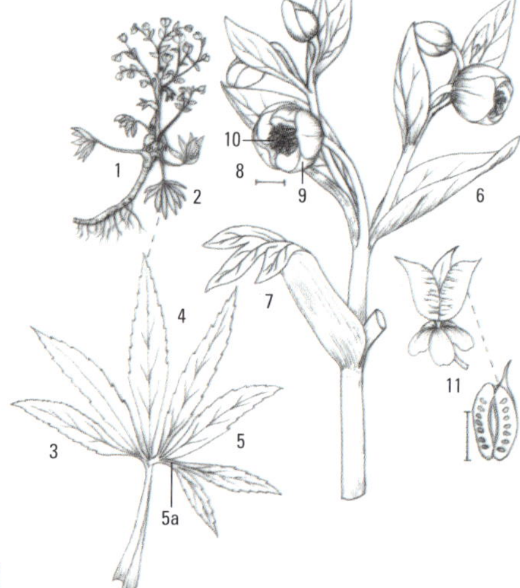

663 Achillea millefolium agg., Asteraceae

**Wiesen-Schafgarbe (Artengruppe)**

mehrjährig | 6–10 | 0,7 m

In nährstoffreichen Wiesen- und Weidengesellschaften, Halbtrockenrasen, Äckern und an Wegrainen. Gewöhnliche Möhre [782], Wiesen-Labkraut [361], Wiesen-Margerite [101], Wiesen-Sauer-Ampfer [262], Rot-Klee [609].

▸1 Pflanze mit kriechender Wurzel, aus der zahlreiche neue Stängel treiben. ▸2 Stängel aufrecht, zerstreut behaart. ▸3 Blätter länglich, fein gefiedert. ▸4 **Stängelblätter mit mehr als 10 Fiederblättern erster Ordnung.** ▸5 Blattachse meist mit kleinen Nebenblättern. ▸6 Gesamtblütenstand doldenartig. ▸7 Blütenköpfchen schmal, meist mit 5 randlich angeordneten Zungenblüten, die das Aussehen von Kronblättern einer Einzelblüte vortäuschen. ▸8 Bräunlich-weiße Röhrenblüten im Zentrum der Blütenköpfchen. ▸9 Hüllblätter schmal und spitz. ▸10 Früchtchen ohne Haarkranz.

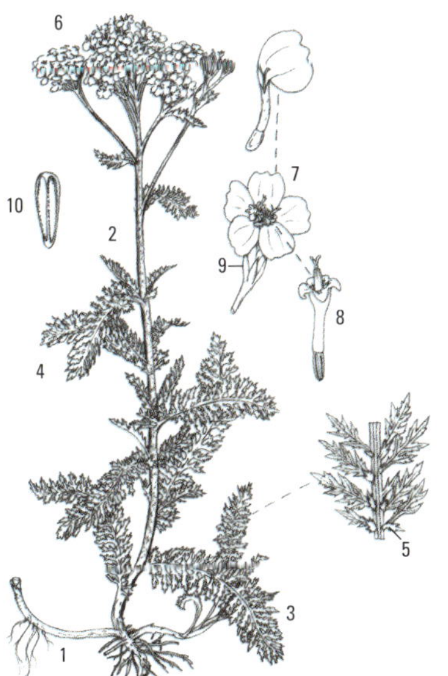

664 Asplenium trichomanes, Aspleniaceae

**Braunstieliger Streifenfarn**

mehrjährig | 7–9 | 0,2 m

Auf sowohl basenreichen als auch basenarmen Standorten an Felsen, Mauern und in Brunnenschächten. Schöllkraut [728], Mauer-Zimbelkraut [588], Gewöhnlicher Efeu [586].

▸1 Büschelige Anordnung der bis 25 cm langen Blätter. ▸2 Blätter in eiförmige bis rechteckige Abschnitte (Fiedern) geteilt. ▸3 Blattfiedern am Rande kerbig gesägt, im Alter abfallend. ▸4 **Die kurzen Blattstiele wie die Blattachse dunkel (braunschwarz) gefärbt.** ▸5 **Fruchthäufchen** (Sori) **länglich, zu 4–8 je Blattabschnitt, im Unterschied zum Grünstieligen Streifenfarn [665] den Fiederrand erreichend und auch im Alter nicht zusammenfließend.**

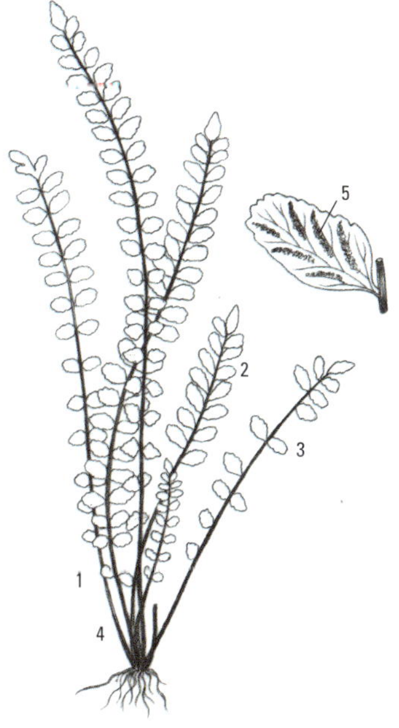

**665** ✚ Asplenium viride, Aspleniaceae

## Grünstieliger Streifenfarn

mehrjährig | 7–8 | 0,3 m

An schattigen Felsen und Mauern auf meist kalkhaltigen Gesteinen in luftfeuchter Lage. ❀ Zerbrechlicher Blasenfarn [673], Stinkender Storchschnabel [655], Ruprechtsfarn [775].

▶1 Büschelige Anordnung der bis etwa 25 cm langen Blätter. **▶2 Blätter in eiförmige Abschnitte (Fiedern) geteilt.** ▶3 **Blattfiedern** am Rande kerbig gesägt, **im Unterschied zum Braunstieligen Streifenfarn [664] im Alter nicht abfallend.** **▶4 Blattstiel nur an der Basis braun, sonst grün.** ▶5 **Fruchthäufchen** (Sori) länglich, zu 4–8 je Blattabschnitt, **im Alter verschmelzend (a).**

**666** Blechnum spicant, Blechnaceae

## Rippenfarn

mehrjährig | 7–8 | 0,5 m

Schattig-luftfeuchte Standorte in Nadel- und Bruchwäldern auf sauren Böden. ❀ Heidekraut [260], Dorniger Wurmfarn [680], Heidelbeere [185].

▶1 Blätter in einer Rosette angeordnet, Blattoberseiten dunkelgrün. **▶2 Die kammförmigen, fruchtbaren Blätter in der Mitte der Rosette, aufrecht und länger als die äußeren, unfruchtbaren Blätter.** ▶3 Blätter in schmale, ungeteilte, ganzrandige Abschnitte geteilt; Blattabschnitte der fruchtbaren Blätter sehr schmal und voneinander entfernt stehend (a). ▶4 Sporen (a) von einem Schleier (b) bedeckt.

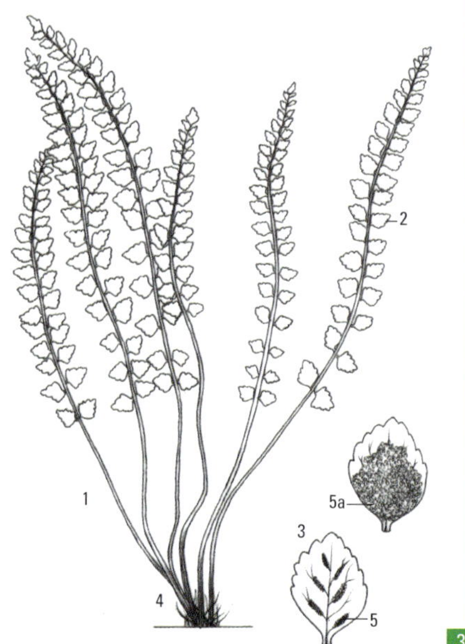


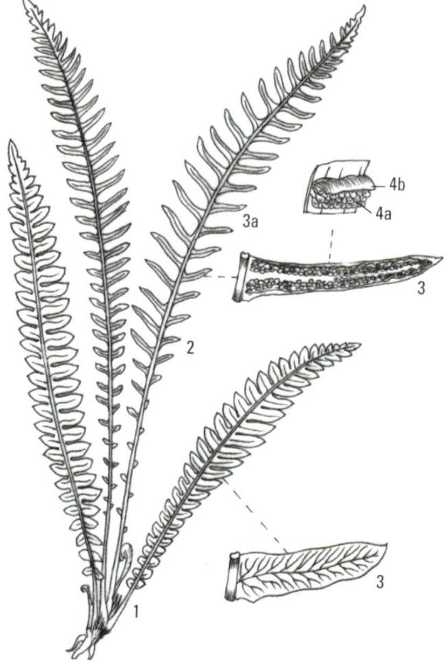

**667** Onobrychis viciifolia, Fabaceae

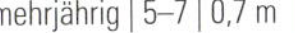

## Saat-Esparsette

mehrjährig | 5–7 | 0,7 m

An sonnigen Standorten in Kalk-Magerrasen und als Pionier an Wegrändern und Böschungen. Gelegentlich zur Bodenverbesserung angesät und von dort verwildert. ❀ Wundklee [726], Kleiner Wiesenknopf [720], Tauben-Skabiose [699].

▸1 Stängel schwach kantig, aufrecht oder aufsteigend. ▸2 Wechselständige Stellung der Blätter am Stängel (a), die oberen gegenständig (b). ▸3 **Blätter mit 13–25 länglich-ovalen Teilblättchen unpaarig gefiedert.** ▸4 Teilblättchen kurz bespitzt (a), unterseits seidig behaart oder seltener kahl. ▸5 Nebenblätter häutig und lang zugespitzt. ▸6 Blüten in lang gestielten aufrechten, dichten Trauben. ▸7 Blütenkrone hellrot bis hellviolett, mit dunklerer Aderung. ▸8 Frucht eine eiförmige, abgeflachte, meist einsamige, etwa 7 mm lange Hülse mit 6 bis 8 kurzen Stacheln.

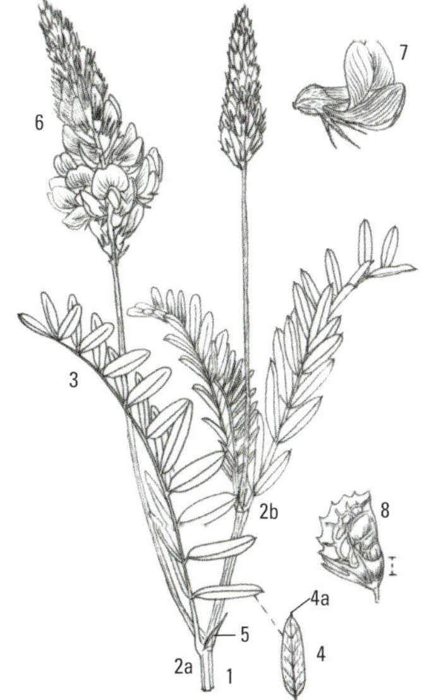

**668 !** ✚ Filipendula vulgaris, Rosaceae

## Kleines Mädesüß

mehrjährig | 5–6 | 0,8 m

Auf meist kalkreichen Böden in Magerwiesen und Halbtrockenrasen, im sonnigen Saum lichter Gebüsche, Waldränder und trockener Eichen- und Kiefernwälder. ❀ Skabiosen-Flockenblume [539], Echtes Labkraut [340], Kleiner Wiesenknopf [720].

▸1 Pflanze dunkelgrün, zum Teil rot überlaufen. ▸2 Wurzeln mit knolligen Verdickungen. ▸3 Stängel aufrecht, bis zum Blütenstand unverzweigt, rundlich bis schwach kantig, kahl. ▸4 Wechselständige Anordnung der Blätter am Stängel. ▸5 **Blätter fiederteilig, mit bis zu 20 Paaren größerer (a) und dazwischen jeweils einem Paar kleiner Fiederblättchen (b).** ▸6 Fiederblättchen grob gezähnt bis fiederteilig. ▸7 An der Blattbasis krautige, gezähnte Nebenblätter. ▸8 Blütenstand eine endständige, reichblütige Trugdolde. ▸9 6 Kronblätter, weiß bis gelblich-weiß, annähernd 1 cm lang, außen oft rötlich (a). ▸10 Staubblätter zahlreich, so lang wie oder nur wenig länger als die Kronblätter. ▸11 Frucht einsamig, hellbraun, bis 4 mm lang.

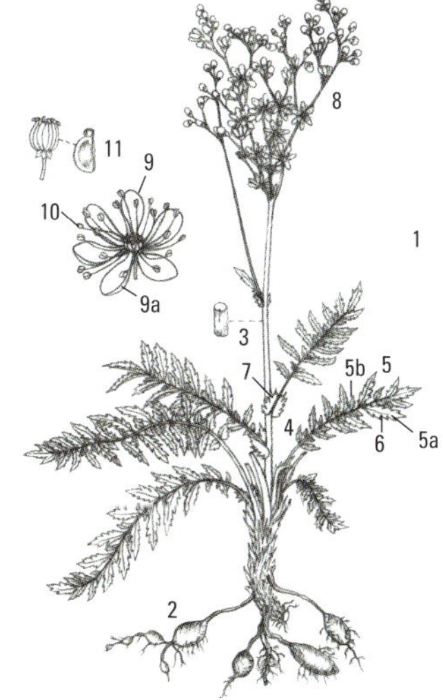

**669** Polypodium vulgare agg., Polypodiaceae

## Gewöhnlicher Tüpfelfarn (Artengruppe)

mehrjährig | 7–9 | 0,7 m

In wintermilder Klimalage an meist kalkarmen Standorten auf Felsen und Mauern sowie in lichten Eichenwäldern. Braunstieliger Streifenfarn [664], Gewöhnlicher Efeu [586], Wald-Habichtskraut [270].

▸1 **Blätter lang gestielt, graugrün, fest, kahl, bis 70 cm lang, bis fast zur Mittelachse in zahlreiche Blattabschnitte geteilt.** ▸2 Zweizeilige und versetzte Anordnung der entfernt stehenden Blattabschnitte. ▸3 Blattabschnitte länglich, ganzrandig oder mit feinen Zähnen. ▸4 Blattunterseiten mit Sporen in rundlicher Anordnung.

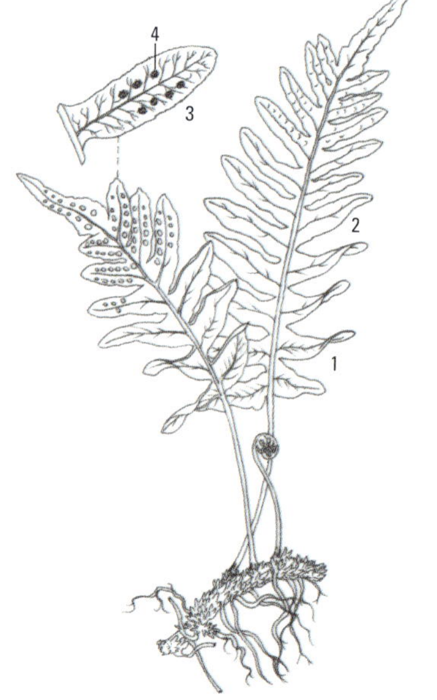

**670** Berula erecta, Apiaceae

## Berle (Schmalblättriger Merk, Sium erectum)

mehrjährig | 7–8 | 1 m

An flach überschwemmten Stellen in Gräben und Bächen mit sauberem Wasser. Kressen-Schaumkraut [721], Gewöhnliche Brunnenkresse [724], Brennender Hahnenfuß [352], Bach-Ehrenpreis [491].

Pflanze mit würzigem Geruch nach Sellerie. ▸1 Unterirdische Ausläufer. ▸2 Stängel aufrecht, rundlich, hohl, gestreift. ▸3 Grundblätter gestielt. ▸4 **Blätter in 9–19 Abschnitte geteilt, bis 30 cm lang.** ▸5 Teilblätter gegenständig an der Blattachse angeordnet. ▸6 **Endabschnitt meist in 3 Lappen geteilt.** ▸7 Rand der Abschnitte grob gesägt. ▸8 Dolden mit 10–20 Ästen (Strahlen). ▸9 **Zahlreiche, zum Teil eingeschnittene Hüll- (a) und Hüllchenblätter (b).** ▸10 Frucht eiförmig, graubraun, gerippt, bis 2 mm lang.

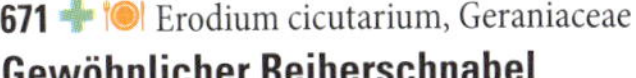

671 Erodium cicutarium, Geraniaceae

## Gewöhnlicher Reiherschnabel

ein- bis zweijährig | 4–9 | 0,5 m

Wärmebegünstigte Standorte in Weinbergen, auf sandigen Äckern, an Wegrändern und Böschungen sowie in Trockenrasen. Purpurrote Taubnessel [308], Gekieltes Rapünzchen [378], Persischer Ehrenpreis [229].

▸1 **Grüne Teile der Pflanze abstehend behaart.** ▸2 Stängel verkürzt, am Boden liegend oder aufsteigend. ▸3 Blätter vielgestaltig, aus Teilblättern zusammengesetzt, häufig rot überlaufen. ▸4 **Teilblättchen bis nahe dem Mittelnerv geteilt.** ▸5 Weißhäutige, zugespitzte Nebenblätter an der Blattbasis. ▸6 Blütenstand doldenartig, lang gestielt, mit 2–8 Blüten. ▸7 Die 5 Kelchblätter mit schmalem Hautrand (a) und kurzer, oft rötlicher Spitze (b). ▸8 Die 5 Kronblätter rosa bis purpurn, bis etwa doppelt so lang wie der Kelch. ▸9 Die 2 oberen Kronblätter häufig vergrößert und dunkel gefleckt. ▸10 Die 10 Staubblätter in 2 Kreisen angeordnet. ▸11 Äußere Staubblätter häufig verkümmert. ▸12 **Frucht mit 3–4 cm langem, auffälligem Schnabel.**

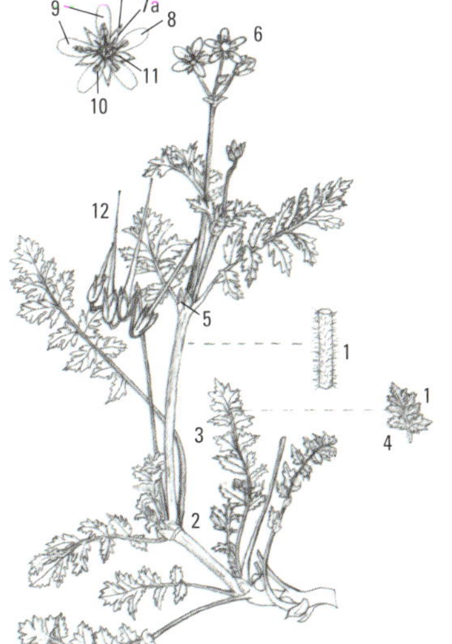

672 Armoracia rusticana, Brassicaceae

## Meerrettich

mehrjährig | 5–6 | 1,5 m

In staudenreichen Krautfluren, an Wegen, Zäunen, auf Schuttplätzen und in Gräben. Große Brennnessel [296], Große Klette [317], Gewöhnlicher Giersch [754].

▸1 Wurzel mehrköpfig, dick, holzig oder fleischig. ▸2 Stängel aufrecht, gefurcht, im oberen Teil ästig verzweigt. ▸3 Untere Blätter lang gestielt. ▸4 **Blattfläche eine Länge von bis zu 1 m erreichend!** ▸5 **Blattform** der unteren Blätter **unterschiedlich** gestaltet, von einteilig-schmal eiförmig (a) bis kammförmig gefiedert (b). ▸6 Stängelblätter länglich, mit verschmälertem Grund dem Stängel ansitzend. ▸7 Blütenstand aus zahlreichen lockeren Trauben weißer Blüten. ▸8 Kelchblätter mit schmalem, weißem Hautrand. ▸9 Frucht ein kugeliges, bis 2 cm lang gestieltes Schötchen.

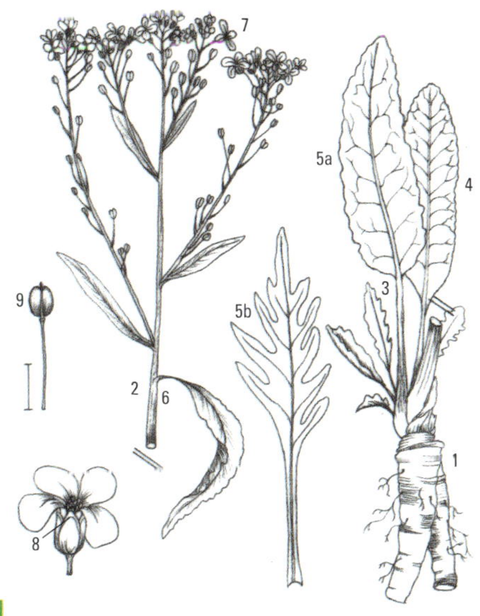

**673** Cystopteris fragilis, Woodsiaceae

## Zerbrechlicher Blasenfarn

mehrjährig | 7–9 | 0,4 m

In sickerfeuchten, meist beschatteten und kalkhaltigen Felsspalten. ❀ Mauer-Streifenfarn [764], Stinkender Storchschnabel [655], Ruprechtsfarn [775].

▸1 **Blattflächen dünn**, lang und schmal, bis etwa 30 cm lang. ▸2 Blätter aus länglichen Teilblättern und diese wiederum aus eiförmigen, tief geteilten Blattabschnitten zusammengesetzt. ▸3 **Unteres Teilblattpaar kleiner als die folgenden.** ▸4 Blattstiele lang, zerbrechlich, an der Basis rotbraunglänzend. ▸5 Fruchthäufchen (Sori) rundlich.

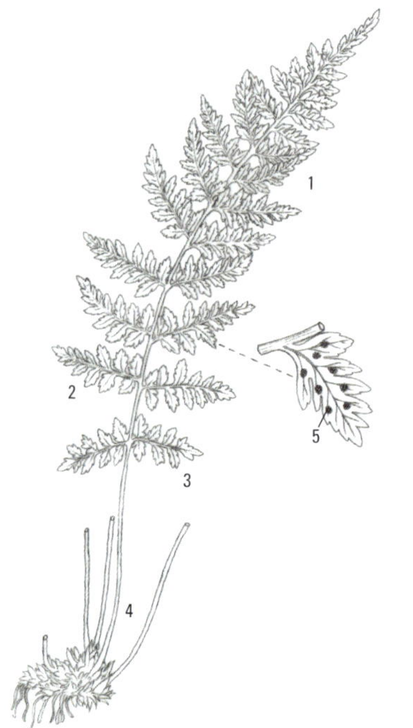

**674 !** Polystichum aculeatum, Dryopteridaceae

## Dorniger Schildfarn (Gelappter Schildfarn)

mehrjährig | 7–8 | 1 m

Schattige, nährstoffreiche, luft- und sickerfeuchte Standorte in Laubwäldern, insbesondere in Ahorn-Eschen-Schluchtwäldern sowie an Felsen und Mauern. ❀ Hirschzunge [240], Dorniger Wurmfarn [680], Stinkender Storchschnabel [655], Ausdauerndes Silberblatt [276].

▸1 Pflanze von trichterförmigem Wuchs. ▸2 Die glänzend-dunkelgrünen Blattwedel in Teilblätter (a) und diese wiederum in zahlreiche ungeteilte Fiederblättchen (b) geteilt. ▸3 Fiederblättchen mit einem nach oben gerichteten Zahn (a) und einem endständigen Spitzchen (b). ▸4 **Das der Fiederachse am nächsten stehende Fiederblättchen der oberen Reihe deutlich größer als die übrigen.** ▸5 Untere Fiederblätter (a) kürzer als die oberen (b). ▸6 Die bis 20 cm langen Blattstiele dicht mit rötlich-braunen Spreuschuppen besetzt. ▸7 Sporenhäufchen bei kräftigeren Pflanzen zuletzt zusammenfließend.

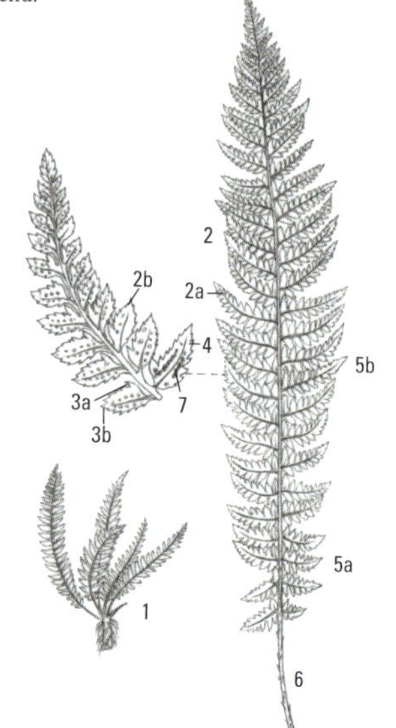

**675** Vicia hirsuta, Fabaceae

## Behaarte Wicke

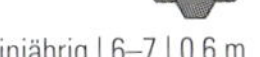

einjährig | 6–7 | 0,6 m

Nährstoffreiche Standorte an Acker- und Wegrändern, in Weinbergen und an Schuttplätzen. ❀ Acker-Gauchheil [283], Acker-Winde [289], Acker-Vergissmeinnicht [372].

▸1 Stängel liegend oder kletternd, verzweigt, vierkantig, zerstreut behaart. ▸2 Wechselständige Anordnung der Blätter am Stängel. ▸3 Blätter mit einer geraden Anzahl an Teilblättern, an der Spitze in einer Ranke endend. ▸4 **Teilblättchen schmal-länglich, bis 2 cm lang, vorne gestutzt.** ▸5 Nebenblätter schmal und spitz. ▸6 Blüten zu 3–5(10) an langen Blütenstands-Stielen nickend. ▸7 Kelchzähne lang und spitz. ▸8 Blütenkrone 3–4 mm lang, weißlich bis hellblau. ▸9 **Frucht eine kurze, kurz-zottig behaarte, zweisamige Hülse.**

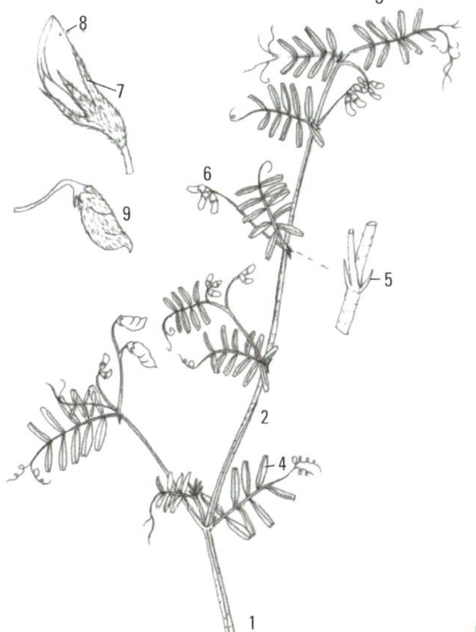

**676** Myriophyllum verticillatum, Haloragaceae

## Quirl-Tausendblatt

mehrjährig | 6–8 | L 3 m

In gering belasteten, nährstoff- und häufig kalkreichen, stehenden oder langsam fließenden Gewässern mit meist schlammigem Untergrund, wie etwa Altwässer und Gräben, bis in Tiefen von etwa 3 m. ❀ Große Teichrose [313], Weiße Seerose [339], Spiegelndes Laichkraut [428].

▸1 Wasserpflanze mit untergetauchten, bis 3 m langen, runden Stängeln. ▸2 Blätter quirlig am Stängel angeordnet. ▸3 **Blattquirl aus 5–6 Blättern bestehend.** ▸4 Blätter fein kammartig ausgebildet. ▸5 Blütenstände aufrecht aus dem Wasser ragend. ▸6 Blüten mit 8 Staubblättern, Kronblätter meist hinfällig. ▸7 Teilfrucht kugelig und glatt, einer vierteiligen Frucht entstammend.

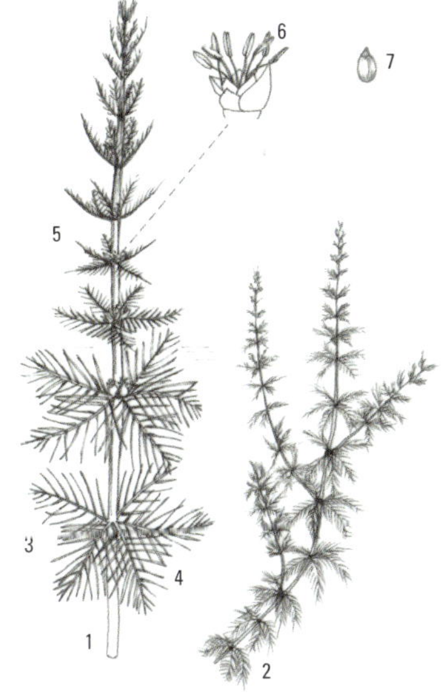

677 Myriophyllum spicatum, Haloragaceae

**Ähren-Tausendblatt**

mehrjährig | 6–8 | L 3 m

In sauberen oder leicht verschmutzten, nährstoff- und häufig kalkreichen, stehenden oder langsam fließenden Gewässern, wie z. B. Seen, Teiche, Altwässer, bis in Tiefen von etwa 3 m. ❀ Große Teichrose [313], Weiße Seerose [339], Schwimmendes Laichkraut [191].

▸1 Stängel der rötlichen oder bräunlichen Wasserpflanze dicht beblättert, rund. ▸2 **Im Unterschied zum Quirl-Tausendblatt [676] Blattquirle nur aus 4 Blättern bestehend.** ▸3 Blütenähren aufrecht. ▸4 Blüten mit 8 Staubblättern, Kronblätter meist hinfällig. ▸5 Teilfrucht, einer vierteiligen Frucht entstammend.

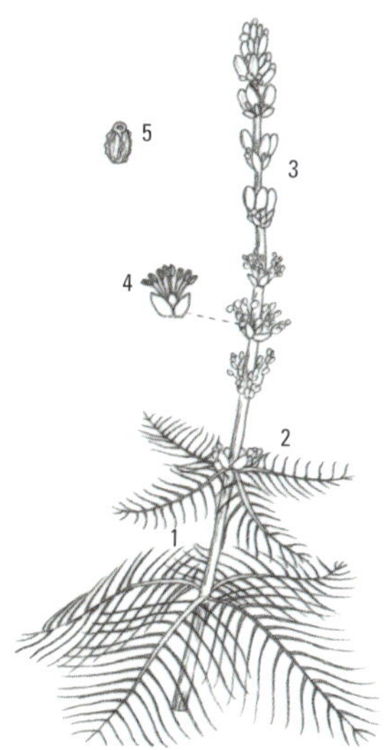

678 ⊗✚✚✚ Dryopteris filix-mas agg., Dryopteridaceae

**Gewöhnlicher Wurmfarn (Artengruppe)**

mehrjährig | 6–9 | 1,5 m

In schattigen Wäldern, an Wegböschungen, auf Bergweiden und an Mauern. ❀ Wald-Frauenfarn [679], Echte Goldnessel [223], Gewöhnlicher Efeu [586].

▸1 Blattwedel trichterförmig angeordnet, Wuchs breit ausladend. ▸2 Blattwedel in Teilblätter (Fiedern) geteilt. ▸3 **Fiederabschnitte (Fiedern zweiter Ordnung) vorne abgerundet, am Rande fein gesägt.** ▸4 **Wedel** bis 30 cm lang gestielt, **zur Basis hin deutlich verschmälert**, da die unteren Fiederblätter (a) kürzer als die oberen (b) sind. ▸5 Blattstiele kräftig, gelblich, schwach rinnig, dicht mit gelblich-braunen Schuppen (Spreuschuppen) besetzt. ▸6 Fruchthäufchen (Sori) nahe dem Mittelnerv angeordnet.

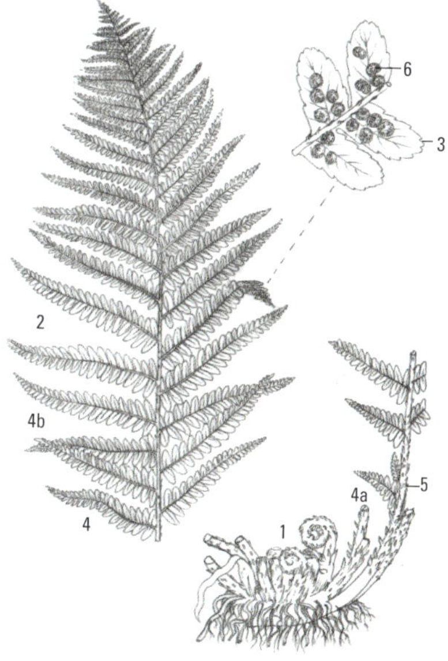

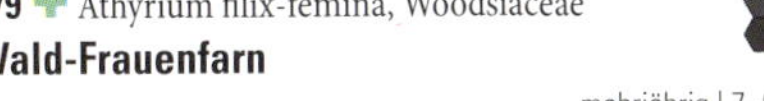

**679** Athyrium filix-femina, Woodsiaceae

## Wald-Frauenfarn

mehrjährig | 7–9 | 1 m

An frisch-feuchten, meist kalkarmen Standorten in Wäldern, Bergweiden, Mauern und Böschungen. Wald-Engelwurz [768], Gewöhnlicher Wasserdost [632], Hohe Primel [107].

▸1 Anordnung der hellgrünen oder gelblich-grünen Blätter in einer trichterförmigen Rosette. ▸2 Blätter aus schlanken Teilblättern (Fiedern) mindestens zweier Ordnungen zusammengesetzt. ▸3 Fiederblättchen vom Rand her deutlich eingekerbt. ▸4 Blattstiel oberseits rinnig (a), grün oder bräunlich, bis etwa ein Drittel der Blattfläche lang. ▸5 Blattstielbasis mit schuppenförmigen Blättchen (Spreuschuppen). ▸6 An der Blattunterseite befindliche **Fruchtstände** (Sori) im Gegensatz zu ähnlich aussehenden Farnen **länglich geformt.**

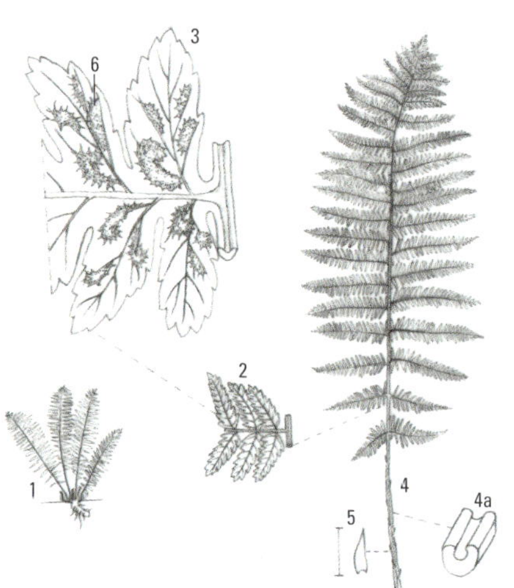

**680** Dryopteris carthusiana agg., Dryopteridaceae

## Dorniger Wurmfarn (Artengruppe)

(Gewöhnlicher Dornfarn) mehrjährig | 7–9 | 1,5 m

In artenarmen, schattigen Wäldern an kalkarmen, teils luftfeuchten Standorten. Rippenfarn [666], Wald-Sauerklee [627], Heidelbeere [185].

▸1 Blätter trichterförmig angeordnet, aufrecht stehend oder leicht überhängend. ▸2 Blattwedel mehrfach in Teilblätter (Fiedern) geteilt. ▸3 **Fiederabschnitte (Fiedern letzter Ordnung) vorne dornartig gezähnt.** ▸4 Wedel lang gestielt, zur Basis nur wenig verschmälert, da die unteren Fiederblätter nur wenig kürzer oder nicht kürzer als die oberen sind. ▸5 **Blattstiele etwa so lang wie die Blattflächen**, mit hellbraunen Schuppen (Spreuschuppen) besetzt. ▸6 Spreuschuppen je nach Unterart mit oder ohne dunklen Mittelstreif. ▸7 Fruchthäufchen (Sori) deutlich voneinander getrennt.

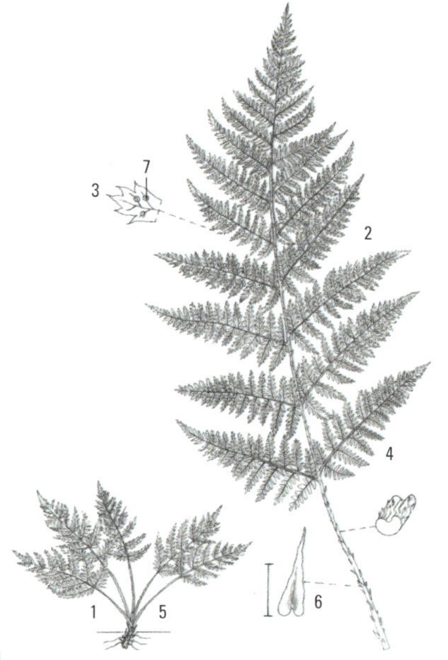

**681** ⊗ ✚✚ Tanacetum vulgare, Asteraceae

## Rainfarn

mehrjährig | 7–9 | 1,5 m

Nährstoffreiche Standorte an Ufern, Wegen, Böschungen und Schuttplätzen. ❀ Gewöhnlicher Beifuß [745], Acker-Kratzdistel [510], Weiße Taubnessel [278].

▸1 Stängel aufrecht, nur oben verzweigt, oft bräunlich überlaufen. ▸2 Blattstellung wechselständig. ▸3 Blätter in zahlreiche längliche Abschnitte geteilt. ▸4 Blattabschnitte randlich eingeschnitten (a), die daraus entstehenden Lappen (b) gezähnt. ▸5 Gesamtblütenstand eine meist dichte, zahlreiche goldgelbe Blütenköpfchen enthaltende, doldenartige Rispe. ▸6 **Blütenköpfchen etwa 1 cm breit, ohne oder mit nur sehr kurzen Zungenblüten.** ▸7 Hüllblätter mit hellem, häutigem Rand. ▸8 Frucht fünfkantig, an der Spitze mit kurzem, krönchenartigem Kranz.

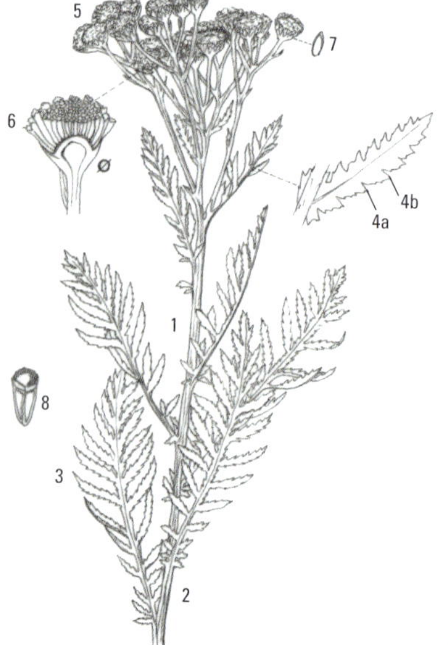

**682** Tanacetum corymbosum, Asteraceae

## Gewöhnliche Straußmargerite

(Straußblütige Wucherblume)

mehrjährig | 6–8 | 1,5 m

Sommerwarme, nährstoffreiche Standorte in lichten Eichen- und Kiefernwäldern sowie an Wald- und Gebüschrändern. ❀ Blut-Storchschnabel [657], Schwarze Platterbse [738], Hirsch-Haarstrang [780].

▸1 Stängel der kaum aromatischen Pflanze aufrecht, oben verzweigt. ▸2 Untere Blätter gestielt (a), obere Blätter sitzend und wechselständig am Stängel angeordnet (b). ▸3 Blätter aus mehreren Teilblättern zusammengesetzt. ▸4 **Teilblätter in spitz zulaufende, meist gezähnte Abschnitte geteilt.** ▸5 Blütenköpfchen zu 3–15 in lockeren doldenartigen Rispen, Durchmesser der Köpfchen bis etwa 5 cm. ▸6 Hülle des Köpfchens bis 15 mm lang, Hüllblätter häutig berandet (a). ▸7 Zungenblüten bis 2 cm lang, weiß (a), Röhrenblüten goldgelb (b). ▸8 Frucht fünfkantig, bis 3 mm lang, an der Spitze mit einem kronenartigen Kranz.

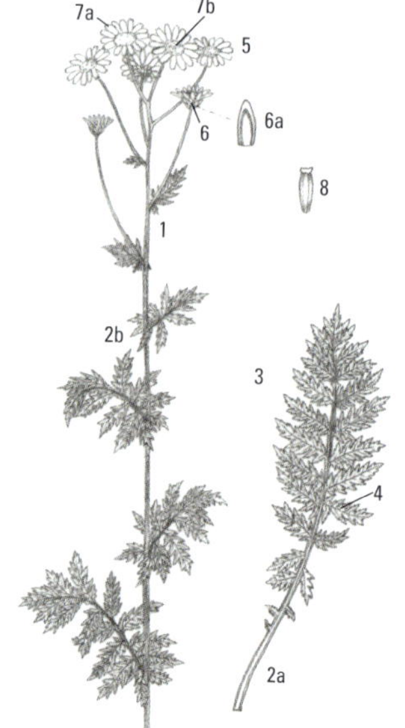

**683** Sisymbrium altissimum, Brassicaceae

## Hohe Rauke

ein- bis zweijährig | 5–7 | 0,8 m

Als Pionierpflanze trocken-warmer Standorte auf nährstoffreichen Böden auf Schuttplätzen, Wegen, Kiesgruben, Bahndämmen und ähnlichen, vom Menschen stark beeinflussten Plätzen. ❀ Kanadisches Berufkraut [341], Kompass-Lattich [524], Klebriges Greiskraut [545].

▸1 Wurzel dünn und spindelförmig. ▸2 Stängel aufrecht, oben ästig verzweigt, **besonders im unteren Drittel abstehend behaart (a).** ▸3 Die Blattabschnitte der wechselständig am Stängel angeordneten Blätter sehr schmal, Endabschnitt nur wenig vergrössert und nicht selten dreiteilig (a). ▸4 Untere Stängelblätter und die zur Blütezeit meist nicht mehr vorhandenen Grundblätter bis nahe an die Mittelrippe in gröbere, außen gezähnte Abschnitte geteilt, Endabschnitt etwas vergrößert (a). ▸5 Blütenkrone aus 4 Kelchblättern, 4 Kronblättern und 6 Staubblättern gebildet. ▸6 Kelchblätter abstehend, von schmal-länglicher Form. ▸7 Die 4 weißlichen bis hellgelben Kronblätter jeweils über den Lücken der Kelchblätter angeordnet. ▸8 **Frucht eine aufrecht abstehende, bis 10 cm lange, gestielte Schote.**

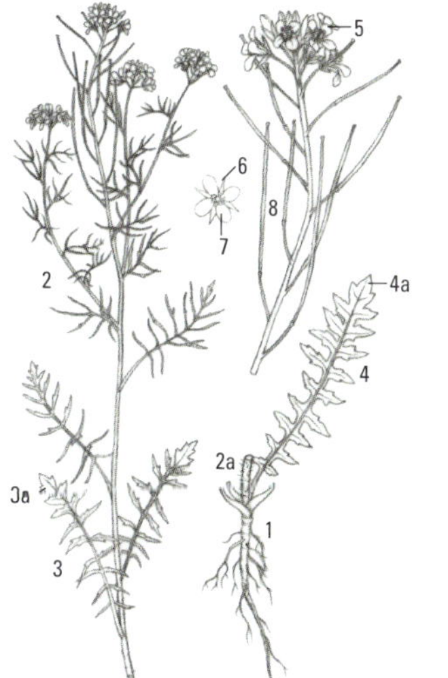

**684** Cardamine impatiens, Brassicaceae

## Spring-Schaumkraut

ein- bis zweijährig | 5–7 | 0,8 m

Schattige Stellen entlang von Waldwegen, am Waldsaum sowie in Auen- und Schluchtwäldern. ❀ Lauchhederich [307], Berg-Weidenröschen [173], Stinkender Storchschnabel [655], Wald-Ziest [275].

▸1 Stängel aufrecht, oben verzweigt. ▸2 Grundblattrosette nur im 1. Jahr vorhanden, danach ohne Grundblattrosette. ▸3 Fiedern der Grundblätter geteilt. ▸4 **Stängelblätter mit langen, schmalen Zipfeln (Öhrchen) den kantigen Stängel umfassend.** ▸5 **Endfieder der unteren Stängelblätter geteilt.** ▸6 **Endfiedern der oberen Stängelblätter nur wenig größer als die Seitenblättchen.** ▸7 Blüten- und Fruchttraube reich besetzt. ▸8 **Kronblätter häufig fehlend.** ▸9 Kelchblätter mit weißlichem Hautrand. ▸10 **Staubbeutel grünlich-gelb.** ▸11 Frucht eine aufrecht abstehende Schote, die bei Berührung aufspringt und die kleinen braungelben Samen (Durchmesser etwa 1 mm) ins Freie entlässt.

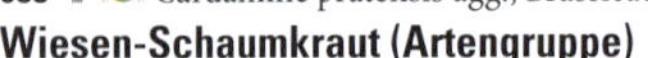

**685** Cardamine pratensis agg., Brassicaceae

## Wiesen-Schaumkraut (Artengruppe)

mehrjährig | 4–6 | 0,6 m

Mäßig nährstoffreiche Standorte in feuchten Wiesen sowie in Auen- und feuchten Laubmischwäldern. Kriech-Günsel [108], Knöllchen-Scharbockskraut [324], Pfennig-Gilbweiderich [500].

▸1 Stängel rund, kahl und hohl. ▸2 Grundständige Blätter lang gestielt und sieben- bis fünfzehnteilig. ▸3 **Die ei- bis nierenförmige Endfieder des Grundblattes deutlich vergrößert.** ▸4 Stängelblätter mit länglichen Teilblättern. ▸5 Blütenstand doldenartig, mit 7–20 Blüten. ▸6 Blütenkronblätter etwa 1 cm lang, weiß oder violett gefärbt. ▸7 Kelchblätter gelbgrün, nur halb so lang wie Kronblätter. ▸8 **Staubbeutel gelb.** ▸9 Frucht eine aufrechte, bis 4 cm lange Schote, lang gestielt.

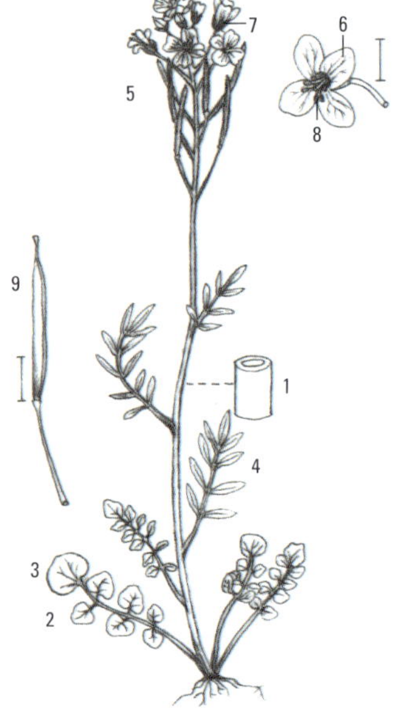

**686** Diplotaxis tenuifolia, Brassicaceae

## Schmalblättriger Doppelsame

mehrjährig | 5–7 | 0,8 m

Nährstoffreiche und trocken-warme, menschlich stark geprägte Standorte an Wegen, Schuttplätzen, Kiesgruben sowie Hafen- und Bahnanlagen. Acker-Kratzdistel [510], Lanzett-Kratzdistel [535], Stechender Hohlzahn [187], Große Brennnessel [296].

Pflanze beim Zerreiben unangenehm riechend. ▸1 Kräftige Pfahlwurzel. ▸2 **Ein bis mehrere, am Grund verholzende, bläulich-bereifte, aufrechte Stängel.** ▸3 **Blätter bis annähernd an die Mittelachse eingeschnitten** (fiederschnittig) **und bläulich-grün gefärbt.** ▸4 Blattabschnitte schmallänglich. ▸5 Kelchblätter breit hautrandig. ▸6 Kronblätter breit eiförmig, leuchtend gelb, deutlich länger als der Kelch. ▸7 Frucht eine aufrecht abstehende Schote. ▸8 **Fruchtstiele mit bis etwa 3 cm Länge ausgesprochen lang.** ▸9 Same bräunlich, etwa 1 mm lang.

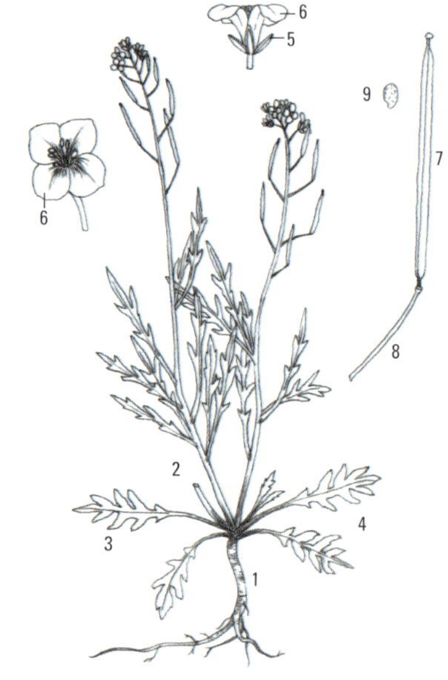

**687** ⊗ Papaver argemone, Papaveraceae

## Sand-Mohn

einjährig | 4–5(6) | 0,4 m

An trocken-warmen, nährstoffreichen, aber kalkarmen Standorten auf sandigen Böden in Getreidefeldern, an Wegrändern und Schuttplätzen. ❀ Acker-Hundskamille [787], Ackerfrauenmantel [576], Acker-Vergissmeinnicht [372], Acker-Rettich [542].

▸1 Pflanze mit Milchsaft. ▸2 Stängel aufrecht oder aufsteigend, behaart. ▸3 **Blätter in schmal-längliche Abschnitte tief geteilt.** ▸4 Untere Blätter gestielt (a), obere Blätter dem Stängel ansitzend (b). ▸5 Blütenkrone vierblättrig, bis 3,5 cm im Durchmesser, am Grund mit schwarzem Fleck (a). ▸6 Staubblätter zahlreich, jeweils mit dunkelviolettem Staubbeutel (a). ▸7 **Frucht eine lang-keulenförmige, bis 2 cm lange, spärlich borstig behaarte Kapsel.** ▸8 **Fruchtdeckel bei Reife gewölbt.**

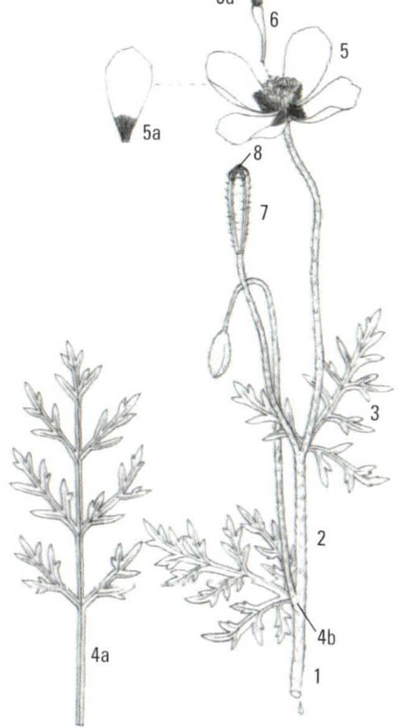

**688** Achillea nobilis, Asteraceae

## Edel-Schafgarbe

mehrjährig | 6–10 | 0,8 m

Basenreiche, meist kalkhaltige Standorte in Trocken- und Halbtrockenrasen, an Felsbändern sowie auf Böschungen und Mauern. ❀ Färber-Hundskamille [691], Acker-Winde [289], Dürrwurz-Alant [479].

▸1 Die aromatisch riechende, behaarte Pflanze ohne Ausläufer. ▸2 Stängel aufrecht, oben verzweigt. ▸3 Wechselständige Anordnung der Blätter am Stängel. ▸4 **Blätter** länglich (a), **zwei- bis dreimal so lang wie breit, beidseits der Blattachse mit 5–12 fiederteiligen Abschnitten** (b). ▸5 Blattspindel fiederartig gezähnt. ▸6 Grundständige Blätter gestielt. ▸7 Stängelblätter 3–5 cm lang. ▸8 Die zahlreichen Blütenköpfchen doldenartig angeordnet. ▸9 Randblüten zungenförmig (a), zu 4–6, weiß oder gelblich, umgeben die mittig angeordneten Röhrenblüten (b). ▸10 Frucht ohne Haarkranz.

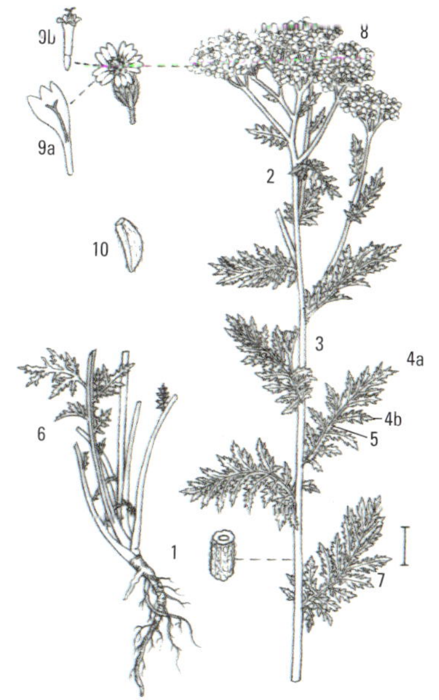

**689** ✚ Sium latifolium, Apiaceae

## Breitblättriger Merk

mehrjährig | 7–8 | 1,2 m

Im Röhricht stehender oder langsam fließender, nährstoffreicher Gewässer bis 0,6 m Wassertiefe. ❀ Gewöhnliches Schilf [13], Wasser-Sumpfkresse [92], Ästiger Igelkolben [14].

▸1 Stängel der Wasserpflanze wie die Stiele der unteren Blätter hohl, kantig gefurcht. ▸2 Blätter wechselständig am Stängel angeordnet. ▸3 Untergetauchte Blätter fein zerteilt. ▸4 **Aus dem Wasser ragende »Luftblätter« in länglich-eiförmige, ungeteilte, bis 6 cm lange, asymmetrische, am Rande scharf gesägte Teilblätter geteilt.** ▸5 Endteilblatt gleich den seitlichen Teilblättern ungeteilt oder dreiteilig. ▸6 **Blüte** in Dolden (a) und Döldchen (b) gegliedert, **jeweils von 2–6 hautrandigen, schmal-länglichen Hochblättern (c) umgeben.** ▸7 Dolde mit bis zu 30 Strahlen. ▸8 5 weiße Kronblätter (a), 5 Staubblätter (b) und ein reduzierter Kelch (c) bilden die Blüte. ▸9 **Frucht** zweiteilig, bis 4 mm lang, **mit kräftig ausgebildeten Längsrippen.**

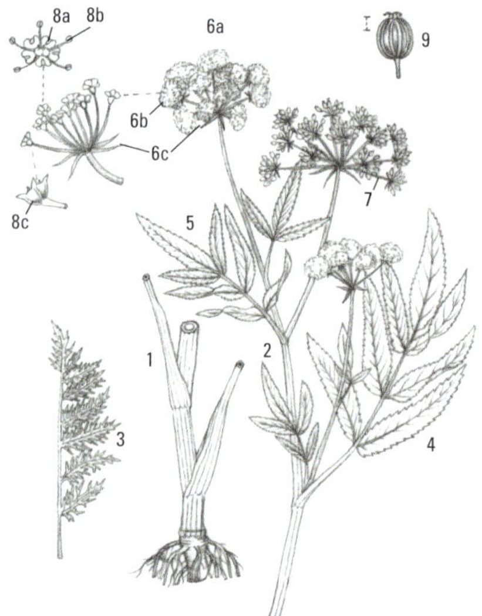

**690 !!** Hottonia palustris, Primulaceae

## Wasserfeder

mehrjährig | 5–6 | 0,4 m

In mehr oder weniger nährstoffreichen, stehenden oder langsam fließenden Gewässern sowie in sumpfigen Gräben. ❀ Quirl-Tausendblatt [676], Große Teichrose [313], Weiße Seerose [339], Schwimmendes Laichkraut [191].

▸1 Wurzeln der **Wasser- und Sumpfpflanze** zahlreich, weiß, fadenförmig. ▸2 **Blätter untergetaucht, kammartig eingeschnitten**, bis 8 cm lang. ▸3 »Blattzinken«(-zipfel) nur etwa 1,5 mm breit, jedoch bis 5 cm lang. ▸4 **Etagenartige Anordnung der drei- bis sechsblütigen Teilblütenstände.** ▸5 Blütenkrone fünfteilig, sternförmig, etwa 2 cm im Durchmesser. ▸6 **Blütenfarbe helllila bis weiß mit gelbem Schlund (a).** ▸7 Blüten- und Fruchtkelch fünfzipfelig, auf ca. ¾ der Länge eingeschnitten. ▸8 Frucht eine bis 5 mm lange, rundlich bis eiförmige Kapsel.

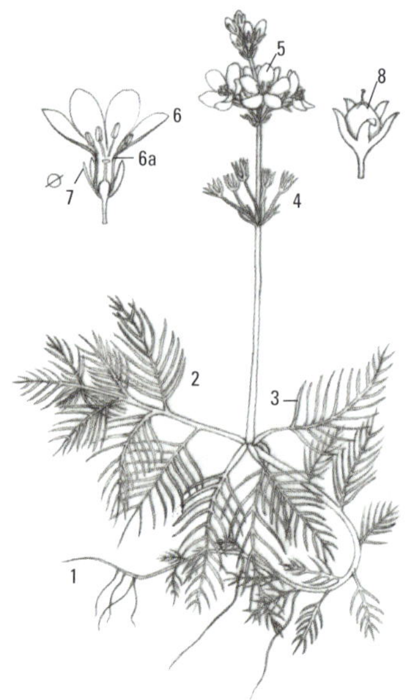

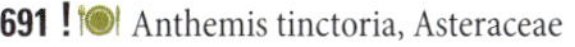

**691** ! Anthemis tinctoria, Asteraceae

## Färber-Hundskamille

mehrjährig | 6–9 | 0,8 m

Sonnig-trockene Bereiche in Trocken- und Felsrasen, an Hängen, in Gärten, auf Mauern und an Ruderalstellen wie Bahndämmen und Wegrändern, gerne auf Kalk. ❀ Edel-Schafgarbe [688], Gewöhnliche Möhre [782], Blauer Lattich [516].

▸1 **Stängel filzig behaart**, in der oberen Hälfte verzweigt. ▸2 Blattstiel schmal geflügelt. ▸3 Blätter kammförmig in schmale, gezähnte Abschnitte geteilt. ▸4 Blattunterseite kurz und anliegend behaart. ▸5 Blütenköpfe lang gestielt. ▸6 Durchmesser der **goldgelben Blütenköpfe** bis 4 cm. ▸7 Früchte vierkantig, abgeflacht, nur 2 mm lang.

**692** ⊗ ✚ Papaver dubium, Papaveraceae

## Saat-Mohn

einjährig | 5–6 | 0,7 m

Warm-trockene, nährstoffreiche Standorte in Getreidefeldern, in Steinbrüchen sowie an Schuttplätzen und Wegrändern. ❀ Ackerfrauenmantel [576], Frühlings-Hungerblümchen [85], Einjähriger Knäuel [122].

▸1 Pflanze mit Milchsaft. ▸2 **Blätter in eher längliche, ganzrandige oder gezähnte Abschnitte geteilt und borstig behaart.** ▸3 Blütenstiele anliegend behaart. ▸4 Blüten lang gestielt. ▸5 **Blätter der** trübroten **Blütenkrone** bis 3 cm lang, etwas heller als beim Klatsch-Mohn [743], **am Grund mit oder ohne schwarzen Fleck.** ▸6 Frucht eine keulenförmige, vielsamige Kapsel. ▸7 **Deckel der Kapsel** im Unterschied zum Sand-Mohn [687] **zur Fruchtzeit meist flach.**

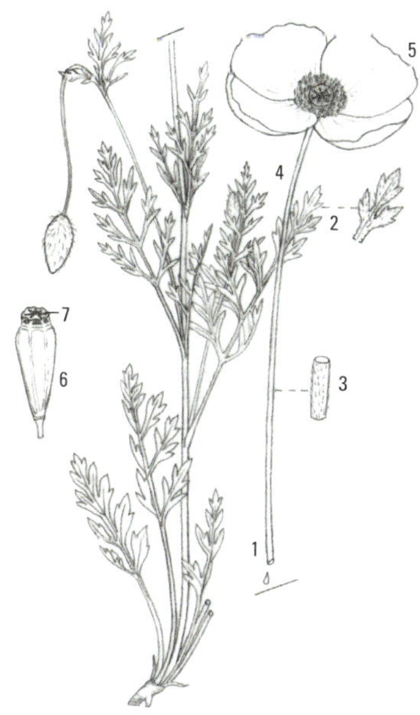

693 Senecio erucifolius, Asteraceae

## Raukenblättriges Greiskraut

mehrjährig | 8–10 | 1,2 m

Als Pionier an trocken-warmen Standorten in mageren Wiesen, Weiden, Rasen und Steinbrüchen sowie an Wald- und Gebüschrändern. Gewöhnliche Wegwarte [525], Gewöhnliche Möhre [782], Gewöhnliches Bitterkraut [384].

▸1 Pflanze mit Ausläufern. ▸2 Stängel aufrecht, kantig gerillt, braunrot, wollig behaart oder kahl. ▸3 Stängelblätter in wechselständiger Blattstellung. ▸4 **Blätter tief in längliche Abschnitte geteilt.** ▸5 **Blattabschnitte (meist) grob gezähnt bis nochmals geteilt.** ▸6 Gesamtblütenstand aus zahlreichen Blütenköpfchen zusammengesetzt. ▸7 Durchmesser der goldgelben **Blütenköpfchen bis 1,5 cm.** ▸8 Hülle des Köpfchens aus 13 spitzen, schmal-länglichen Hüllblättern gebildet. ▸9 An der Basis der Hülle eine **sechs- bis achtblättrige Außenhülle.** ▸10 Blütenköpfchen mit 13 Zungenblüten (a) sowie zahlreichen Röhrenblüten (b). ▸11 **Frucht mit langem Haarkranz, dieser bis 6 mm lang und damit zur Fruchtzeit bis dreimal so lang wie die Frucht.**

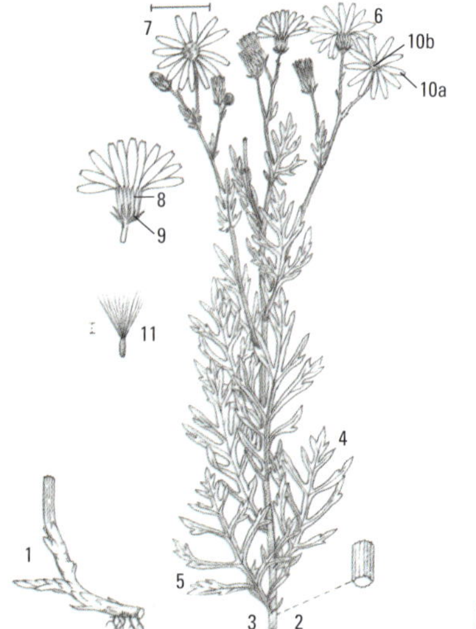

694 Lepidium didymum, Brassicaceae

## Zweiknotiger Krähenfuß (Coronopus didymus)

zweijährig | 4–6 | 0,3 m

Trocken-sonnige Standorte auf Rohböden von Straßenböschungen, Dämmen, Schuttplätzen und Weinbergen. Färber-Hundskamille [691], Herbst-Schuppenlöwenzahn [503], Feld-Klee [621], Weiß-Klee [626].

Charakteristisch unangenehmer Geruch. ▸1 Stängel bereits von unten an verzweigt, aufsteigend, behaart. ▸2 An der Stängelbasis eine grundständige Blattrosette. ▸3 Blätter stark geteilt, bis nahe an die Mittelachse eingeschnitten. ▸4 Blüten- und Fruchttrauben reichhaltig, 2–4 cm lang. ▸5 Die 4 Blütenkronblätter (a) kürzer als die Kelchblätter (b). ▸6 **Frucht ein nierenförmiges, mittig eingeschnürtes Schötchen.**

695 !! ⊗ Pedicularis sylvatica, Orobanchaceae

## Wald-Läusekraut

zweijährig | 5–7 | 0,2 m

Kalkarme Standorte in feuchten, nassen oder moorigen Wiesen. ❀ Fieberklee [612], Sumpf-Herzblatt [311], Blutwurz [644].

▸1 **Die unverzweigten, bogig aufsteigenden Stängel jeweils zu mehreren.** ▸2 Anordnung der oft dunkelviolett überlaufenen Blätter in einer grundständigen Blattrosette (a) und wechselständig am Stängel (b). ▸3 Blattflächen in eiförmige Abschnitte geteilt. ▸4 **Blütenkelch fünfzähnig.** ▸5 Länge der hellpurpurnen Blütenkrone bis etwa 2,5 cm. ▸6 **Blüten-Unterlippe (a) deutlich kürzer als die Oberlippe (b).** ▸7 **Oberlippe jederseits mit einem Zahn.** ▸8 Frucht eine schief-eiförmige Kapsel.

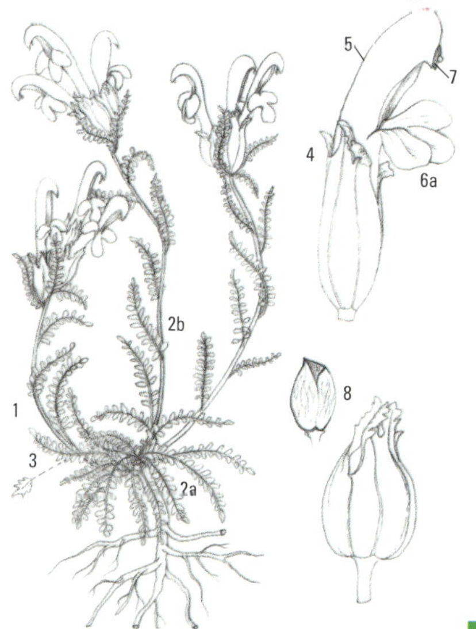

696 ✚ Serratula tinctoria, Asteraceae

## Färber-Scharte

mehrjährig | 7–9 | 1 m

In lichten Laubwäldern, an Waldrändern, in Staudenfluren, an Gräben sowie in moorigen oder feucht-nassen Wiesen. ❀ Echtes Mädesüß [703], Sumpf-Labkraut [390], Großer Wiesenknopf [706].

▸1 Stängel kahl, aufrecht, oben ästig verzweigt. ▸2 Die wechselständig angeordneten, mittleren und oberen Stängelblätter an der Basis meist tief gespalten, in der oberen Hälfte aus einem vergrößerten Endabschnitt gebildet. ▸3 **Untere Blätter länglich-eiförmig, ungeteilt oder seltener nur wenig geteilt, mit einem scharf gesägten Blattrand.** ▸4 Blütenköpfchen zylindrisch bis walzenförmig, bis 12 mm breit. ▸5 **Die schmal-länglichen Hüllblätter häufig rot überlaufen und schwarz bespitzt.** ▸6 Blütenkrone röhrenförmig, purpurn, selten weiß. ▸7 Die längliche, bis 6 mm lange Frucht mit einem borstigen, schmutzig-weißen Haarkranz, der länger wird als die Frucht.

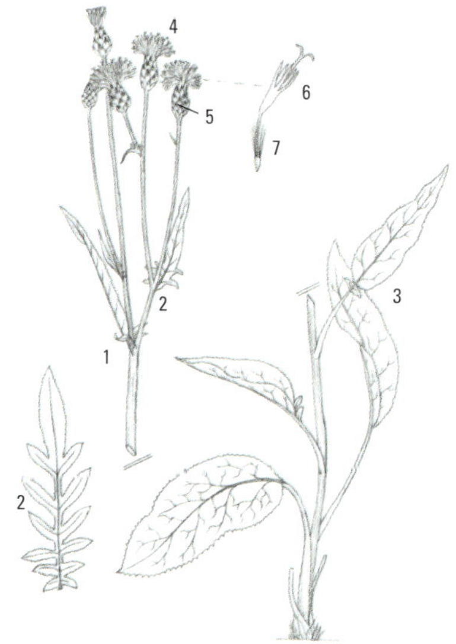

**697** Senecio aquaticus agg., Asteraceae

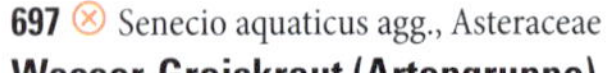

## Wasser-Greiskraut (Artengruppe)

zwei- bis mehrjährig | 7–10 | 0,5 m

Nährstoffreiche, meist kalkarme Standorte in feuchten oder nassen Wiesen, Quellbereichen und Gräben. Wald-Engelwurz [768], Kohl-Kratzdistel [547], Sumpf-Pippau [527].

▸1 **Stängel** aufrecht, **mit aufgerichteten Ästen**, wollig behaart oder kahl. ▸2 Stängelblätter wechselweise am Stängel angeordnet. ▸3 Blätter kahl, gelblich-grün. ▸4 Obere Stängelblätter in schmale Abschnitte geteilt. ▸5 **Untere Blätter** nur wenig geteilt, **mit vergrößertem, eiförmigem Endlappen** oder ungeteilt. ▸6 Die goldgelben Blütenköpfchen bis etwa 2 cm im Durchmesser. ▸7 Hülle des Köpfchens aus 13 Hüllblättern (a) und **wenigen Außenhüllblättern** (b) gebildet. ▸8 Blütenköpfchen aus etwa 13 Zungenblüten (a) und zahlreichen Röhrenblüten (b) zusammengesetzt. ▸9 Frucht mit Haarkranz, dieser zur Fruchtzeit doppelt so lang wie die Frucht.

**698** ✚ Valeriana dioica, Valerianaceae

## Kleiner Baldrian

mehrjährig | 5–6 | 0,7 m

In feuchten, nassen und moorigen Wiesen sowie an Quellbereichen und Bachufern. Sumpf-Dotterblume [335], Echtes Mädesüß [703], Bach-Nelkenwurz [730].

▸1 Pflanze mit beblätterten Ausläufern, an deren Spitze grundständige Blattrosetten (a) gebildet werden. ▸2 Stängel aufrecht, kantig, hohl, mit gegenständig angeordneten Blättern. ▸3 **Mittlere und obere Stängelblätter in längliche Abschnitte geteilt.** ▸4 Grundblätter lang gestielt, ungeteilt oder geteilt mit vergrößertem Endabschnitt (a). ▸5 **Blütenstand schirmförmig-doldenartig.** ▸6 Pflanze zweihäusig, weibliche und männliche Blüten auf unterschiedlichen Pflanzen. Weibliche Blüten (a) weiß bis blassrosa, klein (etwa 1 mm Länge), mit die Krone überragendem Griffel. Männliche Blüten (b) meist rosa, bei bis zu 3 mm Länge deutlich größer als die weiblichen, mit 3 aus der Krone weit herausragenden Staubblättern. ▸7 Frucht mit borstigem Haarkranz.

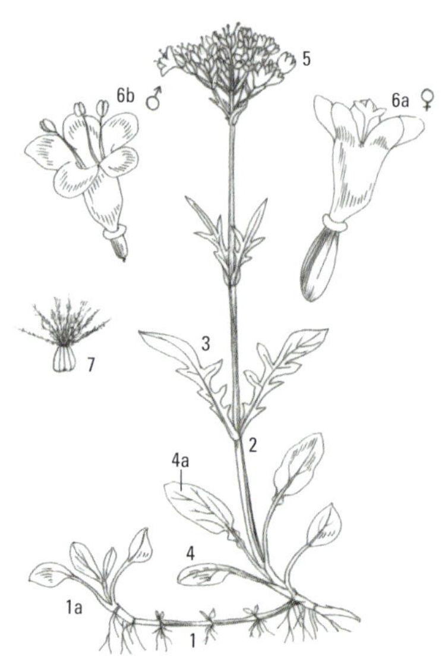

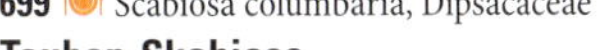

**699** Scabiosa columbaria, Dipsacaceae

## Tauben-Skabiose

mehrjährig | 6–10 | 0,8 m

Meist kalkhaltige Standorte in Magerrasen, Moorwiesen und an sonnigen Wegböschungen. Hufeisenklee [712], Wiesen-Witwenblume [548], Wiesen-Salbei [182].

▸1 Neben der stängelbildenden Blattrosette (a) weitere stängellose Rosetten (b). ▸2 Stängel oberhalb der Mitte meist verzweigt. ▸3 Blätter der sterilen Nebenrosette gewöhnlich ungeteilt. ▸4 Blätter der Hauptrosette tief in schmale Abschnitte geteilt. ▸5 Blattnerven und Blattrand behaart. ▸6 Blütenköpfe flach, violett, bis annähernd 4 cm breit und 70–80 Blüten enthaltend. ▸7 Hüllblätter schmal länglich. ▸8 Kelch meist mit langen dunklen Borsten. ▸9 **Blüte rötlich oder bläulich-lila, im Unterschied zur ähnlichen Wiesen-Witwenblume [548] fünfteilig, jene vierteilig.** ▸10 Randblüten vergrößert. ▸11 Früchte behaart, gefurcht, bis 3 mm lang.

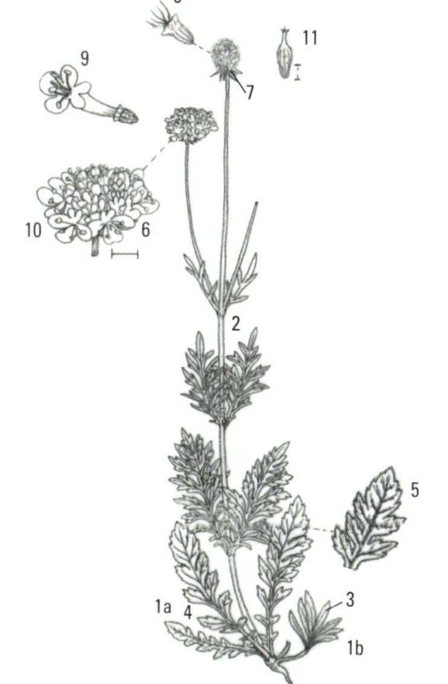

**700** Rorippa sylvestris, Brassicaceae

## Wilde Sumpfkresse

mehrjährig | 5–9 | 0,6 m

Als Pionierart an feuchten, nährstoffreichen Standorten an Ufern, Gräben, Wegen und auf Äckern. Milder Knöterich [396], Kriechender Hahnenfuß [637], Stumpfblättriger Ampfer [263].

▸1 **Pflanze im Unterschied zur Gewöhnlichen Sumpfkresse [543] mit unterirdischen Ausläufern.** ▸2 Stängel kahl oder nur an der Basis fein behaart, verzweigt, von aufrechtem oder aufsteigendem Wuchs. ▸3 Blätter geteilt, mit bis zu 15 schmalen Teilblättern. ▸4 **Endteilblatt nur unwesentlich größer als die seitlichen Teilblätter.** ▸5 Blattansätze ohne stängelumfassende Öhrchen. ▸6 Kelchblätter (a) abstehend, halb so lang wie die gelben Kronblätter (b). ▸7 **Frucht eine bis 2 cm lange Schote, die meist länger ist als ihr Stiel.**

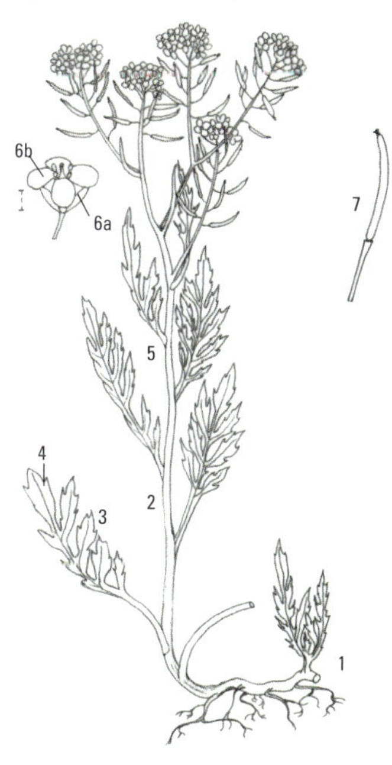

**701** Senecio jacobaea, Asteraceae

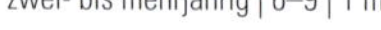

## Jakobs-Greiskraut

zwei- bis mehrjährig | 6–9 | 1 m

Sonnige, mäßig nährstoffreiche Standorte in Wiesen und Weiden, an Rainen und Dämmen sowie in Waldsäumen. Spitz-Wegerich [355], Wiesen-Löwenzahn [520], Weiß-Klee [626].

▸1 Stängel aufrecht, kantig gerillt, braunrot, erst wollig behaart, dann verkahlend. ▸2 Stängelblätter in wechselständiger Blattstellung. ▸3 **Blätter in unregelmäßig ausgebildete, zum Teil tief eingeschnittene Abschnitte geteilt.** ▸4 Untere, zur Blütezeit meist bereits abgestorbene Blätter, ungeteilt oder weniger stark geteilt, jedoch wenn geteilt, mit vergrößertem Endlappen. ▸5 Gesamtblütenstand aus zahlreichen Blütenköpfchen zusammengesetzt. ▸6 Durchmesser der goldgelben Blütenköpfchen bis 2 cm. ▸7 Hülle des Köpfchens aus 13 schmal-länglichen, grünen Hüllblättern gebildet. ▸8 An der Basis der Hülle eine unscheinbare, wenig-blättrige Außenhülle. ▸9 Blütenköpfchen mit 12–15 Zungenblüten (a), die in selteneren Fällen nicht ausgebildet sind, sowie zahlreichen Röhrenblüten (b). ▸10 Frucht mit Haarkranz, dieser zur Fruchtzeit doppelt so lang wie die Frucht.

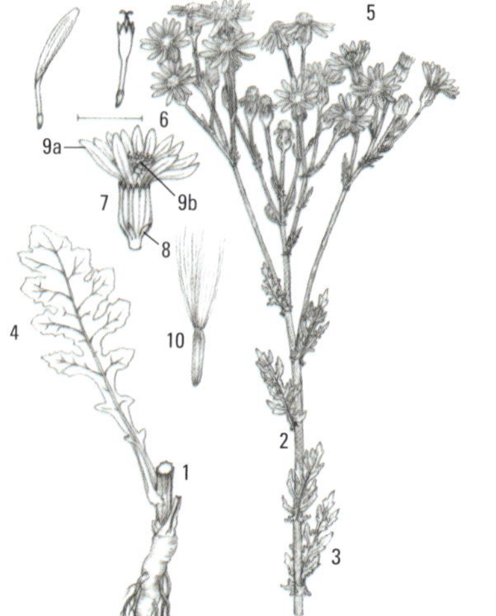

**702** Valeriana officinalis agg., Valerianaceae

## Arznei-Baldrian (Artengruppe)

mehrjährig | 6–8 | 1,5 m

Je nach Unterart auf feuchten, nassen und moorigen Wiesen, in Hochstaudenfluren an Ufern und Gräben, an Waldwegen oder an Straßen- und Weinbergböschungen. Echtes Mädesüß [703], Bach-Nelkenwurz [730], Gewöhnlicher Teufelsabbiss [451].

▸1 Pflanze meist mit unterirdischen Ausläufern. ▸2 Stängel aufrecht, gefurcht, mit gegenständig angeordneten Stängelblättern. ▸3 **Alle Blätter aus paarig angeordneten, länglichen Abschnitten und einem ähnlich gestalteten Endabschnitt (a) gebildet.** ▸4 Untere Blätter gestielt. ▸5 Blattabschnitte am Rande gekerbt oder ganzrandig. ▸6 **Blütenstand aus einer ungeraden Anzahl an Teilblütenständen zusammengesetzt.** ▸7 **Teilblütenstände** doldenartig, gestielt, **mit Hochblättern an der Basis (a).** ▸8 Blütenkrone mit 5 weißen oder rosa- bis purpurfarbenen Kronblättern. ▸9 Frucht bis zu 0,5 cm lang, mit büscheliger Haarkrone an der Oberseite.

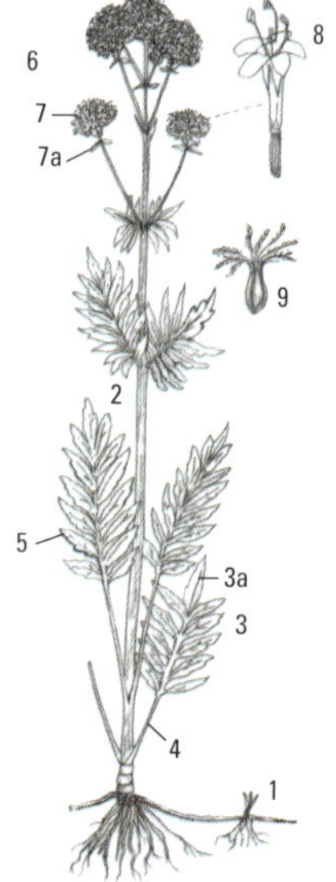

**703** Filipendula ulmaria, Rosaceae

## Echtes Mädesüß

mehrjährig | 6–8 | 1,8 m

In Hochstaudenfluren an Gräben, Ufern, Quellen und Auenwäldern sowie in nassen Wiesen. Wald-Engelwurz [768], Gewöhnlicher Wasserdost [632], Gewöhnliche Nelkenwurz [729], Arznei-Baldrian [702].

▸1 Der verholzende Wurzelstock waagrecht wachsend und knotig verdickt. ▸2 Stängel aufrecht, häufig verzweigt und rötlich überlaufen. ▸3 Blätter zusammengesetzt, in der Beschaffenheit derb. ▸4 Endfieder meist dreiteilig. ▸5 Seitenfiedern eiförmig, oben zugespitzt. ▸6 Blattrand der Fiederblättchen gesägt. ▸7 **Kleine, meist in Paaren angeordnete Blättchen unterbrechen die Fiederung.** ▸8 Nebenblätter verhältnismäßig groß, breit herzförmig, am Rande gezähnt. ▸9 Blüten in doldenartigen (a), zur Fruchtzeit trichterförmigen (b) Blütenständen. ▸10 **Die intensiv riechende Blütenkrone gelblich-weiß,** mit 5–6 Blütenkronblättern und zahlreichen Staubblättern. ▸11 Teilfrüchte zu spiraligen Früchten vereint, braun, etwa 2 mm lang.

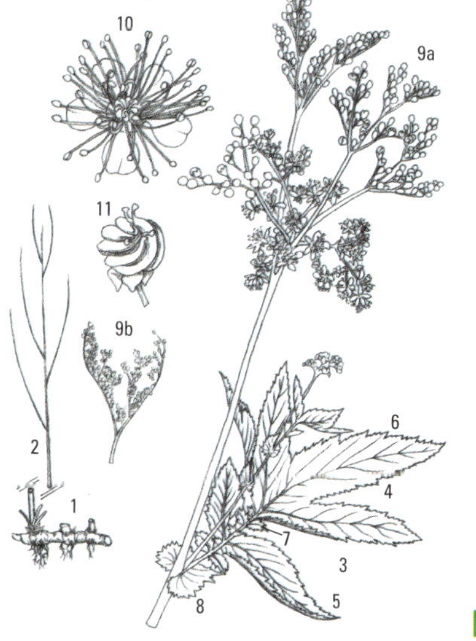

**704** Agrimonia eupatoria, Rosaceae

## Kleiner Odermennig

mehrjährig | 6–8 | 0,9 m

Im Saum von Hecken und Waldrändern, im lichten Gebüsch und in mageren Wiesengesellschaften. Gewöhnliche Möhre [782], Gewöhnlicher Dost [203], Hirsch-Haarstrang [780].

▸1 Stängel deutlich abstehend behaart. ▸2 Blätter wechselständig am Stängel angeordnet. ▸3 **Blätter in große (a) und kleinere Abschnitte (b) geteilt.** ▸4 Blattrand grob gezähnt. ▸5 Blattunterseite vor allem auf den Blattadern grau behaart. ▸6 Anordnung der Blüten in langen, kerzenförmigen Trauben. ▸7 Blüte mit fünf goldgelben Kronblättern mit stumpfer Spitze (a) und 10–20 Staubblättern (b). ▸8 Fruchtkelch mit Hakenborsten (a) und Furchen (b).

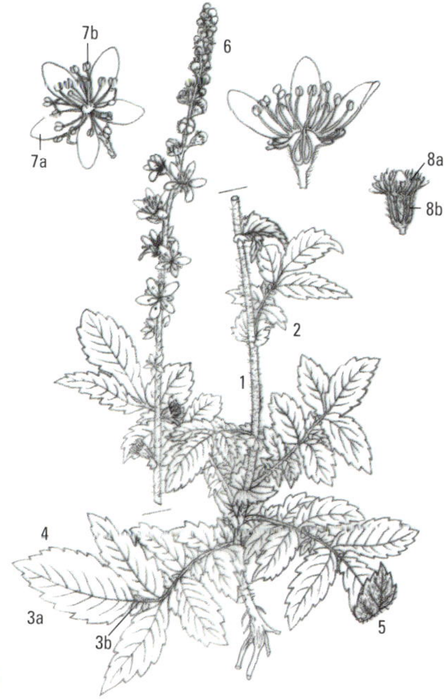

**705** !! Dictamnus albus, Rutaceae

## Gewöhnlicher Diptam

mehrjährig | 5–6 | 1,2 m

An felsigen Hängen, in lichten Gebüschen und in lichten Eichen-Kiefern-Wäldern. Blut-Storchschnabel [657], Hirsch-Haarstrang [780], Duftende Weißwurz [470], Gewöhnliche Straußmargerite [682].

Zitronen- oder zimtartiger Duft. ▸1 Stängel aufrecht wachsend, unverzweigt. ▸2 Dichtflaumige Behaarung des besonders im oberen Bereich **mit zahlreichen schwarzen Drüsen ausgestatteten Stängels.** ▸3 Unterste Blätter einfach, eiförmig. ▸4 Mittlere und obere Blätter aus 7–11 Fiederblättchen zusammengesetzt. ▸5 Fiederblätter länglich eiförmig, bis 8 cm lang. ▸6 Blattränder der Fiederblätter fein gezähnt, Zähnchen nach vorne gerichtet. ▸7 Blüten in einer meist einfachen Traube. ▸8 **Durchmesser der fünfzähligen Krone 4–6 cm.** ▸9 **Krone rosa, selten weißlich, mit dunkler Aderung.** ▸10 Abwärts gerichtetes Kronblatt etwas kleiner als die nach oben und seitwärts gerichteten. ▸11 10 Staubblätter, nach oben gekrümmt und bis etwa 3 cm lang. ▸12 Frucht eine etwa 1 cm lange, in 5 Teilfrüchte zerfallende Kapsel.

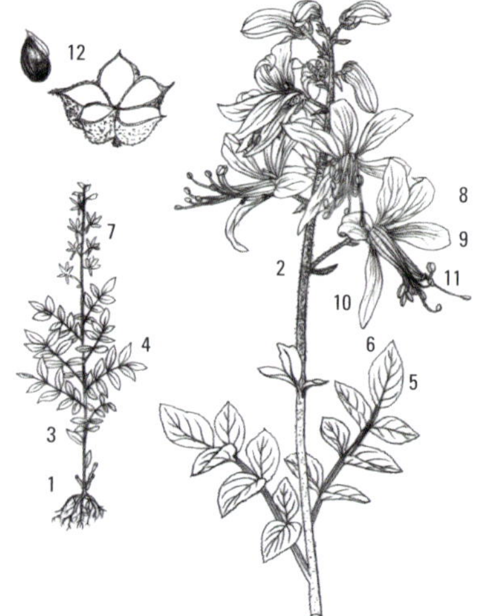

**706** Sanguisorba officinalis, Rosaceae

## Großer Wiesenknopf

mehrjährig | 6–9 | 1,2 m

In nassen oder feuchten, nährstoffreichen Wiesen. Kohl-Kratzdistel [547], Herbst-Zeitlose [382], Weiß-Klee [626].

▸1 Wuchs aufrecht und im oberen Drittel verzweigt. ▸2 Blatt unpaarig gefiedert und aus bis zu 17 Teilblättern zusammengesetzt. ▸3 Blattunterseite blau- bis graugrün (a), Oberseiten dunkelgrün (b). ▸4 **Teilblätter jederseits mit mehr als 10 Zähnen.** ▸5 Nebenblätter stark gezähnt. ▸6 Blütenstand köpfchenförmig, braunrot, bis zu 3 cm lang und 1 cm breit. ▸7 **Blüte mit 4 Staubblättern** (a), Kronblätter fehlen, Blütenkelch vierzipfelig (b), kronblattähnlich.

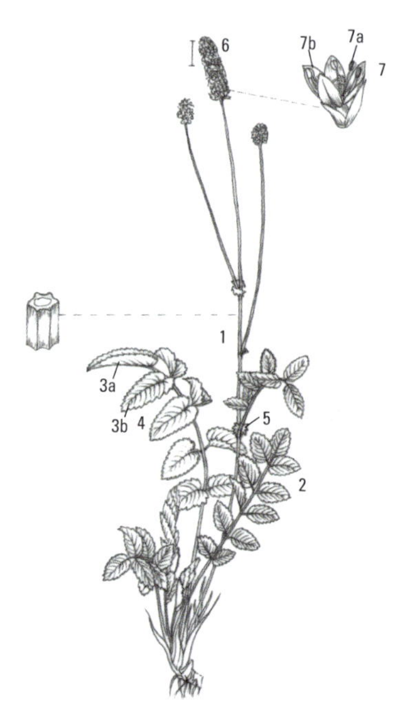

**707**  Pimpinella major, Apiaceae

## Große Pimpinelle (Große Bibernelle)

mehrjährig | 6–9 | 1 m

In eher nährstoffreichen Wiesen, Staudenfluren und lichten Auenwäldern. Wiesen-Schafgarbe [663], Wiesen-Kümmel [796], Rot-Klee [609].

▸1 Stängel scharfkantig gefurcht, meist hohl. ▸2 Blätter mit 1–4 Teilblattpaaren (a) und einem, **meist dreiteiligem Endteilblatt (b).** ▸3 Untere Blätter gestielt. ▸4 Teilblätter eiförmig, bis 7 cm lang, die unteren meist asymmetrisch und kurz gestielt (a). ▸5 Blattrand der Teilblätter grob gesägt. ▸6 Blütenstand eine zehn- bis fünfzehnstrahlige Dolde. ▸**7 Dolde an der Verzweigungsbasis im Unterschied zu vielen anderen Doldengewächsen meist ohne Hochblätter.** ▸8 Blütenkrone weiß bis rosa. ▸9 Frucht eiförmig bis rundlich, bis 3 mm lang. ▸10 **Die beiden Griffel mit bis zu 2 mm Länge verhältnismäßig lang.**

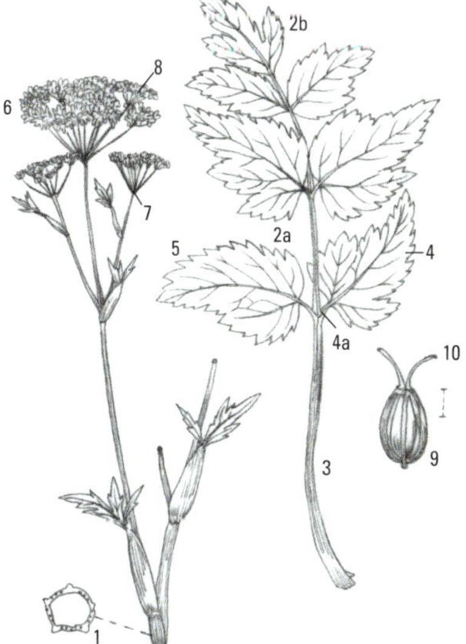

**708** Pastinaca sativa, Apiaceae

## Gewöhnlicher Pastinak

zweijährig | 7–9 | 1,8 m

Trocken-warme, nährstoff- und meist kalkreiche Standorte in Wiesen, an Weg- und Straßenrändern, Schuttplätzen und Steinbrüchen. Gewöhnlicher Beifuß [745], Gewöhnliche Wegwarte [525], Gewöhnliche Möhre [782].

Pflanze mit möhrenartig-würzigem Geruch. ▸1 Wurzel rübenförmig verdickt, weißlich. ▸2 Stängel aufrecht, kantig gefurcht und leicht borstig behaart. ▸3 **Blätter aus bis zu 7 Teilblatt-Paaren (a) und einem meist dreilappigen Endteilblatt (b) gebildet.** ▸4 Teilblätter am Rande unregelmäßig scharf gesägt (a) und häufig mit einem nach unten zeigenden Lappen (b) versehen. ▸5 Blütenstand eine Dolde mit 7–20 Zweigen. ▸6 Dolde erster (a) und zweiter Ordnung, sogenannte »Döldchen« (b), meist ohne Hochblätter an der Verzweigungsbasis. ▸7 **Blütenkrone grünlich-gelb.** ▸8 Frucht 5–7 mm lang, oval, flach, am Rande zu beiden Seiten geflügelt (a).

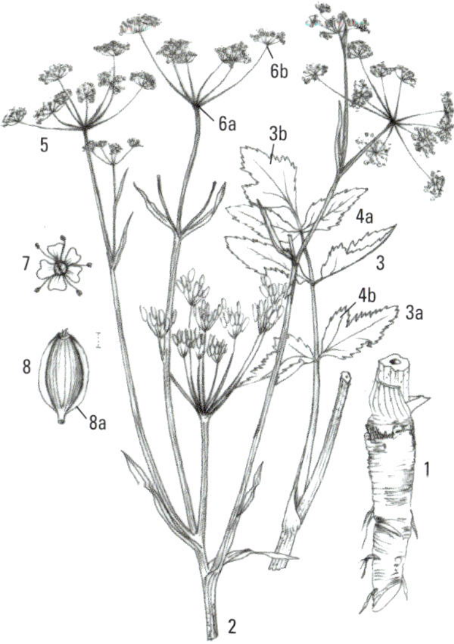

709!! Pedicularis palustris, Orobanchaceae
## Sumpf-Läusekraut

zweijährig | 5–8 | 0,7 m

Kalkarme Standorte in moorigen Wiesen und flachen Mooren. Blutauge [740], Strauß-Gilbweiderich [363], Fieberklee [612].

▸1 **Stängel einzeln, ästig** und aufrecht. ▸2 Anordnung der Blätter in einer grundständigen Blattrosette (a) und wechselständig am Stängel (b). ▸3 Blätter in gezähnte Abschnitte geteilt. ▸4 Blütenstand locker, endständig und traubenartig. ▸5 Röhre (a) der hellpurpurnen, bis etwa 2 cm langen Blütenkrone annähernd doppelt so lang wie der zweispaltige Blütenkelch (b). ▸6 **Blüten-Unterlippe** dreizipfelig, **bewimpert, etwa so lang wie die Oberlippe.** ▸7 Die helmartig aufgebogene **Oberlippe ohne seitliche Zähne.** ▸8 Frucht eine eiförmige, schief zugespitzte Kapsel.

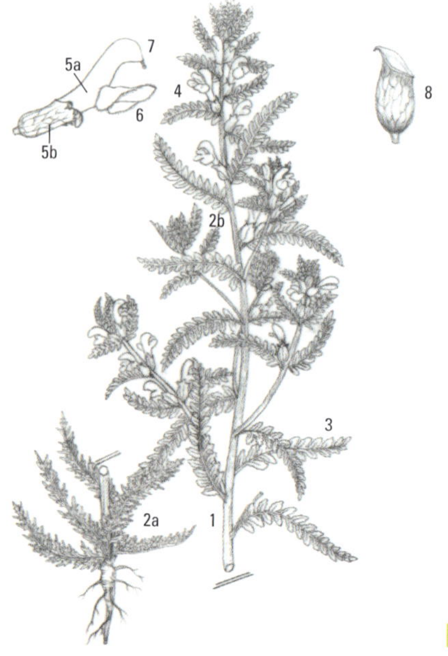

710 Securigera varia, Fabaceae
## Bunte Beilwicke (Bunte Kronwicke, Coronilla varia)

mehrjährig | 6–8 | 1,2 m

Basenreiche Standorte an Böschungen, Dämmen, Wegrändern, in Halbtrockenrasen und im lichten Gebüsch. Wiesen-Flockenblume [370], Wiesen-Margerite [101], Gewöhnliches Leinkraut [52].

▸1 **Wuchs der gerillten Stängel liegend oder aufsteigend und dabei größere Flächen überdeckend.** ▸2 Blatt aus einer ungeraden Anzahl an Teilblättchen bestehend (unpaarig gefiedert). ▸3 Die 13–25 länglich-eiförmig bis oval geformten Teilblättchen etwa 2 cm lang, am oberen Ende mit kleinem Spitzchen (a). ▸4 Blattbasis mit kleinen Nebenblättern. ▸5 Blüten in lang gestielten, bis 20-blütigen Dolden. ▸6 Die rosa bis weiß gefärbte Blütenkrone 1–2 cm lang. ▸7 **Fruchtstand aus mehreren, gegliederten, bis 6 cm langen Hülsen bestehend.** ▸8 Spitze der Frucht mit hakig geformtem Schnabel.

**711** Pimpinella saxifraga, Apiaceae

## Kleine Pimpinelle (Kleine Bibernelle)

mehrjährig | 6–10 | 0,6 m

Sonnig-warme Standorte in eher mageren Wiesen und Weiden, in Zwergstrauchheiden, lichten Kiefernwäldern sowie an Felsen und Mauern. Heidekraut [260], Zypressen-Wolfsmilch [342], Flügel-Ginster [454], Kleiner Wiesenknopf [720].

▸1 **Stängel im Querschnitt rund, im Unterschied zur Großen Pimpinelle [707] nur zart gerillt,** in der oberen Hälfte fast blattlos. ▸2 Pflanze (auch zur Blütezeit) mit grundständiger Blattrosette. ▸3 Blätter aus Teilblättern ungerader Anzahl zusammengesetzt (unpaarig gefiedert). ▸4 Teilblätter ungestielt, Blattränder gesägt. ▸5 Untere Blätter lang gestielt (a), Teilblätter rundlich-eiförmig (b), Endteilblatt dreiteilig (c) oder dreilappig. ▸6 **Obere Stängelblätter reduziert, statt aus Teilblättern nur noch aus schmalen Abschnitten zusammengesetzt.** ▸7 Blütenstand eine kleine, aus 5–15 Strahlen zusammengesetzte Dolde. ▸8 **Dolde an der Verzweigungsbasis im Unterschied zu vielen anderen Doldengewächsen ohne Hochblätter.** ▸9 Blütenkrone weiß, selten rötlich. ▸10 Frucht etwa 2 mm lang, Griffel 1 mm.

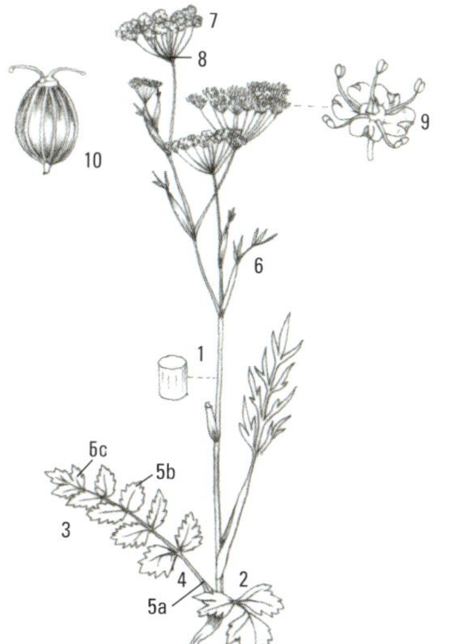

**712** Hippocrepis comosa, Fabacae

## Hufeisenklee

mehrjährig | 5–7 | 0,3 m

Magere, meist flachgründige Standorte in Wiesen, an Böschungen, Felsen, Halden und Dämmen. Kleine Pimpinelle [711], Kleiner Wiesenknopf [720], Tauben-Skabiose [699].

▸1 Stängel am Grund verholzend. ▸2 **Blätter** lang gestielt (a), **aus bis zu 15 kurz gestielten Teilblättern (b) zusammengesetzt.** ▸3 Blättchen (Teilblätter ) bis 2 cm lang, eiförmig, vorne kurz bespitzt (a). ▸4 **Endteilblatt von gleicher Gestalt wie die anderen seitlichen Teilblättchen.** ▸5 Nebenblätter häutig, bis 5 mm lang. ▸6 Kelchzähne spitz zulaufend, die oberen Zähne verlängert (a). ▸7 Blütenstand doldenartig, fünf- bis zwölfblütig. ▸8 Blütenkrone lebhaft gelb, bis 12 mm lang. ▸9 **Frucht eine aus hufeisenartigen Gliedern zusammengesetzte, bis 3,5 cm lange Hülse.**

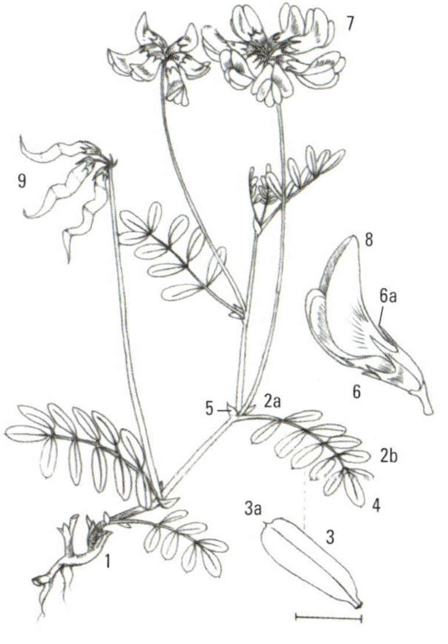

**713** !! Polemonium caeruleum, Polemoniaceae

## Blaue Himmelsleiter

mehrjährig | 6–7 | 0,9 m

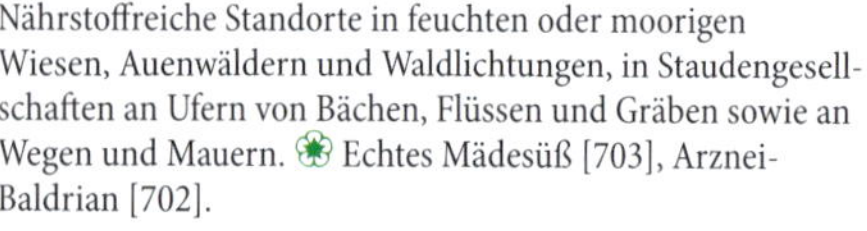

Nährstoffreiche Standorte in feuchten oder moorigen Wiesen, Auenwäldern und Waldlichtungen, in Staudengesellschaften an Ufern von Bächen, Flüssen und Gräben sowie an Wegen und Mauern. Echtes Mädesüß [703], Arznei-Baldrian [702].

▸1 Wechselständige Stellung der Blätter am aufrecht wachsenden, kantigen Stängel. ▸2 Blätter aus Teilblättern ungerader Anzahl gebildet (unpaarig gefiedert), 8–15 Teilblattpaare bilden das zusammengesetzte Blatt. ▸3 **Teilblättchen** ganzrandig, **spitz**, bis 2 cm lang, **fest.** ▸4 Blütenstand eine bis 30 cm lange Rispe. ▸5 **Blütenkrone fünfteilig, weit trichterförmig, violettblau mit hellem Schlund.** ▸6 **Die 5 aus der Blütenkrone herausragenden Staubblätter mit orangegelben Staubbeuteln.** ▸7 Frucht eine dreifächerige, rundliche Kapsel.

**714** Astragalus glycyphyllos, Fabaceae

## Bärenschote

mehrjährig | 5–6 | 1,5 m

An sommerwarmen, nährstoffreichen Standorten im lichten Saum von Wäldern und Gebüschen sowie an Waldwegen. Wald-Platterbse [600], Gewöhnlicher Dost [203], Zickzack-Klee [605].

▸1 Ausgeprägte, tief den Boden erschließende Pfahlwurzel. ▸2 **Stängel kräftig, niederliegend oder klimmend, hin- und hergebogen.** ▸3 Blatt unpaarig gefiedert. ▸4 Teilblättchen eiförmig, bläulichgrün, unterseits behaart. ▸5 Deutlich hervortretende Blattnerven an der Unterseite. ▸6 Nebenblätter bis 2 cm lang, zugespitzt. ▸7 **Blütenstand aus 8–30 blassgelblichen bis hellgrünlichen Blüten aufgebaut.** ▸8 Fruchthülse länglich, nur wenig gestielt, am Ende aufwärts gekrümmt, 3–4 cm lang.

**715** ✚ Ornithopus perpusillus, Fabaceae

## Kleiner Vogelfuß

einjährig | 5–6 | 0,3 m

Auf kalkarmen sandigen Äckern, in lichten Kiefernwäldern, auf Dünen, an Wegrändern und in Sand-Trockenrasen. ❀ Kleiner Sauer-Ampfer [550], Ausdauernder Knäuel [123], Hasen-Klee [604].

▸1 Pflanze von niederliegendem bis aufsteigendem Wuchs. ▸2 Stängel dünn, rundlich, behaart. ▸3 Wechselständige Anordnung der Blätter am Stängel. ▸4 Blätter mit einer ungeraden Zahl an Teilblättchen. ▸5 Teilblättchen zu 5–15, oval, bis 8 mm lang. ▸6 Blütenstand lang gestielt, doldenartig, Blüten zu 2–7. ▸7 Blüten weißlich, mit einem rot gestreiften, oberen Blütenblatt (Fahne). ▸8 **Frucht gekrümmt, behaart, bis 2 cm lang, zwischen den Samen eingeschnürt.**

**716** ✚ Vicia sativa agg., Fabaceae

## Saat-Wicke (Artengruppe)

einjährig | 5–8 | 0,9 m

Nährstoffreiche Standorte auf Äckern und Schuttplätzen sowie an Wegrändern. ❀ Acker-Vergissmeinnicht [372], Wildes Stiefmütterchen [461].

▸1 Stängel kantig, aufsteigend oder kletternd, mit wechselweise angeordneten Blättern. ▸2 Blätter aus 2–8 Paaren länglicher bis ovaler oder verkehrt eiförmiger Teilblättchen gebildet. ▸3 Teilblättchen an der Spitze mit einem kleinen Zähnchen, oft ausgebuchtet. ▸4 Oberstes Teilblättchen zur Kletterhilfe (Ranke) umgebildet. ▸5 Am Übergang vom Blatt zum Stängel kleine, gezähnte Nebenblätter. ▸6 **Blüten auf kurzen Stielen einzeln oder zu zweien den Blattachseln entspringend.** ▸7 **Kelchzähne schmal-länglich, im Unterschied zur Zaun-Wicke [717] etwa gleich lang.** ▸8 Blütenkrone schmetterlingsförmig, hell- oder rotviolett, bis 3 cm lang. ▸9 Frucht eine aufrecht abstehende, mehrsamige, bis etwa 7 cm lange Hülse.

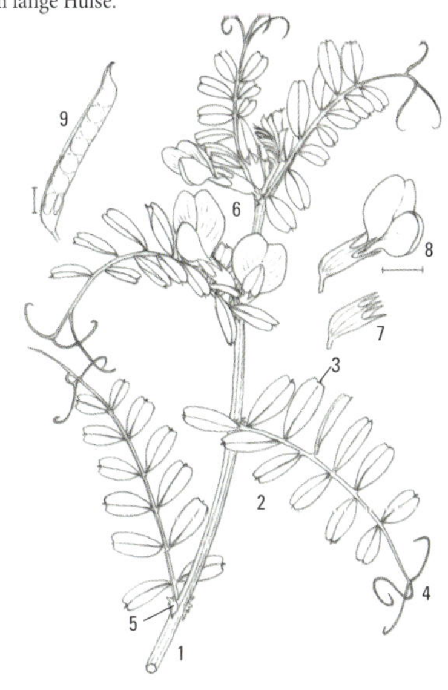

**717** Vicia sepium, Fabaceae

## Zaun-Wicke

mehrjährig | 5–8 | 0,6 m

In gemähten Wiesen, an Wald- und Wegrändern, an lichten Stellen in Laubwäldern sowie an Hecken- und Gebüschrändern. ❀ Wiesen-Kerbel [779], Wiesen-Pippau [517], Gewöhnliches Knaulgras [9].

▸1 Stängel kantig, aufrecht oder kletternd, mit wechselständig angeordneten Blättern. ▸2 Blätter mit einer Ranke an der Spitze und 3–8 Teilblattpaaren. ▸3 **Teilblätter eiförmig mit kurzem Spitzchen**, bis 3 cm lang, nur am Rand und auf den Blattunterseiten kurz und spärlich behaart. ▸4 Nebenblätter auf der Unterseite mit dunklem Fleck. ▸5 Blütenstand eine kurz gestielte, einseitswendige Traube mit 2–4(6) Blüten, Blüten rotviolett bis trübblau, seltener gelblich-weiß. ▸6 **Die 5 kurzen Kelchzähne ungleich lang, die oberen dabei kürzer.** ▸7 Frucht eine zuletzt schwarz glänzende, bis 3 cm lange, drei- bis sechssamige Hülse.

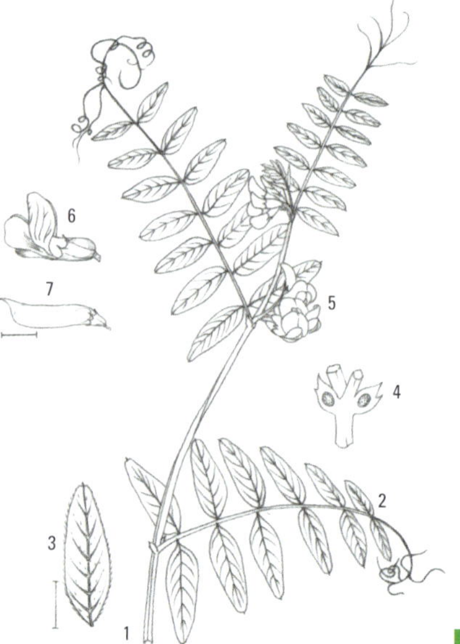

**718** Vicia cracca agg., Fabaceae

## Vogel-Wicke (Artengruppe)

mehrjährig | 6–8 | 0,6 m

In Wiesen und Weiden, an Wald- und Gebüschrändern sowie Flussufern. ❀ Wiesen-Flockenblume [370], Wiesen-Labkraut [361], Gewöhnlicher Hornklee [733].

▸1 **Stängel** niederliegend, aufsteigend oder kletternd, **weichhaarig**, kantig. ▸2 Wechselständige Anordnung der zusammengesetzten Blätter am Stängel. ▸3 Blätter mit 5–15 Teilblatt-Paaren und einer Ranke an der Spitze. ▸4 **Teilblätter schmal-oval bis schmal-länglich.** ▸5 **Nebenblätter mit schmal-länglichen, zugespitzten Abschnitten.** ▸6 Blütenstand eine reichhaltige Traube, aus 5–50 blau- bis rotvioletten, nickenden, schmetterlingsförmigen Blüten. Traube einseitswendig (hier in der Abb. nach vorne gerichtet). ▸7 Blütenkelch mit spitzen Zähnen. ▸8 Frucht eine flache, 2–3 cm lange, mehrsamige Hülse.

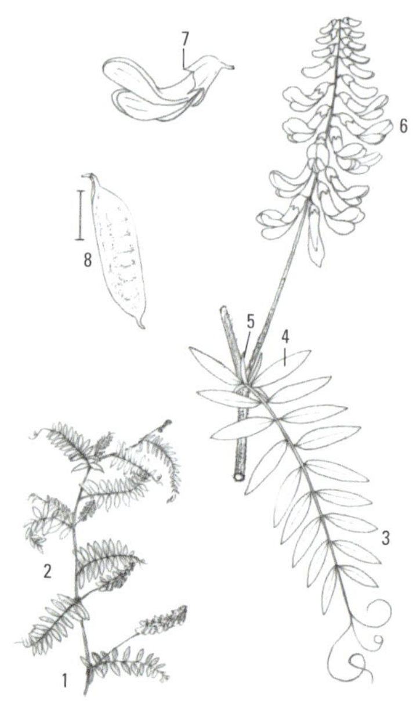

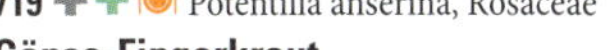

**719** Potentilla anserina, Rosaceae

## Gänse-Fingerkraut

mehrjährig | 6–8 | 0,3 m, L 0,5 m

Salzvertragende Pionierart auf nährstoffreichen, oft verdichteten und feuchten Böden, z. B. an Weg- und Straßenrändern, Ufern, auf Äckern und feuchten Weiden. Echter Vogelknöterich [424], Breit-Wegerich [212], Gemüse-Portulak [88].

▸1 **Stängel niederliegend, an den Knoten wurzelnd.** ▸2 Pflanze eine Grundblattrosette bildend. ▸3 **Blätter aus einer ungeraden Anzahl an Teilblättern gebildet (unpaarig gefiedert) und bis etwa 30 cm lang.** ▸4 **Teilblätter von unterschiedlicher Größe, nach unten hin an Größe abnehmend, bis 5 cm lang, häufig etwas versetzt.** ▸5 **Endteilblatt meist dreiteilig.** ▸6 **Blattunterseiten silbrig-weiß, bisweilen auch die Oberseite.** ▸7 Blattränder tief gesägt. ▸8 Blattstiele weich behaart. ▸9 Die 2–3 cm breiten Blüten einzeln oder seltener zu zweien auf langen Stielen den Knoten entspringend. ▸10 Blüte fünfzählig: 5 Blütenkronblätter, 5 Kelchblätter, 5 dreispaltige Außenkelchblätter (a) und 20 Staubblätter (b). ▸11 Frucht ein eiförmiges, am Rücken gefurchtes Nüsschen.

**720** Sanguisorba minor, Rosaceae

## Kleiner Wiesenknopf

mehrjährig | 5–8 | 0,5 m

Trocken-kalkreiche Standorte in mageren Wiesen, Weiden und Rasen sowie an Dämmen und Wegböschungen. Spitz-Wegerich [355], Wiesen-Sauer-Ampfer [262], Wiesen-Salbei [182].

▸1 Blatt mit 9–15 Teilblättern unpaarig gefiedert. ▸2 Teilblättchen eiförmig bis rundlich und bis etwa 1,5 cm lang. ▸3 Blattrand sägeförmig gezähnt. ▸4 **Teilblättchen jederseits mit weniger als 10 Zähnen.** ▸5 Nebenblätter stark gezähnt. ▸6 Blütenköpfchen rundlich bis zylindrisch, grünlich, mit weiblichen, männlichen und zwittrigen Blüten. ▸7 **Männliche Blüten mit einer Vielzahl an Staubblättern.** ▸8 **Griffel büschelig behaart.**

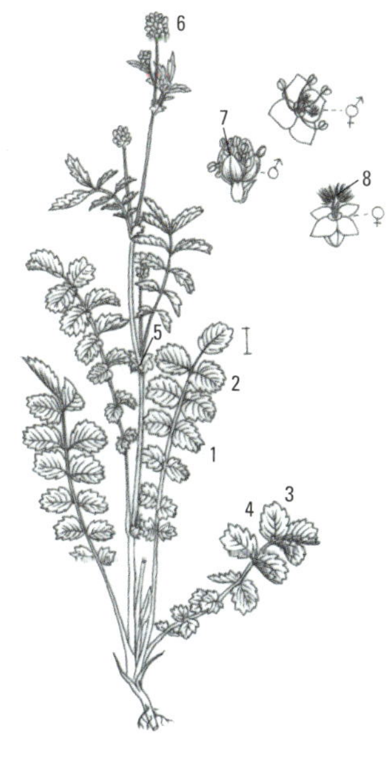

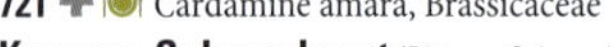

721 Cardamine amara, Brassicaceae

## Kressen-Schaumkraut (Bitteres Schaumkraut)

mehrjährig | 4–6 | 0,6 m

Nährstoffreiche Standorte in Quellfluren, Bruchwäldern, an Bächen und Gräben. Wald-Engelwurz [768], Wechselblättriges Milzkraut [325], Bach-Ehrenpreis [491].

▸1 **Pflanze mit Ausläufern.** ▸2 Der markige Stängel kantig gefurcht. ▸3 Blätter fünf- bis elfzählig. ▸4 Blattfiedern bis 4 cm lang (a), **Endlappen nur wenig vergrößert** (b). ▸5 Der doldenartige Blütenstand mit 10–20 Blüten. ▸6 Kelchblätter mit hellem Hautrand, bis 5 mm lang. ▸7 Kronblätter bis 12 mm lang, meist weiß. ▸8 **Staubblätter im Unterschied zur ähnlichen Gewöhnlichen Brunnenkresse [724] mit violetten Staubbeuteln.** ▸9 Frucht eine bis 4 cm lange Schote. ▸10 Fruchtstiele aufrecht abstehend. ▸11 An der Spitze der Frucht ein dünner Griffel.

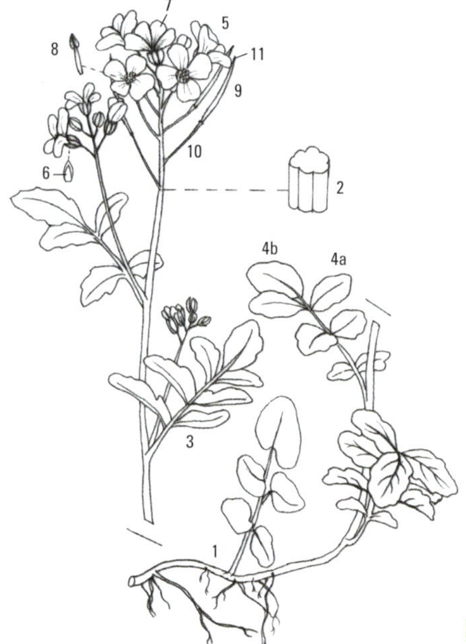

722 Cardamine hirsuta, Brassicaceae

## Viermänniges Schaumkraut

einjährig | 3–5 | 0,3 m

Nährstoffreiche Stellen in Gärten, Weinbergen, auf Äckern und an Wegrändern. Gewöhnliches Hirtentäschel [541], Weißer Gänsefuß [564], Purpurrote Taubnessel [308], Kohl-Gänsedistel [727].

▸1 Pflanze häufig violett überlaufen. ▸2 Wurzel dünn und reich verzweigt. ▸3 **Mehrere bogig aufsteigende** (a), kantige (b) **Stängel.** ▸4 **Blätter behaart, drei- bis neunteilig.** ▸5 **Endteilblatt (a) deutlich größer als die seitlichen Teilblätter (b).** ▸6 Grundständige Blattrosette, aus zahlreichen Fiederblättern gebildet. ▸7 Stängelblätter 2–4. ▸8 Kronblätter weiß, doppelt so lang wie der Kelch. ▸9 Kelchblätter mit weißem Hautrand. ▸10 **Meist 4 Staubblätter, Staubbeutel gelb.** ▸11 Frucht eine aufrecht stehende, gestielte, bis 2,5 cm lange Schote. ▸12 Griffel kurz, weniger als 1 mm lang.

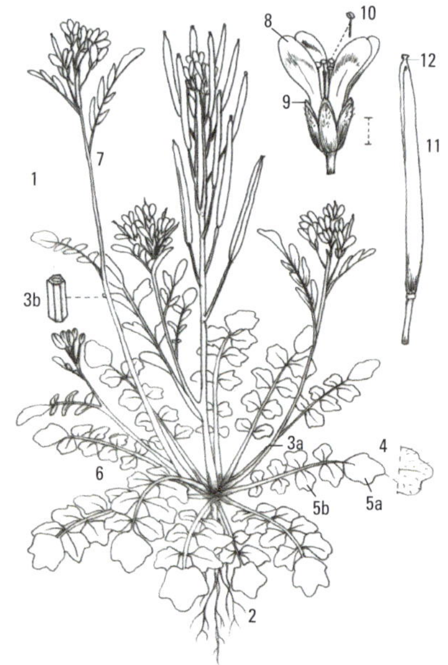

**723** Barbarea vulgaris, Brassicaceae

## Gewöhnliches Barbarakraut (Echte Winterkresse)

zwei- bis mehrjährig | 4–6 | 1 m

Nährstoffreiche Standorte an Wegen, Dämmen, Ufern und Ackerrändern sowie in Bach- und Flussauen. Kleinblütiges Weidenröschen [142], Ampfer-Knöterich [149], Stumpfblättriger Ampfer [263].

▸1 Stängel aufrecht, mindestens in der oberen Hälfte verzweigt. ▸2 Blätter fest, in der Farbe tief- bis dunkelgrün. ▸3 Die Grundblätter gestielt und rosettig angeordnet. ▸4 Blatt aus 2–4 Teilblattpaaren und einem deutlich größeren Endabschnitt zusammengesetzt. ▸5 Die obersten Stängelblätter nur wenig geteilt bis ungeteilt und mit geöhrtem Blattrand am Stängel ansitzend (a). ▸6 Kelchblätter länglich, 3–4 mm lang. ▸7 Die gelben Kronblätter an der Spitze schwach ausgerandet. ▸8 **Frucht** eine bis 2,5 cm lange, **vom Stängel abstehende Schote.** ▸9 Fruchtstiel bis 5 mm lang, etwa halb so dick wie die Frucht. ▸10 Spitze der Frucht in einen etwa 2–3 mm langen Griffel auslaufend.

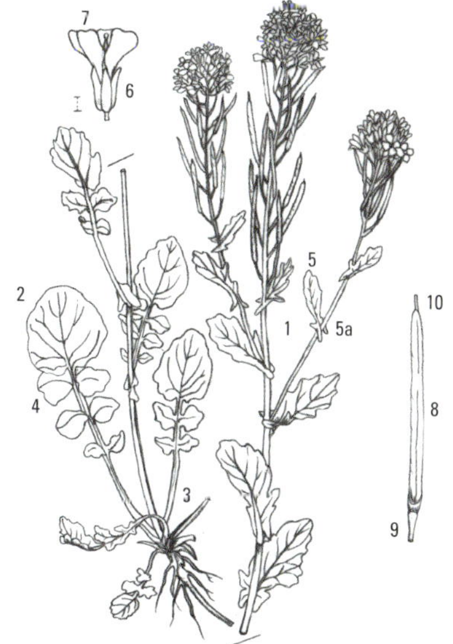

**724** Nasturtium officinale, Brassicaceae

## Gewöhnliche Brunnenkresse

mehrjährig | 5–9 | 0,8 m

An Quellen, in Gräben und im Röhricht klarer, schnell fließender Bäche, bis zu 1 Meter Wassertiefe ertragend. Berle [670], Blauer Wasser-Ehrenpreis [241], Bach-Ehrenpreis [491].

▸1 Stängel an den Verzweigungen Wurzeln treibend. ▸2 **Blatt aus 1–4 Fiederpaaren und einem größeren Endabschnitt zusammengesetzt.** ▸3 Blattrand schwach gekerbt. ▸4 Kronblätter weiß, bis 5 mm lang. ▸5 **Staubbeutel gelb.** ▸6 Blüten- und Fruchtstände in lockeren Trauben, an der Spitze doldenartig gedrängt. ▸7 Stiel der Frucht gekrümmt und bis 15 mm lang. ▸8 Frucht eine kurze, bis 2 cm lange Schote. ▸9 **Samen zweireihig in der Frucht angeordnet.** ▸10 Oberfläche der Samen wabenartig unterteilt.

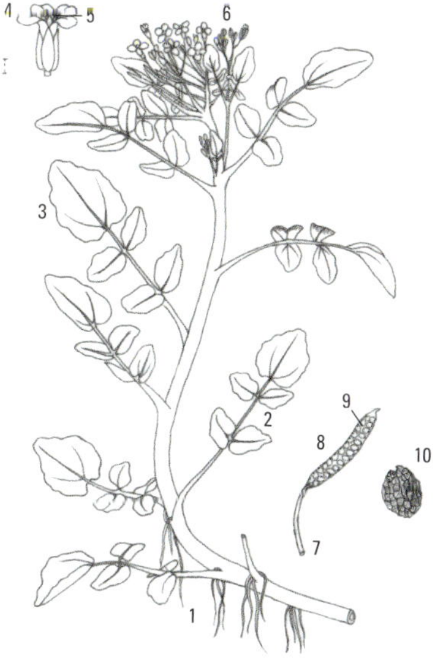

**725 !** Barbarea stricta, Brassicaceae

## Steife Winterkresse

einjährig | 4–6 | 1 m

Nährstoff- und meist kalkreiche, feuchte Standorte an Flussufern, Wegrändern und Schuttplätzen. ❀ Gewöhnliche Zaunwinde [290], Knolliger Kälberkropf [778], Gefleckte Taubnessel [300].

▸1 Aufrechter Wuchs. ▸2 Stängel mit steil gestellten Ästen. ▸3 Obere Blätter ungeteilt. ▸4 **Grundblätter mit 1–2 Blattpaaren und sehr großem, länglichem Endabschnitt (a), größer als beim Gewöhnlichen Barbarakraut [723].** ▸5 **Frucht eine** steif aufrecht stehende, im Unterschied zum ähnlichen Gewöhnlichen Barbarakraut **dem Stängel angedrückte Schote.**

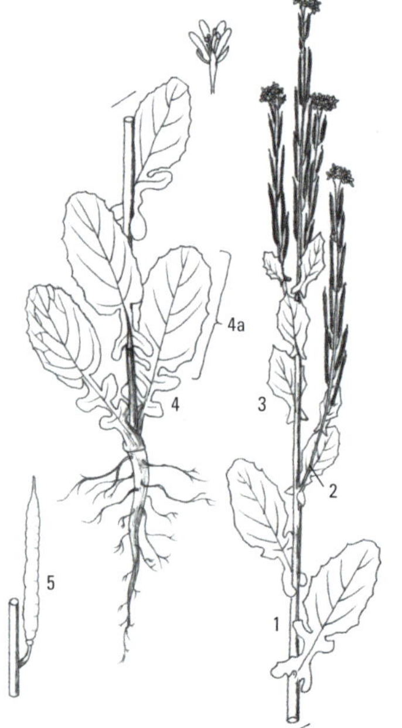

**726 !** Anthyllis vulneraria, Fabaceae

## Wundklee

mehrjährig | 5–6 | 0,4 m

An sonnigen und lichten Standorten in Magerrasen, auf Böschungen und Dämmen, auf meist kalkreichen Lehm- und Lößböden. ❀ Trauben-Graslilie [24], Berg-Aster [404], Blut-Storchschnabel [657], Hirsch-Haarstrang [780].

▸1 Kräftige Pfahlwurzel. ▸2 Aufsteigende bis aufrechte, behaarte, rundliche Stängel. ▸3 Grundständige Blattrosette. ▸4 Blätter mit bis zu 7, zur Blütezeit häufig bereits fehlenden Teilblattpaaren (fiederteilig). ▸5 **Oberes Teilblatt bis 8 cm lang.** ▸6 Blüten in vielblütigen Köpfchen. ▸7 Blütenkrone bis annähernd 2 cm lang, meist goldgelb, aber auch weißlich, orange oder rot gefärbt. ▸8 **Kelch zottig behaart und nach der Blütezeit aufgeblasen.** ▸9 Kelchzähne ungleich in Form und Länge. ▸10 Frucht eine einsamige, seltener zweisamige, in einen trockenen Kelch eingehüllte Nuss.

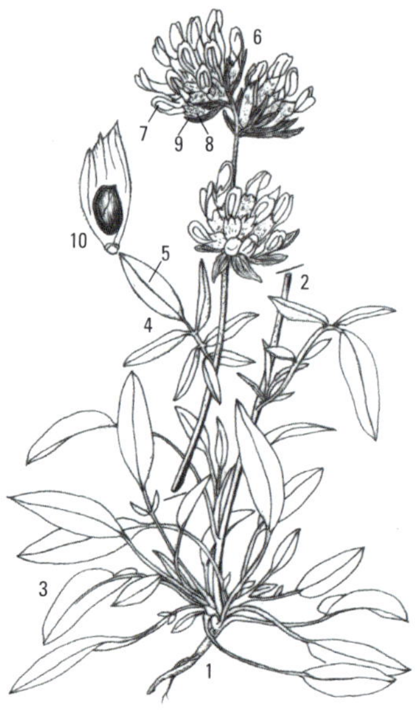

**727** Sonchus oleraceus, Asteraceae

## Kohl-Gänsedistel

einjährig | 6–10 | 1 m

Als Pionier an nährstoffreichen Standorten auf Wegen, Schuttplätzen, in Weinbergen, Äckern und Gärten. Weißer Gänsefuß [564], Kompass-Lattich [524], Acker-Senf [556].

▸1 Stängel hohl, aufrecht, verzweigt. ▸2 **Blätter dünn, weich, matt, blaugrün.** ▸3 Blätter in unterschiedliche Abschnitte geteilt: Endabschnitt dreieckig (a), größer als die länglichen bis länglich-eiförmigen Seitenabschnitte (b). ▸4 Stängelblätter mit abstehenden Öhrchen am Blattgrund. ▸5 Unterste Blätter gestielt. ▸6 **Blattrand scharf, aber im Unterschied zur Rauen Gänsedistel [529] nicht dornig gezähnt.** ▸7 Die bauchige, bis 15 mm lange Blütenhülle kahl oder nur wenig behaart. ▸8 Blüten zungenförmig, gelb. ▸9 Die querrunzeligen Früchte mit weißem Haarkranz.

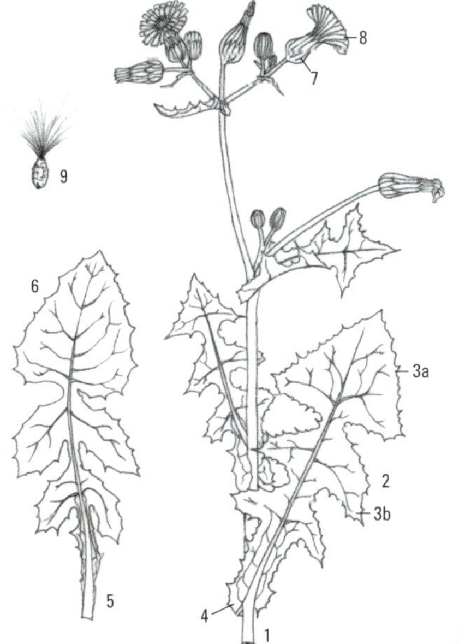

**728** ⊗ Chelidonium majus, Papaveraceae

## Schöllkraut

mehrjährig | 5–9 | 0,8 m

Nährstoffreiche Standorte in Siedlungen, Weinbergen, an Wegen und Mauern sowie Wald- und Heckensäumen. Kleiner Orant [380], Mauer-Zimbelkraut [588], Pyrenäen-Storchschnabel [580], Große Brennnessel [296].

▸1 **Stängel** verzweigt, behaart, einen **orange-gelben Milchsaft führend.** ▸2 **Blätter aus unterschiedlich großen Blattlappen zusammengesetzt.** ▸3 Blatt oberseits dunkelgrün, auf der Unterseite blau- bis graugrün. ▸4 Blüten zu 2–8 in lockeren Scheindolden. ▸5 Blütenkrone gelb, vierblättrig, bis 2 cm im Durchmesser. ▸6 Zahlreiche, gelbe Staubblätter. ▸7 Frucht eine bis 5 cm lange, von der Basis Richtung Spitze aufspringende, vielsamige Schote. ▸8 Same klein, bis etwa 1,5 mm lang, nierenförmig, schwarz, mit Anhängsel.

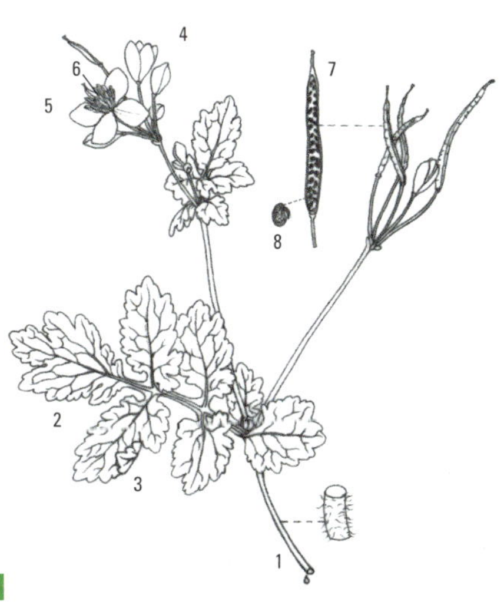

729 Geum urbanum, Rosaceae

## Gewöhnliche Nelkenwurz

mehrjährig | 5–9 | 1,1 m

Auf nährstoffreichen Plätzen an Waldwegen und -rändern und in krautreichen Eichen-Hainbuchen- und Auenwäldern. Kriech-Günsel [108], Lauchhederich [307], Kletten-Labkraut [373], Gewöhnlicher Gundermann [330].

▸1 Rübenförmige Wurzel mit Blattresten am Wurzelkopf (a) und festen, **nach Nelke riechenden Seitenwurzeln** (b). ▸2 Wuchs aufrecht, oben verzweigt. ▸3 Stängel flaumig behaart, schwach kantig. ▸4 Blätter an der Stängelbasis mit großem Endabschnitt (a) und 1–4 Blattpaaren unterschiedlicher Größe (b). ▸5 Stängelblätter drei- bis fünfteilig, mit einem Nebenblattpaar (a) an der Basis. ▸6 Blattrand gezähnt. ▸7 Blüten einzeln am Ende flaumig behaarter Blütenstängel. ▸8 5 gelbe Blütenkronblätter. ▸9 **Abstehende Kelchblätter, im Reifezustand herabgebogen (a).** ▸10 **Sammelfrucht aus zahlreichen behaarten, an der Spitze hakig gekrümmten Nüsschen (a).**

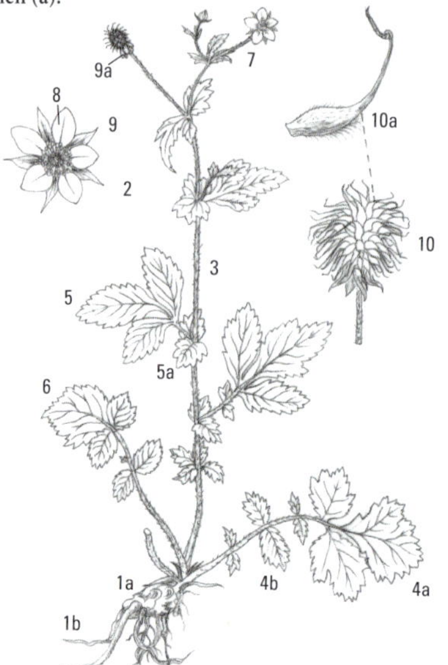

730 Geum rivale, Rosaceae

## Bach-Nelkenwurz

mehrjährig | 4–6 | 0,6 m

Nährstoff- und basenreiche, feucht-nasse Standorte an Bachufern, Quellen, Gräben, in Auwäldern und Wiesen. Rauhaariger Kälberkropf [755], Gewöhnlicher Wasserdost [632], Echtes Mädesüß [703].

Wurzeln nicht nach Nelke riechend. ▸1 Ein Kranz aus grundständigen Blättern. ▸2 Blätter formenreich, in ungleich große Abschnitte geteilt. ▸3 Endlappen stark vergrößert, rundlich-eiförmig oder in 3 Abschnitte geteilt. ▸4 Teilblätter untereinander häufig stark unterschiedlich groß. ▸5 Blattrand ungleich gezähnt. ▸6 Blütenstand zwei- bis fünfblütig. ▸7 **Blüten nickend, rötlich.** ▸8 **Kelchblätter rotbraun überlaufen**, bis etwa 1,5 cm lang. ▸9 Frucht mit langem, hakigem Schnabel.

**731** Mycelis muralis, Asteraceae

## Gewöhnlicher Mauerlattich

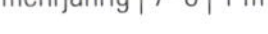

mehrjährig | 7–8 | 1 m

In Laubwäldern, auf Waldlichtungen und Schlagflächen sowie an schattigen Felsen und Mauern. Waldmeister [455], Gewöhnliche Nelkenwurz [729], Stinkender Storchschnabel [655], Purpur-Hasenlattich [238].

▸1 Stängel in der oberen Hälfte verzweigt. ▸2 **Blätter** in mehrere Abschnitte geteilt (a), **Endabschnitt deutlich größer und meist drei- bis fünfeckig** (b), häufig rötlich überlaufen. ▸3 Blattrand grob gezähnt. ▸4 Blattunterseiten bläulichgrün. ▸5 Blütenstand locker, rispig, aus **zahlreichen kleinen Blütenköpfchen** gebildet. ▸6 Blütenköpfchen mit einem Durchmesser bis etwa 1 cm (a) und jeweils 5 gelben Zungenblüten (b). ▸7 Hülle der Blütenköpfchen bis etwa 1 cm lang, zweireihig. ▸8 Äußere Hüllblätter klein und abstehend. ▸9 Frucht bis 4 mm lang, mit kurzem Schnabel und zweireihigem, weißem Haarkranz.

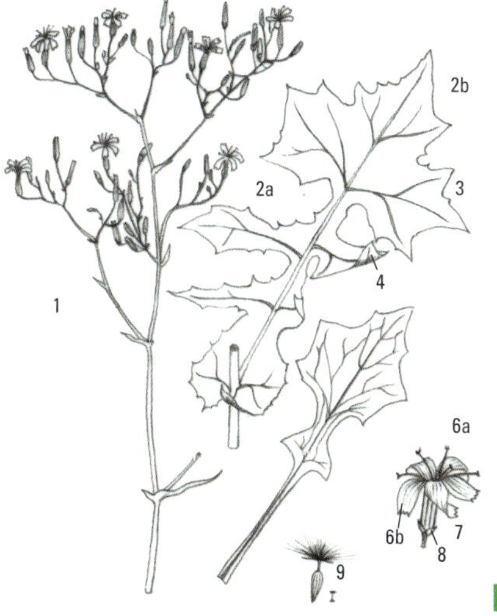

**732** Rubus idaeus, Rosaceae

## Himbeere

Strauch | 5–6 | 1,5 m

Als Pionier auf nährstoffreichen, meist lehmigen Böden in Waldlichtungen, auf Waldschlägen, an Waldrändern und in Staudenfluren im geschlossenen Wald. Schmalblättriges Weidenröschen [353], Wald-Erdbeere [619], Stechender Hohlzahn [187].

▸1 Vermehrung über Wurzelausläufer (o. Abb.). ▸2 Stängel erst aufrecht, dann überhängend, verholzend, mit schwachen, schwarzvioletten Stacheln. ▸3 Im Unterschied zur ähnlichen Kratzbeere [630] Stängel unbereift. ▸4 **Alle Blätter 3–5(7)-teilig (a), dabei nur die jüngeren Blätter dreiteilig (b).** ▸5 **Blattunterseiten weißfilzig.** ▸6 Teilblätter am Rande sägeartig gezähnt. ▸7 Oberes Teilblatt gestielt. ▸8 **Nebenblätter schmal und dünn.** ▸9 Blütenkrone fünfteilig, weiß, etwa 1 cm im Durchmesser. ▸10 **Kronblätter (a) kürzer als der Kelch (b).** ▸11 **Staubblätter (a) zahlreich, kürzer als die Griffel (b).** ▸12 Frucht eine rote, sich vom Fruchtboden leicht lösende, meist rote Sammelfrucht, die allseits bekannte Himbeere, Durchmesser etwa 1 cm.

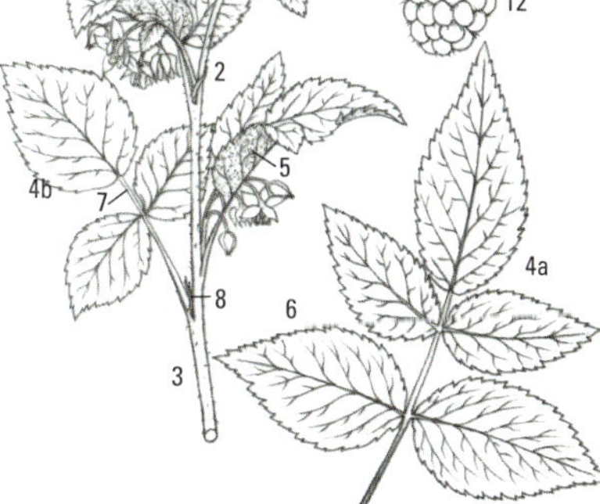

733 ✚ Lotus corniculatus agg., Fabaceae

## Gewöhnlicher Hornklee (Artengruppe)

mehrjährig | 5–8 | 0,5 m

In Wiesen- und Weidengesellschaften und als Pionier an Böschungen und Wegrändern. ❀ Wiesen-Salbei [182], Mittlerer Wegerich [204], Hopfen-Luzerne [620].

▸1 **Stängel** im Durchmesser kantig (a), im Inneren **meist mit Mark gefüllt** (b). ▸2 Blätter fünfteilig, 3 Teilblätter an der Spitze (a), 2 Blättchen an der Basis (b). ▸3 Teilblätter etwa doppelt so lang wie breit, Länge bis 2 cm. ▸4 Blattränder (a) und Blattnerven (b) mit feinen Wimpern. ▸5 Blüten zu mehreren an einem langen Stiel sitzend. ▸6 Blütenkrone gelb (a), vor dem Aufblühen oft rot überlaufen (b). ▸7 Blütenkelch etwa 5 mm lang, die Kelchzähne etwa so lang wie die Kelchröhre. ▸8 **Kelchzähne vor dem Aufblühen zusammenneigend.** ▸9 Frucht eine bis 3 cm lange, gerade, vielsamige, nach dem Aufspringen sich einrollende Hülse.

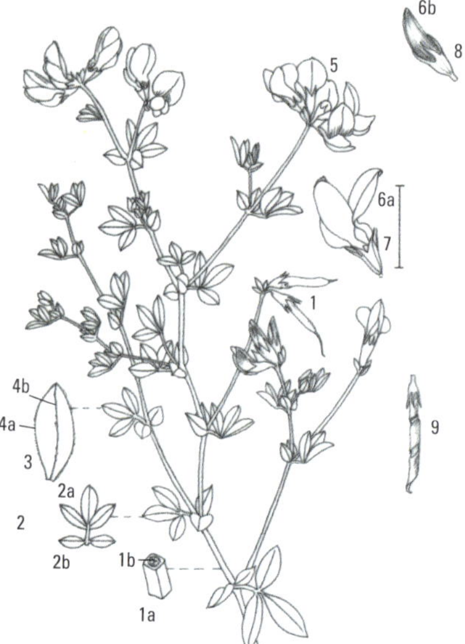

734 ⊗ ✚ Clematis vitalba, Ranunculaceae

## Gewöhnliche Waldrebe

kletternder Strauch | 6–7(9) | L 10 m

Basenreiche Standorte in Auenwäldern, Hecken, Gebüschen, verwilderten Weinbergen und an Waldrändern. ❀ Gewöhnlicher Hopfen [584], Riesen-Goldrute [375], Große Brennnessel [296].

▸1 **Pflanze (links-)windend und kletternd.** ▸2 Stängel gerifffelt, elastisch, **im Alter verholzend und faserig.** ▸3 Gegenständige Anordnung der Blätter am Stängel. ▸4 Die unpaarig gefiederten Blätter aus 3–7 lang gestielten Teilblättern zusammengesetzt. ▸5 **Blatt- und Teilblattstiele als Ranken dienend.** ▸6 Teilblätter am Grund herzförmig. ▸7 Blattrand leicht gewellt, mitunter mit einzelnen Zähnen. ▸8 Blütenstände endständig oder den Achseln der Blätter entspringend. ▸9 Blütenhülle mit zahlreichen Staubblättern (a) und 4 Blütenhüllblättern (b). ▸10 **Blütenhüllblätter dicht behaart.** ▸11 Fruchtstand perückenartig.

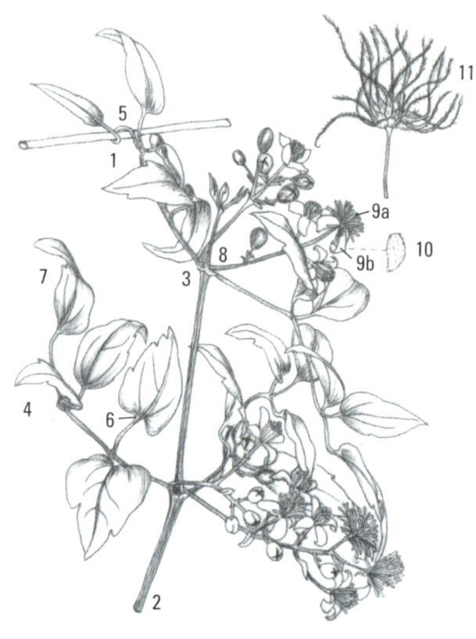

**735** Vicia tetrasperma agg., Fabaceae

## Viersamige Wicke (Artengruppe)

einjährig | 5–7 | 0,6 m

Kalkarme Standorte in Äckern, Moorwiesen und Magerrasen, Weinbergen und an Wegrändern. ❀ Acker-Winde [289], Gewöhnliches Pfeifengras [5], Behaarte Wicke [675].

▸1 Stängel niederliegend oder kletternd, kantig, dünn, mit wechselständig angeordneten Blättern. ▸2 Blätter zusammengesetzt, mit 3–8 Paaren länglicher Teilblätter und einer Ranke an der Spitze. ▸3 **Teilblättchen im Unterschied zur Behaarten Wicke [675] an der Spitze abgerundet, nicht gestutzt oder eingebuchtet.** ▸4 Nebenblätter schmal und spitz. ▸5 **Blüten einzeln oder zu zweien auf langen Stielen den Blattachseln entspringend.** ▸6 Blütenkrone hellblau bis hell-lila und violett geadert. ▸7 Blütenkelch höchstens halb so lang wie die Blütenkrone, **im Unterschied zur Saat-Wicke [716] ungleich gezähnt, die oberen Zähne kürzer.** ▸8 Frucht eine meist viersamige, kahle, bis 1,5 cm lange Hülse.

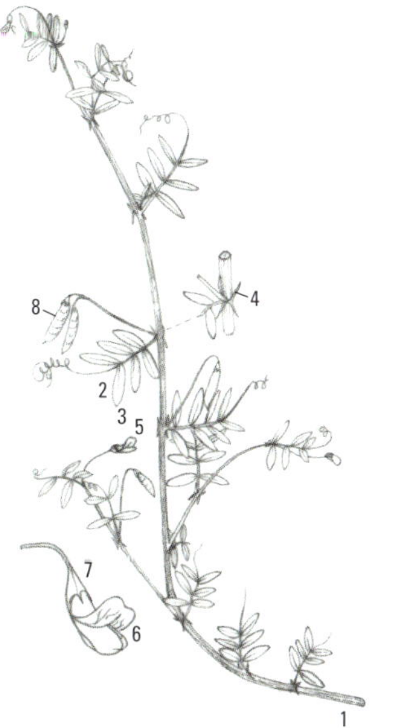

**736** Lathyrus linifolius, Fabaceae

## Berg-Platterbse

mehrjährig | 4–6 | 0,3 m

Saure und nährstoffarme Standorte in mageren Bergwiesen und Heiden, lichten Eichenwäldern, an Waldlichtungen und Waldwegen. ❀ Wald-Habichtskraut [270], Wiesen-Wachtelweizen [130], Salbei-Gamander [295].

▸1 Pflanze mit unterirdischen, kleine Knollen enthaltenden Ausläufern. ▸2 **Stängel dünn, mit schmalen Flügeln.** ▸3 Wechselweise Anordnung der Blätter am Stängel. ▸4 **Blätter rankenlos, mit 2–3 Teilblattpaaren sowie einem grannenartigen Spitzchen an der Blattspitze.** ▸5 Teilblätter länglich (a), Länge bis 5 cm, Breite bis 1 cm. Blattunterseite blaugrün (b), Oberseite dunkelgrün (c). ▸6 3–7 parallele Längsnerven je Fiederblatt (Teilblatt). ▸7 Pfeilförmige Nebenblätter am Übergang von Blatt zu Stängel. ▸8 Blütentraube lang gestielt, mit 3–6 Blüten. ▸9 Blütenkelch oft purpurn überlaufen, mit 5 breiten, ungleich langen Zähnen; die unteren Zähne hierbei stets deutlich länger als die oberen. ▸10 Blütenkrone schmetterlingsförmig, hellpurpurn, hellblau oder bisweilen grünlich. ▸11 Frucht eine mit bis zu 4 cm Länge vergleichsweise kurze, im Reifezustand dunkelbraune Hülse.

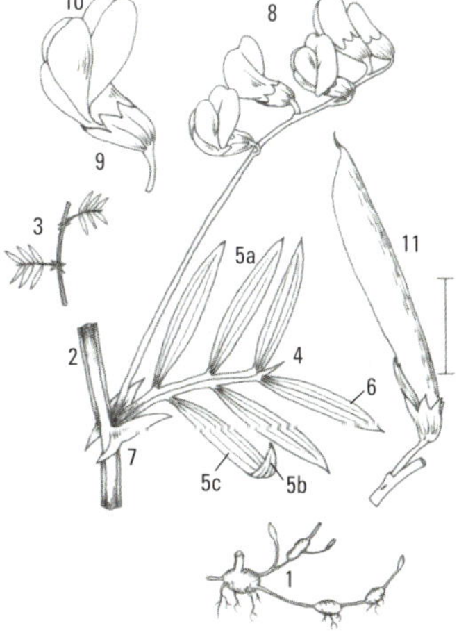

**737** Cardamine flexuosa, Brassicaceae

## Wald-Schaumkraut

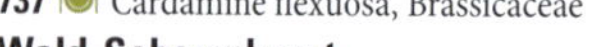

ein- bis zweijährig | 4–10 | 0,5 m

Entlang nasser Waldwege, Gräben und Bäche sowie in Quellfluren und Bachauenwäldern. Kressen-Schaumkraut [721], Milder Knöterich [396], Kriechender Hahnenfuß [637], Quell-Sternmiere [405].

▸1 Wurzel dünn und reichlich verzweigt. ▸2 **Stängel** aufrecht, behaart, **etwas hin- und hergebogen.** ▸3 Grundständige Blattrosette. ▸4 Grundblätter behaart, mit 3–6 Blattpaaren. ▸5 Endabschnitt der Grundblätter vergrößert. ▸6 **Stängelblätter mit bis zu 10 Fiederpaaren.** ▸7 Blütentraube mit bis zu 25 Blüten. ▸8 Blüten gestielt, Krone weiß. ▸9 Kelchblätter bis 2 mm lang, grünlich violett, mit hellem Hautrand (a). ▸10 **Im Unterschied zum ähnlichen Viermännigen Schaumkraut [722] meist 6 Staubblätter.** ▸11 Frucht eine aufrechte Schote auf abstehenden Stielen. ▸12 Griffel kurz, bis 1 mm lang.

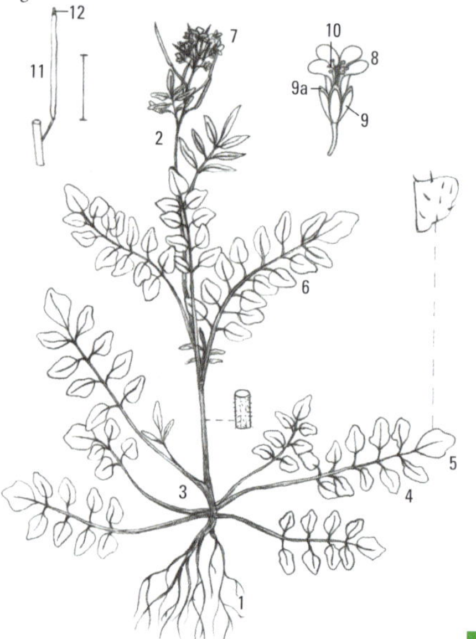

**738** Lathyrus niger, Fabaceae

## Schwarze Platterbse

mehrjährig | 5–7 | 0,9 m

An basenreichen Waldsäumen sowie in lichten Eichen-, Buchen- und Kiefernwäldern auf trocken-warmen, flachgründigen Standorten. Sichel-Hasenohr [68], Blut-Storchschnabel [657], Gewöhnliche Goldrute [420], Gewöhnliche Straußmargerite [682].

▸1 Wurzelstock verholzend. ▸2 **Der aufrechte, kantige Stängel ohne Flügelleisten.** ▸3 **Die aus 3–6 Teilblattpaaren zusammengesetzten Blätter mit grannenartiger Spitze.** ▸4 **Teilblätter** bis 3 cm lang, **oval bis schmal eiförmig und mit aufgesetzter Spitze (a).** ▸5 Nebenblätter schmal und spitz. ▸6 Die purpurfarbenen bis bräunlichen Blüten einseitswendig zu 3–10 an einem langen Stiel. ▸7 Frucht eine schmale, im Reifezustand schwarze, bis 6 cm lange Hülse.

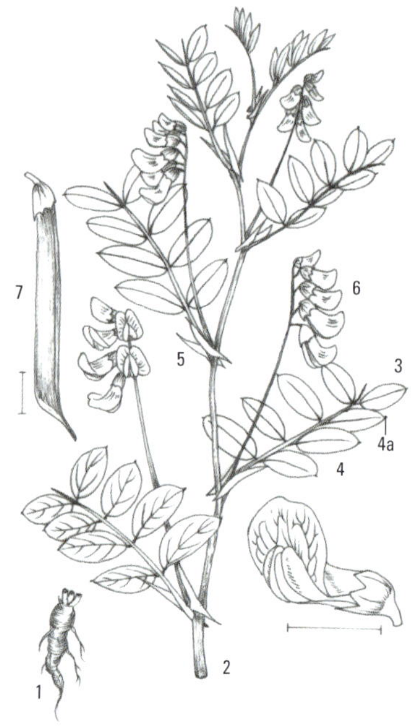

**739** Lathyrus vernus, Fabaceae

## Frühlings-Platterbse

mehrjährig | 3–5 | 0,4 m

Kalkhaltige Standorte in Buchenwäldern, seltener in Eichen- oder Nadelwäldern. ❀ Haselwurz [323], Leberblümchen [575], Ausdauerndes Bingelkraut [467].

▸1 **Stängel** aufrecht, **ungeflügelt**, gefurcht. ▸2 Blätter wechselständig am Stängel angeordnet. ▸3 2–4 Teilblattpaare (Fiederpaare). ▸4 Teilblatt eiförmig, oben zugespitzt, bis 7 cm lang. **▸5 Blattspitze mit kleinem, grannenartigem Spitzchen.** ▸6 3–5 deutliche Parallelnerven je Teilblatt. ▸7 Nebenblätter spießförmig, bis 2 cm lang. ▸8 Blütenstand eine drei- bis siebenblütige Traube. ▸9 Blütenkelch häufig braun oder rot überlaufen, fünfzähnig, die unteren Zähne hierbei stets deutlich länger als die oberen. ▸10 Die bis 2 cm lange, schmetterlingsförmige, in Blau- und Rottönen gefärbte Blütenkrone. ▸11 Frucht eine bis 6 cm lange, braune, bis 14-samige Hülse. ▸12 Samen linsenförmig, glatt, gelbbraun.

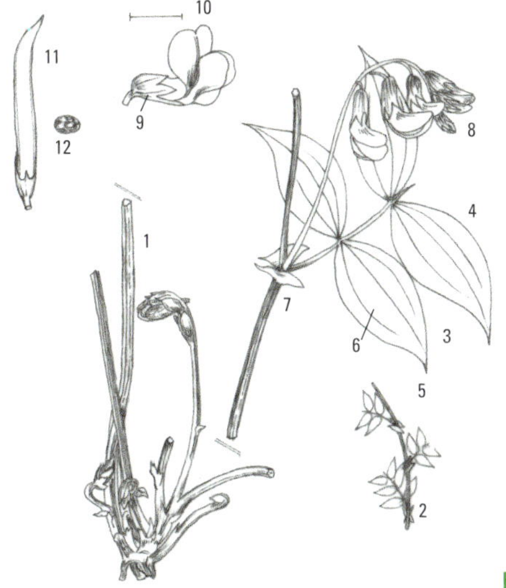


**740** Comarum palustre, Rosaceae

## Blutauge (Potentilla palustris)

mehrjährig | 5–7 | 0,7 m

Basenarme Standorte in flachen Mooren und sumpfig-nassen oder moorigen Wiesen. ❀ Gewöhnlicher Gilbweiderich [468], Fieberklee [612], Sumpf-Veilchen [331].

▸1 Stängel kriechend, verholzend, an den Knoten wurzelnd (a) und an der Spitze wechselständig beblätterte Sprosse (b) treibend. ▸2 **Blätter** gestielt und **handförmig geteilt**, Blattunterseiten bläulich-grün. ▸3 Die Ränder der 5(–7) fingerförmigen, bis 7 cm langen **Teilblätter scharf gesägt.** **▸4 Nebenblätter etwa halb so lang wie der Blattstiel und diesem auf (annähernd) ganzer Länge angewachsen.** ▸5 Blütenkelch mit schmal-länglichen Außenkelchblättern (a), die deutlich kürzer sind als die breit eiförmigen und lang zugespitzten, auf der Innenseite rötlichen Kelchblätter (b). **▸6 Die dunkel-purpurrote Blütenkrone mit 5, etwa die halbe Kelchlänge erreichenden Kronblättern (a) und 20 Staubblättern (b). ▸7 Die zahlreichen, auf einem hochgewölbten Blütenboden sitzenden Früchtchen mit gekrümmter Spitze (a).**

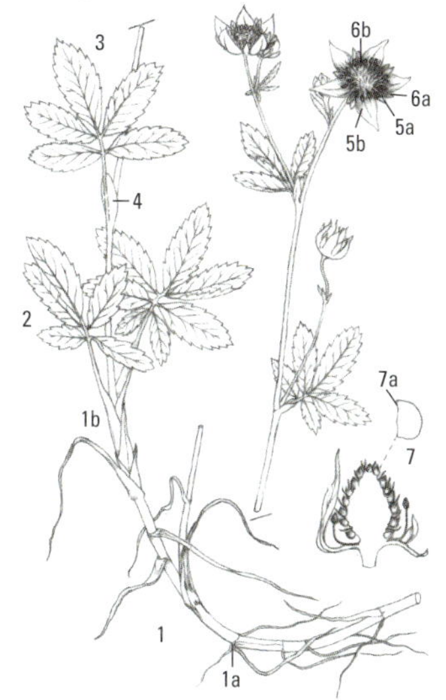

**741**  Cardamine bulbifera, Brassicaceae

## Zwiebel-Schaumkraut (Zwiebel-Zahnwurz)

mehrjährig | 4–5 | 0,6 m

Nährstoffreiche Standorte in Buchenmischwäldern. Berg-Flockenblume [82], Echte Goldnessel [223], Frühlings-Platterbse [739], Ausdauerndes Bingelkraut [467].

▸1 Stängel aufrecht und unverzweigt. ▸2 Untere Blätter in 3–7 längliche, bis 10 cm lange Teilblätter unterteilt (a), oberste Blätter ungeteilt (b). ▸3 Teilblätter am Rande gesägt. **▸4 Kugelige, braun-violette Brutknospen (Bulbillen) in den Blattachseln.** ▸5 Blütenstand eine kurze Traube aus 4–12 Blüten. ▸6 Die blassvioletten Kronblätter ein Drittel bis doppelt so lang wie der Kelch. ▸7 Frucht eine schmale, selten zur Reife gelangende Schote.

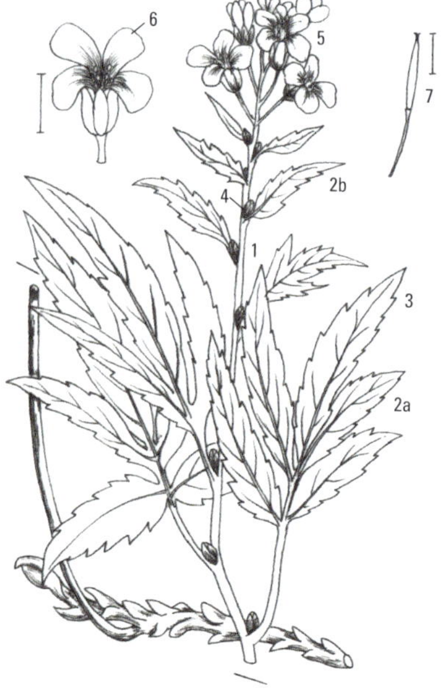

**742** Teucrium botrys, Lamiaceae

## Trauben-Gamander

ein- (bis zwei-)jährig | 6–9 | 0,3 m

Als Pionier auf kalkreichen, sonnig-trockenen Standorten, z. B. in Kiesgruben, auf Steinwällen sowie in Steinschutt- und Schotterhalden. Schmalblättriger Hohlzahn [397], Ausdauernder Knäuel [123], Weiße Fetthenne [415].

▸1 Stängel vierkantig, meist bereits von der Basis an verzweigt und wie die gegenständig angeordneten Blätter drüsig behaart. ▸2 Die nur bis 2 cm langen, oberseits dunkelgrünen **Blätter** gestielt und **tief in längliche Abschnitte geteilt.** **▸3 Die bis 15 mm langen Blüten zu 2–4 den Blattachseln entspringend.** ▸4 Blütenstiele bis etwa 5 mm lang. ▸5 Der drüsig behaarte Blütenkelch röhrenförmig und fünfzähnig. ▸6 Die 2 unteren Kelchzähne (a) kürzer als die 3 oberen (b). ▸7 Blütenkrone nur mit lippenförmiger, rosa und weiß gezeichneter Unterlippe, **Oberlippe fehlend.** ▸8 Die 2 längeren (a) und 2 kürzeren Staubblätter (b) wie der Griffel (c) weit aus der Krone herausragend. ▸9 Frucht vierteilig (a), Teilfrucht ein grubig gefurchtes, bis 2 mm langes Nüsschen (b).

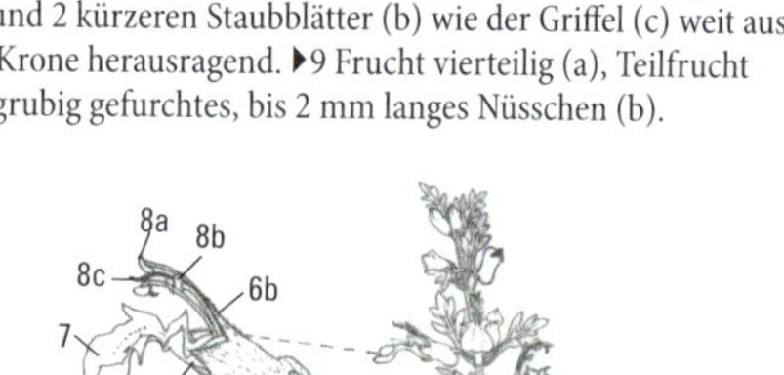


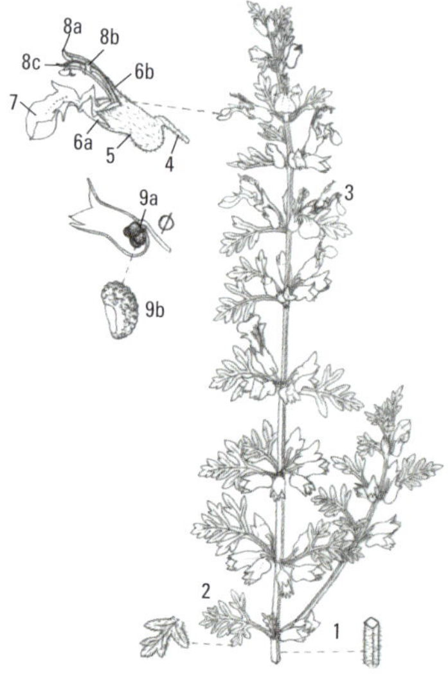

**743** ⊗ Papaver rhoeas, Papaveraceae

## Klatsch-Mohn

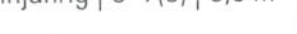

einjährig | 5–7(9) | 0,9 m

Auf trocken-warmen, meist kalkhaltigen Standorten in Getreidefeldern, an Weinberg- und Straßenböschungen sowie Wegrändern. ❀ Gewöhnlicher Erdrauch [785], Acker-Hellerkraut [256].

▸1 Pflanze mit weißem Milchsaft. ▸2 Stängel aufrecht oder aufsteigend wachsend (a), mit steifer und waagrecht abstehender Behaarung (b). ▸3 Blätter in spitz-dreieckige Abschnitte geteilt, diese meist grob gezähnt und borstig behaart. ▸4 Untere Blätter gestielt (a), obere Blätter sitzend (b). ▸5 Blütenstiele meist mit abstehenden Haaren. ▸6 Blütenknospe nickend, behaart. ▸7 Die 4 leuchtend roten Kronblätter bis 4 cm lang. ▸8 Blütenkrone am Grund mit dunklem Fleck. ▸9 **Fruchtkapsel im Unterschied zum Saat-Mohn [692] dick und verkehrt eiförmig, am Grund abgerundet, und im Unterschied zum Sand-Mohn [687] kahl.** ▸10 **Fruchtdeckel zur Reifezeit meist flach.**

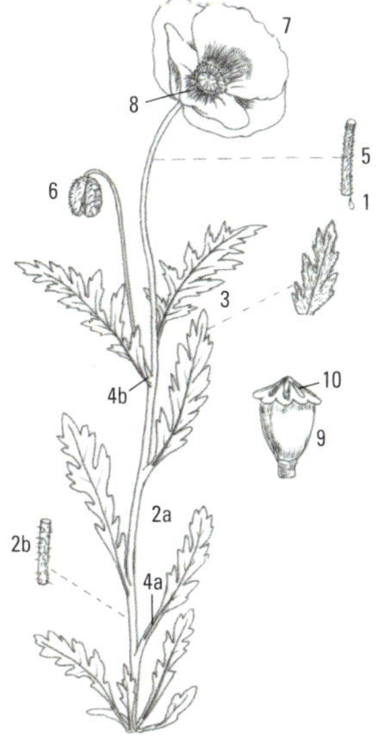

**744** 🍽 Reseda lutea, Resedaceae

## Gelbe Resede (Gelber Wau)

ein- bis mehrjährig | 6–9 | 0,6 m

Sonnig-trockene, meist sandig-kalkreiche Standorte an Wegrändern, auf Dämmen, an Schuttplätzen, Bahnund Hafenanlagen sowie in Steinbrüchen und Kieswerken. ❀ Gewöhnlicher Beifuß [745], Lanzett-Kratzdistel [535], Kompass-Lattich [524].

▸1 Stängel aufrecht, bereits von der Basis an verzweigt. ▸2 Wechselständige Anordnung der Blätter. ▸3 Unterste Blätter ungeteilt. ▸4 Zumindest die oberen der häufig leicht asymmetrischen Blätter in längliche Abschnitte geteilt. ▸5 Blattstiele geflügelt. ▸6 Blütenstand kerzenförmig. ▸7 Blütenkelch (a) und Krone (b) sechsteilig, Staubblätter (c) zahlreich. ▸8 Die 2 oberen, hellgelben Kronblätter mehrteilig, mit Seitenflügeln und Mittelzipfel. ▸9 Frucht eine eiförmige, aufrecht-abstehende, bis 12 mm lange Kapsel.

**745** Artemisia vulgaris, Asteraceae

## Gewöhnlicher Beifuß

Halbstrauch | 7–9 | 2 m

An menschlich überprägten Standorten wie Wegen, Bahnanlagen und Schuttplätzen sowie an Ufern und im Auengebüsch. ❀ Gewöhnlicher Giersch [754], Kanadische Goldrute [374], Große Brennnessel [296].

▸1 Stängel aufrecht, kantig, rötlich-braun. ▸2 Blätter fiederteilig, **stängelaufwärts die Blattabschnitte zunehmend schmaler** (a).▸3 Blattlänge bis 10 cm, die Oberseite dunkelgrün (a), die Unterseite weißfilzig (b). ▸4 Stängelblätter an der Basis mit umfassenden Öhrchen. ▸5 Blütenstand eine dichte, reichblütige Rispe. ▸6 **Blütenköpfchen ohne Zungenblüten**, 2–3 mm im Durchmesser, eiförmig, gelb oder rotbraun. ▸7 Hüllblätter mit grünem Mittelnerv.

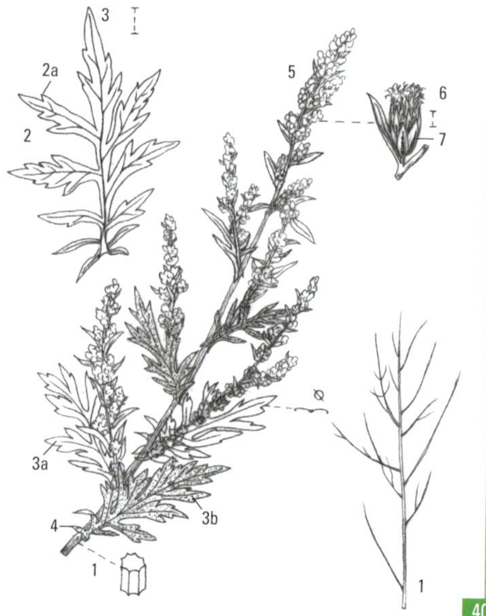

**746** Ambrosia artemisiifolia, Asteraceae

## Beifuß-Ambrosie

einjährig | 8–10 | 1,5 m

Nährstoffreiche Ruderalplätze an Bahndämmen, Straßenrändern, Kiesgruben, Hafenanlagen sowie in Gärten. ❀ Gewöhnlicher Beifuß [745], Weißer Gänsefuß [564], Kohl-Gänsedistel [727].

▸1 Stängel stumpf vierkantig (a), von aufrechtem Wuchs. Blattstellung im unteren Bereich gegenständig (b), im oberen Bereich wechselständig (c). ▸2 Blätter gestielt (a) und in längliche Abschnitte geteilt (b). ▸3 **Blatt**oberseite dunkelgrün, Unterseite graugrün, **beidseitig behaart.** ▸4 **Weibliche Blütenköpfchen zu 1–3 unterhalb der zahlreichen männlichen Blütenköpfchen** angeordnet. ▸5 **Männliche Blütenköpfchen** halbkugelig, zahlreich, zu bis zu **20 cm langen Blütenständen** vereinigt. ▸6 Hülle der männlichen Blütenköpfchen behaart. ▸7 Frucht in der harten ehemaligen Blütenhülle eingeschlossen.

**747** ✚ Tanacetum parthenium, Asteraceae

**Mutterkraut** (Pyrethrum parthenium)

mehrjährig | 6–8 | 0,8 m

In Gärten kultiviert und auf nährstoffreiche Standorte an Wegen und Schuttplätzen verwildert. ❀ Gewöhnlicher Giersch [754], Große Klette [317], Gewöhnlicher Beifuß [745].

▸1 Stängel der **nach Kamille riechenden Pflanze**, aufrecht, gerillt. ▸2 Blattstellung wechselständig. ▸3 Blätter aus 5–13 Teilblättern zusammengesetzt. ▸4 **Teilblätter eiförmig, mehr oder weniger tief in meist gezähnte Abschnitte geteilt.** ▸5 Dolden- bis rispenartiger Gesamtblütenstand mit 5–30 Blütenköpfchen. ▸6 Köpfchen bis etwa 2 cm breit, mit weißen, bis 1 cm langen Zungenblüten (a) und gelben Röhrenblüten (b). ▸7 Basis der Blütenköpfchen mit einer halbkugeligen Hülle aus hell berandeten, am Rande zerschlitzten Hüllblättern (a). ▸8 Frucht gerippt, an der Spitze mit einem krönchenartigen Kranz.

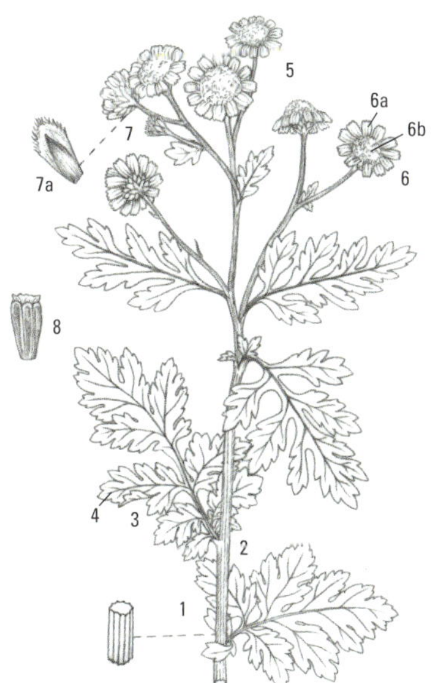

**748** ⊗ ✚ ✚ ✚ Artemisia absinthium, Asteraceae

**Wermut** (Absinth)

Halbstrauch | 7–9 | 1,2 m

Sommerwarme, nährstoffreiche Standorte an Wegrändern, Dämmen, Ruinen, Schuttplätzen und gestörten Stellen. ❀ Nickende Distel [531], Gewöhnliche Wegwarte [525], Echte Hundszunge [450].

▸1 **Pflanze graufilzig behaart**, aromatisch. ▸2 **Verholzende Stängelbasis.** ▸3 Untere Blätter lang gestielt und mehrfach in tief gespaltene, in letzter Ordnung längliche Blattabschnitte geteilt. ▸4 Die sitzend und wechselständig am Stängel angeordneten oberen Blätter in längliche Abschnitte geteilt oder ungeteilt. ▸5 Gesamtblütenstand mit **zahlreichen gelblichen, kugeligen Blütenköpfchen.** ▸6 Blütenköpfchen bis 4 mm breit, **ohne Zungenblüten.** ▸7 Innere Hüllblätter breit hautrandig. ▸8 Die bis 1,5 mm lange Frucht ohne Haarkranz.

**749** Heracleum mantegazzianum, Apiaceae

## Riesen-Bärenklau (Herkulesstaude)

mehrjährig | 7–9 | 3,5 m

An Bach- und Flussufern, Wegrändern, in Parkanlagen und verwilderten Gärten. Lauchhederich [307], Gewöhnlicher Giersch [754], Gewöhnliche Zaunwinde [290], Große Brennnessel [296].

Pflanze stark phototoxisch. Hautverbrennungsgefahr. ▸1 **Stängel meist purpurn gefleckt, Durchmesser an der Basis bis 10 cm.** ▸2 **Blätter** tief gelappt, Länge (ohne Blattstiel) **bis etwa 1 m.** ▸3 Blattabschnitte spitz zulaufend mit hellen Spitzen an den Blattrandzähnchen (a). ▸4 **Blütendolde mit einem Durchmesser bis 50 cm.** ▸5 Bis weit über 30 Verzweigungen (Strahlen) je Dolde. ▸6 Keine oder bis zu 3 Hüllblätter an der Verzweigungsbasis. ▸7 **Äußere Blüten einseitig vergrößert** (strahlend), Blütenfarbe weiß. ▸8 Frucht bis etwa 15 mm lang, flach, auf den Rippen borstig behaart.

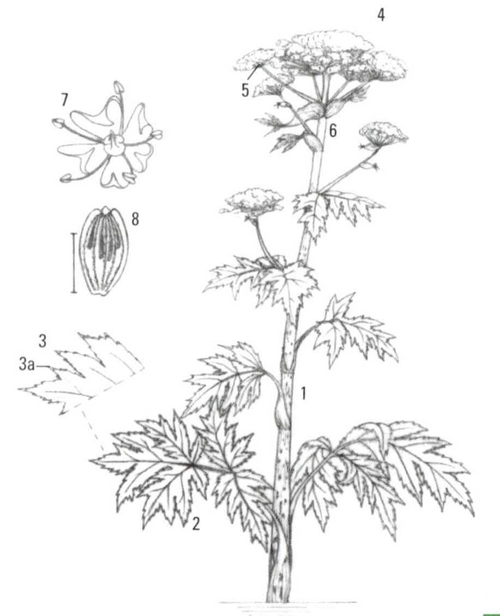

**750** ! Eryngium campestre, Apiaceae

## Feld-Mannstreu

mehrjährig | 7–8 | 1 m

In sonnigen Trocken- und Halbtrockenrasen, Magerweiden, an Böschungen und Wegrainen. Wundklee [726], Gewöhnliche Möhre [782], Gold-Steppenaster [48], Dürrwurz-Alant [479].

▸1 Wurzel spindelförmig, holzig, bis 2 m tief. ▸2 Stängel aufrecht, in der oberen Hälfte sparrig verzweigt. ▸3 Oberfläche des Stängels flach gerillt. ▸4 **Blätter in tiefe Abschnitte geteilt, starr, Farbe grau bis bläulich- oder gelblichgrün.** ▸5 **Blattabschnitte in starr-dornigen, stechenden Spitzen endend.** ▸6 **Blattflächen mit hervortretenden, weißlichen Adern.** ▸7 Blütenstand eine eiförmig-kugelige, als Blütenköpfchen erscheinende, stark zusammengezogene Dolde aus weißlich-grünen Blüten. ▸8 **Hochblätter zahlreich, starr, dornig, in lange Spitzen ausgezogen.** ▸9 Kelchblätter trichterförmig angeordnet, steif aufrecht (a), mit dorniger Stachelspitze (b). ▸10 Frucht dicht mit Schuppen bedeckt.

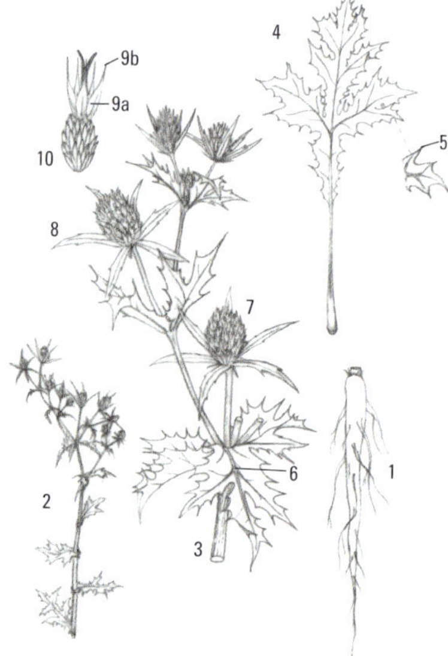

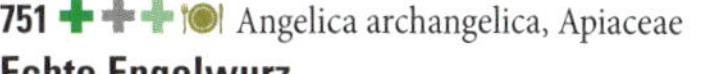

**751** Angelica archangelica, Apiaceae

## Echte Engelwurz

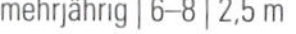

mehrjährig | 6–8 | 2,5 m

In Staudenfluren an Fluss- und Seeufern auf nährstoffreichen, zeitweise überschwemmten Böden. ❀ Gewöhnliche Zaunwinde [290], Europäische Seide [288], Gewöhnliches Schilf [13].

▸1 Stängel aufrecht, rundlich, fein gerillt. ▸2 **Stiele der unteren Blätter rund.** ▸3 Blätter aus Teilblättern erster und zweiter Ordnung (b) zusammengesetzt. ▸4 **Untere Blätter bis 90 cm groß, auf röhrigen Stielen sitzend.** ▸5 Blattrand grob gezähnt. ▸6 Blütendolden endständig, bis etwa als 15 cm im Durchmesser, mit 20–40 Verzweigungen (a). ▸7 Blütenkronblätter gelblich bis grünlich, nur bis etwa 1,5 mm lang, oben zugespitzt. ▸8 Staubblätter wie bei der Wald-Engelwurz [768] die Blütenkrone bei Weitem überragend. ▸9 Blütenstängel zottig behaart. ▸10 Die flache, gerippte Frucht mit breiten Flügeln (a).

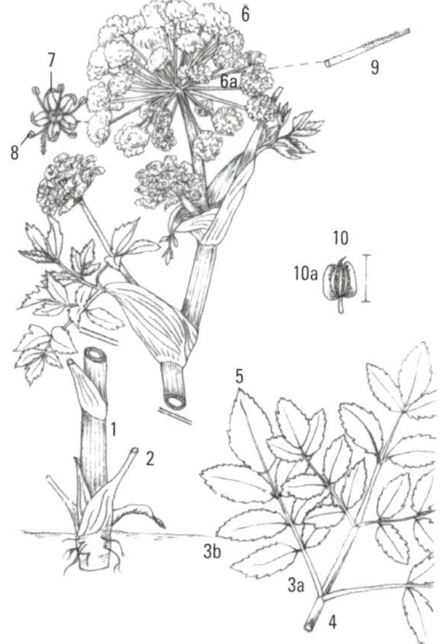

**752** Heracleum sphondylium, Apiaceae

## Gewöhnlicher Bärenklau (Wiesen-Bärenklau)

mehrjährig | 6–9 | 1,5 m

In nährstoffreichen Wiesen und Staudensäumen von Waldrändern, Ufern und Gräben. ❀ Wiesen-Labkraut [361], Wiesen-Kerbel [779], Große Brennnessel [296].

▸1 **Stängel kantig gefurcht und dicht borstig behaart.** ▸2 Blätter mattgrün, gelappt, in ihrer Form äußerst vielgestaltig. ▸3 Blattoberflächen rau behaart. ▸4 Blattstiele behaart und zum Teil rötlich gefärbt. ▸5 Untere Blätter gestielt, mit bis zu 60 cm Länge sehr groß. ▸6 Obere Blätter auf bauchigen Blattscheiden sitzend. ▸7 Blütenstand eine große Dolde mit einem Durchmesser bis etwa 20 cm und bis zu 30 ungleich langen Ästen (Strahlen). ▸8 Meist keine Hüllblätter am Ansatzpunkt der Doldenstrahlen, in Ausnahmefällen bis zu 6 Hüllblätter. ▸9 **Äußere Blüten stark einseitig vergrößert und tief ausgerandet.** ▸10 **Frucht** oval geformt, bis 1 cm lang und **ringsum breit geflügelt.**

**753** Actaea spicata, Ranunculaceae

## Christophskraut

mehrjährig | 5–7 | 0,7 m

Nährstoffreiche Standorte in krautreichen Buchenmisch- und Schluchtwäldern. Haselwurz [323], Ausdauerndes Bingelkraut [467], Wald-Sanikel [585].

▸1 Wurzelstock kräftig. ▸2 Stängel aufrecht, in der oberen Hälfte schwach verzweigt, mit wenigen zusammengesetzten Blättern. ▸3 **Die großen Blätter in der Regel doppelt dreiteilig angeordnet.** ▸4 Blütenstand eine vielblütige Traube. ▸5 4–6 kleine, weiße, an der Spitze bisweilen violett gefärbte Blütenblätter. ▸6 Die zahlreichen Staubblätter sind so lang oder nur wenig länger als die Blütenblätter. ▸7 **Fruchtstand** eine Traube aus **schwarz-glänzenden**, bis 1 cm messenden **Beeren.**

**754** Aegopodium podagraria, Apiaceae

## Gewöhnlicher Giersch (Geißfuß)

mehrjährig | 5–7 | 0,9 m

Nährstoffreiche Standorte an Wegrändern, in Gärten sowie Schlucht- und Auenwäldern. Gewöhnlicher Gundermann [330], Gefleckte Taubnessel [300], Große Brennnessel [296].

▸1 Aus dem Wurzelstock entspringende, **lange unterirdische Ausläufer.** ▸2 Stängel kantig gefurcht. ▸3 **Stängelbasis häufig rötlich überlaufen, verbreitert.** ▸4 **Blätter aus 3 Teilblättern zusammengesetzt.** ▸5 Teilblätter zwei- bis dreiteilig, mit eiförmigen Abschnitten. ▸6 Blütenstand eine Dolde mit etwa 15 Zweigen (a). ▸7 An der Basis der Dolde keine Hüllblätter. ▸8 Blütenkronblätter meist weiß, gelegentlich rosa, nur bis etwa 2 mm lang. ▸9 Frucht 3–4 mm lang, braun mit gelben Rippen. ▸10 Griffel zuletzt zurückgeschlagen.

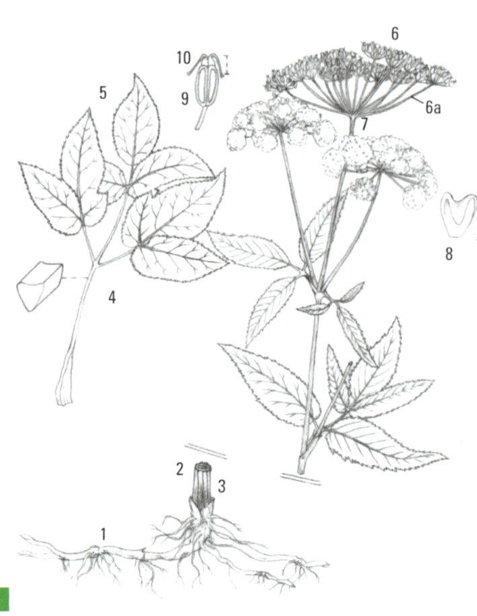

**755** Chaerophyllum hirsutum, Apiaceae

## Rauhaariger Kälberkropf

mehrjährig | 5–7 | 1,2 m

Nährstoffreiche Standorte in Hochstaudenfluren der Bergbäche und Auenwälder sowie an Ufern, in Wiesen und Brachen. ❀ Gewöhnlicher Wasserdost [632], Echtes Mädesüß [703], Eisenhut-Hahnenfuß [638].

▸1 Stängel abstehend behaart, schwach gerillt oder glatt. **▸2 Verdickung unter den Blattansätzen im Unterschied zu anderen Kälberkropf-Arten gering.** ▸3 **Blätter** mehrfach in Abschnitte geteilt, **im Umriss breit dreieckig.** ▸4 Ausgeprägte Blattscheiden am Blattgrund. ▸5 Untere Blätter lang gestielt. ▸6 Dolde mit 10–20 Strahlen, ohne Hülle, vor dem Aufblühen überhängend. ▸7 Dolde zweiter Ordnung (Döldchen) mit 5–10 zottig bewimperten, länglichen Hochblättern. ▸8 **Kronblätter am Rand deutlich bewimpert.** ▸9 Frucht länglich, bis 2 cm lang, kahl, in reifem Zustand gelb- bis dunkelbraun. ▸10 In einem spitzen Winkel voneinander abstehende Griffel.

**756 !** ⊗ ✚ Aquilegia vulgaris, Ranunculaceae

## Gewöhnliche Akelei

mehrjährig | 5–7 | 0,8 m

Nährstoffreiche Standorte in krautreichen Buchen- und Eichenmischwäldern sowie im Saum von Hecken. ❀ Ästige Graslilie [23], Stinkende Nieswurz [662], Leberblümchen [575].

▸1 Kräftiger Wurzelstock. ▸2 Die Stängel wachsen aufrecht, sie sind besonders in der oberen Hälfte reich verzweigt (a) und leicht flaumig behaart (b). ▸3 Die **grundständigen Blätter** aus **3 Teilblättern** gebildet. ▸4 Die **Teilblätter wiederum dreifach zerteilt** bzw. bei jüngeren Blättern dreifach gelappt. ▸5 Die Blätter sind am Rande **stumpf gekerbt** (a), ihre Unterseite ist meist leicht behaart (b). ▸6 Die meist **blauviolette**, selten rosa oder weiße, **glockenförmige, hängend angeordnete Blütenhülle** wird aus 5 Hüll- (a) und 5 Honigblättern (b) gebildet. ▸7 Honigblätter mit bis 1,5 cm langem, an der Spitze hakig gekrümmtem Sporn. ▸8 Die zahlreichen gelben Staubblätter sind büschelförmig gedrängt. ▸9 Früchte aufrecht, bis 3 cm lang, behaart.

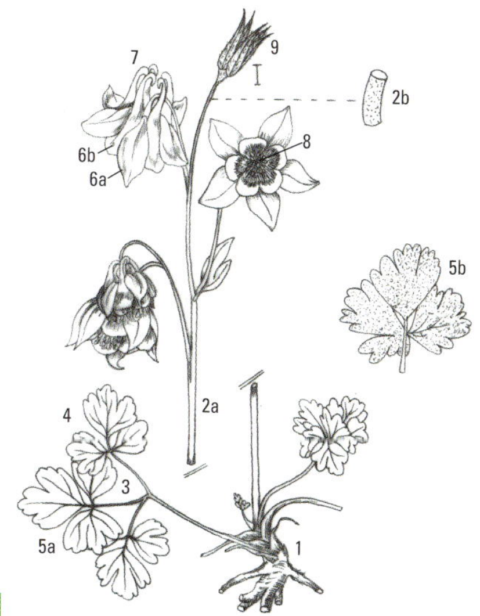

**757** ! ⊗ Aquilegia atrata, Ranunculaceae

## Schwarzviolette Akelei

mehrjährig | 6–7 | 0,7 m

In Moorwiesen, an Waldsäumen und in Fichten- oder Kiefern-dominierten Bergwäldern. ❀ Breitblättriges Laserkraut [762], Immenblatt [306], Gewöhnlicher Dost [203].

Diese Art ähnelt der Gewöhnlichen Akelei [756]. Zur Unterscheidung dienen die Standortbeschreibungen und folgende Merkmale: ▸1 Art etwas kleiner und weniger kräftig als die Gewöhnliche Akelei. ▸2 Blätter unterseits kahl (Gewöhnliche Akelei: Blätter unterseits meist behaart). ▸3 Blütenstiele bis 10 cm lang (Gewöhnliche Akelei: Blütenstiele bis 15 cm lang). ▸4 **Blütenhülle braunviolett.** ▸5 **Staubblätter beim Stäuben weit aus der Blüte herausragend.**

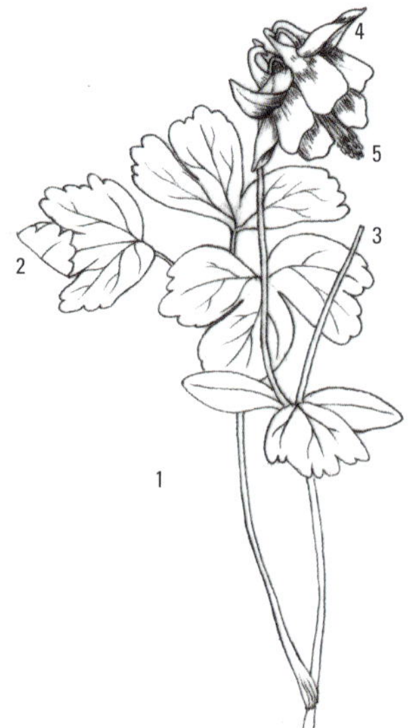

**758** Corydalis solida, Papaveraceae

## Finger-Lerchensporn

mehrjährig | 3–4 | 0,2 m

Nährstoffreiche Standorte in krautreichen Laubmischwäldern, Hecken und Weinbergen. ❀ Gewöhnlicher Giersch [754], Bär-Lauch [401], Schöllkraut [728], Gefleckte Taubnessel [300].

▸1 Die kugelige Knolle dieser Art **im Inneren gefüllt** (Hohler Lerchensporn [760]: Knolle hohl). ▸2 Stängel aufrecht und unverzweigt. ▸3 2–3 Blätter dem Stängel entspringend. ▸4 Im Unterschied zum Hohlen Lerchensporn unterhalb des unteren Blattes ein schuppenförmiges Niederblatt. ▸5 Blätter zwei- bis dreifach dreiteilig. ▸6 Traubenförmiger Blütenstand mit bis zu 20 purpurfarbenen Blüten. ▸7 Blüte mit Sporn, dieser meist etwas nach unten gebogen. ▸8 Bestes Erkennungsmerkmal: **Hochblatt mit fingerförmigen Einschnitten.** ▸9 Griffel aufwärts gebogen.

**759** Adoxa moschatellina, Adoxaceae

## Moschuskraut

mehrjährig | 3–4 | 0,2 m

Nährstoffreiche Standorte in feuchten Laubmischwäldern. ❀ Bär-Lauch [401], Hohler Lerchensporn [760], Gewöhnlicher Gundermann [330], Knöllchen-Scharbockskraut [324].

▸1 Wurzelstock weiß, fleischig, waagrecht kriechend. ▸2 Stängel einzeln oder bis zu dreien. ▸3 Blattquirle am Stängel meist oberhalb der Mitte. ▸4 **Blätter doppelt dreizählig (a), mattgrün, unterseits glänzend (b).** ▸5 Grundständige Laubblätter lang gestielt. ▸6 **Blüten** zu 5–7 **in endständigen, würfelförmigen Köpfchen.** ▸7 Krone grünlich-gelb, nach Moschus riechend. ▸8 Seitenblüten (a) fünfzählig, Gipfelblüte (b) vierzählig. ▸9 Frucht eine grünlich-gelbe, mehrsamige, beerenartige Scheinfrucht.

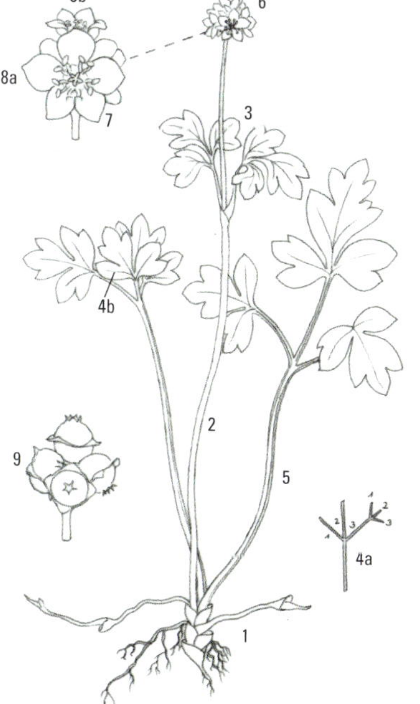


**760** ⊗ ✚ Corydalis cava, Papaveraceae

## Hohler Lerchensporn

mehrjährig | 3–5 | 0,35 m

Nährstoffreiche Standorte in Buchen-, Eichen- und Auenwäldern sowie in Weinbergen und Obstgärten. ❀ Gelbes Windröschen [633], Knöllchen-Scharbockskraut [324], Vierblättrige Einbeere [495].

▸1 **Die kugelig geformte Wurzelknolle (a) während der Blütezeit innen hohl (b).** ▸2 Stängel aufrecht und unverzweigt. ▸3 2 Blätter befinden sich am Stängel. ▸4 **Im Gegensatz zum Mittleren Lerchensporn [761] Stängel an dieser Stelle nicht durch ein schuppenförmiges Niederblatt gegliedert.** ▸5 **Blatt (a) und Teilblatt (b) dreiteilig.** ▸6 Die Abschnitte des Teilblattes in unterschiedlich viele Lappen geteilt (beim Mittleren Lerchensporn i. d. R. dreiteilig). ▸7 Blütentraube mit etwa 7–20 purpurfarbenen oder weißen Blüten. ▸8 **Tragblätter der Blüten im Gegensatz zum Finger-Lerchensporn [258] ganzrandig.** ▸9 Der lange Blütensporn an der Spitze etwas abwärts gekrümmt. ▸10 Frucht mit gerade geformtem Griffel.

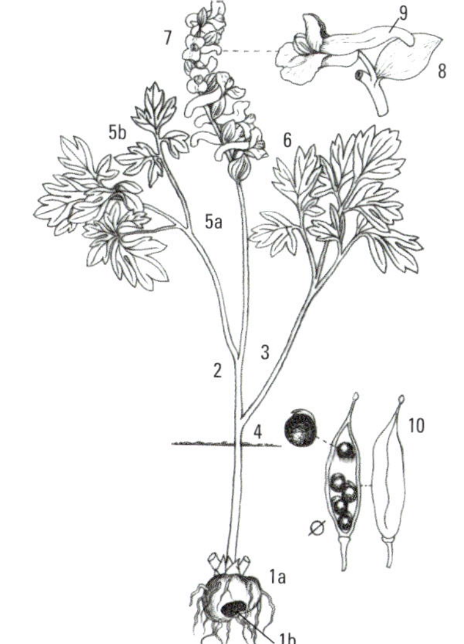

**761** Corydalis intermedia, Papaveraceae
## Mittlerer Lerchensporn

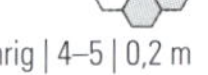

mehrjährig | 4–5 | 0,2 m

Luftfeuchte und nährstoffreiche Standorte in krautreichen Laubwäldern sowie am Fuß von Felsen, in Hecken und im Gebüsch. ❀ Gelber Eisenhut [583], Gelbes Windröschen [633], Knöllchen-Scharbockskraut [324], Ausdauerndes Bingelkraut [467].

▸1 **Pflanze mit** kugeliger, **ausgefüllter Wurzelknolle.** ▸2 Aufrechter Wuchs mit nur einem Stängel je Knolle. ▸3 Stängel mit schuppenförmigem Niederblatt. ▸4 Blätter aus 3 Teilblättern (a) bestehend, Teilblätter ebenfalls dreiteilig aufgebaut (b). ▸5 **Tragblatt der Blüte eiförmig, ganzrandig.** ▸6 Blütentraube wenigblütig, mit 1 bis höchstens 8 trüb purpurfarbenen, spätestens im Alter überhängenden Blüten. ▸7 Die 10–15 mm langen Blüten ohne Kelchblätter. ▸8 Fruchtschoten bis 2 cm lang, an der Spitze in den Griffel (a) übergehend. ▸9 Bis 2 mm langer Same mit Anhängsel (a).

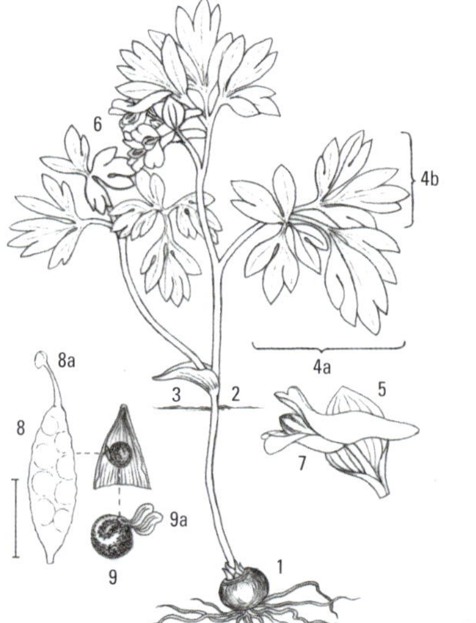

**762** ✚ 🍽 Laserpitium latifolium, Apiaceae
## Breitblättriges Laserkraut

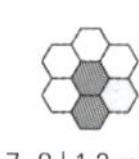

mehrjährig | 7–8 | 1,3 m

Im Saum lichter Gebüsche und Wälder sowie an Kalk-Felsen, Felsköpfen und Trockenhängen. ❀ Ästige Graslilie [23], Gewöhnlicher Dost [203], Blut-Storchschnabel [657], Hirsch-Haarstrang [780].

Würziger Geruch. ▸1 **Stängel** fein gerillt, **bis 2 cm im Durchmesser.** ▸2 **An der Stängelbasis mit Haarschopf (Faserschopf).** ▸3 Blätter aus einer ungeraden Anzahl an breit-eiförmigen Teilblättern zusammengesetzt (unpaarig gefiedert). ▸4 **Blattlänge mit Stiel bis etwa 1 m.** ▸5 **Teilblätter oft asymmetrisch**, eiförmig (a), am Blattrand grob gesägt (b). ▸6 Blütenstand eine große Dolde mit bis zu 50 Zweigen (Strahlen) und bis zu 20 cm Durchmesser. ▸7 Doldenstrahlen in der Länge etwas variierend. ▸8 **Hochblätter erster (a) und zweiter Ordnung (b) vorhanden.** ▸9 **Frucht mit breiten Leisten (Flügeln).**

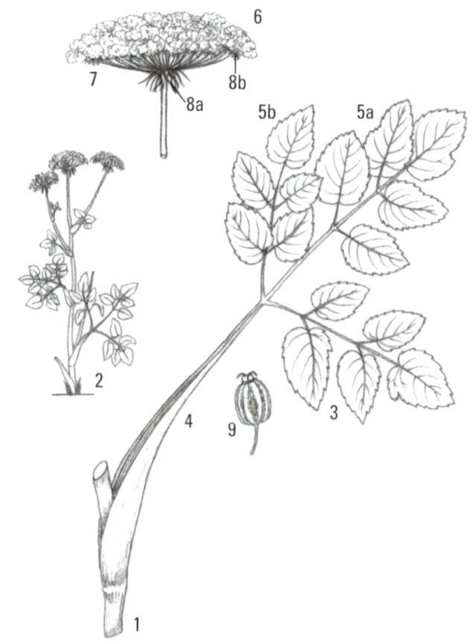

## 763 ! ✚ Thalictrum flavum, Ranunculaceae

### Gelbe Wiesenraute

mehrjährig | 6–8 | 1,5 m

Nährstoffreiche, (wechsel-)feuchte Standorte in Staudenfluren, an Gräben, in Auen und moorigen Wiesen. ❀ Echtes Mädesüß [703], Gewöhnlicher Gilbweiderich [468], Gewöhnlicher Blutweiderich [148].

▸1 Pflanze mit Ausläufern. ▸2 Stängel aufrecht, meist unverzweigt, kantig gerillt. ▸3 Obere Blätter sitzend und wechselständig am Stängel angeordnet. ▸4 Untere Blätter gestielt. ▸5 Blätter aus vorne unregelmäßig gezähnten, **eiförmigen bis länglichen Teilblättern** zusammengesetzt. ▸6 **Blütenstand verzweigt, aus zahlreichen, duftenden, weißlich-gelben, aufrecht und dicht gedrängt stehenden Blüten gebildet.** ▸7 Blüte aus zahlreichen, aufrecht stehenden Staublättern mit gelben Staubbeuteln (a) und bis 4 mm langen, weißlich-gelben Blütenhüllblättern gebildet (b). ▸8 Staubblätter länger als die Blütenhülle. ▸9 Frucht ein bis 2 mm langes, **sitzendes Nüsschen.**

## 764 ✚ Asplenium ruta-muraria, Aspleniaceae

### Mauer-Streifenfarn

mehrjährig | 7–9 | 0,2 m

Licht- und meist kalkreiche Standorte an Mauern und Felsen. ❀ Braunstieliger Streifenfarn [664], Zerbrechlicher Blasenfarn [673], Felsen-Kugelschötchen [86].

▸1 Büschelige Anordnung der immer- und dunkelgrünen, bis etwa 20 cm langen Blätter. ▸2 **Blätter in rautenförmige Abschnitte (Fiedern) geteilt.** ▸3 Blattfiedern an den oberen Enden am Rande kerbig gesägt. ▸4 **Die langen Blattstiele nur an der Basis dunkel (braunschwarz) gefärbt.** ▸5 **Fruchthäufchen (Sori) länglich, den Fiederrand erreichend, im Alter zusammenfließend und nahezu die ganze Blattunterseite bedeckend (a).**

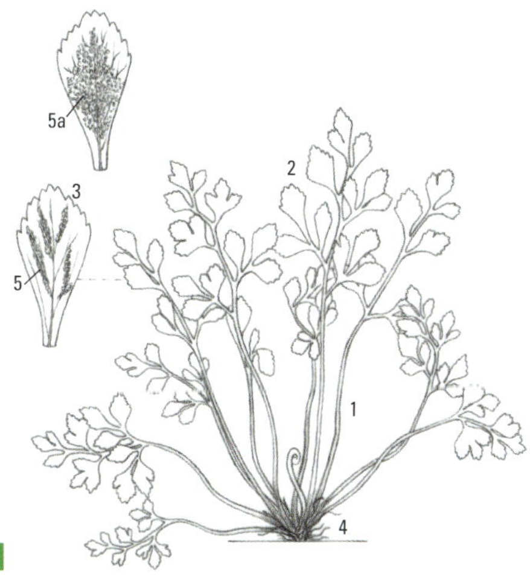

**765** Pseudofumaria lutea, Papaveraceae

## Gelber Scheinerdrauch (Corydalis lutea)

mehrjährig | 5–8 | 0,3 m

In wintermilden Lagen in Mauerfugen, Gärten und an Hecken. ❀ Mauer-Streifenfarn [764], Schöllkraut [728], Mauer-Zimbelkraut [588].

▸1 **Pflanze mehrstängelig**, Stängel meist verzweigt. ▸2 Blätter gestielt, meist dreiteilig (a). ▸3 Teilblätter unterschiedlich tief in abgerundete, häufig nochmals geteilte Abschnitte geteilt. ▸4 Blattoberseiten hellgrün (a), Blattunterseiten graugrün (b). ▸5 Blütenstand eine fünf- bis fünfzehnblütige, einseitswendige Traube. ▸6 **Blütenkrone goldgelb**, bis 2 cm lang. ▸7 Frucht eine mehrsamige, hängende, etwa 1 cm lange, schotenförmige Kapsel. ▸8 Samen runzelig (a), mit gezähntem Anhängsel (b).

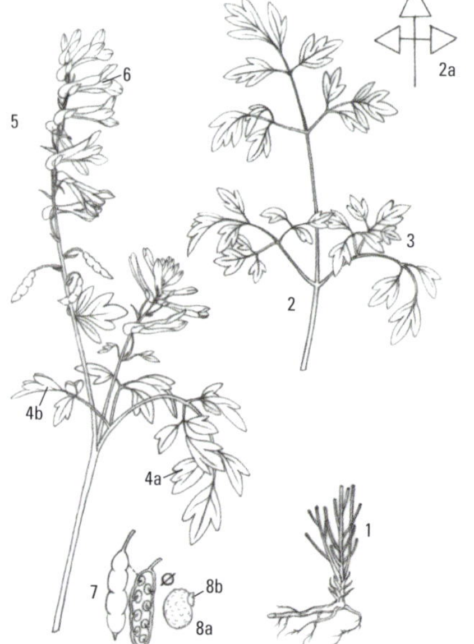

**766** ✚ Thalictrum aquilegiifolium, Ranunculaceae

## Akelei-Wiesenraute (Akeleiblättrige Wiesenraute)

mehrjährig | 5–7 | 1,4 m

Nährstoffreiche, wechselfeuchte Standorte in Auen- und Schluchtwäldern, Gebüschen und Wiesen. ❀ Blauer Eisenhut [654], Gewöhnlicher Giersch [754], Rauhaariger Kälberkropf [755].

▸1 Kahle Pflanze mit kantigem, aufrechtem und verzweigtem Stängel. ▸2 Die blaulich-grünen Blätter aus ein- bis dreiteiligen Teilblättern zusammengesetzt. ▸3 **Teilblätter letzter Ordnung dünn, rundlich-oval, nur wenig länger als breit**, am oberen Ende kerbig gezähnt. ▸4 Unterste Blätter gestielt. ▸5 Nebenblätter häutig, sehr klein. ▸6 Blütenstand reich verzweigt. ▸7 Blüte mit kleinen, früh abfallenden, grünlichen oder seltener weißen Blütenhüllblättern. ▸8 **Staubblätter** länger als die Blütenhülle, **am Übergang** der lila, rosa oder weißlich gefärbten Staubfäden zu den Staubbeuteln **deutlich verdickt (a).** ▸9 Die einsamigen **Früchte lang gestielt** und kantig geflügelt.

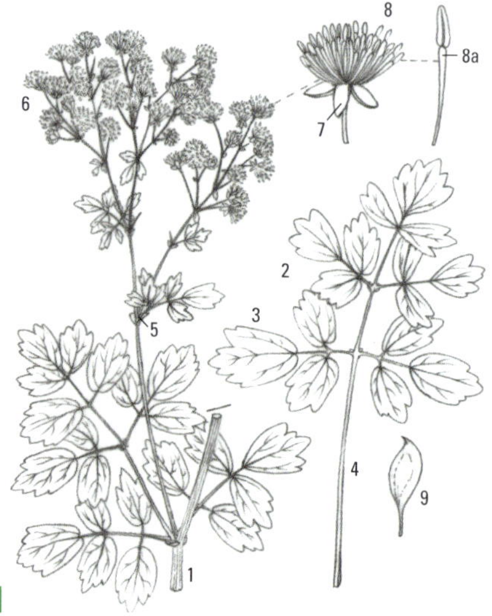

**767** Aruncus dioicus, Rosaceae

## Wald-Geißbart

mehrjährig | 6–7 | 0,2 m

Luftfeuchte Standorte an Hängen, in Schluchtwäldern und an Gebirgsbächen. Gewöhnlicher Wurmfarn [678], Ausdauerndes Silberblatt [276], Ausdauerndes Bingelkraut [467].

▸1 Kräftiges, reichlich mit Wurzeln besetztes Rhizom. ▸2 Stängel aufrecht, später oft überhängend. ▸3 Blätter aus eiförmigen, in eine lange Spitze ausgezogene Teilblättchen zusammengesetzt (a) und lang gestielt (b). ▸4 Blattrand mit scharfen Zähnen gesägt. ▸5 **Blütenstand** eine reichhaltige, aus langen, traubenartigen Blütenästen (a) zusammengesetzte, **bis 50 cm lange Rispe.** ▸6 Blüten mit 5 weißen bis gelblich-weißen Kron- (a) und 5 Kelchblättern (b). ▸7 Staubblätter aus der Blütenkrone herausragend. ▸8 Frucht eine braune, etwa 3 mm lange, gestielte Balgfrucht.

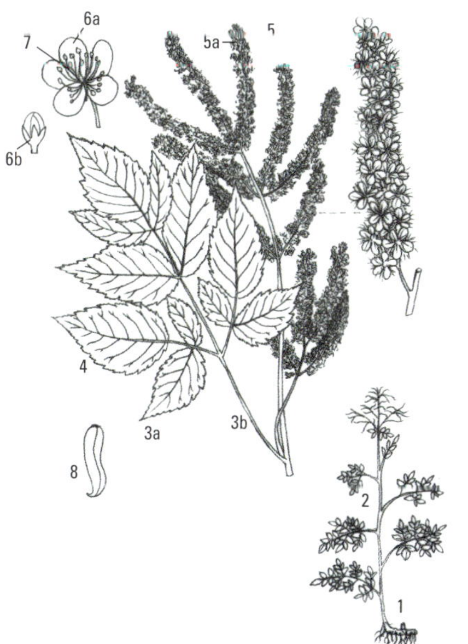

**768** Angelica sylvestris, Apiaceae

## Wald-Engelwurz (Wilde Engelwurz)

mehrjährig | 7–8 | 2 m

In Auenwäldern, Staudenfluren und Nasswiesen auf meist nährstoffreichen, tonigen oder lehmigen Böden. Riesen-Schachtelhalm [42], Gewöhnlicher Wasserdost [632], Arznei-Baldrian [702].

▸1 Stängel rundlich, hohl, gestreift. ▸2 **Stiele der unteren Blätter im Unterschied zur Echten Engelwurz [751] rinnig.** ▸3 Blatt dunkelgrün, die unteren bis etwa 60 cm lang, im Umriss dreieckig. ▸4 Blätter aus Teilblättern erster (a) und zweiter Ordnung (b) zusammengesetzt. ▸5 Teilblätter zweiter Ordnung eiförmig oder oval, bis etwa 10 cm lang. ▸6 Blattrand gezähnt. ▸7 Blattscheiden bauchig aufgeblasen. ▸8 Blütendolden mit bis zu 40 **borstig behaarten Strahlen.** ▸9 **Blütenkrone weiß bis rötlich**, vor dem Aufblühen grünlich. ▸10 Staubblätter die Blütenkrone weit überragend. ▸11 Frucht mit breiten Flügeln (a), bis etwa 5 mm lang.

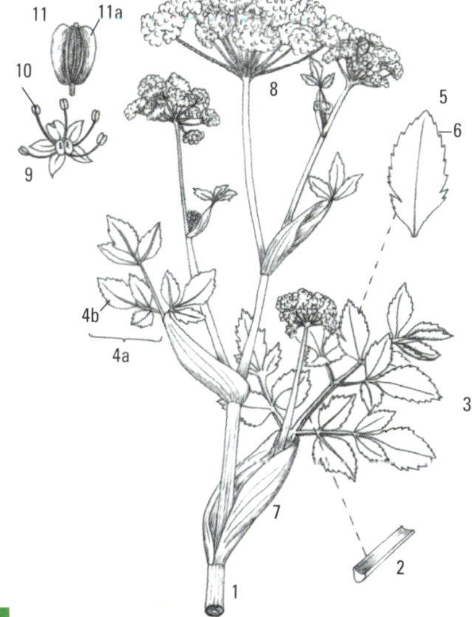

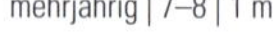

**769** Peucedanum oreoselinum, Apiaceae

## Berg-Haarstrang

mehrjährig | 7–8 | 1 m

Trocken-warme Standorte an Waldsäumen, Böschungen, Dämmen, in lichten Eichen- und Kiefernwäldern sowie Trockenrasen. Hügel-Erdbeere [623], Blut-Storchschnabel [657].

▸1 Stängel aufrecht, im Querschnitt rund. ▸2 **Stängelgrund mit dunklem Faserschopf.** ▸3 Untere Blätter in Abschnitte mehrerer Ordnungen geteilt. ▸4 Blattabschnitte rechtwinklig abstehend, die Abschnitte letzter Ordnung drei- (bis fünf-)teilig. ▸5 Ränder der Blattabschnitte letzter Ordnung buchtig gezähnt. ▸6 **Im Unterschied zum Hirsch-Haarstrang [780] Blattabschnitte (a) und Blattachse (b) nicht in einer Ebene liegend.** ▸7 Blütenstand eine Dolde mit **zahlreichen zurückgeschlagenen Hochblättern** (a). ▸8 Blütenkrone weiß oder selten rosa. ▸9 **Frucht** bis 6 mm lang, linsenförmig abgeflacht und **breit geflügelt.**

**770** Gymnocarpium dryopteris, Woodsiaceae

## Eichenfarn

mehrjährig | 7–8 | 1 m

Kühl-feuchte, kalkarme Standorte in Mischwäldern, an Wegböschungen und an schattigen Mauern. Quirl-Weißwurz [129], Purpur-Hasenlattich [238], Fuchssches Greiskraut [138].

▸1 **Pflanze kahl, lang gestielt, mit weit kriechenden Ausläufern.** ▸2 Die dünnen, hellgrünen Blattflächen im Umriss breit dreieckig und dabei meist breiter als lang. ▸3 **Untere Teilblätter fast so groß wie der Rest der Blattfläche.** ▸4 Ränder der Blattabschnitte gekerbt. ▸5 **Die rundlichen Fruchthäufchen** (Sori) **gegen den Rand der Fiederblättchen gedrückt.**

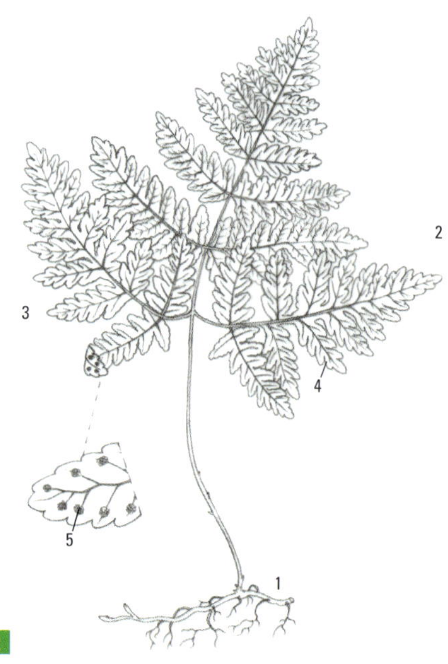

**771** Myrrhis odorata, Apiaceae

## Echte Süßdolde

mehrjährig | 5–7 | 1,2 m

Aus Gärten auf nährstoffreiche Standorte an Schuttplätzen, Waldrändern, Gebüschen und in Bergwiesen verwildert. Gewöhnlicher Giersch [754], Gewöhnlicher Gundermann [330], Große Brennnessel [296].

Nach Anis und/oder Möhre duftend. ▸1 **Pflanze mit markanter Pfahlwurzel.** ▸2 Stängel aufrecht, gerillt, meist rötlich überlaufen oder rot gefleckt. ▸3 Blätter grau- bis mattgrün, weich, groß, aus Teilblättern mehrerer Ordnungen zusammengesetzt. ▸4 **Blattstiele zottig behaart.** ▸5 Auffällige Blattscheiden am Übergang von Blattstiel zu Stängel. ▸6 Blütenstand eine flache, relativ große Dolde. ▸7 Hochblätter erster Ordnung (Hüllblätter) meist fehlend. ▸8 5–10 **Hochblätter zweiter Ordnung** (Hüllchenblätter), häutig, bewimpert. ▸9 Blütenkrone weiß. ▸10 **Frucht bis 2 cm lang, kantig, dunkel glänzend.** ▸11 An der Spitze der zweiteiligen Frucht 2 kurze Griffel.

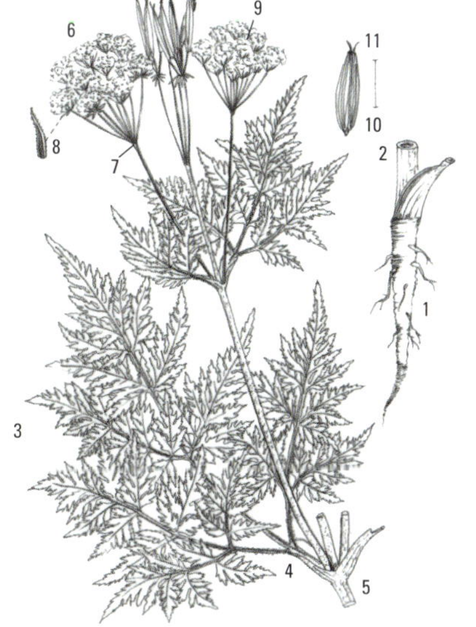

**772** Conium maculatum, Apiaceae

## Gefleckter Schierling

zweijährig | 7–8 | 2,5 m

Nährstoffreiche und warme Standorte an Bächen, Flüssen, Gräben, Hecken, Schuttplätzen und Bahnanlagen. Gewöhnlicher Giersch [754], Weiße Taubnessel [278], Gefleckte Taubnessel [300], Große Brennnessel [296].

**Pflanze mit unangenehmem Geruch nach Mäusen.** ▸1 Wurzel pfahlförmig, weißlich. ▸2 **Stängel bläulich bereift, kahl, fein gerillt, zur Basis hin meist violettbraun oder rot gefleckt.** ▸3 Blätter mehrfach gefiedert. ▸4 Untere Blätter bis 50 cm lang. ▸5 **Dolden mit** 8–15 auf der Innenseite flaumig behaarten Strahlen (a) und **5–6 schmalen Hochblättern (b).** ▸6 **Dolde zweiter Ordnung** (Döldchen) **mit 3–6 zuletzt zurückgeschlagenen Hochblättern (a)** und weißen Blüten (b). ▸7 Frucht gerippt, bis etwa 3 mm lang. ▸8 Griffel zur Reifezeit der Frucht herabgebogen.

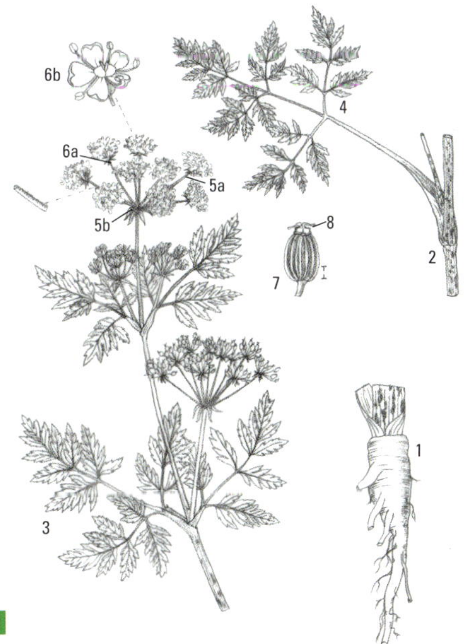

**773** Chaerophyllum aureum, Apiaceae

## Gold-Kälberkropf

mehrjährig | 6–7 | 1,3 m

An nährstoffreichen und häufig siedlungsnahen Plätzen wie an Weg- und Heckensäumen, Müllplätzen, Gräben, Ufern und in Wiesenbrachen. ❀ Gewöhnlicher Giersch [754], Gewöhnlicher Gundermann [330], Gefleckte Taubnessel [300], Große Brennnessel [296].

Pflanze beim Zerreiben nach Möhre riechend. ▸1 Dem Wiesen-Kerbel [779] ähnliche Pflanze mit einer im Alter mehrköpfigen Wurzel. ▸2 Stängel kantig gefurcht, markig, an der Basis borstig behaart. ▸3 **Im Unterschied zum Wiesen-Kerbel Stängel rot gefleckt oder rot überlaufen.** ▸4 **Schwellung des Stängels unterhalb der Knoten.** ▸5 Blätter weich und mehrfach gefiedert. ▸6 Blattrand gesägt. ▸7 Blattbasis mit ausgeprägter Blattscheide. ▸8 Dolden mit 10–15 Strahlen, jedoch meist ohne (oder gelegentlich mit 1–2) Hochblättern (Hüllen) (a). ▸9 Basis der Dolden zweiter Ordnung mit **5–10 lang zugespitzten und bewimperten Hochblättern (Hüllchen).** ▸10 Kronblätter weiß, bis 2 mm lang, schmal eingebuchtet (ausgerandet) und mit einem aus der Ausrandung entspringenden Läppchen (a). ▸11 Frucht schmal, gelbbraun, bis 12 mm lang. ▸12 Griffel im Verhältnis zur Länge der Frucht relativ kurz, zuletzt waagrecht abstehend.

**774** ✚ 🍽 Seseli libanotis, Apiaceae

## Berg-Heilwurz

zwei- bis mehrjährig | 7–8 | 1,2 m

Trocken-warme, oft kalkhaltige Standorte an felsigen Hängen, Felsköpfen, Waldrändern sowie in lichten Eichen- und Kiefernwäldern. ❀ Hügel-Erdbeere [623], Blut-Storchschnabel [657], Hirsch-Haarstrang [780].

▸1 **Stängel** aufrecht, kräftig, kantig gefurcht (a), **an der Basis mit Faserschopf** (b). ▸2 Pflanze mit grundständiger Blattrosette. ▸3 Untere Blätter lang gestielt. ▸4 Wechselständige Anordnung der Stängelblätter. ▸5 Blätter in graugrüne Teilblätter (a) gegliedert. Diese mit unregelmäßigen Abschnitten (b). ▸6 **Stängelnahe Blattabschnitte ähnlich dem Wiesen-Kümmel [796] ein Kreuz bildend.** ▸7 Blattzipfel mit weißlichen Stachelspitzen. ▸8 Blütenstand eine weiße bis rötliche, dichte **Dolde mit bis zu 40 Zweigen.** ▸9 **Hochblätter erster Ordnung** (Hüllblätter, a) **und zweiter Ordnung** (Hüllchenblätter, b) **zahlreich vorhanden.** ▸10 Frucht eiförmig, behaart, bis 4 mm lang.

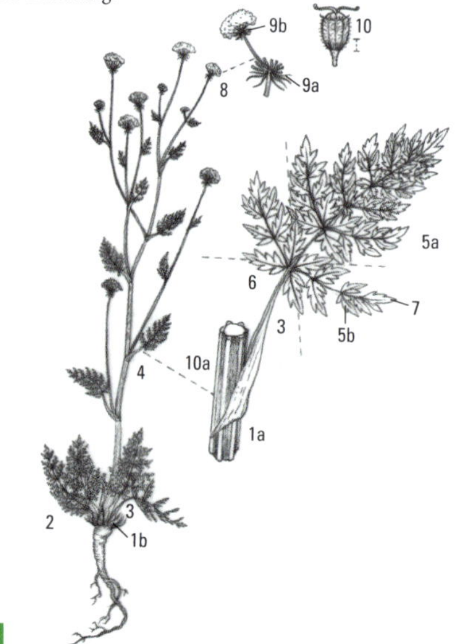

**775** Gymnocarpium robertianum, Woodsiaceae
## Ruprechtsfarn

mehrjährig | 7–8 | 0,5 m

Kalkreiche, meist beschattete Standorte auf Steinschutt sowie an Mauern und Felsen. ❀ Mauer-Streifenfarn [764], Alpen-Gänsekresse [100], Zerbrechlicher Blasenfarn [673].

▸1 Die dunkel- bis graugrüne Pflanze mit Ausläufern. ▸2 Blätter lang gestielt. ▸3 **Blattachse (a) und Blattunterseiten (b) drüsig behaart.** ▸4 **Untere Teilblätter im Unterschied zum Eichenfarn [770] deutlich kleiner als der Rest der Blattfläche.** ▸5 Ränder der Blattabschnitte gekerbt. ▸6 Die rundlichen Fruchthäufchen (Sori) nahe am Rand der Fiederblättchen gelegen.

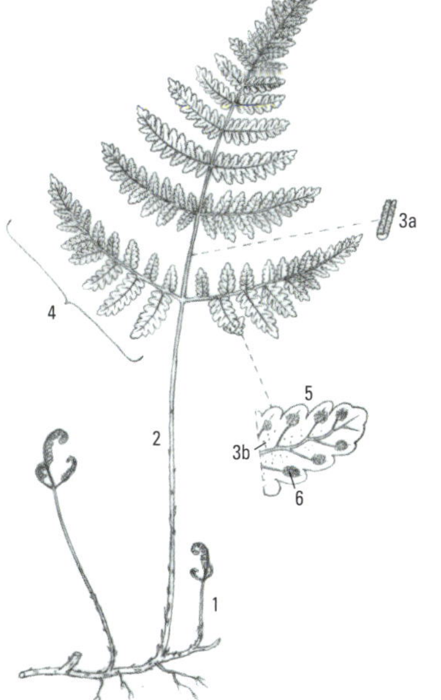

**776** ✚✚ Pteridium aquilinum, Dennstaedtiaceae
## Adlerfarn

mehrjährig | 7–10 | 3 m

An kalkarmen Standorten in Laub- und Nadelwäldern, auf Waldschlägen, am Waldrand und vor allem auf brachliegenden Weiden große, unduldsame Herden bildend. ❀ Gewöhnlicher Efeu [586], Echte Brombeeren [641], Große Brennnessel [296].

▸1 **Die lang gestielten, leicht überhängenden Wedel (Blätter) einzeln dem weit kriechenden Wurzelstock entspringend.** ▸2 Die bis 1 cm dicken, auf der Unterseite rinnigen Wedelstiele im Querschnitt an einen doppelköpfigen Adler erinnernd. ▸3 Wedel im Umriss drei- bis fünfeckig und in Abschnitte mehrerer Ordnungen geteilt. ▸4 Sporenhäufchen (Sori) unter den umgerollten Blatträndern liegend und eine durchgehende Linie bildend, Pflanze nicht jedes Jahr Sporen bildend.

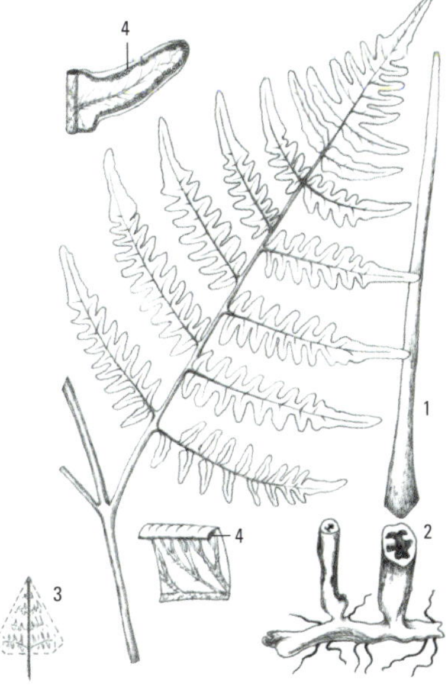

**777**  Torilis japonica, Apiaceae

## Gewöhnlicher Klettenkerbel

einjährig | 7–8 | 1,3 m

Halbschattige Standorte an Waldwegrändern, am Wald- und Gebüschrand sowie an Kahlschlägen. ❀ Lauchhederich [307], Echte Tollkirsche [192], Gewöhnliches Leinkraut [52].

▸1 Der häufig rötlich-braune, fein gerillte und rau behaarte Stängel von aufrechter Statur. ▸2 Die wechselständig am Stängel angeordneten Blätter (a) aus gegenständig angeordneten Teilblättern (b) zusammengesetzt. ▸3 **Endteilblatt in die Länge gezogen.** ▸4 Blütenstand eine **Dolde** mit schmalen, den 4–12 Strahlen der Dolden bzw. Döldchen meist **angedrückten**, zugespitzten **Hüllblättern (a) bzw. Hüllchenblättern (b).** ▸5 **Die im Umriss eiförmige, 2–3 mm lange Frucht mit aufwärts gebogenen Borstenhaaren.**

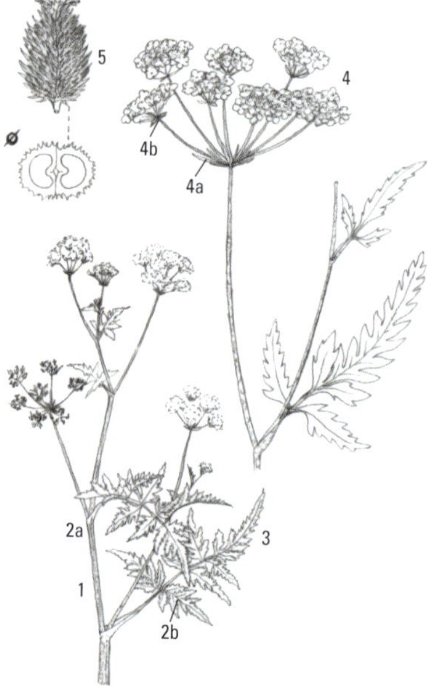

**778** Chaerophyllum bulbosum, Apiaceae

## Knolliger Kälberkropf (Kerbelrübe)

zweijährig | 6–8 | 2 m

Nährstoffreiche Standorte in Staudenfluren der Flussufer, Gräben und Auen sowie an feuchten Ruderalstellen. ❀ Gewöhnlicher Giersch [754], Kletten-Labkraut [373], Gefleckte Taubnessel [300], Große Brennnessel [296].

▸1 **Wurzel knollig verdickt.** ▸2 Stängel aufrecht, rund, unten zottig behaart, oben bläulich oder rötlich überlaufen, an der Basis rot gefleckt. ▸3 **Verdickungen der Stängel unterhalb der Blattansätze.** ▸4 **Blätter mehrfach und feingliedrig geteilt.** ▸5 Untere Blätter gestielt und borstig behaart. ▸6 Blattbasis vor allem der oberen Blätter mit auffällig ausgebildeten Blattscheiden. ▸7 Dolden mit 15–20 ungleich langen Zweigen, meist ohne Hochblätter (Hüllen). ▸8 An der Basis der Dolden zweiter Ordnung (Döldchen) **5–6 ungleich lange Hochblätter (Hüllchen).** ▸9 Kronblätter weiß, zweispaltig, die äußeren vergrößert. ▸10 Frucht mit hellen Rippen auf dunklem Grund. ▸11 Griffel weit herabgebogen.

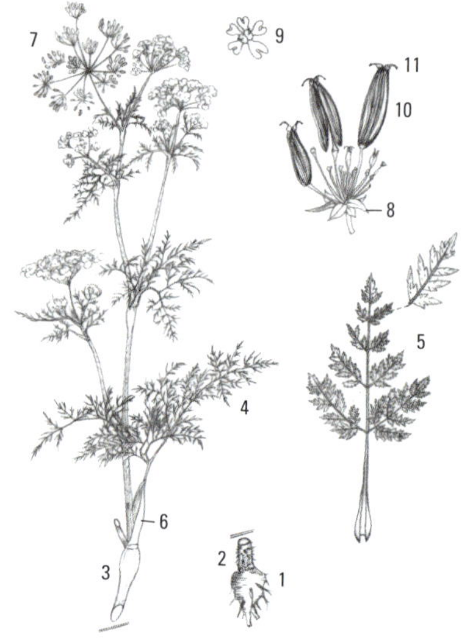

**779** Anthriscus sylvestris, Apiaceae

## Wiesen-Kerbel

mehrjährig | 4–7 | 1,5 m

Auf gedüngten Wiesen sowie an Weg-, Wiesen- und Heckenrändern. Gewöhnlicher Bärenklau [752], Wiesen-Schafgarbe [663], Wiesen-Labkraut [361].

▸1 Wurzel rübenförmig verdickt. ▸2 **Stängel** aufrecht, hohl, deutlich gefurcht, im Gegensatz zu ähnlichen Kälberkropf-Arten (Chaerophyllum) jedoch **ohne rote Flecken.** ▸3 Teilblätter erster (a) und zweiter (b) Ordnung bilden das Fiederblatt. ▸4 Blütenstand eine endständige Dolde mit 8–16 Strahlen. ▸5 An der Basis der Dolden im Gegensatz zu anderen Vertretern der Doldenblütler (z. B. Gewöhnliche Möhre [782]) **keine Hüllblätter** ausgebildet. ▸6 **4–8 zugespitzte Hüllchenblätter.** ▸7 Kronblätter ungleich groß, bis 3 mm lang, matt-weiß oder grünlich. ▸8 2 längliche, meist aufrechte Griffel. ▸9 Frucht länglich, bis 1 cm lang, dunkel gefärbt.

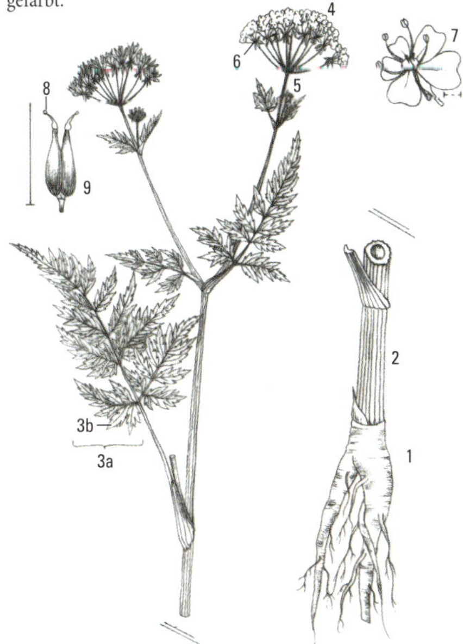

**780** Peucedanum cervaria, Apiaceae

## Hirsch-Haarstrang

mehrjährig | 7–8 | 1,5 m

Basenreiche, trockenwarme Standorte in lichten Eichen- und Kiefernwäldern, an wärmebegünstigten Waldsäumen und in mageren Wiesen. Ästige Graslilie [23], Berg-Aster [404], Blut-Storchschnabel [657].

▸1 Stängel aufrecht wachsend, im Querschnitt rund, an der Außenseite gerillt (a). ▸2 Blätter derb, lederartig, in Abschnitte erster und zweiter Ordnung geteilt. ▸3 Blattunterseiten graugrün. ▸4 Untere Blätter bis 50 cm lang. ▸5 Stängelblätter nur wenige, deutlich kleiner als die unteren Blätter. ▸6 **Die locker angeordneten Blattabschnitte der unteren Blätter an der Basis häufig geteilt und dabei zusätzliche Blattlappen bildend.** ▸7 Blattränder gezähnt, **Blattzähne mit grannenartiger Spitze.** ▸8 Blütenstand eine große, bis dreißigstrahlige Dolde. ▸9 Dolden erster (a) und zweiter Ordnung (b) jeweils mit zahlreichen Hochblättern. ▸10 Blüten vor dem Aufblühen oft rötlich, sonst weiß. ▸11 Frucht linsenförmig, annähernd 6 mm lang, im Unterschied zum Berg-Haarstrang [769] nur schmal geflugelt.

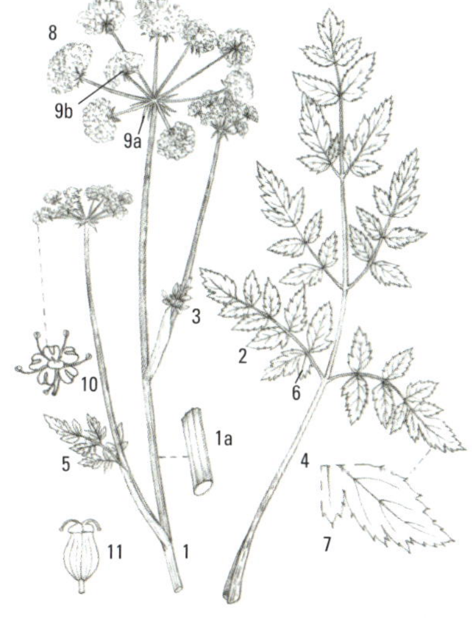

**781** ✚ Chaerophyllum temulum, Apiaceae

## Hecken-Kälberkropf (Taumel-Kälberkropf)

ein- bis zweijährig | 5–7 | 1 m

Nährstoffreiche Standorte an Wald- und Heckensäumen sowie in verwilderten Gärten und Parkanlagen. ❀ Lauchhederich [307], Stinkender Storchschnabel [655], Gewöhnliche Nelkenwurz [729], Große Brennnessel [296].

▸1 Wurzel spindelförmig. ▸2 Stängel kurz borstenhaarig, meist violett gefleckt oder rot überlaufen. ▸3 Verdickung des Stängels unter den oberen Blattansätzen. ▸4 Blätter zwei- (drei-)fach gefiedert. ▸5 Blätter mit länglichen Blattscheiden. ▸6 Untere Blätter gestielt. ▸7 Dolde mit 6–12 Zweigen (Strahlen), meist ohne Hochblätter (Hüllen). ▸8 **An der Basis der Döldchen 4–8 längliche, bewimperte Hochblätter (Hüllchen).** ▸9 Kronblätter weiß, zweilappig, die äußeren vergrößert (bis 1,5 mm lang). ▸10 Frucht bis 7 mm lang, kahl, gelegentlich violett überlaufen, bei Reife gelblich. ▸11 Griffel gebogen.

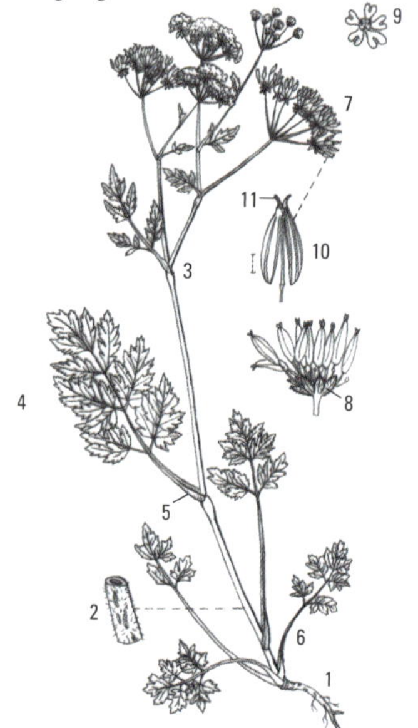

**782** ✚ Daucus carota, Apiaceae

## Gewöhnliche Möhre (Wilde Möhre)

zweijährig | 6–9 | 1 m

Basenreiche und mäßig trockene Standorte in Wiesen, Weiden und Waldsäumen sowie an Wegen und Dämmen. ❀ Gewöhnlicher Beifuß [745], Wiesen-Schafgarbe [663], Rot-Klee [609].

▸1 Wurzel rübenförmig und mit Geruch nach Möhre. ▸2 Stängel behaart, gefurcht, hohl. ▸3 Blätter im Umriss spitz dreieckig (a) und aus Teilblättern mehrerer Ordnungen zusammengesetzt (b). ▸4 Untere Blätter gestielt. ▸5 Obere Blätter auf häutigen Blattscheiden sitzend. ▸6 Blütendolde anfänglich flach. ▸7 **Zur Fruchtzeit ziehen sich die Strahlen des Blütenstandes zusammen und die Dolde vertieft sich in der Mitte vogelnestartig.** ▸8 **Hüllblätter (a) oft so lang wie die zahlreichen Strahlen der Dolde (b).** ▸9 Zahlreiche Hochblätter (Hüllchen) an den Dolden zweiter Ordnung. ▸10 **Im Zentrum der Blütendolde eine dunkelviolette oder annähernd schwarze, gestielte Mittelblüte.**

783 ✚✚ Oenanthe aquatica, Apiaceae

## Wasser-Pferdesaat

zweijährig | 6–8 | 2 m

In nährstoff- und meist kalkreichen, stehenden oder langsam fließenden Gewässern über schlammigem Grund bis in etwa 1 m Wassertiefe und nahe den Ufern. ❀ Pfeffer-Knöterich [134], Gewöhnliches Schilf [13], Wasser-Sumpfkresse [92].

Pflanze wächst an Land und im Wasser in unterschiedlichen Formen. ▸1 Pflanze weit verzweigt. ▸2 Stark faserige Bewurzelung des Stängels an den unteren Knoten. ▸3 **Stängel der Wasserformen kräftig, bis 8 cm im Durchmesser, innen hohl (a), gerillt (b).** Landformen eher schmächtig, hier liegen die Stängeldurchmesser teilweise unter 1 cm. ▸4 Blätter gewöhnlich mit Teilblättern erster (a), zweiter (b) und Abschnitten dritter Ordnung (c), Teilblätter der Wasserformen in feinere Abschnitte gegliedert. ▸5 Blütenstand eine in der Regel acht- bis fünfzehnstrahlige, relativ flache Dolde. ▸6 Blütendolden erster Ordnung ohne oder mit nur wenigen Hochblättern. ▸7 **Blütendolden zweiter Ordnung (Döldchen) mit zahlreichen Hochblättern.** ▸8 Kronblätter weiß. ▸9 Frucht zweiteilig, bis annähernd 5 mm lang, jede Teilfrucht an der Spitze mit einem etwa 1 mm langen Griffel (a).

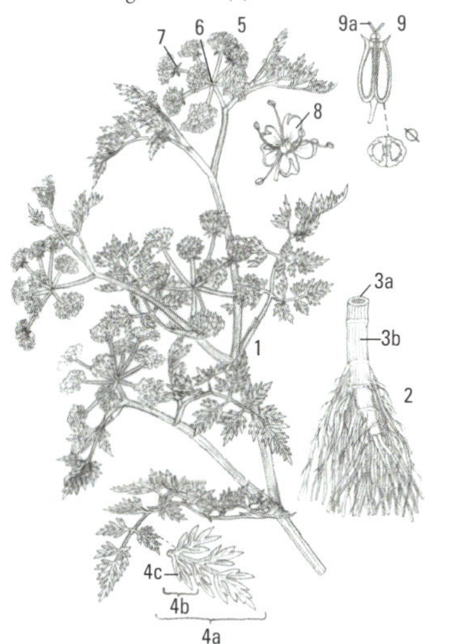

784 ⊗✚ Aethusa cynapium, Apiaceae

## Hundspetersilie

ein- bis zweijährig | 6–10 | 1,2 m

Nährstoffreiche Standorte in Weinbergen, Äckern und anderen menschlich überprägten Standorten wie Schutt- und Müllplätzen. ❀ Sonnenwend-Wolfsmilch [111], Acker-Senf [556], Vogel-Sternmiere [210].

Beim Zerreiben der Pflanze entsteht ein unangenehmer Geruch. ▸1 Der fein gerillte oder schwach kantige Stängel bläulich bereift bis violett überlaufen. ▸2 Blätter dunkelgrün, glänzend, im Umriss dreieckig. ▸3 Teilblätter mehrerer Ordnungen bilden das Gesamtblatt. ▸4 Abschnitte der Teilblätter letzter Ordnung vorne zugespitzt. ▸5 Blütenstand eine Dolde mit 5–15 Ästen. ▸6 Dolden in der Regel ohne Hüllblätter an der Basis ihrer Äste. ▸7 **Dolden zweiter Ordnung** (Döldchen) **meist mit 3 einseitig angeordneten, lang zugespitzten Hochblättern (Hüllchenblättern).** ▸8 Die weißen oder selten rötlichen Blüten nur bis etwa 2 mm groß. ▸9 Früchte nur wenig länger als breit, bis 5 mm lang und an der Oberfläche kantig gerippt.

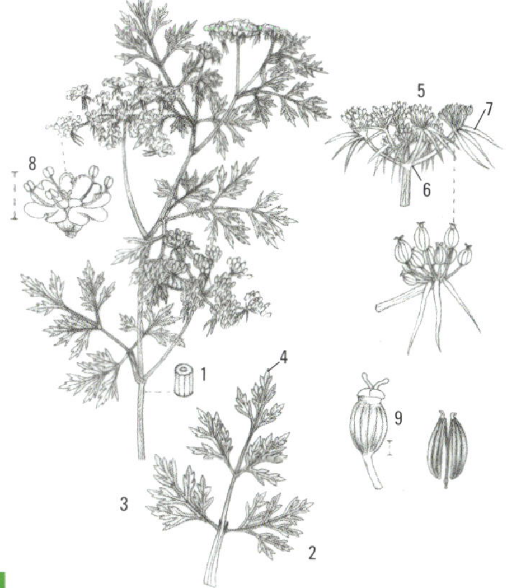

**785** ✚✚ Fumaria officinalis, Papaveraceae

## Gewöhnlicher Erdrauch

einjährig | 5–9 | 0,3 m

Nährstoff- und basenreiche Standorte in Gärten, Äckern, Weinbergen sowie an Weg- und Straßenrändern. ❀ Spreizende Melde [566], Sonnenwend-Wolfsmilch [111], Acker-Hellerkraut [256].

▸1 Stängel aufsteigend, verzweigt. ▸2 **Blätter blaugrün, in längliche Abschnitte geteilt.** ▸3 Blüten in reichhaltigen, bis 7 cm langen Trauben. ▸4 2 leicht abfallende, gezähnte Kelchblätter, jeweils bis 3 mm lang. ▸5 Krone purpurrot bis rötlich-weiß, gespornt, bis annähernd 1 cm lang. ▸6 2 Staubblätter. ▸7 Fruchtstiele aufrecht abstehend. ▸8 Frucht kugelig, **an der Oberseite etwas eingebuchtet**, schwach runzelig, im Durchmesser 2–3 mm.

**786** Fumaria vaillantii, Papaveraceae

## Vaillant-Erdrauch

einjährig | 5–9 | 0,3 m

Stickstoffreiche Standorte in Getreideäckern, Brachen, Gärten und Weinbergen sowie an Wegen und Mauern. ❀ Hundspetersilie [784], Kleine Wolfsmilch [365], Ackerröte [387], Glanz-Ehrenpreis [222].

▸1 Stängel aufrecht oder aufsteigend, verzweigt, wie die Blätter blaugrün bereift. ▸2 Blätter gestielt (a) und in längliche Abschnitte geteilt (b). ▸3 **Blütenstand** traubig, **mit 6–15 Blüten.** ▸4 2 kleine, nur bis etwa 1 mm lange Kelchblätter. ▸5 **Blütenkrone bis etwa 5 mm lang, weißlich rotgefärbt, mit dunkel gefärbter Spitze.** ▸6 Frucht kugelig, **vorne mit stumpfer Spitze.** ▸7 Fruchtstiele aufrecht abstehend.

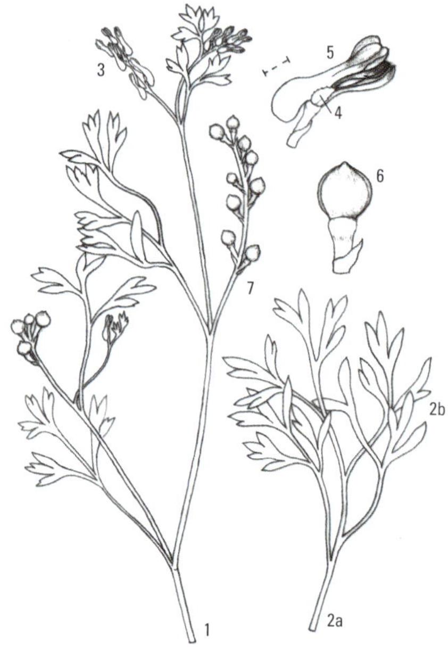

**787** Anthemis arvensis, Asteraceae
## Acker-Hundskamille

ein- bis zweijährig | 5–10 | 0,5 m

In Getreidefeldern und ruderalen, nährstoffreichen Bereichen an Wegen und Plätzen. ❀ Acker-Vergissmeinnicht [372], Wildes Stiefmütterchen [461], Behaarte Wicke [675].

Ohne kamilleartigen Duft. ▸1 Pflanze bereits an der Basis verzweigt. ▸2 Blätter in schmale Abschnitte geteilt. ▸3 Blütenköpfchen einzeln an langen Stielen. ▸4 Köpfchenboden kegelförmig. ▸5 **Nur wenige weiße Zungenblüten (a) umrahmen zahlreiche goldgelbe Röhrenblüten (b).** ▸6 Frucht bis 3 mm lang, vierkantig, gerippt.

**788** ! ⊗ ✚ Cicuta virosa, Apiaceae
## Gift-Wasserschierling

mehrjährig | 6–8 | 1,5 m

Auf Schlammböden an flach überschwemmten Stellen von Gewässern mit mittlerem bis hohem Nährstoffgehalt sowie im Erlenbruch. ❀ Sumpf-Labkraut [390], Ufer-Wolfstrapp [532], Bittersüßer Nachtschatten [561].

▸1 Hauptstrang der Wurzel knollenartig verdickt und im Inneren gekammert. ▸2 **Stängel meist im Wasser stehend und aus diesem aufsteigend.** ▸3 Stängelquerschnitt röhrig, schwach kantig, fein gerillt. ▸4 Blätter in Abschnitte mehrerer Ordnungen gegliedert. ▸5 **Blattabschnitte letzter Ordnung fingerartig lang und schmal.** ▸6 Untere Blätter lang gestielt. ▸7 **Blattränder mit scharfen Zähnen gesägt.** ▸8 Blütenstand eine Dolde mit bis zu 25 Strahlen. ▸9 Hüllblätter erster Ordnung meist fehlend (a), **an den reichblütigen Döldchen zahlreiche Hüllblätter zweiter Ordnung (b).** ▸10 Blütenkrone klein und weiß. ▸11 Fruchtstiele um einiges länger als die eiförmige bis kugelige Frucht.

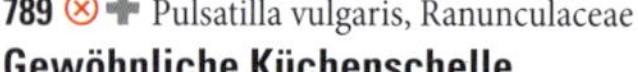

**789** ⊗ ✚ Pulsatilla vulgaris, Ranunculaceae

## Gewöhnliche Küchenschelle

mehrjährig | 3–5 | 0,4 m

Als Tiefwurzler auf trocken-warmen, basenreichen Standorten in Magerrasen und lichten Kalk-Kiefernwäldern. ❀ Gewöhnliches Sonnenröschen [425], Hufeisenklee [712], Frühlings-Fingerkraut [640].

▸1 **Pflanze zottig behaart.** ▸2 Die nicht überwinternden Grundblätter mehrfach in schmale Zipfel geteilt. ▸3 Die ebenfalls in schmale Zipfel geteilten **Hochblätter an der Basis scheidig verwachsen.** ▸4 Die glockig zusammenneigende, violette Blütenkrone bis 5 cm lang. ▸5 Blüte mit zahlreichen Staubblättern. ▸6 **Frucht** länglich (a), **mit einem bis 5 cm langen Griffel (b).**

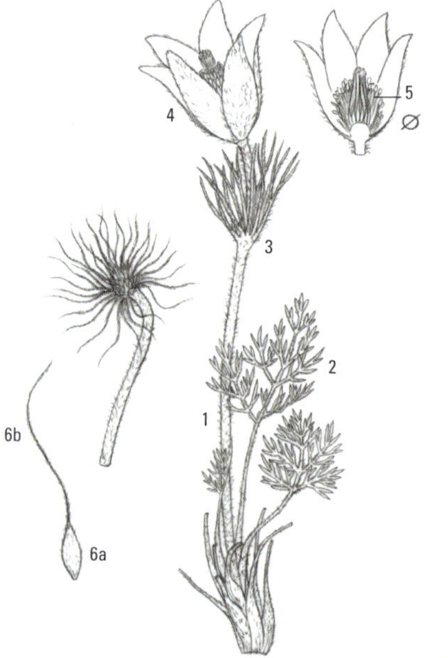

**790** Tripleurospermum maritimum agg., Asteraceae

## Echte Strandkamille (Artengruppe)

(Matricaria maritima agg.) ein- bis mehrjährig | 6–10 | 0,6 m

Salzliebende Pflanze an Küstensäumen und Salzstellen des Binnenlandes. ❀ Spießblättrige Melde [571], Kompass-Lattich [524], Weißer Gänsefuß [564].

**Pflanze kaum aromatisch.** ▸1 Stängel niederliegend bis aufrecht, etwa von der Mitte an verzweigt, oft rötlich-braun überlaufen, mit wechselständig angeordneten Blättern. ▸2 Blätter in fadenförmige Zipfel geteilt. ▸3 **Die bis 5 cm breiten Blütenköpfchen** auf langen Stielen einzeln am Ende der Zweige. ▸4 **Hüllblätter mit breitem Hautrand.** ▸5 Blüte mit weißen, bis 2 cm langen Zungenblüten (a) und gelben Röhrenblüten (b). ▸6 **Blütenboden halbkugelig.** ▸7 Frucht bis 2 mm lang, ohne Haarkranz, aber mit kurzer, krönchenartiger Spitze (a).

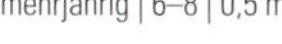

**791** Utricularia vulgaris agg., Lentibulariaceae

## Gewöhnlicher Wasserschlauch (Artengruppe)

mehrjährig | 6–8 | 0,5 m

Frei schwimmend im lichten Röhricht stehender oder langsam fließender Gewässer, wie z. B. Altarme, bis in eine Wassertiefe von mehr als 0,5 m. ❀ Kleine Wasserlinse [498], Gewöhnliche Seekanne [338], Schwimmendes Laichkraut [191].

▸1 **Blätter der Wasserpflanze bis 8 cm lang, in fadenförmige Blattzipfel geteilt und zum Fang von Wassertierchen mit zahlreichen, bis 4 mm langen Bläschen (Schläuchen) besetzt.** ▸2 **Blütenstand eine 3–25-blütige Traube an einem senkrecht aus dem Wasser stehenden Blütenschaft.** ▸3 Blüten bis 1 cm lang gestielt. ▸4 Kelchblätter rötlich. ▸5 **Blütenkrone goldgelb**, in eine kurze Oberlippe (a), eine sattelförmig gebogene, größere Unterlippe mit zurückgebogenen Rändern (b) und einen bis annähernd 1 cm lang werdenden Sporn (c) geteilt. ▸6 Frucht eine kugelige Kapsel.

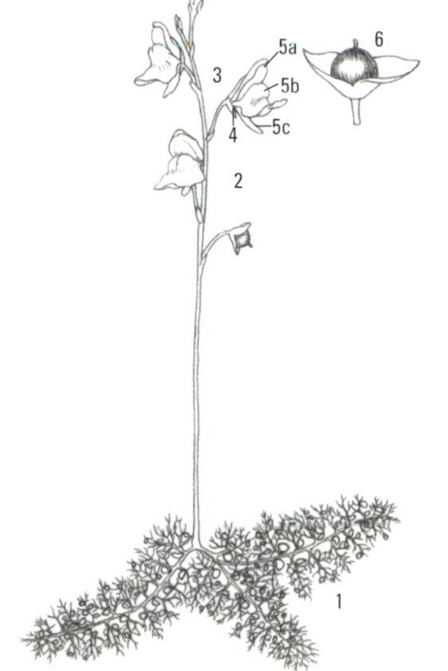

**792** ✚ Peucedanum palustre, Apiaceae

## Sumpf-Haarstrang

mehrjährig | 7–8 | 1,5 m

Feucht-nasse Standorte an Ufern, in moorigen Wiesen, nicht zu dichten Schilf-Röhrichten und lichten Erlenwäldern. ❀ Gewöhnlicher Gilbweiderich [468], Gewöhnlicher Blutweiderich [148], Sumpf-Veilchen [331].

▸1 Stängel aufrecht, kantig gefurcht, hohl, am Grund purpurn gefärbt. ▸2 **An der Stängelbasis im Unterschied zu anderen Haarstrangarten** (z. B. Berg-Haarstrang [769]) **kein Haarbüschel** (o. Abb.). ▸3 Blätter in Abschnitte erster bis dritter Ordnung geteilt, **die Teilblätter letzter Ordnung sehr schmal** (a). ▸4 Im Unterschied zum ähnlichen Wiesen-Silau [793] **Blätter in** kurzer, meist **weißlicher Spitze endend.** ▸5 Blütendolden lang gestielt (a), Blüten weiß (b). ▸6 Dolden erster (a) und zweiter Ordnung (b) mit langen, spitzen, zurückgeschlagenen Hochblättern. ▸7 Früchte flach, breit geflügelt, Länge der Frucht bis etwa 5 mm.

**793** Silaum silaus, Apiaceae

## Wiesen-Silau

mehrjährig | 6–9 | 1 m

In verschiedenen Wiesen-Typen auf frischen und meist nährstoffreichen Böden, deutlich seltener an Wegrändern und in lichten Wäldern. ❀ Echtes Mädesüß [703], Kuckucks-Lichtnelke [128], Großer Wiesenknopf [706].

▸1 Stängel aufrecht, verzweigt, kantig, kahl, oft rötlich braun überlaufen, an der Basis mit einem faserigen Schopf (a). ▸2 Wechselständige Anordnung der Blätter am Stängel. ▸3 Blätter aus Teilblättern erster bis dritter Ordnung zusammengesetzt, die Abschnitte der Teilblätter letzter Ordnung (a) nur etwa 1 mm breit, an den Teilblattenden meist dreiteilig (b). **▸4 Blattabschnitte im Unterschied zu den ähnlichen Arten Kümmel-Silge [794] und Sumpf-Haarstrang [792] mit rötlicher Spitze. ▸5 Blattstiel im Durchmesser rundlich und im Unterschied zur Kümmel-Silge nur wenig gefurcht. ▸6 Blütenstand eine Dolde, die an nur 5–10 verschieden langen Strahlen Teilblütenstände (Döldchen) trägt.** ▸7 Dolden ohne oder nur mit wenigen Hochblättern (Hüllblätter(n). **▸8 Döldchen mit zahlreichen, schmal-länglichen und schmal-hautrandigen Hochblättern.** ▸9 Blüte aus 5 gelblich-grünen, außen rot berandeten Kronblättern (a) und 5 Staubblättern (b) gebildet. ▸10 Die zweiteilige, bis 5 mm lange Frucht mit jeweils 5 deutlich ausgebildeten Längsrippen (a) und jeweils einem Griffel an der Spitze der Teilfrucht (b).

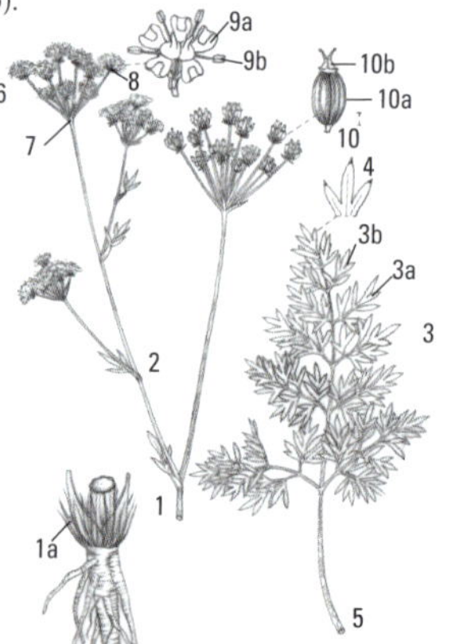

**794** Selinum carvifolia, Apiaceae

## Kümmel-Silge

mehrjährig | 7–9 | 1 m

In moorigen und feuchten Wiesen, in Gräben, im Auengebüsch sowie in lichten Eichen- und Birkenwäldern. ❀ Wald-Engelwurz [768], Kohl-Kratzdistel [547], Echtes Mädesüß [703].

**▸1 Stängel scharfkantig gefurcht bis fast geflügelt, kahl.** ▸2 Stängelblätter wechselständig am Stängel angeordnet. ▸3 Untere Blätter lang gestielt und (ohne Stiel) bis 30 cm lang. ▸4 Blätter aus Abschnitten erster bis dritter Ordnung zusammengesetzt. ▸5 Die Blattzipfel im Unterschied zum ähnlichen Wiesen-Silau [793] vorne mit weißer Spitze (Wiesen-Silau: rote Spitze). ▸6 Blütenstand eine Dolde mit 10–20 Strahlen, mit etwa 8 cm Breite von mittlerer Größe. **▸7 Dolde ohne oder nur mit bis zu 2 Hüllblättern an ihrer Verzweigungsbasis. ▸8 Döldchen** (Dolde zweiter Ordnung) mit zahlreichen schmalen Hochblättern (Hüllchenblättern). ▸9 Blütenkrone weiß bis rötlich gefärbt. ▸10 Die bis 4 mm lange Frucht mit meist deutlich ausgebildeten Längsrippen, die Randrippen flügelartig.

6 7 9 8 10 2 5 4 3 1

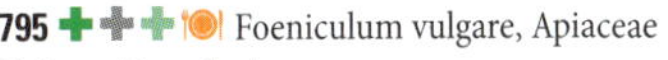

795 Foeniculum vulgare, Apiaceae

## Echter Fenchel

zweijährig | 7–8 | 2 m

In Wärmegebieten angebaut und gelegentlich auf nährstoffreiche Standorte an Wegrändern und Schuttplätzen verwildert. ❀ Gewöhnlicher Beifuß [745], Kompass-Lattich [524], Kohl-Gänsedistel [727].

▸1 Pflanze bläulich überlaufen, kahl, würzig riechend. ▸2 Bildung von knollenähnlichen Zwiebeln. ▸3 Stängel aufrecht, verästelt, fein gerillt. ▸4 Seitenäste am Grund mit häutiger, bis 6 cm langer Blattscheide. ▸5 **Blätter weich und fadenförmig.** ▸6 Blütendolde mit einem Durchmesser von bis zu 15 cm und 5–25 Verzweigungen (Strahlen). ▸7 Unterhalb der Dolden erster und zweiter Ordnung in aller Regel keine Hochblätter. ▸8 **Kronblätter gelb**, eingerollt, klein, bis etwa 1 mm lang und breit. ▸9 Frucht in ihrer Form zylindrisch, bis 10 mm lang und 3 mm breit. ▸10 Frucht mit starken, vorspringenden Rippen. ▸11 Griffel (a) sehr kurz, dem Griffelpolster (b) eng anliegend.

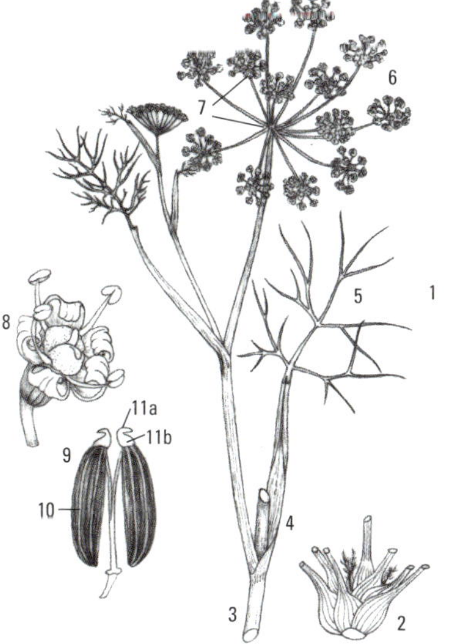

796 Carum carvi, Apiaceae

## Wiesen-Kümmel

zweijährig | 4–6 | 0,8 m

Basenreiche Standorte in Fettwiesen und -weiden. ❀ Wiesen-Flockenblume [370], Kohl-Kratzdistel [547], Großer Wiesenknopf [706].

▸1 Wurzel rübenförmig, weißlich, nach Möhre riechend. ▸2 Stängel kahl und verzweigt. ▸3 Blätter in längliche Teilblätter (a) mit unregelmäßigen, schmalen Abschnitten (b) gegliedert. ▸4 Untere Blätter breit-scheidig gestielt. ▸5 Blattscheide der oberen Blätter mit schmal-länglichen Zipfeln. ▸6 **Stängelnahe Blattabschnitte ein Kreuz bildend** (ähnlich: Berg-Heilwurz [774]). ▸7 Blütenstand mit bis zu 15 ungleich langen Zweigen. ▸8 **Für die Pflanzenfamilie typische Hochblätter an Dolden erster (a) und zweiter Ordnung (b) meist fehlend.** ▸9 Kronblätter weiß oder rötlich, nur etwa 1,5 mm lang. ▸10 Frucht länglich-oval, bis 4 mm lang. ▸11 Fruchtschale mit deutlich hervortretenden, weißlichen Rippen. ▸12 Griffel bei Fruchtreife zurückgebogen.

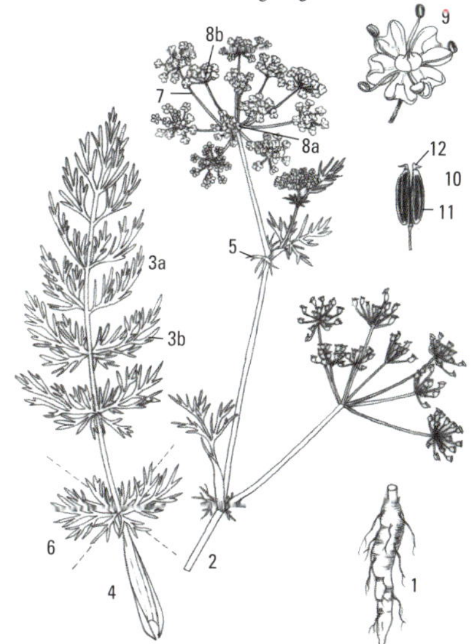

797 ! Meum athamanticum, Apiaceae

## Bärwurz

mehrjährig | 5–6 | 0,6 m

Kalkarme Standorte in Silikat-Magerrasen sowie in extensiven Bergwiesen und Weiden. Gewöhnlicher Frauenmantel [594], Heidekraut [260], Heidelbeere [185].

Beim Zerreiben die ganze Pflanze stark würzig riechend. ▸1 Stängel kantig gerieft. ▸2 **An der Stängelbasis ein dunkler Haarschopf.** ▸3 **Blätter fein gefiedert, dunkelgrün, ab August sich gelborange verfärbend.** ▸4 Blattstiele der unteren Blätter lang (a), an der Basis mit breiten Blattscheiden (b). ▸5 Blütenstand eine 6–15-strahlige Dolde, mit 0–8 Hochblättern. ▸6 **Teilblütenstände (Döldchen) reichblütig, mit zahlreichen schmalen Hochblättern.** ▸7 Blütenkrone weißlich, gelegentlich rötlich überlaufen. ▸8 Doldenstrahlen zur Fruchtzeit ungleich lang. ▸9 Frucht weniger als 1 cm lang, gerippt.

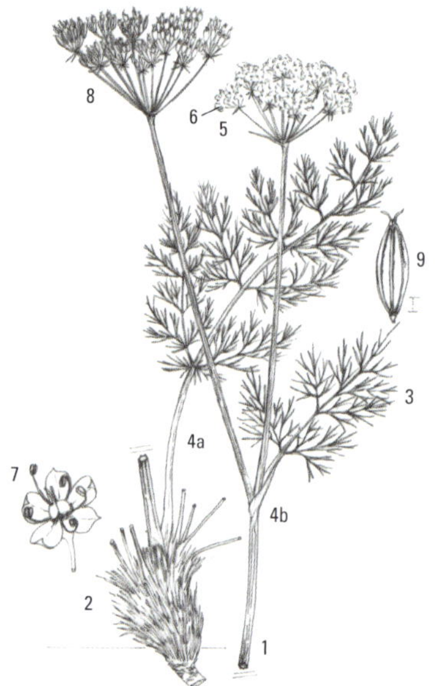

798 Descurainia sophia, Brassicaceae

## Gewöhnliche Besenrauke

ein- bis zweijährig | 5–7 | 0,8 m

Nährstoffreiche, meist trockene, menschlich stark geprägte Standorte, z. B. an Wegen, Schuttplätzen, Äckern, Hafen- und Bahnanlagen. Spreizende Melde [566], Weißer Gänsefuß [564], Kompass-Lattich [524], Wege-Rauke [546].

▸1 Wurzel dünn, blass und rübenförmig. ▸2 **Der fein beblätterte Spross graugrün behaart.** ▸3 Stängel aufrecht, oben ästig verzweigt. ▸4 Blätter in schmale Abschnitte geteilt. ▸5 **Blassgelbe Blüten in langen Trauben.** ▸6 Blüten klein und unscheinbar, Kronblätter nur bis 2 mm lang (a). ▸7 Kelchblätter länglich, gelblich. ▸8 Staubblätter aus den Blüten herausragend. ▸9 Frucht eine aufrechte, schmal längliche, bis 3 cm lange Schote. ▸10 In jedem Fach der Schote etwa 10–15 einreihig angeordnete Samen. ▸11 Samen bräunlich, nur etwa 1 mm lang.

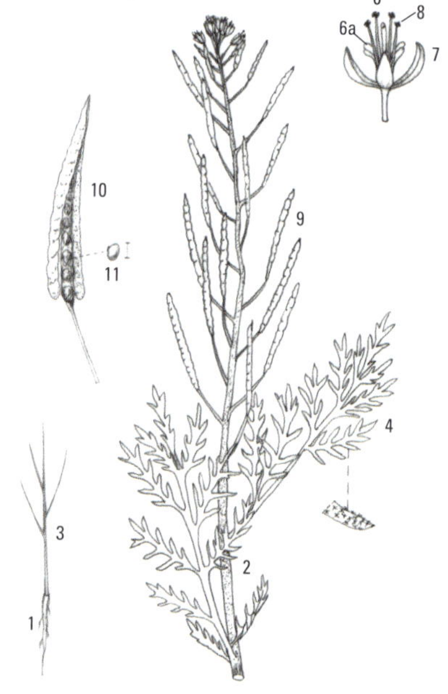

**799** !! Adonis vernalis, Ranunculaceae

**Frühlings-Adonisröschen**

mehrjährig | 4–5 | 0,5 m

Selten in lichten Kiefernwäldern und Trockenrasen. Berg-Aster [404], Hufeisenklee [712].

▶1 Kräftiger, schwarzbrauner Wurzelstock. ▶2 Blätter mit fein verzweigten, schmal-länglichen Abschnitten. ▶3 Blüten einzeln an der Stängelspitze. ▶4 Kelchblätter weichhaarig, den Kronblättern anliegend. ▶5 10–20 **stets gelbe**, bis 4 cm lange **Kronblätter.** ▶6 Zahlreiche, gelbe Staubblätter. ▶7 **Früchte** in einem **eiförmigen bis kugeligen Köpfchen** dicht gedrängt, behaart. ▶8 An der Spitze der Frucht ein hakig gekrümmter Schnabel.

**800** ! Adonis aestivalis, Ranunculaceae

**Sommer-Adonisröschen**

einjährig | 5–7 | 0,6 m

Zerstreut an warmen, trockenen sowie kalk- und nährstoffreichen Standorten in Getreidefeldern. Acker-Rittersporn [806], Ackerröte [387], Persischer Ehrenpreis [229].

▶1 Wenig verzweigte Pfahlwurzel. ▶2 Stängel nur im oberen Teil verzweigt. ▶3 Blätter fein verzweigt, Blattabschnitte schmal-länglich. ▶4 Blüten einzeln an der Spitze der Triebe. ▶5 Kelchblätter der Blütenkrone anliegend, kahl. ▶6 5–8 rote oder gelbe, bis annähernd 2 cm lange Kronblätter, an der Basis dunkel gefärbt. ▶7 Fruchtstand länglich, aus gedrängt angeordneten Nüsschen bestehend. ▶8 Frucht mit grünem Schnabel (a) und 3 Zähnen (b).

801 !! Nigella arvensis, Ranunculaceae

## Acker-Schwarzkümmel

einjährig | 7–9 | 0,4 m

Nährstoffreiche Standorte in Getreidefeldern und brachliegenden Äckern. ❀ Sommer-Adonisröschen [800], Gewöhnliche Quecke [10], Klatsch-Mohn [743].

▸1 Stängel aufrecht, meist verzweigt. ▸2 Wechsel- und stängelständige Anordnung der Blätter. ▸3 Blätter in kurz zugespitzte, länglich-fadenförmige Abschnitte geteilt. ▸4 **Blüte ohne Hochblätter**, einzeln, endständig, Durchmesser der Blüte bis 3 cm. ▸5 Blütenhülle mit 5 hellblauen, **grün geaderten Perigonblättern.** ▸6 Fünf kurze, von den Blütenhüllblättern abstehende, becherförmige Honigblätter. ▸7 **Staubblätter** zahlreich, grünlichgelb, **mit grannenartiger Verlängerung (a).** ▸8 Frucht eine **zylindrische, bis zur Mitte verwachsene** (a), bis 1,5 cm lange, lang geschnäbelte (b), **drei- bis fünfteilige Sammelfrucht.**

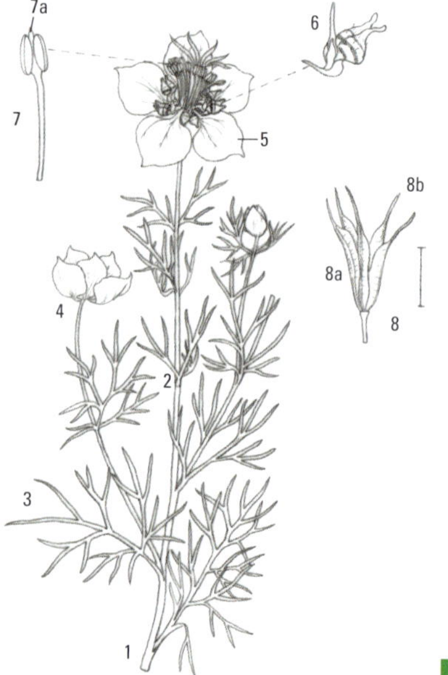

802 Artemisia campestris, Asteraceae

## Feld-Beifuß

Halbstrauch | 8–10 | 0,8 m

Sonnig-nährstoffreiche, meist kalkhaltige Standorte auf Weinberg-Böschungen, Dünen, Dämmen und in Brachen. ❀ Gewöhnlicher Dost [203], Kratzbeere [630], Aufrechter Ziest [360].

▸1 Pflanze bereits von der Basis an verzweigt. ▸2 **Stängel und Äste rötlich, an der Basis verholzend, dünn.** ▸3 **Blätter in schmal-längliche Blattabschnitte geteilt.** ▸4 Untere Blätter lang gestielt. ▸5 Gesamtblütenstand eine reichhaltige, sparrig verzweigte Rispe. ▸6 Blütenköpfchen klein, eiförmig bis kugelig, gelblich oder rötlich, ohne Zungenblüten. ▸7 Hüllblätter eiförmig und häutig berandet.

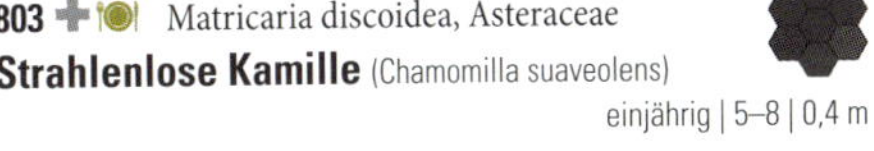

**803** Matricaria discoidea, Asteraceae

## Strahlenlose Kamille (Chamomilla suaveolens)

einjährig | 5–8 | 0,4 m

Nährstoffreiche Standorte in Gärten sowie in durch Tritt beeinträchtigten Rasengesellschaften. ❀ Gewöhnliches Hirtentäschel [541], Breit-Wegerich [212], Echter Vogelknöterich [424].

▸1 **Pflanze kräftig, in allen Teilen stark nach Kamille duftend.** ▸2 Stängel aufrecht, mindestens in der oberen Hälfte sparrig verzweigt. ▸3 Wechselständige Anordnung der fein gefiederten Blätter. ▸4 Blütenköpfe gestielt (a), kegelförmig (b), Durchmesser etwa 1 cm. ▸5 Blütenhülle mehrreihig (a), Hüllblätter mit breitem Hautrand (b). ▸6 Vierzähnige, grünliche Röhrenblüten, keine Zungenblüten. ▸7 Blütenboden gewölbt, hohl. ▸8 **Frucht länglich, nur wenig mehr als 1 mm groß.**

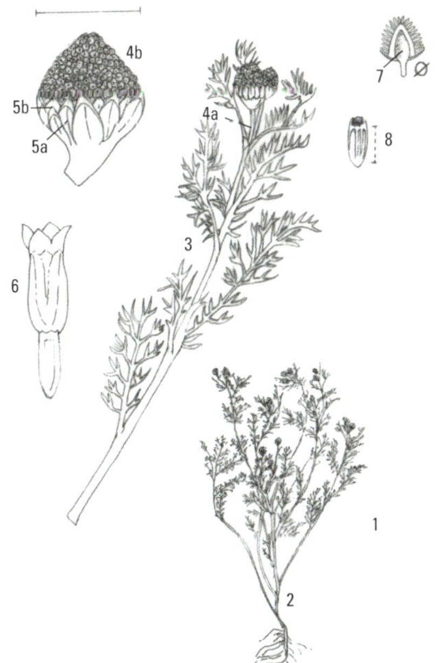

**804** Matricaria recutita, Asteraceae

## Echte Kamille (Chamomilla recutita)

einjährig | 5–7 | 0,5 m

Nährstoffreiche Standorte auf Äckern und Schuttplätzen sowie an Weg- und Straßenrändern. ❀ Ackerfrauenmantel [576], Klatsch-Mohn [743], Behaarte Wicke [675].

**Ganze Pflanze stark aromatisch nach Kamille riechend.** ▸1 Wechselständige Anordnung der fein verästelten Blätter am aufrechten Stängel. ▸2 Blütenköpfchen einzeln auf langen Stielen. ▸3 Blütenboden kegelförmig, hohl. ▸4 **Blütenköpfchen mit zurückgeschlagenen weißen Zungenblüten (a) und gelben Röhrenblüten (b).** ▸5 **Früchte bis etwa 2 mm lang, gerippt.**

**805** Nigella damascena, Ranunculaceae

## Damaszener Schwarzkümmel

einjährig | 5–8 | 0,4 m

Gelegentlich aus Gärten auf nährstoffreiche Ruderalstandorte, z. B. Schuttplätze, verwildert. Gewöhnlicher Beifuß [745], Gewöhnliche Möhre [782], Gelbe Resede [744], Wege-Rauke [546].

▸1 Stängel aufrecht. ▸2 Blätter wechselweise am Stängel angeordnet. ▸3 Blätter in fein verästelte, längliche Abschnitte geteilt. ▸4 Blüten einzeln an der Spitze der Triebe. ▸5 **Blüte von einem Kranz aus Hochblättern umgeben.** ▸6 **Bis zu 3 cm im Durchmesser messende, kugelige Sammelfrucht.** Der ähnliche, gefährdete Acker-Schwarzkümmel [801] hat im Gegensatz hierzu eine zylindrische, nur bis 1,5 cm lange Frucht.

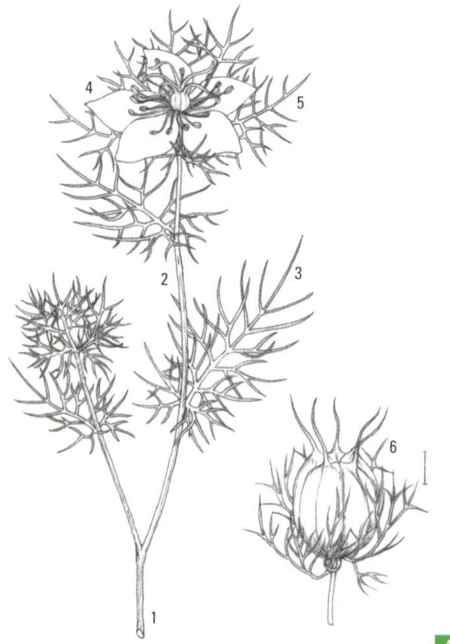

**806** ! Consolida regalis, Ranunculaceae

## Acker-Rittersporn

einjährig | 6–8 | 0,5 m

Nährstoff- und meist kalkreiche Standorte in Getreidefeldern, an Wegen und Schuttplätzen. Sommer-Adonisröschen [800], Kleine Wolfsmilch [365], Ackerröte [387].

▸1 Stängel einzeln, aufrecht, oben verzweigt. ▸2 **Pflanze ohne grundständige Blätter**, nur mit Stängelblättern. ▸3 **Blätter mit schmal-länglichen, filigranen Abschnitten.** ▸4 Blütenstand locker traubig. ▸5 Blütenkrone meist blauviolett, fünfteilig, bis etwa 3 cm lang. ▸6 **Blütensporn waagrecht oder aufwärts gekrümmt.** ▸7 Staubblätter zu 8–10.

**807** Falcaria vulgaris, Apiaceae

## Gewöhnliche Sichelmöhre

mehrjährig | 6–9 | 0,9 m

Auf Brachflächen, an Ackerrändern, in Weingärten, auf Bahndämmen und Böschungen meist kalkreicher Böden. ❀ Acker-Winde [289], Acker-Hornkraut [250], Gewöhnliches Knaulgras [9], Gewöhnliche Quecke [10].

▸1 Stängel aufrecht, rundlich, zart gerillt. ▸2 **Blätter in schmale, bis etwa 15 cm lange und nur bis 1,5 cm breite Abschnitte geteilt.** ▸3 **Beschaffenheit des Blattes starr, dicklich, graugrün.** ▸4 Endabschnitt dreiteilig. ▸5 Seitliche Abschnitte zum Teil etwas sichelförmig gekrümmt. ▸6 **Blattränder mit vorwärts gekrümmten Zähnen scharf gesägt.** ▸7 Länglich-bauchige Blattscheiden an den Stängelblättern. ▸8 **Dolden (a) und Döldchen (b) mit 4–8 Hochblättern.** ▸9 Dolden mit 12–15 etwa gleich langen Zweigen (Strahlen). ▸10 Kronblätter weiß, klein, etwa 0,5–0,7 mm lang. ▸11 Frucht länglich-zylindrisch mit wulstigen Rippen, bis 4 mm lang, bräunlich-gelb.

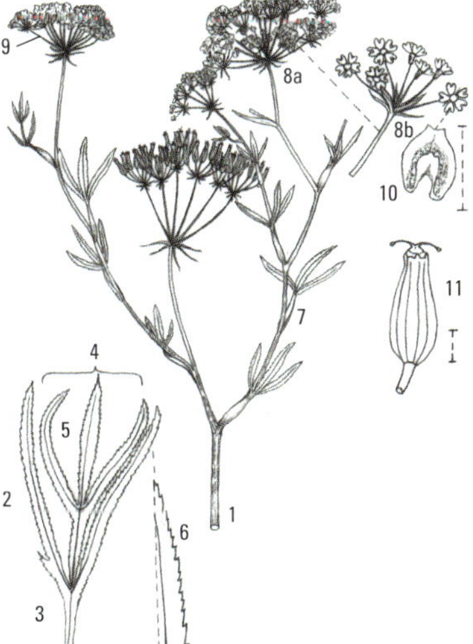

**808** Ceratophyllum demersum, Ceratophyllaceae

## Raues Hornblatt

mehrjährig | 6–8 | L 1,5 m

In nährstoffreichen Teichen, Altwässern und langsam fließenden Gewässern, bis in 10 Meter Wassertiefe. ❀ Große Teichrose [313], Spiegelndes Laichkraut [428], Gewöhnliche Wassernuss [228].

▸1 Stängel untergetaucht, verzweigt, zart. ▸2 Anordnung der Blätter in Quirlen. ▸3 **Die fadenförmigen Blätter starr, brüchig, dunkelgrün.** ▸4 Blätter mit kurzen, aufwärts gebogenen Stacheln besetzt. ▸5 Blüten in den Achseln der Laubblätter angeordnet. ▸6 Blütenhülle neun- bis zwölfblättrig. ▸7 Griffel sehr lang. ▸8 Frucht eine einsamige, eiförmige, schwarze, mit 2 seitlich abstehenden Stacheln (a) und dem Griffelrest (b) besetzte Nuss.

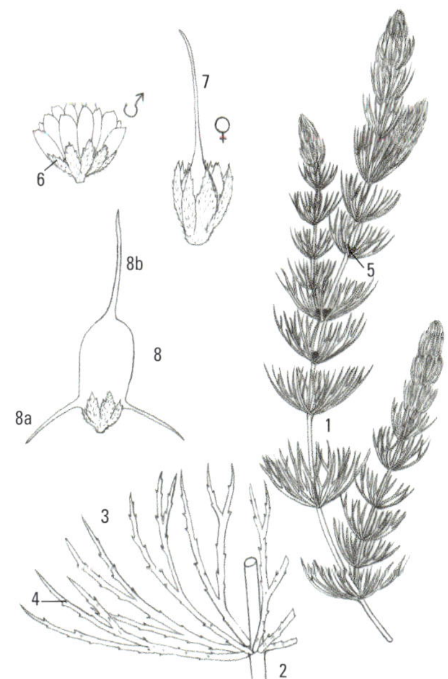

# Glossar botanischer Begriffe und Abkürzungen

**Achäne:** Sonderform der Nussfrucht, u. a. bei den Korbblütlern (Asteraceae) vorkommend.

**Ährchen:** Ein- oder mehrblütiger Teilblütenstand, Blüten durch Spelzen verdeckt.

**Ähre:** Unverzweigter Blütenstand mit ungestielten Blüten.

**Ausläufer:** Stolonen, siehe dort.

**Ausgerandet:** Eingebuchtet, z. B. die oberen Enden von Blütenkronblättern.

**Außenkelch, Nebenkelch:** Bei einigen Pflanzengattungen, so z. B. den Erdbeeren (Fragaria) oder den Malven (Malva) zusätzliche kelchähnliche Hülle, die direkt unterhalb des eigentlichen Blütenkelches liegt.

**Balgfrucht:** Fruchtform, bei der die Frucht mehrere Samen enthält, die jeweils von einer trockenen, meistens ledrigen Fruchtwand umgeben sind. Diese Fruchtwand enthält eine Verwachsungslinie, an der von innen die Samen befestigt sind und entlang der sich die Frucht öffnet. Balgfrüchte kommen u. a. bei den Hahnenfußgewächsen (Ranunculaceae) vor.

**Basenreicher/basenarmer Standort:** Standort auf Böden mit hoher/niedriger Verfügbarkeit von Kalzium, Kalium, Magnesium und Natrium.

**Blattrosette, Rosette:** Sprossabschnitt, an dem die Blätter dicht gedrängt angeordnet sind. Rosetten werden meist am Stängelgrund gebildet.

**Blockwälder:** Natürliche Waldgesellschaft auf (stein-)blockreichem Standort, oft mit hoher Beteiligung von Bergahorn.

**Brutknospen, Brutknöllchen, Bulbillen:** Der Vermehrung dienende Knospen an oberirdischen Organen, die sich bei Reife ablösen und bewurzeln.

**Brutzwiebeln:** Der Vermehrung dienende Knospen im Blütenstand.

**Bulte:** Bodenerhöhungen in Mooren, die sich aus Torfmoosen und Gräsern gebildet haben.

**Döldchen:** Dolde zweiter Ordnung.

**Dolde:** Blütenstand, bei dem die Äste (Strahlen) alle aus einem Punkt entspringen.

**Drüse:** Ein kugeliges Sekret absonderndes Organ.

**Einhäusig:** Weibliche und männliche Blüten getrennt, jedoch auf demselben Individuum (Haus) vorkommend.

**Fadenblüten:** Dies sind Blüten mit verkümmerter Krone. Sie wirken dadurch fadenförmig.

**Faserschopf:** Bei der Verwitterung von Blättern übrig bleibende Fasern, die an der Pflanze verbleiben.

**Fettwiese:** Eine infolge von Düngung nährstoffreiche Wiese. Die typischen Fettwiesen werden nach der hochwüchsigen Grasart Glatthafer (Arrhenaterum elatius) Glatthaferwiesen genannt. Traditionell wurden Fettwiesen zur Heugewinnung zwei- oder dreimal im Jahr geschnitten.

**Fieder:** Teilblatt eines zusammengesetzten Blattes.

**Fiederteilig:** Buchten am Blattrand bis über die Mitte der Blatthälfte.

**Fiederschnittig:** Buchten am Blattrand bis annähernd zur Mittelrippe.

**Frischer Standort:** Standort mit einer Wasserhaushaltsstufe, die zwischen (mäßig) trocken und (mäßig) feucht liegt.

**Früchtchen:** Teilfrucht, etwa einer vierteiligen Klausenfrucht.

**Gefiedert:** Blatt in Teilblätter unterteilt.

**Geflügelt:** Breite Längsleisten enthaltend.

**Gegenständige Blattstellung:** Stellung der Laubblätter jeweils paarweise gegenüber.

**Gestörte Stellen/Plätze:** Durch menschliche Einflüsse negativ beeinflusste Standorte wie z. B. Fahrspuren landwirtschaftlicher Maschinen.

**Großseggenried:** Meist dichte sowie artenarme Bestände aus einer oder wenigen hochwüchsigen Seggen-Arten, beispielsweise Sumpf-Segge (Carex acutiformis).

**Grundständige Blattstellung:** Die Blätter befinden sich nahe der Bodenoberfläche, sodass alle Blätter scheinbar dem Boden entspringen. Oft sind diese sogenannten Grundblätter anders geformt als die Stängelblätter.

**Halbparasit:** siehe Halbschmarotzer.

**Halbschmarotzer:** Organismen, die sich zur Fortpflanzung und Nahrungsaufnahme dauerhaft auf oder in einem pflanzlichen oder tierischen Organismus aufhalten und im Unterschied zum (Voll-)Schmarotzer nur einen Teil der benötigten Nährstoffe aus der Wirtspflanze entnehmen.

**Halbstrauch:** Ausdauernde Pflanze, die an der Basis verholzt, deren diesjährige Zweige jedoch nicht verholzt sind. Der Neuaustrieb zu Beginn der Vegetationsperiode erfolgt aus den verholzten Pflanzenteilen.

**Halbtrockenrasen:** Durch Beweidung oder Mähen meist gehölzfreie, artenreiche Wiesen auf nährstoffarmen Böden, die zwischen den Fettwiesen und den echten Trockenrasen eingeordnet sind und als eine Variante der Kalkmagerrasen gelten. Typisch vorkommende Pflanzenarten sind z. B. Knolliger Hahnenfuß (Ranunculus bulbosus), Kriechende Hauhechel (Ononis repens), Kleines Knabenkraut (Orchis morio) und andere Orchideen.

**Hochblätter:** Blätter, die oberhalb der normalen Laubblätter angeordnet sind und von diesen in Form und Farbe abweichen.

**Hochstaudenfluren:** Meist dichte Bestände von Pflanzengesellschaften hochwüchsiger, mehrjähriger, krautiger Gewächse. Häufig beteiligt ist auf feuchten Standorten das Mädesüß (Filipendula ulmaria).

**Honigblatt:** Nektarblatt, siehe dort.

**Hüllblätter, Hülle:** Hochblätter, die meist zu mehreren einen Blütenstand wie einen Korb der Korbblütler (Asteraceae) oder eine Dolde der Doldenblütler (Apiaceae) umgeben.

**Hüllchenblätter, Hüllchen:** Hochblätter unter den Döldchen.

**Hülsen:** Eine Fruchtform, bei der sich die Frucht bei Reife an Bauch- und Rückennaht öffnet. Hülsen sind vor allem in der Pflanzenfamilie der Schmetterlingsblütler (Fabaceae) vorhanden.

**Kalk-Magerrasen:** Magerrasen auf kalkreichen Böden auf Kalkstein oder nicht entkalktem Löß. Typisch für Kalkmagerrasen ist ihre Nährstoffarmut (Armut an Stickstoff und Phosphor).

**Kapseln:** Fruchtform, die sich durch Eintrocknung oder Verholzung des Fruchtgehäuses öffnet und so die Samen freilässt. In vielen Pflanzenfamilien verbreitet, jedoch nicht bei Rosengewächsen (Rosaceae), Schmetterlingsblütlern (Fabaceae) oder Korbblütlern (Asteraceae).

**Klausenfrucht:** Spezielle Fruchtform, die vor allem bei Lippenblütlern (Lamiaceae) und Raublattgewächsen (Boraginaceae) vorkommt. Sie zerfällt zur Reife durch Spaltung in einsamige Teilfrüchte, die Klausen.

**Knoten, Nodien:** Meist verdickte Bereiche der Sprossachse, an denen ein oder mehrere Blätter ansetzen. Der Sprossachsenbereich zwischen zwei Knoten wird Internodium genannt.

**Kronröhre:** Verwachsener Teil der Blütenkrone.

**L:** Länge

**Lippenblüten:** Blütenform der Pflanzenfamilie Lamiaceae (Lippenblütler). Die Blüte ist fünfteilig, zu einer (teils zurückgebildeten) Oberlippe und einer Unterlippe verwachsen. Ähnliche Blüten kommen auch in anderen Pflanzenfamilien vor, z. B. den Braunwurzgewächsen (Scrophulariaceae).

**Magerrasen:** Extensiv genutztes, traditionell beweidetes, schwachwüchsiges Grünland an besonders nährstoffarmen Standorten. Man unterscheidet Kalk-Magerrasen, siehe dort, und Silikat-Magerrasen auf basenärmeren Standorten.

**Montane Höhenstufe (inklusive Submontan und Hochmontan):** Bergstufe von etwa 300–1700 m ü. N.N.; Stufe der Buchen-Tannen-Fichten-Mischwälder. Im hochmontanen Bereich ab etwa 1100 m ü. N.N. wird Ackerbau von reiner Grünlandwirtschaft abgelöst.

**Nährstoffreicher/nährstoffarmer Standort:** Standort auf Böden mit hoher/niedriger Verfügbarkeit von Stickstoff und Phosphor.

**Nebenblätter:** Blattähnliche Auswüchse an der Laubblattbasis, also am Übergang vom Blatt zum Stängel. Nebenblätter sind kennzeichnend für verschiedene Pflanzenfamilien, so z. B. den Rosengewächsen (Rosaceae) oder den Schmetterlingsblütlern (Fabaceae).

**Nebenkelch:** siehe Außenkelch.

**Nebenkrone:** Kronenartige Gebilde neben der eigentlichen Blütenkrone. Bei einigen Nelkengewächsen z. B. entsteht die Nebenkrone durch einen zungenförmigen, manchmal auch gelappten Auswuchs der Blütenblätter.

**Nektarblatt, Honigblatt:** Blattartiges, nektarbildendes Blütenorgan.

**Niederblätter:** Kleine, einfach gestaltete, häufig schuppenförmige und nicht-grüne Blätter, die unterhalb der Laubblätter angeordnet sind.

**Nodien:** siehe Knoten.

**o. Abb.:** Abkürzung für »ohne Abbildung«. Es bedeutet, dass das betreffende Merkmal hier ausnahmsweise nicht in der Zeichnung dargestellt ist.

**Paarig gefiedert:** Mit einer geraden Anzahl an Teilblättchen.

**Panaschiert:** zwei- oder mehrfarbig.

**Pappus:** Kranz von Haaren oder häutiger Saum auf den Früchten von Vertretern der Pflanzenfamilie der Korbblütler (Asteraceae). Beim Löwenzahn (Taraxacum) oder Bocksbart (Tragopogon) ist er durch einen Stiel schirmartig emporgehoben.

**Parasit:** siehe Schmarotzer.

**Perigon:** Nicht in Kelch und Krone gegliederte Blütenhülle.

**Phototoxisch:** Vergiftende (toxische) Wirkung auf die Hautoberfläche des Menschen durch Einwirkung von Sonnenlicht.

**Pflanzengesellschaft:** Pflanzengemeinschaft mit typischer Zusammensetzung der Arten und typischer Struktur, z. B. Glatthaferwiese (Arrhenatheretum elatioris).

**Pionier, Pionierpflanze:** Erstbesiedler auf vorher vegetationsfreiem Boden.

**Pionierrasen:** Offene lückige Vegetation auf Rohböden an Felskuppen, Felsschutt und Felsbändern, meist von einjährigen oder sukkulenten Arten beherrscht.

**Quirlständige Blattstellung:** Mehr als 2 Blätter entspringen am Spross auf gleicher Höhe.

**Radförmig:** Radförmig ausgebreitete Blütenkrone im Unterschied zu einer trichterförmigen Blütenkrone, z. B. bei den Ehrenpreis-Arten.

**Röhrenblüten, Scheibenblüten:** Fünfzählige, verwachsene Einzelblüten, häufig von Korbblütlern (Asteraceae). Sie sind in den Blütenköpfchen zentral angeordnet und stehen dicht beieinander. Ihre Kronröhre ist lang und schmal, dadurch erhalten sie insgesamt eine lang röhrige Form. Auch innerhalb anderer Pflanzenfamilien kommen Röhrenblüten vor, so z. B. bei den Nachtschattengewächsen (Solanaceae).

**Rosette, Blattrosette:** Sprossabschnitt, an dem die Blätter dicht gedrängt angeordnet sind. Rosetten werden meist am Stängelgrund gebildet.

**Ruderal-, Ruderalvegetation:** Pflanzenwelt auf menschlich geprägten Standorten (z. B. Schuttplätze, Wegränder, Kiesgruben, Bahn- und Hafenanlagen), deren Zusammensetzung nicht vom Menschen beabsichtigt wurde.

**Sammelfrüchte:** Miteinander verwachsene Einzelfrüchte, die einer einzelnen Blüte entstammen wie z. B. Erdbeeren, Brombeeren, aber auch Äpfel und Birnen.

**Scheibenblüten:** Röhrenblüten, siehe dort.

**Scheinfrucht:** Sammelfrucht, bei der das Fruchtfleisch nicht nur aus dem verdickten Fruchtblatt wie bei den echten Früchten, sondern zusätzlich aus anderen Pflanzenteilen wie einem Blütenboden oder einer Blütenstandsachse besteht.

**Schlundschuppen:** Anhängsel an der Innenseite der Kronblätter einiger Raublattgewächse (Boraginaceae), die durch Einstülpung entstanden sind.

**Schmarotzer (Parasit):** Organismen, die sich zur Fortpflanzung und Nahrungsaufnahme dauerhaft auf oder in einem pflanzlichen oder tierischen Organismus aufhalten.

**Schmetterlingsblüten:** Fünfteilige, charakteristische Blüten der großen Pflanzenfamilie der Schmetterlingsblütengewächse (Fabaceae).

**Schötchen:** Unterform der Kapseln, höchstens dreimal so lang wie breit, Vorkommen vor allem bei den Kreuzblütengewächsen (Brassicaceae).

**Schoten:** Unterform der Kapseln, mindestens dreimal so lang wie breit, Vorkommen vor allem bei den Kreuzblütengewächsen (Brassicaceae).

**Sorus (Plural: Sori):** Der Fortpflanzung dienende Sporen enthaltende Ansammlung von Sporen-Kapseln bei Farnen oder Pilzen.

**Spatelförmig:** Blattform, die im oberen Drittel ihre größte Breite erreicht und zum Stiel hin immer schmaler wird.

**Sporangium:** Sporenkapsel.

**Spore:** Der ungeschlechtlichen Vermehrung dienende Einzelzelle bei Schachtelhalmen, Farnen, Moosen, Bärlappen.

**Sporn:** Hohler Auswuchs eines Blütenhüllblattes nach hinten über den Gipfel des Blütenstiels, an dem die Blütenblätter sitzen (Blütenboden), hinaus. In der Regel dienen Sporne als Nektar-Gefäße.

**Spreublatt:** Stark reduzierte Tragblätter, die Einzelblüten innerhalb eines Blütenkorbs umgeben, beispielsweise bei vielen Vertretern der Korbblütler (Asteraceae).

**Spross:** Meist oberirdisch wachsender Teil der Pflanze, bei krautigen Pflanzen aus dem Stängel (Sprossachse) und den Blättern, bei Gehölzen aus Stamm, Zweigen und Blättern zusammengesetzt.

**Standort:** Ökologische Geländesituation unter Einbeziehung von Umweltfaktoren wie Boden, Gestein, Exposition, Wasserhaushalt.

**Strahlenblüten:** Zungenblüten, siehe dort.

**Stolonen, Ausläufer:** Oberirdisch oder unterirdisch kriechende, verlängerte Seitensprosse, die von der Stängelbasis, der Blattrosette vom Wurzelhals, ausgehen. Sie dienen der ungeschlechtlichen (vegetativen) Vermehrung der Pflanze. An den Nodien der Ausläufer können sich Wurzeln bilden. Es bilden sich dann eigenständige Pflanzen, so z. B. bei der Erdbeere.

**Sukkulent:** flüssigkeitsreich.

**Trauben:** Blütenstandstyp, aus länglicher Hauptachse und gestielten Einzelblüten gebildet.

**Tragblatt:** Ein Blatt, das in seiner Blattachsel einen Spross oder eine Blüte trägt. Das Tragblatt kann ein Keimblatt, ein Niederblatt, ein Laubblatt oder ein Hochblatt sein.

**Trittgesellschaft, Trittpflanzengesellschaft:** Durch den Menschen bedingte Pflanzengesellschaften, die durch eine hohe mechanische Belastung durch Tritt gekennzeichnet sind. Sie sind besonders häufig in Siedlungsnähe anzufinden. Häufige kennzeichnende Pflanzenarten sind Breit-Wegerich (Plantago major) und Vogel-Knöterich (Polygonum aviculare).

**Trockenrasen:** Von Trockenheit geprägte Magerrasen an nährstoffarmen Standorten mit niedrigen Kraut- und Halbstrauchpflanzen. Trockenrasen entwickeln sich auf trockenen Standorten mit nur gering entwickelten, flachgründigen Böden.

**Unpaarig gefiedert:** Zusammengesetzte Blätter mit einer ungeraden Anzahl an Teilblättchen (Fiedern, Fiederblättchen).

**Vegetation:** Gesamtheit der Pflanzengesellschaften, die in einem Gebiet wachsen, geprägt durch Klima, Boden, Gestein, Wasserhaushalt sowie durch die Einflüsse von Feuer, Tieren und Menschen.

**Vorblatt:** 1. Das erste oder die beiden ersten Blätter an Seitentrieben. Vorblätter unterscheiden sich meist von den folgenden Blättern der Seitentriebe, häufig handelt es sich um Hoch- oder Niederblätter. 2. Am Blütenstiel, direkt unter der Blüte sitzendes, kleines Hochblatt, bei den Melden (Atriplex) die nackten (ohne Blütenhülle) weiblichen Blüten umschließend.

**Wechselständige Blattstellung:** Die Laubblätter sind am Stängel einzeln angeordnet, keines steht mit einem anderen auf gleicher Höhe.

**Wirtspflanze:** Pflanzlicher Organismus, der einem anderen Organismus Lebensraum und Energie aus dem eigenen Stoffwechsel bietet.

**Zungenblüten, Strahlenblüten:** Fünfzählige Einzelblüten von Vertretern der Pflanzenfamilie der Korbblütler (Asteraceae). Die verwachsene Blütenkrone besteht aus einer kurzen Kronröhre und einer verlängerten sogenannten Zunge.

**Zweizeilige Blattstellung:** Anordnung der Blätter jeweils an der gegenüberliegenden Seite des Stängels, sodass sich zwei Blattreihen ergeben.

**Zwergstrauchheiden:** Bestände von Heidekraut, Ginsterarten, Heidelbeere und Preiselbeere auf basenarmen, meist flachgründigen Standorten.

# Literatur


Eggenberg/Möhl: Flora Vegetativa, 1. Auflage, Bern: Haupt Verlag 2007

Ellenberg, Heinz: Vegetation Mitteleuropas mit den Alpen, 5. Auflage, Stuttgart: Ulmer Verlag 1996

Erhardt/Götz/Bödeker/Seybold: Der große Zander, 2 Bände, Stuttgart: Ulmer Verlag 2008

Fleischhauer/Guthmann/Spiegelberger: Essbare Wildpflanzen. 200 Arten bestimmen und verwenden, Baden und München: AT Verlag 2007

Fleischhauer/Guthmann/Spiegelberger: Enzyklopädie Essbare Wildpflanzen, Baden und München: AT Verlag 2013

Hegi, Gustav: Illustrierte Flora von Mitteleuropa, 7 Bände, München: J. F. Lehmanns Verlag 1906–1987

Lauber/Wagner: Flora Helvetica, 3. Auflage, Bern: Haupt Verlag 2001

Lüder, Rita: Grundkurs Pflanzenbestimmung, 4. Auflage, Wiebelsheim: Quelle & Meyer 2008

Netzwerk Phytodiversität Deutschlands e. V. und Bundesamt für Naturschutz: Verbreitungsatlas der Farn- und Blütenpflanzen Deutschlands, Bonn/Bad Godesberg: BfN Schriftenvertrieb im Landwirtschaftsverlag GmbH, Münster 2013

Oberdorfer, Erich: Pflanzensoziologische Exkursionsflora, 8. Auflage, Stuttgart: Ulmer Verlag 2001

Oberdorfer, Erich: Süddeutsche Pflanzengesellschaften, 2. Auflage, Jena: Gustav Fischer Verlag 1977

Pott, Richard: Die Pflanzengesellschaften Deutschlands, 2. Auflage, Stuttgart: Ulmer Verlag 1995

Rothmaler, Werner: Exkursionsflora von Deutschland. Gefäßpflanzen: Atlasband, 12. Auflage, Heidelberg: Spektrum Akademischer Verlag 2013

Rothmaler, Werner: Exkursionsflora von Deutschland. Gefäßpflanzen: Grundband, 20. Auflage, Heidelberg: Spektrum Akademischer Verlag 2011

Schlifni, Ignaz: Heilpflanzen, 9. Auflage, Steyr: Ennsthaler Verlag 2006

Schmeil-Fitschen: Flora von Deutschland und angrenzender Länder, 94. Auflage, Wiebelsheim: Quelle & Meyer 2009

Sebald/Seybold/Philippi/Wörz: Die Farn- und Blütenpflanzen Baden-Württembergs, 8 Bände, Stuttgart: Ulmer Verlag 1990–1998


# Internetquellen


http://www2.ufz.de/biolflor/taxonomie
http://www.floraweb.de/
http://www.wissen.de/lexikon
http://www.tela-botanica.org/
http://www.wsl.ch/
https://www.verspreidingsatlas.nl/
http://florabase.cz/
http://www.flora-austriaca.at/
http://www.plantillustrations.org/
http://dzn.eldoc.ub.rug.nl/
http://plants-of-styria.uni-graz.at/
http://www.blumeninschwaben.de/
https://commons.wikimedia.org/wiki/Main_Page
https://www.flickr.com

# Register der Pflanzennamen

Hier werden alle gültigen und synonymen Namen alphabetisch aufgelistet. Die Namensgebung folgt der aktuellen Standardliste des Bundesamtes für Naturschutz, einzusehen unter www.floraweb.de. Dort können auch die zugehörigen Namensautoren eingesehen werden. Namen in Klammern bezeichnen die Artengruppe, zu der die genannte Art gehört. Die zusammenfassende Beschreibung der Artengruppe gilt für diese Arten adäquat. **Die Zahlen verweisen auf die entsprechende Pflanzenkennzahl, nicht auf die Seitenzahl.**

# Danksagung

Unser Dank gilt allen, die uns bei der Erstellung des Buches unterstützt und geholfen haben, insbesondere dem Team des AT Verlags für die gewohnt professionelle Bucherstellung, Urs Hunziker für die motivierende Begeisterung für dieses Projekt, Thomas Muer für die Zusammenarbeit im Bereich der Pflanzenbilder, Floor Steinacher für die Bereitstellung einiger Pflanzenzeichnungen, Viola Nehrbass, Lina und Lotta de Carlo für die tatkräftige und mentale Unterstützung, der Bibliothek der TU München-Weihenstephan und Elisabeth Liebl für die Nutzungsmöglichkeiten ihrer Arbeitsräume.

# Die Autoren

**Steffen Guido Fleischhauer**
Diplom-Ingenieur für Landschaftsplanung, Fachhochschule Weihenstephan. Seminarleitung und Lehrtätigkeit über Wildpflanzen an Universitäten und Hochschulen in Deutschland, Österreich und der Schweiz. Herausgeber des Wildpflanzen-Magazins. www.essbare-wildpflanzen.de

**Roland Spiegelberger**
Diplom-Ingenieur für Landschaftsarchitektur und Umweltplanung, Fachhochschule Höxter. Arbeitet seit 2009 freiberuflich als Biotop-Kartierer.

**Claudia Gassner**
Beschäftigt sich seit vielen Jahren mit Wildpflanzen und Pflanzenillustrationen. Verwirklichte über 1000 Pflanzenzeichnungen für Ausstellungen, umweltpädagogische Projekte und mittlerweile drei Pflanzenbücher.

# Bildnachweis

Die Pflanzenzeichnungen wurden von Claudia Gassner angefertigt, unter Verwendung historischer Vorlagen aus Gustav Hegi: Illustrierte Flora von Mitteleuropa: Chaerophyllum bulbosum, Chaerophyllum hirsutum, Lupinus polyphyllus, Mercurialis annua, Oxalis stricta, Petasites albus, Petasites hybridus mit freundlicher Genehmigung von Dr. Gerald Hirsch, Weissdorn-Verlag, Jena. Die restlichen Vorlagen stammen aus Public Domain. 36 Zeichnungen wurden von Floor Steinacher zur Verfügung gestellt. Die Vorlagen für die Blattformsymbole stammen von Viola Nehrbaß, Claudia Gassner und historischen Vorlagen aus Public Domain.

Mit Ausnahme der nachfolgend genannten stammen die Fotos von Thomas Muer, Viola Nehrbaß oder Steffen G. Fleischhauer sowie aus Public Domain und Creative Commons (CC0).

Die Bildquellenangaben beziehen sich auf das Bild bzw. die Bildcollage in den Pflanzenporträts. Die Kleinbilder in der Blütenübersicht (Seite 14ff.) sind meist Ausschnitte aus den Bildern der Pflanzenporträts. Es gilt die entsprechende Quellennennung. Kleinbilder der Blütenübersicht, die nicht den Pflanzenporträts entstammen, sind aus Public Domain oder von Steffen G. Fleischhauer. Die Reihenfolge der Nennung der Bildquellen innerhalb einer Bildcollage erfolgt gemäß der Leserichtung von links nach rechts und dann von oben nach unten.

Folgende Abkürzungen werden im untenstehenden Text verwendet: Bt = Bildteil, □ = Ausschnitt geändert, ⌂ = Rand erweitert, Δ = unter Lizenz, CC-BY = www.creativecommons.org/licenses/by, [hf] = https://farm, [fk] = staticflickr.com, [cw] = https://commons.wikimedia.org/wiki/Category, [ci] = https://commons.wikimedia.org/wiki/

Acinos alpinus: „acinos_alpinus_r1“ • B.Zwittnig; http://www2.arnes.si/~bzwitt/flora/images/lamiaceae/acinos_alpinus_r1.jpg; Δ CC-BY/2. 5/si/; □. Aconitum napellus: „Blauer Eisenhut Aconitum napellus, Dolomiten, Tschamintal“ • Axel Mauruszat; [ci]File:Blauer_Eisenhut_Dolomiten.jpg; Δ Attribution; □. Acorus calamus: „Acorus_calamus1“ • Superior National Forest; https://upload.wikimedia.org/wikipedia/commons/2/2e/Acorus_calamus1_%285097239953%29.jpg?download; Δ CC-BY/2.0; □. Actaea spicata: „Actaea spicata“ • Joseba Garmendia; [cw]:Actaea_spicata#/media/File:Actaea_spicata,_J._Garmendia.jpg; Δ CC-BY/3.0; □ - Bild in Blütenübersicht: „Actaea Spicata Trolldruva“ • AnnaKika; [hf]4.[fk]/3027/2573727502_3f9fe4a0f4_o_d.jpg; Δ CC-BY/2.0/; □. Adenostyles alliariae: „Adenostyles alliariae (1)“ • Philipp Weigell; [cw]:Adenostyles_alliariae#/media/File:Adenostyles_alliariae_(1).jpg; Δ CC-BY/3.0; □. Adonis aestivalis: „Flower of Summer pheasant's eye (Adonis aestivalis)“ • Steve Dewey; [cw]:Adonis_aestivalis#/media/File:Adonis_aestivalis_-_flower.jpg; Δ CC-BY/3.0; □. Agrimonia eupatoria: „Agrimony (Agrimonia eupatoria)“ • A. Zharkikh; [hf]9. [fk]/8427/7737459526_e6ecb92567_o_d.jpg; Δ CC-BY/2.0/; □. Ajuga genevensis: „Germany - Tauberland“ • B.Haynold; [ci]Ajuga_genevensis#/media/File:Ajuga_genevensis_150505.jpg; Δ CC-BY/2.5; ⌂, □. Allium lusitanicum: „Allium senescens subsp. montanum“ • Petr Filippov; [cw]:Allium_lusitanicum#/media/File:Allium_senescens_subsp._montanum1.jpg; Δ CC-BY/3. 0; □ - 2.Bt: „Berg-Lauch in den Blumengärten Hirschstetten“ • weisserstier; https://www.flickr.com/photos/alfreddiem/20978055148/in/photolist-cXgES3-xXL1W1; Δ CC-BY/2.0/; □, Details überlagert. Allium oleraceum: „Allium oleraceum“ • B.Haynold; [cw]:Allium_oleraceum#/media/File:Allium_oleraceum_010807.jpg; Δ CC-BY/2.5; ⌂, □.

Amaranthus albus: „Amaranthus albus - inflorescence“ • NY State IPM Program at Cornell University; https://www.flickr.com/photos/99758165@N06/18554301858/in/photolist-aN35rD-b8h8rr-aN36zR-b8h7M6-dtqLcW-dtqKMy-dtqL6U-dtqKWL-ugHSvT-ugzDwb/; Δ CC-BY/2.0/; □. Ambrosia artemisiifolia: „Neophytic Ambrosia in Hamburg, Germany (Ambrosia artemisiifolia)“ • G.-U. Tolkiehn; [cw]:Ambrosia_artemisiifolia#/media/File:Ambrosia_artemisiifolia_10444.jpg; Δ CC-BY/2.5; □. Andromeda polifolia: „Andromeda polifolia, Denali National Park and Preserve, AK, USA“ • NPS / Jacob W. Frank: Denali National Park and Preserve - Bog Rosemary Uploaded by AlbertHerring; [cw]:Andromeda_polifolia#/media/File:Andromeda_polifolia_(7833216170).jpg; Δ CC-BY/2.0; □. Angelica archangelica: „Angelica Archangelica“ • Sami Sieranoja; https://www.flickr.com/photos/n0rthw1nd/4724445244/in/photolist-5VUqhh-8cu1Yu-9X5GaD-aekPhV-B71LCg-mFYpEn-2GR6NK-e3A1z6-e3zZ4e-s9PHbi-pEQRHj-oY6Ro7-aD5Uck-6TbTb8-6P1EY5-w2s2dY; Δ CC-BY/2.0/; □. Anthericum liliago: 2.Bt: „Phalagère à fleurs de Lis (Anthericum liliago)“ • Denbert; [cw]:Anthericum_liliago#/media/File:Phalangere2.jpg; Δ CC-BY/2.5; □. Anthericum ramosum: „Anthericum ramosum“ • Radio Tonreg; [cw]:Anthericum_ramosum#/media/File:Anthericum_ramosum_(8248158892).jpg; Δ CC-BY/2.0; □. Antirrhinum majus: „Antirrhinum majus, from Thasos, Greece“ • Haplochromis; [cw]:Antirrhinum_majus#/media/File:Antirrhinum_majus_from_Thasos.jpg; Δ CC-BY/2.5; □. Aphanes arvensis: „Parsley Piert“ • Simon; https://www.flickr.com/photos/137246163@N04/24020979896/in/photolist-CADNrN-CCXvV2/; Δ CC-BY/2.0/; □. Aposeris foetida: „Navadna smrdljivka na Mokrici.“ • B.Zwittnig; [cw]:Aposeris_foetida#/media/File:Aposeris_foetida_m1.jpg; Δ CC-BY/2.5/si/deed.en; □. Aquilegia atrata: 2.Bt: „Črnikastovijolična orlica v dolini Belce.“ • B.Zwittnig; [cw]:Aquilegia_atrata#/media/File:Aquilegia_atrata_PID1619-2.jpg; Δ CC-BY/2.5/si/deed.en; □. Arabidopsis thaliana: „Fleurs Arabidopsis Thaliana-2-cliche Jean Weber“ • INRA, Jean Weber; [hf]1. [fk]/600/22612171991_66e9d0cd54_q_d.jpg; Δ CC-BY/2.0/; □ - 2.Bt: „Wild type Arabidopsis thaliana (left), auxin signal-transduction mutant (axr2, right)“ • William M. Gray; [cw]:Arabidopsis_thaliana#/media/File:Auxin.jpg; Δ CC-BY/2. 5; □. Arabis hirsuta: „2013.06.15_10.10.04_IMG_4252“ • A. Zharkikh; [hf]6.[fk]/5451/9312058571_80b644abf0_o_d.jpg; Δ CC-BY/2.0/; □ - 2.Bt: „2013.06.15_10.10.32_IMG_4253“ • A.Zharkikh; [hf]3.[fk]/2865/9314847302_dc90185df0_o_d.jpg; Δ CC-BY/2.0/; □. Arctium minus: „2009.07.30_16.14.22_CIMG2015“ • A.Zharkikh; [hf]8.[fk]/7031/6660318353_f3b3853226_o_d.jpg; Δ CC-BY/2. 0/; ⌂, □. Armeria maritima: „The diving flowers“ • Gene Selkov; [hf]9.[fk]/8142/7456628116_71082b9edb_o_d.jpg; Δ CC-BY/2.0/; □. Armoracia rusticana: 2.Bt: „Piparjuuri“ • Sirpale79; [hf]9.[fk]/8024/7180670755_1711ceb57b_o_d.jpg; Δ CC-BY/2.0/; □. Arnica montana: „Navadna arnika na Veliki planini.“ • B.Zwittnig; [cw]:Arnica_montana#/media/File:Arnica_montana_PID1682-2.jpg; Δ CC-BY/2.5/si/deed.en; □ - 2.Bt: „Arnica montana in nature reserve Prameniště near Železná Ruda in Klatovy District“ • Huhulenik; [cw]:Arnica_montana#/media/File:Nature_reserve_Prameni%C5%A1t%C4%9B_(6).jpg; Δ CC-BY/3.0; □ - 3.Bt: „Mountain flowers, Le Puy Mary, Cantal, Auvergne, France“ • Olivier; [cw]:Arnica_montana#/media/File:Fleurs_de_montagne_Le_Puy_Mary.jpg; Δ CC-BY/2.0; □. Arrhenatherum elatius: 3. Bt: „2013.07.01_08.34.42_IMG_4970“ • A.Zharkikh; [hf]8. [fk]/7310/9188316695_071e9a6d40_o_d.jpg; Δ CC-BY/2.0/; □.

Arum maculatum: 2.Bt: „Arum maculatum“ • Manuel; [hf]9.[fk]/8584/15859930957_2db9987d9b_o_d.jpg; Δ CC-BY/2.0/; □. Asarum europaeum: „Asarum europaeum, Schwäbisch-Fränkischer Wald, Germany“ • B.Haynold; [cw]:Asarum_europaeum#/media/File:Asarum_europaeum_170406.jpg; Δ CC-BY/2.5; □ - 2.Bt: „Asarum europaeum in national nature reserve Drbákov-Albertovy skály near Nalžovické Podhájí in Příbram District“ • Huhulenik; [cw]:Asarum_europaeum#/media/File:Drb%C3%A1kov-Albertovy_sk%C3%A1ly_(15).jpg; Δ CC-BY/3.0; □. Asparagus officinalis: „Asparagus“ • Ed Ogle; [hf]4.[fk]/3935/19149800229_9dbdd9aef7_o_d.jpg; Δ CC-BY/2.0/; □. Asplenium ruta-muraria: „Asplenium ruta-muraria“ • Ashley Basil; [hf]9.[fk]/8747/16813854260_80b914129c_o_d.jpg; Δ CC-BY/2.0/; □, Details überlagert. Asplenium scolopendrium: Viola Nehrbaß; - 2.Bt: „Hart's tongue fern {asplenium scolopendrium}“ • Drew Avery; [hf]5.[fk]/4054/4347466382_18d4dd971a_o_d.jpg; Δ CC-BY/2.0/; □. Asplenium viride: Bild in Blütenübersicht: „n294_w1150“ • Biodiversity Heritage Library; [hf]9.[fk]/8371/8518460057_f94d5658c6_o_d.jpg; Δ CC-BY/2.0/; □. Aster amellus: „Aster amellus, Tauberland, Germany“ • B.Haynold; [cw]:Aster_amellus#/media/File:Aster_amellus_190807.jpg; Δ CC-BY/2.5; □. Athyrium filix-femina: „2009.09.05-11.10.05_IMG_3421“ • A. Zharkikh; [hf]8. [fk]/7006/6429624593_b34a6a2518_o_d.jpg; Δ CC-BY/2.0/; □ - 2.Bt: „Lady-Fern-sori“ • Homer Edward Price; [hf]4.[fk]/3201/2997073698_fdb189928d_o_d.gif; Δ CC-BY/2.0/; □ - 3.Bt: „A multitude of sori-Athyrium filix-femina var. cyclosorum (lady fern)“ • oliveoligarchy; [hf]9.[fk]/8317/8033900369_ba5d182373_o_d.jpg; Δ CC-BY/2.0/; □. Atropa bella-donna: 2.Bt: „Illustration from Anatomy & Physiology“ • OpenStax College ; [cw]:Atropa_belladonna#/media/File:1514_Belladona_Plant.jpg; Δ CC-BY/3.0; □. Barbarea vulgaris: 2.Bt: „2010.07.04-17.43.28_IMG_8706“ • A. Zharkikh; [hf]8. [fk]/7147/6572424103_cccfcea084_o_d.jpg; Δ CC-BY/2.0/; □. Berula erecta: „2014.08.29_11.32.07_IMG_0501“ • A. Zharkikh; [hf]4. [fk]/3901/15109495171_4f2d8f3a7d_o_d.jpg; Δ CC-BY/2. 0/; □ - 2.Bt: „2011.08.15_21.39.26_IMG_5154“ • A.Zharkikh; [hf]8.[fk]/7185/6866672018_574bb91326_o_d.jpg; Δ CC-BY/2.0/; □. Bidens tripartita: 2.Bt: „2012.08.22_17.30.21_IMG_9441“ • A.Zharkikh; [hf]9. [fk]/8446/7867957866_6c624da4ae_o_d.jpg; Δ CC-BY/2.0/; □. Bistorta vivipara: 2.Bt: „2011.07.23_13.06.26_IMG_4248“ • A. Zharkikh; [hf]8.[fk]/7185/6881139229_c7bfc66a60_o_d.jpg; Δ CC-BY/2.0/; □. Blechnum spicant: 2. Bt: „Rebrenjača na Golovcu.“ • B.Gaberšček; [cw]:Blechnum_spicant?uselang=de#/media/File:Blechnum_spicant_PID2007-2.jpg; Δ CC-BY/2.5/si/deed.en; □. Bryonia dioica: „Bryonia dioica“ • pixeltoo; [hf]8.[fk]/7352/10036654246_a778b4b505_o_d.jpg; Δ CC-BY/2.0/; □. Buglossoides purpurocaerulea: „Škrlatnomodro ptičje seme v Podpeči (Kraški rob).“ • B.Zwittnig; [cw]:Aegonychon_purpurocaeruleum#/media/File:Buglossoides_purpurocaerulea_PID829-2.jpg; Δ CC-BY/2.5/si/deed.en; □. Bunias orientalis: „Bunias orientalis“ • Peyman Zehtab Fard; [hf]4.[fk]/3821/8980583387_9f28483bf2_o_d.jpg; Δ CC-BY/2.0/; □ - 2.Bt: „Turkish rocket Bunias orientalis“ • Eric Toensmeier; [hf]8.[fk]/7732/17380142802_3faa2f9eea_o_d.jpg; Δ CC-BY/2.0/; □ - 3.Bt: „Bunias orientalis (reifes Schötchen)“ • Fornax; [ci]Bunias_orientalis#/media/File:Bunias_orientalis_(Sch%C3%B6tchen).jpg; Δ [ci]File:Bunias_orientalis_(Sch%C3%B6tchen).jpg; □. Buphthalmum salicifolium: 2.Bt: „Buphthalmum salicifolium Hochstein, Upper Austria, Austria“ • Tigerente; [cw]:Buphthalmum_salicifolium#/media/File:Buphthalmum_salicifolium01.jpg; Δ CC-BY/2.5; □. Butomus umbellatus: „Flower of Butomus umbellatus near Valladolid, (Spain)“ • D.Perez; [cw]:Butomus_umbellatus#/media/File:Butomus_umbellatus_01_by dpe.jpg; Δ CC BY/3.0; □. Calluna vulgaris: „Heather (Calluna vulgaris), growing wild in the Highlands of Scotland.“ • Foxypar4; [cw]:Calluna_vulgaris#/media/File:Heather_(Highlands).jpg; Δ CC-BY/2.0; □, Gras retuschiert. Campanula cochleariifolia: „Zwergglockenblume (Campanula cochleariifolia) im Gasteinertal, Fundort Naßfeld Höhe ca. 1600-1800 Meter ü.Adria“ • Karl Gruber; [cw]:Campanula_cochleariifolia#/media/File:Campanula_cochleariifolia_3209.jpg; Δ CC-BY/3.0/at/deed.en; □ - 2.Bt: „Trebušasta z•čica ob zavetišču pod Špičkom.“ • B.Zwittnig; [cw]:Campanula_cochleariifolia#/media/File:Campanula_cochleariifolia_PID912-1.j pg; Δ CC-BY/2.5/si/deed.en; □. Campanula glomerata: „Campanula glomerata, Poland“ • Nova; [cw]:Campanula_glomerata#/media/File:Dzwonek_skupiony_Campanula_glomerata_plant.jpg; Δ CC-BY/3.0; □. Campanula patula: 2.Bt: „Stem leaves“ • Col Ford and Natasha de Vere; [hf]2.[fk]/1315/5128564953_e06a6967df_o_d.jpg; Δ CC-BY/2.0/; □, Laub retuschiert. Campanula persicifolia: „Campanula persicifolia o Campanilla“ • Manuel; [hf]2.[fk]/1485/26114216816_2069bb7b44_o_d.jpg; Δ CC-BY/2.0/; □. Campanula rapunculoides: 2.Bt: „Campanulaceae - Campanula rapunculoides-1“ • E.Balocchi; [hf]9.[fk]/8504/8304752320_cd5f3d46f2_o_d.jpg; Δ CC-BY/2.0/; □ - 3.Bt: „Campanula rapunculoides 26“ • Stefan Bamira; [hf]4.[fk]/3838/18414471634_fccaf1b1c1_o_d.jpg; Δ CC-BY/2.0/; □. Campanula trachelium: „Koprivasta z•čica v Gonteh.“ • B.Zwittnig; [cw]:Campanula_trachelium#/media/File:Campanula_trachelium_g2.jpg; Δ CC-BY/2.5/si/deed.en; □ - 2.Bt: „Koprivasta z•čica v Gonteh.“ • B.Zwittnig; [cw]:Campanula_trachelium#/media/File:Campanula_trachelium_g1.jpg; Δ CC-BY/2.5/si/deed.en; □. Cardamine bulbifera: 2.Bt: „Brstična konopnica na Mrzlici.“ • B.Zwittnig; [cw]:Cardamine_bulbifera#/media/File:Dentaria_bulbifera_m1.jpg; Δ CC-BY/2.5/si/deed.en; □, Bild gedreht. Cardamine hirsuta: „Cardamine hirsuta plant6“ • H.Rose; [hf]6.[fk]/5527/14312531796_1fb705bdb6_o_d.jpg; Δ CC-BY/2.0/; □. Cardamine impatiens: „Plant species Cardamine_impatiens“ • Rolf Engstrand; [cw]:Cardamine_impatiens#/media/File:Cardamine_impatiens2.jpg; Δ CC-BY/2.5; □. Carduus acanthoides: „Carduus_acanthoides_6-eheep“ • Superior National Forest; [cw]:Carduus_acanthoides#/media/File:Carduus_acanthoides_6-eheep_(5097841962).jpg; Δ CC-BY/2. 0; □. Carduus nutans: „Carduus nutans“ • C T Johansson; [cw]:Carduus_nutans#/media/File:IMG_0016-Carduus_nutans.jpg; Δ CC-BY/3. 0; □ - 2.Bt: „Musk Thistle at Metzger Farm Open Space, Colorado“ • nature80020; [hf]6.[fk]/5552/14451603591_c178d8f0df_o_d.jpg; Δ CC-BY/2.0/; □. Carex pendula: „2011.07.25_15.25.54_IMG_4350“ • A. Zharkikh; [hf]9. [fk]/8283/7744223094_1dc5cbe346_o_d.jpg; Δ CC-BY/2.0/; □. Carlina vulgaris agg: „Carlina vulgaris (2)“ • Philipp Weigell; [cw]:Carlina_vulgaris?uselang=de#/media/File:Carlina_vulgaris_(2).jpg; Δ CC-BY/3.0; □ - 2.Bt: „Golddistel (carlina vulgaris) im Naturpark Südheide (Germany)“ • Hajotthu; [cw]:Carlina_vulgaris?uselang=de#/media/File:Carlina_vulgaris_2010_07_25.jpg; Δ CC-BY/3.0; ⌂, □. Carum carvi: 2. Bt: „2009.08.01-14.33.09_IMG_1774“ • A.Zharkikh; [hf]7. [fk]/6213/6327983035_49e7bea346_o_d.jpg; Δ CC-BY/2.0/; □. Centaurea cyanus: „Centaurea cyanus“ • Carl Lewis; [hf]2.[fk]/1356/1198126831_de6d60142b_o_d.jpg; Δ CC-BY/2.0/; □. Centaurium erythraea: „Common Centaury - Centaurium Erythraea“ • Nick Goodrum; [hf]9. [fk]/8187/27953440534_9abb85599b_o_d.jpg; Δ CC-BY/2.0/; □ - 2.Bt: „Centaurium erythraea plant1 NT“ • H. Rose; [hf]9.[fk]/8653/15900474114_d64fc86ebe_o_d.jpg; Δ CC-BY/2.0/; □. Cephalanthera damasonium: „Cephalanthera damasonium, Tauberland, Germany“ • B.Haynold; [cw]:Cephalanthera_damasonium_-_plants#/media/File:Cephalanthera_damasonium_050606.jpg; Δ CC-BY/2.5; □. Cephalanthera rubra: „Rdeča naglavka v Ukancu.“ • B.Zwittnig; [cw]:Cephalanthera_rubra_-_plants#/media/File:Cephalanthera_rubra_u1.jpg; Δ CC-BY/2.5/si/deed.en; □. Ceratophyllum demersum: 2.Bt: „Ceratophyllum demersum“ • Radio Tonreg; [cw]:Ceratophyllum_demersum#/media/File:Ceratophyllum_demersum_(8443788275).jpg; Δ CC-BY/2.0; □. Chaenorhinum minus: 2.Bt: „Chaenorhinum minus north germany“ • myself; [cw]:Chaenorhinum_minus#/media/File:Chaenorhinum-minus-4270.jpg; Δ CC-BY/3.0; □. Chelidonium majus: „Chelidonium majus, commonly known as greater celandine or tetterwort (3)“ • Free Photos4U; [hf]2.[fk]/1642/26387938551_bef634b821_o_d.jpg; Δ CC-BY/2.0/; □ - 2.Bt: „Thésée-la-Romaine (Loir-et-Cher)“ • Daniel Jolivet; [hf]9.[fk]/8779/16576254794_8cabc5efff_o_d.jpg; Δ CC-BY/2. 0/; gedreht und □. Chenopodium glaucum: „2012.08.12_13.19.20_IMG_9285“ • A. Zharkikh; [hf]8. [fk]/7135/7832011004_9597355806_o_d.jpg; Δ CC-BY/2. 0/; □. Chenopodium rubrum: „2015.08.22_21.48.40_IMG_0292“ • A. Zharkikh; [hf]1. [fk]/724/21008088065_aa068e2284_o_d.jpg; Δ CC-BY/2. 0/; gedreht und □ - 2. Bt: „2015.08.22_21.28.08_IMG_0288“ • A.Zharkikh; [hf]6.[fk]/5740/21015634801_d5cc96c7ff_o_d.jpg; Δ CC-BY/2. 0/; Papier retouchiert, gespiegelt, □ - 3. Bt: „2015.08.22_10.57.42_IMG_0254“ • A.Zharkikh; [hf]6. [fk]/5806/20385437884_6a1c05f62b_o_d.jpg; Δ CC-BY/2.0/; □. Cicerbita alpina: „Cicerbita alpina“ • Teun Spaans; [cw]:Cicerbita_alpina#/media/File:Cicerbita_alpina_DSCF1304.jpg; Δ CC-BY/2.5; □ - 2.Bt: „Navadna gorska ločika na Snežniku.“ • B.Gaberšček; [cw]:Cicerbita_alpina#/media/File:Cicerbita_alpina_PID1768-1.jpg; Δ CC-BY/2.5/si/deed.en; □. Circaea alpina: „Enchanter's Nightshade“ • Ed Ogle; [hf]8.[fk]/7437/27716138036_ac13d7a539_o_d.jpg; Δ CC-BY/2.0/; □. Circaea lutetiana: 2.Bt: „Enchanter's Nightshade (Circaea lutetiana) (4859651060)“ • Phil Sellens; [cw]:Circaea_lutetiana#/media/File:Enchanter%27s_Nightshade_(Circaea_lutetiana)_(4859651060).jpg; Δ CC-BY/2.0; □ - 3.Bt: Viola Nehrbaß. Cirsium acaulon: „Cirsium acaule, Schwäbisch-Fränkische Waldberge, Germany“ • B.Haynold; [cw]:Cirsium_acaule#/media/File:Cirsium_acaule_110807a.jpg; Δ CC-BY/2.5; □. Claytonia perfoliata: „minors_lettuce_claytonia_perfoliata“ • Jennifer McNew, BLM; [cw]:Claytonia_perfoliata?uselang=de#/media/File:Minors_lettuce_claytonia_perfoliata_(18278940029).jpg; Δ CC-BY/2.0; □. Comarum palustre: „Sumpf-Blutauge (Potentilla palustris), Holzwarchetal bei Mürringen, Ostbelgien“ • Frank Vassen; [cw]:Comarum_palustre#/media/File:Sumpf-Blutauge_(Potentilla_palustris),_Holzwarchetal_bei_M%C3%BCrringen,_Ostbelgien_(3945419014).jpg; Δ CC-BY/2.0; □. Conium maculatum: Bild in Blütenübersicht: „poison-hemlock Conium maculatum L.“ • Eric Coombs; [cw]:Conium_maculatum#/media/File:Conium_maculatum_5435830.jpg; Δ CC-BY/3.0; □. Consolida regalis: „Consolida regalis i Bergianska trädgården.“ • C T Johansson; [cw]:Consolida_regalis#/media/File:Consolida_regalis-IMG_9155.jpg; Δ CC-BY/3.0; □. Crepis capillaris: „Crepis capillaris plant1 NT“ • H.Rose; [cw]:Crepis_capillaris#/media/File:Crepis_capillaris_plant1_NT_(16335689770).jpg; Δ CC-BY/2.0; □ - 2.Bt: „Crepis capillaris head3 NT“ • H.Rose; [cw]:Crepis_capillaris#/media/File:Crepis_capillaris_head3_NT_(16335453228).jpg; Δ CC-BY/2.0; □ - 3.Bt: „Crepis capillaris leaf1 NT“ • H.Rose; [cw]:Crepis_capillaris#/media/File:Crepis_capillaris_leaf1_NT_(15902980613).jpg; Δ CC-BY/2.0; □. Cruciata laevipes: 2.Bt: „Cruciata laevipes - crosswort, smooth bedstraw“ • FreePhotos4U; [hf]2.[fk]/1710/26381617231_29d8d0f893_o_d.jpg; Δ CC-BY/2.0/; □. Cuscuta epithymum: „Drobnocvetna predenica v Selu nad Polhovim Gradcem.“ • B.Zwittnig; [cw]:Cuscuta_epithymum#/media/File:Cuscuta_epithymum_s1.jpg; Δ CC-BY/2.5/si/deed.en; □. Cuscuta europaea: „Cuscuta europaea L. on Tanacetum vulgare L., Utterslev Mose, Søborg, Denmark, 11 July 2015“ • Donald Hobern; [cw]:Cuscuta_europaea#/media/File:Cuscuta_europaea_(19424234538).jpg; Δ CC-BY/2. 0; □. Cyperus fuscus: „Cyperus fuscus am Elbufer“ • B.Sauerwein; [cw]:Cyperus_fuscus#/media/File:Cyperus_fuscus_Elbe.jpg; Δ CC-BY/3. 0; □. Cypripedium calceolus: „Lepi čeveljc ob Klemenči jami (Logarska dolina)“ • Sonja Kostevc; [cw]:Cypripedium_calceolus_-_plants?uselang=de#/media/File:Cypripedium_calceolus_PID1329-2.jpg; Δ CC-BY/2.5/si/deed.en; □. Cystopteris fragilis: „Fragile Fern“ • J.Hollinger; [hf]4.[fk]/3335/3600268544_f291d6721b_o_d.jpg; Δ CC-BY/2. 0/; □ - 2.Bt: „2014.07.13_10.58.16_IMG_9785“ • A.Zharkikh; [hf]6.[fk]/5561/14643202084_a1051d663b_o_d.jpg; Δ CC-BY/2.0/; □. Dactylis glomerata agg: „Dactylis glomerata plant12“ • H. Rose; [hf]9.[fk]/8158/6954898360_cbc87edf20_o_d.jpg; Δ CC-BY/2.0/; □ - 2.Bt: „Dactylis glomerata spikelets2“ • H.Rose; [hf]9.[fk]/8141/6954898934_cef77aa949_o_d.jpg; Δ CC-BY/2.0/; □ - 3.Bt: „Dactylis glomerata ligule4“ • H.Rose; [hf]8.[fk]/7182/6954900508_37bcbb67e9_o_d.jpg; Δ CC-BY/2.0/; □. Dactylorhiza majalis: „Dactylorhiza majalis“ • mr.bong.bing; [hf]6.[fk]/5028/5882130658_3edf3a4c78_o_d.jpg; Δ CC-BY/2. 0/; □ - 2.Bt: „Majska prstasta kukavic na ljubljanskem barju. “ • B.Zwittnig; [cw]:Dactylorhiza_majalis_-_flowers#/media/File:Dactylorhiza_majalis_PID217.jpg; Δ CC-BY/2.5/si/deed.en; □. Datura stramonium: „starr-110201-0484-Datura_stramonium-flowering_habit-Kula-Maui“ • Forest and Kim Starr; [hf]2.[fk]/1704/24980438411_f2a3d53939_o_d.jpg; Δ CC-BY/2.0/; □ - 2.Bt: „Datura stramonium 01 03“ • liesvanrompaey; [hf]8. [fk]/7285/26542975884_5c64c24418_k_d.jpg; Δ CC-BY/2.0/; □. Daucus carota: 2.Bt: „Daucus carota plant1“ • H. Rose; [hf]4. [fk]/3786/13834170383_1899dd4612_o_d.jpg; Δ CC-BY/2. 0/; □. Descurainia sophia: „2012.05.14_17.45.48_IMG_7530“ • A. Zharkikh; [hf]8.[fk]/7221/7225432322_c2cb8c4864_o_d.jpg; Δ CC-BY/2. 0/; □ - 2.Bt: „Descurainia sophia“ • Radio Tonreg; [cw]:Descurainia_sophia#/media/File:Descurainia_sophia_(7282057200).jpg; Δ CC-BY/2. 0; □ - 3.Bt: „2012.05.14_17.46.01_IMG_7531“ • A.Zharkikh; [hf]8. [fk]/7232/7225432748_1e37cbb449_o_d.jpg; Δ CC-BY/2.0/; □. Dianthus deltoides: 2.Bt: „The Last Flowers / П о с л е д н и е ц в е т ы“ • A.Pivovarov; [hf]9. [fk]/8455/8002811570_9dfa58c519_o_d.jpg; Δ CC-BY/2.0/; □. Dictamnus albus: „Burning Bush“ • Charlie Jackson; [hf]8. [fk]/7320/28180407766_6606d68e9b_o_d.jpg; Δ CC-BY/2. 0/; □ - 2.Bt: „Dictamnus_albus (4)“ • tsiegretlop; [hf]4. [fk]/3735/9008623054_583d466105_o_d.jpg; Δ CC-BY/2. 0/; □. Drosera rotundifolia: „Drosera rotundifolia L. 20090704.3 Edgewood Blue, Wells Gray Park, BC“ • J.Hollinger; [cw]:Drosera_rotundifolia#/media/File:Round_Leaf_Sundew_Unfurling_(3818451554).jpg; Δ CC-BY/2.0; □. Dryopteris carthusiana agg: „Taken in bucks county Pa“ • Wasp32; [cw]:Dryopteris_carthusiana#/media/File:Dryopteris_carthusiana10.jpg; Δ CC-BY/4.0; □ - 2.Bt: „showing sori“ • Wasp32; [cw]:Dryopteris_carthusiana#/media/File:Dryopteris_carthusiana7.jpg; Δ CC-BY/4.0; □. Dryopteris filix-mas agg: „Echter Wurmfarn (Dryopteris filix-mas), Rimberg (Hessen), Höhe etwa 500m“ • Willow; [cw]:Dryopteris_filix-mas#/media/File:Unknown_001.jpg; Δ CC-BY/2.5; □ - 2.Bt: „Aneugmenus coronatus larva“ • Line Sabroe; [hf]6.[fk]/5575/14841529874_5ea4fbacee_o_d.jpg; Δ CC-BY/2.0/; □. Elymus repens: 3. Bt: „2013.06.04_17.45.16_IMG_3877“ • A.Zharkikh; [hf]4. [fk]/3775/9040445349_c3c317ac75_o_d.jpg; Δ CC-BY/2.0/; □. Epilobium ciliatum: 2.Bt: „starr-090521-8271-Epilobium_ciliatum-flowers_and_leaves-Polipoli-Maui“ • Forest and Kim Starr; [hf]2.[fk]/1612/24838197562_28fe2fd128_o_d.jpg; Δ CC-BY/2.0/; □. Epilobium roseum: „Epilobium roseum“ • Donald Hobern; [hf]9.[fk]/8039/7914479018_d20ebc4c00_o_d.jpg; Δ CC-BY/2.0/; □ - 2.Bt: „Epilobium roseum Schreb., Pale Willowherb, Hellerup, Denmark, 1 September 2012“ • Donald Hobern from Copenhagen, Denmark; [cw]:Epilobium_roseum#/media/File:Epilobium_roseum_(7914519492).jpg; Δ CC-BY/2.0; □ - 3.Bt: „Epilobium roseum Schreb., Pale Willowherb, Hellerup, Denmark, 1 September 2012“ • Donald Hobern from Copenhagen, Denmark; [cw]:Epilobium_roseum#/media/File:Epilobium_roseum_(7914523322).jpg; Δ CC-BY/2. 0; gedreht und □. Epipactis helleborine agg: „Epipactis helleborine, Orchidaceae, Broad-leaved Helleborine, habitus;“ Southern Heath Nature Park“ , Germany“ • Hajotthu; [cw]:Epipactis_helleborine_-_plants#/media/File:Breitbl%C3%A4ttrige_Stendelwurz_(Epipactis_helleborine)_02.jpg; Δ CC-BY/3.0; □ - 2.Bt: „Epipactis helleborine Germany - Schwäbisch-Fränkische Waldberge“ • B.Haynold; [ci]Epipactis_helleborine#/media/File:Epipactis_helleborine_210707.jpg; Δ CC-BY/2.5; □. Epipactis palustris: „Navadna močvirnica na ljubljanskem barju.“ • B.Zwittnig; [cw]:Epipactis_palustris_-_plants#/media/File:Epipactis_palustris_b3.jpg; Δ CC-BY/2.5/si/deed.en; □, Gräser retuschiert - 2.Bt: „Marsh Helleborine“ • D. Evans; [hf]6. [fk]/5285/5265705711_105a9a73f5_o_d.jpg; Δ CC-BY/2.0/; □ - 3.Bt: „Epipactis palustris seed pods Germany - Allgäu“ • B.Haynold; [ci]Epipactis_palustris#/media/File:Epipactis_palustris_220707.jpg; Δ CC-BY/2.5; □. Equisetum sylvaticum: „Wald-Schachtelhalm (Equisetum sylvaticum) Botanischer Garten TU Dresden“ • Maja Dumat; [cw]:Equisetum_sylvaticum#/media/File:Wald-Schachtelhalm_(Equisetum_sylvaticum).jpg; Δ CC-BY/2.0; □ - 2.Bt: „Equisetum sylvaticum, Schwäbisch-Fränkische Waldberge, Germany“ • B.Haynold; [cw]:Equisetum_sylvaticum#/media/File:Equisetum_sylvaticum_180607.jpg; Δ CC-BY/2.5; □. Equisetum telmateia: „Nature reserve“ Na Hradech“ in Pardubice District, Czech Republic.“ • Vojtěch Dostál; [cw]:Equisetum_telmateia#/media/File:Na_Hradech_(06)_-_Equisetum_telmateia.jpg; Δ CC-BY/3.0; □ - 2.Bt: „A close-up of some Equisetum telmateia strobili on a bank of the Grand Western Canal, De•.“ • xlibber; [cw]:Equisetum_telmateia#/media/File:Equisetum_telmateia_strobili,_Grand_Western_Canal.jpg; Δ CC-BY/2.0; ⌂, □. Erica tetralix: „FFH Gebiet BE33047C0 - Vallée de la Holzwarche (Büllingen) Glockenheide (Erica tetralix)“ • Frank Vassen from Brussels, Belgium; [ci]File:Glockenheide_(Erica_tetralix),_Holzwarchetal_bei_M%C3%BCrringen,_Ostbelgien_(7632675424).jpg; Δ CC-BY/2.0; □. Erigeron acris: „Fleabane Daisy“ • Denali National Park and Preserve; [hf]9.[fk]/8286/7833282860_ce6eeae4ac_o_d.jpg; Δ CC-BY/2.0/; □. Erysimum cheiranthoides: „Erysimum cheiranthoides L. 20090619.34 near Chetwynd, BC“ • J. Hollinger; [cw]:Erysimum_cheiranthoides#/media/File:Treacle_Mustard_(3816425800).jpg; Δ CC-BY/2.0; □. Euphorbia peplus: „Petty Spurge, Euphorbia peplus, a common weed of moist disturbed places. Dargo VIC Australia, September 2012.“ • John Tann; [cw]:Euphorbia_peplus#/media/File:Euphorbia_peplus_(8009141076).jpg; Δ CC-BY/2.0; □ - 2.Bt: „starr-080606-6742-Euphorbia_peplus-habit-Finger_piers_Sand_Island-Midway_Atoll“ • Forest and Kim Starr; [hf]2.[fk]/1681/24888285166_d97eba5612_o_d.jpg; Δ CC-BY/2.0/; □. Euphrasia officinalis: „Euphrasia officinalis L. 20090724.1 Edgewood Blue, Wells Gray Park, BC“ • J.Hollinger; [cw]:Euphrasia_officinalis#/media/File:Hairy_Eyebright_(3817839155).jpg; Δ CC-BY/2.0; □. Euphrasia stricta: „Euphrasia stricta Germany - Mainfranken“ • B.Haynold; [ci]Euphrasia_stricta#/media/File:Euphrasia_stricta_190807.jpg; Δ CC-BY/2.5; □. Fallopia sachalinensis: „Sachalin-Staudenknöterich (Fallopia sachalinensis)“ • Maja Dumat; [hf]5.[fk]/4036/4449728633_b9202b00bf_o_d.jpg; Δ CC-BY/2.0/; □. Filago arvensis: „Acker-Filzkraut (Filago arvensis) in der Südheide (Germany)“ • Hajotthu; [cw]:Filago_arvensis#/media/File:Acker-Filzkraut_filago_arvensis.jpg; Δ CC-BY/3.0; □. Foeniculum vulgare: „starr-070908-9240-Foeniculum_vulgare-flowers-Polipoli-Maui“ • Forest and Kim Starr; [hf]2.[fk]/1720/24799480351_62fd51f463_o_d.jpg; Δ CC-BY/2.0/; □. Fragaria moschata: 3.Bt: „Fragaria moschata“ • Epibase; [cw]:Fragaria_moschata#/media/File:Fragaria_moschata1a.UME.jpg; Δ CC-BY/3. 0; □. Fumaria vaillantii: „Fumaria vaillantii“ • Radio Tonreg; [cw]:Fumaria_vaillantii#/media/File:Fumaria_vaillantii_(8349676774).jpg; Δ CC-BY/2.0; □. Galatella linosyris: „Crinitaria linosyris, Tauberland, Germany“ • B.Haynold; [cw]:Galatella_linosyris#/media/File:Crinitaria_linosyris_190807g.jpg; Δ CC-BY/2.5; □. Galeopsis pubescens: „Puhasti zebrat (Galeopsis pubescens)“ • breki74; [cw]:Galeopsis_pubescens#/media/File:Puhasti_zebrat_(Galeopsis_pubescens)_(2813423761).jpg; Δ CC-BY-sa/2.0; □. Galium palustre: „by Stefan Goen, Uckermarck (Germany), 06/2005“ • Stefan Goen; [cw]:Galium_palustre#/media/File:Galium_palustre-Sumpf_Labkraut.jpg; Δ CC-BY/2.5; □. Galium verum agg: 2.Bt: „Prava lakota v Selu.“ • B.Zwittnig; [cw]:Galium_verum#/media/File:Galium_verum_PID928-1.jpg; Δ CC-BY/2.5/si/deed.

en; gedreht und □. Genista germanica: „Fabaceae - Genista germanica-4" • E.Balocchi; [hf]9.[fk]/8359/8304600912_fd0ac62a32_o_d.jpg; Δ CC-BY/2.0/; gedreht, □, Rand retuschiert. Genista sagittalis: „Navadna prevezanka na Toškem Čelu." • B.Zwittnig; [cw]:Genista_sagittalis#/media/File:Chamaespartium_sagittale_PID1280-2.jpg; Δ CC-BY/2.5/si/deed.en; □. Genista tinctoria: „Genista tinctoria, Schwäbisch-Fränkische Waldberge, Germany" • B.Haynold; [cw]:Genista_tinctoria#/media/File:Genista_tinctoria_250807a.jpg; Δ CC-BY/2.5; ○, □. Gentiana lutea: „Gentiana lutea" • S. Rae; [hf]1.[fk]/465/19446696621_683867eaa2_o_d.jpg; Δ CC-BY/2.0/; □ - 2.Bt: „This photo shows gentiana lutea" • Teun Spaans; [cw]:Gentiana_lutea#/media/File:Gentiana_lutea_DSCF1627.jpg; Δ CC-BY/2.5; □ - 3.Bt: „This photo shows gentiana lutea" • Teun Spaans; [cw]:Gentiana_lutea#/media/File:Gentiana_lutea_DSCF1579.jpg; Δ CC-BY/2.5; □. Gentiana pneumonanthe: „Gentiana pneumonanthe, Schwäbische Alb, Germany" • B.Haynold; [cw]:Gentiana_pneumonanthe#/media/File:Gentiana_pneumonanthe_110807.jpg; Δ CC-BY/2.5; □. Gentianella germanica: „Gentianella germanica, Tannheimer Tal, Austria" • B.Haynold; [cw]:Gentianella_germanica#/media/File:Gentianella_germanica_030905.jpg; Δ CC-BY/2.5; □ - 2.Bt: „Gentianella germanica, Tannheimer Tal, Austria" • B.Haynold; [cw]:Gentianella_germanica#/media/File:Gentianella_germanica_030905a.jpg; Δ CC-BY/2.5; □. Gentianopsis ciliata: „Resasti sviščevec na Velikem Draškem vrhu." • B.Zwittnig; [cw]:Gentianopsis_ciliata#/media/File:Gentianella_ciliata_vdv1.jpg; Δ CC-BY/2.5/si/deed.en; gedreht, □, Rand retuschiert - 2.Bt: „Resasti sviščevec v Zgornji Krmi." • B.Zwittnig; [cw]:Gentianopsis_ciliata#/media/File:Gentianella_ciliata_k2.jpg; Δ CC-BY/2.5/si/deed.en; □. Geranium columbinum: „Golobja krvomočnica v Ospu." • B.Zwittnig; [cw]:Geranium_columbinum#/media/File:Geranium_columbinum_PID719-2.jpg; Δ CC-BY/2.5/si/deed.en; □. Globularia bisnagarica: „Navadna mračica na Polhograjski Grmadi." • B.Zwittnig; [cw]:Globularia_punctata#/media/File:Globularia_punctata_PID1233-1.jpg; Δ CC-BY/2.5/si/deed.en; □. Gnaphalium sylvaticum: „Gnaphalium sylvaticum, Schwäbisch-Fränkische Waldberge, Germany" • B.Haynold; [cw]:Gnaphalium_sylvaticum#/media/File:Gnaphalium_sylvaticum_200807b.jpg; Δ CC-BY/2. 5; □. Goodyera repens: „Goodyera repens (L.) R. Br. ex Ait. f. Common Name: Lesser Rattlesnake" • J.Hollinger; [cw]:Goodyera_repens#/media/File:Goodyera_repens_-_Flickr_023.jpg; Δ CC-BY/2.0; □ - 2.Bt: „Goodyera repens, single leaf, Badisch-Franken, Germany" • B.Haynold; [cw]:Goodyera_repens#/media/File:Goodyera_repens_190206.jpg; Δ CC-BY/2.5; □. Gymnadenia conopsea: 2.Bt: „Fragrant Orchid, Gymnadenia conopsea" • H. Krisp; [cw]:Gymnadenia_conopsea_-_inflorescences#/media/File:M%C3%BCcken-H%C3%A4ndelwurz_Gymnadenia_conopsea.jpg; Δ CC-BY/3.0; □. Gymnocarpium dryopteris: „Gymnocarpium dryopteris 1-jgreenlee" • Superior National Forest; [cw]:Gymnocarpium_dryopteris#/media/File:Gymnocarpium_dryopteris_1-jgreenlee_(5097435857).jpg; Δ CC-BY/2.0; □ - 2.Bt: „Found in Potawatomi State Park, Wisconsin." • homeredwardprice; [cw]:Gymnocarpium_dryopteris#/media/File:Oak-Fern-sori.gif; Δ CC-BY/2.0; □. Gypsophila muralis: „Gypsophila muralis on Corsica" • Amada44; [cw]:Gypsophila_muralis#/media/File:Gypsophila_muralis_-_Korsika_0656.jpg; Δ CC-BY/3.0; □. Helianthemum nummularium: „Helianthemum nummularium subsp. obscurum, Schwäbisch-Fränkische Waldberge, Germany" • B.Haynold; [cw]:Helianthemum_nummularium#/media/File:Helianthemum_nummularium_subsp_obscurum_260807.jpg; Δ CC-BY/2.5; □. Helleborus foetidus: „Helleborus foetidus, Hohenloher Land, Germany" • B.Haynold; [cw]:Helleborus_foetidus#/media/File:Helleborus_foetidus_070406.jpg; Δ CC-BY/2.5; □. Heracleum mantegazzianum: „-Giant Hogweed - Heracleum mantegazzianum" • FreePhotos4U; [hf]2.[fk]/1674/25850415454_9cc8c780bc_o_d.jpg; Δ CC-BY/2.0/; □. Hesperis matronalis: 2.Bt: „Hesperis matronalis - whole plant, leaves, flowers" • NY State IPM Program at Cornell University; [hf]6.[fk]/5533/18248512853_0d33a31de4_o_d.jpg; Δ CC-BY/2.0/; □. Hieracium umbellatum: „This photo shows a few flowerheads" • Teun Spaans; [cw]:Hieracium_umbellatum#/media/File:Hieracium_umbellatum_Schermhavikskruid_11-08-2007_15. 25.38.jpg; Δ CC-BY/2. 5; □ - 2.Bt: „This photo shows Hieracium umbellatum" • Teun Spaans; [cw]:Hieracium_umbellatum#/media/File:Hieracium_umbellatum_Schermhavikskruid_11-08-2007_15. 26.32.jpg; Δ CC-BY/2. 5; □. Himantoglossum hircinum: „Orchis bouc en plan rapproché, alentours de Blaye" • Xabi Rome-Hérault; [cw]:Himantoglossum_hircinum_-_plants#/media/File:Himantoglossum_hircinum_close-up_005.jpg; Δ CC-BY/3.0; □ - 2.Bt: „Orchis bouc en plan rapproché, alentours de Blaye" • Xabi Rome-Hérault; [cw]:Himantoglossum_hircinum_-_flowers#/media/File:Himantoglossum_hircinum_close-up_007.jpg; Δ CC-BY/3.0; □. Huperzia selago: „Huperzia selago, Virngrund, Germany" • B.Haynold; [cw]:Huperzia_selago#/media/File:Huperzia_selago_240906.jpg; Δ CC-BY/2.5; □. Hyacinthoides non-scripta: „Ashley Wood nature reserve, Blandford, Dorset. They need a few more weeks before they transform into a carpet of blue." • Ian Kirk; [cw]:Hyacinthoides_non-scripta#/media/File:First_bluebells._(8686597154).jpg; Δ CC-BY/2.0; □. Hyoscyamus niger: „2013.06.27_16.10.08_IMG_4776" • A.Zharkikh; [hf]4. [fk]/3757/9190403895_e4c31090ab_o_d.jpg; Δ CC-BY/2.0/; □. Hypericum hirsutum: „dlakava krčnica ob Fridrihštajnu." • B.Zwittnig; [cw]:Hypericum_hirsutum?uselang=de#/media/File:Hypericum_hirsutum_f1.jpg; Δ CC-BY/2.5/si/deed.en; □. Hypericum humifusum: Oskar Angerer (Kooperation Thomas Muer). Hypericum maculatum: „Fyrkantig johannesört (Hypericum maculatum) i naturreservatet Kastad kulle." • Averater; [cw]:Hypericum_maculatum#/media/File:Hypericum_maculatum_on_Kastad_kulle_002.jpg; Δ CC-BY/3.0; □ - 2.Bt: „Pegasta krčnica na Soriški planini." • B.Zwittnig; [cw]:Hypericum_maculatum#/media/File:Hypericum_maculatum_sp2.jpg; Δ CC-BY/2.5/si/deed.en; □. Hypericum montanum: Ernst Horak - Botanik im Bild. Hypochaeris glabra: „Hypochaeris glabra head2" • H.Rose; [cw]:Hypochaeris_glabra#/media/File:Hypochaeris_glabra_head2_(15404157451).jpg; Δ CC-BY/2.0; □ - 2.Bt: „Hypochaeris glabra fruit1" • H.Rose; [cw]:Hypochaeris_glabra#/media/File:Hypochaeris_glabra_fruit1_(15220601889).jpg; Δ CC-BY/2.0; □ - 3.Bt: „Hypochaeris glabra plant8" • H.Rose; [cw]:Hypochaeris_glabra#/media/File:Hypochaeris_glabra_plant8_(15220713287).jpg; Δ CC-BY/2. 0; gedreht und □. Hypochaeris radicata: 3.Bt: „Hypochaeris radicata rosette4" • H.Rose; [cw]:Hypochaeris_radicata#/media/File:Hypochaeris_radicata_rosette4_(14609597536).jpg; Δ CC-BY/2.0; □. Hypopitys monotropa: „Dutchman's Pipe, Yellow Bird's-Nest or Pinesap, Monotropa hypopitys" • H. Krisp; [cw]:Monotropa_hypopitys#/media/File:Fichtenspargel_Monotropa_hypopitys.jpg; Δ CC-BY/3.0; □. Inula hirta: „Inula hirta" • Radio Tonreg; [cw]:Inula_hirta#/media/File:Inula_hirta_(7234683046).jpg; Δ CC-BY/2. 0; gedreht und □ - 2. Bt: „Srhkodlakavi oman nad Ajdovščino." • B.Gaberšček; [cw]:Inula_hirta#/media/File:Inula_hirta_PID1983-3.jpg; Δ CC-BY/2.5/si/deed.en; □ - 3.Bt: „Srhkodlakavi oman nad Ajdovščino." • B.Gaberšček; [cw]:Inula_hirta#/media/File:Inula_hirta_PID1983-1.jpg; Δ CC-BY/2.5/si/deed.en; □. Inula salicina: „Inula salicina, Hohenlohe, Germany" • B.Haynold; [cw]:Inula_salicina#/media/File:Inula_salicina_240606.jpg; Δ CC-BY/2.5; □. Iris germanica: „vecchi iris" • nociveglia; [hf]9.[fk]/8028/7320808142_fbe1b820cc_o_d.jpg; Δ CC-BY/2.0/; ○, □. Isatis tinctoria: „Isatis tinctoria - woad or glastum" • FreePhotos4U; [hf]2.[fk]/1512/26174874040_cc8d4ed29e_o_d.jpg; Δ CC-BY/2.0/; □. Kickxia spuria: „Kickxia spuria" • Kevin Thiele; [hf]7.[fk]/6042/6282864308_1ea668f87e_o_d.jpg; Δ CC-BY/2.0/; ○, □. Lactuca perennis: „Trpežna ločika na vrhu Grmade (Šmarna gora)." • B.Gaberšček; [cw]:Lactuca_perennis#/media/File:Lactuca_perenis_PID1732-1.jpg; Δ CC-BY/2.5/si/deed.en; □ - 2.Bt: „Trpežna ločika na vrhu Grmade (Šmarna gora)." • B.Gaberšček; [cw]:Lactuca_perennis#/media/File:Lactuca_perenis_PID1732-2.jpg; Δ CC-BY/2.5/si/deed.en; □. Laserpitium latifolium: „Apiaceae - Laserpitium latifolium-2" • E.Balocchi; [hf]9.[fk]/8352/8303730915_7c1b01baea_o_d.jpg; Δ CC-BY/2.0/; □ - 2.Bt: „Laserpitium latifolium" • Radio Tonreg; [cw]:Laserpitium_latifolium#/media/File:Laserpitium_latifolium_(8252456100).jpg; Δ CC-BY/2. 0; gedreht und □ - 3. Bt: „Apiaceae - Laserpitium latifolium" • E.Balocchi; [hf]9. [fk]/8351/8303731333_47c5626899_o_d.jpg; Δ CC-BY/2.0/; gedreht und □. Lathyrus latifolius: „starr-090430-6577-Lathyrus_latifolius-flowers_and_leaves-Kula-Maui" • Forest and Kim Starr; [hf]2. [fk]/1698/24585332939_0875ab53fa_o_d.jpg; Δ CC-BY/2.0/; □. Lemna trisulca: „Lemna trisulca" • Radio Tonreg; [cw]:Lemna_trisulca#/media/File:Lemna_trisulca_(8405373366).jpg; Δ CC-BY/2.0; □. Leontodon saxatilis: „Leontodon saxatilis plant17 NT" • H.Rose; [cw]:Leontodon_saxatilis#/media/File:Leontodon_saxatilis_plant17_NT_(16337552277).jpg; Δ CC-BY/2.0; □ - 2.Bt: „Leontodon saxatilis flowerhead6 NT" • H.Rose; [cw]:Leontodon_saxatilis#/media/File:Leontodon_saxatilis_flowerhead6_NT_(16337555707).jpg; Δ CC-BY/2.0; □ - 3.Bt: „Leontodon saxatilis leaf10 NT" • H.Rose; [cw]:Leontodon_saxatilis#/media/File:Leontodon_saxatilis_leaf10_NT_(16335769568).jpg; Δ CC-BY/2.0; □. Leonurus cardiaca: „Leonurus cardiaca" • Hajotthu; [cw]:Leonurus_cardiaca#/media/File:Echte_Herzgespann_(Leonurus_cardiaca)_06.jpg; Δ CC-BY/3.0; □. Lepidium didymum: „Lepidium didymum fruit1" • H.Rose; [hf]8.[fk]/7121/13347206674_1fe112dda5_o_d.jpg; Δ CC-BY/2.0/; □. Lepidium draba: „Lepidium draba plant4 ST" • H.Rose; [cw]:Lepidium_draba#/media/File:Lepidium_draba_plant4_ST_(15502786117).jpg; Δ CC-BY/2.0; □. Lepidium ruderale: „the plant" • Teun Spaans; [cw]:Lepidium_ruderale#/media/File:Steenkruidkers_DSCF3979.jpg; Δ CC-BY/2.5; nachgeschärft und □ - Bild in Blütenübersicht: „flowers are miniaature and nearly invisible" • Teun Spaans; [cw]:Lepidium_ruderale#/media/File:Steenkruidkers_DSCF3986.jpg; Δ CC-BY/2. 5; gedreht und □. Lepidium virginicum: „2011.07.16_10.58.29_IMG_3977" • A. Zharkikh; [hf]8. [fk]/7051/6869623073_a1e0291a29_o_d.jpg; Δ CC-BY/2.0/; □. Leucojum vernum: „Die Frühlings-Knotenblume (Leucojum vernum), auch Märzenbecher" • Böhringer Friedrich; [cw]:Leucojum_vernum#/media/File:Fr%C3%BChlings-Knotenblume,_Leucojum_vernum_54.jpg; Δ CC-BY/3.0/at/deed.en; □. Lilium bulbiferum: „Flowering Lilium bulbiferum subsp. bulbiferum (Liliaceae)" • Michał Smoczyk (Michau Sm); [cw]:Lilium_bulbiferum#/media/File:Lilium_bulbiferum-Duszniki_Zdroj.jpg; Δ CC-BY/2.5; □. Lilium martagon: „Turška lilija v Kamniški bistrici." • B.Zwittnig; [cw]:Lilium_martagon#/media/File:Lilium_martagon_PID835-1.jpg; Δ CC-BY/2.5/si/deed.en; □ - 2.Bt: „DSC_9217" • Erik from Laagri, Estonia; [cw]:Lilium_martagon#/media/File:Slovenia_DSC_9217_(15191602560).jpg; Δ CC-BY/2.0; □. Limosella aquatica: „2012.09.22_11.00.31_IMG_9009" • A. Zharkikh; [hf]9. [fk]/8318/8030087962_8043a4aae3_o_d.jpg; Δ CC-BY/2.0/; □. Linaria repens: „Plant species Linaria repens" • Rolf Engstrand; [cw]:Linaria_repens#/media/File:Linaria_repens2.jpg; Δ CC-BY/2.5; ○, □. Linum catharticum: „Purgier-Lein (Linum catharticum) im Becklinger Moor, Niedersachsen, Germany" • Hajotthu; [cw]:Linum_catharticum#/media/File:Becklinger_MoorPurgier-Lein.jpg; Δ CC-BY/3.0; □. Linum tenuifolium: „Schmalblättriger Lein, Blüten" • B.Haynold; [cw]:Linum_tenuifolium#/media/File:Linum_tenuifolium_050605.jpg; Δ CC-BY/2.5; □. Liparis loeselii: „Liparis loeselii (L.) L.C. Rich. Common Name: Bog Twayblade" • J.Hollinger; [cw]:Liparis_loeselii_-_plants?uselang=de#/media/File:Liparis_loeselii_-_Flickr_003.jpg; Δ CC-BY/2.0; ○, □. Listera cordata: „Neottia cordata" • J.Hollinger; [ci]Neottia_cordata#/media/File:Heartleaf_Twayblade_(3816689446).jpg; Δ CC-BY/2.0; □ - 2.Bt: „Neottia cordata Germany northern Black Forest" • B.Haynold; [ci]Neottia_cordata#/media/File:Listera_cordata_130506c.jpg; Δ CC-BY/2.5; □. Listera ovata: „Neottia ovata Germany - Taubergrund" • B.Haynold; [ci]Neottia_ovata#/media/File:Listera_ovata_050606.jpg; Δ CC-BY/2.5; □ - 2.Bt: „Listera ovata (Common twayblade)" • S. Rae; [hf]6.[fk]/5560/14266445027_eca364af40_o_d.jpg; Δ CC-BY/2.0/; □. Lotus pedunculatus: „Lotus pedunculatus (formerly Lotus uliginosus)" • FreePhotos4U; [hf]2.[fk]/1635/26363259112_c15c6849b7_o_d.jpg; Δ CC-BY/2.0/; □ - 2.Bt: „Greater Lotus, probably Lotus uliginosus, leaves with hairs on the rim" • John Tann; [cw]:Lotus_pedunculatus#/media/File:Lotus_uliginosus_leaflets_(8975355404).jpg; Δ CC-BY/2. 0; □ - 3.Bt: „Lotus uliginosus fruit3" • H.Rose; [cw]:Lotus_pedunculatus#/media/File:Lotus_uliginosus_fruit3_(10356034276).jpg; Δ CC-BY/2. 0; □. Luzula sylvatica: 2.Bt: Viola Nehrbaß. Lychnis viscaria: „Viscaria vulgaris in natural monument Irův dvůr in Prachatice, Prachatice District, Czech Republic" • Chmee2; [cw]:Viscaria_vulgaris#/media/File:Natural_monument_Iruv_dvur_in_2011_(2).jpg; Δ CC-BY/3.0; □. Melampyrum arvense: „Melampyrum arvense in natural monument Divoká rokle near Ústí nad Labem" • Huhulenik; [cw]:Melampyrum_arvense#/media/File:Divok%C3%A1_rokle_(7).jpg; Δ CC-BY/3.0; □. Melampyrum pratense: „Pszeniec zwyczajny, Melampyrum pratense, Łazy, Polska" • Nova; [cw]:Melampyrum_pratense#/media/File:Pszeniec_zwyczajny_Melampyrum_pratense_04.jpg; Δ CC-BY/2.5; □. Melissa officinalis: „Melissa officinalis L., Nahal Hazuri, Mount Hermon, Golan Heights, June 22, 2012." • Gideon Pisanty (Gidip); [cw]:Melissa_officinalis#/media/File:Melissa_officinalis_1.jpg; Δ CC-BY/3.0; ○, □. Melittis melissophyllum: „Melittis melissophyllum, Schwäbisch-Fränkische Waldberge, Germany" • B.Haynold; [cw]:Melittis_melissophyllum#/media/File:Melittis_melissophyllum_010606.jpg; Δ CC-BY/2.5; □. Mercurialis annua: „Mercurialis annua" • Radio Tonreg; [cw]:Mercurialis_annua#/media/File:Mercurialis_annua_(8236700055).jpg; Δ CC-BY/2.0; □. Microthlaspi perfoliatum: „Prerasli mošnjak na vznožju Nanosa" • B.Zwittnig; [cw]:Microthlaspi_perfoliatum?uselang=de#/media/File:Thlaspi_perfoliatum_-_vzno%C5%BEje_Nanosa_(3).jpg; Δ CC-BY/2.5/si/deed.en; □ - 2.Bt: „Prerasli mošnjak v Setnici" • B.Zwittnig; [cw]:Microthlaspi_perfoliatum?uselang=de#/media/File:Thlaspi_perfoliatum_-_Setnica_(4).jpg; Δ CC-BY/2.5/si/deed.en; □ - 3.Bt: „Prerasli mošnjak v Setnici" • B.Zwittnig; [cw]:Microthlaspi_perfoliatum?uselang=de#/media/File:Thlaspi_perfoliatum_-_Setnica.jpg; Δ CC-BY/2.5/si/deed.en; □. Misopates orontium: „Misopates orontium flower6 NC" • H.Rose; [hf]6.[fk]/5749/22444956720_da2a94a96f_o_d.jpg; Δ CC-BY/2.0/; □ - 2.Bt: „Misopates orontium" • Kevin Thiele; [hf]7.[fk]/6115/6281048495_87c109a452_o_d.jpg; Δ CC-BY/2.0/; □ - 3.Bt: „Lesser snapdragon (Antirrhinum orontium), fruit; north of Karkur" • RickP; [cw]:Misopates_orontium#/media/File:Antirrhinum_orontium_fruit_RJP_01.jpg; Δ CC-BY/2. 5; □. Myosotis stricta: „2011.05.13_13.35.40_IMG_2358" • A. Zharkikh; [hf]8. [fk]/7005/6794397945_73a186ba3d_o_d.jpg; Δ CC-BY/2.0/; □. Myosotis sylvatica: „Forget-me-not" • Phil Gayton; [hf]8.[fk]/7172/26462472954_077eb44037_o_d.jpg; Δ CC-BY/2.0/; □. Myriophyllum spicatum: „Myriophyllum spicatum L., Spiked Water-milfoil" • Donald Hobern; [cw]:Myriophyllum_spicatum#/media/File:Myriophyllum_spicatum_(7914508418).jpg; Δ CC-BY/2.0; □. Myrrhis odorata: „Myrrhis odorata in Molde, NW Norway" • Moldekarl; [cw]:Myrrhis_odorata#/media/File:Myrrhis_odorata_01.jpg; Δ CC-BY/3.0; □ - 2.Bt: „Dišeči kromač na Veliki planini." • B.Zwittnig; [cw]:Myrrhis_odorata#/media/File:Myrrhis_odorata_PID1649-3.jpg; Δ CC-BY/2.5/si/deed.en; □. Nepeta cataria: „2010.04.26_23.47.07_IMG_5866

e“ • A. Zharkikh; [hf]9. [fk]/8068/8234275711_64e7f64261_o_d.jpg; Δ CC-BY/2.0/; Ecken retuschiert, ⌂. Nicandra physalodes: „Nicandra physaloides“ • Kai Becker; [cw]:Ni
candra_physalodes#/media/File:Nicandra_physaloides_D.jpg; Δ CC-BY/2.0/de/deed.en; □. Noccaea montana: „2011.06.18_13.54.43_IMG_3038“ • A. Zharkikh; [hf]8. [fk]/
7015/6834116727_a625165fd6_o_d.jpg; Δ CC-BY/2.0/; □. Nuphar lutea: „2011.08.10_17.39.08_IMG_4980“ • A. Zharkikh; [hf]8. [fk]/7049/6775630236_4fafa5cf41_o_d.jp
g; Δ CC-BY/2.0/; □ - 2.Bt: „2011. 08.10_17.39.25_IMG_4982“ • A. Zharkikh; [hf]8. [fk]/7177/6775633404_7717fbf8ea_o_d.jpg; Δ CC-BY/2.0/; □. Nymphoides peltata: „Ny
mphoides peltata, Nyirkai-Hany, Hungary“ • Pellinger Attila; [cw]:Nymphoides_peltata#/media/File:T%C3%BCnd%C3%A9rf%C3%A1tyol.jpg; Δ CC-BY/3.0; □ - 2.Bt: „2015
0724 051 Nunhem wandeling Watergentiaan“ • Jac. Janssen; [hf]1. [fk]/543/19354263813_ae8709f7a5_o_d.jpg; Δ CC-BY/2.0/; □. Odontites vernus: „Odontites vernus (R
ed bartsia)“ • S. Rae; [hf]4.[fk]/3882/14596289948_df8bfcbd8f_o_d.jpg; Δ CC-BY/2.0/; □. Oenothera biennis agg: „Oenothera biennis - common evening-primrose“ • Free
Photos4U; [hf]8.[fk]/7290/27307555093_d0a73fe92e_o_d.jpg; Δ CC-BY/2.0/; □. Ononis spinosa agg: „Navadni gladež v Korenu.“ • B.Zwittnig; [cw]:Ononis_spinosa#/med
ia/File:Ononis_spinosa_PID585.jpg; Δ CC-BY/2.5/si/deed.en; □. Ophrys apifera: „Ophrys apifera, northern Baden-Württemberg, Germany“ • B.Haynold; [cw]:Ophrys_apif
era_-_inflorescences#/media/File:Ophrys_apifera_180606.jpg; Δ CC-BY/2.5; □ - 2.Bt: „Ophrys apifera“ • Col Ford and Natasha de Vere; [hf]8.[fk]/7159/6652730699_27d1
c91cee_o_d.jpg; Δ CC-BY/2.0/; □. Ophrys insectifera: „Ophrys insectifera“ • B.Haynold; [cw]:Ophrys_insectifera_-_plants#/media/File:Ophrys_insectifera_050505.jpg; Δ
CC-BY/2.5; □ - 2.Bt: „Blüte einer Fliegenragwurz an der Aschenburg bei Harste, Südniedersachsen“ • Biodehio; [cw]:Ophrys_insectifera_-_flowers#/media/File:Fliegenrag
wurz_Aschenburg_01.jpg; Δ CC-BY/3. 0; □. Orchis mascula: „Stasita kukavica na Mrzlici.“ • B.Zwittnig; [cw]:Orchis_mascula_-_plants#/media/File:Orchis_mascula_7.jpg;
Δ CC-BY/2. 5/si/deed.en; □ - 2.Bt: „Early purple orchid (Orchis mascula) in Paslières, France.“ • Marie-Lan Nguyen; [cw]:Orchis_mascula_-_inflorescences#/media/File:Or
chis_mascula_Paslieres_2013-05-12_n01.jpg; Δ CC-BY/2.5; □. Orchis militaris: „Knabenkraut (?) auf der Aschenburg bei Harste, Flecken Bovenden, Südniedersachsen“
• Biodehio; [cw]:Orchis_militaris_-_plants#/media/File:Orchidee_an_der_Aschenburg_002.jpg; Δ CC-BY/3.0; □ - 2.Bt: „Military Orchid, Orchis militaris, Family: Orchidacea
e, Location: Germany, Blaubeuren, Pappelau“ • H. Krisp; [cw]:Orchis_militaris_-_flowers#/media/File:Helm-Knabenkraut_Orchis_militaris.jpg; Δ CC-BY/3.0; □. Orchis mori
o: „Navadna kukavica v Črnem Kalu.“ • B.Zwittnig; [cw]:Anacamptis_morio_-_plants#/media/File:Orchis_morio_PID794-4.jpg; Δ CC-BY/2.5/si/deed.en; □ - 2.Bt: „Navadna
kukavica v Kneju.“ • B.Zwittnig; [cw]:Anacamptis_morio_-_flowers#/media/File:Orchis_morio_PID817-2.jpg; Δ CC-BY/2.5/si/deed.en; □. Orchis purpurea: „Orchis purpure
a Germany - Nördlinger Ries“ • B.Haynold; [ci]Orchis_purpurea#/media/File:Orchis_purpurea_plants2.jpg; Δ CC-BY/2.5; □ - 2.Bt: „Orchis purpurea France Vallée du Pres
soir“ • Zewan; [ci]Orchis_purpurea#/media/File:France_-_Deux_S%C3%A8vres_-_Thouars_-_Vall%C3%A9e_du_Pressoir_-_Orchid%C3%A9e_1.jpg; Δ CC-BY/2. 5; □. O
rchis ustulata: „Orchis ustulata, Schwäbisch-Fränkischer Wald, Germany“ • B. Haynold; [cw]:Neotinea_ustulata_-_habitat#/media/File:Orchis_ustulata_130506.jpg; Δ CC-
BY/2.5; □ - 2.Bt: „Orchis ustulata / Neotinea ustulata“ • Radio Tonreg; [cw]:Neotinea_ustulata_-_inflorescences#/media/File:Orchis_ustulata_Neotinea_ustulata_(7311098
336).jpg; Δ CC-BY/2.0; □. Ornithogalum umbellatum agg: „Star of Bethlehem“ • Brian Gratwicke; [hf]8.[fk]/7391/8716297383_bc6164bd90_o_d.jpg; Δ CC-BY/2.0/; □. Oro
banche caryophyllacea: „Orobanche caryophyllacea, Neckar-Odenwald, Germany“ • B.Haynold; [cw]:Orobanche_caryophyllacea#/media/File:Orobanche_120507a.jpg; Δ
CC-BY/2.5; □. Orobanche lutea: „Orobanche lutea, Unteres Illertal, Germany“ • B.Haynold; [cw]:Orobanche_lutea#/media/File:Orobanche_lutea_170507b.jpg; Δ CC-BY/2
.5; ⌂, Übergang retuschiert, □. Orthilia secunda: „2009.07.18-10.05.55_IMG_0672“ • A. Zharkikh; [hf]7.[fk]/6060/6311009975_fff86e2f13_o_d.jpg; Δ CC-BY/2.0/; □. Oxali
s stricta: „Aufrechter Sauerklee (Oxalis stricta)“ • Maja Dumat; [hf]8. [fk]/7349/9299796390_7fa8ecf546_o_d.jpg; Δ CC-BY/2.0/; □. Papaver dubium: „Papaver dubium“ • F
reePhotos4U; [hf]2.[fk]/1698/25843007564_7eed2f808d_o_d.jpg; Δ CC-BY/2. 0/; □ - 2.Bt: „Papaver dubium subsp. dubium Made Explore 13th November 2007 # 326“ • J
ohn Haslam; [cw]:Papaver_dubium?uselang=de#/media/File:Papaver_dubium_subsp. _dubium.jpg; Δ CC-BY/2. 0; □. Parietaria judaica: „Parietaria judaica, Family Urtica
ceae in San Francisco, California“ • Franco Folini; [cw]:Parietaria_judaica?uselang=de#/media/File:Parietaria_judaica_000.jpg; Δ CC-BY/2. 5; gedreht und □ - 2. Bt: „Pariet
aria judaica in ancient steps.“ • chuck b.; [hf]7.[fk]/6081/6152860457_b9cb33c9c0_o_d.jpg; Δ CC-BY/2.0/; □. Parietaria officinalis: „Parietaria officinalis, the eastern pellito
ry-of-the-wall“ • FreePhotos4U; [hf]9.[fk]/8739/28120967671_ddecf82b8f_o_d.jpg; Δ CC-BY/2.0/; □. Pedicularis palustris: „Sumpf-Läusekraut (Pedicularis palustris)“ • Fra
nk Vassen; [cw]:Pedicularis_palustris?uselang=de#/media/File:Sumpf-L%C3%A4usekraut_(Pedicularis_palustris),_NSG_Zeller_Moos_am_Zeller-See,_Salzburg,_%C3%
96sterreich_(7561084730).jpg; Δ CC-BY/2.0; □. Pedicularis sylvatica: „Pedicularis sylvatica, Virngrund, Germany“ • B.Haynold; [cw]:Pedicularis_sylvatica?uselang=de#/m
edia/File:Pedicularis_sylvatica_280407.jpg; Δ CC-BY/2.5; □. Persicaria amphibia : 2.Bt: „Persicaria amphibia in Vlkovská pískovna near Vlkov village, Tábor District, Czec
h republic“ • Chmee2; [cw]:Persicaria_amphibia?uselang=de#/media/File:Persicaria_amphibia_(2).jpg; Δ CC-BY/3.0; □. Persicaria hydropiper: „Persicaria hydropiper, Pol
om near Potštejn, Czech Republic“ • Petr Filippov; [cw]:Persicaria_hydropiper?uselang=de#/media/File:Persicaria_hydropiper.jpg; Δ CC-BY/3.0; □. Persicaria maculosa :
2.Bt: „2011.08.13_16.38.54_IMG_5110“ • A. Zharkikh; [hf]9. [fk]/8057/8195370064_e239bc102f_o_d.jpg; Δ CC-BY/2.0/; □. Petasites albus: „Obertauern, Petasites albus“
• Dguendel; [cw]:Petasites_albus?uselang=de#/media/File:Obertauern,_Petasites_albus.jpg; Δ CC-BY/3.0; □. Phalaris arundinacea: „2013.0623_12.43.38_IMG_4692“ •
A.Zharkikh; [hf]8. [fk]/7283/9141951628_36b93e38c2_o_d.jpg; Δ CC-BY/2.0/; □ - 2.Bt: „2014.06.28_12.42.35_DSCN1461“ • A.Zharkikh; [hf]8. [fk]/7541/15530339743_caa
acf6e45_o_d.jpg; Δ CC-BY/2. 0/; □. Phragmites australis: „Phragmites australis collar1“ • H.Rose; [cw]:Phragmites_australis#/media/File:Phragmites_australis_collar1_(8
252858685).jpg; Δ CC-BY/2.0; □ - 2.Bt: „2013.08.24_10.51.38_IMG_5928“ • A.Zharkikh; [hf]4. [fk]/3674/9596993784_fbc22139e3_o_d.jpg; Δ CC-BY/2.0/; □. Physalis alk
ekengi : Bild in Blütenübersicht: „Lampionblume (Physalis alkekengi)“ • Maja Dumat ; [hf]6.[fk]/5452/7364859228_2425a001f7_o_d.jpg; Δ CC-BY/2.0/; □. Phyteuma nigru
m: „Phyteuma nigrum in natural monument Pančice-V řekách near Lhenice“ • Chmee2; [cw]:Phyteuma_nigrum#/media/File:Natural_monument_Pancice-V_rekach_in_20
11_(20).jpg; Δ CC-BY/3.0; □. Phyteuma spicatum: „Erdei varjúköröm, varjúköröm, vagy erdei raponca (Phyteuma spicatum)“ • Nova; [cw]:Phyteuma_spicatum?uselang=
de#/media/File:Zerwa_k%C5%82osowa_(Phyteuma_spicatum)_01.jpg; Δ CC-BY/2.5; □. Picris hieracioides : 3.Bt: „hořčík jestřábníkovitý“ • Dendrofil; [cw]:Picris_hieracioi
des?uselang=de#/media/File:HO%C5%98%C4%8C%C3%8DK.jpg; Δ CC-BY/3. 0; gedreht und □. Pinguicula vulgaris: „Common butterwort“ • USDA Forest Service Alas
ka Region; [hf]8.[fk]/7745/17346520866_b7aeb94057_o_d.jpg; Δ CC-BY/2.0/; □. Plantago media : 2.Bt: „plantago media“ • nociveglia; [hf]5.[fk]/4047/4653098743_897a5b
3f38_o_d.jpg; Δ CC-BY/2.0/; □. Platanthera bifolia : 2.Bt: „Dvolistni vimenjak v Selu nad Polhovim Gradcem.“ • B.Zwittnig; [cw]:Platanthera_bifolia_-_flowers?uselang=de
#/media/File:Plantanthera_bifolia_PID1852-2.jpg; Δ CC-BY/2.5/si/deed.en; □. Platanthera chlorantha: „Grönvit nattviol, Platanthera chlorantha“ • AnnaKika; [hf]8.[fk]/712
3/7584019772_11835842fe_o_d.jpg; Δ CC-BY/2.0/; □ - 2.Bt: „Greater Butterfly Orchid“ • D. Evans; [hf]6.[fk]/5081/5265705827_db449f34f2_o_d.jpg; Δ CC-BY/2. 0/; □. Pol
ygala comosa: „Schopfige Kreuzblume (Polygala comosa) auf der Aschenburg bei Harste, Flecken Bovenden, Südniedersachsen“ • Biodehio; [cw]:Polygala_comosa#/me
dia/File:Polygala_comosa_at_Aschenburg_01.jpg; Δ CC-BY/3.0; □. Polygonatum multiflorum : 2.Bt: „Polygonatum multiflorum“ • Michael Apel; [cw]:Polygonatum_multiflor
um#/media/File:Polygonatum_multiflorum_MichaD.jpg; Δ CC-BY/3.0; □. Polygonatum verticillatum: „Vretenčasti salomonov pečatnik na Mrzlici.“ • B.Zwittnig; [cw]:Polygo
natum_verticillatum#/media/File:Polygonatum_verticillatum_m1.jpg; Δ CC-BY/2.5/si/deed.en; □ - 2.Bt: „Vretenčasti salomonov pečatnik na Slivnici.“ • B.Gaberšček; [cw]:P
olygonatum_verticillatum#/media/File:Polygonatum_verticillatum_PID1561-1.jpg; Δ CC-BY/2.5/si/deed.en; □. Polystichum aculeatum: „Polystichum aculeatum, Allenbank
s, Northumberland, UK; 04 May 2006“ • No machine-readable author provided. MPF assumed.; [cw]:Polystichum_aculeatum#/media/File:Polystichum_aculeatum_01.jpg;
Δ CC-BY/2.5; □ - 2.Bt: „BPS Wessex group Around wickham - Polystichum aculeatum“ • Ashley Basil; [hf]9.[fk]/8423/29247471126_f9d57d021c_o_d.jpg; Δ CC-BY/2. 0/;
□ - 3.Bt: „BPS MEETING 23AUG2014“ • Ashley Basil; [hf]4.[fk]/3921/14824386838_297016d9f5_o_d.jpg; Δ CC-BY/2. 0/; □. Potamogeton crispus: „Potamogeton crispus
L. - curly-leaved pondweed“ • Leslie J. Mehrhoff (1950-2010); [cw]:Potamogeton_crispus#/media/File:Potamogeton_crispus_5447259.jpg; Δ CC-BY/3. 0; gedreht und □. P
otamogeton natans: „Potamogeton natans, lake Tsaghkunyatc, 2011.07.14 (03)“ • Vahe Martirosyan; [hf]9.[fk]/8218/29197322901_295887298a_o_d.jpg; Δ CC-BY/2.0/; □
. Potentilla erecta: „Potentilla erecta In der Röll, Upper Austria, Austria“ • Tigerente; [cw]:Potentilla_erecta#/media/File:Potentilla_erecta01.jpg; Δ CC-BY/2.5; □. Primula v
eris: „Cowslips (Primula veris) at Godrevy“ • Tim Green; [hf]6.[fk]/5022/5658265913_6f29c7dd03_o_d.jpg; Δ CC-BY/2.0/; □. Prunella grandiflora: „Prunella grandiflora“ •
KENPEI; [cw]:Prunella_grandiflora?uselang=de#/media/File:Prunella_grandiflora4.jpg; Δ CC-BY/3.0; □. Pteridium aquilinum : 2.Bt: „starr-030419-0091-Pteridium_aquilinu
m_subsp_decompositum-fiddlehead-Polipoli-Maui“ • Forest and Kim Starr; [hf]2.[fk]/1620/24335437260_955b364836_o_d.jpg; Δ CC-BY/2.0/; □ - 3.Bt: „starr-071002-9560
-Pteridium_aquilinum_subsp_decompositum-backlit-Sliding_Sands_HNP-Maui“ • Forest and Kim Starr; [hf]2.[fk]/1549/24598062720_6b6d7d650c_o_d.jpg; Δ CC-BY/2.0/;
□. Pyrola minor: „P1100778 Kleines Wintergrün (Pyrola minor)“ • Sven Gaedtke; [hf]8.[fk]/7391/11903834596_c3aab0ecee_o_d.jpg; Δ CC-BY/2.0/; ⌂, □. Ranunculus aq
uatilis agg: „Ranunculus aquatilis in Vlkovská pískovna near Vlkov village, Tábor District, Czech republic.“ • Chmee2; [cw]:Ranunculus_aquatilis?uselang=de#/media/File:
Ranunculus_aquatilis_in_Vlkovska_piskovna_(2).jpg; Δ CC-BY/3.0; □. Ranunculus lanuginosus: „Kosmata zlatica v Mostecu, Ljubljana.“ • B.Gaberšček; [cw]:Ranunculus
_lanuginosus?uselang=de#/media/File:Ranunculus_lanuginosus_PID1801-1.jpg; Δ CC-BY/2.5/si/deed.en; □ - 2.Bt: „Kosmata zlatica nad Višnjo Goro.“ • B.Gaberšček; [c
w]:Ranunculus_lanuginosus?uselang=de#/media/File:Ranunculus_lanuginosus_PID1800-1.jpg; Δ CC-BY/2.5/si/deed.en; □. Raphanus raphanistrum: „Raphanus raphani
strum sepal2“ • H. Rose; [hf]4.[fk]/3839/15118648729_95b53806d1_o_d.jpg; Δ CC-BY/2. 0/; □ - 2.Bt: „Raphanus raphanistrum plant6“ • H. Rose; [hf]4.[fk]/3890/149220473
56_989370b297_o_d.jpg; Δ CC-BY/2.0/; □. Reseda lutea: „Yellow Mignonette“ • Ed Ogle; [hf]8.[fk]/7249/27055422075_003c258ca7_o_d.jpg; Δ CC-BY/2.0/; □. Rorippa
palustris : 2.Bt: „Een exemplaar van Rorippa palustris (L.) Bess. (Moeraskers) -“ • http://europeana.eu/portal/record/2021657/103947.html. Museon - http://cc.museon.nl/d
efault.aspx#id=%20103947.; http://proxy.europeana.eu/2021657/103947?view=http%3A%2F%2Fcc.museon.nl%2Fimageproxy.aspx%3Fserver%3Dlocalhost%26port%3
D17512%26filename%3Dimages%2Fbiologie%255C%2F103947a.jpg; Δ CC-BY/3. 0/; □. Rorippa sylvestris: „2013. 06.27_16.45.53_IMG_4799“ • A. Zharkikh; [hf]6.[fk]/54
89/9201350280_13c1dcb25f_o_d.jpg; Δ CC-BY/2.0/; □. Rubus idaeus : 2. Bt: „wild raspberries close up.“ • mako from Kangasala, Suomi (Finland); [cw]:Rubus_idaeus?us
elang=de#/media/File:Wild_raspberries_close-up.jpg; Δ CC-BY/2.0; □. Rumex acetosella: „Acetosella vulgaris leaf1“ • H.Rose; [cw]:Rumex_acetosella#/media/File:Aceto
sella_vulgaris_leaf1_(11507850623).jpg; Δ CC-BY/2. 0; gedreht und □ - 3.Bt: „Acetosella vulgaris plant1“ • H. Rose; [cw]:Rumex_acetosella#/media/File:Acetosella_vulgari
s_plant1_(11507938043).jpg; Δ CC-BY/2.0; □. Rumex conglomeratus: „Rumex conglomeratus flowerhead1 NC“ • H.Rose; [hf]2.[fk]/1648/24540927233_c1a747ec4c_o_d
.jpg; Δ CC-BY/2.0/; □ - 2.Bt: „Rumex conglomeratus clusters1“ • H.Rose; [cw]:Rumex_conglomeratus#/media/File:Rumex_conglomeratus_clusters1_(15087432865).jpg;
Δ CC-BY/2. 0; gedreht und □. Rumex crispus: „Rumex crispus plant3“ • H.Rose; [cw]:Rumex_crispus#/media/File:Rumex_crispus_plant3_(14901122460).jpg; Δ CC-BY/2
.0; □. Rumex scutatus: „Ščitasta kislica na Krnici (Kanin).“ • B.Zwittnig; [cw]:Rumex_scutatus#/media/File:Rumex_scutatus_PID1886-5.jpg; Δ CC-BY/2. 5/si/deed.en; □ -
2.Bt: „Ščitasta kislica na melišču pod Rzenikom.“ • B.Gaberšček; [cw]:Rumex_scutatus#/media/File:Rumex_scutatus_PID1750-3.jpg; Δ CC-BY/2.5/si/deed.en; □ - 3.Bt: „Š
čitasta kislica na melišču pod Rzenikom.“ • B.Gaberšček; [cw]:Rumex_scutatus#/media/File:Rumex_scutatus_PID1750-2.jpg; Δ CC-BY/2.5/si/deed.en; gedreht und □. Sa
gina procumbens: „starr-150330-0518-Sagina_procumbens-flowering_habit-Tarmac_Near_Fire_Station_Sand_Island-Midway_Atoll“ • Forest and Kim Starr; [hf]2.[fk]/1484
/24640235204_aedc59c315_o_d.jpg; Δ CC-BY/2.0/; □. Salvia verticillata: „Salvia verticillata, Hohenlohe, Germany“ • B.Haynold; [cw]:Salvia_verticillata#/media/File:Salvia
_verticillata_240606.jpg; Δ CC-BY/2.5; □. Sanicula europaea: „Navadni ženikelj v Peklu (Borovnica).“ • B.Zwittnig; [cw]:Sanicula_europaea#/media/File:Sanicula_europea
_PID995-1.jpg; Δ CC-BY/2.5/si/deed.en; □. Scilla bifolia: „Dvolistna morska čebulica v Dvoru.“ • B.Zwittnig; [cw]:Scilla_bifolia#/media/File:Scila_bifolia_PID750-1.jpg; Δ C
C-BY/2.5/si/deed.en; □. Sedum rupestre: „Crassulaceae - Sedum rupestre“ • E.Balocchi; [hf]9.[fk]/8504/8303686093_5291647f51_o_d.jpg; Δ CC-BY/2.0/; □. Sedum sex
angulare: „Šesterokotna homulica na Jerebici.“ • B.Zwittnig; [cw]:Sedum_sexangulare#/media/File:Sedum_sexangulare_-_Jerebica_2.jpg; Δ CC-BY/2.5/si/deed.en; □. Se
necio erucifolius: „Jacobaea erucifolia“ • Pieter Pelser; [cw]:Jacobaea_erucifolia#/media/File:Jacobaea_erucifolia_2.jpg; Δ CC-BY/3.0; □ - 2.Bt: „Jacobaea erucifolia“ • Piet
er Pelser; [cw]:Jacobaea_erucifolia#/media/File:Jacobaea_erucifolia_3.jpg; Δ CC-BY/3.0; □. Senecio viscosus: „Senecio viscosus, Polom near Potštejn, Czech Republic“
• Petr Filippov; [cw]:Senecio_viscosus#/media/File:Senecio_viscosus.jpg; Δ CC-BY/3.0; □. Serratula tinctoria: Kennzahl 426, 1.Bt. „Barvilna mačina v Setnici.“ • B.Zwittnig;
[cw]:Serratula_tinctoria#/media/File:Serratula_tinctortia_PID1191-2.jpg; Δ CC-BY/2.5/si/deed.en; gedreht und □ - 2.Bt: „Färber-Scharte (Serratula tinctoria), Elsenborn, Os

tbelgien“ • Frank Vassen; [cw]:Serratula_tinctoria#/media/File:F%C3%A4rber-Scharte_(Serratula_tinctoria),_Elsenborn,_Ostbelgien_(3944685187).jpg; Δ CC-BY/2.0; □. Kennzahl 696, wie zuvor, jedoch ohne 1.Bt. Silene noctiflora: „Silene noctiflora“ • homeredwardprice; [cw]:Silene_noctiflora#/media/File:Silene_noctiflora_by_Homer_Edward_Price.gif; Δ CC-BY/2.0; □ - 2.Bt: „Night-flowering-Catchfly-leaves“ • Homer Edward Price; [cw]:Silene_noctiflora#/media/File:Night-flowering-Catchfly-leaves_(3000046069).gif; Δ CC-BY/2.0; □. Silene nutans: „Nickendes Leimkraut (Silene nutans)“ • B.Haynold; [cw]:Silene_nutans#/media/File:Silene_nutans_220505.jpg; Δ CC-BY/2.5; □. Silene vulgaris: 2.Bt: „Collejas“ • Tamorlan; [cw]:Silene_vulgaris#/media/File:Collejas098.jpg; Δ CC-BY/3. 0; gedreht und □. Sisymbrium altissimum: „2010. 05.29-09.25.42_IMG_6958“ • A. Zharkikh; [hf]8. [fk]/7028/6537821899_3878a3702d_o_d.jpg; Δ CC-BY/2.0/; □. Solidago virgaurea: „Navadna zlata rozga na Jančah.“ • B.Zwittnig; [cw]:Solidago_virgaurea?uselang=de#/media/File:Solidago_virgaurea_j2.jpg; Δ CC-BY/2.5/si/deed.en; □. Sonchus arvensis: 2.Bt: „Sonchus arvensis L., Søborg, Denmark, 23 July 2015“ • Donald Hobern; [cw]:Sonchus_arvensis?uselang=de#/media/File:Sonchus_arvensis_(19763610849).jpg; Δ CC-BY/2. 0; □. Sparganium emersum: „Sparganium emersum, Einfacher Igelkolben, Kirchwerder, Elbmarsch bei Hamburg, Germany“ • G.-U. Tolkiehn; [cw]:Sparganium_emersum?uselang=de#/media/File:Sparganium_emersum_11429.jpg; Δ CC-BY/3.0; □. Sparganium erectum: „Sparganium erectum, Las Sołtysowicki, Poland“ • Agnieszka Kwiecień; [cw]:Sparganium_erectum?uselang=de#/media/File:Sparganium_erectum100.jpg; Δ CC-BY/2. 5; □. Spergula arvensis: 2.Bt: „Acker-Spörgel“ • Malte; [cw]:Spergula_arvensis?uselang=de#/media/File:MFG_0683-Spergula-arvensis.jpg; Δ CC-BY/3.0; □. Spiranthes spiralis: „Autumn Lady's Tresses Orchid“ • D.Evans; [hf]6.[fk]/5046/5264616196_ab7b7bd4cf_o_d.jpg; Δ CC-BY/2.0/; □ - 2.Bt: „Spiranthes spiralis, Frankenhöhe, Germany“ • B.Haynold; [cw]:Spiranthes_spiralis_-_flowers?uselang=de#/media/File:Spiranthes_spiralis_120807a.jpg; Δ CC-BY/2. 5; □. Spirodela polyrhiza: 3.Bt: „Spirodela polyrhiza“ • Radio Tonreg; [cw]:Spirodela_polyrrhiza?uselang=de#/media/File:Spirodela_polyrhiza_(8405237250).jpg; Δ CC-BY/2. 0; □. Stachys arvensis: „Stachys arvensis flowerhead1“ • H.Rose; [cw]:Stachys_arvensis?uselang=de#/media/File:Stachys_arvensis_flowerhead1_(16350478796).jpg; Δ CC-BY/2. 0; □. Stellaria holostea: „Stellaria holostea, Cracow, Poland“ • Agnieszka Kwiecień (Nova); [cw]:Stellaria_holostea?uselang=de#/media/File:Stellaria_holostea002.jpg; Δ CC-BY/2.5; □. Stellaria nemorum: „Gozdna zvezdica na Veliki planini.“ • B.Zwittnig; [cw]:Stellaria_nemorum?uselang=de#/media/File:Stellaria_nemorum_PID1681-1.jpg; Δ CC-BY/2.5/si/deed.en; □. Succisa pratensis: „Succisa pratensis“ • D.Perez; [cw]:Succisa_pratensis?uselang=de#/media/File:Succisa_pratensis_03_by-dpc.jpg; Δ CC-BY/3.0; □ - 2.Bt: „Gewöhnlicher Teufelsabbiss (Succisa pratensis) im frühen Stadium, Südheide (Germany)“ • Hajotthu; [cw]:Succisa_pratensis?uselang=de#/media/File:Teufelsabbiss_Succisa_pratensis_a.jpg; Δ CC-BY/3. 0; □. Symphyotrichum novi-belgii agg: „Professor Kippenburg New York Asters Aster novi-belgii“ • Patrick Standish; [hf]3.[fk]/2517/3850388031_204d56f57a_o_d.jpg; Δ CC-BY/2.0/; □. Symphytum asperum agg: „Unidentified Flower (Belarus)“ • Х о м е л к а; [cw]:Symphytum_asperum?uselang=de#/media/File:Symphytum_asperum8.jpg; Δ CC-BY/3.0; □. Tanacetum corymbosum: „Clusijev vratič na Kamniškem vrhu“ • B.Zwittnig; [cw]:Tanacetum_corymbosum?uselang=de#/media/File:Tanacetum_corymbosum_ssp. _clusii_PID1669-2.jpg; Δ CC-BY/2. 5/si/deed.en; □ - 2.Bt: „Tanacetum corymbosum“ • Radio Tonreg from Vienna, Austria; [cw]:Tanacetum_corymbosum?uselang=de#/media/File:Tanacetum_corymbosum_(7334981392).jpg; Δ CC-BY/2.0; □. Tanacetum parthenium: „2009.07.08_19.05.21_CIMG1759“ • A. Zharkikh; [hf]8. [fk]/7054/6989612554_3248647d93_o_d.jpg; Δ CC-BY/2. 0/; □. Teucrium chamaedrys: „Teucrium chamaedrys, Tauberland, Germany“ • B.Haynold; [cw]:Teucrium_chamaedrys#/media/File:Teucrium_chamaedrys_010707.jpg; Δ CC-BY/2.5; □. Teucrium scorodonia: „This photo shows teucrium scorodonia'„ • Teun Spaans; [cw]:Teucrium_scorodonia#/media/File:Valse_salie_IMG_0953.jpg; Δ CC-BY/2.5; □ - 2.Bt: Viola Nehrbaß. Thalictrum flavum: „Ted Ellis Reserve, Surlingham, Norfolk, Common Meadow-rue (Thalictrum flavum)“ • Rictor Norton & D.Allen; [hf]9.[fk]/8143/7456983752_1098fc9817_o_d.jpg; Δ CC-BY/2.0/; □ - 3.Bt: „Ted Ellis Reserve, Surlingham, Norfolk, Common Meadow-rue (Thalictrum flavum)“ • Rictor Norton & D.Allen; [hf]9.[fk]/8143/7456983752_1098fc9817_o_d.jpg; Δ CC-BY/2.0/; □. Thesium bavarum: „Bavarska lanika v Podgozdu.“ • B.Zwittnig; [cw]:Thesium_bavarum#/media/File:Thesium_bavarum_PID1528-2.jpg; Δ CC-BY/2.5/si/deed.en; □. Tragopogon pratensis agg: „Tragopogon pratensis subsp. pratensis“ • FreePhotos4U; [hf]2.[fk]/1605/26422160686_e05fdf2443_o_d.jpg; Δ CC-BY/2.0/; □ - 2.Bt: „Travniška kozja brada v Geossu (Vače).“ • B.Zwittnig; [cw]:Tragopogon_pratensis#/media/File:Tragopogon_pratensis_ssp._orientalis_PID1047-1.jpg; Δ CC-BY/2.5/si/deed.en; □. Trifolium campestre: „Trifolium campestre flowerhead3 SWS“ • H.Rose; [cw]:Trifolium_campestre#/media/File:Trifolium_campestre_flowerhead3_SWS_(15675385691).jpg; Δ CC-BY/2.0; □. Trifolium dubium: „Trifolium dubium flower9“ • H.Rose; [hf]6.[fk]/5613/15492087837_52564ab4dd_o_d.jpg; Δ CC-BY/2.0/; □. Trisetum flavescens: 3.Bt: „BM001161618 Trisetum flavescens (L.) P. Beauv. “ • NATT-at-NKM; [hf]3.[fk]/2948/15302948528_3c69b068bf_o_d.jpg; Δ CC-BY/2. 0/; Flecken und beiliegende Pflanzenteile retuschiert, Auschnitt geändert. Tulipa sylvestris: „tulipa sylvestris“ • nociveglia; [hf]4.[fk]/3760/13893654252_83c239afed_o_d.jpg; Δ CC-BY/2.0/; □. Utricularia vulgaris agg: „Common Bladderwort“ • J.Hollinger; [hf]4.[fk]/3356/3629471561_4afb6a0a7a_o_d.jpg; Δ CC-BY/2.0/; ⌂, □ - 2.Bt: „Common Bladderwort“ • J.Hollinger; [hf]4.[fk]/3406/3629436369_cefc5ebd7e_o_d.jpg; Δ CC-BY/2. 0/; gedreht und □. Vaccinium myrtillus: „Bilberry“ • D. Evans; [hf]6. [fk]/5090/5264615306_5b8272e068_o_d.jpg; Δ CC-BY/2.0/; □. Vaccinium uliginosum: „Vaccinium uliginosum, Denali National Park and Preserve, AK, USA“ • NPS / Jacob W. Frank; [cw]:Vaccinium_uliginosum#/media/File:Vaccinium_uliginosum_(7833214528).jpg; Δ CC-BY/2.0; □. Vicia tetrasperma: „Vicia tetrasperma“ • Dalgial; [cw]:Vicia_tetrasperma#/media/File:Vicia_tetrasperma_2.jpg; Δ CC-BY/3.0; □ - 2.Bt: „Vicia tetrasperma in Gwangju, Korea“ • Dalgial; [cw]:Vicia_tetrasperma#/media/File:Vicia_tetrasperma.jpg; Δ CC-BY/3.0; □. Viola mirabilis: Thomas Muer; - 2.Bt: „Viola mirabilis“ • Radio Tonreg from Vienna, Austria; [cw]:Viola_mirabilis#/media/File:Viola_mirabilis_(7156390707).jpg; Δ CC-BY/2.0; □ - 3.Bt: „Viola Mirabilis near Špičatý vrch-Barrandovy jámy protected area, Loděnice, Central Bohemian Region, CZ“ • Aktron / Wikimedia Commons; [cw]:Viola_mirabilis#/media/File:Lod%C4%9Bnice,_%C5%A1pi%C4%8Dat%C3%BD_vrch,_Violka_divotv%C3%A1rn%C3%A1.jpg; Δ CC-BY/3.0; □. Viola palustris: „2013.06.15_18.17.07_IMG_4340“ • A.Zharkikh; [hf]4.[fk]/3706/9325286990_a023aa39b2_o_d.jpg; Δ CC-BY/2.0/; Hahnenfussblätter retuschiert, Hintergrund geschwärzt, □. Viola riviniana: 2.Bt: „A picture of Viola riviniana, from the edge of a field in Røyken, Norway“ • Kjetil Lenes; [cw]:Viola_riviniana#/media/File:Viola_riviniana_whole.png; Δ CC-BY/2.5; □.

spiegelsymmetrisch
drei-, vier-, fünf- bis sechszählig
trichter- bis glockenförmig
vielzählig radiär
knäuelig, köpfchen-, kolbenförmig
doldig, verästelt
spiegelsymmetrisch
vier- bis fünfzählig
trichter- bis glockenförmig
vielzählig radiär
knäuelig, köpfchen-, kolbenförmig
doldig, verästelt